DICTIONNAIRE

DES

SCIENCES NATURELLES.

TOME XLVII.

SAG — SAY.

DICTIONNAIRE

DES

SCIENCES NATURELLES,

DANS LEQUEL

ON TRAITE MÉTHODIQUEMENT DES DIFFÉRENS ÊTRES DE LA NATURE, CONSIDÉRÉS SOIT EN EUX-MÊMES, D'APRÈS L'ÉTAT ACTUEL DE NOS CONNOISSANCES, SOIT RELATIVEMENT A L'UTILITÉ QU'EN PEUVENT RETIRER LA MÉDECINE, L'AGRICULTURE, LE COMMERCE ET LES ARTS.

SUIVI D'UNE BIOGRAPHIE DES PLUS CÉLÈBRES NATURALISTES.

Ouvrage destiné aux médecins, aux agriculteurs, aux commerçans, aux artistes, aux manufacturiers, et à tous ceux qui ont intérêt à connoître les productions de la nature, leurs caractères génériques et spécifiques, leur lieu natal, leurs propriétés et leurs usages.

PAR

Plusieurs Professeurs du Jardin du Roi, et des principales Écoles de Paris.

TOME QUARANTE-SEPTIÈME.

F. G. LEVRAULT, Editeur, à STRASBOURG, et rue de la Harpe, N.º 81, à PARIS.

LE NORMANT, rue de Seine, N.º 8, à PARIS.

1827.

Liste des Auteurs par ordre de Matières.

Physique générale.

M. LACROIX, membre de l'Académie des Sciences et professeur au Collége de France. (L.)

Chimie.

M. CHEVREUL, professeur au Collége royal de Charlemagne. (C.)

Minéralogie et Géologie.

M. BRONGNIART, membre de l'Académie des Sciences, professeur à la Faculté des Sciences. (B.)

M. BROCHANT DE VILLIERS, membre de l'Académie des Sciences. (B. de V.)

M. DEFRANCE, membre de plusieurs Sociétés savantes. (D. F.)

Botanique.

M. DESFONTAINES, membre de l'Académie des Sciences. (Desf.)

M. DE JUSSIEU, membre de l'Académie des Sciences, professeur au Jardin du Roi. (J.)

M. MIRBEL, membre de l'Académie des Sciences, professeur à la Faculté des Sciences. (B. M.)

M. HENRI CASSINI, membre de la Société philomatique de Paris. (H. Cass.)

M. LEMAN, membre de la Société philomatique de Paris. (Lem.)

M. LOISELEUR DESLONGCHAMPS, Docteur en médecine, membre de plusieurs Sociétés savantes. (L. D.)

M. MASSEY. (Mass.)

M. POIRET, membre de plusieurs Sociétés savantes et littéraires, continuateur de l'Encyclopédie botanique. (Poir.)

M. DE TUSSAC, membre de plusieurs Sociétés savantes, auteur de la Flore des Antilles. (De T.)

Zoologie générale, Anatomie et Physiologie.

M. G. CUVIER, membre et secrétaire perpétuel de l'Académie des Sciences, prof. au Jardin du Roi, etc. (G. C. ou CV. ou C.)

M. FLOURENS. (F.)

Mammifères.

M. GEOFFROY SAINT-HILAIRE, membre de l'Académie des Sciences, prof. au Jardin du Roi. (G.)

Oiseaux.

M. DUMONT DE S.te CROIX, membre de plusieurs Sociétés savantes. (Ch. D.)

Reptiles et Poissons.

M. DE LACÉPÈDE, membre de l'Académie des Sciences, prof au Jardin du Roi. (L. L.)

M. DUMERIL, membre de l'Académie des Sciences, prof. à l'École de médecine. (C. D.)

M. CLOQUET, Docteur en médecine. (H. C.)

Insectes.

M. DUMERIL, membre de l'Académie des Sciences, professeur à l'École de médecine. (C. D.)

Crustacés.

M. W. E. LEACH, membre de la Société roy. de Londres, Correspond. du Muséum d'histoire naturelle de France. (W. E. L.)

M. A. G. DESMAREST, membre titulaire de l'Académie royale de médecine, professeur à l'école royale vétérinaire d'Alfort, etc.

Mollusques, Vers et Zoophytes.

M. DE BLAINVILLE, professeur à la Faculté des Sciences. (De B.)

———

M. TURPIN, naturaliste, est chargé de l'exécution des dessins et de la direction de la gravure.

MM. DE HUMBOLDT et RAMOND donneront quelques articles sur les objets nouveaux qu'ils ont observés dans leurs voyages, ou sur les sujets dont ils se sont plus particulièrement occupés. M. DE CANDOLLE nous a fait la même promesse.

M. PRÉVOT a donné l'article *Océan*; M. VALENCIENNES plusieurs articles d'Ornithologie; M. DESPORTES l'article *Pigeon domestique*, et M. LESSON l'article *Pluvier*.

M. F. CUVIER est chargé de la direction générale de l'ouvrage, et il coopérera aux articles généraux de zoologie et à l'histoire des mammifères. (F. C.)

DICTIONNAIRE

DES

SCIENCES NATURELLES.

SAG

SAGA, SIAGA. (*Bot.*) Noms japonois d'un iris, *iris squalens*, suivant Thunberg. On lit aussi dans C. Bauhin que les Javanois donnent le même nom au CONDURI (voyez ce mot). Nous lisons encore dans Kæmpfer, p. 258, que le nom *malais saga* est celui d'un arbrisseau croissant sur le bord de la mer des Indes, qui est le *horau* ou amandier marin du golfe persique. (J.)

SAGAN. (*Mamm.*) Nom donné par les Burates au cerf renne. (DESM.)

SAGAN. (*Ornith.*) L'oiseau ainsi nommé, en Laponie, est l'huîtrier, *hæmatopus ostralegus*, Linn. (CH. D.)

SAGAPENUM. (*Bot.*) C'est le suc d'une herbe qui croît dans la Médie, suivant Dioscoride, qui la nomme *sagapenion*; c'est encore le *serapinum* des pharmaciens, le *sacopodium* de Pline, cité par Adanson. On pense que ce suc est extrait d'une plante ombellifère, parce que souvent il renferme des graines plates, arrondies, bordées et striées, comparées par Murray à celles de la berce, *heracleum*. Geoffroy, dans sa Matière médicale, les assimile à celles d'une férule. Adanson fait de cette plante un *laserpitium*. Ces trois genres sont très-voisins dans la même famille. Cette origine paroît confirmée par les rapports de la nature de ce suc avec l'*assa-fœtida*, autre produit d'une ombellifère. Le *sagapenum* est concret, gommo-résineux, ramassé en grappes ou en gros morceaux, de couleur roussâtre en dehors, cornée en dedans, suivant Geoffroy. Il plie et blanchit sous la dent; sa saveur est âcre et mordante; son odeur, forte et désagréable, approche de celle du poireau ou de l'ail, tenant le milieu entre celles de l'*assa-fœtida* et celle du *galbanum*. On le retire de l'Égypte et de la Perse. Il jouit d'une réputation très-ancienne comme purgatif, et plus encore comme apéritif et incisif, dans les maladies occasionées par l'épaississement des humeurs. Il est employé rarement seul et presque toujours mêlé à d'autres substances. Son usage n'est pas très-habituel, soit parce qu'on se le procure moins facilement, soit parce qu'on le remplace plus facilement par d'autres médicamens. (J.)

SAGARET-EL-AGUZ. (*Bot.*) Nom arabe d'une patience, *rumex glaucus* de Forskal. Le *sagaret-el-ghasal*, qui signifie herbe de la gazelle, est son *melissa perennis*, que Vahl reporte au *salvia ægyptiaca* de Linnæus. Le *sagaret-el-arneb* est le genre *Arnebia* de Forskal, réuni par nous au gremil, *lithospermum*. Delile le nomme *chagaret-el-arneb*. (J.)

SAGEDIA. (*Bot.*) Genre de la famille des lichens, établi par Acharius sur des espèces qui n'avoient pas encore été décrites : ce sont des plantes dont le thallus est crustacé, uniforme, plan, étendu et adhérent par sa surface inférieure aux rochers humides; les conceptacles ou scutelles sont des verrues formées par le thallus même, couvertes en dessus d'une membrane colorée, cartilagineuse, imitant un périthécium supérieur et dimidié, et marquée d'une dépression discoïde qui imite un petit bouclier. Dans l'intérieur de la substance de chaque verrue est un noyau privé d'enveloppe propre ou périthécium, convexe en dessous, homogène intérieurement et d'une apparence de cire. Suivant Fries les sporidies sont disposées en séries.

Ce genre, voisin de l'*Urceolaria* dans Acharius, du *Porina* dans Fries, du *Thecaria* et *Ascidium* de M. Fée, n'est pas admis par Meyer, qui réunit au *Parmelia* la plupart de ses espèces.

Ce genre, que la plupart des botanistes n'ont pas voulu admettre, doit sa défaveur, selon Fries, à ce que l'on rencontre dans les herbiers, comme espèce de ce genre, des plantes différentes, telles que des espèces de *lecidea*, mais qu'il s'est assuré de l'exactitude des caractères fixés par Acharius.

On connoît sept espèces de ce genre, figurées dans la Lichénographie d'Acharius; cinq d'entre elles ont été découvertes en Suisse sur les rochers par M. Schleicher; une croît en Suisse et en Suède, une en Angleterre, et une dernière en Dalécarlie.

Nous ferons remarquer ici :

1.° Le SAGEDIA APLATI; *S. depressa*, Ach., *Lich. univ.*, p. 527, pl. 6, fig. 3. Thallus crustacé, étendu, blanc, grisâtre, à surface réticulée et fendillée; scutelles d'un noir brun, planes et déprimées sur le bord; impression ou léger enfoncement du disque irrégulier, à bord à peine saillant. Il croît en Suisse sur les rochers et les pierres les plus dures.

2.° Le SAGEDIA ROUSSATRE; *S. rufescens*, Ach., *l. c.*, p. 529, pl. 6, fig. 4. Croûte brune ou rousse, marquée de plis ou sillons réticulés; conceptacles en forme de verrues déprimées; leur bord devient proéminent, d'un brun noir; l'impression du disque est un peu plane, mais enfoncée dans le thallus. Cette espèce a été trouvée par M. Turner sur les pierres dans les endroits sablonneux en Angleterre : elle ressemble beaucoup à un *urceolaria*. (LEM.)

SAGÉNITE. (*Min.*) De Saussure a donné ce nom à la variété réticulée du titane ruthile, parce que ses aiguilles déliées sont croisées comme les fils d'un réseau. Voyez TITANE. (B.)

SAGER. (*Ornith.*) Nom allemand des harles. (CH. D.)

SAGER CORPOO. (*Bot.*) Voyez CORPOO. (J.)

SAGESSE DES CHIRURGIENS. (*Bot.*) Ancien nom vulgaire du sisymbre à petites fleurs. (L. D.)

SAGETTE. (*Bot.*) Nom françois ancien de la fléchière ou flèche d'eau, *sagittaria*. (J.)

SAGGAOUY. (*Ornith.*) Nom égyptien de la cresserelle, *falco tinnunculus*, Linn., qu'on appelle aussi *saraquh*. (CH. D.)

SAGGIS. (*Ornith.*) Nom générique des hérons au Japon. (CH. D.)

SAGIF. (*Mamm.*) Nom turc et arménien de la loutre d'Europe. (DESM.)

SAGINE; *Sagina*, Linn. (*Bot.*) Genre de plantes dicotylédones, polypétales, de la famille des *caryophyllées*, Juss., et de la *tétrandrie trétragynie* de Linnæus, dont les principaux caractères sont les suivans : Calice de quatre folioles ovales, très-ouvertes; corolle de quatre pétales plus courts que le calice; quatre étamines à filamens capillaires portant des anthères arrondies; un ovaire supère, surmonté de quatre styles à stigmates simples; une capsule ovale, uniloculaire, à quatre valves, renfermant des graines nombreuses, attachées à un placenta central.

Les sagines sont de petites plantes herbacées, à feuilles simples et opposées, à fleurs axillaires ou terminales. On n'en connoît que six espèces, pour la plupart naturelles à l'Europe.

SAGINE COUCHÉE : *Sagina procumbens*, Linn., *Sp.*, 185; Lam., *Illust.*, tab. 90. Sa racine est fibreuse, annuelle; elle produit une tige divisée dès sa base en rameaux nombreux, grêles, couchés, longs de deux à trois pouces, garnis de feuilles linéaires, glabres. Ses fleurs sont blanches, très-petites, portées au sommet des rameaux sur des pédoncules plus longs que les feuilles et glabres. Cette plante se trouve dans les bois et les champs sablonneux en Europe et dans les trois autres parties du monde.

SAGINE APÉTALE; *Sagina apetala*, Linn., *Mant.*, 559. Cette espèce a le port de la précédente et n'en est peut-être qu'une variété; elle n'en diffère que par ses tiges plus droites, par ses pédicelles pubescens et par ses fleurs le plus souvent dépourvues de pétales; ces derniers, quand ils existent, sont, dit-on, très-petits, échancrés à leur sommet. Cette plante a été trouvée en France, en Angleterre, en Italie et dans plusieurs autres parties de l'Europe. (L. D.)

SAGISER. (*Ornith.*) L'oiseau, désigné par ce nom dans Gesner, est le courlis vert, *tantalus falcinellus*, Lath., ou ibis vert, *ibis falcinellus*, Vieill. (CH. D.)

SAGITTA. (*Bot.*) Ce nom, donné par les anciens à une plante aquatique dont les feuilles sont conformées en fer de flèche, a été heureusement changé, par Gérard et Lobel, pour éviter toute équivoque, en celui de *sagittaria*, que Linnæus a adopté. C'est celle dont le nom françois est flèche d'eau ou fléchière. Des *pontederia* ont aussi été nommées *sagittaria*, à cause de quelques rapports extérieurs avec la fléchière. (J.)

SAGITTA; FLÈCHE. (*Malacoz.*) MM. Quoy et Gaimard viennent d'établir sous cette dénomination un petit genre de malacozoaires, qui semble être extrêmement rapproché des sagittelles de M. Lesueur. Voici les caractères qu'ils lui assignent : Corps libre, gélatineux, transparent, cylindrique, très-alongé, ayant une tête, probablement des mâchoires, peut-être des yeux; queue horizontale, comme dans les cétacés; deux nageoires de chaque côté de la longueur du corps.

Ce genre ne contient qu'une espèce nommée la Flèche a deux points, *S. bipunctata*, sans doute à cause de deux petites taches, placées entre les deux paires de nageoires du corps. (De B.)

SAGITTA. (*Conchyl.*) Nom anciennement employé, comme équivalent en langue latine du mot Bélemnite, qui signifie également flèche. (De B.)

SAGITTA MARINA, FLÈCHE MARINE. (*Zoophyt.*) On a quelquefois donné ce nom aux pennatules, à cause de leur ressemblance grossière, surtout quand elles sont desséchées, avec une flèche empennée. Aussi Rumph nomme *sagitta marina nigra* la grande espèce de pennatule, que Pallas appelle *pennatula grandis*, et *sagitta marina alba*, la *pennatula juncea*, type du genre Virguline de M. de Lamarck. (De B.)

SAGITTAIRE. (*Ornith.*) Vosmaër a décrit sous ce nom le messager ou secrétaire, *falco serpentarius*, Gmel., et *gypogeranus*, Illig. (Ch. D.)

SAGITTARIA. (*Bot.*) Nom latin du genre Fléchière. (L. D.)

SAGITTATI. (*Foss.*) Luid a donné ce nom aux dents de poissons fossiles, pointues et aplaties, avec des bords tranchans. (D. F.)

SAGITTÉ. (*Bot.*) Figuré en fer de flèche, c'est-à-dire triangulaire, avec un sinus à la base, et les angles postérieurs aigus. Les feuilles du *sagittaria sagittifolia*, les stipules du *galega officinalis*, le stigmate du *thalictrum elatum*, les anthères du *nerium oleander*, par exemple, sont sagittés. (Mass.)

SAGITTELLE, *Sagittella*. (*Malacoz.*) Genre de malacozoaires, établi par M. Lesueur pour quelques petits animaux de la famille des firoles et dont la forme générale a quelque ressemblance avec une flèche, ou mieux, peut-être, avec certains petits poissons, et entre autres, avec les loches. Les caractères qu'on peut lui assigner sont les suivans : Corps

alongé, subcylindrique, subgélatineux, transparent, arrondi
et comme tronqué en avant, s'atténuant en arrière et pourvu
de trois paires de nageoires latérales, deux le long du corps
et une terminale ; bouche terminale, pourvue de mâchoires
comme dans les firoles ; mais point de nucléus sur le dos.

Je n'ai jamais vu d'animaux de ce genre ; mais leur ressemblance presque complète avec les firoles, et surtout avec
les firoloïdes de M. Lesueur, ne permet guère de douter
que les organes de la respiration ne doivent aussi se trouver
sur le dos. En effet, dans les figures de M. Lesueur on
remarque à la fin de l'estomac quelques traces d'organes,
peut-être incomplets, que je serois tenté de regarder comme
indiquant la place des branchies. Je dois cependant avouer
que M. Lesueur dit positivement qu'il n'y en a pas. Il ajoute
qu'il n'a pas vu davantage les points noirs ou yeux analogues
à ceux des firoles, mais que les mâchoires sont comme dans
ce genre, et que le canal intestinal est également flottant dans
une cavité cylindrique du corps. Il avoue, du reste, que
leur grande transparence et surtout leur petitesse ($7\frac{1}{2}$ lignes),
ne lui ont pas permis d'examiner suffisamment ces animaux.
Il ne parle, en effet, ni de l'anus, ni de la terminaison des
organes de la génération, se bornant à dire qu'ils sont intérieurs, comme ceux de la respiration, a moins, ajoute-t-il,
que les nageoires ne servent de ceux-ci : ce qui n'est pas probable.

Les sagittelles sont assez nombreuses dans les mers de la
Martinique : elles sont tellement transparentes, qu'il est fort
difficile de les observer, à moins de les mettre, comme le
faisoit M. Lesueur, dans un filet qui avoit pour fond de la
serge bleue. D'abord immobiles, ces petits animaux, mis
dans de l'eau de mer, s'agitèrent dans tous les sens avec des
mouvemens vifs et répétés, tantôt en montant, tantôt en
descendant. Il semble que leur mode de locomotion habituelle, dans la direction horizontale, est produit par une sorte
de mouvement vibratoire, que M. Lesueur compare à celui
que les habitans de la terre de Van-Diémen impriment à leurs
sagaies avant de les lancer : aussi leur corps paroît être presque inflexible, ou du moins n'a jamais offert de courbure,
et les mouvemens sont entièrement exécutés par les nageoires,

dans la composition desquelles M. Lesueur admet des petits
rayons gélatineux, probablement des faisceaux musculaires.

M. Lesueur définit et figure trois espèces de sagittelles.

La Sagittelle équipenne; *S. equipennis*, Lesueur, Mém. mss.,
fig. 1 — 3. Corps de dix lignes, ayant la tête élargie en
forme de spatule; une sorte de cou ou de rétrécissement entre
elle et la première paire de nageoires, qui est très-avancée;
les deux paires longues, étroites, semblables; celles de la queue
formant une nageoire terminale, arrondie; une paire de
tubercules latéraux, mousses, arrondis un peu avant celle-ci.

Dans cette espèce, qui paroît avoir dix lignes de long, la
tête est terminée par une ouverture horizontale, bordée de
chaque côté par une lèvre épaisse. Cette lèvre, en se ren-
versant sur les côtés, lorsque la bouche se dilate, laisse apercevoir deux mâchoires subcornées, analogues à celles des
firoles, et chacune armée de huit dents ou pointes inégales,
crochues, mobiles et de couleur jaunâtre, dont les mouvemens rapides servent à introduire les alimens et même à les
déchirer, suivant M. Lesueur. L'ouverture de l'œsophage est
à la base des dents inférieures. Le canal intestinal, qu'on
peut voir à travers les parois transparentes du corps, est
étroit et tout droit. Il traverse d'abord un rétrécissement du
corps ou cou, qui est strié en travers, moins transparent
que le reste, et sur un des côtés duquel est une petite protubérance échancrée, que je supposerois volontiers être la
terminaison de l'appareil générateur. Au-delà l'intestin reste
visible jusqu'à une section intérieure, située entre la seconde
paire de nageoires. De chaque côté on voit deux espèces de
canaux cylindriques, contenant de petits corps globuleux,
que M. Lesueur croit pouvoir être considérés comme des
ovaires : c'est peut-être aussi bien le foie; enfin, au-delà le
corps, plus opaque et comme guilloché, offre un sillon longitudinal jusqu'à la queue.

La S. tuberculée; *S. tuberculata*, Lesueur, Mém. mss., fig. 2.
Corps plus atténué en arrière; la tête plus courte; les deux
premières paires de nageoires presque égales, mais plus rapprochées entre elles; une paire de longs appendices, d'un
blanc mat, à la racine de la nageoire caudale, qui est tronquée en arrière.

Cette espèce, qui a un pouce de long à peu près, a son corps un peu plus épais et moins élancé que la précédente; et un peu plus rétréci en avant. L'espace compris entre l'extrémité antérieure et la première paire de nageoires est beaucoup plus grand, au contraire de celui qui sépare la première de la seconde; on remarque également deux séries de globules de chaque côté de la fin de l'estomac : du reste les mâchoires et les dents sont comme dans la S. équipenne.

La Sagittelle inéquipenne, *S. inæquipennis*, id., ibid., fig. 3. Corps s'atténuant presque également de la tête à la queue. La paire de nageoires antérieures très-petite, arrondie et reculée jusqu'au milieu du corps; la seconde paire et la troisième à peu près comme dans l'espèce précédente, mais sans appendices ni tubercules entre elles.

Cette espèce, plus transparente encore que les autres, vient, comme la précédente, de la rade de la Martinique. (De B.)

SAGITTULE, *Sagittula*. (*Entoz.*) Genre établi par ▉▉ Lamarck dans sa classe des vers intestinaux, tome 3, p. 194, de la nouvelle édition de ses Animaux sans vertébres, pour un animal décrit et figuré par Bastiani dans les Actes de Sienne, tome 6, page 241, pl. 12, fig. 3 et 4, sous le titre pompeux d'*Historia medica illustrata, con reflessioni sopra un animale bipede evacuato, per secesso in cardialgia verminosa.* M. de Blainville, dans les notes ajoutées à la traduction françoise du Traité de Bremser sur les vers intestinaux de l'homme, a montré que cet animal, dont Bastiani décrit presque les mouvemens, et que tous les médecins et naturalistes de son Académie, après un examen attentif, extérieur et intérieur, déclarèrent à l'unanimité un vers intestinal nouveau, n'étoit rien autre chose que l'appareil hyo-laryngien très-mutilé d'un oiseau. La description de l'auteur siennois et surtout sa figure ne peuvent laisser de doutes à ce sujet. La trompe n'est sans doute qu'un reste de la langue; la bouche, l'ouverture de la trachée ou la glotte, dont Bastiani décrit même les cartilages aryténoïdes; les ailes ou nageoires cartilagineuses sont les dentelures de la base de la langue; le fémur, le genou, le tibia, car on y trouve tout cela, suivant cet auteur, ne sont que les cornes de l'hyoïde.

Enfin, la prétendue queue n'étoit probablement qu'un reste de la trachée-artère, et si l'animal étoit, comme on le fait observer, percé d'outre en outre par un canal qui ne contenoit aucun viscère, cela se conçoit aisément, puisque ce n'étoit, en effet, que le commencement du canal aérien. Ce fameux animal. qui exerça la sagacité de toute une académie, avoit été rendu, dit-on, avec les matières stercorales, par un ecclésiastique de cinquante ans, qui étoit réellement tourmenté par la présence d'ascarides lombricoïdes.

Au reste, voici comment M. de Lamarck a caractérisé son genre Sagittule : Corps mou, oblong, un peu déprimé, terminé antérieurement par un renflement pyramidal, hérissé en dessus de pointes dirigées en arrière ; deux appendices opposés et cruriformes à la partie postérieure du corps, un suçoir en trompe rétractile, inséré en dessous sous le sommet du renflement pyramidal : caractéristique dans laquelle le savant zoologiste françois, séduit par la confiance qu'il avoit dans l'observateur italien, a, pour ainsi dire, régularisé ce que la description de celui-ci avoit d'extraordinaire; en sorte que ce genre, que l'on regardoit comme ayant quelques rapports avec les échinorhynques, a déjà été adopté par plusieurs naturalistes.

Il ne contient, comme on le pense bien, qu'une seule espèce, qui a reçu le nom de sagittule de l'homme, S. hominis. (De B.)

SAGITTILINGUES. (*Ornith.*) Nom d'une famille d'oiseaux dans Illiger. Cette famille comprend les pics et le torcol. (Ch. D.)

SAGOIN, *Callithrix*. (*Mamm.*) Genre de petits singes américains, très-voisin de celui des Sapajous, fondé, sous le nom de *Callithrix* [1], par MM. Geoffroy et Cuvier, et renfermant plusieurs espèces du grand genre *Simia* de Linné.

Ces singes ont d'abord les caractères propres aux singes du nouveau continent, consistant dans le grand écartement des narines, le nombre des molaires, qui est de six pour chaque côté des deux mâchoires, l'absence de callosités et d'abajoues,

---

[1] Le genre nommé plus anciennement *Callithrix* par Erxleben, se composoit des Sakis et des Ouistitis

la grande longueur de la queue, qui est couverte de poils courts. Comparés aux autres genres, qui renferment les singes de la même division, ils diffèrent des alouates, en ce qu'ils n'ont point, comme ceux-ci, la tête pyramidale, dont l'angle facial est de 5o degrés, la mâchoire inférieure très-haute, et comprenant, entre ses branches, un renflement volumineux du corps de l'hyoïde; et en ce que leur queue n'est point du tout prenante, ni dégarnie de poils à la face inférieure de son extrêmité. Ils s'éloignent des atèles par ce dernier caractère, et aussi parce que leurs mains antérieures ne sont jamais, comme celles de ces animaux, dépourvues de pouce ou seulement munies d'un rudiment de ce doigt. Ils ont plus de ressemblance avec les sapajous et les sakis par la forme arrondie, et en même temps oblongue d'avant en arrière de leur tête, dont l'angle facial est également ouvert, mais on ne sauroit les confondre, néanmoins, avec les premiers de ces singes, dont la queue, quoique partout garnie de poils courts, est éminemment prenante, ni avec les derniers, qui, ayant la queue lâche, comme la leur, l'ont revêtue de fort longs poils, qui la rendent très-touffue. Les ouistitis et les tamarins, dont les molaires sont garnies de pointes aiguës à leur couronne, et dont les doigts sont terminés par des griffes plutôt que par des ongles plats, forment un groupe qui en est encore bien séparé.

Par leurs formes générales, ces animaux sont plus semblables aux sapajous qu'à aucun des autres singes dont nous venons d'énumérer les genres. Ils sont, pour la taille, intermédiaires aux mêmes sapajous et aux ouistitis. Les couleurs de leur pelage sont remarquablement plus belles que celles des sapajous, et c'est ce qui leur a fait appliquer le nom de *callithrix*, qui signifie beau poil.

Ils ont trente-six dents en totalité, savoir : quatre incisives, dont les deux intermédiaires sont les plus larges à la mâchoire d'en haut, et les plus étroites à la mâchoire d'en bas; quatre canines, qui sont médiocrement fortes; six molaires de chaque côté des mâchoires, à couronne garnie de tubercules mousses, les trois premières ou fausses molaires ne présentant qu'une saillie anguleuse extérieurement, et une autre plus obtuse en dedans; les autres, offrant sur leur

surface quatre tubercules. Leur tête est petite, arrondie;
leur museau court; leur angle facial de soixante degrés
environ.

Ces animaux vivent absolument comme les sapajous, et
habitent, comme eux, les immenses forêts du Brésil.

Le Sagoin saimiri ou çaimiri, *Callithrix sciurea*, est le plus
anciennement connu, non-seulement sous ce nom, mais
encore sous ceux de *sapajou jaune, sapajou orangé, singe-écu-
reuil, sapajou de Cayenne*, etc. Buffon l'a décrit tome 15, et
figuré pl. 67 de son Histoire naturelle. M. de Humboldt l'a
indiqué sous la désignation de *titi* de l'Orénoque. Ce joli petit
animal n'a guère plus de dix pouces de longueur, mesurée
depuis le sommet de la tête jusqu'à l'origine de la queue,
qui a treize ou quatorze pouces : lorsqu'il marche à quatre
pattes, sa hauteur est d'environ six pouces. Sa tête est ovale
et alongée depuis le front jusqu'à l'occiput; sa face est assez
plate et son museau peu saillant; son sinciput et son vertex sont couverts de poils courts non divergens; ses oreilles
sont nues, plates, appliquées contre les tempes, anguleuses
supérieurement et postérieurement; ses yeux sont gros, entourés d'un cercle couleur de chair, et leur iris est châtain.
Il a le poil doux. Sa face est nue, blanche au pourtour,
mais marquée dans son milieu d'une large tache noirâtre, qui
comprend le bout du nez, la lèvre supérieure et la lèvre inférieure, et l'on voit une petite tache verdâtre dans le blanc
de chaque joue. Toutes les parties supérieures de son pelage
sont d'un jaune verdâtre, qui prend une teinte grise sur les
bras et sur les cuisses, et se change en un bel orangé sur les
avant-bras et les jambes; sa queue est d'un gris verdâtre,
plus foncé en dessus qu'en dessous, et son extrémité est noire
dans une longueur de deux pouces environ. Toutes les parties inférieures, c'est-à-dire, le ventre, la poitrine, le cou,
le bas des joues et le tour des oreilles sont d'un blanc sale,
légèrement teint de jaunâtre; les organes génitaux du mâle
sont couleur de chair; ses testicules sont volumineux, et sa
verge est terminée par un gland très-semblable à celui de
l'homme. Les ongles des pouces sont plats, et les autres comprimés latéralement, longs et étroits.

Le plus souvent le dos a la couleur d'un jaune verdâtre

uniforme, que nous venons d'indiquer; mais cette couleur est d'autant plus verdâtre que les individus sont plus âgés. M. Geoffroy a remarqué une variété de ce singe, plus grande du double, et dont le dos offre un mélange de roux vif et de noir.

Ces petits singes sont assez rarement amenés en Europe, dont la température ne leur convient pas; aussi est-il rare qu'on les y conserve long-temps. Leurs manières sont pleines de gentillesse et de vivacité. Ils sont craintifs et manifestent leur inquiétude par un petit cri plaintif. Dans leur état de nature ils ont l'habitude de se réunir et de se coucher plusieurs ensemble, afin de se tenir chaud. Ils aiment de passion les insectes et les araignées, et lorsqu'on leur montre des figures coloriées de ces animaux, ils les reconnoissent parfaitement et cherchent à les enlever de dessus le papier avec leurs petites mains.

M. de Humboldt dit que les *titis* sont très-communs au sud des cataractes de l'Orénoque et qu'on en trouve une variété de plus grande taille et plus sauvage sur les bords du Rio Guaviaré, tandis qu'une autre, au contraire, plus petite et plus gentille, habite ceux du Cassiquiare.

Le Sagoin a masque (*Callithrix personatus*, Geoff., Desm.; *Simia personata*, Humb., Rec. d'observ. zoolog., esp. 21), est plus grand que le précédent et se rapproche même un peu par sa taille du sapajou saï, bien que sa tête soit comparativement plus petite que celle de ce singe. Son pelage est composé de poils longs, généralement d'un gris fauve. Sa face, le sommet de sa tête, ses joues et le derrière de ses oreilles sont d'une couleur brune foncée dans la femelle et noire dans le mâle; les poils de son dos, de ses bras et de ses cuisses sont gris et annelés de blanc sale vers la pointe, ce qui donne à cette partie du pelage une apparence grivelée; ceux du ventre sont d'un gris uniforme, légèrement teint de brunâtre; les poignets et les mains, ainsi que les pieds de derrière (les talons exceptés), sont noirs dans le mâle et bruns dans la femelle; la queue, médiocrement touffue et longue à peu près comme le corps, est d'un fauve roussâtre.

M. de Humboldt a trouvé ce singe entre le 18.ᵉ degré et demi et le 21.ᵉ et demi de latitude méridionale sur les bords des rivières Itabapuana, Itapemimin, Espiritu-Santo, Rio-Doce, jusqu'à Saint-Matthieu.

Le Sagoin veuve : *Callithrix lugens*, Geoff., Desm.; la Viduita, Humb., Rec. d'obs., esp. 3. Ce singe peut avoir un pied de longueur; son poil est fort doux et lustré, d'un beau noir uniforme, à l'exception du cou et des mains antérieures, qui sont de couleur blanche; la face est d'un blanchâtre tirant sur le bleu, avec deux lignes blanches, qui se rendent des yeux aux tempes; les poils noirs du sommet de la tête ont des reflets pourprés; les pieds de derrière et la queue sont noirs.

Selon M. de Humboldt, ce singe est très-doux, très-timide et d'un caractère mélancolique. Il reste souvent immobile des heures entières et fuit la société des animaux vifs et turbulens, comme le sont par exemple les saimiris. Les forêts du Brésil qui bordent le Cassiquiare et le Rio Guiaviaré près de San Fernando de Atapabo, sont sa résidence ordinaire, et on le rencontre aussi dans les montagnes granitiques peu élevées de la rive droite de l'Orénoque, derrière la mission de Santa Barbata.

Le Sagoin a fraise : *Callithrix amictus*, Geoff., Desm.; *Simia amicta*, Humb., Rec. d'obs. zool., esp. 24. Il est presque double en taille du sagoin saimiri : son pelage est en entier d'un noir teint de brun, si ce n'est sous le cou et sur le haut de la gorge, où se voit du blanc, et sur les mains antérieures (depuis le poignet), qui sont d'un gris jaunâtre sale. Les joues sont brunes et sa queue, toute noire et peu touffue, est d'un quart plus longue que le corps. Sa patrie n'est pas positivement connue et l'on manque de renseignemens sur ses habitudes naturelles.

Le Sagoin a collier : *Callithrix torquatus*, Geoff.; *Cebus torquatus*, Hoffmans., Geoff., Desm. Celui-ci, qui a été décrit par M. de Hoffmansegg, dans le 10.ᵉ volume des Mémoires des curieux de la nature, de Berlin, ne nous est connu que par la phrase caractéristique suivante, que M. Geoffroy en a donnée d'après ce naturaliste prussien : Pelage brun châtain, jaune en dessous; un demi-collier blanc; queue un peu plus longue que le corps. Il est du Brésil.

Le Sagoin moloch : *Callithrix moloch*, Geoff., Desm.; *Cebus moloch*, Hoffmans., Mém. des cur. de la nat., de Berlin, tom. 10. Nous avons vu au Muséum ce singe, dont la taille est double de celle du sagoin saimiri, et dont la queue est presque de moitié plus longue que le corps. Toutes les parties supérieures de son corps et de sa tête, ainsi que la face externe de ses quatre extrémités, sont revêtus de poils marqués alternativement d'anneaux d'un gris clair et d'anneaux d'un brun pâle, donnant à l'ensemble de cette partie du pelage un aspect grivelé. Sa queue, touffue à la base et plus mince dans le reste de son étendue, a ses poils largement annelés de gris-brun noirâtre et de blanc sale ; le dessus des mains, surtout de celles de devant et le bout de la queue, sont d'un gris clair presque blanc ; la face est nue, obscure, avec quelques poils roides, parsemés sur les joues et le menton ; les poils du sommet de la tête sont courts et non couchés ; ceux des côtés des joues, du dessous du cou, de la poitrine, du ventre et de la face interne des quatre membres sont d'un fauve roussâtre, tirant sur le roux, principalement auprès de la couleur grise des côtés du corps, qui en est nettement séparée. Ce sagoin est originaire du Para : ses habitudes naturelles sont inconnues.

Le Sagoin mitré : *Callithrix infulatus*, Lichtenstein et Kuhl; Desm., Mamm., pag. 88, esp. 82. Ce sagoin, qui est rare au Brésil, a le pelage gris en dessus, d'un roux jaunâtre en dessous, avec une grande tache blanche, entourée de noir au-dessus des yeux ; sa queue, d'un jaune roussâtre à son origine, est noire à l'extrémité.

Le nom de sagoin n'a pas été donné seulement aux animaux que nous venons de décrire, mais on en a fait d'abord la désignation générale de toutes les plus petites espèces de singes de l'Amérique méridionale. C'est à ce titre que les ouistitis et les tamarins ont aussi reçus cette dénomination, et comme on la leur a appliquée indifféremment, c'est ainsi qu'il est arrivé que l'article Ouistiti a été l'objet d'un simple renvoi à celui qui traite des sagoins.

Les sagoins, dont nous avons donné ci-avant les descriptions, forment un petit groupe très-rapproché de celui des sapajous et en ont même le système dentaire, mais ils en diffèrent par une queue non prenante, une taille plus petite, et des couleurs plus vives et plus variées dans les différentes parties du pelage.

Les animaux que nous allons faire connoître, composent les deux genres Ouistiti et Tamarin de M. Geoffroy. Pour nous, ils composeront le seul genre OUISTITI, *Jacchus*, divisé en deux sections : 1.° celle des *ouistitis* proprement dits, et 2.° celle des *tamarins*.

Ce sont des singes américains, c'est-à-dire, sans callosités aux fesses, sans abajoues, et à narines écartées, comme les sagoins ci-avant décrits, et ayant comme eux une longue queue non prenante et couverte partout d'un poil fourni, mais pas fort long. Ils en diffèrent en ce qu'ils sont encore plus petits, que leurs ongles sont transformés en véritables griffes (ce qui les a fait nommer singes écureuils), que leurs pouces ont presque entièrement perdu la propriété d'être opposés à tous les autres doigts ensemble ou séparément, et surtout en ce que leurs molaires, moins nombreuses, puisqu'il n'y en a que cinq au lieu de six à chaque côté des mâchoires, comme dans les singes de l'ancien continent, ont une forme qu'on ne retrouve dans celles d'aucun singe quelconque ; c'est - à - dire, qu'elles ont leur couronne garnie de tubercules pointus, analogues à ceux des molaires des mammifères insectivores.

Les ouistitis ont la tête petite, assez ronde et avec l'occiput moins saillant en arrière que dans les sapajous et sagoins. Leur face est perpendiculaire : ce qui pourroit faire croire que leur angle facial est très - ouvert ; mais cette apparence est due à l'existence d'une crête osseuse placée au-dessus des orbites et qui fait un angle fort marqué avec le crâne, qui fuit beaucoup en arrière sur la région du front ; les yeux sont médiocrement grands, c'est-à-dire, plus petits que dans les sakis et surtout que dans le nocthore douroucouli de M. Fréd. Cuvier (voyez SAKI). Ils sont très-rapprochés l'un de l'autre et dirigés en avant ; le museau est court et le nez un peu saillant ; la bouche a les proportions ordinaires à celle des singes : les quatre incisives supérieures sont semblables à celles des sakis ; mais, au lieu d'être parallèles, comme elles le sont dans les autres singes, elles sont disposées en arc de cercle assez petit ; les canines sont longues, arquées et tranchantes postérieurement : les trois fausses molaires qui les suivent ont une pointe à leur bord externe, avec un talon à l'interne, et leur grandeur croît successivement de la première à la troisième ; la quatrième dent, qui est une vraie molaire, est très-grande et ne diffère des premières que parce qu'elle présente deux tubercules pointus à son bord externe, avec un rudiment de tubercule intermédiaire ; la dernière mâchelière, ou la cinquième, ressemble à la précédente, mais elle est de moitié plus petite. A la mâchoire inférieure les deux incisives latérales sont un peu plus fortes que les deux mitoyennes, et toutes sont disposées en arc de cercle ; les canines ressemblent tout-à-fait aux incisives latérales ; les trois premières dents qui suivent, sont des fausses molaires à une pointe sur leur bord externe, et sont pourvues d'un rebord interne en forme de talon ; la quatrième molaire, qui est la plus grosse, a quatre tubercules pointus ; enfin la cinquième, qui est beaucoup plus petite que celle-ci, présente à peu près les mêmes formes. Le corps est long et les membres sont grêles ; la queue est très-longue et velue. La taille de ces animaux ne surpasse généralement pas celle de notre écureuil d'Europe.

Ces singes en miniature n'ont encore été trouvés qu'au Brésil, au Para et à la Guiane. Leurs espèces sont variées, mais le nombre des individus dans chacune n'est pas fort considérable. Leur manière de vivre est, en général, semblable à celle des autres quadrumanes du même pays. On observe cependant qu'ils recherchent les insectes avec un goût si marqué, qu'ils doivent en faire le fond de leur nourriture. Ils aiment aussi beaucoup les œufs. Leur naturel est doux et craintif, et on les apprivoise facilement ; lorsqu'on les chagrine ou qu'on les inquiète, ils font entendre un petit cri, semblable à celui d'un oiseau. Quoique peu favorisés, sous le rapport de l'intelligence, ils ont une perspicacité assez développée pour reconnoître parfaitement un insecte sur sa figure et pour essayer de s'en saisir ; action dont seroit totalement incapable la plupart des quadrupèdes et particulièrement les écureuils, auxquels on a surtout voulu comparer ces singes, probablement plutôt sous le rapport de la taille et de la gentillesse des mouvemens, que sous toute autre considération.

Ces petits animaux produisent assez souvent en Europe, lorsqu'on a le soin de les tenir dans un lieu chaud ; mais ils vivent assez peu de temps dans notre climat.

Nous exposerons brièvement les caractères de quatorze espèces, distinguées par les auteurs dans le genre qui nous occupe, bien que nous ne prétendions pas que ces distinctions soient à l'abri de tout reproche ; car il convient de dire que plusieurs d'entre elles ne sont fondées que sur la description d'un individu unique. Nous adopterons pour leur division les sections qui ont été proposées par M. Geoffroy ; seulement nous ne leur attribuerons pas la valeur de coupes génériques.

§. 1.ᵉʳ OUISTITI ; *Jacchus*, Geoffr. *Incisives supérieures non contiguës ; les inférieures presque verticales, les latérales étant les plus longues ; oreilles médiocres.*

L'OUISTITI proprement dit (*Jacchus vulgaris*, Geoff., Desm., Mamm., esp. 93 ; *Simia jacchus*, Linn. ; OUISTITI, Buff., tom. 15, pl. 14 ; Audeb., Hist. des sing., fam. 6, sect. 2, pl. 4 ; Fréd. Cuv., Hist. nat. des Mamm., 8.ᵉ livr.) est le singe de ce genre le plus anciennement et le plus généralement connu, et celui qu'on voit à peu près seul, mais quoique rarement, en Europe. Le contour de sa tête sur la ligne moyenne, depuis le bout du museau jusqu'à l'occiput, est de deux pouces six lignes, et la longueur de son corps, depuis l'occiput jusqu'à la base de la queue, est de six pouces ; sa queue en a onze. Il a le pelage gris, tiqueté, composé de poils bruns dans la plus grande partie de leur longueur et terminés de gris-clair, et la partie postérieure du dos ou la croupe, ainsi que la queue, sont marqués de bandes transversales ou d'anneaux alternativement bruns et cendrés, la queue ayant quinze à dix-huit de ces anneaux. La face est à peu près nue, avec une grande tache d'un blanc sale au milieu du front, et les tempes portent chacune une touffe très-marquée de poils blanchâtres très-fins ; les côtés inférieurs des joues, le dessous du cou, le haut de la poitrine et les épaules, sont d'un brun roussâtre non mêlé de gris, qui passe sous le ventre au gris-clair ;

47.   2

les mains et les pieds sont bruns. Une variété a le pelage roux, avec la croupe marquée transversalement de bandes alternatives rousses et cendrées. Les jeunes (àgés de quarante à cinquante jours) sont d'un fuligineux brunâtre aux endroits où le brun se montre dans les individus adultes, et ils n'ont point de touffes de poils blancs sur les tempes.

L'ouistiti est originaire du Brésil et de la Guiane ; ses mœurs sont celles que nous avons attribuées au genre entier, car son espèce est la seule sur laquelle on ait pu faire quelques observations. C'est par une inadvertance bien singulière que le Guide a représenté ce singe dans le tableau de la collection de Chantilly (maintenant au Muséum), qui représente Hélène au moment de son embarquement.

L'OUISTITI PINCEAU : *Jacchus penicillatus*, Geoff., Desm., Mamm., esp. 94 ; Humb., Rec. d'observ. zool., esp. 38 *bis*. Un peu plus petit que l'ouistiti proprement dit et n'en étant peut-être qu'une variété, ce singe a comme lui le pelage d'un brun-roux cendré, la queue et la croupe annelées de cette couleur et de cendré clair (douze ou treize bandes sur la croupe et quatorze ou quinze sur la queue), et une tache blanchâtre triangulaire sur le front ; mais ce qui le caractérise, c'est que les touffes blanches des oreilles de l'ouistiti sont remplacées chez lui par un pinceau de poils longs et noirs. Les autres parties de la tête sont d'un brun noir ; le devant du cou est d'un brun un peu moins foncé, et les pieds sont d'un gris brun. Les jeunes individus de cette espèce ont les pinceaux des oreilles fuligineux, avec leur base roussâtre. Le Brésil est la patrie de ce singe, et il n'habite qu'au-delà du 15.ᵉ degré 50 minutes de latitude sud.

L'OUISTITI A TÊTE BLANCHE (*Jacchus leucocephalus*, Geoff., Desm., Mamm., esp. 95 ; *Simia Geoffroyi*, Humb., Rec. d'obs. zool., esp. 57) est une autre espèce, dont l'existence n'est pas encore suffisamment établie, et qui diffère des précédentes par la couleur de chair uniforme des parties nues de sa face, sans tache blanchâtre au front, et parce que les poils qui garnissent le sommet de sa tête, le dessous de son cou et sa gorge sont blancs : il a en outre deux touffes de poils noirs, longs et droits, l'une au-devant et l'autre derrière chaque oreille. Une tache brune foncée se voit sur le haut du dos, se prolonge sur chaque bras, et se confond avec la couleur qui est propre à toutes les parties inférieures du corps; le bas du dos est fauve; les flancs sont couverts de poils bruns et terminés de blanc sale; les mains et les pieds sont bruns; la queue est annelée. Ce singe est du Brésil.

L'Ouistiti oreillard : *Jacchus auritus*, Geoff., Desm., Mamm., esp. 96; *Simia aurita*, Humb., Rec. d'obs. zool., esp. 56. Autre espèce douteuse, en tout semblable, par les proportions et les dimensions de son corps, à l'ouistiti proprement dit. Ce singe a tout le haut de la face, y compris la bouche, recouvert de petits poils blancs. Son pelage se compose de poils noirs dans lesquels s'en trouvent une petite quantité de bruns, lesquels sont plus abondans dans plusieurs endroits que dans d'autres; les lombes n'ont point de bandes transversales, mais la queue est marquée d'une quinzaine d'anneaux d'un gris cendré, qui alternent avec autant d'anneaux d'un brun noirâtre; sur le sinciput est une touffe de poils jaunâtres; les oreilles ont à leur partie interne seulement une touffe de poils blancs; les extrémités des membres ou les quatre mains sont d'un gris brun. Les jeunes sont d'un gris-brun uniforme et ont chaque poil seulement plus clair à la pointe qu'à la base; leur nez a en dessous un peu de jaunâtre, et leur queue est foiblement annelée; le dessus de leur tête est ou d'un brun foncé, ou d'un brun doré entremêlé de poils noirs. La patrie de cette espèce n'est pas positivement connue, mais il est vraisemblable que c'est le Brésil.

L'Ouistiti a camail : *Jacchus humeralifer*, Geoff., Desm., Mamm., esp. 97; *Simia humeralifer*, Humb., Rec. d'obs. zool., esp. 58. Dernière espèce voisine de l'ouistiti proprement dit, dont la distinction n'est pas plus certaine que celle des trois précédentes. Elle a la face généralement blanchâtre au centre et brune autour, avec le front seulement couvert de très-petits poils fins et serrés; le sinciput d'un brun foncé; les tempes garnies chacune de deux touffes de poils droits et blancs, l'une devant et l'autre derrière l'oreille; toutes les parties supérieures du corps couvertes de poils d'un brun foncé dans la plus grande partie de leur longueur et terminés de blanc-gris; cette dernière couleur indiquant quelques bandes transverses à peine marquées sur le bas du dos; la queue noire, avec des anneaux fort distans entre eux et de couleur cendrée. Espèce du Brésil.

Tous les ouistitis décrits ci-dessus, ont exactement la même taille, sont pourvus de touffes de poils aux deux côtés de la tête, et ont plus ou moins la croupe et la queue rayées ou annelées de couleurs différentes. Ces caractères existant dans toute leur intégrité dans la première espèce, qui a été souvent observée, on sera peu étonné de nous voir conserver quelques doutes sur la distinction de celles qui la suivent, puisqu'elles n'ont été établies que d'après l'observation d'un petit nombre d'individus, et qu'elles ne sont fondées que sur des caractères extérieurs seulement.

Les deux espèces qui suivent n'ont point la queue annelée, ni la croupe marquée de bandes transversales diversement colorées.

L'Ouistiti mélanure (*Jacchus melanurus*, Geoff., Desm., Mamm., esp. 98) est de la taille de l'ouistiti ordinaire, mais il a la queue d'un quart plus longue que lui : il fait le passage des ouistitis aux tamarins. Toutes les parties supérieures de son corps sont d'un brun fauve qui s'obscurcit sur les régions postérieures ; le dessous du cou, la poitrine et le ventre sont d'un gris fauve ; les pattes sont d'un brun assez foncé, mais la bordure des cuisses en devant est jaunâtre ; la queue est d'un brun-noir uniforme. M. de Humboldt, qui fait mention de ce singe dans son Recueil d'observations zoologiques, le donne comme propre au Brésil.

L'Ouistiti mico : *Jacchus argentatus*, Geoff., Desm., Mamm., esp. 99 ; le Mico, Buff., tom. 15, pl. 18 ; Humb., esp. 40 ; *Simia argentata*, Linn. La queue de celui-ci est encore plus grande que celle du précédent, puisqu'elle n'a guère moins du double de la longueur du corps. Tout son pelage est d'un blanc lustré assez pur ; sa queue est noire en entier ; le milieu de sa face, qui est nue, ses oreilles, les tubercules palmaires et plantaires sont d'un rouge de vermillon ; on voit seulement quelques poils noirs au-dessus des yeux et dans la ligne des sourcils, ainsi que sur la lèvre supérieure.

Une variété du mico, dont la queue est blanche comme le corps, a été indiquée par feu M. Kuhl. L'espèce n'a été trouvée que dans le Para.

§. 2. Tamarin; *Midas*, Geoff. *Incisives supérieures con-*
tiguës; les inférieures proclives, contiguës et con-
vergentes en bec de flûte; oreilles très-grandes,
membraneuses et plates sur les côtés de la tête;
front grand et très-relevé par la saillie des crêtes
sus-orbitaires.

Ouistiti tamarin: *Jacchus rufimanus*, Desm., Mamm., esp.
100; *Midas rufimanus*, Geoff.; *Simia midas*, Linn., Humb.
Comme les autres singes de ce genre, celui-ci n'est pas plus
grand qu'un écureuil. Son corps est fort alongé; ses grandes
oreilles plates sont de forme anguleuse et nues; son poil est
généralement noir, mais varié de gris sur la région des lombes; la face supérieure des mains et des pieds est couverte de
poils d'un jaune roux, c'est-à-dire couleur de feu. Sa queue
est très-longue, fort mince et toute noire.

Ce petit singe, d'un naturel vif et qui s'apprivoise très-fa-
cilement, habite, dans l'état de nature, en grandes troupes,
sur les sommités des arbres, dans les endroits de la Guiane et
du Maragnon qui sont à la fois montueux et distans des habitations de l'homme. On ne l'a pas encore trouvé au Brésil.

L'Ouistiti nègre: *Jacchus ursulus*, Desm., Mamm., esp. 101;
Midas ursulus, Geoff.; *Saguinus ursulus*, Hoffman., et décrit
aussi par M. F. Cuvier, Hist. nat. des Mamm., liv. 9. Absolument
semblable au précédent, dont il pourroit bien n'être qu'une
variété, par sa taille et les proportions de son corps et de ses
membres, il est comme lui entièrement noir, avec son dos inférieurement varié de gris; mais les poils qui couvrent ses
pieds, tant en dessus qu'en dessous, sont du même noir que
le reste du pelage, et nullement teints de jaune ou de roux.
L'iris de ses yeux, comme celui de l'ouistiti tamarin, est d'un
jaune brun ou châtain. On le dit commun au Para. Ses habitudes naturelles ne diffèrent pas de celles de l'espèce qui
précède.

Ouistiti labié: *Jacchus labiatus*, Desm., Mamm., esp. 102;
Midas labiatus, Geoff.; *Simia labiata*, Humb., Rec. d'observ.
zool., esp. 44. De la taille des tamarins proprement dit et
nègre, il a toutes les parties supérieures de son corps et la

face extérieure des membres d'un brun noirâtre ; toutes les parties inférieures d'un roux ferrugineux ; la tête, la queue et les extrémités des pattes noires. Mais ce qui distingue ce singe, c'est que son nez et le bord de ses lèvres sont recouverts de poils blancs très-fins et très-courts. Il est du Brésil.

OUISTITI A FRONT JAUNE : *Jacchus chrysomelas*, Desm., Mamm., esp. 103 ; *Midas chrysomelas*, Kuhl, *Prod. sim.* Cette espèce, que nous n'avons pas vue, habite les grandes forêts du Para et du Brésil, et n'est pas commune entre les 14.ᵉ et 15.ᵉ degrés de latitude australe. Son pelage est noir ; son front et la face supérieure de sa queue sont d'un jaune doré ; ses avant-bras, ses genoux, sa poitrine et ses côtés sont d'un roux marron.

OUISTITI MARIKIN A : *Jacchus rosalia*, Desm., Mamm., esp. 104 ; *Midas rosalia*, Geoff. ; *Simia rosalia*, Linn. ; MARIKINA, Buff., tom. 15, pl. 16. Le *singe-lion* (c'est ainsi qu'on l'a aussi nommé) a été décrit avec soin par M. F. Cuvier, dans la première livraison de son Histoire naturelle des mammifères. Sa longueur totale, mesurée depuis le bout du museau jusqu'à l'origine de la queue, est de neuf pouces et demi, et sa queue a dix pouces. Il a la face nue et livide depuis les sourcils, ainsi que la plante des pieds et la paume des mains ; ses oreilles sont plates et rondes, avec un rebord seulement à la partie supérieure ; toutes les parties de sa peau qui sont nues, ont la couleur de chair ; le pelage est d'un jaune clair, et présente, sur la tête et les épaules, une sorte de crinière très-marquée par l'alongement du poil, qui, dans ces parties, est doré à la pointe ; la poitrine et la croupe ont aussi des reflets dorés, tandis que le dos, la base de la queue, les cuisses et le bas-ventre, sont d'un jaune plus clair ; la queue, aussi jaune, est terminée par un flocon de poils plus longs que ceux qui la couvrent dans toute son étendue, depuis l'origine ; le pouce des mains est très-court, et celui des pieds est, au contraire, très-distinct et seul, parmi les doigts, pourvu d'un ongle plat. Les molaires sont à tubercules médiocrement aigus ou à peu près mousses.

Une variété de la Guiane a le pelage varié de roux et de noirâtre ; et une autre, du Brésil, est d'un roux assez éclatant. L'espèce s'étend entre les Guianes et le Brésil.

Ouistiti léoncito : *Jacchus leoninus*, Desm., Mamm., esp.
105 ; *Midas leoninus*, Geoff. ; Léoncito, *Simia leonina*, Humb.,
Rec. d'obs. zool., pag. 14, pl. 5. Très-voisin du précédent
par la crinière qu'il porte, celui-ci est un peu plus petit,
puisque son corps et sa queue, mesurés séparément, ont chacun sept à huit pouces seulement. Son pelage est généralement d'un brun olivâtre, tant sur le corps que sur la grande
crinière qui recouvre le derrière de la tête, le cou et la
région des épaules ; la face est noire, avec une tache d'un
blanc bleuâtre qui comprend tout le tour de la bouche et les
narines ; les oreilles sont grandes, triangulaires, avec le rebord supérieur replié ; le dos est marqué de petites taches
et de lignes légères d'un blanc jaunâtre ; la queue est terminée par un flocon ; ses mains et ses pieds sont noirs ; les
ongles des pieds de derrière sont plus aplatis que ceux des
mains.

M. de Humboldt, qui a seul fait connoître ce singe, fort
voisin du marikina, dit qu'il habite les plaines qui bordent,
à l'est, la chaîne des Cordillères, et particulièrement les
rives du Putu-Mayo et du Caqueta. Rare dans son pays natal,
il ne s'élève jamais jusqu'à la région tempérée des montagnes ;
son caractère est très-vif et très-irascible ; il fait entendre souvent un son de voix semblable au chant des petits oiseaux.

Ouistiti pinche : *Jacchus œdipus*, Desm., Mamm., esp. 106 ;
Pinche, Buff., tom. 15, pl. 17 ; *Simia œdipus*, Linn. ; Titi de
Carthagène, Humb., Rec. d'obs. zool., pag. 337. Ce dernier
petit singe américain n'a pas plus de neuf pouces de longueur,
et sa queue est presque double. Il a, comme les deux précédens, une chevelure fort longue, mais elle ne prend pas les
dimensions d'une crinière. Tout son pelage est lustré, d'un
brun fauve, quelquefois moucheté de taches fauves en dessus,
et toujours blanc en dessous ; les deux premiers tiers de sa
queue sont d'un roux vif et le dernier est noir ; le sommet
et les côtés de la tête sont garnis d'un toupet de poils lisses
et blancs contrastant avec la couleur noirâtre et tannée
de la face, qui est à peine couverte d'un duvet gris ; quelques poils blancs et roides sont implantés sur les lèvres, le
menton et auprès des oreilles, qui sont fort grandes et arrondies.

Ce petit animal, dont on n'a encore observé vivans que peu d'individus, s'est montré doué d'un caractère méchant et irascible. Sa voix, lorsqu'il est en colère, ressemble à celle de nos chauve-souris.

M. de Humboldt l'a observé aux environs de Carthagène et vers l'embouchure du Rio-Sinù. Il le dit rare à la Guiane. (Desm.)

SAGONE, *Sagonea*. (*Bot.*) Genre de plantes dicotylédones, à fleurs complètes, monopétalées, de la famille des *convolvulacées*, de la *pentandrie trigynie* de Linnæus, offrant pour caractère essentiel : Un calice à cinq divisions ; une corolle campanulée, à cinq lobes ; cinq étamines ; un ovaire supérieur surmonté de trois styles ; les stigmates en tête ; une capsule à trois loges, s'ouvrant transversalement ; des semences nombreuses, fort petites, attachées à un réceptacle central, triangulaire.

Sagone aquatique : *Sagonea aquatica*, Aubl., Guian., 1, pag. 285, tab. 111 ; Lamk., *Ill. gen.*, tab. 212 ; *Reichelia palustris*, Willd., *Spec.* Plante herbacée qui, de la même racine, produit plusieurs tiges droites, simples, cylindriques, hautes de deux ou trois pieds, garnies de feuilles alternes, lisses, vertes, étroites, lancéolées, acuminées, presque sessiles, rétrécies en pétiole à leur base, longues d'environ trois pouces, larges d'un pouce au plus. Les fleurs naissent dans l'aisselle des feuilles, disposées en très-petites grappes, au nombre de trois ou cinq. Le calice est glabre, profondément divisé en cinq folioles vertes, lancéolées, aiguës. La corolle est bleue, d'une seule pièce, campaniforme, partagée à son limbe en cinq lobes arrondis, courts, égaux, un peu aigus. Les étamines sont insérées à la base de la corolle ; les anthères oblongues, courbées en demi-cercle, vacillantes, sillonnées à leurs deux faces, bifides à leurs deux extrémités ; l'ovaire presque globuleux : il se convertit en une capsule marquée de trois sillons, s'ouvrant transversalement en deux valves, divisée en trois loges séparées par des cloisons membraneuses. Les semences sont fort petites, attachées sur un placenta dans l'angle interne de chaque loge. Cette plante croît à la Guiane, sur le bord d'un ruisseau, entre la crique des Galibis et la rivière de Sinamary. Les Galibis la nomment *sagoun-sagou*. (Poir.)

SAGORIS. (*Mamm.*) Voyez Sagoin. (Desm.)

SAGOU. (*Bot.*) Voyez ci-après Sagouier. (Lem.)

SAGOUIER et SAGOUTIER, *Sagus*. (*Bot.*) Genre de plantes monocotylédones, à fleurs incomplètes, de la famille des *palmiers*, de la monoécie *hexandrie* de Linnæus, offrant pour caractère essentiel : Des fleurs monoïques dans le même spadice ; dans les fleurs mâles, un calice monophylle, campanulé, à trois petites dents ; une corolle à trois pétales ; six ou douze étamines ; les anthères droites, linéaires ; dans les fleurs femelles, un calice comme dans les mâles ; une corolle monopétale, campanulée, trifide ; trois stigmates aigus, con·nivens ; une baie monosperme, couverte d'une écorce en treillage ; un périsperme morcelé ; l'embryon latéral, au-dessus d'un enfoncement, placé sur le côté.

Sagouier raphia : *Sagus raphia*, Lamk., *Ill. gen.*, tab. 771, fig. 1 ; *Palma pinus*, Lobel, 2, tab. 233 ; Clus., *Cur. post.*, pag. 43, 44 ; *Raphia vinifera*, Pal. Beauv., Flor. d'Oware et Benin, tab. 44, fig. 1 ; tab. 45, 46, fig. 1 ; *Sagus raffia*, Willd., *Spec.*, 4, pag. 403, var. β. Arbre d'une moyenne grandeur, dont la tige est droite, cylindrique, très-simple, couronnée par une belle touffe de feuilles grandes, nombreuses, très-amples, pendantes, ailées, fort amples, longues de quatre ou six pieds et plus, chargées, ainsi que les pétioles, de petites épines très-nombreuses. De la base de ces feuilles sortent et pendent de très-grands régimes ou spadices très-ramifiés, sous-divisés en un grand nombre d'autres rameaux serrés, rapprochés, inégaux, chacun d'eux environné de deux ou trois spathes partielles, courtes, cunéiformes, tronquées, comprimées, fendues longitudinalement à un de leurs côtés. Les fleurs sont sessiles, disposées alternativement sur chacune des divisions du spadice, enveloppées à leur base par une sorte d'écaille circulaire, dure, coriace, un peu jaunâtre, lisse, presque luisante. Ces écailles sont imbriquées, et recouvrent les rameaux dans toute leur longueur. Les fleurs mâles, réunies sur les mêmes rameaux que les fleurs femelles, en occupent la partie supérieure ; elles sont très-nombreuses, persistent pendant quelque temps, et tombent enfin à la maturité des fruits, qui forment, par leur ensemble, par leur rapprochement et leur nombre, une grosse touffe ovale, serrée,

composée de baies sèches, ovales, oblongues, luisantes, écailleuses ; les écailles très-serrées , fortement imbriquées du sommet vers la base , ovales, obtuses ; chaque baie est à une
seule loge ; elles renferment une semence ovale, oblongue ,
ridée, tuberculée, lacuneuse d'une manière très-irrégulière.
Cette plante croît dans différentes contrées de l'Inde, au Malabar, en Afrique, dans les royaumes d'Oware et de Benin ,
sur le bord des rivières.

« Ce palmier, dit Beauvois, est une des productions les
« plus communes et en même temps une des plus utiles pour
« les habitans du pays où il croît : on en fait un très-grand
« usage. La côte des feuilles, ou le support des folioles, est
« employée à faire des sagayes, instrument dont les Nègres
« se servent pour aller à la pêche : il est terminé par un fer
« fait en forme d'arête de poisson ou par une arête naturelle
« de poisson, fixée par une longue ficelle, dont l'autre ex-
« trémité est attachée autour du corps du pêcheur. Ainsi
« armé, il se promène sur le bord des rivières ou de la mer :
« lorsqu'il aperçoit un poisson entre deux eaux, il lance sa
« sagaye, et rarement manque à percer et à saisir sa proie.
« Lorsque le poisson, ayant perdu son sang, n'a plus assez de
« force pour se dégager et se détacher du fer qui l'a percé,
« c'est alors que le pêcheur l'attire à lui à l'aide de la ficelle
« attachée à la sagaye et à son corps.

« Les feuilles servent à former des palissades, des entou-
« rages, les murs et les couvertures des maisons. Lorsqu'il
« s'agit de construire des habitations, les Nègres coupent des
« amas de feuilles qu'ils amènent dans des pirogues. Lors-
« qu'une suffisante quantité se trouve rassemblée, des fem-
« mes tournent les folioles d'un même côté, ouvrage pénible
« et désagréable, à cause des épines, mais rarement suivi d'ac-
« cidens, par l'habitude qu'elles ont de ce travail. A mesure
« que cet ouvrage confié aux femmes s'avance, d'autres Nègres
« réunissent ordinairement trois ou quatre feuilles ensemble,
« attachent les côtes avec des lianes, et en forment autant
« de faisceaux ou paquets. Ces faisceaux sont placés trans-
« versalement et liés avec des lianes entre chaque poteau,
« et servent à boucher les ouvertures latérales. Les feuilles
« étant ainsi disposées, chaque faisceau présente une épais-

« seur de six ou huit couches de folioles, qui s'augmentent
« encore par les faisceaux posés successivement, et à peu
« près comme nos couvreurs de chaume et autres placent
« les bottes de paille et les tuiles. Les couvertures sont faites
« de même, et des lianes sont interposées, de distance en
« distance, pour empêcher que les folioles ne soient soule-
« vées par le vent.

« Ces sortes d'habitations, dont les côtés et les couvertures
« sont très-épais, lorsqu'on ne pratique pas d'ouverture au
« centre, n'ont d'autres ouvertures qu'une porte très-basse
« et de petites lucarnes pratiquées sur les quatre côtés : elles
« ont l'avantage d'empêcher la chaleur d'y pénétrer, et les
« lucarnes établissent un courant d'air suffisant pour le re-
« nouveler ; mais elles présentent quelques inconvéniens,
« ceux surtout d'être les repaires de gros rats, qui abondent
« dans ces contrées, et de vipères, couleuvres, etc., qui s'y
« glissent et s'y établissent pour faire la chasse aux rats. »

« Les naturels d'Oware, ajoute Beauvois, retirent de cet
« arbre une liqueur assez semblable au vin de palme, mais
« plus forte, plus colorée : ils la nomment *bourdon.* Ils préfè-
« rent le *bourdon* au vin de palme, d'abord à raison de sa
« force, et surtout depuis que plusieurs d'entre eux, soit par
« des accidens qu'ils ne pouvoient prévoir, soit par négli-
« gence, et faute d'avoir donné assez de solidité à la ceinture
« des branches d'arbres et de lianes dont ils se servoient pour
« s'élever, ont péri dans leur chute. Ils ont deux manières
« d'extraire cette liqueur. La première, connue et usitée
« depuis long-temps chez tous les peuples qui boivent du vin
« de palme, consiste à recueillir, pendant plusieurs jours,
« au haut de l'arbre, dans des calebasses, la séve qui en dé-
« coule abondamment, après avoir fracturé ou coupé la nou-
« velle pousse du centre. La seconde, particulière aux ha-
« bitans d'Oware, est de ramasser une quantité de fruits, de
« les dégager de leur enveloppe, et de faire fermenter les
« amandes dans le premier vin étendu d'eau. Cette seconde
« sorte de vin est plus colorée, plus spiritueuse ; elle pétille
« comme le vin de Champagne, et se conserve beaucoup plus
« long-temps. La valeur d'un demi-litre suffit pour griser les
« hommes qui ne sont pas habitués à cette boisson. »

Ce même arbre fournit encore cette substance connue sous le nom de *sagou*; mais il n'est pas le seul : un grand nombre de palmiers en donnent également en plus ou en moins grande quantité. On retire le sagou particulièrement de la moelle du tronc, qui est plus ou moins transparente, blanche ou fongueuse, suivant l'âge de l'arbre. Les habitans l'enlèvent après avoir fendu l'arbre dans sa longueur; ils écrasent cette moelle, la mettent dans une espèce de cône ou d'entonnoir fait d'écorce d'arbre, assujetti sur un tamis de crin; ils la délaient avec beaucoup d'eau. Ce fluide entraîne, par les ouvertures du tamis, la portion la plus fine et la plus blanche de la moelle; la partie fibreuse reste sur le tamis.

L'eau chargée de la partie la plus atténuée de cette moelle est reçue dans des pots, et elle y dépose peu à peu la fécule qui en troubloit la transparence. On décante l'eau éclaircie, et on passe le dépôt à travers des platines perforées, qui lui donnent la forme de petits grains sous laquelle le sagou nous parvient. La couleur rousse qu'ils offrent à leur surface est due à l'action du feu sur lequel on les a fait sécher. Ces grains se ramollissent et deviennent transparens dans l'eau bouillante. On en forme, avec le lait ou le bouillon, une sorte de potage léger, assez agréable, qu'on a fort recommandé dans la phthisie. Le sagou est donc un véritable amidon, auquel on peut très-bien substituer celui des pommes de terre : ses qualités sont très-indépendantes de sa forme. Quand on veut faire cuire ce sagou, on en met environ une cuillerée à bouche dans un poêlon, pour le délayer peu à peu dans une chopine d'eau chaude ou de lait; on place ce poêlon sur un feu doux, et on remue sans discontinuer pendant une demi-heure ou environ; on y ajoute du sucre, des aromates, de l'eau de fleur d'orange, etc.

Dans les iles Moluques, aux Manilles, aux Philippines, on forme aussi avec la pâte molle du sagou des pains mollets d'un demi-pied en carré et d'un doigt d'épaisseur. On en attache, en forme de chapelets, dix ou vingt ensemble, et on les vend ainsi dans les rues des villes et faubourgs d'Amboine. Les habitans de cette contrée font encore une espèce de poudingue assez agréable pour les convalescens, avec cette pâte encore molle, mélangée de jus de poissons et du suc de limon, avec quelques autres aromates.

Sagouier pédonculé : *Sagus pedunculata ; Raphia pedunculata*, Beauv., Fl. d'Oware et Benin, tab. 44, fig. 2, et tab. 46, fig. 2 ; *Sagus farinifera*, Lamk., *Ill. gen.*, tab. 771, fig. 2 ; Gærtn., *De fruct.*, tab. 120 ; *Rafia*, Bory-S.-Vinc., Itin., 1, pag. 178 ; *Sagus raffia*, Willd., *Spec.*, 4, pag. 403, var. α ; Jacq., *Fragm. bot.*, 7, tab. 4, fig. 2 ; *Sagus longispina*, Rumph., *Amb.*, 1, pag. 75. Nous ne connoissons encore de ce beau palmier que le fruit tel qu'il a été figuré par Lamarck, Gærtner, Palisot-Beauvois. Il paroît avoir été d'abord confondu avec l'espèce précédente ; mais la forme et le caractère de ses fruits, les fleurs mâles pédicellées, d'après Beauvois, suffisent pour en faire une espèce distincte. Les fruits sont réunis en un très-beau régime, tel qu'il a été figuré par M. de Lamarck, d'après un individu de sa collection. C'est une baie sèche, ovale, presque globuleuse, à une seule loge, surmontée par le style persistant, durci, subulé, cartilagineux ; couverte d'écailles imbriquées, sèches, ovales, luisantes, d'un brun foncé ; elle ne renferme qu'une seule semence très-grosse, ovale-arrondie, un peu aiguë à sa base ; l'enveloppe extérieure est membraneuse et spongieuse, jaunâtre, plus épaisse à la base de la semence : l'intérieure un peu crustacée, mince, couleur de châtaigne ; le périsperme cartilagineux, d'un blanc ferrugineux ; l'embryon latéral, horizontal. Ce palmier est un très-grand arbre de l'île de Madagascar.

Sagouier de Rumph : *Sagus Rumphii*, Willd., *Spec.*, 4, pag. 404 ; *Sagus farinifera*, Encycl. (*excl. syn. Gærtn. et Rumphii*) ; *Sagus sive palma farinaria sagu*, Rumph., *Amb.*, 1, pag. 72, tab. 17, 18 ; *Metroxylon*, Rottb., *Nov. act. Dan.*, 2, p. 525. Ce palmier, d'après Beauvois, doit seul constituer le genre *Sagus*. Il a rangé les deux espèces précédentes dans un genre particulier, qu'il a nommé *Raphia*. Toutes les parties de la fructification de ces plantes nous sont encore si peu connues, qu'on ne peut se décider qu'avec beaucoup de réserve. La plante dont il est ici question est un arbre peu élevé, dont le tronc est presque lisse, couronné à son sommet par une touffe de feuilles très-amples, ailées, composées de longues folioles très-étroites, vertes et glabres à leurs deux faces, aiguës, très-lisses, armées sur les pétioles de longues épines rares, caduques. La spathe qui enveloppe les régimes est grande, chargée d'épines caduques; le régime très-ample, très-rameux dès sa base; les rameaux sont fort longs, divergens, longs de dix à douze pieds, leurs divisions longues d'un pied et demi, tous comprimés, couverts d'écailles simples, tronquées, longues de deux pouces, opposées sur deux rangs; de chacune d'elles sort un chaton divariqué, cylindrique, sessile, tomenteux, long de six à huit pouces, imbriqué d'écailles coriaces, nombreuses, sous lesquelles sont entièrement recouvertes des fleurs fort petites, très-nombreuses, dont plusieurs avortent.

Les fleurs, d'après Rottboll, sont hermaphrodites; leur calice est divisé en six découpures, dont les trois intérieures (la corolle) plus longues; les étamines sont au nombre de six, non saillantes; les filamens concaves, élargis à leur base; les anthères sagittées et conniventes. L'ovaire est surmonté d'un style droit, d'un stigmate épais. Le fruit est une baie sèche, assez grosse, de la forme d'un œuf de poule, couverte d'écailles luisantes, imbriquées du sommet vers la base, coriaces, d'un jaune clair, souvent blanchâtres et membraneuses à leurs bords, presque triangulaires, marquées d'un sillon dans leur milieu; elle renferme une semence dure, ovale. Cette plante croît dans les Indes; son tronc contient une moelle farineuse, aliment très-sain. On en retire aussi du sagou, comme de la plupart des autres palmiers.

Le palmier-bache, que, d'après l'inspection de son fruit, j'avois soupçonné devoir appartenir à ce genre, a été réuni au genre MAURITIA par MM. de Humboldt et Bonpland. (Voyez ce mot.) A ce qui en a été dit à l'article MAURITIA, nous ajouterons ici quelques observations d'Aublet. Le bache, dit cet auteur, a un tronc fort et très-dur; ses fibres sont longitudinales, noires et solides : il s'élève à trente pieds, sur deux pieds et plus de diamètre. Ses feuilles sont en éventail, d'une grandeur et d'une largeur considérables, ayant environ cinq pieds de diamètre. Les fruits sont portés sur un régime fort grand, très-rameux : ils sont d'un brun rougeâtre, de la grosseur d'une petite pomme, lisses, comme vernissés, couverts d'écailles qui imitent à peu près celles de la pomme de pin dans sa jeunesse.

Ce fruit renferme une grosse amande, dont la nation des Maiés fait du pain qui sert à leur nourriture. Le tronc de ce palmier résiste à la hache par sa dureté : il est employé par ces mêmes peuples pour la construction de leurs carbets, qu'ils recouvrent avec les feuilles. Le pétiole, qui est fort long et large, aplati et ligneux, leur sert pour border les canots, afin de les agrandir. Ces Maiés tirent des feuilles tendres un fil très-fin, avec lequel ils fabriquent des hamacs et des pagnes. La rencontre de cet arbre dans les déserts met le voyageur égaré à l'abri de la famine. Les perroquets sont très-friands de son fruit ; ils se rendent tous les matins sur ces palmiers : c'est aussi les lieux où les Caraïbes leur tendent des piéges. Cet arbre croît particulièrement sur le bord des rivières, des ruisseaux, dans les cantons marécageux de la Guiane. (Poir.)

SAGOUIN. (*Mamm.*) Voyez Sagoin. (Desm.)

SAGOUTIER. (*Bot.*) Voyez Sagouier. (Lem.)

SAGOUY. (*Mamm.*) L'ouistiti, petit singe d'Amérique, a été quelquefois ainsi nommé. Voyez Sagoin. (Desm.)

SAGOVIN. (*Mamm.*) Synonyme de sagouin ou sagoin. (Desm.)

SAGR. (*Ornith.*) Nom arabe et générique des faucons, suivant Forskal, lequel s'écrit aussi *sakr*. (Ch. D.)

SAGRE, *Sagra*. (*Entom.*) Fabricius a désigné sous ce nom un genre d'insectes coléoptères tétramérés, de la famille des phytophages ou herbivores, pour y ranger quelques espèces étrangères à l'Europe qu'il a distraites du genre *Alurnus*, dont elles diffèrent en effet par le port; ayant pour la plupart les cuisses des pattes postérieures fort grosses, comprimées et cannelées pour recevoir les jambes, qui sont arquées.

Tous ces insectes sont d'Asie ou d'Afrique. On suppose par analogie qu'ils sont phytophages comme les donacies et les criocères. (C. D.)

SAGRE. (*Ichthyol.*) Nom d'une espèce d'Aiguillat que nous avons décrite à la page 93 du Supplément du tome I.er de ce Dictionnaire. (H. C.)

SAGRÉE. (*Ichthyol.*) Voyez Sagre. (H. C.)

SAGREL GERAD. (*Ornith.*) M. Vieillot rapporte que ce nom est donné à l'émérillon, espèce de faucon, par les Égyptiens. (Desm.)

SAGRIDES. (*Entom.*) M. Latreille a établi sous ce nom une tribu dans la famille des coléoptères tétramérés qu'il nomme eupodes : il y range les *sagres*, les *mégalopes* et les *tridacnes*, parmi lesquels se trouve placé le criocère du cerisier. (C. **D.**)

SAGRY. (*Ichthyol.*) Nom oriental du CHAGRIN. Voyez ce mot. (H. C.)

SAGUASTER. (*Bot.*) Rumph décrit sous ce nom le *caryota* de Linnæus, genre de Palmier nommé aussi *Schunda pana*, sur la côte malabare, suivant Rhéede. (J.)

SAGUEERDRINKER. (*Ichthyol.*) Le prétendu poisson volant dont Ruysch (*Collect. pisc. amboin.*, tom. 1, pag. 13, n.° 20) a parlé sous ce nom, me paroît être l'ANABAS que nous avons décrit dans le Supplément du tome II de ce Dictionnaire. (H. C.)

SAGUERUS. (*Bot.*) C'est sous ce nom que Rumph désigne l'areng, *arenga*, genre de Palmier. (J.)

SAGUIN. (*Mamm.*) Voyez SAGOIN. (DESM.)

SAGUINUS. (*Mamm.*) Ce nom, latinisé par M. Hoffmannsegg, a été appliqué par lui à un genre de singes américains qui se rapporte à la fois au groupe des ouistitis et à celui des tamarins de M. Geoffroy. (DESM.)

SAHATER. (*Bot.*) Voyez SATHAR. (J.)

SAHER. (*Bot.*) Nom arabe du *cynosurus ternatus* de Forskal. (J.)

SAHERADE. (*Bot.*) Nom arabe du souchet, *cyperus*, cité par Daléchamps. (J.)

SAHLBERGIA. (*Bot.*) Necker, attribuant à tort au *gardenia* le caractère de fruit uniloculaire, forme des espèces à fruit biloculaire son genre *Sahlbergia*. (J.)

SAHLITE. (*Min.*) Espèce du genre PYROXÈNE. Voyez ce mot. (B.)

SAHOLI. (*Ornith.*) Nom générique des faucons en Russie. (CH. D.)

SAHOUES-QUANTA. (*Mamm.*) Le petit polatouche de l'Amérique du Nord, porte ce nom au Canada. (DESM.)

SAI. (*Bot.*) Nom brame du *jasminum grandiflorum*, cité par Rhéede. Le *mogorium multiflorum* de M. de Lamarck est nommé *saio*. (J.)

SAI ou ÇAI. (*Mamm.*) C'est une espèce de singe américain du genre des sapajous. (DESM.)

SAIBAK. (*Mamm.*) Nom lapon du loup. (Desm.)

SAIBLING. (*Ichthyol.*) Les habitans du pays de Salzbourg donnent ce nom à l'ombre qu'on pêche dans leurs lacs. Voyez Ombre. (H. C.)

SAÏDA ; *Gadus saida*, Linn. (*Ichthyol.*) Nom d'un poisson découvert par Lépéchin dans la mer Blanche, au nord de l'Europe. De la taille de sept à onze pouces, il a les deux mâchoires armées de dents aiguës et crochues; le palais garni de deux rangées, et les os pharyngiens hérissés d'une multitude des mêmes ostéides; la mâchoire inférieure plus-avancée que la supérieure; les nageoires dorsales et anales triangulaires; le quatrième rayon de la troisième dorsale, le cinquième de la première anale et le second des catopes terminés par un long filament; la partie supérieure d'une teinte obscure et parsemée de points noirâtres; les côtés bleuâtres; les opercules argentées; le ventre blanc et le sommet de la tête très-noir. Sa nageoire caudale est fourchue.

On mange sa chair, quoiqu'elle soit peu succulente. Il est généralement rapporté au grand genre des Gades. (H. C.)

SAIFF. (*Ichthyol.*) Voyez Vandoise. (H. C.)

SAIGA ou SAIGI. (*Mamm.*) C'est le nom d'une espèce de ruminant du genre des Antilopes, et aussi, dit-on, la désignation du musc ou porte-musc aux environs d'Irkutzk. Voyez Antilope. (Desm.)

SAIGNO. (*Bot.*) Garidel cite ce nom provençal de la masse d'eau ou massette, *typha*. (J.)

SAIHOBI. (*Ornith.*) Cet oiseau est décrit par d'Azara sous le n.° 92. C'est la première espèce de ses *lindos*, qui appartiennent, à ce qu'il paroît, à la famille des tangaras. Ce nom, qui signifie *habit-bleu*, n'est pas connu au Paraguay et vient du Brésil. Cet oiseau a paru à Sonnini être le même que le *banana* ou *fringilla jamaica*, Linn. et Lath.; mais sa petite taille a empêché M. Vieillot d'adopter ce rapprochement, et il soupçonne, que la saihobi est plutôt de l'espèce de son Habia a épaulettes bleues, *Saltator cyanopterus*, qui est décrit dans ce Dictionnaire, tom. XX, p. 194. (Ch. D.)

SAIKATJE, SAIKATSI. (*Bot.*) Noms japonois du *cæsalpinia crista*, suivant Thunberg. Il rapporte aussi sous ce dernier nom un petit arbre qu'il croit être un *fagara*. (J.)

SAIKILISS. (*Bot.*) Nom arabe de la berce, *heracleum*, cité par Mentzel. (J.)

SAIKILO. (*Bot.*) Nom brame du *nepeta amboinica* de Linnæus fils. (J.)

SAILO. (*Bot.*) Nom brame de l'arbre de tek, *theka*, cité par Rhéede. (J.)

SAILLANT. (*Bot.*) La radicule est saillante, lorsque, se prolongeant au-dessous du point d'attache des cotylédons, elle les déborde; exemples : *cheiranthus, genista,* etc. Le style est saillant, lorsqu'il dépasse l'orifice du périanthe; exemples : *fuchsia, valeriana rubra,* etc. (Mass.)

SAILOR. (*Malacoz.*) Nom sous lequel les Anglois désignent les argonautes et qui signifie navigateur. (De B.)

SAIMIRI. (*Mamm.*) Petit singe américain du genre Sagoin. Voyez ce mot. (Desm.)

SAINBOIS. (*Bot.*) Nom vulgaire du daphné garou. (L. D.)

SAINFOIN; *Hedysarum,* Linn. (*Bot.*) Genre de plantes dicotylédones polypétales, de la famille des légumineuses, Juss., et de la *diadelphie décandrie* de Linnæus, dont les principaux caractères sont d'avoir : Un calice monophylle, quinquéfide, à divisions linéaires-subulées, presque égales; une corolle papilionacée, à étendard grand, à carène obliquement tronquée et beaucoup plus longue que les ailes; dix étamines diadelphes; un ovaire supère, surmonté d'un style subulé, à stigmate simple; un légume composé d'articulations orbiculaires, comprimées et monospermes.

Les sainfoins sont des herbes ou des sous-arbrisseaux à feuilles ailées avec impaire, et à fleurs disposées en épi sur des pédoncules axillaires. Ce genre seroit aujourd'hui très-nombreux et renfermeroit plus de deux cents espèces, s'il fût resté tel que Linné l'avoit établi sous le nom d'*Hedysarum;* mais les botanistes modernes en ont d'abord séparé l'*Onobrychis,* à l'exemple de Tournefort; et depuis, M. De Candolle, M. Desvaux et autres ont encore formé à ses dépens les genres *Alhagi, Alysicarpus, Dicerma, Desmodium, Eleiotis, Lespedeza, Taverniera, Uraria,* etc. Après avoir éprouvé tous ces démembremens, le genre *Hedysarum* proprement dit ne comprend plus, dans le *Prodromus* de M. De Candolle, que trente et quelques espèces.

Sᴀɪɴғoɪɴ ɢʀᴀɴᴅɪғʟoʀᴇ; *Hedysarum grandiflorum*, Pall., *Itin.*, 2, pag. 743, t. 9. Les feuilles, dans cette espèce, sont toutes radicales, pétiolées, longues de sept à huit pouces, composées de onze à dix-sept folioles ovales, glabres en dessus, chargées en dessous d'un duvet cotonneux. Du milieu des feuilles s'élève une hampe nue, légèrement cotonneuse, à peu près égale à leur propre longueur, terminée par un épi oblong, composé de fleurs grandes, de couleur jaunâtre. Les légumes sont formés de deux à trois articulations ridées, lanugineuses. Cette plante croît naturellement en Sibérie.

Sᴀɪɴғoɪɴ oʙscuʀ : *Hedysarum obscurum*, Linn., *Sp.*, 1057; Jacq., *Fl. Aust.*, tab. 168. Sa tige est droite, peu rameuse, glabre, haute d'un pied et demi ou environ, garnie de feuilles ailées, composées de neuf à quinze folioles ovales-oblongues, glabres. Ses fleurs sont d'un bleu pourpre ou d'un blanc jaunâtre, pédicellées, pendantes, disposées en longues grappes axillaires et redressées. Les gousses sont lisses, glabres, séparées en deux à trois articulations. Cette espèce croît naturellement dans les Alpes, en France, en Suisse, en Savoie, en Autriche.

Sᴀɪɴғoɪɴ ʜuᴍʙʟᴇ; *Hedysarum humile*, Linn., *Sp.*, 1058. Sa racine produit plusieurs tiges droites ou un peu étalées, légèrement pubescentes ou presque glabres, hautes de six à huit pouces, garnies de feuilles ailées, composées de treize à dix-sept folioles oblongues, glabres en dessus, légèrement pubescentes en dessous. Ses fleurs sont purpurines, disposées en épis ovales, portés sur des pédoncules axillaires ou terminaux; leur calice est hérissé de poils blanchâtres. Cette plante croît dans les lieux pierreux des montagnes, dans le Midi de la France et en Espagne.

Sᴀɪɴғoɪɴ ᴀ ʙouquᴇᴛs, vulgairement Sᴀɪɴғoɪɴ ᴅ'Esᴘᴀɢɴᴇ; *Hedysarum coronarium*, Linn., *Sp.*, 1058. Ses tiges sont droites, cannelées, rameuses, hautes d'un pied et demi à deux pieds, garnies de feuilles ailées, composées de sept à neuf folioles ovales, très-légèrement velues. Ses fleurs sont assez grandes, d'un beau rouge, rarement blanches, disposées en un épi court, sur des pédoncules axillaires plus longs que les feuilles. Les gousses sont composées de quatre à cinq articulations glabres, garnies sur leur deux faces de tubercules saillans et presque épineux. Cette espèce croît naturellement en Italie, en Barbarie et dans quelques-uns de nos départemens méridionaux.

On la plante dans les jardins à cause de la beauté de ses fleurs. Dans quelques cantons du Midi de la France, et surtout en Italie, on la cultive en grand comme fourrage. Tous les bestiaux l'aiment beaucoup, soit en vert, soit en sec.

SAINFOIN ÉPINEUX; *Hedysarum spinosissimum*, Linn., *Spec.*, 1058. Ses tiges sont diffuses, presque couchées, rameuses, pubescentes, hautes de six à huit pouces, garnies de feuilles ailées, composées de quinze à dix-neuf folioles petites, ovales, souvent échancrées à leur sommet, glabres. Ses fleurs sont mélangées de pourpre et de blanc, disposées en un épi court et presque en tête, sur un pédoncule axillaire, pubescent, plus long que les feuilles. Les gousses sont formées de deux à trois articulations velues, réticulées et armées de pointes courtes. Cette espèce croît en Espagne et en Italie : elle est annuelle.

SAINFOIN FRUTIQUEUX; *Hedysarum fruticosum*, Linn. fils, *Sup.*, 533. Ses tiges sont un peu ligneuses, divisées en rameaux cylindriques, légèrement pubescens, garnis de feuilles ailées, composées de neuf à treize folioles linéaires, obtuses, pubescentes en dessous. Ses fleurs sont d'une belle couleur purpurine, peu nombreuses, distantes entre elles, pédicellées, disposées en grappes axillaires. La gousse est formée de trois à quatre articulations renflées, ridées et réticulées. Cette plante croît en Sibérie. C'est un très-bon fourrage pour les chevaux. (L. D.)

SAINO ou ZAINO. (*Mamm.*) Nom du pécari dans quelques contrées de l'Amérique méridionale, selon d'Acosta. (DESM.)

SAINT-GERMAIN. (*Bot.*) Nom d'une variété de poire. (L. D.)

SAINT-GERMER. (*Mamm.*) L'oiseau ainsi nommé dans le département de la Somme, est l'œdicnème ou courlis-deterre, *charadrius œdicnemus*. (CH. D.)

SAINT-PIERRE ou POISSON SAINT-PIERRE. (*Ichthyol.*) Voyez DORÉE. (H. C.)

SAINTE-NEIGE. (*Bot.*) Nom vulgaire du chiendent dans quelques cantons. (L. D.)

SAISONS. (*Phys.*) Divisions de l'année, réglées sur le mouvement apparent du soleil. Il y a quatre saisons, le PRINTEMPS, l'ÉTÉ, l'AUTOMNE et l'HIVER. (Voyez ces mots.)

Considérées sous le rapport météorologique, les termes des saisons n'ont pas la même précision que sous le rapport astronomique; leurs époques, leur durée, le nombre même, varient suivant les régions. Dans les régions polaires on ne connoit guère le printemps : on pourroit même dire qu'il n'y a que deux saisons : un hiver très-long et un été fort court. Dans plusieurs régions équatoriales on ne distingue que la saison des pluies et la saison sèche. Voyez TEMPÉRATURE et VENT. (L C.)

SAIOU. (*Mamm.*) Ce nom correspond à celui de sajou. (DESM.)

SAJOR. (*Bot.*) Nom indien, cité par Rumph et Burmann, du *plukenetia*. Ce dernier cite celui de *sajor - babi* pour son *spermacoce ocymoides*. (J.)

SAJOR - CALAPPA - UTAN. (*Bot.*) Nom malais, cité par Rumph, du *cycas circonalis*. (J.)

SAJOR-CODOCK. (*Bot.*) Un des noms donnés dans l'île de Java, suivant Burmann, à son *ulva javanica*. Une arroche, qu'il croit être l'*atriplex littoralis*, y est nommée *sajorcoddak*. (J.)

SAJOR - CORPO - LAKI - LAKI. (*Bot.*) Voyez CORPOO. (J.)

SAJOU. (*Mamm.*) Nom souvent employé pour désigner les SAPAJOUS (voyez ce mot). Les noms de *sajous barbu, blanc, gris, brun, cornu, fauve, à gorge blanche, à toupet, trembleur* et *varié*, correspondent exactement à ceux des espèces de sapajous, auxquelles sont attribuées de pareilles épithètes. Le *sajou de Petiver*, désigné par Linné sous le nom *simia syrichta*, doit être rayé des catalogues méthodiques; sa description ne présentant aucun caractère qui puisse le faire distinguer des autres, et sa figure étant très-mauvaise. Enfin, il en est de même du sajou à tête de mort, *simia morta*, Linn., qui n'a été décrit que sur un fœtus, conservé dans la collection de Séba, qui lui attribuoit une queue longue, nue et écailleuse. (DESM.)

SAK EL GHORAB. (*Bot.*) Nom arabe du *stapelia acutangula* de Forskal. (J.)

SAK-SOK. (*Bot.*) A Java on nomme ainsi le *verbesina lavenia*, suivant Burmann. (J.)

SAKA, SAKA-WINKÉE ou SAKÉE-WINKÉE. (*Mamm.*) Voyez SAKI. (DESM.)

SAKAICK-ALFAR. (*Bot.*) Nom arabe, cité par Rauwolf, d'une espèce d'anémone à fleurs jaunes. (J.)

SAKAIF. (*Bot.*) Le pavot rouge est ainsi nommé par les Arabes, suivant Mentzel. (J.)

SAKAKI. (*Bot.*) L'arbrisseau du Japon, cité sous ce nom par Kæmpfer, paroît être, d'après la figure publiée par Banks, une espèce de *ternstræmia*, genre qui donne son nom à la nouvelle famille des ternstromiées, établie par M. Mirbel. (J.)

SAKALICK. (*Bot.*) Nom arabe, cité par Rauwolf, d'un pavot, *papaver argemone*, qui est le *schagek* des environs d'Alep. (J.)

SAKEM. (*Conchyl.*) Nom donné par Adanson (Sénégal, page 100, pl. 7) à un coquillage de la côte occidentale d'Afrique, que Bruguière rapporte au *buccinum hæmastomum* de Gmelin, pourpre hæmastome de M. de Lamarck, et que Gmelin croit à tort être le *murex mancinella*, Linn.; opinion adoptée par M. Bosc. (DE B.)

SAKERAN. (*Bot.*) Nom arabe de l'héliotrope ordinaire ou herbe aux verrues, *heliotropium europæum*, suivant Delile. Forskal la nomme *kerir* et *akrir*. Voyez aussi SÆKARAN. (J.)

SAKHULTON. (*Ornith.*) Dans la Mongolie ce nom est donné au mâle de l'outarde, à cause des sortes de barbes qui garnissent les côtés du bec de cet oiseau. (DESM.)

SAKI; *Pithecia*, Desm. (*Mamm.*) Nom d'un genre de singes que nous avons établi, en 1804, dans les tables méthodiques qui terminent la première édition du Nouveau Dictionnaire d'histoire naturelle, pour y placer les singes d'Amérique à queue de renard.

Les sakis ont plusieurs analogies avec les sapajous, et surtout avec les sagoins : néanmoins ils diffèrent des premiers en ce que leur queue n'est nullement prenante, et des seconds en ce que cette queue est couverte de très-grands poils, au lieu de l'être de poils médiocrement longs; et, de plus, leur système dentaire offre des particularités que M. Frédéric Cuvier a appréciées et que nous ferons bientôt connoître. Ils ont aussi beaucoup de ressemblance, et surtout dans leurs habitudes naturelles, avec le singe décrit par M. de Humboldt sous le nom de douroucouli, dont Illiger avoit fait un genre sous le nom d'*aotus*, que M. F. Cuvier a fort judicieusement changé en celui de nocthore qui indique un caractère réel, tandis que le premier exprime une manière d'être (le manque absolu d'oreilles externes) qui n'existe pas. En effet, ce douroucouli a les yeux très-grands et éminemment conformés pour la vie nocturne, tandis que ceux des sakis ne sont pas sensiblement plus volumineux que les yeux des sapajous, bien que ces singes soient, comme les douroucoulis, éveillés pendant la nuit[1]. Leur tête ronde, comme celle des sapajous, ne permet pas de les rapprocher des alouates, dont l'os hyoïde offre, d'ailleurs, un caractère particulier très-apparent ; et ces mêmes alouates, ainsi que les atèles, ne pourroient leur être comparés sous le rapport de la forme et de la fonction de leur queue, qui est éminemment prenante et dépourvue de poils à la face inférieure de son extrémité. Enfin leurs ongles plats et leurs molaires à tubercules mousses, au nombre de six partout, les éloignent beaucoup des singes plus petits qu'eux, pourvus de griffes plutôt que d'ongles, et de cinq molaires à tubercules aigus, qu'on a distingués génériquement sous les noms d'ouistitis et de tamarins.

Dans les sakis le crâne est arrondi, le museau court, l'angle facial de 60 degrés environ ; les oreilles qui sont de grandeur médiocre, se rapprochent, pour la forme, de celles de l'homme, et sont rebordées ; la cloison des narines est plus large que la rangée des dents incisives supérieures. A la mâchoire supérieure les deux incisives moyennes sont arrondies par leur bord inférieur, échancrées à leur bord externe et très-fortement excavées à leur face interne ; les incisives latérales sont en tout semblables aux intermédiaires, mais de moitié plus petites ; les canines présentent une pointe aiguë et dépassent de peu la première mâchelière ; celle-ci, qui est la première et la plus petite des fausses molaires, a une pointe à son bord

---

1 Le Nocthore douroucouli, *Nocthorus trivirgatus*, a le corps long de 9 pouces, et la queue longue de 1 pied 2 pouces et très touffue. La tête est ronde ; ses grands yeux sont presque contigus. Le pelage est cendré en dessus, jaune roux en dessous ; trois lignes brunes et parallèles s'étendent du front à l'occiput ; la queue est grise et terminée de noirâtre. Ce singe nocturne vit de fruits, d'insectes, et mange même de petits oiseaux. Il habite les forêts des bords du Cassiquiare et du haut Orénoque.

externe et un talon à son bord interne; les deux fausses molaires qui la suivent sont d'égale grandeur, et ont les formes de la première, avec une crête qui borde leur face interne; les deux vraies molaires suivantes, d'égale grandeur, sont à quatre tubercules, dont les extérieurs plus gros, et sont bordées d'une crête osseuse à leur face interne; la dernière, plus petite que les deux précédentes, a une forme particulière : elle présente deux crêtes en arc de cercle à son bord interne, circonscrites l'une dans l'autre, et une qui la borde extérieurement. A la mâchoire inférieure les incisives sont étroites, longues, proclives, convergentes par leurs pointes, et écartées des canines; la première fausse molaire n'a qu'une pointe à son bord externe; les deux suivantes, une pointe au bord externe, et une seconde, mais un peu moins forte, au bord interne; les trois dernières molaires ont quatre tubercules. Telle est du moins la composition du système dentaire du saki aux mains noires, que M. F. Cuvier a décrit comme type du genre, et qui se retrouve presque identique dans les autres espèces.

La queue des sakis est à peu près de la longueur du corps, lâche et abondamment fournie de longs poils ; les pieds sont pentadactyles, et leurs doigts terminés par des ongles courts et recourbés.

On sait peu de chose sur les habitudes naturelles de ces singes, qui tous habitent la Guiane ou le Brésil. On les dit nocturnes, et c'est ce qui les a fait nommer par quelques auteurs, *singes de nuit*. On en compte maintenant dix à onze espèces.

Saki couxio: *Pithecia satanas*, Geoff., Desm.; *Cebus satanas*, Hoffmans., ou *Couxio* de Humboldt, Rec. d'obs. zool., p. 314, pl. 27. Il a le corps et la tête longs, ensemble, d'un pied quatre pouces, et sa queue a un pouce de plus. Sa face est brune; sa bouche grande, et pourvue de canines fortes et anguleuses, ainsi que d'insicives inférieures très-étroites et proclives; les poils du sommet de sa tête sont divergens, assez longs et couvrent le front; son menton est garni d'une barbe très-épaisse et d'une forme arrondie, plus forte dans le mâle que dans la femelle. Le premier a son pelage généralement d'un brun noir, ainsi que sa queue touffue, et la seconde a

le sien d'un brun roux. Les jeunes mâles sont d'un gris brun.
Ce singe habite les bords de l'Orénoque, dans le grand Para.

Le Saki capucin (*Pithecia chiropotes*, Geoff., Desm.; le Capucin de l'Orénoque, *Simia chiropotes*, Humb., Recueil d'obs.
zool., pag. 311) a reçu cette dénomination spécifique tirée du
grec, parce que, suivant l'observation de M. de Humboldt,
ce singe, lorsqu'il veut boire, puise l'eau avec le creux de sa
main, dont il forme une sorte de godet ou de vase. Il ressemble
au précédent par sa taille et sa figure; mais son pelage est d'un
roux marron, et les poils du sommet de sa tête, qui sont alongés, forment deux masses ou deux toupets, un de chaque
côté, et séparés entre eux par un intervalle; sa barbe est
touffue et assez alongée pour couvrir une partie de la poitrine; sa queue, un peu plus courte que le corps, est d'un
brun noirâtre; les canines sont fortes et les yeux très-grands
et enfoncés. Les testicules du mâle sont de couleur pourpre.

Il a été découvert, par M. de Humboldt, dans les déserts
du Haut-Orénoque, au sud et à l'est des cataractes de ce fleuve.
Ce célèbre voyageur le représente comme un animal d'un
naturel triste et farouche, doué d'une grande agilité, et
qu'il est difficile d'apprivoiser. Il vit par paire et non en
troupe, comme la plupart des autres; sa voix est un gro-
gnement sourd et rauque. On le rencontre aussi, mais rarement, dans les parties de la Guiane plus rapprochées de la
mer que celles que nous venons d'indiquer.

Le Saki a ventre roux; *Pithecia rufiventer*, Geoff., Desm.
Celui-ci a été décrit par Buffon sous le nom de *singe de nuit*,
Suppl., tom. 7, pag. 114, pl. 51 : c'est le *simia pithecia* de
Linné. Sa taille égale celle des deux espèces précédentes : sa
face est ronde, rousse-obscure ou tannée, et couverte de poils
très-courts et fins; son museau est court; ses yeux sont grands;
les poils qui couvrent son corps et sa queue sont très-longs,
et ont, sur les côtés, jusqu'à trois pouces; ils composent un
pelage brun, lavé de roussâtre en dessus, chacun de ceux qui
couvrent les parties supérieures étant d'un brun noirâtre
dans la plus grande partie de sa longueur et marqué d'un anneau d'un blanc roussâtre vers son extrémité; ceux du dessous du corps, à commencer de la gorge, sont d'un roux
clair. Les poils de la tête sont divergens, à partir du vertex,

et forment une sorte de calotte, qui se termine sur le haut du front : il n'a point de barbe. C'est l'espèce du genre la plus anciennement connue ; elle habite la Guiane.

Le Saki miriquouina (*Pithecia miriquouina*, Geoff., Desm.) est une espèce du Paraguay, d'abord décrite par d'Azara, *Essai sur l'histoire naturelle des quadrupèdes du Paraguay*, tom. 2, pag. 245. Son corps et sa tête, ensemble, ont un pied deux pouces de longueur, et la queue, en y comprenant les poils qui la dépassent, a un pied six pouces. Sa tête est petite et presque ronde, sans barbe, mais nue seulement sur les paupières et sur le nez ; on remarque deux taches blanches au-dessus des yeux ; les poils de son front sont courts et dirigés à droite et à gauche, avec une ligne de séparation dans le milieu. Les poils qui couvrent le corps sont très-doux, touffus et perpendiculaires à la peau, excepté ceux de la queue, qui sont obliques ; sur les parties inférieures ils sont de couleur fauve ou cannelle, et ceux du dessus, dont l'ensemble présente une teinte d'un gris brun, sont annelés d'abord de blanc, puis de noir au milieu, et enfin terminés de blanc. Le scrotum du mâle est presque nu. Les femelles et les jeunes mâles ne diffèrent pas sensiblement des mâles adultes, dont nous venons de donner la description. D'Azara n'ajoute rien sur les mœurs de cette espèce, qu'il dit habiter les bois de la province de Chaco et ceux du bord occidental de la rivière du Paraguay.

Le Saki a moustaches rousses : *Pithecia rufibarba*, Kuhl ; Desm., Mamm., esp. 88. Dans ce saki toutes les parties inférieures du corps, la face interne des bras et des cuisses, ainsi que le dessous des yeux, sont d'une couleur rousse pâle ; il n'y a point de tache blanche sur les paupières, comme dans le saki à ventre roux. Toutes les parties supérieures et latérales sont couvertes de très-longs poils d'un noir fuligineux, ayant chacun un anneau pâle vers la pointe ; la queue est pointue, parce que les poils qui la revêtent vont successivement en diminuant de longueur depuis sa base jusqu'à son extrémité.

M. Kuhl a décrit ce singe dans la cabinet de M. Temminck, où il est noté comme venant de Surinam.

Le Saki a tête jaune : *Pithecia ochrocephala*, Kuhl ; Desm.;

Mamm., esp. 89. Ce saki est de la taille du saki yarqué. Une couleur marron-clair se remarque sur la partie supérieure du corps et de la queue, ainsi que sur la face externe des membres, et, dans ces parties, chacun des plus grands poils est terminé de blanc jaunâtre; ces poils ainsi terminés sont néanmoins rares sur le dos, et il n'y en a point du tout à l'extrémité de la queue. Les parties inférieures du corps et la face interne des membres sont d'un roux cendré jaunâtre. Les mains antérieures et postérieures sont couvertes de poils d'un brun noir; ceux du tour de la face, et principalement du front, sont courts et d'un jaune d'ocre; le dessous des yeux est de la même couleur: une ligne moyenne longitudinale divise les poils du front.

Cette espèce a encore été décrite par M. Kuhl, d'après un singe de Cayenne qu'il a vu dans la collection de M. Temminck.

Le Saki moine ; *Pithecia monachus*, Geoff., Desm. Cette espèce, présentée avec doute comme nouvelle par M. Geoffroy, qui lui a imposé le nom qu'elle porte, pourroit, ainsi que ce naturaliste le fait remarquer, avoir été représentée par Buffon, sous le nom d'*yarqué*, Suppl. 7, pl. 30. Elle est plus petite que celle du saki à ventre roux ; son pelage est très-touffu, varié par grandes taches de brun et de blanc-jaunâtre doré: chaque poil étant de cette dernière couleur vers son extrémité, et d'un brun obscur à la base ; il n'y a point de barbe; la face est brune ; les poils de la tête sont disposés en rayonnant de l'occiput et aboutissant au vertex, ce qui rend le front large et découvert ; le toupet, le haut du dos, les épaules et la face externe des bras, sont teints de jaunâtre, ainsi que la queue, dans ses deux premiers tiers; la face interne des bras et des cuisses est noire ; la queue est à peu près de la longueur du corps. M. Geoffroy assigne le Brésil pour patrie à cet animal.

Le Saki yarqué: *Pithecia leucocephala*, Geoff., Desm.; l'Yarqué (la description, d'après Delaborde, mais non la figure), Buff., Suppl. 7. Ce singe, qui habite la Guiane, a dix pouces et demi de longueur. depuis le bout du nez jusqu'à l'origine de la queue, et cette partie n'a pas moins de onze pouces un quart, sans les poils qui la dépassent de quinze lignes à son extrémité. Son pelage est d'un brun noir et assez fourni de poils sur les parties supérieures du corps, mais peu sous le ventre. Toute sa tête est couverte de poils très-courts, comme s'ils avoient été tondus; ceux de l'occiput sont bruns, tandis que ceux du sommet de la tête sont d'un blanc sale légèrement teint de jaunâtre; enfin ceux du front sont dirigés à droite et à gauche, avec une ligne moyenne qui les sépare. Le tour des yeux, le nez et les lèvres seulement, sont nus et bruns.

Les yarqués, selon Delaborde, composent de petites troupes de six à douze individus, qui fréquentent plutôt les arbustes bas et les broussailles que les arbres élevés, et qui sont presque constamment à la recherche des ruches d'abeilles sauvages, pour en prendre le miel. Du reste, ces animaux ont des habitudes très-semblables à celles des sapajous et des sagoins.

Le SAKI CACAJAO : *Pithecia melanocephala*, Geoff., Desm.; le CACAJAO, *Simia melanocephala*, Humboldt, Rec. d'obs. zool., pag. 316, pl. 29. Cette nouvelle espèce, qui habite les rives du Cassiquiare et du Rio-Negro de la Guiane, est désignée, dans ces contrées, par les différens noms de *carniri*, *chucuzo* et *mono-rabon*. La longueur totale de son corps, mesurée depuis la tête jusqu'à l'extrémité des pieds de derrière, est d'un pied six pouces. Son pelage est d'un brun jaunâtre; cette même couleur se voit aussi sur la plus grande partie de la queue, qui est très-touffue, d'un sixième plus courte que le corps, et d'un brun presque noir à son extrémité; toutes les parties inférieures du corps et la face interne des quatre membres sont d'une couleur plus claire que les supérieures; les mains et les pieds sont noirs; mais ce qui a valu à cette espèce le nom qu'elle porte, c'est que sa tête est couverte de poils courts, touffus, noirs et dirigés en avant; son menton n'a pas de barbe.

M. de Humboldt rapporte que les cacajaos vont par petites troupes, qu'ils ont peu d'agilité et que leur nourriture consiste en fruits, tels que goyaves, bananes, etc.

Le SAKI AUX MAINS NOIRES ou GIGO, *Pithecia melanochir*. Nous l'avions d'abord placé, dans notre ouvrage intitulé *Mammalogie*, et, sur l'autorité de M. Kuhl, dans le genre Sagoin, *Callithrix*; mais récemment M. F. Cuvier, d'après l'examen des dents de cet animal, l'a rapporté au genre Saki. Ce singe, que

M. de Lichtenstein a nommé *callithrix incanescens*, est le SA-
GOIN AUX MAINS NOIRES (*Callithrix melanochir*, prince Maxim.,
Kuhl; Desm., Mamm., p. 88, esp. 81; *Callithrix incanescens*,
Lichtenstein). Il a la taille et la stature du sagoin à masque.
Se 1 pelage est cendré; la partie postérieure de son dos et ses
lombes, ainsi que l'extrémité de sa queue, sont d'un brun rous-
sâtre; ses mains antérieures sont fuligineuses. Il est du Brésil.

Enfin, le SAKI A GILET, *Pithecia sagulata*, est un animal
nouveau, dont M. Steward Traill a inséré une description
abrégée et donné une figure dans les Mém. de la Soc. wernérienne, tom. 3, p. 167. Il ne diffère guère du saki capucin,
P. chiropotes, que parce que le dessus de son corps est couvert
de poils de couleur ochracée, au lieu de l'être de poils d'un
roux marron, et que sa barbe et sa queue sont d'un noir foncé,
au lieu d'être d'un brun noirâtre. Il a aussi beaucoup de
rapports avec le saki couxio, *P. satanas*; mais sa description
est trop incomplète pour qu'il soit possible de le comparer
avec ce singe.

Selon M. Traill, ce singe est commun à Demerary. (DESM.)

SAKI-TEKI, SOKUSA-SO. (*Bot.*) Thunberg cite ces noms
japonois du *sambucus canadensis*. (**J.**)

SAKIRA. (*Bot.*) Nom japonois du *spiræa crenata*, cité par
Kæmpfer. (**J.**)

SAKKA. (*Ornith.*) Voyez CHAMEAU DE RIVIÈRE. (CH. **D.**)

SAKOKÉ. (*Ornith.*) C'est le nom garipon du cassique ya-
pou, *cassicus persicus*, Linn. (CH. **D.**)

SAKSOK. (*Bot.*) Voyez MATRA-MARELO. (**J.**)

SAKU-JAKU. (*Bot.*) Nom japonois de la pivoine ordi-
dinaire, suivant Kæmpfer. (**J.**)

SAKU-NANGE, SEKI-NAN. (*Bot.*) Kæmpfer cite ces
noms japonois du grand rosage, *rhododendrum maximum*. (**J.**)

SAKURA. (*Bot.*) Un des noms japonois du cerisier ordinaire, suivant Kæmpfer. (**J.**)

SAKURO. (*Bot.*) Le grenadier, *punica*, est ainsi nommé
au Japon, suivant Kæmpfer. (**J.**)

SALA. (*Bot.*) Le rotang, *calamus*, est ainsi nommé à Sumatra, suivant Marsden. (**J.**)

SALABA. (*Ornith.*) Nom que porte à Waigiou le martin-
chasseur, nommé *dacelo Gaudichaud* par MM. Quoy et Gai-

mard. Cet oiseau paroît se nommer *salba* à l'île Guébé, l'une des Moluques. (Cʜ. **D.**)

SALABERTIA. (*Bot.*) Necker a voulu substituer ce nom à celui de *Tapiria*, un des genres d'Aublet dans la famille des térébintacées. (**J.**)

SALABIDO ou MELETO. (*Ichthyol.*) Voyez Méʟᴇᴛᴛᴇ. (H. C.)

SALACE, *Salacia*. (*Bot.*) Genre de plantes dicotylédones, à fleurs complètes, polypétalées, de la famille des *hippocraticées*, de la *pentandrie monogynie* de Linnæus, offrant pour caractère essentiel : Un calice fort petit, persistant, à cinq divisions; une corolle à cinq pétales; cinq anthères sessiles, placées au sommet de l'ovaire; un ovaire supérieur; un style très-court; un stigmate. Le fruit n'est pas connu.

Sᴀʟᴀᴄᴇ ᴅᴇ Cʜɪɴᴇ : *Salacia chinensis*, Linn., *Mant.*, 293; Juss., *Gen.*, 424. Arbrisseau dont la tige se divise en rameaux lisses, anguleux, très-étalés, plus épais à leur base, garnis de feuilles pétiolées, alternes, distantes les unes des autres, ovales, très-entières, aiguës au sommet, lisses à leurs deux faces, assez semblables à celles du prunier. Les fleurs sont produites par des bourgeons axillaires; il en sort plusieurs pédoncules simples, uniflores, plus courts que les pétioles. Leur calice est très-petit, à cinq divisions ouvertes, ovales, aiguës; la corolle à cinq pétales un peu arrondis, sans onglets; les anthères sont sessiles, situées au sommet de l'ovaire, divisées en deux lobes écartées à leur base. L'ovaire est arrondi, plus grand que le calice, surmonté d'un style court. Linné croit que le fruit pourroit bien être à trois coques : M. de Jussieu pense que ce genre n'est peut-être pas hermaphrodite, mais dioïque; que les étamines ne sont point situées sur le pistil, mais sur un corps glanduleux qui occupe le centre des fleurs mâles. Quoi qu'il en soit, on ne pourra placer cette plante convenablement que lorsque le fruit sera connu. Elle croît à la Chine. (Pᴏɪʀ.)

SALACIA. (*Bot.*) Ce genre de Linnæus, appartenant évidemment à la famille des hippocraticées, tient le milieu entre l'*hippocratea*, dont le fruit est capsulaire, et le *tontelea* d'Aublet, qui a son fruit en baie. Mais Linnæus, n'ayant pas donné le caractère du fruit de son genre, on a dû être embarrassé pour savoir auquel il devoit être réuni. Banks dit que c'est la même plante que le *salacia cochinchinensis* de Loureiro, dont le fruit est une baie, suivant ce dernier. Ce genre doit donc être réuni au *tontelea*, dont l'auteur a le premier donné un caractère plus complet. Voyez SALACE. (J.)

SALACIA. (*Malacoz.*) Linné, dans les premières éditions du *Systema naturæ*, a employé ce nom pour désigner les animaux que l'on nomme aujourd'hui *physalis*, et qui dans les dernières éditions ont été dispersés dans les genres Holothurie et Méduse. Voyez SALACIE. (DE B.)

SALACIE, *Salacia*. (*Polyp.*) Genre établi par Lamouroux (Polyp. flexibles, page 212) dans l'ordre des sertulariées, pour une seule espèce dans laquelle les cellules cylindriques, longues, verticillées, sont accolées quatre à quatre sur un polypier phytoïde, articulé, de substance cornée, et dont les ovaires sont ovoïdes, tronqués et fermés à certaines époques par un opercule à zones concentriques. Cette espèce, nommée SALACIE A QUATRE CELLULES, *S. tetracythara*, est figurée pl. 6, fig. 3, *a*, *B*, *C*, de l'ouvrage cité, et paroît provenir des mers de la Nouvelle-Hollande. (DE B.)

SALACKAL, SALACKAR. (*Bot.*) Nom du Culilawan, *laurus culilawan*, dans l'île d'Amboine, cité par Rumph. Voyez CULILAVAN. (J.)

SALACZAC. (*Ornith.*) Le petit oiseau des Philippines, ainsi appelé par Camel, *Transact. philosoph.*, nomb. 285, est rapporté aux martins-pêcheurs. (CH. D.)

SALADE ou LAITUE DE CHOUETTE. (*Bot.*) Nom vulgaire de la véronique beccabunga. (L. D.)

SALADE DE CHANOINE. (*Bot.*) C'est la mâche potagère. (L. D.)

SALADE DE GRENOUILLE. (*Bot.*) C'est une espèce de renoncule aquatique. (L. D.)

SALADE DE PORC. (*Bot.*) Nom vulgaire de l'*hyoseris radicata*, Linn. Voyez PORCELLE. (LEM.)

SALADE DE TAUPE. (*Bot.*) C'est le pissenlit, *leontodon taraxacum*. (LEM.)

SALADELLE. (*Bot.*) La statice maritime porte ce nom en Provence. (L. D.)

SALAHIÉ. (*Ichthyol.*) Voyez SALHEYEH. (H. C.)

SALAÏT. (*Min.*) La même chose que *Sahlite* dans Hausmann. Voyez Pyroxène. (B.)

SALALEANACONDRATO. (*Ornith.*) Ce nom, ainsi que ceux de *salalesoamosson*, *salalebelocha*, *salalesaramentavaza*, sont compris dans la liste des oiseaux de Madagascar, donnée par Flacourt, page 165 de son Histoire de cette ile, mais avec trop peu de renseignemens pour les faire reconnoître. (Ch. D.)

SALAK. (*Bot.*) Voyez Negil. (J.)

SALAM RUBIN ou RUBIS DE SALAM. (*Min.*) C'est, à ce qu'il paroît, un nom de lieu indien du corindon rubis. (B.)

SALAMANDRA. (*Erpét.*) Les anciens Grecs et Romains nommoient ainsi la Salamandre. Voyez ce mot ci-après. (H. C.)

SALAMANDRE, *Salamandra.* (*Erpét.*) C'est sur le sol fortuné de l'ancienne Grèce, au sein d'une nation savante et guerrière, dont l'imagination, favorisée par les bienfaits d'un heureux climat, ajoutoit encore aux merveilles déjà si grandes de la Puissance créatrice, que la réputation de la Salamandre a pris naissance, et qu'un nom éternel et généralement adopté est devenu l'attribut d'un obscur reptile, qui a usurpé la célébrité la plus universelle, et est encore un des objets de la curiosité de l'homme.

Cet animal, que les grossiers habitans de contrées moins bien traitées de la Nature redoutent, sous les noms ignobles de *sourd* et de *mouron*, comme un être malfaisant, abhorrent et proscrivent comme non moins dégoûtant que dangereux, a passé autrefois et passe encore aujourd'hui, aux yeux de bien des gens, pour posséder le pouvoir de braver la violence du feu, le plus actif des élémens, d'échapper à la force de son action, et non-seulement de sortir sain et sauf des flammes, mais encore de les éteindre. Cependant, après avoir fourni, même à l'Amour, des emblêmes souvent plus brillans que fidèles, ce petit quadrupède ovipare, si privilégié, si supérieur en apparence à ceux de sa classe, est tombé dans l'oubli et dans le mépris, et, dépouillé des qualités distinguées dont on s'étoit plu à le revêtir gratuitement, il est tellement avili qu'on lui refuse même l'intérêt qu'il mérite réellement sous plus d'un rapport : preuve évidente de l'immense influence de la lumière de la Vérité, lorsqu'elle se dirige sur les objets d'une croyance arbitraire ou de conceptions absurdes. On n'accueille plus la Salamandre, on ne la cite plus au nombre des emblêmes gracieux de la Galanterie, des devises ingénieuses de la Valeur.

Ainsi donc, cette Salamandre, cette fille du Feu, au corps de glace, dont l'origine n'étoit pas moins surprenante que la puissance, qui devoit son existence au plus pur des élémens, qui ne pouvoit être consumé par lui, que des charlatans ont vantée comme propre à arrêter les progrès des plus violens incendies, que les littérateurs ont prise pour la base de tant d'intéressantes allégories : ce fruit séduisant d'une imagination vive et exaltée, n'est plus, aux yeux des naturalistes de nos jours, ennemis nés de toute espèce de fiction, qu'un reptile batracien, qui appartient à la seconde famille de son ordre, à celle que M. Duméril a nommée famille des *Urodèles* et dans laquelle il constitue le type d'un genre distinct. Mais si le Temps a dissipé les prestiges de la fausse gloire de la salamandre, s'il lui fait refuser par la Réalité ce que des prétentions chimériques lui avoient accordé, il a accumulé, d'autre part, des faits importans dans son histoire, et un roman futile s'est trouvé ainsi remplacé avec un avantage marqué par une série d'assertions fondées sur la vérité.

Le genre des Salamandres proprement dites est caractérisé ainsi par les erpétologistes modernes.

Corps alongé et terminé par une queue arrondie; quatre pattes d'égale longueur, non palmées; branchies nulles à l'état adulte; tympan nul aussi; mâchoires armées de dents nombreuses et petites; palais muni de deux rangées longitudinales de dents pareilles; point de troisième paupière; point d'ongles aux doigts; cœur à une seule oreillette.

On distinguera donc facilement ces reptiles des Lézards, qui ont des ongles et un cœur à deux oreillettes; des Tritons, qui ont la queue comprimée; des Protées, qui ont des branchies pendant toute leur vie, et des Sirènes, qui n'ont que deux pattes. (Voyez ces divers noms de genres, Batraciens et Urodèles.)

Parmi les espèces de ce genre, qui ne se tiennent dans

l'eau que pendant leur état de têtard , qui dure peu, ou quand elles veulent mettre bas; dont les œufs éclosent dans l'oviductus ; que Linnæus avoit confondues avec les lézards, dans son grand genre *Lacerta*, et que l'on ne confond même plus avec les salamandres aquatiques ou les tritons, nous citerons les suivantes.

La SALAMANDRE COMMUNE : *Salamandra vulgaris; Lacerta salamandra*, Linnæus; *Salamandra maculosa*, Laurenti. Queue presque cylindrique , égalant la moitié de la longueur totale de l'animal et terminée en pointe obtuse; flancs parsemés de tubercules verruqueux, desquels suinte dans certains cas une liqueur laiteuse, amère et d'une odeur forte; quatre doigts aux pieds de devant et cinq à ceux de derrière; tous ces doigts aplatis, courts, séparés et sans ongles; tête élargie, déprimée, obtuse, arrondie en dessus; bouche très-ample. Taille de six à huit pouces au plus.

Cette salamandre est entièrement d'un noir sombre, plus livide en dessous, et irrégulièrement parsemée dans toutes ses parties de grandes taches d'un jaune vif, inégales, arrondies. Elle offre au-dessus de chaque bras une de ces taches, qui se prolonge sur les côtés du dos, et qui est criblée de pores, comme les parotides des crapauds et de la rainette bicolore.

L'anatomie de ce reptile a été faite plusieurs fois avec succès, et tout récemment le docteur Funk a publié à cette occasion le fruit de ses recherches et de ses observations, dans un ouvrage enrichi de planches fort bien exécutées.

Les faits principaux de cette anatomie sont les suivans. Nous ne saurions les passer sous silence; ils sont trop importans dans l'étude de la philosophie de la nature.

La composition de la tête osseuse ressemble à celle des grenouilles pour l'arrière et le dessous du crâne; mais elle en diffère singulièrement sous d'autres rapports, et, par exemple, le crâne n'offre point d'os en ceinture à sa partie antérieure. Il n'y a d'ailleurs, comme dans les autres batraciens, que les deux occipitaux latéraux, mais chacun d'eux s'unit intimement avec la partie analogue au rocher.

Le crâne, presque cylindrique, est élargi en avant vers la face, qui représente un demi-cercle, et en arrière par deux branches disposées en croix et contenant les oreilles internes.

Ainsi que dans les grenouilles, les vomers sont au nombre de deux. Ils donnent chacun une apophyse grêle, qui porte comme eux des dents palatines, malgré l'assertion contraire de M. Rusconi, dans ses *Amours des salamandres*. On remarque, d'ailleurs, à la paroi antérieure et interne de l'orbite, un grand espace membraneux.

Il existe aussi, chez la salamandre terrestre, deux frontaux, qui s'articulent en avant avec les os propres du nez et latéralement avec les frontaux antérieurs.

Les pariétaux, aplatis et plus larges en arrière, sont également au nombre de deux, et l'aile d'Ingrassias est remplacée par un os à part.

Les deux condyles occipitaux sont très-séparés l'un de l'autre et placés de chaque côté du trou occipital.

Le rocher et l'occipital latéral sont représentés par un seul os, auquel sont attachés le ptérygoïdien, le jugal et le tympanique.

Les ouvertures extérieures des narines sont très-écartées, ce qui tient à la largeur des apophyses montantes des inter-maxillaires. Le canal des fosses nasales est fort court, et aucun plancher ne concourt à séparer la cavité orbitaire de la fosse palatine.

La partie dentaire des os maxillaires se porte en arrière, mais ne se joint ni au ptérygoïdien, ni au jugal.

Le jugal, placé transversalement sur le ptérygoïdien, n'est uni que par un ligament à la pointe postérieure du maxillaire, et offre une facette pour l'articulation de la mâchoire.

L'os lacrymal est très-petit et placé à l'angle externe du frontal antérieur.

Les os du nez forment une voûte au-dessus de chacune des fosses nasales, qui sont privées de cornets inférieurs.

La mâchoire inférieure, de figure parabolique, offre un véritable dentaire, formant la symphyse avec son congénère et portant les dents à peu près comme dans la plupart des lézards. Le reste est composé, dans les salamandres adultes, d'une seule pièce, qui double la précédente à la moitié postérieure de la face interne, donne une crête coronoïde, une proéminence en arrière, et porte le tubercule articulaire, qui s'y soude intimement.

Les deux mâchoires sont armées de dents nombreuses et petites.

On compte quatorze vertèbres de la tête au sacrum et vingt-six à la queue, selon M. Cuvier, et quarante-deux suivant MM. Carus et Funk, ce que nos propres observations nous ont démontré pareillement. L'atlas est articulé avec la tête par deux facettes concaves, et avec l'axis par la face postérieure de son corps, concave aussi. Toutes les vertèbres suivantes ont la face postérieure de leur corps convexe, au contraire.

Les apophyses articulaires des vertèbres dorsales sont horizontales et réunies de chaque côté par une crête en forme de toit rectangulaire à bords latéraux un peu rentrans, et leurs apophyses épineuses ne sont représentées que par une légère arête.

Les apophyses transverses offrent à leur sommet deux tubercules qui portent les vestiges des côtes.

L'attache du bassin au rachis offre de nombreuses différences individuelles. Quelquefois c'est la quinzième vertèbre; et d'autres fois c'est la seizième qui porte cette partie du squelette.

En avant de la symphyse du pubis est un cartilage en forme d'Y, qui est plongé dans les muscles et qui représente assez bien les os marsupiaux des didelphes.

Sous le corps des vertèbres caudales, à compter de la troisième, on observe une petite lame transverse, dirigée obliquement en arrière et percée d'un trou à sa base : elle paroît remplacer les os en chevron des sauriens.

Il n'existe qu'un vestige de sternum; encore est-il plutôt membraneux que cartilagineux.

Les côtes sont si courtes qu'elles semblent n'être que des apophyses transverses de vertèbres; n'ayant qu'un seul point d'articulation, sur lequel ils sont peu mobiles. Ces os rudimentaires sont au nombre de douze de chaque côté.

L'épaule est fort curieuse par la prompte soudure de ses trois os en un seul, qui porte la fossette glénoïde à son bord postérieur, qui envoie vers l'épine un lobe quadrilatère élargi par en haut, lequel est l'omoplate, et qui fournit à la poitrine un disque arrondi et composé de la clavicule et de l'os coracoïdien, séparés assez long-temps par une suture.

Ce disque est constamment percé d'un petit trou et entouré d'une grande lame cartilagineuse en forme de croissant, laquelle, sous la poitrine, se croise avec sa congénère.

Le bord spinal de l'omoplate est surmonté d'un appendice cartilagineux.

La tête scapulaire de l'humérus est arrondie. On observe au-dessous d'elle une tubérosité comprimée et obtuse, et une grosse apophyse pointue, la première tournée en avant et la seconde en arrière.

Les deux os de l'avant-bras sont situés l'un au-dessus de l'autre.

Le carpe est composé de cinq os et de deux cartilages, tout plats, anguleux et disposés un peu à la manière des pavés.

Le métacarpe offre quatre os courts, plats et rétrécis dans leur milieu.

Les doigts sont au nombre de quatre seulement : le premier n'offre qu'une phalange ossifiée, le troisième en a trois, et les deuxième et quatrième en présentent chacun deux.

La tête du fémur est ovale. On observe à la face interne du col de cet os une apophyse pointue, tenant lieu de trochanter; son extrémité tibiale est élargie et aplatie. Il diffère en somme fort peu de l'humérus.

Le tibia, fort gros par le haut, porte une tige grêle, assez longue, et descend moins bas que le péroné, qui est aussi gros que lui.

Le tarse a neuf os, tous plats et disposés en pavé.

Le métatarse est composé de cinq pièces.

Les muscles de la salamandre ont été décrits avec soin par le docteur Funk; mais il deviendroit étranger à la nature du Dictionnaire auquel nous coopérons, de donner une myologie détaillée de ce reptile, sur lequel il existe déjà plus d'une Monographie importante, que le lecteur pourra consulter au besoin.

Son cerveau est si petit qu'il n'égale point la moelle épinière en diamètre, ce qui a été démontré par MM. Carus et Funk.

Sa moelle vertébrale est composée de deux cordons nerveux, enveloppés d'une membrane ténue, et d'où sortent les nerfs spinaux par des racines un peu plus volumineuses.

Le système nerveux ganglionnaire n'est point encore bien connu, quoiqu'il semble avoir été entrevu par M. Carus.

Le globe de l'œil est pisiforme. Le nerf optique et un muscle trijumeau le fixent dans l'orbite. La peau le recouvre tellement que la cornée seule est à découvert, ce qui, suivant l'expression de P. Wurffbain, donne à l'animal *mirum, torvum et obtusum vultum.*

Il n'y a ni glande, ni voies lacrymales.

L'épaisseur de la sclérotique est irrégulière, inégale.

La cornée est très-transparente.

La chorioïde est noire.

Le ligament ciliaire, ou plutôt le ganglion ciliaire, est petit et étroit.

L'iris et la pupille n'offrent rien de particulier.

Le crystallin, grand et comprimé, a pour centre un noyau dur et sphérique, comme chez les poissons.

L'organe de la taction paroît peu délicat. Celui de l'odorat, au contraire, est très-développé. Les nerfs olfactifs se répandent dans une membrane muqueuse grise, vasculaire, qui tapisse des narines coniques.

La langue de la salamandre est courte et épaisse. Elle est fixée sur un os spécial, ce qui ne lui permet que peu de mobilité. Des cryptes muqueuses l'enduisent continuellement d'une viscosité abondante.

L'appareil de l'audition, décrit avec exactitude par Zinn, Scarpa et M. Funk, semble peu différent de ce qu'il est dans les poissons chondroptérygiens et branchiostèges. Au-dessous de la peau et des muscles, on trouve dans la région temporale une opercule cartilagineuse, non point arrondie, comme l'a figurée Scarpa, mais rhomboïdale et encadrée dans une pièce osseuse à part. Plus profondément est une cavité revêtue d'une pulpe grisâtre, dans laquelle est pratiquée une loge pour un osselet rudimentaire du tympan, blanc, mou, crayeux et faisant effervescence avec les acides. Plus profondément encore est la première cavité du vestibule qui communique avec la cellule mastoïdienne, puis les trois canaux demi - circulaires, dilatés de distance en distance, et enfin deux cavités labyrinthiques, dont l'une est interne et elliptique.

Le cœur du même reptile est renfermé dans un péricarde spécial. Plus ou moins globuleux, il n'offre qu'une seule oreillette et un seul ventricule. Sa couleur est rouge. Une grande veine cave, qui reçoit le sang des veines pulmonaires, s'ouvre dans l'oreillette, dont les parois sont beaucoup moins épaisses que celles du ventricule qui donne naissance à l'aorte.

Le système lymphatique n'est point encore assez bien connu pour que nous puissions nous hasarder à en parler ici.

Nous remarquerons encore, pour terminer ce qui a rapport au système circulatoire dans la salamandre, que les globules du sang de ce reptile sont ovales-oblongs, et d'un volume en rapport avec celui des globules du sang de l'homme comme $12\frac{6}{7} : 1$.

Ses poumons, convergens antérieurement, divergens postérieurement, ont été fort bien représentés par Oligerus Jacobæus, par Wurffbain et par le docteur Funk. Formés de petits sacs membraneux, celluleux, souvent partagés secondairement par des cloisons incomplètes, communiquant tous les uns avec les autres, ils sont parcourus par des bronches fibro-cartilagineuses, ce qui infirme l'opinion de M. Nitzsch, qui regarde les conduits aériens de ces viscères comme à peine visibles, et qui assure qu'ils ne sont point cartilagineux. Ils reçoivent l'air par une trachée-artère étroite et courte.

Le foie est situé vers le milieu du corps, aux environs de la pointe du cœur; il recouvre presque les poumons, et dans une salamandre de la taille de quatre pouces quatre lignes, il avoit dix lignes de longueur sur cinq lignes et demie de largeur, et se trouvoit au poids total du corps dans le rapport de un à quinze. Convexe en dehors, concave en dedans, il offre une figure irrégulièrement trapézoïdale et est suspendu dans la cavité thoraco - abdominale par un double repli du péritoine.

La bile est d'un vert de pré, âcre et amère.

Les reins, situés de chaque côté de la colonne vertébrale, sont étroits en devant et plus volumineux en arrière. Leur couleur est rouge foncé, et leur tissu est glandulo-parenchymateux et évidemment composé de deux systèmes différens. Les uretères paroissent ne point exister ; car, ainsi que l'a remarqué le docteur Funk, les conduits fins et blanchâtres qui naissent de la substance tubuleuse, vont s'ouvrir dans la vessie par un orifice cartilagineux, et paroissent en tenir lieu. L'absence de ces organes n'avoit point échappé au savant Rathke ; mais M. Rusconi, le premier, remarqua le rapport établi entre eux et les tubes déférens.

La prétendue vessie urinaire, que M. Carus a cru qu'on pouvoit regarder comme l'allantoïde, est un sac membraneux, tricuspidaire, recouvert par le péritoine et par les muscles de l'abdomen, attaché au foie par le ligament large de la veine hépatique abdominale antérieure. Elle s'ouvre dans le cloaque par un orifice cartilagineux, et tient aux parois du bassin et au canal intestinal par du tissu cellulaire. Sa surface est parcourue par un grand nombre de vaisseaux sanguins ramifiés. Peut-être n'est-elle qu'un réservoir analogue à celui que nous avons signalé dans les *Crapauds* et les *Grenouilles*, et en général dans les batraciens anoures.

La peau de la salamandre terrestre est coriace, ferme, et cependant fine, lisse et recouverte par un épithélium demi-transparent. Elle est parsemée d'une multitude de granulations noires et jaunes, et, surtout le long du rachis et aux environs des oreilles, de quelques cryptes lenticulaires, qui versent à sa surface une humeur laiteuse, amère et âcre, qui paroît avoir donné lieu à la fable qui veut que la salamandre résiste au feu, et que l'on a regardée comme vénéneuse, malgré les observations exactes de Maupertuis, de Laurenti et de Lacépède.

Cette humeur, en tout cas, a une saveur tellement caustique, que, lorsque, au dire de Lacépède, on en a mis une goutte en contact avec la langue, on éprouve la sensation d'une sorte de brûlure à l'endroit touché.

Après avoir étudié ainsi, d'une manière générale, les appareils de la locomotion, des sensations, de la circulation, de la respiration et des sécrétions dans la salamandre, il ne nous reste plus qu'à présenter quelques détails sur celui de la digestion, dans lequel se trouvent comprises les diverses parties de la bouche, que nous connoissons déjà.

L'œsophage ne paroît point exister, à proprement parler ;
le pharynx dégénère insensiblement en un estomac fusiforme,
dont la cavité est lisse et semée de cryptes mucipares, ce que
Zinn et Funk ont parfaitement observé.

Cet estomac se courbe pour aboutir à un intestin de même
structure en dedans, muni dès l'origine d'un mésentère parcouru par des vaisseaux divisés dichotomiquement, et rétréci,
non loin du cloaque, par un anneau cartilagineux, au-delà
duquel il se dilate de nouveau et prend, comme l'estomac,
une figure fusiforme.

Il n'existe point de cœcum ni d'appendices cœcales.

Vers le commencement du cloaque on observe une multitude de follicules muqueux, disposés en manière de réseau.

La rate, placée du côté gauche, a une forme elliptique
oblongue ; elle touche antérieurement au poumon et postérieurement au testicule du côté correspondant. Elle est rouge
et éminemment vasculaire.

Le pancréas, irrégulier, blanchâtre, ne diffère en rien de
ce qu'il est dans les autres animaux.

Chez le mâle, les testicules sont placés le long de la colonne
vertébrale, et se trouvent cachés par les poumons, la rate, le
foie, le canal intestinal et l'estomac. Le plus souvent ils sont
au nombre de six et quelquefois seulement de quatre. Légèrement comprimés et d'un tissu granuleux, ils sont unis entre
eux par un conduit vasculaire, bien connu de Gravenhorst
et suivi dans toute son étendue par Rathke.

Les vaisseaux déférens, tortueux et flexueux, blancs et
nacrés, sont accompagnés par des appendices glandulo-mem-
braneuses.

A l'orifice du cloaque on voit deux prolongemens triangulaires, que M. Carus regarde comme les branches du pénis.

On trouve, en outre, dans le corps du reptile dont nous
écrivons l'histoire, des masses d'un tissu adipeux, comme
huileux, d'une couleur jaune, et qui ont été connues de
Wurfbain et d'Oligerus Jacobæus. MM. Carus et Rathke les
ont regardées comme devant servir à la nutrition de l'animal
durant le sommeil d'hiver ; mais rien n'est encore moins
prouvé. (Voyez Sang.)

Les ovaires sont situés dans la femelle comme les testicules dans le mâle, et sont composés d'une multitude d'ovules jaunes, inégaux en volume, et recouverts d'un beau réseau vasculaire, issu de la veine émulgente moyenne et de l'aorte.

L'oviducte est blanchâtre, et son orifice infundibuliforme est ouvert dans le péritoine, entre le péricarde, le foie et les poumons.

Dans la salamandre terrestre il n'y a point d'intromission de la verge du mâle dans un vagin de la femelle, il n'y a point de véritable coït. Les organes mâles de l'accouplement manquent complétement, et l'on est porté à croire que le sperme répandu dans l'eau est porté sur les ovules par l'anus de la femelle, comme l'ont noté, du reste, Spallanzani et les professeurs Cavolini, Duméril et Rusconi.

C'est en France, en Allemagne, et même à de plus hautes latitudes, comme au rivage du Pont, cité par Belon, et dans l'Europe méridionale, sur la terre humide, dans les bois touffus des hautes montagnes, dans les fossés et les lieux ombragés, sous les pierres et les racines d'arbres, dans les haies, au bord des fontaines, dans les trous souterrains, dans les vieilles masures, qu'on trouve la salamandre terrestre commune, laquelle a été figurée par un grand nombre d'auteurs, mais surtout par Latreille et par M. Funk, avec une exactitude remarquable.

Généralement redoutée, elle n'est pourtant nullement dangereuse, et l'humeur laiteuse, assez analogue pour la saveur et la consistance à celle des euphorbes, qui suinte de sa peau et qu'elle lance parfois à plusieurs pouces de distance, quoique nauséabonde, âcre et même, selon Gesner, dépilatoire, n'est vénéneuse que pour les très-petits animaux.

C'est probablement cette humeur qui a fait dévouer la salamandre à l'anathème, quand on a cru, avec Pline, qu'en infectant de son venin presque tous les végétaux d'une vaste contrée, elle pouvoit donner la mort à des *nations entières*.

Il n'est point vrai, comme on l'a constamment répété depuis Aristote, qui d'ailleurs ne connoissoit presque pas ce reptile, que sa vie résiste à l'action du feu et que celui-ci s'éteigne sur son passage.

Si on frappe la Salamandre, elle dresse la queue et semble atteinte de catalepsie.

Elle s'écarte peu du trou où elle fait sa résidence habituelle, comme j'ai eu occasion de m'en convaincre sur les individus que j'ai pu observer en Normandie, auprès de Rouen, et dans la Bretagne, autour de Vannes. Elle passe la vie sous terre, souvent au pied de vieilles murailles; durant l'été elle craint l'ardeur du soleil. C'est seulement au moment de la pluie, ou pendant la nuit, qu'elle se hasarde à sortir, et qu'elle se fait remarquer par sa démarche lourde et lente. Stupide et sans courage, elle ne brave aucun danger, comme on l'a prétendu : seulement elle semble n'apercevoir jamais le péril, contre lequel elle s'avance sans se détourner de sa route.

Elle vit de mouches, de vers, de jeunes limaçons, de scarabés, de lombrics, de maillots, de clausilies, de vitrées, etc. Elle mange aussi de l'humus.

Fort vivace, elle succombe cependant rapidement dans les convulsions, soit qu'on la trempe dans le vinaigre, soit qu'on l'entoure de sel.

Elle paroît sourde et ne redoute nullement la présence de l'homme, ni des animaux plus forts qu'elle, et qui, d'ailleurs, très-généralement, semblent la craindre, malgré l'innocuité de sa morsure, que Matthioli a dit aussi mortelle que celle de la vipère.

Jamais on ne l'a entendu jeter aucun cri.

Jetée dans l'eau, elle cherche à en sortir immédiatement et vient à chaque instant respirer à la surface.

Il paroît aussi que, dans les contrées trop élevées en latitude, comme le dit Gesner, les salamandres passent l'hiver dans des espèces de terriers, où on les trouve rassemblées et entortillées plusieurs ensemble.

Sur terre la salamandre se roule souvent en spirale, comme l'a noté Laurenti.

Long-temps on a ignoré son mode de reproduction, qui est, du reste, absolument analogue à celui des vipères; elle est donc *ovovivipare* et reçoit le sperme du mâle intérieurement. Maupertuis, Lacépède et un anonyme qu'il cite dans ses *Supplémens*, ont vérifié ce fait, certifié d'ailleurs par Draparnaud. Les œufs éclosent dans les oviductes, et les petits viennent au dehors tout formés. Ceux-ci, dont la queue est comprimée verticalement, sont repliés en deux, au nombre de huit à vingt dans chacun des cinq oviductes, où ils se nourrissent d'un liquide particulier et d'où ils ne sortent qu'après avoir subi toutes leurs métamorphoses, c'est-à-dire, perdu leurs branchies, qui sont droites et arquées, et acquis des pieds, qui leur manquaient d'abord. Alors ils sont déposés auprès des mares, au nombre de quarante et même de cinquante à la fois. Leur couleur est d'un noir uniforme.

Chacun des sacs de l'oviductus est précédé d'œufs en grappes.

Rien n'est plus erronné, en conséquence, que l'opinion qui veut que la salamandre terrestre soit privée de sexe, et que chaque individu soit en état d'engendrer seul son semblable.

Remarquons aussi que, dans les Alpes, et spécialement dans les cavernes ou les fentes des montagnes d'Etscher, il existe une variété de l'espèce dont nous nous occupons ici, qui est toute noire par dessus et jaune par dessous, et que Laurenti a décrite et figurée comme une espèce à part, sous la dénomination latine de *Salamandra atra*. C'est elle que les Autrichiens nomment *Lattermandl*. Gmelin, Lacépède, Schneider et Latreille, ont, à son égard, émis l'opinion que nous professons ici, tandis que Sonnini a partagé celle de Laurenti. Elle est, en tous cas, de moitié plus petite que la salamandre ordinaire.

Gesner a aussi parlé d'une salamandre des Alpes, qui est d'un brun livide sans aucune tache et qui se couvre d'une humeur laiteuse dès qu'on la frappe. Elle ne doit être qu'une simple variété, de même que la *Salamandre blanche* à queue cylindrique, que l'on trouve dans le Padouan, selon Laurenti, et que la petite *Salamandre brune* à queue comprimée et qui habite aux environs de Vienne, parmi les broussailles des vallons humides, non loin des trous qu'elle se creuse dans la vase, afin de s'y cacher au premier bruit.

Dans les Mémoires de l'Académie de Stockholm pour l'année 1787, Thunberg a, sous l'appellation de *Lézard du Japon*, décrit une variété de notre salamandre terrestre, remarquable par sa teinte noire, par les taches blanches et irrégulières qu'elle offre au dessus du corps et des pattes, et par la bande d'un blanc sale qui règne le long de son dos, depuis la tête jusqu'à l'extrémité de la queue. Elle habite l'île

de Niphon, la plus grande de celles de l'empire du Japon,
et fréquente les montagnes et les endroits pierreux.

Les indigènes lui accordent les mêmes propriétés médicales
qu'au scinque, et regardent sa chair comme un puissant sti-
mulant, comme un remède énergique. Les boutiques, aux environs de Jédo, offrent en conséquence communément des salamandres de cette espèce, séchées et suspendues aux plafonds.

La SALAMANDRE ROUGE: *Salamandra rubra*, Daudin. Teinte
générale d'un rouge de sang luisant sur le dos, plus clair et
légèrement orangé sur les flancs ; ventre marqué d'une bande
longitudinale large, noirâtre et comme brûlée ; toute la peau
parsemée d'un grand nombre de verrues noires du volume
d'une tête d'épingle. Taille de cinq à six pouces.

Ce reptile, qui a le dessus de la queue tranchant et sans
crête, a été découvert par Palisot-Beauvois sous des écorces
d'arbres, dans les forêts des États-Unis d'Amérique.

La SALAMANDRE MORTUAIRE, Bosc. Tête alongée, aplatie,
noire, variée de gris, de même que le corps, qui est presque
cylindrique ; ventre brun, ponctué finement de gris ; queue
un peu plus longue que le corps, presque cylindrique, noire,
variée de gris, surtout à sa base ; taille de quatre pouces :
mâle un peu plus petit que la femelle.

Cette espèce se trouve en Caroline, sous l'écorce des arbres
pourris, dans les maisons abandonnées. On en doit la connoissance au professeur Bosc.

La SALAMANDRE TACHÉE DE ROUGE. Queue courte ; dessus du
corps marbré de brun et de rouge ; dessous d'une teinte
cendrée.

La SALAMANDRE GLUTINEUSE. Queue longue ; corps noir en
dessus et tacheté de blanc, et tout noir en dessous.

La SALAMANDRE CENDRÉE. Queue assez longue ; corps brun,
taché de blanc en dessus ; noir et taché de blanc également
en dessous.

La SALAMANDRE BRUNE. Queue médiocre ; corps brun en dessus et blanc en dessous, avec deux lignes de points noirs.

Ces quatre dernières espèces ont été décrites par M. J.
Green, dans le second volume du Journal de l'Académie des
Sciences naturelles de Philadelphie. Elles sont propres à l'A-
mérique septentrionale. (H. C.)

SALAMANDRE. (*Foss.*) On a cru pendant long-temps que dans les carrières d'Œningen il avoit été trouvé des squelettes d'hommes à l'état fossile. Scheuchzer en décrivit un dans les Transactions philosophiques pour 1726, et d'autres naturalistes les regardèrent comme des squelettes de silures; mais M. Cuvier a comparé la figure donnée par Scheuchzer avec des squelettes de salamandres, et ayant reconnu qu'il y avoit entre eux l'analogie la plus frappante, il a pensé que ces squelettes avoient appartenu à des salamandres ou plutôt à des protées de taille gigantesque et d'espèces inconnues. Ossem. foss. des env. de Paris, tom. 4. (D. F.)

SALAMANDRE ABDOMINALE. (*Erpét.*) Voyez Triton. (H. C.)

SALAMANDRE BILINÉAIRE. (*Erpét.*) Voyez Triton. (H. C.)

SALAMANDRE BRUNATRE. (*Erpét.*) Voyez Triton. (H. C.)

SALAMANDRE CEINTURÉE. (*Erpét.*) Voyez Triton. (H. C.)

SALAMANDRE CRÊTÉE. (*Erpét.*) Voyez Triton. (H. C.)

SALAMANDRE ÉLÉGANTE. (*Erpét.*) Voyez Triton. (H. C.)

SALAMANDRE FASCIÉE. (*Erpét.*) Voyez Triton. (H. C.)

SALAMANDRE GIGANTESQUE, SALAMANDRE DES MONTS ALLÉGHANIS, GRANDE SALAMANDRE DE L'AMÉRIQUE SEPTENTRIONALE. (*Erpét.*) Voyez Triton. (H. C.)

SALAMANDRE LONGICAUDE. (*Erpét.*) Voyez Triton. (H. C.)

SALAMANDRE DES MARAIS. (*Erpét.*) Voyez Triton. (H. C.)

SALAMANDRE MARBRÉE. (*Erpét.*) Voyez Triton. (H. C.)

SALAMANDRE PALMIPÈDE. (*Erpét.*) Voyez Triton. (H. C.)

SALAMANDRE POINTILLÉE. (*Erpét.*) Voyez Triton. (H. C.)

SALAMANDRE PONCTUÉE. (*Erpét.*) Voyez Triton. (H. C.)

SALAMANDRE A QUEUE PLATE; *Triton cristatus*, Laur. (*Erpét.*) Voyez Triton. (H. C.)

SALAMANDRE SARROUBÉ. (*Erpét.*) Voyez Sarroubé. (H. C.)

SALAMANDRE A SINCIPUT BLANC. (*Erpét.*) Voyez Triton. (H. C.)

SALAMANDRE TRIDACTYLE. (*Erpét.*) De Lacépède a donné ce nom à un reptile que le marquis de Nesle a trouvé sur le cratère même du Vésuve, et qui est remarquable par ses doigts au nombre de trois aux pieds de devant, par sa queue longue, flexible et déliée, par les écailles qui recouvrent son corps.

Cet animal, dont on n'a jamais vu qu'un individu long de deux pouces quatre lignes et demie, et à l'état de dessiccation, pourroit bien, comme le soupçonne M. Bosc, n'être qu'un lézard altéré par son séjour sur un volcan. (H. C.)

SALAMANDRE A VENTRE ROUGE. (*Erpét.*) Voyez Triton. (H. C.)

SALAMANDRES AQUATIQUES. (*Erpét.*) Voyez Triton. (H. C.)

SALAMANDRINO. (*Ichthyol.*) Voyez Salmerino. (H. C.)

SALAMANGUESA. (*Erpét.*) Voyez Salamantegua. (H. C.)

SALAMANTEGUA. (*Erpét.*) Un des noms espagnols de la salamandre terrestre. Voyez Salamandre. (H. C.)

SALANDAP. (*Bot.*) Marsden cite à Sumatra sous ce nom une belle espèce de crinole, *crinium*, à belles fleurs blanches odorantes, croissant sans culture sur le bord de la mer parmi les herbes qui fixent le sable du rivage. Il parle aussi d'une autre espèce congénère, nommée *pandan-congey*, dont la fleur est plus grande et de couleur purpurine mêlée de blanc. (J.)

SALANGANE. (*Ornith.*) Cet oiseau, dont on a déjà parlé au mot Hirondelle, tom. XXI, pag. 229 et suiv., se nomme *salanga* ou *salangan* aux Philippines. (Ch. D.)

SALANGANES [Nids de].(*Ornith.*) On connoît sous le nom de nids de salanganes, des nids façonnés par une petite hirondelle des archipels d'Asie, que les peuples orientaux estiment singulièrement, et comme aliment aphrodisiaque, et comme substance éminemment nutritive. Le grand nombre d'opinions émises sur la matière qui sert à les former, les doutes qui existent encore sur ce sujet, nous engagent à compléter par de nouveaux renseignemens les excellens détails et les utiles recherches que M. Dumont a présentés à l'article Hirondelle salangane dans le tom. XXI de ce Dictionnaire. Ces nids sont tellement estimés par les Chinois, que leur prix, comme objet commercial, est excessivement élevé. Aussi la cupidité est-elle parvenue à les sophistiquer avec la plus grande adresse. C'est bien de cet aliment qu'on peut dire, avec Martial (liv. 7, épig. 48) : *Has vobis epulas habete, lauti, nos offendimur.*

Les nids de salanganes furent long-temps connus sous le nom de nids d'oiseaux, *nidus avis*, et en pharmacie sous celui de nids d'alcyons. Les Malais leur donnent indifféremment les noms de *yenwa*, *yenika* ou *yens*, suivant M. Langlès, tandis que l'oiseau qui les forme se nomme *layong-beyond*. Les Javanais les nomment *lawit*, et les montagnards de Sumatra les désignent sous la dénomination de *walad* et de *berongdage*. En Chine, on les appelle *sakoi-pouka;* dans l'Inde, *patong ;* et les Malais des Moluques les nomment *saroi-bourou-enno.*

Rumphius a décrit l'hirondelle salangane sous le nom d'*apus maritima*, dans son *Herb.*, 6, p. 183, tab. 75, fol. 4. Mauduit en a donné une longue description dans le tom. 2, pag. 424, de l'histoire des oiseaux de l'Encyclopédie méthodique. M. Dumont a réuni toutes les données des auteurs (voyez l'article Hirondelle salangane): aussi nous n'y reviendrons pas; cependant nous indiquerons, comme source principale pour l'histoire de ces singuliers nids, une notice spéciale, qu'on trouve imprimée dans le tom. 3 des Mémoires de la société de Batavia, et qu'ont copiée, ou reproduite, sir George Staunton, dans sa Relation du voyage de lord Macartney en Chine (tom. 2, p. 122), et Sonnerat (tom. 4, p. 283 et suiv.) de son Voyage aux Indes orientales.

Il est reconnu aujourd'hui que plusieurs espèces d'hirondelles produisent ces nids gélatineux, et qu'on auroit tort de les attribuer à une seule et unique espèce. C'est ainsi que les auteurs qui ont décrit celle des îles de France et de Bourbon, sous le nom d'*hirundo borbonica esculenta*, ont eu parfaitement raison; car j'ai vu des nids de cette espèce commune à Maurice, qui m'ont présenté la singularité d'être tissés à moitié, et alternativement, avec de la mousse et de la matière gélatineuse, de sorte qu'on peut dire que cette hirondelle manque de la matière nécessaire pour leur entière confection.

Quelques recherches m'ont prouvé qu'on pouvoit en effet trouver dans l'hirondelle salangane cinq espèces bien nettes, qui seroient les *Hirundo-gelatinosa*, *borbonica*, *philippina*, *malaisia* et *oualanensis*. Ailleurs nous établirons leurs distinctions.

L'*hirundo gelatinosa*, qui produit en plus grand nombre et d'une qualité plus estimée les *nids* dits *de salanganes*, n'est pas cependant celle décrite par plusieurs auteurs. Les individus que j'ai vus dans le pays m'ont permis d'en tracer la diagnose suivante: Front marron; tour des yeux noir; occiput, dos, croupion, couvertures des ailes et de la queue d'un noir lustré; pennes brunes; gorge et devant du cou d'un marron pâle; ventre d'un blanc sale; couvertures inférieures de la queue grises, avec des lignes grises, terminées par un œil blanc sur chaque plume; bec noir et mince; envergure, huit pouces, et longueur totale, du bout du bec à l'extrémité de la queue, trois pouces neuf lignes.

Les salanganes vivent comme nos hirondelles, dont elles ont les habitudes. Comme elles, elles volent par grandes troupes dans les temps chauds, et ne sortent point de leurs nids pendant la pluie. Chaque soir elles y rentrent avant quatre heures; la femelle pond deux ou trois œufs, qu'elle couve pendant quinze jours, et aussitôt que les petits sont envolés ou couverts de plumes, commence l'époque des récoltes des nids, que les oiseaux font en deux mois, et qu'ils placent dans des crevasses de rochers, à l'abri de la pluie, et non en terre, comme l'a prétendu Gemelli Carreri. L'ennemi le plus redoutable de cette espèce d'hirondelle se trouve être un milan, qui en détruit une grande quantité.

Les salanganes n'existent que sous la ligne équinoxiale, entre les deux tropiques, et dans l'intervalle des 95.ᵉ à 160.ᵉ degrés de longitude orientale. On en trouve la première variété aux îles de France et de Bourbon. Elles font surtout leurs nids à Java, à Sumatra et à Bornéo. On les observe sur la côte orientale d'Asie que baigne la mer de Chine, en Cochinchine, au Tonquin et à Camboge. Les salanganes vivent encore aux Moluques et aux Philippines, et enfin j'en ai retrouvé une espèce égarée dans la mer du Sud, à l'île d'Oualan, par les 160 degrés, ce qui indique, par conséquent, qu'elle doit exister aussi sur les Carolines, les îles Pelew et les Mariannes.

La forme de ces nids gélatineux est généralement en demisphère ou celle d'une petite coupe; si elle varie, cela tient parfois à l'état de gêne que l'oiseau aura éprouvé, en les plaçant dans des fentes de rochers, pour leur donner la forme régulière qu'ils possèdent le plus ordinairement.

Ils sont composés d'une substance blanche, hyaline ou demi-transparente, dure, consistant en filamens entrecroisés ou aréolaires, mêlés de légères touffes de coton en dedans, ou de quelques bribes de duvet; les filamens sont superposés et appliqués dans le même sens. A l'extérieur, cette substance a l'aspect d'une gélatine très-blanche et desséchée par filamens soigneusement accolés. Ces nids parurent, à la première vue, à l'intendant Poivre, ressembler en petit à des bénitiers; on ne peut, en effet, mieux peindre leur forme générale et la manière dont ils sont placés sur les parois des cavernes, où ils sont abondans.

Chacun de ces nids pèse au plus dix grammes, suivant M. Sennebier (Mémoire autographe, lu à la Société d'histoire naturelle de Genève par M. Maunoir), et ce poids, dont je me suis assuré, est, à quelques différences près, le même pour tous.

Les nids parfaitement blancs sont les plus estimés, et l'on sait que ce sont ceux de l'année, tandis que les gris ont déjà un degré prononcé d'infériorité, et que les noirs ou les vieux laissés par oubli sont dédaignés. (Marsden, *History of Sumatra.*)

Quelle est la composition de ces nids? Les Hollandois, possesseurs des contrées où on les recueille, dans la sagesse de leur esprit mercantile, éloignoient avec soin tous ceux qui auroient pu, par la justesse de leurs observations ou par leurs lumières, fournir des renseignemens utiles sur ce produit, comme sur beaucoup d'autres, aux nations européennes. Ils étoient loin, en effet, de considérer cette branche de commerce comme de peu d'importance, et pendant long-temps la compagnie hollandoise des Indes la fit valoir elle-même. Ainsi, on a pensé d'abord que ces nids étoient formés, par les salanganes, avec le suc élaboré et retiré de la séve d'un arbre appelé *calambouc*; mais ensuite la connoissance plus positive des habitudes littorales de ces oiseaux, le gisement des nids, qu'on recueilloit sur le bord de la mer, donnèrent lieu de croire qu'ils étoient le produit d'une nourriture dont les holothuries (*holothuria tubulosa*, priape marin), quelque écume de la mer, le frai de poissons, les fucus, celui appelé *edulis* surtout, étoient supposés faire la base.

Thunberg (Voyage au Japon, tom. 2, p. 357) avoit appris sur les lieux que ces nids étoient principalement formés avec la graisse qui nage sur la mer, et que les salanganes les préparoient avec un jus gommeux qui suinte de leur bec au temps des amours. [1]

Sennebier, éclairé par l'analyse chimique, affirmoit que leur composition étoit semblable à une gelée animale, comme celle de veau, par exemple, mais plus solide, et qu'elle étoit élaborée dans l'estomac même de l'oiseau, qui la dégorge, l'attache aux rochers et la façonne avec ses pattes en forme de nid, en ayant soin de la mettre toujours bien à l'abri des variations de l'atmosphère.

Cette opinion de Sennebier et de Thunberg a pour appui les faits cités par Poivre. Ce profond observateur trouva sur un îlot, près de Java, une caverne creusée sur le bord de la mer, dont les parois en étoient tapissées. Il vit également qu'à cette époque (Mars et Avril) la surface de cette mer étoit recouverte de frai de poissons, délayé et étendu comme de la colle forte, depuis la pointe de Sumatra, à l'ouest, jusqu'à la Nouvelle-Guinée, et depuis Java jusqu'en Cochinchine. Il fit recueillir de ce frai, le fit sécher, après l'avoir isolé de l'eau de la mer, et il lui offrit une identité parfaite avec les nids. Seulement il présentoit une saveur fortement salée, que n'avoient point les nids, qui lui parurent au goût, fades, inviscans et sans odeur sensible ; mais nous avons eu fréquemment, dans l'Inde, l'occasion de reconnoître, au contraire, cette saveur salée dans les nids frais que nous goûtâmes.

Poivre dut alors conclure de ses observations que cette matière (le frai de poisson) étoit nécessairement la base des nids de salanganes ; et Fourcroy vint étayer cette idée par l'analyse chimique.

---

1 Pourquoi ne pourroit-on pas penser que les salanganes recueillent, en rasant l'eau de la mer, une espèce d'adipocire, une vraie cétine, resultat de la décomposition des cétacés ou des poissons nombreux qui habitent cet archipel ?

Telles étoient les opinions dominantes sur la formation de ces nids jusqu'au moment où sir Staunton et Jean Hooymann démontrèrent que les salanganes ne font pas seulement leurs nids sur les rivages, mais qu'on en rencontre même au centre de Java, à une distance considérable dans les terres. De cette circonstance, sir Staunton en conclut qu'elles ne peuvent employer, pour se nourrir, et encore moins pour former leurs nids, et les mollusques et le frai de poisson. Il affirme qu'elles vivent seulement d'insectes, qu'elles saisissent au vol au-dessus des marais, et que c'est avec le résidu d'un tel genre de nourriture qu'elles composent leurs nids ; qu'enfin il est impossible que cet oiseau aille, souvent contre le vent, au-dessus des hautes montagnes, à travers une étendue considérable de terrain, recueillir, sur les flots, le frai en question. Mais, pour répondre à plusieurs des faits argués par sir Staunton, il suffit, ce me semble, d'observer qu'il n'y auroit, au reste, rien d'étonnant qu'une espèce d'oiseau qui appartient à une famille dont la plupart des individus sont conformés pour les migrations lointaines, franchisse l'espace d'une vingtaine de lieues, pour aller chercher, non sa nourriture, mais bien les élémens du berceau de sa famille. Qui niera, peut-être, que, même sans se déplacer, elle ne trouve, dans les marais, sur lesquels on l'a vue voler par habitude, et les insectes ailés qui font sa pâture, et la matière adipocireuse qui constitue ses nids ? On ne peut pas supposer, en effet, qu'un oiseau insectivore puisse donner naissance, par le résidu de ce genre de nourriture, à des produits tels que ceux des nids de salanganes ; car ce fait seroit suffisamment démenti par toutes les espèces du même genre, qui vivent spécialement d'insectes, et qui sont bien loin de donner naissance à des matières d'apparence même gélatineuse. [1]

Voici ce qu'on doit regarder comme le plus voisin de la vérité.

---

[1] L'opinion de M. Lamouroux, qui admet que le *fucus edulis* ou un *gelidium*, fournissent seuls la matière élémentaire des nids, ne doit pas être adoptée en principe : car la plupart des mers, sur les côtes desquelles les salanganes vivent, ne possèdent point ces *fucus*, dont la patrie est restreinte à l'archipel d'Asie, et dont on ne voit aucune trace dans les îles Carolines, et proche les îles de France et de Bourbon.

L'hirondelle salangane paroît vivre essentiellement d'insectes, quelle que soit sa position par rapport au bord de la
mer; mais au temps de la ponte et successivement, chaque
paire, ordinairement sédentaire, appelée par cette prévoyance
instinctive que nous ne pouvons définir, s'élance vers les
lieux où elle doit trouver les matériaux nécessaires à la construction de son nid, de même que, quel que soit l'éloignement
de notre hirondelle urbaine, elle parvient à trouver la terre
glaise qui doit façonner la demeure de ses petits. La salangane pareillement recueille, en rasant les flots, la matière
animale qui nage sur leur surface, et, par un travail
viscéral particulier, qui dépend sans doute de l'organisation de son gésier, elle l'épure, la débarrasse des matières
hétérogènes, la pétrit à l'aide d'un mucus, dont l'analogue
est chez nous le suc pancréatique, en forme un corps géla-
tino-muqueux, visqueux comme l'ichthyocolle, dont il partage la plupart des propriétés, et le divise en filamens alors
susceptibles d'adhérer entre eux, de s'accoler avec exactitude,
et ce sont ces filamens qu'on a vus, au temps des amours,
pendre de leur bec, et que quelques voyageurs ont pris pour
un suc propre.

Mais la diversité des jugemens portés sur ces nids, ont dû
nécessairement rendre plus obscurs les détails qu'on possé-
doit sur eux, et même faire naître des doutes sur leur existence réelle. Aussi voit-on Kæmpfer (Hist. du Japon) affirmer que ces nids n'existent pas réellement dans l'état naturel,
et qu'ils sont entièrement le produit de l'art. « Ils sont, dit-
« il, composés de polypes marins, ramollis dans une disso-
« lution d'alun, et lavés jusqu'à ce qu'ils deviennent trans-
« parens. »

On sait que parmi ceux qui ont eu occasion de goûter de
ces nids, les uns leur trouvent un goût fade et insipide, les
autres une saveur aromatique ou épicée. En effet, cette
denrée, si recherchée des Chinois, a éveillé la cupidité
de ce peuple, et les moyens de sophistication sont venus
aider et permettre les grandes consommations qu'ils en
font. On ne doute plus aujourd'hui qu'on ne compose, dans
ces contrées, avec des ailerons de requin, le priapus et surtout la colle de riz, des filamens assez semblables à une pâte

de vermicelle, qu'on aromatise et que l'on tisse avec beaucoup d'adresse en forme de nids ordinaires. Il n'est pas difficile, dans tous les cas, de les distinguer, même au premier
examen; et leur saveur, qui doit varier et déceler le principe
qui la fournit, rendra toute méprise impossible. Ce qui peut
engager à se livrer à cette supercherie, est l'insuffisance des
nids naturels, leur consommation étant prodigieuse, parce
qu'elle est établie sur la réputation bien ou mal acquise de
leurs merveilleuses propriétés.

Dire combien les nids de salanganes sont estimés des peuples asiatiques, chez qui on les recueille ou consomme, ne
pourra bien se concevoir que par les sommes énormes qu'un
objet en apparence d'un si foible intérêt, rapportoit annuellement à la compagnie hollandoise des Indes, qui s'étoit em-
parée du monopole de cette denrée. Il est d'observation que
la polygamie qu'autorisent les lois du mahométisme, de
Brama, de Confucius, énerve bientôt les nations qui y sont
soumises; aussi rien n'est plus ordinaire, dans les contrées où
leur culte est établi, que de voir ces peuples se livrer, par
tous les moyens que la crédulité peut enseigner, à chercher
des recettes aphrodisiaques ou jouissant de cette réputation,
des analeptiques, dont l'effet est trop souvent inefficace, pour
ranimer des sens blasés par des jouissances trop répétées, par
des excès énervans et destructeurs.

Le salep des Orientaux n'a pas d'autre fondement pour sa
renommée. On peut lui adjoindre, sous ce rapport, le fameux ginseng, le coco des Maldives, etc. Par le fait, les nids
de salanganes ne jouissent de tant de vogue que par l'assurance que les peuples qui en font usage, ont de leurs merveilleuses qualités pour soutenir leurs forces physiques dans
des luttes qui les réclament sans partage. On doit avouer cependant que la faculté restaurante spermatopée, attribuée
à cette substance, n'est pas chimérique, et que l'analogie qui
existe entre elle et l'ichthyocolle, ou le mucilage animal dont
elle paroît composée, mais avec des qualités bien autrement
supérieures, doit nécessairement la maintenir dans la haute
opinion que ces peuples en ont conçue.

Employés seuls, ces nids ne pourroient offrir qu'un mets
fade et insipide; mais, relevé par un cari, ou des aromates

moins énergiques, la cardamome, le curcuma, le gingembre,
ou seulement des épices fines, ce mets acquiert une saveur
exquise et des propriétés restaurantes et excitantes prononcées.
Les riches Chinois et Cochinchinois, qui les aiment avec passion, les mangent habituellement sous la forme culinaire
suivante. On les nettoie et on les met tremper : alors les filamens se séparent, se ramollissent, se gonflent; puis on les
place sous une volaille rôtie, dont ils absorbent le jus, en
s'en gorgeant. Ces procédés, employés par nos cuisiniers, à
une légère différence près, pour les viandes farcies de truffes,
donnent un mets avidement convoité des Européens établis
aux Indes, et des Apicius chinois.

La préparation la plus commune, cependant, consiste à
faire cuire les nids de salanganes, avec un chapon gras ou un
canard, dans un pot de terre bien fermé, pendant vingt-
quatre heures, et sur un petit feu. Cet aliment est encore
riche en principes nutritifs, et est servi obligatoirement dans
les repas d'étiquette au Tonquin.

Enfin, on en fait encore des soupes et des bouillons estimés, des ragoûts à la manière de nos champignons. M. Poivre
eut occasion d'en manger préparés de cette manière, et déclare les avoir trouvés excellens, surtout lorsqu'on les ar-
rangeoit en potage avec le bouillon de bonne viande.

D'un autre côté, Thunberg dit que ce mets n'a pas beaucoup de goût, que sa saveur est fade; mais qu'il est très-nour-
rissant et qu'il se digère très-aisément, et ce sentiment est
confirmé par celui du baron Milius, qui s'exprime ainsi sur
le compte des nids de salanganes : « Le nid d'oiseau est une
« pâte transparente, sans goût ni saveur quelconque, dont
« on fait des soupes que l'on m'assura être excellentes, mais
« que je n'ai pas trouvées telles. » Faut-il ici accuser la délicatesse d'un palais européen, ou penser que les nids n'é-
toient pas accommodés de manière à pouvoir plaire, de premier
abord et sans une habitude notable, à des goûts familiarisés
avec d'autres alimens ?

En résumé, ce genre de nourriture vient corroborer les
faits avancés sur la diététique des climats chauds. On sait que
les fruits, les alimens végétaux, les liquides émulsifs, conviennent spécialement dans les régions équatoriales ; les chairs,

les boissons fermentées, dans le Nord, et que la nature, en mettant à notre disposition des moyens nombreux d'existence, a encore voulu les varier à l'infini.

Les propriétés médicales des nids de salanganes sont loin d'être aussi inertes que le pense le docteur Geoffroy (Dict. des scien. méd.). Il est certain, en effet, que, quelle que soit l'analogie qu'il y ait entre eux et l'ichthyocolle, les propriétés singulièrement nutritives qui les distinguent, sont dans un état bien autrement élaboré que celles que la colle de poisson proprement dite seroit susceptible d'offrir. En effet, l'estomac le plus délabré et qui réclame des alimens digérés d'avance, pour ainsi dire, n'a pas besoin d'employer de contractions pour agir sur un mucilage éminemment réparateur, qui se dissout sans travail et de lui-même, et qui, en entier, fournit aux bouches absorbantes un chyle abondant.

Les Javanais se servent des nids d'oiseaux, dans leur thérapie, pour une foule de cas; mais, à part leur juste réputation dans les maladies consomptives, et dont la plupart surtout reconnoissent chez eux l'épuisement par excès des plaisirs vénériens, il les emploient habituellement, comme topiques, dans les maladies inflammatoires locales, et, sous forme de cataplasmes, contre l'angine, quelques tumeurs, etc.

Les nids de salanganes, en dernière analyse, peuvent donc être considérés comme une acquisition, sinon très-importante, du moins non à dédaigner dans cette longue série des maladies chroniques qui réclament un régime sévère, un genre de nourriture qui puisse ne pas fatiguer des organes malades, tout en leur transmettant cependant les moyens de réparer leurs pertes et celles de l'économie en général, sans aggraver les accidens des systèmes lésés.

Les nids de salanganes, enfin, doivent surpasser les effets du salep et des autres fécules restaurantes par l'animalisation qui les distingue, et doivent mériter, tout aussi bien que tant d'autres produits plus insignifians et plus nuisibles, et dans des cas que l'observation médicale fait connoître, un rang dans la pharmacologie et une place dans nos officines.

La récolte des nids est assez curieuse pour mériter un instant de fixer nos recherches. Cette partie ne laisse rien à désirer dans le Mémoire de sir Staunton.

Bantam et Sumatra fournissent peu de ces nids. Les lieux où la récolte est considérable, sont Calappa-Nougal et Sampia, près de Batavia : aussi la compagnie hollandoise les fit exploiter long-temps pour son propre compte ; mais, voyant qu'elle n'en retiroit plus, dans les derniers temps, le même bénéfice, elle en vendit la ferme et se forma un revenu plus certain. Les cavernes des rochers de l'île Bonnet, dans le détroit de la Sonde, sont tapissées de ces nids ; mais Java fournit aujourd'hui la plus grande partie de ceux qu'on introduit dans le commerce. On évalue à vingt-cinq quintaux le total des récoltes, et si l'on y ajoute maintenant ceux formés de toute pièce, on pourra juger, par la comparaison idéale, combien est grande la consommation de cette production, et, se rappelant que chaque nid ne pèse guère plus de dix à douze grammes, combien cet archipel produit d'hirondelles salanganes.

Trois montagnes célèbres par leurs *nids d'oiseaux* sont situées près de Samarang, sur l'île de Java ; on les connoît dans le pays sous le nom de *Goa.* On y remarque des rochers crevassés, presque inabordables et la plupart très-escarpés. C'est là que les salanganes viennent placer leurs nids, à l'abri de toute atteinte des intempéries de l'atmosphère et surtout de la pluie. On a remarqué, en effet, que leur instinct les portoit à éviter de les placer même sur un lieu mouillé, et que, si par hasard l'humidité venoit à gagner l'endroit qu'elles avoient choisi, elles l'abandonnoient aussitôt et alloient plus loin recommencer leur ouvrage.

Ces nids sont adhérens sur la surface du rocher. Ils sont placés très-près les uns des autres, par rangées exactement parallèles. Il n'y a aucune différence entre ceux qu'on trouve sur les bords de la mer et ceux de l'intérieur des terres ; seulement ces derniers sont en plus petit nombre.

Les Javanais, dit sir George Staunton, s'habituent à la recherche des nids dès leur enfance, et ce genre de profession n'est pas sans danger. Les cavernes qui occupent le centre des rochers sont immenses, et offrent communément les grandes nichées de ces oiseaux à des hauteurs variables, depuis 50 pieds jusqu'à 500, par lignes symétriques, comme nous l'avons dit tout-à-l'heure. Ils ne peuvent ainsi y descendre qu'au moyen d'échelles de cordes ou de bambous, et jamais sans qu'ils n'arrivent dans des lieux irréguliers et dangereux, très-obscurs en outre, puisqu'ils sont obligés de s'éclairer avec des torches résineuses faites de cire et de filamens internes d'arek, qu'ils reçoivent des mains de leurs bonzes. Les grandes récoltes ne commencent même jamais sans faire un sacrifice à leur divinité, après avoir toutefois parfumé l'entrée des cavernes avec du benjoin, et s'être munis de force prières pour le succès de leur chasse et sa terminaison à bien.

Les Cochinchinois font la récolte des nids de salanganes en Juillet et Août ; les Javanais, trois fois par an, aussitôt que les petits sont envolés, et cette opération ne dure jamais plus d'un mois. Aussitôt qu'elle est terminée, les nids sont nettoyés, séchés ; puis on les met dans de petits paniers, qu'on porte à Batavia, l'entrepôt général, et d'où on les expédie ensuite pour la Chine.

On calcule que Batavia en exporte annuellement, des îles de l'Est, mille picles. La picle valant vingt-cinq livres, le nid pris pour une demi-once, on a été fondé à donner ce calcul intéressant, qu'on devoit compter quatre millions de ces nids, lesquels, à deux ou trois petits par couvée, plus le père et la mère, donnoient au total vingt millions de salanganes. Long-temps les nids blancs, d'une belle transparence, furent vendus poids pour poids d'argent. Sir Stamford Raffles, gouverneur de Java, dit, dans l'histoire qu'il a publiée de cette île, que la livre se paie trente piastres. Mais cette élévation de prix n'existe probablement que lorsque les récoltes ont été peu productives.

Les nids dont la teinte est grise ont peu de valeur. Les noirs sont entièrement rejetés. (R. P. Lesson.)

SALANGUET. (*Bot.*) Nom du *chenopodium maritimum*, Linn., en Provence. (Lem.)

SALANX, *Salanx*. (*Ichthyol.*) M. Cuvier a désigné par ce mot un genre de poissons malacoptérygiens abdominaux, voisins des Chauliodes et des Orphies, et qui appartiennent à la famille des Siagonotes de M. Duméril.

Ce genre est reconnoissable aux caractères suivans :

Pas de nageoire adipeuse ; bord de la mâchoire supérieure formé par l'intermaxillaire sans pédicule ; maxillaires sans dents, et cachés dans l'épaisseur des lèvres; tête déprimée; opercules se reployant en dessous; quatre rayons plats aux ouïes; mâchoires pointues, garnies chacune d'une rangée de dents crochues; l'inférieure un peu alongée au-delà de la symphyse par un petit appendice qui porte des dents; palais et fond de la bouche entièrement lisses; aucune saillie linguale.

Ce genre ne renferme encore qu'une seule espèce. Elle est nouvelle. Voyez Ésoces et Siagonotes. (H. C.)

SALAO. (*Bot.*) Nom donné par les Portugais du Malabar au *katou-patsjotti*, regardé par Burmann comme variété du *croton castaneifolium*. Le petit arbre qu'ils nomment *salao femea*, et que Burmann croyoit être un *calophyllum*, est rapporté au *tetracera* par M. De Candolle. Le *saloins* des mêmes auteurs est l'*antidesma sylvestris*. (J.)

SALAR. (*Conchyl.*) Adanson (Sénég., page 97, pl. 6) décrit et figure sous ce nom une espèce de cône que Bruguière rapporte au cône tulipe. (De B.)

SALAR. (*Ichthyol.*) Nom latin du Saumon. Voyez ce mot. (H. C.)

SALARIAS, *Salarias*. (*Ichthyol.*) M. le baron Cuvier a donné ce nom à un genre de poissons formé aux dépens de celui des blennies de la plupart des ichthyologistes, appartenant à sa famille des gobioïdes, parmi les acanthoptérygiens, et rentrant dans celle des auchénoptères de M. Duméril.

On reconnoît ce genre aux caractères suivans:

Corps nu, alongé; trous des branchies latéraux; yeux latéraux aussi; catopes très-petits, jugulaires et composés seulement de deux rayons; une seule nageoire dorsale; dents longues, égales, sur une seule rangée, fort serrées, comprimées latéralement, crochues au bout, d'une minceur inexprimable, en nombre énorme et mobiles, à la manière des touches d'un clavecin; tête comprimée obliquement, très-étroite vers le haut, large transversalement en bas; lèvres charnues et renflées; front vertical.

Les Salarias diffèrent donc des Uranoscopes et des Batrachoïdes, qui ont les yeux très-verticaux; des Chrysostromes et des Kurtes, qui ont le corps ovale; des Callionymes, qui ont les trous des branchies ouverts sur la nuque; des Gonnelles et des Oligopodes, dont les catopes n'ont qu'un seul rayon; des Calliomores, des Vives et de tous les Gades, chez lesquels ees nageoires en ont au moins six ; des Blennies, dont les dents n'offrent ni le même mode de mobilité, ni la même minceur ; des Clinus, dont les dents sont disposées sur plusieurs rangs ; des Opistognathes, qui les ont en râpe. (Voyez ces divers noms de genres et Auchénoptères dans le Supplément du tome III de ce Dictionnaire.)

Les poissons qu'on connoît dans ce genre, viennent de la mer des Indes. Leurs intestins, roulés en spirale, sont plus minces et plus longs que dans les Blennies proprement dits.

Parmi eux nous citerons :

Le Salarias quadripenne : *Salarias quadripennis*, Cuvier ; *Blennius gattorugine*, Forskal. Un appendice palmé auprès de chaque œil et deux appendices semblables auprès de la nuque ; dos rayé de brun, avec des taches claires et foncées ; nageoires jaunâtres.

De la taille de six à sept pouces.

Ce salarias fréquente les eaux de la Méditerranée et de l'océan Atlantique. Sa chair est d'une saveur agréable.

Les Vénitiens l'appellent *gattorugine*, et les Arabes, *koschar*.

Le Salarias de Sujef : *Salarias sujefianus* ; *Blennius simus*. Un très-petit appendice non palmé au-dessus de chaque œil ; ligne latérale courbe ; nageoire du dos réunie à celle de la queue ; taille de trois à quatre pouces.

On doit à Sujef la connoissance de ce poisson.

Le Salarias sauteur : *Salarias saliens* ; *Blennius saliens*, Lacép. ; *Alticus desultor*, Commerson. Nageoires pectorales presque aussi longues que le corps, qui est d'un brun rayé de noir ; taille de deux pouces à deux pouces et demi.

Ce poisson s'élance avec agilité, glisse et semble voler à la surface de la mer sur les côtes de la Nouvelle-Bretagne, où il a été découvert par Commerson. (H. C.)

SALASSI-PUTI. (*Bot.*) Nom du basilic ordinaire à Java, suivant Burmann. (J.)

SALAXIS. (*Bot.*) Genre de plantes dicotylédones, à fleurs complètes, monopétalées, de la famille des *éricinées*, de l'*octandrie monogynie* de Linnæus, offrant pour caractère essentiel : Un calice à quatre folioles irrégulières ; une corolle campanulée, à quatre divisions ; huit étamines ; un stigmate pelté ;

une capsule presque en drupe , à trois loges ; une semence dans chaque loge.

Ce genre, établi par Willdenow, ne nous est connu que par le peu qu'il en a dit ; il en présente trois espèces . savoir :

1.° Le *Salaxis arborescens*, Willd., *Enum. pl.*, 1, pag. 415. Arbrisseau qui s'élève à la hauteur d'environ neuf pieds , chargé de feuilles ternées, un peu cylindriques, appliquées entre les rameaux. Les fleurs sont latérales, presque terminales, portées sur des pédoncules pubescens.

2.° Le *Salaxis montana*, très-rapproché de l'espèce précédente, a des feuilles ternées, appliquées contre les rameaux, mais tétragones. Les fleurs sont latérales, presque terminales ; leurs pédoncules glabres. Ces deux espèces ont été découvertes à l'île Bourbon par M. Bory-Saint-Vincent.

3.° Le *Salaxis abietina*, à feuilles linéaires, étalées, réunies presque six par six, mais seulement au nombre de trois sur les rameaux. Les fleurs sont latérales, presque terminales. Cette plante croît à l'île Maurice, où elle a été recueillie par M. Bory-Saint-Vincent. (Poir.)

SALBANDE. (*Min.*) Transformation en françois du mot allemand *Saalband*, qui s'applique à la ligne, surface ou fissure, qui sépare un filon de la roche attenante. Quelquefois la salbande consiste en une simple fissure, assez plane , assez unie et souvent même polie. Les roches de quarz, comme polies naturellement, sont ordinairement des parties de roches ou de filons qui forment ces salbandes. Quelquefois aussi elles sont enduites d'une couche mince d'argile lithomarge, qui détermine d'une manière sensible le plan de séparation du filon et de la roche.

Il ne faut pas confondre ce mot avec *Fallband*, qui s'applique particulièrement au micaschiste et à l'amphibolite pyriteux , qui, dans la mine d'argent de Kongsberg en Norwége , renferment les filons argentifères les plus riches. (B.)

SALDE, *Salda*. (*Entom.*) C'est le nom donné par Fabricius à un genre d'insectes hémiptères de la famille des frontirostres ou rhinostomes.

Ces espèces avoient été rapportées au genre *Acanthie* ou à

celui des *Lygées.* Telles sont les acanthies du zostère, littorale, sylvestre, etc. (C. D.)

SALDITS. (*Bot.*) Nom cité par Flacourt d'une plante de Madagascar, dont les fleurs rouges forment des panaches agréables. Sa graine, prise à l'intérieur, provoque le vomissement, et sa racine, prise en poudre, l'arrête, suivant le témoignage de l'auteur. (J.)

SALDORIJA. (*Bot.*) Nom qu'on donne dans le royaume de Murcie, en Espagne, au *satureja obovata,* Lagasc. Cette plante est employée à Valence pour assaisonner les olives, et, par suite de cet usage, elle y est appelée *herbe aux olives.* (LEM.)

SALE. (*Ichthyol.*) Nom spécifique d'un pomacanthe, *chœtodon sordidus,* Linn. Voyez POMACANTHE. (H. C.)

SALÉE. (*Bot.*) Nom malais de la larmille, *coix lacryma,* Linn., graminée dont on mange la graine dans les Indes orientales. Le *salée-outan* est le *coix agrestis,* Lour., dont on ne fait point usage. (LEM.)

SALÈGRES. (*Min.*) Nom qu'on donne, dit Valmont de Bomare, à des pierres salées extraites des mines de sel, et qu'on suspend dans les étables à bœuf et à moutons pour être léchées par ces animaux.

C'est probablement un calcaire argileux ou un gypse salifères. (B.)

SALEMANDER. (*Erpét.*) Nom flamand de la salamandre terrestre. Voyez SALAMANDRE. (H. C.)

SALENGRE. (*Bot.*) Voyez OLIVASTRE. (J.)

SALEP. (*Bot.*) C'est la racine tubéreuse d'une espèce d'orchis, que plusieurs auteurs croient être l'*orchis mascula,* qui est composée de deux petits tubercules unis ensemble. Elle est indiquée comme bonne, étant prise à l'intérieur, pour rétablir les forces épuisées, et on en fait beaucoup d'usage dans le Levant, d'où elle nous est apportée, après avoir subi une préparation qui en sépare la partie mucilagineuse et la rend plus ferme. On a essayé de préparer de la même manière la racine à double tubercule de l'*orchis militaris,* du *satyrium* et de quelques autres genres, et l'essai a réussi. On prépare également la racine à tubercule simple et palmé de quelques autres, tel que l'*orchis latifolia.* (J.)

SALGEIRA. (*Bot.*) Les Portugais de la côte malabare donnent ce nom à différens arbres ou arbrisseaux du Malabar. Les *salgeira sativo*, *major* et *mainato* sont des espèces de manglier, *rhizophora*. Le *salgeira fermea* paroît être un *ægiceras*, et le *salgeira falzæ* un *lagetta*. L'*avicennia tomentosa* est nommé par les mêmes *salgueira*. (J.)

SALGUEIRA. (*Bot.*) Voyez SALGEIRA. (J.)

SALHEYEH. (*Ichthyol.*) Nom spécifique d'un MORMYRE. Voyez ce mot. (H. C.)

SALI. (*Ornith.*) Le martin-chasseur à tête rousse est ainsi nommé aux îles Mariannes. (CH. D.)

SALICAIRE; *Lythrum*, Linn. (*Bot.*) Genre de plantes dicotylédones polypétales, de la famille des *Salicariées* ou *lythraires*, Juss., et de la *dodécandrie monogynie* de Linnæus, dont le caractère essentiel est d'avoir : Un calice monophylle, cylindrique, découpé à son bord en douze dents alternativement plus grandes et plus petites; une corolle de six pétales insérés entre les dents du calice; douze étamines à filamens de la longueur du calice, disposés sur deux rangs; un ovaire supère, oblong, surmonté d'un style subulé, de la longueur des étamines, terminé par un stigmate orbiculaire; une capsule oblongue, à deux loges, enveloppée par le calice persistant, et renfermant des graines petites et nombreuses. Le nombre des parties de la fleur est très-sujet à varier dans ce genre.

Les salicaires sont des plantes le plus souvent herbacées, rarement frutiqueuses, à feuilles entières, opposées ou verticillées, ou quelquefois alternes; dont les fleurs sont disposées par verticilles rapprochés en épi terminal ou parfois axillaires. On en connoît une quinzaine d'espèces, dont les unes croissent naturellement en Europe ou en Asie, et dont les autres appartiennent à l'Amérique.

SALICAIRE COMMUNE : *Lythrum salicaria*, Linn., *Sp.*, 640; *Fl. Dan.*, tab. 671. Ses racines sont fibreuses, vivaces; elles produisent une ou plusieurs tiges quadrangulaires, un peu rougeâtres, hautes de trois à quatre pieds, simples inférieurement, rameuses dans leur partie supérieure, garnies de feuilles alongée, lancéolées, échancrées en cœur à leur base, sessiles, opposées, quelquefois ternées ou même quaternées. Ses fleurs sont d'une belle couleur purpurine, disposées par verticilles dans les aisselles des feuilles supérieures, sessiles ou portées sur de très-courts pédoncules, et formant dans leur ensemble un long épi terminal. Leur corolle est à six pétales, et elles ont douze étamines. Cette plante croît en Europe et dans l'Amérique septentrionale, sur les bords des étangs, des rivières et des fossés aquatiques. Elle passe pour vulnéraire et astringente, mais à peine si aujourd'hui elle est employée en médecine. Les agronomes la regardent comme nuisant dans les prairies à la qualité du foin, surtout lorsqu'elle y est un peu multipliée. Les habitans du Kamtchatka mangent ses feuilles cuites comme on fait ailleurs des épinards, et ils boivent la décoction de la plante en guise de thé; ils mangent aussi la moelle des tiges, crue ou cuite, comme un mets recherché, et, mettant fermenter cette moelle dans de l'eau, ils en font une sorte de vin qu'on peut convertir en vinaigre, et qui donne de l'eau-de-vie à la distillation.

SALICAIRE ÉFFILÉE; *Lythrum virgatum*, Linn., *Sp.*, 642. Ses tiges sont lisses, quadrangulaires, droites, hautes de deux pieds ou environ, divisées, dans leur partie supérieure, en rameaux effilés et garnies de feuilles étroites, lancéolées, presque rétrécies en pétiole à leur base, opposées dans la partie inférieure des tiges, alternes dans le haut. Ses fleurs sont purpurines, pédiculées, au nombre de deux à trois dans les aisselles des feuilles supérieures et formant dans leur ensemble une longue grappe terminale. La corolle a six pétales, et les étamines sont au nombre de douze. Cette espèce est vivace; elle croît en Autriche, en Hongrie, en Italie, sur le Caucase, et en Caroline dans l'Amérique du Nord.

SALICAIRE A FEUILLES LINÉAIRES; *Lythrum lineare*, Linn. *Sp.*, 641. Ses tiges sont anguleuses, filiformes, droites, hautes de quinze à vingt pouces, divisées en rameaux nombreux, et garnies de feuilles linéaires, glabres, opposées inférieurement, alternes dans la partie supérieure des tiges et des rameaux. Les fleurs sont petites, purpurines ou blanches, disposées en un long épi à l'extrémité des rameaux. La corolle a six pétales, comme dans les précédentes, mais il n'y a que six étamines. Cette espèce croît dans les lieux marécageux de la Caroline et de la Virginie.

Salicaire a feuilles d'hyssope; *Lythrum hyssopifolia*, Linn.,
Sp., 642. Ses tiges sont longues d'un pied à dix-huit pouces,
très-rameuses, couchées à leur base, garnies de feuilles linéaires, obtuses ou à peine aiguës, le plus souvent toutes alternes.
Ses fleurs sont petites, d'un pourpre clair, solitaires dans les
aisselles des feuilles supérieures; la corolle est à six pétales,
et il n'y a que six étamines : cette plante est annuelle. On la
trouve dans les lieux humides et inondés, en France, en
Suisse, en Italie, en Angleterre, etc., sur les côtes de Barbarie.

Salicaire a feuilles de thym; *Lythrum thymifolia*, Linn., *Sp.*,
642. Cette espèce ressemble beaucoup à la précédente, mais
elle est en général moitié plus petite; son calice n'a que quatre
dents; sa corolle que quatre pétales, et il n'y a que deux étamines. Cette plante croît dans les lieux humides du Midi de
la France et de l'Europe; on la trouve aussi dans le Nord de
l'Afrique. (L. D.)

SALICARIA. (*Bot.*) Ce nom latin de la salicaire, donné
par Tournefort, et par d'autres avant lui, a été changé par
Linnæus en celui de *lythrum*, qui a prévalu. (J.)

SALICARIA. (*Ornith.*) C'est la fauvette des roseaux, *motacilla salicaria*, Gmel. (Ch. D.)

SALICARIÉES, SALICAIRES. (*Bot.*) C'est sous ce nom
qu'étoit désigné primitivement la famille des plantes connue
maintenant sous celui de lythraires, provenant de son genre
principal *Lythrum* de Linnæus, auparavant *Salicaria* de Tournefort et des anciens. Ce choix a été déterminé pour éviter
la confusion de nomenclature avec la nouvelle famille des
salicinées. (J.)

SALICASTRUM. (*Bot.*) La plante que Pline nommoit ainsi
est, selon Anguillara et Gesner, la douce-amère, *solanum dulcamara*; selon d'autres le taminier, *tamus communis*. (J.)

SALICINÉES. (*Bot.*) Famille de plantes établie pour placer
le saule, le peuplier et quelques autres genres que M. de
Jussieu range parmi les amentacées. (L. D.)

SALICOQUE. (*Crust.*) Ce nom est vulgairement employé
sur les côtes septentrionales et occidentales de la France,
pour désigner les crevettes qui appartiennent au genre Palémon (voyez l'article Malacostracés, tom. XXVIII, p. 326.

47.   6

de ce Dictionnaire). M. Latreille a employé cette désignation au pluriel, pour désigner une famille particulière de crustacés décapodes macroures, dont ce même genre Palémon est le type. Il la caractérise ainsi : Pattes indivises, ou n'ayant au plus, et seulement dans un petit nombre d'espèces, qu'un petit appendice sétiforme, inutile à la locomotion, situé près de leur base ; pédoncule des antennes latérales recouvert d'une grande écaille, annexée à sa base ; ces antennes situées au-dessous des mitoyennes ou insérées plus bas. Les genres compris dans cette famille, portent les noms de Pontophile, Crangon, Atye, Stenope, Penée, Hyménocère, Gnathophylle, Nika ou Processe, Autonomée, Alphée, Pandale, Palémon, Lysmate, Athanas et Pasiphaé. (Desm.)

SALICOR. (*Bot.*) On désigne sous ce nom une espèce de soude cultivée sur les bords de la Méditerranée, dans les environs de Narbonne. Marcorelle, correspondant de l'Académie des sciences, a donné, dans le cinquième volume du Recueil ancien des savans étrangers, un long mémoire sur ses caractères, sa culture, son exploitation, ses produits et ses divers usages : suivant lui c'est le *kali majus cochleato semine* de C. Bauhin, qu'il rapporte au *salsola kali* de Linnæus, mais qui est plutôt le *salsola soda* du même auteur. La qualité du produit de cette plante est supérieure, selon lui, à celle du *kali spinosum cochleatum* ou *salsola tragus* de Linnæus, connu dans le pays sous le nom de *salsovie*. Il dit encore qu'on la détériore quelquefois par le mélange du produit du *salicornia*, auquel quelques personnes donnent aussi le nom de salicor. On peut renvoyer au mémoire de Marcorelle ceux qui auroient intérêt à connoître le salicor plus en détail. (J.)

SALICORNE; *Salicornia*, Linn. (*Bot.*) Genre de plantes dicotylédones apétales, de la famille des *atriplicées*, Juss., et de la *monandrie monogynie* de Linnæus, qui a pour caractères : Un calice presque tétragone, ventru, entier, persistant; point de corolle; une ou deux étamines à filamens subulés, plus longs que le calice; un ovaire supère, ovale, surmonté d'un style court, terminé par un stigmate bifide; une seule graine recouverte par le calice renflé.

Les salicornes sont des plantes herbacées ou des arbustes à

rameaux opposés, articulés, dépourvus de feuilles, et dont les fleurs sont peu apparentes, sessiles et axillaires. On en compte une douzaine d'espèces. Les suivantes croissent naturellement en France.

Salicorne herbacée : *Salicornia herbacea*, Linn., *Sp.*, 5 ; Lam., *Illust.*, tab. 4, fig. 1. Sa racine est annuelle ; elle produit une tige herbacée, haute de quatre à dix pouces, divisée en rameaux charnus, articulés, dépourvus de feuilles. Ses fleurs sont verdâtres, réunies trois ensemble à l'aisselle des articulations supérieures, qui sont un peu comprimées latéralement, presque toujours plus hautes que larges, et qui forment dans leur ensemble une sorte d'épi court et cylindrique. Cette plante croît dans les marécages sur les bords de l'Océan et de la Méditerranée.

En Angleterre et dans quelques autres contrées on fait confire dans le vinaigre les jeunes rameaux de la salicorne herbacée, et on les met, ainsi préparés, comme assaisonnement dans les salades. Les troupeaux recherchent la plante fraîche et paroissent la manger avec plaisir.

Salicorne frutiqueuse : *Salicornia fruticosa*, Linn., *Sp.*, 5 ; Lam., *Illust.*, tab. 4, fig. 2. Cette espèce diffère de la précédente par sa tige ligneuse, plus élevée ; par ses articulations, dont celles qui donnent naissance aux fleurs sont très-rapprochées les unes des autres, ordinairement plus larges que hautes, et par ses épis de fleurs plus alongés. Dans cette plante et dans la salicorne herbacée le rebord des articulations laisse les fleurs à découvert. La salicorne frutiqueuse croît sur les côtes maritimes et méridionales de l'Océan et de la Méditerranée.

Les salicornes desséchées donnent par incinération, ainsi que les soudes proprement dites, cette substance alkaline connue dans le commerce sous le nom de soude, qui entre dans la fabrication du savon, et dont on fait usage dans les verreries et les buanderies. (L. D.)

SALICORNIA. (*Bot.*) Voyez Salicorne. (L. D.)

SALICOT. (*Crust.*) C'est le même nom que celui de salicoque sur quelques points des côtes de France. (Desm.)

SALICOTTE. (*Bot.*) C'est la soude commune. (L. D.)

SALIENTIA [Sauteurs]. (*Mamm.*) Illiger a donné ce nom

à un ordre et à une famille de mammifères marsupiaux, qui comprend les deux seuls genres Potoroo, Desm., ou *Hypsiprimnus*, Illig., et Kanguroo ou *Halmaturus*, Illig. (DESM.)

SALIERNE. (*Bot.*) Nom languedocien d'une variété à fruit rond de l'olivier ordinaire, cité par Gouan. (J.)

SALIGOT. (*Bot.*) Nom vulgaire de la mâcre flottante. (L. D.)

SALIMORI. (*Bot.*) Adanson nomme ainsi le *cordia sebestena* de Linnæus, dont la corolle, divisée ordinairement en six lobes, porte autant d'étamines. C'est le nom de cet arbre dans l'île de Ternate. (J.)

SALIN. (*Ichthyol.*) Nom spécifique d'un poisson du genre Spare de Lacépède. Voyez SPARE. (H. C.)

SALIN. (*Chim.*) C'est le résidu de l'évaporation de la lessive des cendres qui contiennent de la potasse. (CH.)

SALINDRE. (*Min.*) C'est, dit l'abbé Sauvage, un grès renfermant des grains calcaires. Kirwan cite ce nom et cette définition à l'occasion de son grès siliceux. C'est, comme on le voit, un nom de localité d'une roche qui pourroit bien être un macigno molasse. (B.)

SALIQUIER. (*Bot.*) Voyez CUPHEA, tome XII, page 226. (POIR.)

SALIS. (*Bot.*) Un des noms arabes de la livèche, *ligusticum*, citée par Mentzel, d'après Linnæus. (J.)

SALITE ou SALIT. (*Min.*) C'est encore une autre manière d'écrire *sahlite*, également et indifféremment employée par M. Hisinger et par plusieurs autres minéralogistes. Nous avons adopté *sahlite*. Voyez PYROXÈNE. (B.)

SALITRE ou SALITER. (*Min.*) C'est un des noms de la magnésie sulfatée ou EPSOMITE. (B.)

SALIUNCA. (*Bot.*) Selon Daléchamps ce nom étoit donné, du temps de Dioscoride, au nard celtique, espèce de valériane. *valeriana celtica*. (J.)

SALIUS. (*Entom.*) On trouve ce nom, dans le Système des piézates de Fabricius, comme désignant un genre d'insectes hyménoptères, voisin des sphèges et dans lequel il n'a encore inscrit que trois espèces : une d'Italie, qui était le *pompilus sexpunctatus* de l'Entomologie systématique, et deux autres espèces, rapportées de Barbarie. (C. D.)

SALIVE. (*Chim.*) Suivant M. Berzelius, la salive est formée de

Eau.	992,9
Matière animale particulière.	2,9
Mucus.	1,4
Chlorures de sodium et de potassium . . .	1,7
Lactate de soude et matière animale. . .	0,9
Soude.	0,2

$$1000,0.$$

M. Berzelius ne nomme pas l'espèce d'animal dont il a analysé la salive.

Il obtient la matière particulière en traitant la salive desséchée par l'alcool. Les chlorures et le lactate sont dissous; la matière particulière, le mucus et la soude ne le sont pas : il enlève la soude au résidu au moyen de l'alcool mêlé d'acide acétique; puis, en traitant par l'eau le nouveau résidu, il dissout la matière particulière, à l'exclusion du mucus.

La matière particulière est, comme on le voit, insoluble dans l'alcool et soluble dans l'eau. Cette solution, évaporée, laisse un résidu transparent, qui se redissout dans l'eau froide.

Cette solution n'est pas précipitée par les alcalis, par les acides, par le sous-acétate de plomb, le sublimé corrosif, le tannin. Elle n'est pas coagulée par une température de 100^d.

Au mot MUCUS on trouvera les propriétés que M. Berzelius assigne au mucus de la salive.

Suivant M. Berzelius, le mucus de la salive contient du phosphore et du calcium. Lorsqu'il vient à se déposer sur les dents, il éprouve une combustion, qui donne lieu au *tartre des dents*, que M. Berzelius regarde comme formé de

Phosphates terreux	79,0
Mucus indécomposé.	1,0
Matière particulière à la salive . . .	1,0
Matière animale soluble dans l'acide	
hydrochlorique.	7,5.

J'avoue que je ne puis croire que le phosphate de chaux ne soit pas tout formé dans le mucus de la salive. (Cн.)

SALIX. (*Bot.*) Nom latin du genre Saule. (L. D.)

SALKEN. (*Bot.*) Les Hollandois de l'Inde nomment ainsi le *tsjeria-cametti-valli* du Malabar, dont la description, faite par Rhéede, a paru suffisante à Adanson pour en former un genre de légumineuses sous le nom de *Salken :* il lui attribue un calice tubulé hémisphérique, presque entier; une corolle papilionacée; des étamines diadelphes; une gousse orbiculaire et monosperme; des fleurs en épis et des feuilles ternées. Ce genre n'a pas été adopté. (J.)

SALLES. (*Mamm.*) On a quelquefois nommé ainsi les poches, placées de chaque côté de la bouche, dans beaucoup de singes de l'ancien continent et dans quelques rongeurs, lesquelles communiquent avec l'intérieur de cette bouche, et sont plus généralement désignées par la dénomination d'*abajoues*. (Desm.)

SALLIAN. (*Ornith.*) C'est par erreur que dans l'Histoire générale des voyages, tome 14, page 316, en parlant de cet oiseau de l'île de Maragnon, on lui applique le nom de *touyou;* il a été reconnu depuis que c'est le jabiru, *mycteria*. (Cн. D.)

SALMACIS. (*Bot.*) M. Bory de Saint-Vincent a donné ce nom à divers êtres aquatiques qu'il considère comme végéto-animaux et qui ont été pris pour des conferves. Le *salmacis* fait partie de ses arthrodiées, et se trouve placé après le genre *Tendaridea*, Bory, et le *Zygnema*, dans la division des conjuguées. Il comprend des espèces filamenteuses, caractérisées ainsi : Matière colorante, disposée en filets parsemés de points hyalins et affectant les figures les plus variées, mais toujours en spirale, jusqu'à l'instant où, par l'accouplement, cette matière s'oblitère, passe des articles d'un filament dans ceux d'un autre, et forme dans chaque article une seule gemme. Les *conferva jugalis* et *nitida* de Muller, qui ne font qu'une seule espèce, peuvent être considérées comme le type du genre. M. Bory annonce qu'un assez grand nombre d'espèces élégantes rentrent dans le *salmacis* et se confondent souvent dans le même amas : elles sont difficiles à distinguer. M. Gaillon ramène à ce genre, sous le nom de *salmacis qui-*

nina, le *conjugata porticalis*, Vaucher, qui est encore le *conferva porticalis*, Decand., le *zygnema quininum var. porticalis*, Lyngb., qu'on trouve en été à la surface des eaux tranquilles. On peut consulter sur la nature et l'existence de ces êtres singuliers les articles Némazoaires et Psychodiaires de ce Dictionnaire. (Lem.)

SALMARINE, *Salmo salmarinus.* (*Ichthyol.*) Nom spécifique d'un saumon voisin de la truite. Voyez Truite. (H.C.)

SALMASIA. (*Bot.*) Nom substitué par Necker à celui de *tachibota*, un des genres d'Aublet. (J.)

SALMBARSCH. (*Ichthyol.*) Un des noms allemands du loup de mer, *perca labrax*, poisson que nous avons décrit dans ce Dictionnaire, tome XXXIX, page 150. (H. C.)

SALMÉE, *Salmea.* (*Bot.*) Ce genre de plantes, proposé en 1813, par M. De Candolle, dans son Catalogue du Jardin de Montpellier (pag. 140), appartient à l'ordre des Synanthérées, à la tribu naturelle des Hélianthées, et à notre section des Hélianthées-Prototypes, dans laquelle il est immédiatement voisin du genre *Spilanthes*, dont il diffère principalement par la forme et la structure du péricline, et de notre genre *Ditrichum*, dont il diffère par le péricline et le clinanthe.

Voici les caractères génériques que nous avons observés sur trois espèces de *Salmea*.

Calathide obovoïde, incouronnée, équaliflore, multiflore, régulariflore, androgyniflore. Péricline à peu près égal aux fleurs, turbiné, campanulé, ou subcylindracé; formé de squames plurisériées, régulièrement imbriquées, dressées, appliquées, subcoriaces: les extérieures plus courtes, ovales, obtuses, planes; les intérieures notablement plus longues, oblongues-obovales, obtuses, ordinairement comme tronquées au sommet, concaves, embrassantes, analogues aux squamelles du clinanthe. Clinanthe axiforme, plus ou moins long et grêle, cylindracé, garni de squamelles analogues aux squames intérieures du péricline, presque égales aux fleurs, oblongues, élargies de bas en haut, obtuses, arrondies ou tronquées au sommet, embrassantes, concaves, carénées, subtrinervées, coriaces-membraneuses, persistantes. Ovaire comprimé bilatéralement, cunéiforme-oblong, comme tronqué au sommet, un peu tétragone, lisse, hérissé de longs poils ou cils sur ses deux arêtes, extérieure et intérieure ; aigrette composée de deux squamellules opposées, situées sur les deux arêtes de l'ovaire, égales ou inégales, plus ou moins longues et fortes, continues à l'ovaire, persistantes, filiformes, subtriquètres, ou laminées, aiguës au sommet, plus ou moins garnies de longues barbellules. Corolle à tube suffisamment distinct, à limbe notablement plus long, ayant cinq divisions.

Nous avons fait cette description en 1816 sur trois échantillons de l'herbier de M. de Jussieu, où ils étoient réunis dans la même enveloppe et faussement étiquetés *Mikania Houstonis*. Nous les rapportâmes alors au genre *Spilanthes*, parce qu'à cette époque nous ne connoissions pas encore le genre *Salmea* de M. De Candolle. Quoique nous ayons négligé d'observer leurs caractères spécifiques, nous croyons qu'ils appartiennent à trois espèces distinctes.

La première espèce, qu'on pourroit nommer *grandiceps*, est peut-être la *Salmea scandens* de MM. De Candolle et Brown : ses calathides, obovoïdes, épaisses, hautes d'environ quatre lignes, sont rapprochées et portées sur des pédoncules presque dressés, alternes, courts, épais, velus ; le péricline est turbiné ou obconique ; l'ovaire, hérissé de longs poils sur ses deux arêtes, est glabre sur ses deux faces ; les deux squamellules de son aigrette sont parfaitement égales et semblables, subtriquètres, un peu laminées, atténuées vers la base et vers le sommet, absolument nues et obtuses sur la face externe ou dorsale, très-garnies de longues barbellules sur les deux bords latéraux ; le tube de la corolle est presque aussi long que la partie indivise du limbe ; les stigmatophores sont larges, arrondis au sommet, sans appendice, glabres ; le nectaire est très-court.

La seconde espèce, qu'on pourroit nommer *parviceps*, a les calathides moins rapprochées, portées sur des ramifications plus longues, plus grêles, alternes, étalées, glabres ; elles sont obovoïdes et n'ont qu'environ deux lignes et demie de hauteur ; leur péricline est campanulé ; les ovaires sont longs, étroits, hérissés de très-longs poils sur les deux arêtes, hispides aussi sur la partie supérieure des deux faces latérales ; les deux squamellules de l'aigrette sont inégales, filiformes, point ailées ni bordées d'une membrane, mais très-barbellulées sur presque toute leur surface et notamment sur le dos ; le tube de la corolle est très-court ; les stigmatophores sont à peu près comme dans la *S. grandiceps*; le nectaire est long.

La troisième espèce, qu'on pourroit nommer *oppositiceps*, a les calathides distancées, portées sur des pédoncules assez longs, grêles, glabriuscules, régulièrement disposés, exactement opposés, subdichotomes, divergens ; elles sont obovoïdes-oblongues, et de la même longueur que dans la *S. parviceps*; le péricline est presque cylindracé, un peu pubescent ; l'ovaire, l'aigrette, la corolle, le nectaire, sont comme dans la *S. parviceps*; les stigmatophores, à peu près semblables à ceux des deux autres espèces, sont divergens, arqués en dehors, linéaires, très-obtus au sommet, sans appendice, glabres. Cette troisième espèce, très-analogue à la seconde, s'en distingue par ses calathides opposées au lieu d'être alternes.

Selon M. R. Brown, qui, dans ses Observations sur les Composées, a décrit le genre *Salmea*, les plantes de ce genre sont des arbrisseaux de l'Amérique équinoxiale, le plus souvent décombens, à feuilles opposées, indivises, à inflorescence terminale, subpaniculée ou corymbée, à corolles blanches, à squamelles du clinanthe persistant après la chute des fruits. Ce botaniste indique trois espèces : la *scandens*, qui est peut-être notre *grandiceps*; l'*hirsuta*, qui a les stigmatophores aigus, et l'une des deux squamellules de l'aigrette ailée ou bordée d'une membrane ; la *curviflora*, qui a les deux squamellules ailées, et le tube de la corolle notablement courbé en dehors.

M. Brown a bien senti les rapports qui rapprochent le genre *Salmea* du *Spilanthes*, et que M. De Candolle paroît avoir méconnus : mais M. Kunth (*Nov. gen. et sp.*, tom. 4, p. 208) a tort de vouloir réunir ces deux genres, dont les périclines ne se ressemblent point du tout, qui offrent encore quelques autres distinctions génériques, et qui diffèrent considérablement par le port.

Le péricline des *Salmea* pourroit presque être considéré comme double, parce que les squames du rang intérieur sont beaucoup plus longues et d'une tout autre forme que celles des deux ou trois rangs extérieurs : cela peut excuser jusqu'à un certain point l'erreur des botanistes qui avoient rapporté les *Salmea* au genre *Bidens*. Mais ces deux genres ne se rapprochent qu'en apparence ; les caractères techniques et les rapports naturels s'accordent pour les éloigner considérablement.

Nous profitons de l'occasion qui se présente pour décrire une nouvelle espèce de notre genre *Blainvillea*, établi dans ce Dictionnaire (tom. XXIX, pag. 493), et qui appartient à la même section que le *Salmea*.

. *Blainvillea Gayana*, H. Cass. Plante herbacée, annuelle, à tige dressée, haute, rameuse, épaisse, striée, un peu anguleuse, scabre, parsemée de poils courts et roides. Les feuilles sont irrégulièrement et variablement disposées, les unes étant opposées, les autres alternes ; leur pétiole, souvent long de près d'un pouce et demi, porte un limbe souvent long de quatre pouces et large de deux, ovale-lancéolé, un peu acuminé, triplinervé, denté sur les bords, presque indenté en sa partie inférieure, un peu scabre en dessus, un peu pubescent en dessous, parsemé de petits globules jaunâtres, glanduliformes. Les calathides sont solitaires au sommet de pédoncules souvent longs de près de deux pouces, grêles, roides, simples, droits, nus, velus ; chacun de ces pédoncules est solitaire, tantôt dans la bifurcation de deux branches, quand les feuilles sont opposées, tantôt à l'opposite d'une feuille, quand elles sont alternes : ainsi le pédoncule est vraiment solitaire et *terminal*, mais immédiatement accompagné à sa base d'une ou deux feuilles, ayant chacune un bourgeon axillaire, qui, en se développant, fait paroître le pédoncule latéral ou né dans une bifurcation. Chaque calathide est longue de six lignes, cylindracée, discoïde : son disque est composé d'environ dix fleurs régulières, hermaphrodites ; la couronne, unisériée, offre environ cinq fleurs biligulées, femelles. Le péricline est presque égal aux fleurs, cylindracé, irrégulier, formé de huit à dix squames subbisériées, appliquées, à peu près égales en longueur, inégales en largeur, plus ou moins dissemblables : les extérieures ovales, oblongues, ou lancéolées, membraneuses-foliacées, plurinervées, hispides ; les intérieures plus analogues aux squamelles du clinanthe. Le clinanthe est plan, garni de squamelles presque

égales aux fleurs, embrassantes, analogues aux squames intérieures du péricline, oblongues, submembraneuses, plurinervées, découpées au sommet en plusieurs dents aiguës.
Les fruits extérieurs sont noirâtres, oblongs, triquètres,
glabres, hispidules sur les angles, tronqués au sommet; à
troncature surmontée d'un col court et très-épais, triquètre,
portant l'aigrette composée de trois squamellules à peu près
égales, filiformes, épaisses, roides, très-adhérentes, persistantes, hérissées de longues barbellules : entre ces trois squamellules on trouve quelques rudimens informes et variables
de petites squamellules avortées, membraneuses, frangées.
Les fruits intérieurs diffèrent des extérieurs, en ce qu'ils sont
comprimés bilatéralement, au lieu d'être triquètres, et que
leur aigrette est réduite à deux squamellules subtriquètres,
correspondant aux deux arêtes du fruit, et accompagnées de
rudimens membraneux, interposés ; cependant quelques fruits
intérieurs, quoique comprimés bilatéralement, sont un peu
triquètres, et leur aigrette offre alors une troisième squamellule plus petite, correspondant à l'angle latéral. Toutes
les corolles sont blanches : celles du disque ont le tube long,
grêle, et le limbe large, subcampanulé. ordinairement quin-
quélobé au sommet ; elles contiennent des anthères incluses,
noires, munies d'appendices apicilaires blancs; les corolles
de la couronne, longues à peu près comme celles du disque,
ont aussi le tube long et grêle ; mais leur limbe est divisé en
deux languettes, dont l'extérieure est large, bi-trilobée au
sommet, et l'intérieure un peu plus courte, étroite, indivise :
ces corolles ne contiennent aucun vestige d'étamines, mais
seulement un style à deux stigmatophores. La calathide sèche,
étant froissée, exhale une odeur à peu près semblable à celle
de l'anis.

Nous avons fait cette description sur des échantillons secs,
qui nous ont été libéralement donnés par M. Gay : ils prove-
naient de graines recueillies dans le Sénégal, envoyées à cet
habile botaniste sous le nom d'*Ageratum* ou de *Bidens*, et
semées par lui dans le Jardin du Luxembourg, où ces échantillons ont fleuri en Septembre 1826.

La *Blainvillea Gayana* est certainement une espèce congénère, mais bien distincte, de notre *Blainvillea rhomboidea*.

dont elle diffère par la tige moins velue, ainsi que les feuilles, qui sont plus régulièrement dentées, les pédoncules plus longs et constamment solitaires, les calathides plus longues, les fleurs du disque moins nombreuses, les corolles de la couronne biligulées, l'aigrette pourvue de rudimens membraneux interposés entre les vraies squamellules, etc. Il est probable que l'ancienne espèce, dont nous ignorions la patrie, habite le Sénégal, comme l'espèce nouvelle, ce qui confirme l'affinité que nous avons indiquée entre les deux genres *Blainvillea* et *Lipotriche*. (H. Cass.)

SALMÉLINE. (*Ichthyol.*) Nom spécifique d'une Truite. Voyez ce mot. (H. C.)

SALMERIN. (*Ichthyol.*) Voyez Salmarine. (H.C.)

SALMERINO. (*Ichthyol.*) Nom italien du Salmarine. Voyez ce mot. (H.C.)

SALMIA. (*Bot.*) Willdenow, dans son *Hortus berolinensis*, emploie ce nom pour désigner le genre de la famille des Aroïdes, que les auteurs de la Flore du Pérou avoient nommé *carludovica* et qui paroît mieux inscrit par Persoon, *ludovia*. Un autre *salmia* est celui de Cavanilles, appartenant aux asparaginées, qui est le *sanseviera* de Thunberg et de Willdenow. Plus récemment MM. De Candolle et R. Brown ont nommé *salmea* un genre de plantes composées, voisin du *Bidens*. Voyez Salmée et Sanseviera. (J.)

SALMO. (*Ichthyol.*) Nom latin du genre Truite. Voyez ce mot. (H.C.)

SALMOÏDE. (*Ichthyol.*) Nom spécifique d'un poisson, découvert par le professeur Bosc, qui l'a rapporté au genre Persèque, et rangé par de Lacépède dans celui des Labres.

Ce poisson vient des rivières de la Caroline, où on l'appelle *traut* ou *truite*. Il atteint la taille de dix-huit à vingt pouces, et se prend à l'hameçon.

Sa chair est ferme et d'une saveur agréable.

On donne aussi le nom de *salmoïde* à une espèce d'Holocentre. Voyez ce mot. (H. C.)

SALMONCINO. (*Foss.*) Ce nom a été donné par Volta à un poisson fossile de Montefalco, qu'il a, sans motif, rapporté à l'espèce du *scomber Kleinii* de Bloch. (Desm.)

SALMONE. (*Ichthyol.*) Voyez Truite. (H. C.)

SALMONEA. (*Bot.*) Vahl a voulu substituer ce nom à celui de *Salomonia*, donné par Loureiro à un de ses genres de la Cochinchine, appartenant aux polygalées. V. SALOMONE. (J.)

SALMONES. (*Ichthyol.*) M. Cuvier a donné ce nom à la première famille de son cinquième ordre de la classe des poissons, celui des malacoptérygiens abdominaux.

Cette famille, dans Linnæus, ne formoit qu'un grand genre nettement caractérisé par une première dorsale, à rayons mous, suivie d'une seconde, petite et adipeuse, c'est-à-dire, formée simplement d'une peau remplie de graisse et non soutenue par des rayons.

Tous les poissons qui la composent, sont recouverts d'écailles, et ont de nombreux cœcums et une vessie natatoire.

Presque tous remontent dans les fleuves et les rivières.

Ils sont d'un naturel vorace.

Leur chair est, en général, d'une saveur agréable.

La famille des SALMONES est composée des genres SAUMON ou TRUITE, ÉPERLAN ou OSMÈRE, CORÉGONE ou OMBRE, ARGENTINE, CHARACIN, CURIMATE, ANOSTOME, SERRA-SALME, PIABUQUE, TÉTRAGONOPTÈRE, RAII, HYDROCYN, CITHARINE, SAURUS, SCOPÈLE, AULOPE, SERPE, STERNOPTIX. Voyez ces différens mots et DERMOPTÈRES. (H. C.)

SALMONIA. (*Bot.*) Scopoli et Necker substituent ce nom à celui de *vochisia*, sous lequel nous avions inscrit le *vochy* d'Aublet. (J.)

SALOINS. (*Bot.*) Le mail-ombi du Malabar, *antidesma sylvestris*, est ainsi nommé, suivant Rhéede, par les Portugais qui habitent cette côte. (J.)

SALOMONE, *Salomonia*. (*Bot.*) Genre de plantes dicotylédones, à fleurs complètes monopétalées, de la famille des *polygalées*, de la *monandrie monogynie* de Linnæus, offrant pour caractère essentiel : Un calice à cinq divisions ; une corolle à un seul pétale, roulé en tube à sa partie inférieure ; la lame à trois lobes ; une étamine ; un ovaire supérieur ; un style courbé ; une capsule (ou une silique ?) à deux loges monospermes.

SALOMONE DE CANTON : *Salomonea cantoniensis*, Lour., *Flor. Coch.*, vol. 1, pag. 18 ; *Salmonea cantoniensis*, Vahl, *Enum. pl.*, 1, pag. 8. Cette plante a des tiges herbacées, annuelles,

droites, longues d'environ six pouces, cannelées, réunies plusieurs sur la même racine, garnies de feuilles médiocrement
pétiolées, éparses, en forme de cœur, glabres, très-entières,
acuminées au sommet, marquées de trois nervures. Les fleurs
sont violettes, disposées en un épi court, simple, droit et
terminal. Leur calice est comprimé, à cinq découpures courtes,
subulées, presque égales. La corolle est composée d'un seul
pétale en tube à sa base, fendu dans sa longueur ; ses bords
connivens, élargis en un limbe à trois lobes courts, arrondis ;
celui du milieu plus long et courbé en capuchon ; une seule
étamine ; le filament court, filiforme, situé vers le milieu du
lobe le plus long, terminé par une anthère ovale, inclinée,
cachée sous la partie recourbée du lobe. L'ovaire est un peu
arrondi, comprimé, surmonté d'un style courbé, renflé dans
son milieu, plus court que l'étamine, terminé par un stigmate épais. Le fruit est une capsule ou une silique comprimée, à deux loges, rude au toucher ; chaque loge renfermant
une semence comprimée, un peu ovale. Cette plante croît en
Chine, aux environs de Canton. (POIR.)

SALOMONIA. (*Bot.*) Heister donnoit ce nom au genre
Polygonatum de Tournefort, dont on a préféré conserver la
dénomination. Le *salomonia* de Loureiro est un genre différent. Voyez SALOMONE. (LEM.)

SALONTA. (*Bot.*) Flacourt cite à Madagascar sous ce nom
une espèce d'euphorbe, qui se divise par le haut en trois ou
quatre rameaux, terminés chacun par un bouquet de feuilles
semblables à celles de la lauréole, du milieu desquelles sortent des fleurs qui ont la couleur de chair. (J.)

SALOP. (*Bot.*) Voyez SALEP. (L. D.)

SALOVA. (*Ornith.*) L'auteur du Dictionnaire universel
des animaux dit que c'est une caille de l'Arabie heureuse.
(CH. D.)

SALOYAZIR. (*Ornith.*) Camel dit, dans les Transactions
philosophiques, que ce petit canard des Philippines n'est pas
plus gros que le poing, ce qui indique plutôt une sarcelle.
(CH. D.)

SALPA. (*Malacoz.*) Depuis long-temps, sans doute, les
navigateurs avoient rencontré en haute mer des animaux
gélatineux, transparens, libres ou réunis en longs cordons

de feu, à cause de leur faculté phosphorescente, mais dont il leur étoit difficile de se faire une idée un peu exacte, tant ils s'éloignent de la forme ordinaire; aussi, supposé qu'il en fût tombé sous les yeux de quelque naturaliste ancien, ce qui est très-probable, ils avoient été relégués parmi ces *purgamenta maris*, c'est-à-dire, dans cette section extrêmement nombreuse où ils plaçoient tous les animaux qui ne rentroient pas dans les formes ordinaires. Cependant arriva le moment où tous les corps de la nature durent être inscrits dans le grand Catalogue créé par Linné sous le nom de *Systema naturæ*, et où, par conséquent, les naturalistes voyageurs cherchèrent nécessairement le nom de tout ce qu'ils voyoient ou leur en donnoient un, s'il leur paroissoit évident qu'ils n'en avoient pas. Patrick Browne, auteur de l'Histoire naturelle de la Jamaïque, fut le premier qui désigna, par une dénomination particulière, les animaux dont il est question dans cet article, et il en fit un genre sous le nom de *Thalia*. Cependant Linné, dans la 10.ᵉ édition du *Systema naturæ*, n'adopta ni le genre, ni le nom, et les réunit avec ceux dont le même auteur anglois et dans le même ouvrage faisoit son genre *Arethusa*, sous la dénomination commune d'*Holothuria*, genre que constituoient principalement et primitivement les Actinies, et dans sa 12.ᵉ édition il y réunit des animaux tout aussi différens, c'est-à-dire, ceux pour lesquels le nom d'holothurie avoit été créé par Rondelet : c'étoit un amalgame véritablement fort singulier et que Pallas, dans ses *Miscellanæa zoologica*, n.º 12, et dans son *Spicilegia*, condamna avec juste raison; pour y remédier, il proposa d'abord de diviser les Actinies en A. fixes, pour les véritables Actinies, et en A. errantes, pour les Holothuries, avec lesquelles elles ont en effet des rapports assez nombreux, et de conserver le nom d'Holothuries pour les Thalides de Browne. Il en décrivit même une sous le nom d'*H. zonaria*. Sur ces entrefaites, Forskal, élève de Linné, ayant eu l'occasion d'observer un assez grand nombre de salpas, établit une tout autre distribution des animaux confondus par Linné sous le nom d'Holothuries. En effet, il laissa ce nom au Vélelles et aux Porpites. Il fit des véritables Holothuries (les H. libres de Pallas), son genre Fistulaire, des H. fixes du même auteur, ou des Actinies actuelles, le genre *Priapus*, et, enfin, créa de son côté le genre *Salpa*, dont le nom, tiré du grec, Σάλπα, signifie un tube, une trompette, pour désigner des animaux en tout semblables aux thalides de Browne, et, par conséquent, pour les premières holothuries de Linné. Cependant, en confondant avec les Salpas de véritables Ascidies, c'est à lui réellement qu'est dû le rapprochement de ces deux genres, établis par les zoologistes modernes, puisqu'il décrivit avec ses Salpas une véritable Ascidie, sous la dénomination de *S. solitaria*. Gmelin, dans la 13.ᵉ édition du *Systema naturæ*, adopta le genre *Salpa* de Forskal, conservant toutefois les espèces de thalides de Browne dans son genre Holothurie, et doutant, cependant, qu'elles dussent appartenir à ce genre, mais sans s'apercevoir le moins du monde que ce fussent des animaux de son genre *Salpa*. Il fit plus, car il adopta le genre *Dagysa*, qui venoit d'être établi par Banks et Solander pour une espèce de ce même genre, dans le premier voyage de Cook. A la même époque, Bruguière imitoit Forskal en séparant les Actinies. les Vélelles et les Thalies des Holothuries, mais sans avoir reconnu l'identité des genres Thalide de Browne et Salpa de Forskal. Il n'adopta cependant pas ce dernier nom, et lui substitua celui de Biphore, parce que, dit-il, la dénomination de salpa a été déjà employée en ichthyologie. Les zoologistes françois, d'abord M. Cuvier et ensuite M. de Lamarck, confirmèrent les distinctions de Bruguière, et même adoptèrent pour nom françois du genre Salpa, le mot de Biphore, sous lequel ces animaux sont maintenant généralement connus; mais ils ne virent pas non plus, ce que Pallas avoit aperçu, que les Thalides de Browne étoient le même genre que leurs Biphores; en sorte qu'ils firent le même double emploi que Gmelin, et même plus évident, puisque, ayant séparé avec raison les Thalides de Browne des Holothuries, ils en firent un genre, qu'ils placèrent, l'un parmi les mollusques gastéropodes, et l'autre parmi les zoophytes. M. Bosc suivit encore plus rigoureusement Bruguière, puisqu'il plaça toutes les divisions du genre Holothurie de Linné dans ses zoophytes, mais en avertissant toutefois que l'organisation des Biphores étoit plus voisine de celle des Ascidies, et il reconnut nettement que les Thalides de Browne n'étoient que le même genre que les Salpas de Forskal.

M. Tilésius, dans un travail fait sur une espèce commune des côtes du Portugal, ne connoissant probablement pas l'état de la science, voulut en faire une espèce de théthye; mais le rapprochement établi par M. Bosc fut confirmé par M. Cuvier d'une manière plus complète, ainsi que l'identité des genres *Thalia*, *Salpa* et *Dagysa*, par le travail zoologique et anatomique qu'il publia dans les Annales du Muséum, n.° 23, page 360. Depuis ce temps ces différens rapprochemens ont été généralement adoptés, et, sauf MM. de Lamarck et Latreille, qui ont cru devoir retirer du type des malacozoaires les ascidiens et les salpiens, pour en former une classe à laquelle le premier a donné le nom de tuniciers, tous les zoologistes placent ce genre dans le type des animaux mollusques et dans la dernière classe ou ordre qu'ils y établissent. Nous allons montrer en effet combien leur organisation est rapprochée de celle des derniers genres de Malacozoaires acéphalophores; mais avant cela nous devons noter parmi les travaux dont ces animaux ont été l'objet, le Mémoire de M. Éverard Home sur le genre *Dagysa* et quelques espèces nouvelles, et surtout la Dissertation de M. de Chamisso, naturaliste de l'expédition russe faite autour du monde par le capitaine Kotzebue, aux frais de l'amiral Romanzoff, ainsi que le chapitre qui traite de ce genre d'animaux dans la partie zoologique, par MM. Quoy et Gaimard, de l'Histoire de la circum-navigation de la corvette l'Uranie, sous le commandement du capitaine L. de Freycinet.

L'organisation des biphores a été étudiée par plusieurs personnes; mais elle n'est pas encore bien connue, malgré les travaux de MM. Home, Cuvier, Savigny, de Chamisso, Van Hasselt, Kuhl, Quoy et Gaimard. Il est vrai que le peu de solidité, la transparence de tout leur tissu, en rendent l'anatomie fort difficile. Je vais rapporter ce que j'en ai vu moi-même sur des animaux conservés dans l'esprit de vin; car je n'en ai jamais observé de frais et encore moins de vivans.

Le corps des salpas est ordinairement cylindrique, plus ou

moins alongé, le plus souvent tronqué carrément aux deux extrémités, mais quelquefois prolongé d'un seul côté ou aux deux par des appendices simples ou doubles. Les faces latérales sont semblables: mais il n'en est pas de même des deux opposées; l'une inférieure, dans la position où l'animal nage ou flotte, est cependant le dos, et est le plus souvent convexe dans toute sa longueur, et sans ouverture; tandis que l'autre, supérieure, en présente deux très-grandes, ordinairement transverses et disposées de manière à s'ouvrir et à se fermer à la volonté de l'animal, au moyen d'espèces de lèvres mobiles, dont nous décrirons bientôt la disposition. On trouve encore à la surface du biphore des organes fort singuliers, auxquels on a donné le nom de ventouses ou de suçoirs, et qui, différemment placés dans chaque espèce, servent à retenir les individus les uns avec les autres dans un ordre déterminé pendant un temps plus ou moins long de leur existence. Les auteurs qui ont écrit en latin, désignent ces organes par la dénomination de *spiracula*.

La première enveloppe des salpas, quoique parfaitement transparente, est presque cartilagineuse, gélatineuse, beaucoup plus épaisse aux deux extrémités, surtout à celle où se trouve l'estomac qu'à l'autre. Son mode de connexion avec l'interne n'est pas bien connu et semble n'avoir lieu qu'aux bords des ouvertures, et encore il faut que cette connexion soit bien peu intime, puisque M. de Chamisso dit que cette enveloppe paroît être dépourvue de vie, et qu'il a vu l'animal en sortir comme une épée de son fourreau et même nager dans tous les sens avec vîtesse : ce qui porte peu à penser qu'il ait reçu quelque blessure par cette séparation. Il paroîtroit donc que cette première enveloppe seroit formée par une matière excrétée.

La seconde enveloppe pourroit alors être regardée comme la véritable peau : elle est mince, cependant assez résistante et beaucoup plus aisée à apercevoir, même à l'état vivant, que la première. On y reconnoît, surtout après l'action de l'alcool, un certain nombre de bandes transverses, plus brunes que le reste, qui forment souvent des anneaux autour du corps, et que la plupart des observateurs ont regardées comme des espèces de muscles constricteurs. MM. Quoy et Gaimard veulent cependant que ce soient des vaisseaux, et appuient cette opinion sur l'observation directe faite pendant la vie des salpas qu'ils ont étudiés. Toutefois cela n'est pas probable, et M. de Chamisso lui-même les considère comme des muscles. Quoi qu'il en soit, car j'avoue que la structure de ces bandes est assez différente de celle des véritables muscles des angles des ouvertures, cette tunique intérieure est beaucoup plus étroite que l'extérieure, et l'on peut aisément l'en séparer. C'est à elle qu'appartiennent les deux grands orifices que nous avons dit plus haut être à l'une des faces du biphore, à celle que nous avons regardée comme la face ventrale.

L'une de ces ouvertures, beaucoup plus grande, et toujours la plus éloignée de ce qu'on nomme le *nucleus*, est transverse et en forme de grande gueule semi-lunaire ; elle est pourvue d'une sorte de lèvre operculaire, formée par une bride ou un repli recourbé en dedans, ayant ses muscles particuliers, un à chaque angle, et elle sert à l'introduction de l'eau dans l'intérieur de la cavité branchiale. C'est l'orifice incrémentitiel.

La seconde ouverture, plus ou moins éloignée de la précédente, est quelquefois à l'extrémité d'une espèce de tube court, sans qu'il y ait d'appareil valvulaire à son orifice ; mais d'autres fois il y en a un comme à la première. C'est l'ouverture excrémentitielle.

Entre ces deux orifices est la cavité viscérale, en forme de long cylindre, étendue de l'une à l'autre, et dans laquelle se trouvent tous les organes et les véritables orifices du canal intestinal, c'est-à-dire la bouche et l'anus, ordinairement fort rapprochés l'un de l'autre ; tout l'appareil digestif constituant une petite masse, de couleur plus ou moins foncée, située à une extrémité du corps, et que Forskal a désignée sous le nom de *nucleus*.

La bouche forme un orifice arrondi, étroit, entouré par un petit bourrelet labial, qui m'a paru être lobé ou festonné ; peut-être est-elle même quelquefois pourvue d'appendices labiaux, comme dans la plupart des lamellibranches. En effet, l'organe que M. Savigny regarde comme une seconde branchie, pourroît bien n'être rien autre chose. Elle conduit, après un très-court œsophage, dans un estomac subglobuleux, en-

touré par une masse granulaire, lobée d'une manière irrégulière et qui me semble être évidemment l'organe hépatique,
disposé comme dans tous les animaux mollusques acéphales.
L'intestin qui sort de cet estomac, est également fort court.
Il se tord sur lui-même et vient s'ouvrir à la face supérieure
du nucléus, opposée à peu près à la bouche. Cet orifice se
trouve donc en rapport presque immédiat avec celui de la
cavité viscérale que nous avons nommée excrémentitielle.

L'appareil respiratoire est formé par une longue branchie,
étendue obliquement de l'orifice extérieur incrémentitiel à
la bouche et composée de stries très-fines, très-courtes, en
forme de dents, tombant à angle droit sur le tronc vasculaire, qui se prolonge dans toute sa longueur. C'est une lame
triangulaire, scalène, commençant en pointe peu au-delà de
la grande ouverture du manteau, placée verticalement dans
la ligne médiane et se terminant au nucléus par la partie
élargie. Dans certaines espèces on reconnoît assez aisément
que cette espèce de faux est composée de stries assez fines,
sur deux plans, croisées obliquement et terminées par une
série simple de dentelures. Du côté du corps est une sorte
de bronche, par le moyen de laquelle arrivent sans doute
les vaisseaux à la branchie. D'après M. Savigny ce seroit une
sorte de sac non distinct de l'enveloppe et ouvert à ses
deux extrémités dans la grande cavité viscérale ; l'orifice
antérieur, très-petit, n'étant entouré que par un petit cercle
vasculaire, et l'autre, beaucoup plus grand, laissant au-
dessus de lui la cavité viscérale. Dans ce sac, suivant lui,
sont deux branchies en forme de feuillets ; l'une, beaucoup
plus étendue, celle dont il vient d'être question, n'est fixée
que par ses extrémités, et l'autre, très-courte, étendue de
la base de celle-ci au sillon dorsal, est cependant, comme
elle, complétement médiane. Aucun autre auteur n'a parlé
de cette seconde branchie, que je n'ai pas vue non plus.

L'appareil circulatoire, assez mal connu jusque dans ces
derniers temps, puisqu'on savoit seulement la position du
cœur, a été décrit d'abord par M. Van Hasselt, et ensuite,
tout dernièrement, par MM. Quoy et Gaimard, d'une manière en apparence beaucoup plus complète. Le cœur, fusiforme, est situé au dos de l'animal et tout contre la masse

viscérale. Il paroît être à nu, c'est-à-dire, non contenu dans un péricarde. Par l'une de ses extrémités, opposée au nucléus, il donne naissance à un gros vaisseau, qui paroît être l'aorte. Elle est médiane et suit le sillon que nous avons vu occuper toute la longueur du côté dorsal de l'animal. Ce que ce vaisseau offre de plus remarquable, suivant MM. Quoy et Gaimard, c'est qu'il est triangulaire ou triquètre, et composé de deux parties adossées, constituant ses parois, et qui peuvent être séparées l'une de l'autre par le moindre contact, de manière à donner lieu à une hémorrhagie. Quoi qu'il en soit de ce fait, qui sort de toute analogie avec ce que nous connoissons dans le reste de la série animale et qui est cependant affirmé par les observateurs cités, l'aorte fournit, à droite et à gauche, à mesure qu'elle s'éloigne du nucléus, des branches paires qui remontent et se ramifient dans le manteau de l'animal. Parvenue à l'extrémité, elle s'y termine par trois branches, dont deux se contournent autour de l'ouverture antinucléale du biphore et s'ouvrent dans un canal qui accompagne la branchie dans toute sa longueur, tandis que la troisième se place dans la ligne médiane de la face où sont percées les ouvertures, et fournit, comme le vaisseau médian opposé, des ramifications pour le manteau. Suivant MM. Quoy et Gaimard, ces ramifications, qui partent du vaisseau en formant des espèces d'X, auroient été prises à tort pour des muscles par M. Cuvier. Une grande partie de ces ramifications se réunissent vers le nucléus, et là forment des espèces de veines pulmonaires, qui se rendent au cœur; en sorte que, d'après cette manière de concevoir le système circulatoire des biphores, MM. Quoy et Gaimard pensent que chez ces animaux une partie du sang subit l'influence de la respiration avant que d'arriver au cœur, tandis qu'une autre portion aussi considérable y retourne sans avoir été modifiée par elle; résultat qu'ils comparent à ce qu'ils disent exister dans les reptiles; mais, comme l'on voit, il n'est pas question des veines dans cette description du système circulatoire des biphores; en sorte qu'il nous semble assez loin encore d'être complétement connu. Les singularités qu'il paroit présenter, et que nous avouons ne pas comprendre, malgré les figures que MM. Quoy et Gaimard ont jointes à leur note publiée dans le **Bulletin** de la société philomatique , Août 1826, méritent bien d'être examinées avec soin. En effet, il semble s'éloigner beaucoup de tout ce qu'on connoît dans les malacozoaires et même dans tous les animaux sans vertèbres, où sa disposition est cependant toujours à peu près la même.

Les organes de la génération des biphores sont, peut-être, encore moins bien connus que ceux de la circulation. M. G. Cuvier regarde comme des ovaires, deux corps oblongs, situés symétriquement de chaque côté du bord opposé à celui du nucléus, ou du bord ventral, et occupant le tiers médian de sa longueur. Vus à la loupe, ils consistent, dit-il, chacun en un cylindre replié en zigzag, composé d'une substance grenue. M. de Chamisso, qui a observé ces organes sur des animaux frais, dit qu'ils ont une couleur violette pendant la vie ; qu'ils sont plus longs dans les individus associés que dans ceux qui sont solitaires. Du reste, il ajoute qu'il ne les a observés que dans le *S. pinnata*, et qu'il n'ose conjecturer quels peuvent être leur usage. J'avoue n'en avoir trouvé non plus de traces dans les espèces que j'ai disséquées.

D'après MM. Quoy et Gaimard, le plus souvent un chapelet d'ovaires entoure le nucléus ; mais il est quelquefois placé sur un des côtés de l'animal, et alors, ajoutent-ils, tous les biphores sortent ensemble et se tiennent pendant long-temps. J'ai, en effet, remarqué dans une espèce, où le nucléus est très-gros, un organe ovale, de couleur brune, et qui m'a paru être un ovaire.

M. de Chamisso dit que dans le *salpa pinnata*, l'utérus, situé dans l'épaisseur même des tégumens à la partie inférieure du corps, a une forme longitudinale, pyramidale, le sommet commençant au cœur, et qu'il est ouvert par la base en avant et à la partie inférieure du corps. Il contient des fœtus placés sur deux rangs. D'après cela il me semble que l'organe que M. de Chamisso regarde comme l'utérus, ne seroit rien autre que la masse même des œufs ou des fœtus.

Dans les individus solitaires, les fœtus, très-petits, également placés à la partie inférieure du corps et enchaînés en double série, constituent une bande hors la membrane interne, par-

faitement libre et attachée seulement autour du nucléus. Plus
les fœtus en sont éloignés, et plus ils sont avancés.

Quant au système nerveux, aucun observateur n'en parle ;
mais j'ai très - bien vu un ganglion médian, situé à l'origine
de la faux branchiale, et des angles duquel partent des filamens très-fins, les uns allant au pourtour du grand orifice,
les autres se dirigeant en sens inverse. Il se pourroit que ce
ganglion ait été regardé comme un orifice par quelques
zoologistes.

Personne n'a fait non plus d'observations sur les sensations
dont ces animaux sont pourvus.

Les biphores flottent constamment immergés à des profondeurs variables dans l'intérieur de la mer ; mais il paroît
qu'en outre, soit libres, soit agrégés, ils peuvent se mouvoir,
probablement sans direction déterminée, par le moyen de
l'eau qu'ils font entrer dans leur manteau pour la respiration
et pour leur nutrition. Cette eau pénètre par l'ouverture
pourvue de lèvres et de valvules, par suite de la contraction du manteau sur le fluide qu'il contenoit d'abord, et elle
sort par l'ouverture opposée. Dans cette action alternative,
que les personnes qui ont observé ces animaux vivans désignent par les noms de systole et de diastole, il en résulte
que le corps doit être porté en sens inverse de l'eau re-
jetée, c'est-à-dire, l'ouverture pourvue de lèvres en avant,
comme s'en sont assurés MM. Bosc et Péron, et, à ce qu'il
paroit, tous les observateurs qui ont vu des biphores à la mer.
Ce n'est cependant pas une raison pour faire de cette extrémité plutôt l'antérieure que de l'autre, puisque les deux
orifices du manteau ne sont ni la bouche, ni l'anus.

Nous n'avons aucune connoissance sur la digestion de ces
singuliers animaux ; mais il est probable qu'elle ne doit rien
offrir de bien différent de ce qui a lieu dans les ascidies, et
qu'elle doit se faire facilement à cause de l'état sous lequel
ils prennent leur nourriture. Il n'est pas probable que les
corps étrangers, qu'on trouve assez communément dans leur
cavité palléale, puissent y être digérés ; car, comme le
fait justement observer M. Cuvier, ce n'est pas là leur estomac.

La fonction de la respiration ne doit pas davantage différer, puisqu'elle a également lieu par l'introduction de l'eau dans la cavité palléale qui contient la branchie.

La circulation paroit être assez singulière, d'après MM. Quoy et Gaimard. Les mouvemens du cœur se font en spirale, ce qui a lieu par une torsion de ses parois, et partent toujours d'une des extrémités. Si c'est celle qui touche le nucléus, le mouvement du sang se fait dans l'aorte et dans ses principales ramifications; si c'est l'autre, la marche du fluide a lieu en sens inverse. On aperçoit, à ce qu'il paroît, très-aisément le cœur diriger ainsi ses mouvemens dans un sens, pousser le sang dans cette direction, les cesser, se contracter, et pousser le sang dans une direction opposée. Alors on voit ce fluide retomber, pour ainsi dire, de son propre poids, pour prendre une direction opposée à celle qu'il avoit eue d'abord. Mais comme les deux systèmes de vaisseaux qui sortent du cœur, communiquent entre eux, il arrive, après un certain temps, que ces espèces d'oscillations envoient le sang dans toutes les parties du corps.

Ces mouvemens du sang paroissent être d'autant plus faciles à apercevoir, que, suivant nos deux observateurs, il est composé de petits grumeaux blanchâtres, visibles à travers les parois des vaisseaux, quelquefois d'un rouge brun et transparens. On aide encore à cette observation, en tenant l'animal verticalement, le nucléus en bas; alors, comme le sang poussé dans l'aorte est obligé de remonter contre son propre poids, sa marche est beaucoup moins rapide, et on peut suivre très-bien le mouvement des globules.

Tout le reste de la physiologie des biphores nous est complétement inconnu. Nous ne savons aussi presque rien de leur histoire naturelle.

Les biphores sont essentiellement marins, et même n'habitent guère que la haute mer.

Il paroît qu'il s'en trouve dans toutes les mers des pays chauds et même dans la Méditerranée, sur la côte d'Afrique. Je n'ai cependant jamais entendu dire qu'il y en eût sur nos côtes. S'il s'en trouve dans des mers un peu septentrionales, il paroît qu'ils y ont été entraînés par les courans ou par des tempêtes.

C'est dans la haute mer, à une grande distance des côtes,

que se trouvent les biphores quelquefois en très-grande abondance, soit solitaires, soit réunis suivant un mode particulier pour chaque espèce, de manière à former de longs rubans qui flottent en serpentant à peu de distance de la surface.

. C'est surtout pendant la nuit qu'on les aperçoit le plus aisément, à cause de la grande phosphorescence dont ils jouissent à un très-haut degré. Tous les navigateurs sont d'accord à ce sujet, et disent que les biphores enchaînés font alors l'effet singulier de longs rubans de feu entraînés par les courans.

Quoiqu'ils jouissent réellement de la faculté locomotive, il est extrêmement probable qu'ils sont le jouet des vagues et des vents, qui les entraînent dans leur direction. Cela me paroît surtout probable pour les individus enchaînés, qui agissent bien chacun pour respirer, mais dont l'action n'est pas coordonnée pour produire un effet déterminé.

Leur nourriture est, sans doute, entièrement animale, et composée d'animalcules et même de la matière amorphe, qui se trouvent en si grande abondance dans les eaux de la mer, et qui, traversant la cavité de leur manteau, servent à la fois à leur locomotion, à leur nutrition et à leur respiration.

Les biphores, étant hermaphrodites, se reproduisent individuellement, sans avoir de rapports nécessaires les uns avec les autres.

Le produit de la génération, dont nous connoissons à peine l'organe, offre de grandes singularités : d'abord il peut être solitaire, ou bien être réuni avec un grand nombre d'individus semblables à lui, et dont la réunion se fait d'une manière constante et à l'aide de ces organes auxquels on a donné le nom de ventouses, de suçoirs ou de spiracules.

Les fœtus uniques ou solitaires paroissent différer considérablement de l'individu dont ils proviennent, au point, disent MM. Quoy et Gaimard, que, si l'on n'en étoit pas averti, on pourroit en faire des espèces distinctes. Ils sont suspendus dans la cavité du manteau par une espèce de cordon, que M. de Chamisso nomme un cordon ombilical. MM. Quoy et Gaimard parlent aussi d'un pédicule tenant à une sorte de placenta, rempli de matière muqueuse. Au reste, comme je ne conçois pas trop ce que dit M. de Chamisso à ce sujet, je vais me borner à en donner la traduction.

Les espèces de ce genre se présentent sous une double forme, une race entièrement dissemblable à sa mère pendant tout le cours de sa vie, produisant cependant des petits, tous semblables à celle-ci, en sorte que tel biphore qui diffère également de sa mère et de ses fils, est semblable à son aïeul, à ses neveux et à ses frères. Sous les deux états le biphore est androgyne, à la manière des mollusques acéphales, ou mieux, complétement femelle, et également vivipare ; mais sous l'un le produit de la génération est un animal solitaire, multipare, et sous l'autre, c'est une *stirps*, composée d'individus réunis d'une manière déterminée et unipares.

C'est d'après cette observation, entièrement due à M. de Chamisso, que chaque espèce présente une race solitaire et une race agrégée, susceptible également de se reproduire.

Beaucoup d'animaux de ce genre produisent des œufs enchaînés, et de chaque œuf sort un animal entièrement semblable à ses parens. Mais la race solitaire, au lieu d'œufs, produit des animaux enchaînés, de chacun desquels sort, comme d'un œuf, un salpa solitaire, semblable à sa première mère : en sorte que l'on pourroit dire que la race solitaire est un animal et que la race enchaînée n'est seulement qu'une masse d'œufs agrégés et vivans. Aussi M. de Chamisso voit-il quelque rapport entre cette singulière disposition des biphores et les métamorphoses des batraciens et des insectes. Dans les biphores la métamorphose auroit lieu par deux générations successives, la forme se changeant par les générations, si ce n'est, cependant, chez les races solitaires. Ce qui sembleroit confirmer cette opinion de M. de Chamisso, c'est qu'il y a des différences extrêmement importantes entre les deux formes de la même espèce de biphore, et cela, non-seulement dans la forme extérieure, mais encore dans la disposition des muscles et dans la position des viscères.

Dans les individus solitaires, et par conséquent multipares, le corps n'offre aucun des appendices ou protubérances propres à produire la jonction. Les orifices sont terminaux, le premier bilabié, à lèvres inégales, l'une grande, infléchie, couverte par l'autre plus courte, et le second tronqué.

Dans les races agrégées ou unipares il y a en différens endroits du corps, ce qui varie suivant les espèces des appendices, des protubérances ou des épines, à l'aide desquelles les individus s'agrègent dans un ordre déterminé ; alors les orifices, pour la même raison, sont diversement situés, souvent d'un seul côté, l'un étant très-souvent oblique.

Tous les individus d'une même agrégation sont parfaitement semblables en grosseur et en longueur, quoiqu'ils puissent être très-différens sous ces rapports dans chaque réunion.

MM. Quoy et Gaimard ont aussi fait des observations à peu près analogues, quoiqu'ils n'aient jamais vu, à ce qu'il paroît, que chaque espèce puisse produire sous deux formes si différentes. Dans une espèce, qu'ils ont nommée B. bicaudé, il n'y a, disent-ils, qu'un seul fœtus, suspendu au côté droit par un pédicule tenant à une sorte de placenta, rempli de matière muqueuse. Le jeune individu est si bien développé avant de sortir, qu'on voit tous ses organes, même ses vaisseaux et les mouvemens de son cœur, qui ressemblent, disent-ils, à ceux de la roue d'un bateau à vapeur. Sa forme est toute différente de celle de l'individu qui le porte, et il n'a pas même les deux longs appendices qui caractérisent son espèce.

Péron, qui le premier a observé l'ovaire des biphores, pensoit que ces animaux sortent enchaînés, comme ils le sont dans l'ovaire ; mais qu'à un certain âge ils se séparent et que tous les individus qui ont atteint toute leur grandeur, sont solitaires.

D'après ces diverses observations, il est aisé de voir combien les espèces sont difficiles à caractériser, puisqu'il faut avoir égard à l'âge, et surtout savoir si les individus étoient agrégés ou non ; aussi M. de Chamisso est-il obligé, pour chaque espèce, de décrire un individu sous chaque état.

Forskal avoit distribué les espèces de son genre Salpa d'après la considération de l'existence ou de l'absence des appendices.

MM. Quoy et Gaimard ont également eu recours à l'existence ou à l'absence de prolongemens à l'une ou à l'autre des extrémités. J'ai moi-même adopté cette division dans mon Manuel de malacologie ; mais c'étoit évidemment à tort.

puisque la même espèce est sans ou avec des appendices, suivant qu'elle est solitaire ou agrégée.

M. Savigny paroît avoir établi quelques divisions génériques parmi les biphores, autant qu'on en peut juger d'après les noms employés dans l'explication de la planche de ses Mémoires sur les animaux sans vertèbres qui leur est consacrée ; mais j'ignore sur quels caractères.

Je conçois que la considération du mode d'agrégation puisse servir à l'établissement de coupes naturelles parmi les espèces de biphores, qui semblent être assez nombreuses, surtout s'il faut admettre toutes celles décrites par MM. Quoy et Gaimard. Malheureusement nous sommes bien loin de le connoître pour toutes les espèces. C'est cependant cet ordre que nous allons suivre, en tâchant de le faire concorder avec quelques autres caractères.

A. *Espèces tronquées aux deux extrémités, s'agrégeant circulairement et ayant l'anus très-éloigné de la bouche.* (CYCLOSALPA.)

Le BIPHORE PINNÉ : *S. pinnata*, Linn., Gmel., p. 3129, n.° 2, d'après Forskal, *Descript. anim.*, page 113, n.° 13 ; et *Icon.*, page 11, tab. 35, *litt. B*, 6, 1, 6, 2, copié dans l'Encycl. méthod., Vers, pl. 74, fig. 7 et 8 ; *Salpa cristata*, Cuv., Mém., page 7, fig. 1, 2 et 11 ; *Salpa pinnata*, de Chamisso, Mém., fig. 1 *A* à 1 *I*. Corps un peu alongé, à ouvertures terminales, laissant apercevoir, par sa transparence, de chaque côté du dos, une ligne longitudinale violette, quatre fois interrompue dans les individus libres, continue dans les agrégés, qui sont en outre pourvus d'une sorte d'appendice cunéiforme ou d'une crête longitudinale au bord inférieur, servant à la réunion circulaire.

Cette espèce, de trois pouces de long environ, est l'une des plus connues du genre, et se trouve en abondance dans la mer qui baigne les îles Fortunées et dans la mer Méditerranée. C'est l'individu agrégé qui a fait le sujet des recherches anatomiques de MM. Home et Cuvier, anciennement observée par Forskal et peut-être même par Browne. Elle est aisément caractérisée par l'existence de ces singuliers organes du dos, regardés par M. Cuvier comme des ovaires, et qui ne se trouvent dans aucune autre espèce. C'est sur elle que MM. de Chamisso et Eschscholz ont, pour la première fois, observé les grandes différences qui existent entre les individus libres et ceux qui sont agrégés. La masse qui résulte de cette agrégation et qui est composée de huit à quatorze individus, ressemble un peu à une méduse.

Le Biphore semblable; *S. affinis*, de Chamisso, *l. c.*, p. 11, n.° 2, fig. 2 *A* à 2 *F*. Corps à peu près de même forme, pourvu également d'un appendice cunéiforme dans l'état agrégé, mais constamment sans lignes violettes dorsales.

Ce biphore, très-rapproché du précédent, puisqu'il offre la même disposition du canal intestinal, de l'utérus, dans les individus solitaires, le même mode d'agrégation, n'en diffère que par l'absence des organes violets et parce que dans les individus agrégés l'intestin est plus contourné : il est d'ailleurs plus petit (2 ½ pouces), et il se trouve dans la mer Pacifique septentrionale, aux environs des îles Sandwich.

Il faut, sans doute, rapporter à cette section les espèces de thalides de Browne, puisqu'elles se réunissent aussi en cercle; peut-être même ne sont-ce que des biphores pinnés, comme le pense M. de Chamisso; mais c'est ce qu'il est impossible d'assurer, tant les descriptions et les figures sont incomplètes.

B. *Espèces tronquées aux deux extrémités; l'anus très-voisin de la bouche et s'agrégeant latéralement et sur deux lignes.*

Le B. de Tilésius; *S. Tilesii*, Cuv., *loc. cit.*, fig. 5 — 6. Corps cylindrique, médiocrement alongé, tronqué et pourvu d'une grande ouverture en forme de gueule à une extrémité, un peu atténué et prolongé en une sorte de tube à l'autre; une gibbosité hérissée de tubercules autour du nucléus; les muscles de la partie tubuleuse pinnatifides.

M. Tilésius, qui a décrit cette espèce sous le nom de tethys, dit qu'à l'état vivant elle est transparente, et que de loin elle paroît d'un beau bleu de ciel, avec les reflets de l'iris. Son nucléus est d'un rouge ardent. Il l'avoit observé sur les côtes de Portugal. J'en ai vu un très-beau dessin dans les porte-feuilles de sir Joseph Banks, sous le nom de *medusa oblonga*, d'après un individu trouvé à l'entrée de l'*English-Canal*.

Le Biphore infundibuliforme; *S. infundibuliformis*, Quoy et Gaimard, Voyage de l'Uranie, Atlas zoolog., pl. 74, fig. 13. Corps très-grand, gibbeux, cartilagineux et verruqueux à l'endroit du nucléus. L'une des ouvertures très-large, en forme de gueule, denticulée sur les bords; l'autre prolongée en tube et infundibuliforme; nucléus rougeâtre; branchie très-visible au travers des tégumens.

De l'océan Indien, entre l'île de Bourbon et la Nouvelle-Hollande.

Le B. bossu; *S. gibba*, Bosc, Vers, tome 2, p. 178, pl. xx, fig. 5. Corps assez court, très-gibbeux vers le nucléus et pourvu d'une sorte de corne au-dessus de l'ouverture en gueule fort large; l'autre tubuleuse, un peu en entonnoir.

M. Bosc, qui a observé cette espèce dans l'océan Atlantique, dit qu'elle vit toujours solitaire; ce qui veut dire qu'il ne l'a pas observée agrégée.

Le B. informe; *S. informis*, Quoy et Gaimard, Voyage de l'Uranie, pl. 74, fig. 8. Corps gibbeux, un peu courbé sur lui-même; ouverture antinucléale grande, rugueuse et plissée.

Des îles des Papous.

Le B. scutigère; *S. scutigera*, Cuv., *loc. cit.*, fig. 4 et 5. Corps ovale, bombé et renflé par une sorte de plaque cartilagineuse sous le nucléus, qui est presque médian. Extrémité à ouverture bilabiale, un peu déclive; l'autre conique et proportionnément assez longue; bandes musculaires peu nombreuses; celles du ventre formant deux X.

Du voyage de MM. Péron et Lesueur.

Le B. ferrugineux; *S. ferruginea*, de Chamisso, *loc. cit.*, fig. 10. Corps subcylindrique, élargi et comme lobé de chaque côté du nucléus, qui est subterminal et gibbeux; ouverture antinucléale terminale et bilabiée; ouverture nucléale plus grande, transverse et moins terminale que le nucléus; faisceaux musculaires peu considérables; quatre ventraux courbes, rapprochés, mais non en croix; deux paires de spiracules;

deux assez rapprochées de chaque orifice. Couleur transparente, avec une légère teinte ferrugineuse vers les ouvertures; nucléus de la même couleur, plus foncée.

M. de Chamisso dit avoir observé un seul individu de cette espèce au mois de Mai dans la mer Pacifique équinoxiale.

Le Biphore confédéré: *S. confœderata*, Linn., Gmel., p. 3130, n.º 6, d'après Forskal, *loc. cit.*, page 115, n.º 35, et *Icon.*, page 11, tab. 36, *A, a*, copié dans l'Enc. méth., Vers, tab. 75, fig. 2 — 4. Corps d'un pouce de long et de la grosseur du petit doigt, hyalin, mou, subtétragone, plus large à l'extrémité nucléale, qui est subtrigone; ouvertures terminales; nucléus également presque terminal, protégé par une gibbosité subrigide; trois paires de spiracules, une à l'extrémité nucléale, une plus au milieu et la troisième peu en dedans de l'extrémité antinucléale.

Agrégation sur deux lignes, par les côtés pour tous les individus de chacune, et par les deux tiers de la face dorsale ou ventrale pour les deux séries.

Forskal, le premier qui ait observé cette espèce, l'a rencontrée dans le détroit de Gibraltar et dans l'archipel Grec, autour de Cérigo.

Le B. social; *S. socia*, Bosc, Vers, 2, page 180, tab. 20, fig. 1 — 3. Corps pentagonal d'un pouce de long environ. Couleur de rouille aux deux extrémités et pourvu de huit ventouses ou suçoirs.

Agrégation parfaitement régulière, et, à ce qu'il paroît, tout-à-fait semblable à celle de l'espèce précédente.

De l'océan Atlantique.

Le B. octofore; *S. octofora*, Cuv., *loc. cit.*, page 20, fig. 7, et Savigny, Mém., 2, tab. 24, fig. 1. Corps oviforme, un peu alongé, plus large à l'extrémité nucléale, qui forme une protubérance très-grande, demi-sphérique autour du nucléus; ouvertures assez petites, l'une terminale, l'autre assez avant l'extrémité renflée; quatre paires de suçoirs latéraux; deux à une extrémité et deux à l'autre; les faisceaux musculaires ventraux formant deux X.

Cette espèce, dont la taille varie de deux à trois pouces, paroît provenir du voyage de MM. Péron et Lesueur.

Le B. bleuâtre; *S. cærulescens*, de Chamisso, *loc. cit.*,

fig. 9. Corps alongé, subfusiforme, tronqué à chaque extrémité et terminé par deux orifices presque égaux; nucléus assez reculé et protégé par une protubérance cartilagineuse, nasiforme; faisceaux musculaires parallèles, assez nombreux. Couleur générale bleuâtre, surtout autour du nucléus, qui est lui-même d'un bleu foncé.

C'est sur cette espèce, d'un pouce et demi de long et trouvée solitaire dans l'océan Atlantique équinoxial, que M. de Chamisso a observé pour la première fois que ces animaux peuvent quitter leur enveloppe gélatineuse sans paroître en éprouver aucun préjudice dans leurs fonctions. En effet, l'animal ainsi sorti de sa gaîne, et par conséquent beaucoup plus mou, beaucoup plus délicat, ne se mouvoit pas avec moins de force et de vigueur qu'il ne le faisoit auparavant. M. de Chamisso a même trouvé des individus qui étoient privés de leur gaîne au moment où ils furent pris. Il faut, cependant, ajouter qu'ils le furent dans une mer agitée et adhérens à un câble lancé du navire, en sorte qu'il se pourroit que cette dénudation fût artificielle.

Le Biphore a gaîne; *S. vaginata*, de Chamisso, *l. c.*, fig. 7. Corps médiocrement alongé, un peu renflé au milieu, à coupe triangulaire, à ouvertures terminales, sans gibbosité autour du nucléus, qui est assez gros et subterminal, contenu dans une gaîne cartilagineuse, formée de trois pièces longitudinales, deux latérales et une dorsale, réunies entre elles par trois lignes gélatineuses. Couleur générale bleuâtre. Le nucléus ferrugineux.

Cette espèce, de deux pouces de long et prise dans le détroit de la Sonde avec le B. bicorne, dont il sera parlé plus loin, offre, comme la précédente, la singulière propriété de se séparer de sa gaîne par la plus légère pression ou par son propre poids, sans que ses fonctions en soient le moins du monde lésées. Mais, en outre, la gaîne, privée de vie et sans aucun mouvement, se partage aisément en ses trois pièces constituantes. Du reste, dans cette espèce, toute l'organisation paroît semblable à ce qu'elle est dans les autres.

M. de Chamisso ne l'a jamais vue agrégée, du moins à l'extérieur; car, dans l'intérieur de la mère il a observé les fœtus formant, par leur disposition en double série, une chaîne ou un double chapelet libre et flottant, si ce n'est au point d'origine au nucléus, et dont les individus étoient d'autant plus gros qu'ils étoient plus éloignés de cette origine.

Le Biphore fascié : *S. fasciata*, Linn., Gmel., p. 3130, n.° 7, d'après Forskal., *loc. cit.*, page 115, n.° 36. Corps ovale-oblong, d'un pouce et demi de longueur, de la grosseur du doigt, à orifices terminaux, et cerclé par cinq bandes musculaires transverses. Couleur hyaline ; le nucléus ferrugineux, marginal et entouré par une sorte de petit intestin filiforme, strié en travers, d'abord courbe, puis fortement crochu à son sommet.

De l'entrée de l'archipel Grec. Seroit-ce le *S. zonaria* mal décrit ?

Le B. cylindrique ; *S. cylindrica*, Cuv., *loc. cit.*, fig. 8 et 9. Corps alongé, cylindrique, coupé carrément aux deux extrémités, un peu déprimé et saillant au-dessous du nucléus, qui est assez reculé ; orifices terminaux, larges et transverses, presque égaux ; bandes musculaires au nombre de onze, dont six parallèles, les quatre autres courbes et rapprochées dans leur partie moyenne.

Cette espèce a été sans doute rapportée par MM. Péron et Lesueur.

M. Cuvier paroît la regarder comme la même que l'*holothuria zonaria* de Pallas ; mais je crois que c'est à tort, le nombre des faisceaux musculaires de celle-ci ne dépassant jamais cinq ou six.

Le B. alongé ; *S. elongata*, Quoy et Gaimard. Corps alongé, cylindrique, coupé carrément aux deux extrémités, relevé d'une sorte de crête épaisse, denticulée sur ses deux bords dans la région du nucléus, et cerclé de neuf bandes transverses, dont quatre fléchies et rapprochées un peu dans le milieu. Orifice antinucléal, subterminal, et pourvu de deux lèvres, dont une operculaire ; orifice nucléal, terminal, subtubuleux, avec un muscle flabelliforme ; nucléus assez en dedans de cet orifice et peu considérable.

Cette espèce, que j'ai reçue de MM. Quoy et Gaimard, vient du détroit de Gibraltar. J'en possède trois individus solitaires. Elle est fort rapprochée de la précédente.

Le B. suborbiculaire ; *S. suborbicularis*, Quoy et Gaimard, *loc. cit.*, pl. 74, fig. 5 — 7. Corps suborbiculaire, d'un pouce et demi de long, sur un pouce de large, hyalin ; orifices non tout-à-fait terminaux ; l'antinucléal médiocre, mais plus grand que l'autre et fermé par une crête mobile.

Du port Jackson.

C'est une espèce bien douteuse et qui n'appartient peut-être pas même à ce genre ; en effet elle n'en a pas la forme, et MM. Quoy et Gaimard disent positivement n'avoir remarqué aucun des organes des salpas.

Le Biphore échancré ; *S. emarginata,* Quoy et Gaimard, *loc. cit.*, pl. 74, fig. 11 et 12. Corps subcylindrique, assez alongé, élargi et comme tronqué et échancré en arrière, avec une petite pointe à chaque angle ; ouverture antinucléale terminale.

De la Nouvelle-Guinée.

MM. Quoy et Gaimard disent que la partie postérieure se termine par deux feuillets, dont l'adossement forme un triangle à sommet aigu et dont la base constitue une échancrure qui se poursuit par une cannelure régnant sur le tiers postérieur du corps.

Le B. triangulaire ; *S. triangularis, id., ibid.*, pl. 74, fig. 9 et 10. Corps alongé, élargi et comme tronqué, pourvu de trois angles denticulés à une extrémité, rétréci et arrondi à l'autre ; orifice antinucléal terminal ; l'autre latéral.

De la Nouvelle-Guinée.

MM. Quoy et Gaimard ajoutent à ce caractère, que cette espèce offre deux parties : l'une triangulaire, coriace, denticulée sur les trois bords, formant une sorte de voûte, occupant toute la longueur de l'animal, et sur laquelle se trouve le nucléus orangé, et l'autre, molle, peu consistante et arrondie. Sa longueur est d'environ trois pouces.

Le B. polymorphe ; *S. polymorpha, id., ibid.*, pl. 73, fig. 3 et 4. Corps prismatique, recourbé sur lui-même, de manière à ce que les orifices, quoique terminaux, sont très-rapprochés l'un de l'autre.

Il paroît qu'on ignore la patrie de cette singulière espèce, dont la figure citée et la description ne peuvent guère donner une idée suffisante. Ce biphore est, dit-on, comme formé de deux parties accolées, dont une plus courte. Il est coriace, transparent, prismatique, avec des arêtes vives ; les deux ouvertures sont terminales, et la cavité intérieure est courbée comme en siphon, dont la plus longue branche seroit en haut. Le nucléus est placé dans la portion la plus courte. Sa forme prismatique indique qu'il étoit agrégé.

Le BIPHORE RHOMBOÏDE; *S. rhomboidea*, *id.*, *ibid.*, pl. 74, fig. 3 et 4. Corps très-petit, rhomboïdal, hyalin; le nucléus bleu. Agrégation latérale sur deux lignes longitudinales.

Il est malheureux que cette espèce fort singulière, et qui a été trouvée dans l'océan Indien, de l'île Bourbon à la Nouvelle-Hollande, ne soit pas mieux connue. Les observateurs cités disent qu'il faut l'examiner avec soin pour voir les deux ouvertures, et que les facettes varient de quatre à sept : ce qui est bien singulier pour les salpas, chez lesquels tous les individus d'une même espèce sont toujours parfaitement semblables. Leur cohésion est, au reste, très-foible.

En général, toutes ces dernières espèces auroient besoin d'être plus complétement connues; sans cela il est impossible de leur assigner une place un peu certaine.

C. *Espèces entièrement subcartilagineuses, à orifices subterminaux, souvent mucronées à une extrémité au moins; agrégation bilinéaire; celle des individus de chaque ligne par les extrémités; celle des individus des deux lignes, par le dos.*

Le B. ZONAIRE : *S. zonaria*, Brug.; *Holothuria zonaria*, Linn., Gmel., page 3142, n.º 18, d'après Pallas, *Spicileg. zool.*, page 26, tab. 1, fig. 17, *A*, *B*, *C*, copié dans l'Enc. méth., Vers, tab. 75, fig. 8 — 10; de Chamisso, *loc. cit.*, fig. 5. Corps ovale, d'un pouce à un pouce et demi de long, membraneux, assez roide, pourvu à ses deux extrémités d'un prolongement court et obtus à l'une, un peu plus long, plus pointu et oblique à l'autre; ouvertures non terminales; toutes deux d'un même côté; nucléus au niveau de l'orifice correspondant; six larges bandes musculaires transverses. Couleur hyaline; le nucléus ferrugineux.

Les individus solitaires ne sont pas connus.

Ceux qui sont agrégés, le sont au moyen de trois oscules, deux terminaux et un au milieu de la face dorsale.

Le mode d'agrégation, observé et fort bien figuré par M. de Chamisso, est bilinéaire ; chaque ligne adhérente à l'autre par le dos, de manière à ce que les orifices forment deux séries externes. Cette agrégation paroît être assez solide.

Cette espèce, que l'on trouve dans la mer des Açores assez communément, paroît offrir beaucoup de variations dans la forme des extrémités ; mais ce n'est jamais entre les individus d'une même agrégation, qui se ressemblent toujours complétement. MM. Quoy et Gaimard viennent de m'en envoyer plusieurs individus sous le nom de S. *microstoma*.

Le Biphore polycratique : *S. polycratica*, Linn., Gmel., p. 3150, n.° 11, d'après Forskal, *l. c.*, p. 116, n.° 40, et *Icon.*, page 12, tab. 36, *F*, copié dans l'Enc. méth., Vers, pl. 75, fig. 5. Corps assez rigide, d'un pouce et demi de long, et de la grosseur du petit doigt, tronqué obliquement aux deux extrémités, et pourvu de deux oscules ; ouvertures non terminales ; cinq bandes musculaires transverses ; nucléus globuleux et brun.

Agrégation comme dans l'espèce précédente ; mais les individus de chaque ligne beaucoup moins serrés ou rapprochés.

Cette espèce, que Forskal a observée au-delà du détroit de Gibraltar, paroît réellement être extrêmement rapprochée de la précédente. Cependant, comme le fait observer M. de Chamisso, elle n'a pas le même nombre de bandes musculaires, et, d'ailleurs, la position des orifices n'est pas tout-à-fait la même. Cependant Forskal mérite-t-il une confiance absolue ? Quoi qu'il en soit, cet auteur dit avoir vu des cordons longs de plusieurs aunes, composés de cette espèce et se mouvoir à la manière des serpens.

Le B. unicuspidé ; *S. unicuspidata*, Quoy et Gaimard. Corps subcylindrique, un peu déprimé, contenu dans une gaîne subcartilagineuse, tronquée carrément à une extrémité, pointue à l'autre ; six bandes transverses, larges et droites ; orifice antinucléal, tout-à-fait terminal, grand, transverse, à lèvres égales ; orifice nucléal assez petit, assez éloigné de l'extrémité et fermé par une lèvre operculiforme ; une paire de spiracules de chaque côté ; nucléus pyriforme, contenu dans la pointe de l'enveloppe cartilagineuse et dans la direction du corps.

Je n'ai vu qu'un seul individu de cette espèce fort singulière.

D. *Espèces tronquées à l'état solitaire et pourvues à
l'état agrégé d'une longue pointe latérale, opposée
à chaque extrémité, d'où il résulte un système d'a-
grégation oblique sur un seul rang.*

Le Biphore géant : *S. maxima*, Linn., Gmel., p. 3129, n.° 1,
d'après Forskal, *loc. cit.*, page 112, n.° 30, *Icon.*, tab. 35,
fig. *A*, copié dans l'Enc. méth., pl. 74, fig. 2. Corps long
de sept à huit pouces sur deux de large, subquadrangulaire,
tout-à-fait droit, et pourvu à chaque extrémité d'un appendice conique, subulé, l'un à droite et l'autre à gauche; celui
du côté du nucléus un peu plus long que de l'autre; ouverture
antinucléale très-large et transverse; orifice nucléal également très-grand, du diamètre d'un pouce. Couleur hyaline;
nucléus globuleux, de la grosseur d'une noix et de couleur
testacée obscure, enveloppé d'une écorce hyaline; faisceaux
musculaires longitudinaux, réticulés par des transversaux.

Forskal, qui a observé cette espèce en différens endroits
de la mer Méditerranée, et entre autres dans le détroit de
Gibraltar, dit qu'elle se meut au moyen de ses appendices
et de la systole et diastole de tout le corps.

J'en ai trouvé une figure dans les Mémoires de l'expédition
angloise au Congo, ce qui prouve que cette espèce existe
aussi dans l'Atlantique, et, en effet, M. de Chamisso dit
qu'il en a rencontré un individu auprès des îles Fortunées.

Aucun auteur n'a observé cette espèce à l'état d'agrégation. (Voyez plus loin le B. birostré.)

Le B. fusiforme : *S. fusiformis*, Cuv., *loc. cit.*, page 23,
fig. 10; *Salpæ maximæ var. minor*, Forskal, *loc. cit.*, fig. *A* 1,
A 2, copié dans l'Enc. méth., pl. 74, fig. 3 — 5. Corps
ovale-alongé, prolongé à chaque extrémité par un appendice
conique, qui lui donne la forme d'une navette; orifices non
terminaux et tous deux à la même face, et, à ce qu'il
paroît, assez petits; nucléus un peu oblique; bandes musculaires au nombre de sept, dont les deux premières se rapprochent et quelquefois se confondent dans leur milieu et

les cinq autres de même, de manière à circonscrire un espace circulaire au milieu du corps.

D'après Forskal et en admettant que sa petite variété de la S. géante soit bien la même que le *S. fusiformis* de M. Cuvier, cette espèce s'agrégeroit dos à dos et se trouveroit dans la Méditerranée. Elle est toujours très-petite, du moins cinq ou six individus que m'ont envoyés MM. Quoy et Gaimard, n'ont pas plus de dix-huit lignes de longueur totale.

Le B. DOUTEUX; *S. dubia*, de Chamisso. *loc. cit.*, page 18, fig. 6. Corps petit, de deux pouces un tiers de long sur un pouce et demi de large, pourvu de deux appendices terminaux, coniques, égalant la moitié du corps; le nucléal à gauche; nucléus entouré d'un cartilage lisse.

M. de Chamisso a trouvé cette espèce dans la mer Pacifique au Sud des îles Aléoutiennes, au mois de Septembre, et, à ce qu'il paroît, à l'état d'agrégation, dont cependant il ne parle pas.

Le B. APRE; *S. aspera*, *id. ibid.*, page 14, fig. 4 à 4 E. Corps subcartilagineux, hérissé de petites épines, surtout autour du nucléus; subfusiforme, même à l'état solitaire, en forme de navette à l'état agrégé; de la longueur de six à sept pouces dans le premier état, et seulement de quatre dans le second; ouvertures terminales sur les individus agrégés, et ventrales sur les solitaires; les appendices les dépassant assez en forme de capuchon, mais étant variables pour la longueur dans les diverses agrégations.

M. de Chamisso, qui a trouvé cette espèce dans la mer Pacifique septentrionale, aux environs des îles Kuriles, convient n'avoir pas observé suffisamment les individus solitaires; mais il lui a semblé qu'ils ne différoient guère de ceux de l'espèce suivante. La cavité intérieure étoit largement ouverte à chaque extrémité: le nucléus étoit recouvert par un cartilage hérissé de petites pointes, et les fœtus étoient enchaînés.

Les individus agrégés l'étoient d'une manière assez peu solide, pour qu'il ait été possible de bien en apercevoir le mode. D'après l'observateur il paroîtroit que la membrane, qui constitue le corps, est solidifiée par trois parties cartilagineuses: l'une plus épaisse, hérissée, qui protège le nucléus;

l'autre, plus molle qui, née du même appendice, constitue le côté opposé du corps, et, enfin, une troisième tout-à-fait molle qui forme l'appendice antinucléal.

Dans quelques individus M. de Chamisso a vu un fœtus de deux à trois lignes, suspendu dans la cavité du corps aux environs du nucléus et attaché par un cordon ombilical à une verrue transparente.

Le Biphore raboteux; *S. runcinata, id., ibid.*, fig. 5, de *A* à *I*. Corps gélatineux sur une face, d'un côté cartilagineux et septemcariné de l'autre; chaque carène se terminant du côté du nucléus par une épine courte; celle qui correspond à celui-ci plus saillante, échancrée et bifurquée; orifices terminaux dans les individus agrégés et longuement dépassés par des appendices terminaux, égalant presque le corps dans les individus agrégés; six bandes musculaires transverses.

Cette espèce, à peine d'un pouce et demi de long, a été rencontrée dans l'océan Atlantique, auprès des îles Açores. Le cartilage qui enveloppe une des faces des individus solitaires seulement, leur forme une espèce de gaine, mais ne peut cependant être enlevé. Le mode d'agrégation n'a pas été observé. Dans un individu solitaire, prêt à émettre ses petits, ceux-ci formoient une chaîne qui sembloit commencer aux environs du cœur par deux fils, se prolonger ensuite en une lame pellucide, extrêmement délicate, et qui, après s'être rétrofléchie, étoit évidemment composée de deux séries de fœtus, attachés par le côté; les nucléus tournés d'un même côté.

Le B. vivipare; *S. vivipara*, Péron et Lesueur, Voyage de Baudin, pl. 31. Cette espèce n'est que figurée dans cet ouvrage. La description n'a pas été donnée. Quant au nom de vivipare, il ne lui convient pas plus qu'aux autres espèces.

Le B. birostré; *S. birostratus*, Quoy et Gaimard, *loc. cit.*, pl. 73, fig. 9. Sous ce nom MM. Quoy et Gaimard ont figuré un cordon de biphores, qu'ils rapportent au *S. maxima* de Forskal; mais il me semble que c'est à tort, la proportion des appendices étant toute différente et le nucléus autrement coloré. Cependant ils l'ont également observé dans la Méditerranée, et ils disent que dans l'endroit où étoit cette chaîne, il y avoit des individus solitaires qui avoient jusqu'à sept pouces de longueur.

Le Biphore cordiforme; *S. cordiformis*, Quoy et Gaimard. Corps un peu alongé, cylindrique, mou, renflé et arrondi à l'extrémité nucléale par une masse gélatineuse, enveloppant le nucléus; orifice antinucléal, subterminal, bilabié, transverse et dépassé par un appendice assez court ; orifice nucléal avant le nucléus, subtubuleux, ayant aussi un appendice latéral encore plus court et collé contre la masse gélatineuse ; six bandes musculaires étroites, fléchies et rapprochées deux à deux dans le milieu. Nucléus brun fort gros.

La masse gélatineuse qui enveloppe son nucléus, est parsemée d'un grand nombre de petits vaisseaux blancs.

Sans ses deux courts appendices, ce biphore seroit bien voisin du B. ferrugineux.

Cette espèce, dont l'agrégation est bilinéaire, m'a été envoyée du détroit de Gibraltar.

E. *Espèces tronquées aux deux extrémités; à orifices terminaux; une paire d'appendices plus ou moins longs à l'extrémité nucléale; agrégation sur deux rangs, le dos de l'un opposé au ventre de l'autre, le nucléus s'élevant obliquement ; souvent opposé côté à côté et quelquefois alternativement.* (Dice-rosalpa.)

Ce petit groupe me paroît assez naturel et extrêmement aisé à distinguer par l'existence d'une paire d'appendices bien symétriques, situés à l'extrémité nucléale de l'enveloppe cartilagineuse, et par la position constamment terminale de ses ouvertures. Je ne connois pas encore de figure du mode d'agrégation de ces espèces de biphores, M. de Chamisso se bornant, à l'occasion du B. bicorne, à dire qu'il s'agrége en double série, les individus de l'une remplissant les intervalles de l'autre, de manière à former un double chapelet.

Le B. bicorne; *S. bicornis*, de Chamisso, *loc. cit.*, fig. 8 *A*. Corps gélatineux, utriculiforme ou court, un peu renflé au milieu, pourvu de deux cornes coniques assez courtes à l'extrémité nucléale et servant probablement d'organes d'adhésion. Couleur hyaline ; le nucléus jaunàtre.

Cette petite espèce, de trois quarts de pouce de long au plus, a été trouvée agrégée et formant de longs filamens, dans le détroit de la Sonde, ainsi qu'aux environs du cap de Bonne - Espérance. M. de Chamisso ne l'a donc vue qu'à cet état, et encore n'a-t-il pu observer le mode d'agrégation. Il suppose cependant que les appendices, en forme de tentacules de limaçons, peuvent y servir. Du reste, les viscères sont comme dans les espèces précédentes. Il a remarqué autour du nucléus un organe radié et courbé en forme d'anneau, assez semblable à la chaîne de fœtus des individus solitaires, mais qu'il n'ose donner absolument comme la même chose, pensant que ce pourroit être aussi bien l'analogue de ce que M. Savigny a regardé comme une seconde branchie.

Comme M. de Chamisso a constamment trouvé cette petite espèce de biphore avec le B. vaginé, l'une toujours agrégée en longues chaînes, et l'autre toujours solitaire, il a soupçonné que celle-là pourroit bien être l'individu solitaire de celui-ci.

Le Biphore démocratique : *S. democratica*, Linn., Gmel., pag. 3129, n.° 3, d'après Forskal, *loc. cit.*, page 1r3 , n.° 32 , *Icon.*, page 12, tab. 36, *litt.* G, copié dans l'Enc. méth., Vers, pl. 74, fig. 9. Corps ovale, long comme la largeur du doigt, subtétragone, tronqué d'un côté, pourvu à l'autre de deux soies, égalant la moitié de la longueur totale, et en outre de trois paires d'aiguillons courts, servant probablement de suçoirs. Couleur générale bleuàtre. Nucléus de couleur bleue à sa base et entouré dans quelques individus par un cercle multiradié d'un bleu plus pâle.

Cette espèce, qui paroît fort voisine de la précédente, comme le fait justement observer M. de Chamisso, et qui n'en diffère essentiellement que par le nombre des aiguillons courts de l'extrémité nucléale, a été trouvée en quantité incroyable aux environs d'Iviça, dans la Méditerranée. Il paroit qu'elle n'a été observée qu'à l'état d'agrégation, qui est peu solide et qui se fait sur deux lignes, par union latérale, souvent opposées, quelquefois alternantes ; les nucléus élevés obliquement.

Le Biphore tricuspide ; *S. tricuspidata*, Quoy et Gaimard, *l. c.*, pl. 73, fig. 6. Corps cylindrique, assez court, d'un à deux pouces de long ; orifice antinucléal tout-à-fait terminal ; l'autre avant l'extrémité nucléale qui est terminée par trois pointes coniques, dont une médiane plus courte ; trois bandes musculaires transverses.

Du port Jackson.

Le B. double-bosse ; *S. bigibbosa*, Quoy et Gaimard, *loc. cit.*, pl. 73, fig. 1. Corps alongé, de trois pouces de long, tronqué aux deux extrémités, verruqueux en dessus comme en dessous, avec deux bosses, l'une sous l'orifice antinucléal, l'autre sous le nucléus, qui est d'un vert un peu jaunàtre sur le bord ; appendices grêles, vermiformes. De couleur verte à l'extrémité.

Dans l'intervalle des Marianes aux îles Sandwich, par 38° lat. N.

Le B. gibbeux ; *S. gibbosa*, id., ibid., pl. 73, fig. 7. Corps assez alongé, de trois à quatre pouces de long, irrégulier, couvert de gibbosités verruqueuses ; extrémité antinucléale très-renflée ; l'ouverture en gueule ; les deux appendices de l'extrémité nucléale assez courts, subtentaculaires et latéraux.

Des environs des îles de la Société.

Le B. a côtes ; *S. costata*, id., ibid., pl. 73, fig. 2. Corps de six à huit pouces de long sur trois à quatre de large, tronqué carrément aux extrémités et cerclé de dix-huit côtes transverses, tombant sur une ligne médiane longitudinale, un peu saillante ; orifices grands et entièrement terminaux ; l'antinucléal à rebord épais et verruqueux ; les deux appendices de l'extrémité nucléale assez courts, subconiques et de couleur verte à l'extrémité ; nucléus d'un rouge orangé, latéral, et protégé par une gibbosité peu saillante et cartilagineuse.

Cette grande espèce a été prise dans le trajet de l'île Bourbon à la Nouvelle - Hollande et dans l'hémisphère nord par 56° de latitude entre les Marianes et les îles Sandwich.

Le B. hexagone ; *S. hexagona*, id. ; ibid., pl. 73, fig. 3. Corps cylindrique, de trois à quatre pouces de long, portant six côtes triangulaires longitudinales et neuf faisceaux musculaires transversaux : nucléus orangé.

Cette espèce, dont la dénomination n'est guère convenable, s'il est vrai qu'elle soit cylindrique, a été recueillie aux environs des îles Carolines, par 15° latitude N. dans un endroit où la mer étoit couverte de mollusques et de zoophytes de toute sorte. M. Gaudichaud, qui l'a observée, a vu qu'elle jouissoit de la faculté de se plisser longitudinalement.

Le Biphore longue-queue; *S. longicauda*, id., *ibid.*, fig. 8. Corps cylindroïde, cerclé de faisceaux musculaires transverses, et pourvu d'une paire d'appendices plus longs que lui. Longueur totale, deux pouces.

Du port Jackson.

Le B. bicaudé; *S. bicaudata*, Quoy et Gaimard, Bull. de la soc. philom., Août 1826, fig. *A* 1, *A* 2, *A* 5. Corps subcylindrique, médiocrement alongé, à ouverture subterminale; faisceaux musculaires formant deux *X*; prolongemens caudiformes, aussi longs que le corps.

Cette petite espèce, sur la circulation de laquelle MM. Quoy et Gaimard nous ont donné des détails que nous avons rapportés plus haut, a été trouvée dans la Méditerranée, au détroit de Gibraltar.

Le B. double-sabre, *S. biensis*. Corps cylindroïde, un peu plus renflé à l'extrémité antinucléale, qui est percée d'une large ouverture en gueule: deux longs appendices en forme de sabre à l'extrémité opposée; un renflement assez considérable sous le nucléus; onze bandes musculaires transverses. Couleur générale hyaline; le nucléus ferrugineux; les appendices bleus.

De la mer Atlantique très-probablement; car j'établis cette espèce, qui me paroît fort distincte, d'après un assez bon dessin colorié des naturalistes de l'expédition angloise au Congo. (De B.)

SALPA [Salpe]. (*Ichthyol.*) Voyez Saupe. (H. C.)

SALPÊTRE. (*Min.*) Voyez Nitre. (B.)

SALPÊTRE. (*Chim.*) Ancien nom du nitrate de potasse. (Ch.)

SALPÊTRE DE HOUSSAGE. (*Chim.*) Salpêtre qu'on a recueilli en balayant avec un houssoir des surfaces couvertes d'efflorescences de nitrate de potasse. Voyez tome XXXV, page 64. (Ch.)

SALPÊTRE TERREUX. (*Chim.*) Dénomination ancienne que l'on appliquoit aux nitrates de chaux et de magnésie, qui accompagnent le nitrate de potasse qu'on trouve dans la nature. (Ch.)

SALPHINX. (*Ornith.*) Gesner dit sous ce mot, et d'après Ælien, que c'est un oiseau qui imite le son d'une trompette, ce qui indique l'*agami*, quoiqu'il cite ensuite le pic noir, à raison du bruit qu'il fait en frappant du bec sur le tronc des arbres. (Ch. D.)

SALPIANTHE, *Salpianthus.* (*Bot.*) Genre de plantes dico-tylédones, à fleurs incomplètes, de la famille des *nyctaginées*, de la *triandrie monogynie* de Linnæus, offrant pour caractère essentiel : une corolle (calice, Juss.) ; le limbe plissé, à quatre dents ; point de calice : trois ou quatre étamines unilatérales : un ovaire renfermé dans la base de la corolle ; un style ; un stigmate aigu ; une semence entourée par le tube persistant de la corolle.

Salpianthe des sables : *Salpianthus arenarius*, Humb. et Bonpl., *Pl. æquin.*, 1, pag. 155, tab. 44; Kunth. *in* Humb. et Bonpl., *Nov. gen.*, 2, pag. 218; Poir., *Ill. gen., Sup.*, tab. 906; *Boldoa lanceolata*, Cavan. et Lagasc., *Nov. gen. et Spec. diagn.*, p. 10. Arbrisseau dont la tige est grimpante, visqueuse, sarmenteuse, d'une odeur désagréable ; les rameaux inférieurs cylindriques, d'un rouge foncé : les supérieurs couverts d'un duvet très-court ; les feuilles alternes, ovales, lancéolées, aiguës à leurs deux extrémités, pubescentes à leurs deux faces, longues d'un à deux pouces ; les pétioles courts, d'un rouge vif. Les fleurs sont disposées en corymbes à l'extrémité des rameaux ; cha-cune d'elles est pédicellée ; les pédoncules sont colorés et pu-bescens ; la corolle, d'un beau rouge, visqueuse, tubulée, ovale à sa base, est resserrée dans son milieu, divisée à son limbe en quatre dents droites, égales, lancéolées, aiguës ; les trois éta-mines sont portées du même côté, une fois plus longues que la corolle, attachées sur une écaille à la base de l'ovaire ; les an-thères droites, un peu arrondies, à deux loges ; l'ovaire est ovale, aigu, convexe d'un côté, marqué de l'autre d'un sillon correspondant aux étamines ; le style est de la longueur des éta-mines ; le stigmate aigu. Le fruit consiste en une seule semence ovale-arrondie, rude, noirâtre, surmontée d'un style persistant, renfermée dans la corolle, pourvue d'un périsperme central, corné et blanchâtre, entouré par l'embryon ; la radicule est inférieure. Cette plante croît aux lieux sablonneux, dans le Mexique, près du port d'Acapulco. (Poir.)

SALPIENS, *Salpiacea.* (*Malacoz.*) Dénomination employée par M. de Blainville, dans son Système général de malacologie, pour désigner la seconde famille de l'ordre des Hétérobranches, et qui comprend le grand genre Salpa de Forskal et le Pyrosome de MM. Péron et Lesueur. Voyez ces deux mots et l'article Mollusques. (De B.)

SALPIGLOSSE, *Salpiglossis.* (*Bot.*) Genre de plantes dicotylédones, à fleurs complètes, monopétalées, en entonnoir, établi par Ruiz et Pavon (*Prodr. flor. Per.*, 94, tab. 19) pour une plante herbacée du Pérou, de la *didynamie angiospermie* de Linnæus, qui n'est encore connue que par son caractère générique. Son caractère essentiel consiste dans un calice à cinq angles, à cinq divisions ; une corolle infundibuliforme ; quatre étamines didynames ; le rudiment d'une cinquième ; un ovaire supérieur ; un style plan, élargi à sa partie supérieure, muni de deux petites dents opposées ; une capsule à deux loges, à deux valves ; une cloison parallèle aux valves, sur laquelle les semences sont attachées.

Dans le caractère générique chaque fleur offre un calice persistant, d'une seule pièce, à cinq découpures lancéolées : les trois inférieures plus profondes ; une corolle très-grande, monopétale, infundibuliforme ; le tube grêle, une fois plus long que le calice ; l'orifice campanulé, plissé, anguleux ; le limbe à cinq lobes ovales, inégaux, échancrés : le supérieur plus large ; quatre étamines didynames ; les filamens subulés, renfermés dans le tube, insérés vers son milieu ; deux plus courts, terminés par des anthères conniventes, ovales, à deux loges, bifides à leur base, plus petites dans les deux étamines plus longues ; le rudiment d'un cinquième filament situé entre les deux plus longues étamines ; un ovaire supérieur, ovale ; un style de la longueur des étamines, en lanière, rétréci vers sa base, muni vers son sommet de deux petites dents opposées ; un stigmate tronqué. Le fruit est une capsule renfermée dans le calice, ovale, à deux loges, à deux valves : chaque valve bifide ; une cloison parallèle aux valves ; les semences attachées à chaque côté de la cloison , qui paroît un réceptacle central : ces semences sont nombreuses, fort petites, ovales ou arrondies. (Poir.)

SALPIGTES. (*Ornith.*) Sonnini, dans le Nouveau Dictionnaire d'histoire naturelle, cite ce mot, comme un des noms grecs donnés au roitelet. (Ch. D.)

SALPINGUS. (*Entom.*) Nom donné par M. Gyllenhal à un petit genre de rhinocères ou insectes coléoptères rostricornes, pour y comprendre quelques espèces d'anthribes de Fabricius ou de rhinosimes, tels que le *planirostris et roboris.* (C. D.)

SALSA. (*Bot.*) Vandelli, dans sa Flore du Portugal et du Brésil, cite ce nom vulgaire du persil. Il est aussi rapporté dans la Flore du Pérou, d'après Feuillée, pour le genre *Herreria*, de la famille des asparaginées, qui est le Quila des Péruviens. Voyez ce mot. (J.)

SALSAPARILLA. (*Bot.*) Nom latin de la salsepareille officinale. *Sarzaparilla , sarsaparilla* indiquent encore la même plante dans les anciens ouvrages. Voyez ci-après Salsepareille. (Lem.)

SALSE-UTAN. (*Bot.*) Nom malais du *lithospermum amboinicum* de Rumph, qui est le *coix agrestis* de Loureiro et de Willdenow. (J.)

SALSEPAREILLE, *Smilax.* (*Bot.*) Genre de plantes monocotylédones, à fleurs dioïques, de la famille des *asparaginées*, de la *dioécie hexandrie* de Linnæus, offrant pour caractère essentiel : Dans les fleurs mâles, une corolle (calice, Juss.) à six divisions profondes ; point de calice ; six étamines ; les anthères dressées : dans les fleurs femelles, même corolle ; un ovaire à trois loges monospermes ; un style très-court ; trois stigmates ; une baie à trois loges, à trois semences, souvent à une ou deux par avortement.

Les salsepareilles forment un genre très-naturel : toutes affectent le même port , ce qui les rend très-difficiles à distinguer, d'autant plus que les feuilles sont elles-mêmes très-variables sur la même plante. Les caractères les moins inconstans sont appuyés sur la substance de ces feuilles, ou coriaces, très-épaisses, ou membraneuses et parcheminées, munies de vrilles à la base des pétioles, sur le nombre et la disposition des nervures, sur la présence ou l'absence des aiguillons, sur les tiges cylindriques ou anguleuses, épineuses ou non épineuses, sur les fleurs disposées en petits corymbes ou ombelles axillaires, quelques-unes en longues grappes; sur les proportions des pédoncules; enfin, sur la grosseur et la couleur des fruits.

On voit avec peine M. Paulet critiquer avec amertume l'ouvrage de Stackhouse sur Théophraste (*Illustrationes Theophrasti*). Ici[1], par exemple, il lui reproche durement, comme un défaut d'*attention* et de *réflexion*, d'avoir pris le smilax de Théophraste ou le lierre de Cilicie de Pline et de Gaza, pour le *smilax aspera*, Linn. Il est possible, sans doute, que la plante de Linné ne soit pas celle de Théophraste; mais M. Paulet, lui-même, peut-il avoir plus de certitude que ce soit le *smilax excelsa*, Linn., même d'après la description de Théophraste? Il ne doit pas ignorer que les différentes espèces de *smilax* sont très-variables. J'ai trouvé en Barbarie une nouvelle espèce, le *smilax mauritanica*, Poir., qui pourroit aussi bien convenir à la plante de Théophraste que le *smilax excelsa;* mais il sera toujours très-indiscret de prononcer d'un ton tranchant sur l'identité des plantes de Théophraste avec celles qui nous sont connues, et très-injuste de décrier d'une manière insultante l'ouvrage de Stackhouse, auquel les botanistes auront toujours l'obligation d'avoir entrepris ce pénible travail, quand même il lui seroit échappé quelques erreurs.

Au rapport de Pline, le nom de ce genre est celui d'une jeune fille éprise d'amour pour Crocus, et qui fut changée en cet arbrisseau. D'après Ovide, son amant éprouva le même sort.

> *Et Crocum in parvos versum cum Smilace flores*
> *Prætereo.*
>
> Ovid., *Metam.*, lib. 4.

Salsepareille piquante: *Smilax aspera*, Linn., Duham., nouv. édit., 234, tab. 55; Clus., *Hist.*, 1, pag. 112, fig. 2, et 113, fig. 1, var. *nigra;* Dodon., *Pempt.*, 398; Fuchs, *Hist.*, 718; vulgairement Salsepareille d'Europe, Liseron épineux, Liset piquant, Gros grainé, Gramen de montagne, etc. Plante très-épineuse, dure, sèche, à rameaux anguleux, dont les feuilles sont en cœur, ovales ou lancéolées, souvent tachetées de blanc; les fleurs blanchâtres, petites, odorantes, à six divi-

---

1 Paulet, *Examen*, etc., pag. 8.

sions rabattues en dehors, disposées en grappes terminales. Les individus femelles portent des baies sphériques rouges, brunes ou noirâtres, selon les variétés. Cette plante croît dans les contrées méridionales de l'Europe, aux lieux arides, parmi les buissons, plus généralement le long des côtes maritimes, sur les roches stériles : elle fleurit dans l'automne; les fruits mûrissent beaucoup plus tard.

Quoique tout hérissé d'épines, d'un aspect rude et sauvage, le smilax ne forme pas moins un tableau très-pittoresque par son aspérité, par sa couleur d'un vert cendré, par ses rameaux en désordre, qui le mettent en harmonie avec ces roches mélancoliques contre lesquelles viennent se briser les flots d'une mer irritée.

Cette plante, quand le sol et l'exposition sont convenables, peut garnir les haies avec avantage. Sa racine passe pour sudorifique comme celle de la salsepareille officinale, mais à une dose beaucoup plus forte ; au reste, des médecins éclairés par l'expérience doutent aujourd'hui des vertus si vantées de cette dernière plante. Les anciens ont connu le smilax; il est mentionné dans Théophraste, Pline et Dioscoride. Si ce n'est pas notre espèce, c'en est du moins une très-voisine. D'après Pline, les feuilles de cette plante ressemblent tellement au lierre, que le peuple, trompé quelquefois par l'apparence, en formoit des couronnes aux fêtes de Bacchus, ce qui passoit alors pour une sorte de profanation.

Salsepareille de Mauritanie : *Smilax mauritanica*, Poir., Voyag. en Barb., 2, pag. 263; Desf., Fl. atl., 2, pag. 367. Cette espèce diffère de la précédente par ses tiges beaucoup plus élevées, par ses feuilles beaucoup plus grandes, jamais tachetées, rarement épineuses. Les fleurs sont odorantes, disposées en grappes : les unes axillaires, courtes et inférieures; les autres terminales, très-alongées, flexueuses, un peu épineuses à leur base, et sur lesquelles les fleurs sont disposées par paquets presque verticillés et distans. Le fruit consiste en une baie molle, globuleuse, très-lisse, de couleur rouge, quelquefois d'un jaune clair, divisée en trois loges, et autant de semences; quelquefois une ou deux avortent. J'ai recueilli cette plante en Barbarie, sur les rochers, parmi les buissons, aux environs de la Calle et de Bonne.

SALSEPAREILLE ÉLEVÉE : *Smilax excelsa*, Linn.; Duham., Arb., nouv. éd., tab. 54. Arbrisseau grimpant, dont les tiges sont cannelées, un peu anguleuses, armées d'aiguillons presque droits, et qui s'élèvent jusqu'à la hauteur des plus grands arbres ; elles se divisent en rameaux longs et flexibles. Les feuilles sont alternes, pétiolées, ovales, presque obtuses, minces, très-grandes, à cinq ou sept nervures, glabres à leurs deux faces ; les pétioles courts, supportant des vrilles filiformes. Les fleurs sont disposées en petits corymbes axillaires, fasciculés et pédicellés a l'extrémité du pédoncule commun. L'ovaire est arrondi : il lui succède une baie globuleuse. Cette plante croît dans le Levant.

SALSEPAREILLE DE CEILAN : *Smilax Zeylanica*, Linn., Lamk., *Ill. gen.*, tab. 817, fig. 2 ; Gærtn., *De fruct.*, tab. 16 ; *China amboinensis*, Rumph., *Amb.*, 5, tab. 161 ; *Kari- Vilandi*, Rhéed., *Malab.*, 7, tab. 31. Ses tiges sont glabres, striées, presque cylindriques, un peu anguleuses, armées d'aiguillons, qui manquent quelquefois sur les rameaux. Les feuilles sont alternes, pétiolées, coriaces, ovales, échancrées en cœur à leur base : les supérieures ovales, oblongues ; les unes obtuses, d'autres acuminées. Les fleurs disposées en petites ombelles axillaires, supportées par un pédoncule commun, très-court, et de nombreux pédicelles. Le fruit est une baie noirâtre, ovale, à trois loges. Cette plante croît à Ceilan et dans les Indes orientales.

SALSEPAREILLE OFFICINALE : *Smilax salsaparilla*, Linn., Lamk., *Illustr.*, tab. 817, fig. 1 ; Pluken., tab. 111, fig. 2. Cette plante a de très-longues racines, composées de fibres nombreuses, presque simples, très-grêles, fasciculées, d'un blanc cendré, entremêlées les unes dans les autres : elles produisent des tiges un peu ligneuses, fort longues, glabres, anguleuses, roussâtres, munies d'aiguillons droits, élargis, assez forts, très-aigus. Les feuilles sont glabres, simples, alternes, pétiolées, larges, ovales, membraneuses, mucronées, échancrées en cœur, dépourvues d'aiguillons, munies de deux vrilles capillaires à la base des pétioles. Les pédoncules sont simples, axillaires, beaucoup plus courts que les feuilles, soutenant des fleurs blanches, assez nombreuses, pédicellées, réunies en ombelle. Les fruits sont globuleux, de couleur bleuâtre, très-souvent à une ou deux semences. Cette plante croît dans les contrées méridionales de l'Amérique, au Mexique, au Pérou, dans le Brésil et la Virginie.

Les racines de cette espèce et sans doute de plusieurs autres, sous le même nom, ont joui autrefois d'une grande réputation comme un puissant sudorifique, propre à opérer la dépuration des humeurs, à diviser et atténuer celles visqueuses; c'étoit en conséquence un spécifique dans les maladies vénériennes. Ces remèdes, qui paroissent avoir eu quelques succès dans l'Amérique, n'ont pas aussi bien réussi en Europe, soit à raison de la diversité des climats, soit parce que les racines perdent leurs propriétés par la dessiccation et en vieillissant. Au reste, l'analyse n'y a trouvé aucun principe très-actif. et quant à la dépuration du sang, nous avons dans la bardane, la chicorée, la patience, etc., des remèdes au moins équivalens, sans aller chercher dans un autre hémisphère des plantes d'une vertu douteuse. La salsepareille est un des principaux ingrédiens du fameux rob de Laffecteur et autres remèdes très-vantés, bien plus propres à favoriser les spéculations des empiriques et des charlatans, qu'à guérir ou à soulager les malades. Cette plante a été envoyée en Europe par les premiers Espagnols qui ont habité le Pérou.

Salsepareille esquine: *Smilax China*, Linn., *Spec.*; Pluken., *Amalth.*, tab. 408, fig. 1; *Fl. med.*, 6, tab. 329. Cette espèce a de grosses racines noueuses, tuberculées, d'un brun rougeâtre en dehors, blanchâtres, teintes de rose en dedans: elles produisent de très-longues tiges glabres, un peu anguleuses, rameuses, armées, particulièrement à la base des tiges, d'aiguillons courts et forts. Les feuilles sont alternes, pétiolées, ovales, échancrées en cœur à leur base, obtuses, entières, mucronées, sans aiguillons; les feuilles inférieures amples, très-grandes; les fleurs axillaires portées sur un pédoncule commun très-simple, beaucoup plus court que les feuilles, divisé au sommet en un grand nombre de pédicelles capillaires, longs d'un demi-pouce et plus, disposés en ombelle. Les fruits sont de petites baies rouges, globuleuses, renfermant trois, plus souvent une ou deux semences. Cette plante croît à la Chine et au Japon.

Les racines de la squine sont employées, en médecine.

comme sudorifiques, diurétiques, propres à purifier le sang,
utiles dans la jaunisse, les engorgemens de la rate, les obs-
tructions, les humeurs squirreuses, les maladies vénériennes.
Par une contradiction singulière, qui n'est pas rare en médecine, on a prétendu que son usage entretenoit la beauté; et
c'est dans cette vue que les Égyptiens, au rapport de Prosper
Alpin, l'administrent en bains à leurs feumes, pour leur
donner cet embonpoint qui est la qualité la plus recherchée
dans les beautés de leur sérail. Comment concilier cette assertion, de donner de l'embonpoint, avec la propriété sudorifique, qui lui est spécialement attribuée, et qui la fait
figurer encore dans toutes les pharmacies. au nombre des
quatre bois, sous le titre de *bois sudorifiques par excellence?*
Il n'est guère possible d'ajouter plus de foi à toutes ces qualités qu'à celles de la salsepareille officinale, dont d'ailleurs
elle se rapproche beaucoup par sa nature chimique et par ses
foibles propriétés médicales. Les racines récentes sont un peu
résineuses, leur saveur un peu âcre, pâteuse; mais, étant sèches, leur goût est terreux, légèrement astringent.

Des marchands chinois ont donné la vogue à cette plante,
pour la première fois, en 1535 : ils la vendoient alors, sous le
nom de *fouling*, comme un spécifique contre les maladies vénériennes, bien plus efficace que le gayac. Les Espagnols firent
un si grand éloge de ses propriétés à l'empereur Charles-
Quint, que ce prince en fit usage de son propre mouvement,
à l'insçu de ses médecins, pour se guérir de la goutte, et
bientôt cette recette devint publique et en grande réputation :
elle n'a plus aujourd'hui qu'une foible renommée, même
comme sudorifique et diurétique.

Salsepareille a feuilles de laurier : *Smilax laurifolia*, Linn.,
Spec.; Catesb., *Carol.*, tab. 15. Cet arbrisseau a des tiges grimpantes, cylindriques, glabres, médiocrement striées, rameuses; les rameaux un peu flexueux vers leur sommet. Les
feuilles sont alternes, pétiolées, fermes, coriaces, glabres à
leurs deux faces, très-lisses, oblongues, lancéolées, un peu
rétrécies à leur base, médiocrement acuminées ou obtuses au
sommet, assez semblables à celles du laurier, marquées de
trois nervures : ces feuilles varient un peu selon leur âge :
elles sont plus larges dans leur vieillesse, moins épaisses. Les

fleurs sont axillaires, réunies en petites ombelles ; le pédoncule est de la longueur du pétiole ; les pédicelles sont plus courts ; les fleurs dioïques ; la corolle a six divisions réfléchies en dehors ; l'ovaire est ovale, les baies sont noirâtres, globuleuses, et renferment d'une à trois semences. Cette plante croît dans la Floride, la Virginie et la Basse-Caroline.

SALSEPAREILLE GLAUQUE ; *Smilax glauca*, Mich., *Flor. bor. amer.*, 2, pag. 237. Cette espèce a des tiges glabres, médiocrement anguleuses, divisées en rameaux cylindriques, armés d'aiguillons. Les feuilles sont ovales ou oblongues, presque en cœur, entières, glabres à leurs deux faces, acuminées au sommet, vertes en dessus, de couleur glauque en dessous, marquées de cinq nervures longitudinales peu saillantes. Les fleurs sont petites, disposées en ombelles, soutenues par un long pédoncule. Cette plante croît à la Caroline, dans les forêts. On la cultive au Jardin du Roi.

SALSEPAREILLE FAUSSE-SQUINE: *Smilax pseudochina*, Linn., *Spec.*; Pluken., *Alm.*, tab. 110, fig. 5 ; Sloan., *Jam. hist.*, 1, tab. 413, fig. 1. Arbrisseau grimpant, dont les tiges sont cylindriques, légèrement striées, dépourvues d'aiguillons, excepté quelques-uns à leur base, divisées en rameaux nus, un peu flexueux. Les feuilles des tiges sont grandes, larges, ovales, échancrées en cœur à leur base ; celles des rameaux plus étroites, glabres à leurs deux faces, entières, marquées de cinq nervures, un peu acuminées, sans aiguillons. Les fleurs sont disposées presque en grappes axillaires, diffuses, un peu paniculées, composées de petites ombelles ; le pédoncule commun cylindrique, long d'environ quatre pouces, muni à sa base d'une petite foliole très-courte ; la corolle est d'un blanc un peu verdâtre ; les baies sont petites, à deux ou trois semences. Cette plante croît dans la Caroline, la Virginie et la Jamaïque. Les tiges servent à faire des corbeilles et autres petits meubles.

SALSEPAREILLE HÉRISSÉE : *Smilax horrida*, Desf., *Catal. hort. Par.*, 24 ; Poir., *Encycl.*, suppl. Plante à tige grimpante, de couleur cendrée, anguleuse, striée, presque tétragone, armée d'aiguillons très-nombreux, droits, inégaux, très-piquans, d'un brun luisant, subulés ; les plus jeunes très-fins, un peu courbés, beaucoup plus nombreux sur les rameaux. Les feuilles sont distantes, pétiolées ; les inférieures ovales, plus grandes, entières, un peu aiguës; les supérieures ovales-oblongues, presque à trois lobes : les deux inférieures arrondies, toutes coriaces, vertes, glabres à leurs deux faces, à cinq nervures; les pétioles presque longs d'un pouce; les pédoncules axillaires, une fois plus longs que les pétioles, terminés par une petite ombelle simple; les pédicelles plus longs que les fleurs. Cette plante croît dans l'Amérique septentrionale. On la cultive au Jardin du Roi. (Poir.)

SALSEPAREILLE D'ALLEMAGNE. (*Bot.*) Nom vulgaire de la laiche des sables. (L. D.)

SALSEPAREILLE GRISE ou DE VIRGINIE. (*Bot.*) Noms de la racine de l'aralie à tige nue, d'usage aux États-Unis, comme sudorifique. Cette racine se distingue de la véritable salsepareille à sa couleur grise, quelquefois pointillée de rouge, à son centre ligneux et à sa saveur un peu amère. (Lem.)

SALSES. (*Min.*) On est disposé à donner le nom de phénomènes et de terrains volcaniques à tous ceux qui montrent des matières sortant avec une sorte de violence du sein de la terre. Le phénomène l'emporte sur son produit, et que ce produit soit des matières terreuses fondues, de l'eau, de la boue, des vapeurs ou du gaz, on attribue tous ces effets à la même cause générale. Peut-être n'a-t-on pas tort, si l'on veut ranger sous cette cause toute action chimique opérant dans le sein de la terre un dégagement de fluides élastiques, qui, en se faisant jour au dehors, produisent de forts ébranlemens et qui entraînent avec eux soit des matières fondues par l'action de la chaleur, soit des terres délayées dans l'eau, soit même de l'eau pure, chaude ou même froide, pourvu qu'elle paroisse avec violence et à différens intervalles, ce qui la distingue des sources dues à une tout autre cause.

Les Salses, dont on va faire connoître les phénomènes caractéristiques, ont donc été désignés sous le nom général de volcans et sous les noms spéciaux de *volcans de boue, volcans d'eau, volcans d'air, volcans vaseux*[1]. Mais ces phénomènes, au-

---

[1] On les a nommés aussi, suivant les lieux, *gorgogli* et par corruption *herbogli*, dans les états de Parme, et *bellitori* dans le Bolonois.

nonçant une cause prochaine bien différente de celle qui produit les terrains volcaniques proprement dits, doivent faire placer les salses dans une autre classe de terrains. Ils appartiennent à ces terrains d'épanchement évidemment sortis du sein de la terre et que nous avons désignés ailleurs par le nom de *terrains plutoniques*[1], nom qui exprime cette origine sans exprimer sa cause, et qui ne présente aucune idée hypothétique, puisque l'une est connue, et que l'autre n'est que présumée.

Ce qui donne aux salses une assez grande importance, c'est que cette sorte de phénomène géologique n'est pas restreinte à une seule partie du globe; elle s'est présentée avec les mêmes circonstances dans l'Asie, dans plusieurs parties de l'Europe et en Amérique. On peut donc dès à présent les décrire d'une manière générale.

Les Salses sont des terrains assez circonscrits, d'où sortent habituellement et depuis long-temps, mais avec des paroxismes très-variés en action, du gaz et de la boue argileuse.

Ces terrains présentent un certain nombre de monticules d'argile, résultant de la consolidation de la vase. Ils sont ou situés immédiatement sur le sol, ou élevés sur un plateau; ils ont la forme de petits cônes percés et creusés en entonnoir vers leur sommet.

Il s'élève, par intervalles plus ou moins longs, du fond de ces entonnoirs, une boue argileuse grisâtre, qui s'épanche sur les parois des cônes, les agrandit foiblement, mais qui s'étend à leur pied à une assez grande distance, et augmente et élève en plateau le sol qui les porte.

Du milieu de ces cônes, et quelquefois du milieu des entonnoirs creusés immédiatement dans le sol (Sassuolo), s'élève ou une grosse bulle qui soulève la boue avant de créver, ou plusieurs bulles qui semblent faire bouillir cette vase. Ces bulles sont dues a un dégagement de gaz hydrogène qui n'est pas pur, mais qui est carboné, bitumineux, et quelquefois sulfuré.

Dans quelques cas ce gaz s'enflamme et fait paroître, au-

---

1 Voyez le Tableau des grands groupes de terrains à l'article Roches de ce Dictionnaire, pag. 34.

dessus des salses, des flammes qui ne sont ordinairement que passagères.

La vase n'est pas uniquement composée de matière terreuse principalement argileuse, elle est accompagnée presque toujours de bitume, de naphte, de pétrole et souvent de *selmarin*. C'est même cette dernière circonstance qui a fait donner, dans le Modénois, le nom de salses à cette sorte de terrain. La température de cette vase, et par conséquent de l'eau qui la délaie, n'est pas supérieure à la température ordinaire du sol et du lieu, et elle lui est même quelquefois inférieure.

Les paroxismes de ces terrains consistent en une éruption de vase beaucoup plus abondante, élevée quelquefois en une espèce de gerbe de soixante à soixante-quinze mètres, et accompagnée de siflement, de bruit souterrain et de tremblement de terre, mais foibles et très-limités.

Ces paroxismes ont lieu à des intervalles différens dans les différentes salses; quelquefois ils sont très-rares, d'autres fois ils paroissent à des intervalles très-rapprochés.

Enfin les salses sont rarement isolés dans un canton, ils sont au contraire assez multipliés, non-seulement dans ce canton, mais encore dans le pays dont il fait partie : ainsi ils sont assez nombreux aux environs de Sassuolo, et assez répandus au pied septentrional de la chaine des Apennins.

Les terrains dans lesquels ils sont placés, qu'il ne faut pas confondre avec ceux d'où ils sortent, paroissent être composés de calcaire compacte gris, de marnes argileuses, de macignos solides, et appartenir aux terrains de sédiment inférieurs ou même aux terrains primordiaux de sédiment.

Quant aux terrains d'où ils sortent, il nous est très-difficile d'en déterminer la position et la nature avec quelque vraisemblance; mais cependant on pourroit croire que leur source n'est pas située au-dessous des granites, ni même des terrains primordiaux de cristallisation, comme paroît être situé le foyer des terrains volcaniques. On peut présumer, d'après les phénomènes de détails qu'on va reconnoître et d'après leur liaison avec d'autres circonstances géologiques, que leur foyer, c'est-à-dire, les couches de l'écorce du globe dans lesquelles résident les causes qui leur donnent naissance, sont placées au plus bas dans les terrains primordiaux de sédiment.

Les différens phénomènes particuliers, que l'on va faire connoître en décrivant succinctement les principales salses du globe, présenteront les bases de cette hypothèse.

Les salses les plus célèbres, les mieux connues et les plus nombreuses, se trouvent en Italie, au pied de la pente septentrionale des Apennins, dans les contrées de Parme, Reggio, Modène et Bologne.

On compte au moins huit endroits désignés par les noms de bourgs ou villages les plus voisins qui présentent des groupes de salses. Ce sont, en allant de Parme à Bologne, celles de Rivalta et de Torre sur la Lenza, celles de Canossa sur le Crostollo, de Querzuola, de Sassuolo sur la Secchia, de Nirano, de Varana ou Della Rocca Santa-Maria, de la Maina sur le Gorsano, et enfin dans le Bolonois, celles de Sassuno, près Castel S. Petro et de Bergullo, près Imola. On doit remarquer, qu'elles sont toutes situées sur le passage des pentes septentrionales des Apennins à la plaine, et sur une ligne presque parallèle à la crête de cette chaine, dans cette partie de l'Italie, c'est-à-dire qui se dirige comme celle du nord-ouest au sud-est. Ces salses ont été décrites principalement par Vallisnieri, Spallanzani et M. Mesnard de la Groye. La plus remarquable est celle des environs de Sassuolo, petite ville à environ quinze milles au S. E. de Reggio, et au S. O. de Modène. C'est une des plus anciennement connues : Pline en fait mention, et Frassoni l'a décrite en 1660.

Il paroit qu'elle offre, suivant les époques, des différences très-notables. Les auteurs anciens l'ont décrite comme formée de petits cratères vomissant quelquefois avec fracas des pierres, de la fange et de la fumée. Cependant tous ces phénomènes se passent sur une très-petite dimension, puisque le monticule s'élève au plus d'un mètre, et que son ouverture a environ six décimètres ; le tout sur un plateau fangeux et sans végétation, de vingt-cinq à trente-six mètres de diamètre. Ils ont rarement beaucoup d'intensité, et la salse est plus souvent dans l'état de tranquillité où l'ont vue Spallanzani et M. Mesnard de la Groye : cette tranquillité est telle qu'à peine voit-on se dégager de temps à autre quelques grosses bulles qui soulèvent avec elles de la boue grisâtre salée et sentant le bitume.

Les bulles et la vase qu'elles entraînent se font jour à travers les fissures d'un terrain solide, tout brisé et composé de ses propres débris. Il n'y a pas de canal prolongé, ce dont on peut s'assurer en essayant d'enfoncer un bâton dans un de ces trous; il ne pénètre pas à quatre ou cinq décimètres sans être arrêté par des fragmens de pierres.

Ces roches sont des macignos solides tellement recouverts et enveloppés de boue, qu'on a de la peine à en reconnoître la nature et à rechercher par-là à quelle époque géologique appartient ce terrain. Cette détermination néanmoins ne laisse presque plus de doute. M. Mesnard de la Groye désigne cette roche sous le nom de macigno, et je l'ai également reconnu pour appartenir à cette roche. On trouve sur le sol, et comme provenant du même terrain, des pyrites éparses et des parties de lignite.

La température de la salse de Sassuolo étoit de 2 degrés au-dessous de la température de l'air; celle-ci étant à $+ 13^d$ R.

A peu de distance de cette salse est le mont Zibio, célèbre par les sources de bitume pétrole, qu'il renferme et qui sont un objet d'exploitation. Il est présumable que ce combustible, de nature organique, et les salses ont entre eux de grands rapports dans leur position géognostique.

Cette salse, la plus considérable et la plus célèbre, appartient au Modénois; mais, en remontant les Apennins, on trouve dans le Parmesan celles qui sont le plus avancées dans la partie occidentale de cette chaîne. Ce sont les salses de Rivalta et de la Torre, qui ont été décrites par M. Mesnard de la Groye et que j'ai eu occasion de visiter en 1820. On les connoît sous le nom de *bellitori*; elles sont situées au sud de Monte-Chiarugolo et de Traversedole sur la Lenza. Les collines qui forment la partie solide du terrain sont composées d'un macigno traversé par des veines de calcaire spathique, séparé par des lits de marne argileuse micacée; vers la partie supérieure ces lits marneux, plus puissans, plus friables, renferment quelques coquilles fossiles appartenant aux terrains de sédiment supérieurs; mais à mesure qu'on s'approche des salses et qu'on entre plus avant dans le vallon qui sépare les collines élevées qui portent les villages de Torre et de Rivalta, le macigno devient plus solide, les couches en sont plus puissantes, et montrent une stratification distincte et nette; mais elle n'est ni horizontale, ni régulièrement inclinée : au contraire, son inclinaison varie à chaque instant, et ces variations sont comme annoncées par les nombreuses fissures perpendiculaires aux couches qui semblent résulter de leur fracture. Enfin, on ne voit plus de coquilles ni dans les lits de marne qui séparent ces couches, ni dans les espèces de cônes et de coulées de boue qui recouvrent presque toute la pente.

Ces coulées ou épanchemens de boue sont maintenant desséchées, et elles ne sont ramollies que par les eaux pluviales : elles renferment des débris de macigno solide en grand nombre, du fer hydroxidé compacte en espèces de plaques, et des parties également tabulaires de calcaire spathique fibreux, qui semblent être des parties détachées des veines calcaires qu'on vient de mentionner. Dans un grand nombre de points on remarque des amas, couches ou veines d'argile rougeâtre et des fragmens de macigno solide, à surface noirâtre, tels qu'ils se présentent dans les parties des Apennins où il y a du gaz hydrogène en combustion permanente, comme à Barigazzo, à Pietra-Mala, etc. Enfin, le sol offre partout l'image d'un épanchement de vase ou de boue, qui auroit soulevé et brisé, pour sortir du sein de la terre, les roches stratifiées qui, dans ce lieu, en formpient l'écorce, et qui auroit entraîné avec lui les roches et débris qui se voient pêle-mêle dans ces amas de vase desséchée. Les pierres noires et rougeâtres semblent indiquer, qu'il a été accompagné long-temps, et sur un grand nombre de points, d'un dégagement abondant et continu de gaz hydrogène en combustion. On reconnoît ici les empreintes et les effets d'un grand et puissant phénomène, dont il ne reste plus qu'une foible image dans les salses qui sont au pied des collines de Torre et de Rivalta.

En effet ces dernières n'offrent que quelques petits cônes très-déprimés, de quinze à vingt centimètres d'élévation, de quarante centimètres au plus de diamètre, situés au pied des collines et au milieu d'une prairie qu'elles couvrent de boue. L'eau boueuse, renfermée dans leurs petits cratères, présentoit un dégagement continuel de gaz hydrogène, brûlant facilement; elle avoit une odeur de pétrole et une saveur salée, également bien prononcées. Ce même dégagement de boue , d'eau salée et de gaz, a lieu sur plusieurs points de ce vallon à fond plat.

Il est présumable que le dégagement de gaz vient de la même couche que celle qui renferme le bitume pétrole, qui, au mont Zibio, est la partie dominante de l'épanchement. C'est aussi l'opinion de M. Guidotti, professeur à Parme, et qui a fort bien étudié ces lieux. Mais, en admettant cette origine, il reste à déterminer à quelle division géognostique appartient la roche ou le terrain qui renferme le bitume et le selmarin, et d'où se dégage le gaz hydrogène : nous n'aborderons cette difficulté qu'après avoir fait connoître les autres lieux où se présente le même phénomène.

Celles d'Italie, qui nous restent à mentionner, ne présentent rien de remarquable et qui ne ressemble à ce qu'on vient de décrire; ce sont :

1.° La salse de Querzuola, près de Reggio, décrite par Valisnieri, et les trois salses de Nirano, décrites par Spallanzani;

2.° La salse Della Rocca Santa-Maria, décrite par M. Mesnard de la Groye;

3.° Dans le Modénois, la salse de la Maina, décrite d'abord par Spallanzani, et ensuite par M. Mesnard de la Groye;

4.° Dans le Bolonois, celles de Sassuno près Castel S. Petro, et de Bergullo près d'Imola, décrite par M. Angeli, médecin d'Imola. [1]

Les mêmes roches, les mêmes phénomènes, les mêmes matières épanchées ou dégagées, prouvent que ces salses ont la même origine, la même position et la même cause.

La Sicile possède, près de Girgenti (Agrigente), une des salses les plus célèbres même dans l'antiquité, et le mieux connues par la description que Dolomieu en a donnée sous le nom de volcan d'air de Maccaluba : on y retrouve toutes les circonstances particulières qui caractérisent ce phénomène.

C'est une colline en forme de cône tronqué, d'environ

---

[1] M. Mesnard de la Groye a donné un extrait très-détaillé de cette description dans son grand Mémoire sur les salses, imprimé dans le Journal de physique. 1818, t. 86, p. 253, 342 et 417.

cinquante mètres d'élévation, composé d'une boue épaisse et dénuée de toute végétation, et couverte, dans certaine saison, d'une multitude de petits cônes, ayant chacun leur cratère rempli d'une boue liquide noirâtre, et agitée par un dégagement continu de gaz. Ce dégagement d'air est quelquefois si considérable, que c'est à ce phénomène géologique qu'il doit son nom de volcan d'air ; il a lieu par paroxismes si violens dans certains momens, qu'il élève la boue à près de cent mètres, et lance au loin des matières terreuses et pierreuses.

L'air dégagé est, suivant M. Daubeny, un mélange de gaz hydrogène carburé et de gaz acide carbonique, ce qui concilie l'observation de Dolomieu avec l'opinion de M. Mesnard de la Groye. Il y a également épanchement de vase argileuse, bitumineuse et salée, dont la température est plutôt inférieure que supérieure à celle de l'atmosphère. Le sol est composé de marne bleuâtre, que M. Daubeny rapporte au terrain de sédiment supérieur, et je suis porté à admettre cette opinion, qui n'infirme pas ce que j'ai dit plus haut sur la position des couches qui fournissent les matières originaires et qui donnent naissance au phénomène ; car, jusqu'à ce qu'on ait établi d'une manière incontestable qu'il y a eu une formation ou dépôt de selmarin dans le terrain d'argile plastique, ou que ce sel peut s'y former, on devra être porté à attribuer tous les terrains salifères non superficiels au seul dont la position est reconnue, et qui peut s'étendre depuis les terrains primordiaux de sédiment jusqu'au grès bigarré inclusivement.

Ces mêmes phénomènes se trouvent en Asie, du moins on ne peut se refuser d'y rapporter les faits décrits par Pallas.

Le premier a été observé en Crimée, dans l'île de Taman, dans le détroit entre la mer Noire et la mer d'Asof, à douze werstes (environ 12 kilomètres) de la ville du même nom. Cette île est remarquable par ses sources d'asphalte et par ses salses, qu'on décrit ordinairement sous la dénomination de *volcans boueux*. Les Tatares donnent au lieu où elles se trouvent le nom de colline bleue, *Kuku-obo*, ce qui indique la marne argileuse bleuâtre qui caractérise les salses. Les paroxismes éruptifs de celle-ci sont, à ce qu'il paroît, bien plus violens que ceux des salses d'Italie. Le kuku-obo est situé à environ quatre-vingts mètres au-dessus du niveau de la mer : dans une éruption, qui eut lieu en 1794, on vit s'élever d'abord avec beaucoup de violence une colonne de fumée épaisse, à laquelle succéda une gerbe de feu, puis un épanchement abondant de vase chaude, mais dont la température n'étoit pas assez haute pour altérer les végétaux qu'elle entoura. Cette vase couvroit des espaces de plus de huit cents mètres en longueur, sur cent vingt à deux cents mètres en largeur, et la masse sortie dans cette éruption fut évaluée à plus de huit cent mille mètres cubes. Cette vase bleuâtre étoit parsemée de points de mica, ce qui indique bien le terrain de macigno ou de traumate, où elle avoit pris naissance. Or, on sait que le mica n'est abondant que dans ces terrains et dans ceux de molasse, qui appartiennent aux sédimens supérieurs. Il y avoit des pyrites, des morceaux de fer hydroxidé brun, des efflorescences salines, des indices de certains bitumes, etc. ; par conséquent tous les caractères des salses.

Le cratère d'où ces matières étoient sorties avoit environ quatre mètres de diamètre.

MM. Parrot et Engelhardt, qui ont visité cette salse vers 1812, ont vu deux bassins d'environ seize mètres d'ouverture, remplis d'une boue argileuse, d'où s'élevoit toutes les trente ou quarante secondes une grosse bulle d'environ trois décimètres de diamètre. La température de l'eau étoit de $+\,29,^{d}4$; celle de l'air étant de $+\,29,9$. Le gaz qui se dégageoit n'étoit ni combustible, ni propre à la combustion et l'eau foiblement salée. On trouve dans le voisinage des sources d'asphalte qui sortent d'un grès et d'un calcaire schisteux.

Le second lieu est connu principalement par la description de Kæmpfer. Cette salse est située sur le bord de la mer Caspienne, dans la presqu'île d'Okorena, et non loin de Backu : c'étoit, comme en Italie, etc., un monticule en cône tronqué, d'où s'épanchoit une boue argileuse, avec des paroxismes plus ou moins violens et accompagnée d'éjections de vases et même de pierres d'odeur bitumineuse, et de dégagemens de gaz dont la nature n'a pas été déterminée. Une eau salée, souvent assez limpide, sortoit de petits monticules peu éloignés de la grande salse de *Jugtopa*.

Le troisième endroit est dans l'île de Java, entre les districts de Grobogan à l'ouest, et de Blora et Jipang à l'est. Il a été décrit par le docteur Horsfield, dans l'Histoire de l'île de Java de sir Thomas Stamford Raffles, et rapporté par M. Mesnard de la Groye au phénomène des salses. En effet, il est au centre d'un terrain calcaire d'où sort un grand nombre de sources salées avec violence et apparence d'ébullition ; il se fait remarquer par une émission violente, interrompue et accompagnée d'un bruit souterrain d'une fumée qui s'élance d'une espèce de grosse tumeur de boue visqueuse, noirâtre et bitumineuse. Lorsque cette tumeur, après s'être élevée jusqu'à vingt et trente pieds, vient à crever, elle jette assez loin la vase qui en forme l'enveloppe. Ce phénomène se répète très-fréquemment.

M. Mesnard de la Groye rapporte à la même classe de phénomènes celui qu'on a reconnu dans un ou deux îlots avoisinant l'île de Timor dans les Moluques. On y remarque des cavités d'où sortent, avec un murmure souterrain, des éruptions aqueuses et boueuses, qui forment des cônes d'environ sept mètres de hauteur, ouverts à leur sommet en une espèce de cratère : la boue est noire, a une odeur fétide, quelquefois sulfureuse et une saveur salée et stiptique.

Enfin, on retrouve encore ce phénomène dans le continent de l'Amérique, et il s'y présente avec un grand développement. Il a été décrit par M. de Humboldt sous le nom de volcan d'air de Turbaco ; le sol et les circonstances du phénomène, susceptibles d'être représentés par le dessin, ont été très-bien figurés dans une planche jointe à cette description.

C'est près du village indien de Turbaco, au Mexique, non loin de Carthagène des Indes, que se trouvent les salses décrites et figurées par M. de Humboldt ; les Créoles les nomment *les petits volcans*. Le terrain de Turbaco est élevé de plus de trois cents mètres au-dessus de l'Océan. Les salses sont situées à six mille mètres à l'est du village, sur un terrain qui est élevé de quarante à cinquante mètres au-dessus du sol de Turbaco. Ce plateau est couvert de dix-huit à vingt petits cônes de sept à huit mètres de haut : ils sont formés d'une marne argileuse gris-noirâtre et portent à leur sommet une ouverture remplie d'eau. Il se fait de ces sommets, à certains intervalles, un dégagement d'air précédé d'un bruit assez fort, mais sourd. M. de Humboldt a compté cinq explosions en deux minutes. Ces explosions sont quelquefois accompagnées d'une déjection de boue qui s'épanche sur les parois des cônes. L'air dégagé seroit ici, suivant M. de Humboldt, du gaz azote plus pur que celui qu'on prépare dans les laboratoires.

Le même naturaliste indique une salse à Cumacatar, près de Campana, sur la côte de Paria. Elle donne lieu à de fréquentes détonations, quelquefois accompagnées de flammes et d'éjections boueuses, dans lesquelles on reconnoît du soufre. Elle se trouve entre le lac d'asphalte de la Punta de la Bréa, à l'île de la Trinité, et la source de pétrole de Maniquarez, près Punta-Araya.

On assure qu'à Mayaro, dans l'île de la Trinité, il y a une salse qui fait entendre de fortes détonations. (B.)

SALSIFICA. (*Bot.*) Les Italiens, selon Daléchamps, nomment ainsi le *tragopogon crocifolium* de Linnæus, qui est cultivé comme plante potagère sous le nom de cercifi ou salsifi. (J.)

SALSIFIS, *Tragopogon*. (*Bot.*) Genre de plantes dicotylédones, à fleurs composées, de l'ordre des *semi-flosculeuses*, de la *syngénésie polygamie égale* de Linnæus, offrant pour caractère essentiel: Un involucre ou un calice commun, composé de plusieurs folioles alongées, toutes égales; des fleurs semi-flosculeuses, hermaphrodites; un réceptacle nu et ponctué; les semences striées en long, prolongées en un long bec droit, terminé par une aigrette plumeuse.

Ce genre, depuis son établissement par Linné, a été divisé par Scopoli, qui, sous le nom d'*urospermum*, en a séparé les espèces dont les semences sont striées transversalement, telles que le *tragopogon Dalechampii, picroides, asperum*, etc.

Salsifis des prés: *Tragopogon pratensis*, Linn., Lamk., *Ill. gen.*, tab. 646, fig. 2; Bull., *Herb.*, 209; Fuchs, *Hist.*, 821. Cette plante a une racine charnue, fusiforme. laiteuse, ainsi que la tige et les feuilles. Sa tige est lisse, cylindrique, simple ou rameuse, fistuleuse, haute de deux ou trois pieds.

Les feuilles sont alternes, sessiles, longues, étroites, aiguës, très-glabres, élargies et creusées en gouttière vers leur base, quelquefois un peu ondulées à leurs bords, traversées par une nervure blanche. Les fleurs sont solitaires à l'extrémité d'un long pédoncule cylindrique ; elles ont le calice souvent un peu plus grand que la corolle, parfaitement glabre ; la corolle jaune, un peu brune en dessous ; les anthères brunes. Les semences sont rudes, alongées, un peu courbées. Cette plante est très-commune dans les prés, surtout dans les contrées tempérées. J'ai observé que ses fleurs s'épanouissoient le matin, lorsque le ciel n'est pas trop chargé de nuages, et qu'elles se fermoient à midi, au moment de la plus grande chaleur.

On ne doit pas confondre cette plante avec le salsifis noir d'Espagne, qui est une scorsonère (*scorzonera hispanica*, Linn.), que l'on cultive comme comestible. ainsi que le salsifis blanc (*tragopogon porrifolium*, Linn.). Celle dont il est ici question passe pour apéritive : elle est remplie d'un suc laiteux très-doux. On en mange les jeunes pousses dans le Nord, ainsi que les feuilles et les racines, pourvu que ces dernières soient enlevées de terre avant la pousse des feuilles. Leur goût approche beaucoup de celui du salsifis des jardins ou scorsonère d'Espagne. Cette plante est très-bonne dans les pâturages ; tous les bestiaux la mangent, excepté les chèvres : elle est incommode dans les prés, parce qu'elle sèche difficilement.

Salsifis a fleurs changeantes ; *Tragopogon mutabilis*, Jacq., *Icon.*, 2, tab. 20. Cette plante a des tiges droites, glabres, cylindriques, rameuses depuis leur base jusqu'à leur sommet. Les feuilles sont sessiles, entières, lancéolées, acuminées, finement denticulées ; les inférieures presque longues d'un pied, larges de deux pouces. Les fleurs sont solitaires, terminales, légèrement odorantes. Leur calice est composé de huit folioles lisses, verdâtres ; les demi-fleurons se développent successivement, varient dans leur longueur, et sont ordinairement de couleur blanche, quelquefois roses, avec des stries plus rouges ; les anthères jaunâtres, avec des stries brunes ; les stigmates jaunes ; les semences glabres, cendrées, surmontées d'une aigrette pédicellée, plumeuse, en toile d'araignée, avec cinq poils plus longs. Cette plante croît dans la Sibérie.

Salsifis élevé : *Tragopogon majus ?* Jacq., *Fl. Aust.*, 1. tab. 29 ;

Lamk., *Illustr. gen.*, 646, fig. 1. Cette plante, rapprochée du *tragopogon pratensis*, a des tiges très-élevées, des feuilles roides, simples, glabres, entières; des fleurs solitaires et terminales; les pédoncules renflés vers leur sommet, terminés par une seule fleur; le calice plus long que la corolle; les demi-fleurons arrondis, et non tronqués à leur sommet. Cette plante croît dans l'Autriche.

Salsifis a feuilles ondulées; *Tragopogon undulatus*, Jacq., *Icon. rar.*, 1, tab. 19. Cette espèce a des racines fusiformes de la grosseur du doigt; ses tiges sont droites, hautes de six à huit pouces, revêtues d'un duvet caduc et lanugineux, garnies de feuilles linéaires, lancéolées, aiguës, sessiles, embrassantes, rudes à leurs bords; les inférieures longues d'un pied; les supérieures plus étroites, ondulées. Les fleurs sont terminales et solitaires; le calice est composé de huit à treize folioles, de la longueur des demi-fleurons: ceux-ci sont d'une couleur de soufre clair; les semences rudes, cendrées, surmontées d'aigrettes plumeuses, médiocrement pédicellées. Cette plante croît dans l'Asie, sur le mont Taurus.

Salsifis a feuilles de poireau : *Tragopogon porrifolius*, Linn., *Spec.*; Camer., *Epit.*, 313; vulgairement Salsifis blanc, Salsifis des jardins. Cette espèce a une racine blanche, charnue, fusiforme. Ses tiges sont droites, hautes de deux ou trois pieds, lisses, cylindriques, fistuleuses, striées et rameuses. Les feuilles sont alternes, embrassantes, très-alongées, un peu étroites, glabres à leurs deux faces, très-aiguës, creusées en gouttière à leur base, droites, entières, un peu cotonneuses à leur insertion. Les fleurs sont solitaires, terminales, supportées par de longs pédoncules fistuleux, très-renflés à leur sommet. Les calices sont glabres, plus longs que la corolle, composés de huit à dix folioles lancéolées, acuminées. La corolle est d'un pourpre violet plus ou moins foncé. Cette plante croît en Suisse et dans les départemens méridionaux de la France. On la cultive dans les jardins. Ses racines fournissent un aliment sain et léger; elles passent pour diurétiques, apéritives et pectorales. On les croît inférieures à celles du salsifis noir (*scorzonera hispanica*, Linn.), le plus généralement cultivé.

Salsifis d'Orient: *Tragopogon orientalis*, Linn., *Spec.*; Camer., *Epit.*, 312. Quoique très-rapprochée du *tragopogon pratensis*, cette espèce en diffère par plusieurs caractères. Ses tiges sont droites, glabres, épaisses, cylindriques, striées, rameuses; les feuilles sont sessiles, alternes, embrassantes, presque ensiformes, glabres, un peu ondulées à leurs bords, aiguës, acuminées. Les pédoncules sont droits, solitaires, terminaux, uniflores, renflés vers leur sommet; ils supportent une grande fleur, dont le calice est composé de folioles glabres, larges, ovales, concaves, longuement subulées. La corolle est entièrement jaune; les demi-fleurons de la circonférence sont plus longs que le calice; les semences oblongues, striées, presque à quatre angles, un peu ailées, chargées d'aspérités sur leurs angles, surmontées d'une aigrette luisante, un peu roussâtre, supportée par un long pédicelle subulé. Cette plante croît dans le Levant et la Perse.

Salsifis a feuilles de safran: *Tragopogon crocifolius*, Linn., *Spec.*; Column., *Ecphr.*, 1, tab. 230. Cette plante, qui a beaucoup de rapports avec le *tragopogon porrifolius*, s'en distingue par ses tiges beaucoup plus basses, par les folioles de son calice moins nombreuses, rarement au-delà de cinq; par les demi-fleurons en bien plus petit nombre. Sa racine est grêle, fusiforme; ses tiges sont à peine hautes d'un pied : elles sont glabres, striées, fistuleuses, médiocrement rameuses, garnies de feuilles sessiles, alternes, longues, fort étroites, très-aiguës, se rapprochant de celles du safran, glabres, entières; elles forment à leur base une gouttière remplie d'un duvet blanc. Les fleurs sont solitaires, terminales; le pédoncule terminal est un peu renflé; le calice plus long que la corolle, à folioles étroites, acuminées; la corolle violette, un peu jaune dans le centre, composée seulement de deux rangs de demi-fleurons. Cette plante croît en Italie, dans les départemens méridionaux de la France, aux environs de Montpellier.

Salsifis velu: *Tragopogon villosus*, Linn., *Spec.*; Pallas, *Itin.*, 2, pag. 332. Cette espèce se distingue aux poils blanchâtres qui recouvrent toutes ses parties. Ses tiges sont droites, cylindriques, très-élevées, rameuses, pubescentes et velues. De l'aisselle des feuilles sortent des rameaux diffus, paniculés. Les feuilles sont alternes, sessiles, fort longues, entières, étroites, presque ensiformes, acuminées, velues à leurs deux faces; les pédoncules sont solitaires, terminaux, velus, formant par leur ensemble une sorte de panicule, à cause du grand nombre des rameaux. Les fleurs sont inclinées à l'époque de la floraison; les calices légèrement velus, à neuf folioles étroites, alongées, très-acuminées, presque une fois plus longues que la corolle : celle-ci est d'un jaune pâle, composée d'environ dix-huit fleurons. Les anthères sont brunes ; les semences étroites, surmontées d'une aigrette plumeuse, longuement pédicellée. Cette plante croît en Espagne et dans la Sibérie. (Poir.)

SALSIFIS D'ESPAGNE. (*Bot.*) C'est la Scorsonère. Voyez ce mot. (Lem.)

SALSIGRAMME. (*Bot.*) C'est, selon M. Bosc, un des noms du *geropogon*. (Lem.)

SALSILLA. (*Bot.*) Nom péruvien, cité par Feuillée, de l'*alstroemeria salsilla* de Linnæus. (J.)

SALSIRORA. (*Bot.*) Thalius, dans sa *Flora hercynica*, nommoit ainsi le rossolis. (J.)

SALSOLA. (*Bot.*) C'est le nom latin du genre Soude. (L. D.)

SALSOVIE. (*Bot.*) Voyez Salicor. (J.)

SALTATOR. (*Ornith.*) Nom latin et générique donné par M. Vieillot aux *habias* de d'Azara. (Ch. D.)

SALTIGRADES. (*Entom.*) Tribu d'insectes aptères de la famille des acères, fondée par M. Latreille, et dont son genre Saltique est le type. Voyez ce mot. (Desm.)

SALTIQUE. (*Entom.*) M. Latreille a proposé ce nom pour désigner un genre d'insectes aptères, de la famille des acères ou aranéides, correspondant au genre Atte, *Attus*, de M. Walckenaër ; telle est l'araignée à chevron, que nous avons décrite sous le n.° 54, et toutes celles dont les numéros précèdent, dans les 16.ᵉ et 17.ᵉ sections du genre Araignée. Voyez ce mot, tom. I.ᵉʳ, pag. 343. (C. D.)

SALUCA. (*Bot.*) Nom brame, cité par Rhéede, de l'*ambel* du Malabar, *nymphœa lotus*. (J.)

SALUI. (*Ornith.*) Nom arabe de la caille, *coturnix*, qu'on écrit aussi *shaliu*. (Ch. D.)

SALUS. (*Ornith.*) Belon, page 357, donne ce nom latin comme correspondant à l'*œgithus* d'Aristote, en grec, pour désigner la linotte. (Ch. D.)

SALUTH. (*Ichthyol.*) Nom suisse du *mal* ou *silurus glanîs* de Linnæus. Voyez Silure. (H. C.)

SALUZ. (*Ichthyol.*) Voyez Saluth. (H. C.)

SALVADORE, *Salvadora.* (*Bot.*) Genre de plantes dicoty-lédones, à fleurs complètes, monopétalées, de la famille des *atriplicées*, de la *tétrandrie monogynie* de Linnæus, offrant pour caractère essentiel : Un calice à quatre divisions; une corolle à quatre découpures profondes; un ovaire supérieur; le style court; un stigmate simple; une baie globuleuse, à une seule loge; une semence revêtue d'un arille calleux.

Salvadore de Perse: *Salvadora persica*, Linn., Lamk., *Ill. gen.*, tab. 81 ; Roxb., *Corom.*, 1, tab. 26; *Rivina paniculata*, *Syst. nat.*; *Cissus arborea*, Forsk., *Flor. Ægypt.*, pag. 32 ; *Embelia grossularia*, Retz, *Obs.*, 4, pag. 24. Arbrisseau à tige glabre, divisée en rameaux opposés, cylindriques, un peu pendans. Les feuilles sont pétiolées, opposées, ovales, oblongues, aiguës ou acuminées, épaisses, un peu charnues, glabres, entières; les pétioles courts. Les fleurs sont disposées en grappes terminales, solitaires, axillaires, formant par leur ensemble une panicule étalée. Les pédoncules se divisent en quelques ramifications étalées, et soutiennent de petites fleurs pédicellées. Leur calice est glabre, fort petit; ses divisions sont ovales, un peu obtuses; sa corolle verdâtre, à quatre divi-sions ovales, obtuses, réfléchies et roulées en dehors, persis-tantes avec le fruit; les étamines un peu plus longues que la corolle ; les anthères arrondies; l'ovaire un peu ovale, sur-monté d'un style court. Le fruit est une baie de la grosseur d'un pois, de couleur jaune ou noirâtre, renfermant une se-mence arrondie. Cette plante croît dans les Indes orientales, sur les bords du golfe persique, dans l'Arabie. D'après Forskal, les Arabes font grand cas de cette plante : ils en mangent les fruits, lorsqu'ils sont parfaitement mûrs. Les feuilles passent pour résolutives, étant appliquées broyées sur les tumeurs et les bubons; elles jouissent surtout d'une grande réputation comme contre-poison, et ont été chantées à ce titre par quelques poëtes arabes.

Salvadore a petites têtes ; *Salvadora capitulata*, Lour., *Fl. Coch.*, 1, pag. 110. Arbre de médiocre grandeur, très-ra-meux, à feuilles alternes, très-médiocrement pétiolées, rudes, ovales , acuminées, inégalement dentées en scie. Les fleurs sont axillaires, réunies environ au nombre de huit sur un long pédoncule commun ; elles ont le calice persistant, à quatre ou cinq divisions ; point de corolle ; quatre étamines ; les filamens subulés, réfléchis, une fois plus longs que le calice ; le stigmate bifide. Le fruit est une petite baie jaune, arrondie, à une seule loge, renfermant une semence arillée. Cette plante croît dans les forêts, à la Cochinchine. (POIR.)

SALVELINE. (*Ichthyol.*) Nom spécifique d'une TRUITE. Voyez ce mot. (H. C.)

SALVERTIA. (*Bot.*) Plante mentionnée par M. Auguste Saint-Hilaire sous le nom de *salvertia convallariæ odora* (à odeur de muguet). « Cette plante , dit l'auteur, mérite si « bien son nom, que, ayant fait revenir dans un verre d'eau « une fleur desséchée depuis six ans, et qui avoit été passée « plusieurs fois à la vapeur du soufre, elle communiqua « encore à l'eau une odeur très-forte du muguet. » Ce genre est très-voisin du *vochisia* et appartient à la famille des *vochisiées* d'Aug. Saint-Hilaire. L'étamine fertile est opposée , à un pétale, et les rudimens des autres étamines à deux autres pétales, comme dans le *vochisia.* Voyez Mém. du Mus., vol. 9, pag. 340. (POIR.)

SALVIA. (*Bot.*) Nom latin du genre Sauge. (L. D.)

SALVIFOLIA-ARBOR. (*Bot.*) Le micocoulier d'Orient, *celtis orientalis,* Linn., est figuré sous ce nom dans l'Almageste de Plukenet, tab. 221, fig. 4, selon Burmann. (LEM.)

SALVINIA. (*Bot.*) Genre de la famille des rhizospermes ou marsiléacées, établi par Michéli, et que Linnæus avoit confondu avec son *Marsilea,* d'où Adanson, Jussieu, Lamarck et Hoffmann l'ont retiré avec raison : depuis il a été généralement admis. Dans ce genre curieux la fructification, d'où dérive son caractère générique , est donné par des capsules géminées, groupées quatre à dix ensemble aux aisselles des ramifications des racines : chaque capsule est arrondie, membraneuse, uniloculaire, et contient une multitude de séminules ou globules, attachées chacune à la base par un cordon ombilical ; sa surface est hérissée d'aspérités ou petites houpes de poils que plusieurs botanistes considèrent comme des étamines. Michéli , et Adanson après lui , ont cru apercevoir des fleurs mâles dans les tubercules qui couvrent les feuilles de l'espèce commune, et qui sont terminées par un à quatre filamens articulés, qu'ils ont pensés pouvoir être des étamines, ce qui n'est nullement prouvé.

Les salvinia s'éloignent des autres rhizospermes par leurs feuilles roulées en crosse à leur naissance ; par leurs capsules membraneuses et uniloculaires. L'espèce principale a été l'objet des observations de Guettard, Hedwig, Vaucher fils, Savi, etc. M. Vaucher fils, qui l'a suivi dans sa germination, a observé que les nombreuses séminules qui sont dans les capsules, sont fixées par autant de cordons ombilicaux à un axe central ; que ces séminules, dans l'acte de la germination, commencent par laisser échapper de leur sommet une matière verte en masse tridentée, qui se dilate, donne naissance à un prolongement radiculaire, bifurqué, à branches écartées ; qu'il sort de la partie supérieure, et d'entre deux espèces de cornes, une première feuille pétiolée, assez grande, que M. Vaucher considère comme un cotylédon : la plante se développe ensuite. (Vauch., Ann. du Mus. hist., vol. 18, p. 404.)

Les salvinia sont des plantes lacustres qui nagent à la surface des eaux ; leurs branches, quelquefois très-rameuses et enlacées, sont garnies de frondes ou feuilles planes, elliptiques, ovales ou arrondies, disposées sur deux rangs opposés, dont la surface est garnie de faisceaux de soies qui la rendent raboteuse ou âpre au toucher, et qui, comme nous l'avons fait observer, ont été pris pour des fleurs mâles. Ces organes manquent dans quelques espèces.

Au-dessous des feuilles et sur les branches ou racines naissent des faisceaux de racines capillaires, articulées, dentelées, qui forment autant de sortes de bourse, au fond desquels sont logés les capsules en un seul groupe.

On connoît cinq espèces dans ce genre ; une seule est indigène, les autres sont exotiques et demandent à être examinées de nouveau.

Le Salvinia nageant : *Salvinia natans*, Hoffm., *Germ.*, 2, p. 1 ; Lamk., *Illust.*, pl. 863 ; Mich., *Gen.*, pl. 58 ; *Marsilea natans*, Linn. ; Hedw., *Theor.*, pl. 8, fig. 1—5 ; Guett., Mém. de l'acad. de Par., 1762, p. 543, pl. 29, fig. 1 ; *Marsilea salvinioides*,

Neck. *in Act. pal.*, 3 ; *Phys.*, p. 297, pl. 21. La tige de cette espèce est grêle, flottante, longue de quatre à cinq pouces, garnie de feuilles opposées, nageantes, planes, elliptiques, à peine pétiolées, traversées dans la longueur par une nervure peu apparente ; leur surface est rude par suite des nombreux faisceaux de soies qui les garnissent : elles sont un peu velues en-dessous ; les pétioles sont velus, et les capsules presque sessiles et agglomérées ; la racine principale est perpendiculaire, rameuse et également munie de fructifications. Cette plante annuelle se trouve dans les eaux stagnantes, en Italie, en Allemagne et dans le Midi de la France.

Les autres espèces de ce genre sont le *Salvinia lævigata*, qui se trouve en Colombie et découvert par MM. de Humboldt et Bonpland ; le *Salvinia rotundifolia*, Willd., rapporté du Brésil par Hoffmannsegg ; le *Salvinia hispida*, Willd., mentionné dans l'*Hortus berolinensis* ; enfin, le *S. auriculata* d'Aublet, qui croît dans les eaux de Cayenne. Cette dernière s'éloigne de ce genre par ses capsules bivalves, portées sur des pédoncules rameux ; ses graines sont fixées à un placenta rameux : caractères qui pourroient autoriser à faire un genre nouveau de cette plante. Elle paroît être la même espèce que le *Salvinia rotundifolia*, Willd. (Lem.)

SALWEDELIA. (*Bot.*) Genre établi par Bridel aux dépens du *Bryum* de Linnæus, et qui n'a point été admis. (Lem.)

SAMABRAS. (*Erpétol.*) Nom arabe d'une salamandre terrestre. Voyez Salamandre. (H. C.)

SAMADERA (*Bot.*), Gærtn., *De fruct.*, tab. 156. Plante qui ne nous est encore connue que par son fruit, qui, d'après Gærtner, est une noix subéreuse et ligneuse, à demi-courbée en croissant, comprimée, lenticulaire, assez grande, chargée de quelques varices dans son milieu, glabre à son contour, de couleur de paille ou d'un jaune clair, un peu luisante. Le bord supérieur est droit, épais, creusé, dans sa longueur, d'un sillon terminé vers son sommet par un tubercule oblong ; le bord inférieur arrondi en arc, aminci et comprimé ; une seule loge indéhiscente ; une semence assez grande, ovale, presque en rein, très-glabre, d'un jaune cannelle ou un peu roussâtre, marquée, à son bord extérieur, d'une échancrure où se place la radicule : point de périsperme. Ce fruit est originaire de l'île de Java.

Ce genre, fait par Gærtner, paroît être le même que le *Niota* de M. de Lamarck, et il est conservé sous ce nom dans le *Prodromus* de M. De Candolle. Il paroît cependant que Gærtner a l'antériorité. La réunion de ses caractères semble le rapprocher des simaroubées; cependant M. De Candolle le place à la suite des malpighiacées. Voyez SAMANDURA. (POIR.)

SAMAK-UCHUHAUK. (*Ornith.*) Nom que porte, à la baie d'Hudson, la grue brune de Buffon, *ardea canadensis*, Linn. et Lath. (CH. D.)

SAMALEIK. (*Ornith.*) L'oiseau ainsi nommé à Céram paroît être le petit paradisier émeraude; le même qu'on appelle *toffou* à Ternate, et *tshakke* aux îles Serghiles près de la Nouvelle-Guinée. (CH. D.)

SAMALIE. (*Ornith.*) M. Vieillot a formé sous ce nom un genre particulier de quelques-uns des oiseaux, dont la description se trouve dans ce Dictionnaire, sous le mot PARADISIER. (CH. D.)

SAMALITO. (*Bot.*) Nom mexicain du *ficus complicata*, Kunth, qui croît sur les collines près de Guasinthan, au Mexique, où il est également nommé *amesquite*. (LEM.)

SAMANCA. (*Bot.*) A Java et dans des îles voisines on nomme ainsi, suivant Rumph, son *anguria indica*, qui est la pastèque, *cucurbita citrullus*. (J.)

SAMANDURA. (*Bot.*) L'arbre nommé ainsi à Ceilan, suivant Hermann, a été rapporté par Linnæus, dans son *Fl. Zeyl.*, au *nagam* du Malabar, décrit et figuré par Rhéede, qui est l'*Heritiera littoralis* d'Aiton et Schreber, que MM. Kunth et De Candolle rapportent aux sterculiniées. On réunit au même genre le *balanopteris tothila* de Gærtner, 2, 94, t. 99, que cet auteur dit être le *tothila* ou *tothija* de Hermann, *Mus. Zeyl.*, 48. Cette citation, comparée à celle de Linnæus, laisse des doutes sur l'identité des noms mentionnés d'après Hermann; mais il paroît au moins que les genres d'Aiton et de Gærtner ne diffèrent pas. On ajoutera que le *samandura* dont il est ici question, ne doit point être confondu avec le *samadera* de Gærtner, qui appartient aux simaroubées. Voyez SAMADERA et HERITIERA. (J.)

SAMAR-DABHUS. (*Bot.*) Nom arabe du *cyperus fastigiatus* de Forskal. (J.)

SAMARA. (*Bot.*) Genre de plantes dicotylédones, à fleurs complètes, polypétalées, de la famille des *rhamnées*, de la *tétrandrie monogynie* de Linnæus, offrant pour caractère essentiel : Un calice fort petit, persistant, à quatre folioles, quatre pétales creusés en fossette à leur base ; quatre étamines ; les filamens très-longs, placés dans la fossette des pétales ; un ovaire supérieur ; un style terminé par un stigmate en forme d'entonnoir ; un drupe monosperme.

Samara des Indes : *Samara læta*, Linn., Lamk., *Ill. gen.*, tab. 74 ; Burm., *Zeyl.*, tab. 31 ; *Memecylon umbellatum*, *Flor. Zeyl.*, 469. Très-bel arbre des Indes, dont les rameaux sont alternes, revêtus d'une écorce blanchâtre, cendrée, garnis de feuilles seulement à leur partie supérieure, l'inférieure occupée par les fleurs ; ces feuilles sont opposées, médiocrement pétiolées, ovales, obtuses, vertes, glabres à leurs deux faces, entières ; les fleurs sont petites, placées au-dessous des feuilles ; elles sont disposées en petits corymbes très-rapprochés, très-nombreux, presque en ombelles très-courtes. Chacune des fleurs est pédicellée ; quand elles sont fermées, elles ressemblent à de petits globules qui s'ouvrent en forme d'étoile par un calice fort petit, à quatre découpures aiguës, et par une corolle à quatre pétales jaunâtres. Les étamines sont très-saillantes ; les filamens placés dans la fossette située à la base de chaque pétale. Le fruit est un petit drupe globuleux, à une seule semence. Cette plante croit dans les Indes orientales.

Samara coriace ; *Samara coriacea*, Swart., Poir., Encycl. Arbre de vingt à trente pieds, dont les rameaux sont alternes, lisses, presque tétragones, garnis de feuilles alternes, pétiolées, ovales, lancéolées, aiguës, roides, membraneuses, très-entières, d'un vert foncé, glabres à leurs deux faces, nerveuses, veinées ; les pétioles courts. Les fleurs sont latérales, axillaires, fort petites, sessiles, blanchâtres, agglomérées par paquets nombreux, très-rapprochés. Les calices sont fort petits, à quatre folioles ovales, aiguës, à peine longues d'une demi-ligne ; les pétales trois fois plus longs que le calice, oblongs, un peu aigus ; les filamens courts, insérés à la base des pétales; l'ovaire est globuleux; le style très-court; le stigmate grand, ovale; les fruits sont noirâtres, à une seule loge, de la grosseur d'un grain de poivre. Cette plante est très-rapprochée des *myrsines* et peut-être devroit y être réunie; elle croît dans les forêts, sur les montagnes de la Jamaïque. (Poir.)

SAMARA. (*Bot.*) Un des noms du fruit de l'orme chez les Latins et les Grecs. Les botanistes l'ont consacré à cette sorte de fruit. (Lem.)

SAMARA. (*Ichthyol.*) Voyez Sammara. (H. C.)

SAMARE. (*Bot.*) Nom donné par Gærtner au fruit (carcérule) de l'orme. (Mass.)

SAMARMAR. (*Ornith.*) C'est ainsi que les Arabes et les habitans du Mogol et d'Alep nomment le merle rose, *turdus roseus*, Linn. et Lath., qu'ils ont en grande vénération. (Ch. D.)

SAMARRHICH. (*Bot.*) Voyez Ramich. (J.)

SAMATITO, AMESQUITE. (*Bot.*) On donne ce nom, dans le Mexique, à un figuier, *ficus complicata* de la Flore équinoxiale. (J.)

SAMBAC. (*Bot.*) Nom arabe d'un mogori, *mogorium sambac*, dans la famille des jasminées. (J.)

SAMBALI. (*Bot.*) Voyez Negundo. (J.)

SAMBANG-BASSAER. (*Bot.*) Nom du *conyza hirsuta*, dans l'île de Java. (J.)

SAMBARANA. (*Bot.*) Suivant Clusius on nomme ainsi, dans le Malabar, un bois odorant semblable au santal blanc, employé par les habitans en fomentation, lorsqu'ils sont attaqués des fièvres. (J.)

SAMBAYA. (*Bot.*) Nom malais d'une zédoaire cité par C. Bauhin. (J.)

SAMBE. (*Ornith.*) C'est le nom du flammant, *phœnicopterus*, à Madagascar. (Ch. D.)

SAMBEQUIER. (*Bot.*) Nom provençal du sureau, cité par Garidel. L'yèble est nommé *saupuden*. (J.)

SAMBONG. (*Bot.*) Nom donné, dans l'île de Bala, voisine de Java, à l'*appendix laciniata* de Rumph, qui est le *pothos palmata* de Linnæus. (J.)

SAMBU. (*Bot.*) En Provence et dans quelques autres parties du Midi de la France le sureau porte ce nom. (L. D.)

SAMBUC. (*Bot.*) Gouan cite ce nom languedocien du sureau, qui dérive évidemment de son nom latin *sambucus*, et
fournit une preuve de plus du rapport entre la langue latine et les idiomes de quelques provinces méridionales de la
France. L'obier, *viburnum opulus*, est nommé dans les mêmes
lieux *sambuc-rosa*. (J.)

SAMBUCUS. (*Bot.*) Nom latin du genre Sureau. (L. D.)

SAMBULAGUAN. (*Bot.*) Nom cité par Camelli d'un grand
arbre des Philippines, qui a le bois rouge, les feuilles composées, les fleurs jaunâtres et les fruits semblables à ceux du
rosier. (J.)

SAME. (*Ichthyol.*) Un des noms vulgaires du *mugil cephalus*
ou mulet de mer. Voyez MUGE. (H. C.)

SAMEL. (*Ornith.*) Le moineau commun, *fringilla domes-
tica*, est ainsi appelé en arabe, suivant Forskal, qui le nomme
dans ses *Descriptiones animalium*, page 11, *passer salacissimus*.
(CH. D.)

SAMENO. (*Bot.*) Nom brame du patsjotti du Malabar,
cité par Rhéede. Adanson en fait son genre *Patsjotti*, qu'il
rapporte à sa famille des onagres, et auquel il réunit le *strump-
fia* de Jacquin, genre américain qui rend cette réunion douteuse. Burmann fils, dans sa *Flora indica*, en fait, peut-être
plus justement, une variété de son *acalypha spiciflora*. (J.)

SAMENOTTI. (*Bot.*) Nom brame du *katou-patsjotti* du Malabar, dont Burmann fils fait une variété du *croton castaneifolium*. (J.)

SAMERARIA. (*Bot.*) M. Desvaux, dans le Journal de botanique, vol. 5, pag. 161, tab. 24, fig. 6, dans un mémoire
sur les plantes crucifères, a établi ce nouveau genre pour
une espèce de pastel, *isatis armena*, Linn., distinguée des
autres par une petite silique presque orbiculaire, à loge
centrale, coriace, tuberculeuse, indéhiscente, monosperme,
bordée d'une large membrane foliacée. Séparer des pastels
une espèce qui, avec tous les caractères de ce genre, n'offre
de différences que dans la forme arrondie et non alongée de
la silique, et dans la consistance de ses bords plutôt membraneux que coriaces, n'est-ce pas convertir en caractère
générique ce qui n'est qu'une distinction spécifique? De pa-

reilles réformes peuvent-elles contribuer aux progrès de la science? Ce genre, adopté d'abord par M. De Candolle, est replacé par lui dans l'*Isatis*, dont il caractérise seulement une section. (Poir.)

SAMETHOUNLE. (*Ornith.*) C'est, dans Gesner, le rale d'eau, *rallus aquaticus*, Linn. (Ch. **D.**)

SAMIER. (*Conchyl.*) C'est le nom vulgaire qu'Adanson a donné (Sénég., page 122, pl. 8) à une coquille du genre Murex, M. *trigonus* de Gmelin. (De B.)

SAMMAR. (*Bot.*) Nom arabe du *juncus spinosus* de Forskal. (J.)

SAMMARA. (*Ichthyol.*) Nom spécifique d'un poisson, rapporté par Linnæus au genre Sciène. Voyez ce mot. (H. C.)

SAMME. (*Bot.*) Nom arabe du *bromus pœformis* de Forskal. (J.)

SAMOCA. (*Bot.*) Geoffroy cite ce nom portugais d'un arbre, qui est son *celastrus lusitanicus*. (J.)

SAMOLE; *Samolus*, Linn. (*Bot.*) Genre de plantes dicotylédones monopétales, de la famille des *primulacées*, Juss., et de la *pentandrie monogynie* de Linnæus, qui offre les caractères suivans : Calice monophylle, divisé dans sa partie supérieure en cinq découpures; corolle monopétale, hypocratériforme, à limbe partagé en cinq lobes obtus, avec cinq petites écailles situées à la base des échancrures; cinq étamines à filamens courts, insérés sur le tube de la corolle; un ovaire demi-infère, surmonté d'un style filiforme, à stigmate en tête; une capsule uniloculaire, à cinq valves, renfermant des graines menues, nombreuses, attachées sur un placenta central.

Les samoles sont des plantes herbacées, à feuilles entières, alternes et à fleurs disposées en grappe ou en corymbe. On en connoît sept espèces, dont une seule croît naturellement en Europe.

Samole de Valérand ou Samole aquatique, vulgairement Mouron d'eau : *Samolus Valerandi*, Linn., *Sp.*, 243; *Fl. Dan.*, tab. 198. Sa racine est fibreuse, bisannuelle ou peut-être vivace; elle produit une tige droite, haute de huit à douze pouces, simple inférieurement, légèrement rameuse dans sa partie supérieure, garnie à sa base de feuilles ovales, pétiolées, glabres; les feuilles supérieures sont sessiles. Ses fleurs sont blanches, assez petites, pédonculées et disposées en grappe terminale. Cette plante croit dans les lieux aquatiques et sur les bords des ruisseaux, en Europe, en Asie, en Afrique et même en Amérique. (L. D.)

SAMOLOÏDE. (*Bot.*) Espèce de véronique, en usage en guise de thé, en Angleterre, selon Bomare. (Lem.)

SAMOLOÏDES. (*Bot.*) Boerhaave nommoit ainsi le *capraria* de Linnæus. (J.)

SAMOLUS. (*Bot.*) Nom latin du genre Samole. Chez les anciens le *samolus* étoit une plante marécageuse, que les Druides cueilloient avec des cérémonies superstitieuses et qu'ils employoient pour guérir les bestiaux de certaines maladies; quoique les premiers botanistes aient transporté ce nom au *samolus valerandi*, Linn., ils n'ont point tous pensé que ce pût être l'ancien *samolus*, lequel peut avoir été la *barbarée*, plante marécageuse, que dans quelques parties de la France on cueille avec des circonstances analogues et dans le même but, le jour de la Saint-Roch. (Lem.)

SAMPACCA. (*Bot.*) C'est sous ce nom indien que Rumph décrit et figure plusieurs espèces du genre *Michelia* de Linnæus, qui est le *champaca* du Malabar; il nomme de même le *liriodendrum lilifera* de Linnæus. Voyez Champac. (J.)

SAMPAGOU. (*Bot.*) Arbrisseau de la Chine, à fleurs plus odorantes que celles du jasmin, mentionné dans le petit Recueil des voyages, que l'on transporte facilement en pot d'une province dans une autre : il n'y a pas dans ce recueil d'autre indication qui puisse faire connoître son genre. (J.)

SAMPSOS. (*Bot.*) Nom épyptien, cité par Ruellius et Adanson, du *Fœniculum erraticum* des anciens, *selinum carvifolium* de Linnæus. (J.)

SAMPSUCHOU, SAMPSYCHOU, SAMPSUCHUS et SAMPSUCUS. (*Bot.*) Noms que les Grecs ou les Latins donnoient à des plantes odoriférantes, qu'on présume avoir été notre marjolaine et quelques espèces de thym. (Lem.)

SAMSAIN. (*Bot.*) Nom arabe du sésame, cité par Rauwolf. Il est aussi nommé *samsan*. On nomme encore le hêtre *sansan* à Constantinople, suivant Forskal. (J.)

SAMSTRAVADI, CAIPATSIAMBU. (*Bot.*) Noms malabares de l'*eugenia racemosa* de Linnæus, maintenant *Stravadium*, genre distinct, rapporté aussi à la famille des myrtées. C'est le *sadapilli* des Brames. (J.)

SAMUDRA-TSJOGAM. (*Bot.*) Nom malabare, cité par Rhéede, d'un liseron à très-grandes feuilles en cœur, qui est le *convolvulus nervosus* de M. de Lamarck. (J.)

SAMYDA. (*Bot.*) Ce nom grec du bouleau a été appliqué par Linnæus à un genre très-différent, type d'une nouvelle famille. (J.)

SAMYDE, *Samyda*. (*Bot.*) Genre de plantes dicotylédones, à fleurs incomplètes, de la famille des *samydées*, Vent., de la *décandrie monogynie* de Linnæus, offrant pour caractère essentiel : Un calice tubulé, persistant, coloré, à cinq, quelquefois quatre divisions inégales ; point de corolle ; depuis huit jusqu'à dix-huit étamines courtes, attachées à l'orifice du tube du calice ; les filamens larges, membraneux, réunis en tube à leur partie inférieure ; les anthères à deux loges, s'ouvrant dans leur longueur à leur côté intérieur ; un ovaire sessile, supérieur ; un style ; un stigmate en tête ; une capsule uniloculaire, s'ouvrant au sommet en trois ou cinq valves ; les semences en baie, insérées sur les valves, marquées à leur base d'une ouverture ombilicale ; le périsperme charnu ; l'embryon renversé, placé à la partie supérieure du périsperme.

Le genre *Casearia* ayant été oublié dans ce Dictionnaire, très-rapproché d'ailleurs des *Samyda*, nous le plaçons à leur suite. Il en diffère particulièrement par les étamines, au nombre de huit ou dix, quelquefois six, douze ou quinze ; les filamens monadelphes à leur base, et entre chacun d'eux une écaille courte, velue, qui sont probablement autant de filamens stériles ; le style quelquefois trifide et à trois stigmates ; la capsule à trois, quelquefois quatre valves, uniloculaire.

* SAMYDA.

SAMYDE VELUE ; *Samyda villosa*, Swart., *Flor. Ind. occid.*, 2, pag. 758. Cette plante a des tiges droites, hautes de six à sept pieds ; les rameaux étalés, cylindriques, pubescens et velus. Les feuilles sont alternes, pétiolées, oblongues, un peu acuminées, à peine denticulées, molles, soyeuses ; les nervures de la face inférieure chargées de poils bruns. Les fleurs sont axillaires, solitaires, assez grandes, blanchâtres, pédonculées. Leur calice est tubulé, divisé à sa moitié supérieure en cinq découpures oblongues, obtuses, réfléchies, vertes et pubescentes à leur partie inférieure, blanchâtres vers le sommet ; dix anthères sont placées au sommet d'un tube blanchâtre, à dix stries ; l'ovaire est ovale, pubescent ; le style épais ; le stigmate en tête, perforé à son sommet. Le fruit est une capsule assez grande, ovale, pubescente, coriace en dehors, à trois ou quatre valves, à une seule loge ; les semences sont ovales, enveloppées d'une pulpe écarlate ou d'un rouge pâle. Cette plante croît sur les montagnes, à la Jamaïque.

SAMYDE GLABRE; *Samyda glabrata*, Swart., *loc. cit.*, p. 760. Arbuste de dix à douze pieds. Ses rameaux sont lâches, étalés, garnis de feuilles alternes, pétiolées, ovales, oblongues, lancéolées, horizontales, glabres, entières, luisantes et d'un vert gai en dessus, parsemées de quelques pores très-fins ; les pétioles courts. Les fleurs sont assez grandes, de couleur blanche, axillaires, pédonculées ; les pédoncules plus épais et plus courts que les pétioles, munis à leur base de deux petites bractées aiguës. Le calice est glabre, tubulé, un peu campanulé, à divisions larges, épaisses, lancéolées, très-blanches, un peu réfléchies ; le tube des étamines court, inséré au fond du calice, à dix dents, qui supportent autant d'anthères jaunâtres, fort petites. L'ovaire est oblong, pubescent ; le style épais, cylindrique, de la longueur des étamines ; le stigmate en tête, presque à trois angles, perforé au sommet. La capsule est ovale. Cette plante croît sur les hautes montagnes, dans les contrées méridionales de la Jamaïque.

SAMYDE DENTICULÉE : *Samyda denticulata*, Linn., *Sp.*; Lamk., *Ill.*, tab. 355, fig. 1 ; *Samyda dodecandra*, Jacq., *Amer.*, 132, *Guidonia ulmifolia*, etc., Plum., *Gen.*, tab. 24, et *Icon.*, tab. 146, fig. 2. Arbrisseau de trois ou quatre pieds, dont les rameaux sont cylindriques, pubescens ; les feuilles alternes, pétiolées, lancéolées, épaisses ou ovales-oblongues ; les supérieures plus étroites, aiguës, finement dentées, pubescentes en dessus, tomenteuses en dessous ; les pétioles très-courts. Les fleurs sont axillaires, solitaires; les pédoncules courts, munis à leur base de deux petites bractées brunes, subulées. Le calice est oblong, tubulé, presque campanulé, épais, velu, d'un vert jaunâtre en dehors, blanc en dedans, à cinq découpures ovales, obtuses; les filamens, réunis en tube, portant dix-huit anthères oblongues, sagittées; l'ovaire est velu; le style de la longueur des étamines; le stigmate en tête convexe, verdâtre; les baies sont coriaces en dehors, jaunes, puis rouges, uniloculaires, à cinq valves; les semences entourées d'une substance pulpeuse. Cette plante croît à l'île de Saint-Domingue.

Samyde épineuse; *Samyda spinulosa*, Vent., Choix des pl., tab. 43. Arbrisseau remarquable par la beauté de son feuillage. Ses tiges sont très-rameuses, d'un brun cendré; les feuilles alternes, pétiolées, ovales-oblongues, glabres, aiguës, longues de quatre à cinq pouces et plus, parsemées de petits tubercules transparens; les stipules pubescentes, lancéolées, aiguës; les fleurs axillaires, réunies deux ou trois sur un même tubercule; les pédoncules courts et pubescens; les bractées ovales, aiguës, plus longues que les pédoncules. Le calice est de couleur purpurine, un peu velu; les dix étamines sont monadelphes; le fruit est globuleux, de la grosseur d'une petite prune, glabre, charnu, à une seule loge, marqué de quatre à cinq sillons, s'ouvrant en autant de valves; les semences sont arillées et pulpeuses. Cette plante croit à l'île de Saint-Thomas, dans l'Amérique.

** Casearia.

Casearia sauvage; *Casearia sylvestris*, Swart., *Flor. Ind. occid.*, 2, pag. 752. Arbrisseau à tige glabre, qui se divise en longs rameaux effilés, glabres, lâches, cylindriques. Les feuilles sont alternes, pétiolées, ovales-elliptiques ou ovales-lancéolées, à longue pointe, glabres, minces, entières, luisantes, parsemées de points transparens; les pétioles courts. Les fleurs sont ramassées par paquets dans l'aisselle des feuilles, au nombre de vingt ou trente, toutes supportées par des pédoncules longs d'environ trois lignes, simples, uniflores, munis à leur base de petites écailles sèches, imbriquées. Les calices sont petits, blanchâtres, à cinq découpures ovales, étalées, pubescentes; dix écailles velues, blanchâtres, alternent avec autant d'étamines; les anthères sont blanchâtres, en cœur; l'ovaire est surmonté d'un style à trois faces, de la longueur des étamines; le stigmate en tête; la capsule de la grosseur d'un grain de poivre, ovale, rougeâtre, à trois valves. Cette plante croît à la Jamaïque, sur les montagnes, parmi les buissons.

CASEARIA A GRANDES FEUILLES : *Casearia macrophylla*, Vahl, *Ecl.*, 2, p. 32; *Pitumba guianensis*, Aubl., Guian., 2, App. 29, tab. 385; *Samyda Pitumba*, Poir., Encycl. Cette plante a des tiges divisées en rameaux glabres, cylindriques, marqués de points grisâtres, garnis de feuilles fermes, alternes, pétiolées, épaisses, coriaces, percées de petits trous, longues de six ou huit pouces, larges de trois, glabres, ovales-oblongues, elliptiques, légèrement crénelées à leurs bords, acuminées, d'un vert foncé, pâles et un peu roussâtres en dessous. Les fleurs sont réunies dans l'aisselle des feuilles en petits paquets; les pédoncules courts, uniflores; le calice est petit, divisé en cinq découpures un peu velues en dehors; les étamines sont au nombre de dix, alternes, avec des écailles; la capsule est globuleuse, pulpeuse en dedans, de la grosseur d'une noix, à une loge, à trois valves. Cette plante croît à Cayenne et dans plusieurs autres contrées de l'Amérique méridionale.

CASEARIA DENTÉE : *Casearia serrulata*, Swart., *loc. cit.*, 754; *Samyda niviana*, Poir., Enc. Arbrisseau chargé de rameaux glabres, cylindriques, élancés, revêtus d'une écorce blanchâtre ou cendrée; les ramifications sont éparses, presque filiformes, flexueuses, striées; les feuilles alternes, pétiolées, étalées, longues d'un pouce et demi, ovales, lancéolées, médiocrement acuminées, dentées en scie à leurs bords, glabres, luisantes, nerveuses et veinées; les pétioles longs d'environ deux lignes. Les fleurs sont petites, blanchâtres, réunies par paquets axillaires; les pédoncules très-courts, munis à leur base de petites écailles membraneuses. Le calice est partagé en cinq folioles ovales, concaves, ciliées à leurs bords; les étamines, au nombre de dix, alternent avec une petite écaille blanchâtre, linéaire, obtuse, velue; les anthères sont ovales, en cœur; l'ovaire est ovale, surmonté d'un style subulé. Cette plante croît aux Antilles, dans l'île Névis.

Casearia hérissée; *Casearia hirsuta*, Swart., *loc. cit.*, 755. Cette espéce a des tiges ligneuses, divisées en rameaux flexibles, cylindriques, pubescens. Les feuilles sont grandes, alternes, pétiolées, ovales, acuminées, dentées, molles, hérissées, très-velues en dessous. Les fleurs sont réunies en petits paquets latéraux. Leur calice se divise en cinq découpures profondes, ovales, lancéolées, blanchâtres, pubescentes, un peu velues; les étamines sont au nombre de dix, alternes, avec autant d'écailles ovales, velues. L'ovaire est surmonté d'un style trigone, de la longueur des filamens, terminé par un stigmate en tête. Les capsules sont uniloculaires, à trois faces, à trois valves. Cette plante croît sur les montagnes de la Jamaïque et à la Nouvelle-Espagne.

Casearia a feuilles de houx; *Casearia ilicifolia*, Venten., Choix des pl., tab. 44. Arbrisseau qui s'élève à la hauteur d'environ trois pieds, sur une tige droite, garnie de rameaux touffus, parsemés de tubercules blanchâtres. Les feuilles sont pétiolées, ovales, oblongues, souvent échancrées à leur base, sinuées à leur contour, munies sur leurs angles de dents épineuses, luisantes, coriaces, blanches et tomenteuses en dessous, longues de quatre ou six pouces, larges de trois et plus; les stipules sont subulées, tomenteuses; les fleurs d'un rouge vif, disposées en bouquets axillaires. Le calice est campanulé, hérissé de poils courts; six étamines monadelphes, alternent avec autant d'écailles. La capsule est globuleuse, de la grosseur d'une cerise, glabre, coriace, d'un beau jaune, à trois sillons, à une seule loge; les semences sont arillées, d'un brun clair. Cette plante croît à l'île de Saint-Domingue.

Casearia a feuilles coriaces; *Casearia coriacea*, Vent., *loc. cit.*, tab. 45. Arbre de moyenne grandeur, de la grosseur d'un poirier, d'un bois très-dur, garni d'une cime touffue; les rameaux sont parsemés de tubercules blanchâtres. Les feuilles sont pétiolées, en ovale renversé, glabres, souvent échancrées au sommet, coriaces, luisantes, très-entières, longues de trois ou quatre pouces, larges d'un pouce; les pétioles très-courts; les stipules ovales, aiguës, membraneuses, plus courtes que les pétioles; les pédoncules axillaires, peu nombreux, courts, uniflores; les fleurs fort petites, d'un blanc jaunâtre, entourées de bractées glabres, en écailles, ovales.

arrondies; les huit étamines sont monadelphes, alternes avec autant d'écailles; l'ovaire est libre, à une loge, renfermant un grand nombre d'ovules; le style plus court que les étamines; un stigmate orbiculaire, comprimé. Cette plante croît à Batavia.

Casearia a feuilles de tinier; *Casearia tinifolia*, Vent., *loc. cit.*, tab. 47. Arbrisseau de six à sept pieds; sa tige est de couleur cendrée; ses rameaux sont axillaires; ses feuilles alternes, pétiolées, en ovale renversé, quelquefois échancrées au sommet, glabres, d'un vert gai, plus pâles en dessous, entières, parsemées de pores transparens, longues d'environ quatre pouces, larges de deux et plus: les stipules glabres, ovales, aiguës, plus courtes que les pétioles. Les fleurs sont solitaires, axillaires, portées sur des pédoncules simples, trois fois plus longs que les pétioles. Le calice est velu en dehors, profondément divisé en cinq parties; les étamines sont monadelphes, au nombre de douze; l'ovaire est glabre, à une seule loge; le style de la longueur des étamines; le stigmate en tête. Cette plante croît dans les Indes orientales.

Casearia a feuilles molles : *Casearia mollis*, Kunth *in* Humb. et Bonpl., *Nov. gen.*, 5, pag. 565, tab. 480. Cette espèce a des rameaux bruns, cylindriques, pubescens, un peu flexueux, garnis de feuilles alternes, petiolées, elliptiques ou oblongues, acuminées, dentées, arrondies à leur base, membraneuses, glabres en dessus, brunes et tomenteuses en dessous, parsemées de points transparens, longues de quatre pouces et plus, larges de deux. Les fleurs sont disposées en petites ombelles axillaires, pédicellées, munies de petites bractées persistantes à la base des ombelles. Le calice est blanchâtre, pubescent, à cinq découpures lancéolées, aiguës; les dix étamines monadelphes, alternent avec autant d'écailles velues, linéaires, spatulées; l'ovaire est ovale, pubescent, terminé par le style; il renferme environ vingt-quatre ovules; le style est pileux, à peine plus long que les étamines; le stigmate pubescent, presque en tête. Cette plante croît dans les vallées ombragées de la province de Caracas. (Poir.)

SAMYDÉES. (*Bot.*) Cette famille nouvelle de plantes a été d'abord établie par Ventenat dans le volume de 1807 des Mémoires de l'Institut. Elle a été adoptée plus récemment par M. Kunth, dans son ouvrage sur les plantes équinoxiales, et par M. De Candolle, dans le second volume de son *Prodromus*. Elle tire son nom du *Samyda*, son premier genre connu. Les caractères, dont la réunion forme son caractère général, sont les suivans :

Un calice d'une seule pièce persistant, ordinairement divisé plus ou moins profondément en quatre ou cinq lobes, le plus souvent imbriqués dans la préfloraison. Pétales nuls ; étamines en nombre défini ; filets insérés au calice, réunis par le bas en un anneau, tantôt tous fertiles, tantôt alternes avec autant de filets stériles, plus courts, sous forme de languettes, souvent un peu velues ; anthères biloculaires ; un ovaire simple, libre et supère, uniloculaire, surmonté d'un style, terminé par un stigmate simple ou rarement lobé ; une capsule coriace, uniloculaire, polysperme, s'ouvrant en trois à cinq valves ; graines portées sur le milieu intérieur de chaque valve, couvertes de trois tégumens, dont l'extérieur est charnu ; l'intermédiaire testacé, et l'intérieur membraneux ; un embryon renfermé dans la partie supérieure d'un périsperme charnu, et, conséquemment, plus court, à radicule montante ou dirigée vers l'attache de la graine, à lobes foliacés et plissés. Tiges ligneuses, plus ou moins élevées. Feuilles alternes, stipulées, simples, souvent couvertes de points transparens ; pédoncules axillaires, accompagnés d'une bractée, tantôt uniflores, solitaires ou en faisceaux, tantôt plus rarement multiflores.

Les auteurs cités plus haut n'admettent dans cette famille que le genre *Samyda* de Jacquin, dont toutes les étamines sont fertiles, et le *Casearia* du même ou *Anavinga* de M. de Lamarck, muni de languettes intermédiaires.

Deux autres genres, aussi dépourvus de pétales, ont avec ceux-ci quelque affinité ; savoir le *Valentinia* de Swartz, qui a huit étamines, toutes fertiles, et une capsule uniloculaire un peu charnue, pulpeuse à l'intérieur, s'ouvrant en quatre valves et contenant quatre graines, et l'*Aquilaria* de Cavanilles, dont les dix étamines sont portées sur un disque charnu, prolongé en dix lobes alternes avec elles, mais dont la capsule est biloculaire, bivalve, à loges monospermes et s'ouvrant en deux valves épaisses, munies d'une cloison dans leur milieu. M. Brown, dans son Mémoire sur les plantes du Congo, pro-

posoit de faire de ce dernier genre le type d'une nouvelle
famille des aquilariées. Elle a été adoptée, mais avec doute,
par M. De Candolle, parce que le caractère de ce genre n'est
pas encore complétement connu.

Ce dernier rapproche, peut-être avec raison, les samydées
des homalinées de M. Brown, dont elles diffèrent par l'ovaire
libre; mais avec lesquelles beaucoup d'autres caractères leur
sont communs, dans le nombre desquels est la périgynie des
étamines. Quoiqu'elles manquent de pétales, il les intercale
avec les homalinées dans la classe des péripétalées, soit parce
qu'elles n'ont d'affinité avec aucune des familles réunies dans
la classe des apétales à étamines périgynes, soit parce que le
mélange de quelques apétales, dans les classes des polypétales,
a lieu quelquefois sans contrarier les affinités, soit, enfin,
parce que les languettes du *Casearia* pourroient être considérées comme tenant lieu de pétales. Cependant la place définitive de ces deux familles reste encore incertaine et leur
classement entre les rhamnées et les térébintacées, fait par
M. De Candolle, n'est pas plus définitif que celui de M.
Kunth entre les bixinées et les violacées. Cette divergence
entre deux auteurs si distingués, prouve que l'on a besoin de
nouvelles découvertes pour établir la véritable affinité de ces
deux familles avec d'autres.

Dès-lors, si l'on observe que toutes les classes présentent
non une série indivise de familles, mais plusieurs groupes de
familles, séparés par des lacunes, on trouvera peut-être
moins d'inconvéniens à porter dans la classe des péri-staminées ou apétales à étamines périgynes, un groupe de familles
également apétales, mais à fruit polysperme, comprenant
d'abord ces deux familles. Il seroit placé près des santalacées et des éléagnées, qui ont un périsperme, et des thyme-
lées, qui n'en ont pas. Il seroit rapproché de l'*osyris*, formant une section dans les santalacées ou une famille distincte,
remarquable, soit par la pluralité d'ovules dans son ovaire,
soit par des écailles calicinales intérieures, alternes avec les
étamines comme dans le *Casearia*. Si, avec M. Kunth, on
place à la tête des péristaminées les cucurbitacées, qui ont
quelques genres à fleurs hermaphrodites, et les PASSIFLORÉES
(voyez ce mot), à fleurs toutes hermaphrodites, à fruit uni-

loculaire, polysperme, et à placentaires pariétaux ; si on les faisoit suivre par les samydées, pareillement uniloculaires, à valves·séminifères, par les homalinées , par les aquilarinées et les chailletiacées, non encore solidement établies et placées par M. De Candolle à la suite des précédentes; si on y joignoit encore les celtidées, qui ont des fleurs polygames, conséquemment en partie hermaphrodites, et peu différentes des chailletiacées, on auroit, des aristolochiées aux santalacées ou aux éléagnées, une série qui cependant ne seroit pas probablement définitive. En adoptant cette distribution, on éviteroit le mélange de familles entièrement apétales, parmi les classes de plantes polypétales, mélange qui n'a lieu que pour des espèces et des genres en petit nombre. Ces propositions et ces réflexions ne sont mises ici en avant que pour attirer sur ce point l'attention des botanistes, et les engager à faire sur ces diverses familles des observations plus exactes et de nouvelles comparaisons. (J.)

SAN, SUGI. (*Bot.*) Noms japonois du *cupressus japonica*, cités par Kæmpfer. (**J.**)

SAN-HIA. (*Ornith.*) Cet oiseau de la Chine, indiqué par Linné comme une espèce de coucou, *cuculus sinensis*, est la pie bleue de ce pays. (Сн. D.)

SAN-MARTI. (*Ornith.*) Ce nom et ceux d'*aousselbert* et d'*arnié*, sont donnés par les habitans du département de l'Aude au martin-pêcheur d'Europe, *alcedo ispida*. (Desm.)

SANA-SANCTA. (*Bot.*) Lobel cite ce nom indien du tabac, mentionné aussi par C. Bauhin. (J.)

SANAMUNDA. (*Bot.*) Ce nom, cité par Clusius pour un sous-arbrisseau de la famille des thymélées, avoit été adopté par Adanson de préférence à celui de *passerina*, qui lui étoit donné par Linnæus. (J.)

SANANHO. (*Bot.*) Nom péruvien du *tabernæmontana sananho* de la Flore du Pérou. (J.)

SANCHÈZE, *Sanchezia*. (*Bot.*) Genre de plantes dicotylédones, à fleurs complètes, de la *didynamie angiospermie* de Linnæus, offrant pour caractère essentiel : Un calice persistant, à cinq divisions inégales; une corolle tubulée, à cinq lobes réfléchis; les deux supérieurs plus courts ; quatre étamines didynames, les deux plus courtes stériles, sans anthères; un ovaire supérieur; un style; un stigmate bifide; une capsule oblongue, à deux loges, à deux valves renfermant des semences planes, orbiculaires.

Sanchèze a feuilles oblongues : *Sanchezia oblonga*, Ruiz et Pav., *Fl. per.*, 1, pag. 9, tab. 8, fig. *B*. Plante herbacée, dont les tiges sont droites, glabres, rameuses, hautes de cinq à six pieds, légèrement tétragones. Les feuilles sont opposées, pétiolées, glabres, oblongues, lancéolées, acuminées; les pétioles courts, ailés, connivens à leur base. Les fleurs sont disposées par verticilles en épis terminaux, solitaires ou ternés; chaque verticille est muni d'un involucre composé de deux grandes folioles droites, ovales, entières, persistantes, d'un rouge écarlate, recouvrant en entier les pédoncules, ainsi que des bractées linéaires, velues, de couleur rouge. Le calice et la corolle sont jaunes; le premier est à cinq divisions droites, ovales, concaves, échancrées au sommet; la corolle irrégulière; le tube recourbé, rétréci à la base et à son orifice; le limbe à cinq lobes ovales, échancrés, réfléchis en dehors; les supérieurs un peu plus courts; les filamens des étamines sont filiformes, comprimés, velus; deux anthères pendantes, ovales, à deux loges, velues, bifides à la base et chaque division prolongée en un appendice court, recourbé en éperon; deux filamens stériles, plus courts, subulés, sans anthères; l'ovaire est oblong; le style plus long que les étamines; le stigmate à deux divisions inégales, subulées; les capsules sont oblongues, acuminées. Cette plante croît au Pérou, dans les terrains ombragés et marécageux.

Sanchèze a feuilles ovales; *Sanchezia ovata, Flor. per.*, *loc. cit.*, tab. 8, fig. *C*. Cette plante a des tiges droites, glabres, herbacées, tétragones, presque simples, hautes de cinq à six pieds. Les feuilles sont opposées, pétiolées, ovales, acuminées, très-entières, ouvertes, veinées, luisantes en dessus, pubescentes à leur face inférieure; les pétioles courts, connivens à leur base. Les fleurs sont réunies par verticilles sessiles, en un épi terminal; chaque verticille est entouré d'un involucre à deux folioles ovales, aiguës, concaves, persistantes, de couleur rouge, réfléchies au sommet; les bractées, égales en nombre aux fleurs, sont oblongues, un peu échancrées, de couleur écarlate. Le calice est presque tubulé, rétréci à sa base, de couleur purpurine, à cinq divisions; la corolle jaune; les filamens sont velus vers leur sommet. Cette plante croît dans les lieux ombragés et marécageux du Pérou. Elle fleurit, ainsi que la précédente, pendant tout l'automne. (Poir.)

SANCHITE. (*Bot.*) Voyez Bladhie. (Poir.)

SANCLEZ. (*Ichthyol.*) Nom provençal du Melet. Voyez ce mot. (H. C.)

SANCONA. (*Bot.*) Un palmier, *oreodoxa sancona*, de la Flore équinoxiale, est ainsi nommé aux environs de Carthagène en Amérique. (J.)

SAND-BAARSCH. (*Ichthyol.*) Nom que dans plusieurs contrées de la Prusse et de la Poméranie on donne au Sandat. Voyez ce mot et Sandre. (H. C.)

SAND-PIPER. (*Ornith.*) Voyez, pour cet oiseau, l'article Maubèche de ce Dictionnaire, tome XXIX, page 352, 1.er alinéa, et le Règne animal de M. Cuvier, pag. 489, où ce nom est rapporté à la grande maubèche grise, *tringa grisea*. Le mot *sandpiper* est cependant donné dans Buffon comme un des synonymes de la guignette dans le Yorkshire. (Ch. D.)

SAND-ROUNE. (*Ornith.*) C'est, en norwégien, l'hirondelle de rivage, *hirundo riparia*, Linn. (Ch. D.)

SAND-SULU. (*Ornith.*) Voyez Digsulu. (Ch. D.)

SAND-VOGEL. (*Ornith.*) Un des noms allemands de la perdrix de mer ou glaréole, *glareola austriaca*, Gmel. (Ch. D.)

SANDAL. (*Bot.*) Voyez Santal. (Lem.)

SANDALE. (*Conchyl.*) Ce nom a été donné long-temps par les marchands et les auteurs de catalogues aux coquilles qui constituent le genre Crépidule de M. de Lamarck. Voyez ce mot. (De B.)

SANDALINE, *Sandalina*. (*Conchyl.*) M. Schumacher, dans son Nouveau système de conchyliologie, a proposé ce nom à la place de celui de Crépidule et pour le même genre de coquilles. (De B.)

SANDALIOLITE. (*Foss.*) Valmont de Bomare assure que c'est un madrépore fossile, infundibuliforme, à pédicule, et comprimé. Cet auteur a sans doute voulu parler de certaines caryophyllies qui se trouvent dans le Plaisantin et à Saint-Paul-Trois-Châteaux, et qui ont la forme d'une calcéole. (D. F.)

SANDALMALAM. (*Bot.*) Le *polyanthes tuberosa* porte ce nom à Ceilan, suivant Hermann. (J.)

SANDALUS. (*Entom.*) Nom d'un genre de coléoptères pentamérés établi par M. Knoch, pour y ranger une espèce d'Amérique de la famille des perce-bois ou térédyles qui a beaucoup de rapports avec les espèces du genre Panache de Geoffroy, en latin *Ptilinus*. (C. D.)

SANDAQUA. (*Ornith.*) Sagar Théodat, dans son Voyage au pays des Hurons, dit, page 297, que ces peuples nomment ainsi diverses espèces d'aigles aquatiques. (Ch. D.)

SANDARAC et SANDARACH. (*Min.*) Ce nom, employé par Théophraste et par Pline, indique, suivant Césius, de Born, et la plupart des minéralogistes modernes, l'Arsenic sulfuré rouge, qu'on nomme maintenant Réalgar. Cette détermination paroit prouvée par toutes les circonstances de couleur, d'aspect, de propriété odorante et vénéneuse, que le plus grand nombre des naturalistes et des érudits attribuent au minéral nommé *sandaracha*. (B.)

SANDARAQUE. (*Bot.*) Résine extraite d'un arbre de la famille des conifères. On a cru long-temps qu'elle étoit produite par le genévrier ordinaire; mais, suivant Broussonet, cité par M. Desfontaines, dans sa *Flora atlantica*, elle découle du *thuya articulata* de ce dernier, commun dans le royaume de Maroc, d'où elle nous est apportée. Voyez Genévrier, Thuya. (J.)

SANDARAQUE. (*Chim.*) Voyez Résines, tom. XLV, p. 238.

Ce mot a aussi été employé pour désigner les sulfures d'arsenic. (Ch.)

SANDARÈSE, *Sandaresus* de Pline. (*Min.*) C'étoit une pierre qui avoit du rapport avec l'anthracite, c'est-à-dire avec une pierre d'un rouge de feu; la sandarèse étoit donc rouge : en outre, on voyoit dans l'intérieur des points brillans ainsi que de l'or, rayonnés à la manière des étoiles et disposés entre eux comme ces astres; c'est du moins l'idée qu'on peut se former de la couleur et des particularités de cette pierre, d'après la description de Pline. Il ne nous est pas possible de rapporter ce minéral avec quelque vraisemblance à aucun de ceux que nous connoissons, et ce seroit perdre du temps que de se livrer à des conjectures sans appui, pour arriver à une détermination qui nous paroît impossible dans l'état actuel de la science. (B.)

SANDASTRE, *Sandastros* de Pline. (*Min.*) Celle-ci est une des nombreuses pierres vertes citées par Pline : elle est de couleur de pomme ou d'huile verte, et peu estimée.

On suppose que c'étoit un des silex verts auxquels on a donné le nom de prase. (B.)

SANDAT. (*Ichthyol.*) Nom spécifique du *perca lucioperca* de Linnæus, ou *centropome sandat* de Lacépède. Voyez Sandre. (H. C.)

SANDEB. (*Bot.*) Nom égyptien de la rue, *ruta graveolens*, suivant Forskal. Mentzel cite, d'après Matthiole, pour la même plante les noms *sadeb* et *sadab*. Le *ruta chalapensis* est nommé *sandeb* par Delile. (J.)

SANDER. (*Ichthyol.*) Nom livonien du Sandat. Voyez ce mot. (H. C.)

SANDERLING. (*Ornith.*) Les oiseaux, connus sous ce nom et sous celui de *curwillet*, tous deux tirés de l'anglois, seroient des maubèches, s'ils n'étoient privés du doigt postérieur ; mais cette circonstance a paru assez importante pour ne pas se borner à en faire une exception, comme on en a cependant des exemples chez les alcyons et les pics tridactyles ; et MM. Meyer, Bechstein, Illiger, Cuvier, Vieillot, Temminck, en ont formé un genre particulier, auquel les uns ont donné le nom de *Calidris,* et MM. Bechstein et Cuvier, celui d'*Arenaria*. M. Temminck, qui avoit d'abord adopté ce dernier nom, l'a rejeté, dans la seconde édition de son Manuel d'ornithologie, par la raison qu'il est employé en botanique. S'il s'agissoit de créer un nom nouveau, cette considération seroit suffisante pour écarter le mot *arenaria* ; mais ce terme, déjà employé dans plusieurs ouvrages, a l'avantage d'indiquer les lieux que l'oiseau fréquente le plus ordinairement ; et l'on n'a proposé son changement que pour y substituer *calidris,* qui est assez généralement consacré à désigner les maubèches. L'auteur de cet article croit donc devoir conserver, ici, *arenaria,* d'autant plus que ce genre est composé d'une seule espèce, et que les occasions de confondre seront peu fréquentes.

Le genre Sanderling est caractérisé par un bec médiocre,

droit, flexible dans toute sa longueur, presque rond, mais un peu courbé et dilaté à la pointe ; des narines étroites, latérales, couvertes d'une membrane, et situées dans un sillon très-prolongé ; une langue grêle et pointue ; trois doigts totalement séparés et dirigés en avant : le postérieur nul ; des ailes médiocres, dont la première rémige est la plus longue.

L'oiseau dont il s'agit étant plus connu sous son plumage d'été, divers naturalistes en ont fait une espèce particulière, sous le nom de *charadrius rubidus*, sanderling rougeâtre ; mais comme en d'autres temps le plumage varie beaucoup, au lieu d'adopter une épithète qui ne seroit applicable que dans une saison, on croit devoir préférer celle de M. Temminck, qui l'a appelé sanderling variable, dénomination plus convenable aux divers états de l'oiseau, et comprenant les *charadrius calidris* et *rubidus* des principaux auteurs. Ce sera donc ici l'*arenaria variabilis*.

Une des planches les plus caractéristiques que l'on ait de cet oiseau, est celle de Brisson, tom. 5, n.° 20, fig. 2. Quant aux descriptions, celle qui conviendroit le plus, en général, a été donnée par Willughby, liv. 3, chap. 9, pag. 225. Aussi l'on se seroit borné à la traduire littéralement, si l'on n'avoit cru devoir préférer de donner l'analyse de celle de M. Temminck, qui offre l'avantage de présenter séparément les différences principales qu'il a remarquées dans les âges divers et dans les mues périodiques.

Cet oiseau, dont la longueur est de sept pouces trois lignes, a, lorsqu'il a subi la mue d'automne et en hiver, toutes les parties supérieures et les côtés du cou d'un cendré blanchâtre, avec un petit trait plus foncé au centre de chaque plume ; la face, la gorge, le devant du cou et tout le dessus du corps, sont d'un beau blanc ; les rémiges, blanches à leur origine, sont noires à l'extrémité ; les couvertures sont bordées de blanc ; les pennes caudales, qui sont cendrées, ont aussi la bordure blanche ; le bec, l'iris et les pieds sont noirs. C'est alors le *tringa arenaria*, Gmel. ; l'*arenaria calidris* et le *calidris grisea*, Meyer ; la petite maubèche grise, Br. ; le sanderling, Buff.

Le mâle et la femelle, en plumage d'été ou de noces, ont, sur la face et le haut de la tête, de grandes taches noires,

bordées de roux et lisérées de blanc; le cou, la poitrine et
le haut des flancs d'un roux cendré, avec des taches noires
au milieu de chaque plume, dont l'extrémité est blanchâtre;
le dos et les scapulaires sont d'un roux foncé, avec de grandes
taches noires; les couvertures des ailes d'un brun noirâtre,
avec des zigzags roux ; les deux pennes du milieu de la queue
noires, avec une bordure d'un roux cendré; le ventre et tout
le dessous du corps d'un blanc pur.

Tels sont le *charadrius rubidus*, Gmel., les variétés du sanderling, Sonnini, édit. de Buff., tom. 22 des Oiseaux, pag.
126, lesquelles sont des individus en mue, et l'individu peint
dans l'Ornithologie américaine de Wilson, tom. 7, pl. 63,
fig. 3.

Enfin, les jeunes, avant la mue, ont le haut de la tête,
le dos, les scapulaires et les couvertures des ailes, bordées de
jaunâtre et variées de petites taches de la même couleur. On
remarque entre le bec et l'œil une raie d'un brun cendré;
la nuque, les côtés du cou et de la poitrine, sont d'un gris
clair, avec de fines raies ondées; le front, la gorge, le devant du cou et tout le dessous du corps, sont d'un blanc pur;
les pennes alaires et caudales et le bord des ailes sont comme
chez les adultes.

Ces individus ont pour synonymes le *charadrius calidris*,
Gmel. et Lath.; l'*arenaria vulgaris* et l'*arenaria grisea*, Bechst.;
le sanderling, Lath., *Synops.*, tom. 5, pag. 197; la fig. 23,
tab. 11 de Naumann.

Les sanderlings se trouvent en Europe, en Asie, dans
l'Amérique septentrionale et, selon Latham, à la Nouvelle-
Galles du Sud. Ils habitent le long des bords de la mer, et
abondent, au printemps et à l'automne, sur les côtes de
Hollande et d'Angleterre ; mais on ne les voit qu'accidentellement dans les contrées éloignées de la mer; et comme
ces oiseaux, qui éprouvent deux mues, se voient le plus souvent sous leur plumage d'été ou de noces, et qu'alors la couleur rousse ou rougeâtre est la plus dominante, tandis qu'en
hiver c'est la couleur grise; il n'est pas étonnant que les
naturalistes en aient fait une espèce particulière, sous le nom
de *charadrius rubidus*.

Les sanderlings parcourent ainsi, dans leurs migrations périodiques, une grande partie du globe ; mais on ne les rencontre qu'accidentellement le long des fleuves, ce qui fait présumer que leur nourriture ne consiste qu'en petits vermisseaux et insectes marins. La ponte se fait dans le Nord. (Ch. D.)

SANDHUAL. (*Mamm.*) Ce nom est un de ceux que les Danois donnent à la baleine franche. (Desm.)

SANDIA-LAGUEN. (*Bot.*) Nom donné dans le Chili, suivant Feuillée et les auteurs de la Flore du Pérou, à l'*erinus laciniatus* de Linnæus, qui, mieux examiné, rentre dans le genre de la Verveine sous le nom de *verbena multifida*. L'infusion de cette plante est vantée comme diurétique, apéritive, propre à faciliter le cours des urines et à accélérer l'accouchement. (J.)

SANDILZ. (*Ichthyol.*) Nom anglois de l'*appât de vase*. Voyez Ammodyte dans le Supplément du tome II de ce Dictionnaire. (H. C.)

SANDIX. (*Min.*) C'est plutôt une préparation de chimie technologique qu'un minéral naturel. Césius, qui a rapporté l'opinion des auteurs anciens sur le sandix, nous apprend que tous le regardoient comme une céruse rendue rouge par une calcination convenable; c'étoit donc un oxide rouge de plomb, ce que nous appelons maintenant *minium*. Le sandix étoit quelquefois donné pour un sandarach adultéré. (B.)

SANDLOE. (*Ornith.*) Nom islandois, suivant Muller, du petit pluvier à collier, *charadrius hiaticula*, Linn. (Ch. D.)

SANDMAUS. (*Mamm.*) Ce nom allemand, qui signifie souris de sable, a été appliqué au hamster sablé, *mus arenarius*, Pallas. (Desm.)

SANDORI, SATTUL. (*Bot.*) Noms malais, cités par Rumph, de l'arbre qui est son *sandoricum*, le Hantol des Philippines. Voyez ce mot. (J.)

SANDORICUM. (*Bot.*) Voyez Hantol. (Poir.)

SANDRE, *Sandat.* (*Ichthyol.*) M. Cuvier a distingué sous ce nom un genre de poissons, qu'il a séparé de celui des Centropomes de Lacépède, et de celui des Perches de Linnæus.

Ce genre, qui appartient à la famille des acanthopomes, parmi les holobranches du sous-ordre des thoraciques ou à la seconde tribu de la seconde section de la quatrième famille des acanthoptérygiens, se reconnoît aux caractères suivans :

Corps oblong, épais, comprimé, écailleux; opercules dentelées sans piquans; tête alépidote; deux nageoires dorsales, dents pointues et écartées.

Il est, d'après cela, facile de distinguer les Sandres des Centropomes, des Ombrines et des Lonchures, qui ont les dents en velours; des Lutjans, qui n'ont qu'une seule nageoire dorsale, comme les Holocentres, les Bodians et les Tænianotes; des Sciènes, des Persèques et des Microptères, qui ont des piquans aux opercules. (Voyez ces divers noms de genres, et Acanthopomes, dans le Supplément du tome I.er de ce Dictionnaire. Voyez aussi Holobranches et Thoraciques.)

L'espèce qui sert de type au genre Sandre, est le Sandat, *Sandat lucioperca*, N.; *Perca lucioperca*, Linnæus; *Centropomus sandat*, Lacép. Nageoire caudale en croissant; deux orifices à chaque narine; dos varié par des taches irrégulières, courtes et transversales, d'un noir mêlé de bleu et de rougeâtre; ventre blanchâtre; des nuances verdâtres sur quelques portions de la tête et des opercules; nageoires pectorales jaunes; catopes, anale et caudale, d'une teinte grise et tachetés d'un brun très-foncé; nageoires dorsales d'égale longueur; dents inégales, pointues; écailles dures; ouverture de la gueule grande; palais et pharynx armés par places de quelques petites dents; iris d'un rouge brun; œil comme nébuleux.

Ce poisson, qui atteint la taille de trois à quatre pieds, et qui pèse jusqu'à vingt livres et même plus, habite les eaux douces de l'Allemagne, de la Hongrie, de la Pologne, de la Russie, de la Suède et du Danemarck, et spécialement le Danube et le lac Schwalow en Saxe. Il vit ordinairement dans les profondeurs des eaux qu'il fréquente et s'approche rarement de leur surface. Il ressemble au brochet par les dimensions de son corps et la forme de sa tête, et à la perche par la disposition de ses nageoires dorsales, la rudesse de ses écailles et les dentelures de ses opercules. C'est là ce qui fait que la plupart des auteurs latins l'ont désigné par le nom de *lucioperca*, que Linnæus lui a conservé.

Le sandat est fort recherché dans le Nord et l'Est de l'Europe, où il est l'objet d'une poursuite particulière et où on le pêche avec autant de soin que de constance, soit avec des filets, et notamment avec des collerets ou petites seines, soit avec des hameçons et des lignes de fond. Il expire très-vite si on le retient hors de l'eau, ou si on le plonge dans un vase rempli de ce fluide autre que celui des lacs ou des rivières qui l'ont nourri. Sa chair est blanche, tendre, d'une saveur agréable et de facile digestion. Souvent on l'empaquète dans des herbes ou de la neige ; on la sale, on la fume, et on l'envoie au loin.

Le sandat croit très-vite lorsqu'il trouve facilement la quantité de nourriture dont il a besoin, c'est-à-dire, un grand nombre de petits poissons et spécialement des éperlans, qu'il dévore avec une avidité rare, attaquant aussi quelquefois les perchettes et les brochetons, tandis que les brochets, les perches et les silures le dévorent lui-même habituellement durant son premier âge. Les oiseaux plongeurs sont, du reste, au nombre de ses ennemis les plus redoutables, et leur bec le poursuit jusque dans les asyles les plus reculés. Au temps du frai, vers le milieu du printemps, le sandat abandonne ses retraites écartées et vient déposer ses œufs, d'un jaune blanchâtre, très-petits et très-nombreux, sur les broussailles, les pierres, les pieux des bords des lacs ou des étangs, où l'influence salutaire des rayons du soleil les fait éclore.

Le *perca asper* de Pallas et de Gmelin, regardé par feu de Lacépède comme une simple variété du sandat, est un poisson qui appartient au genre des Cingles (voyez ce mot). Il vit dans le Volga et dans d'autres fleuves du bassin de la mer Caspienne.

Le Sandre coro, *Sandat coro*. Dents petites et pointues, nageoire caudale en croissant et dorée.

Ce poisson fréquente les mers du Brésil, où il atteint la taille de quinze à dix-huit pouces.

Sa chair est dure et peu recherchée. (H. C.)

SANDTAL. (*Ornith.*) Un des noms que porte en Norwége, suivant Muller, n.° 170, la grande hirondelle de mer, *sterna hirundo*, Linn. (Ch. D.)

SANE-KADSURA. (*Bot.*) Nom japonois, suivant Kæmpfer, de l'*uvaria japonica* de Thunberg, qui est maintenant notre *Kadsura*, genre distinct, de la famille des anonées. (J.)

SANG; *Sanguis, Cruor.* (*Physiol. génér.*) On a donné ce nom à un liquide qui arrose et nourrit toutes les parties des corps animés, et plus spécialement des animaux vertébrés.

Ce liquide varie considérablement pour la couleur, la consistance, la température. la composition, la quantité dans les diverses classes des animaux.

C'est ainsi que l'humeur incolore, transparente ou laiteuse, qui parcourt le système vasculaire des mollusques, qui humecte le parenchyme nutritif des insectes, qui s'infiltre dans le tissu plus ou moins lâche du corps des zoophytes, est aussi véritablement du sang que le fluide rouge que le cœur fait circuler dans les artères des mammifères, des oiseaux, des reptiles et des poissons, que celui qui roule dans les veines de ces animaux.

Le sang, considéré d'une manière générale, est une masse centrale, où affluent et d'où partent toutes les autres' humeurs de l'économie. Il est le stimulus et l'aliment de tous les organes, dont il excite la vie et auxquels il fournit les principes de la nutrition. C'est de lui et des liquides qui émanent de sa substance que les parties solides des êtres animés tirent leur commune origine. On a donc eu raison de dire qu'il étoit une *chair coulante*, comme la séve des arbres est un *bois encore liquide*. Il n'est, en effet, comme l'a peint le physiologiste Bordeu, dans un langage énergique, qu'un composé de toutes les humeurs animales, qu'une dissolution de toutes les parties solides, qu'un mucilage animal plastique, bouillonnant, qui communique avec toutes les parties du corps, qui reçoit dans chaque organe une modification particulière et qui vivifie une force vitale que la mort anéantit.

C'est à notre article SYSTÈME CIRCULATOIRE que nous devons traiter de la circulation des fluides dans les corps animés; ici la nature propre du sang doit uniquement nous occuper.

Examinons-le d'abord tel qu'il se présente dans notre espèce.

Le sang de l'homme est un liquide d'une couleur rouge,

d'une odeur particulière, comme alliacée, d'une saveur un peu salée, nauséeuse; sa température est celle du corps, dont il est même la partie la plus chaude : il est visqueux, collant, comme savonneux au toucher, et sa pesanteur spécifique est environ 105, l'eau pesant 100; constamment il est fluide pendant la vie.

Sa couleur primitive devient de plus en plus vive, à proportion de l'âge et du développement des forces de l'individu, et s'affoiblit dans l'état de maladie et lors de la décrépitude.

Beaucoup de chimistes ont analysé le sang et ont cherché à spécifier les différences qui le caractérisent dans tel ou tel ordre de vaisseaux, chez tel ou tel animal; mais ils n'ont pu agir que sur cette humeur privée de vie : leurs réactifs n'ont porté que sur son cadavre inanimé, et depuis le dix-septième siècle, époque à laquelle remontent les premières expériences en ce genre sur les matériaux immédiats de cette humeur, jusqu'à Vauquelin, Parmentier, Deyeux et Fourcroy, la chimie, quoique mise en œuvre par des hommes d'un mérite supérieur, comme Lémery, Hoffmann, Schwencke, Hewson, Menghini, de Haën, Crawford, n'a démontré dans le sang que la présence du fer, de la gélatine ou plutôt de l'albumine, de l'eau, de l'hydrochlorate de potasse, de celui de soude, du lactate de soude, de la chaux, d'un principe colorant, etc.; mais elle n'a pu déterminer la nature des modifications que lui impriment l'influence de l'organisation et l'énergie des fonctions vitales; elle n'a pu expliquer pourquoi, comme l'a démontré Legallois, il varie avec les organes d'où on l'a extrait; pourquoi dans le jeune âge il est plus séreux, plus albumineux que dans la vieillesse; pourquoi il est coagulé dans les veines par la potasse qu'on injecte dans ces vaisseaux, tandis que, hors du corps, le même alkali le dissout au contraire; pourquoi le sang d'un individu n'est pas mis impunément en circulation dans le système vasculaire d'un autre individu de la même espèce; pourquoi, à son égard, et comme l'ont prouvé les expériences de Felice Fontana, le venin de la vipère n'agit pas sur lui de la même manière, quand il fait encore partie de l'économie et quand il a été extrait du corps; pourquoi, dans ce dernier cas, il se coagule et se divise naturellement en deux portions, ce qui n'arrive jamais dans l'homme vivant et sain ; pourquoi cette coagulation est plus manifeste dans les maladies phlogistiques, chez les individus robustes et exercés que dans l'état ordinaire, que chez les personnes affoiblies et cachectiques; elle n'a pu déterminer des différences trop délicates pour ses instrumens, et qui tiennent à ce que le sang en circulation pendant la vie possède une force vitale qui lui est propre, à ce que celui de l'homme n'est pas celui de la femme, à ce que celui de la vieillesse n'est pas celui de l'enfance, à ce que celui du lymphatique n'est pas celui du bilieux, à ce que, en sortant de ses conduits naturels, il perd une sorte d'effluve animé, une partie volatile odorante, inattaquable par nos moyens habituels.

Ce qu'il y a de certain, c'est que le *sang*, le *fluide nourricier*, tel qu'il est contenu dans les vaisseaux de la circulation, non-seulement peut se résoudre pour la plus grande partie dans les élémens internes du corps animal, le carbone, l'hydrogène, l'oxigène et l'azote, mais qu'il contient déjà la fibrine et d'autres élémens organiques, disposés à se contracter et à prendre les formes de membranes ou de filamens.

On ne sauroit disconvenir pourtant que les recherches savantes des hommes habiles que nous avons citées, éclairées d'ailleurs par les travaux récens de sir Éverard Home et de MM. Berzelius, Brande, Marcet, Chevreul, Thénard, Pfaff, Rostock, n'offrent un intérêt des plus grands. C'est ce dont nous prions le lecteur de se convaincre, en jetant les yeux sur l'article de ce Dictionnaire qui suit immédiatement le nôtre, et où M. Chevreul a tracé un tableau exact et complet de l'état actuel de la science à cet égard.

Nous lui recommandons néanmoins, en même temps, de ne point oublier les écrits si instructifs de Bordeu, qui a considéré le sang plutôt en physiologiste et en médecin qu'en chimiste.

Quoi qu'il en soit, les micrographes ont fait sur cette humeur des observations dont voici le précis :

Le sang se compose d'un véhicule séreux, dans lequel des particules microscopiques rouges, décrites autrefois par Leeuwenhoeck, sont tenues en suspension. En général, on a considéré ces corps comme des sphères marquées d'un point lumineux dans leur centre, ou bien, comme étant percés et par conséquent de figure annulaire.

Hewson a trouvé au contraire que les particules du sang humain sont lenticulaires : ce qu'ont démontré les observations importantes et nouvelles de Béclard, de MM. Prévost et Dumas, et ce dont j'ai eu l'occasion de me convaincre par moi-même, contradictoirement à l'opinion de Young, confirmée par sir Everard Home, qui ont pensé que l'aplatissement étoit postérieur à la sortie du sang et dépendoit de la séparation de la matière colorante.

Les particules dont il s'agit, sont, au reste, composées d'un globule central, blanchâtre, transparent et d'une enveloppe rouge, moins transparente, ayant la forme d'un sphéroïde déprimé.

Leur diamètre est d'environ un cent-cinquantième de millimètre.

Tant que le sang est contenu dans ses canaux et qu'il y est en mouvement, les choses restent en cet état.

Extrait des vaisseaux qui le contiennent, il exhale, pendant tout le temps qu'il conserve sa chaleur, une vapeur formée d'eau et d'une matière animale putrescible. Il se coagule bientôt, abandonne du calorique et dégage beaucoup de gaz acide carbonique, lequel, sous la pression de l'atmosphère, occupe des canaux creusés dans l'intérieur du coagulum, ou s'échappe au dehors du caillot sous le récipient d'une machine pneumatique, où l'on opère le vide.

Il ne convient point de confondre ce dégagement de vapeur et de gaz du sang hors de ses vaisseaux avec un prétendu gaz que l'on a supposé circuler avec lui.

Comme les chimistes nous l'enseignent, peu après la coagulation du sang en une seule masse et son partage en deux parties, on voit le coagulum se resserrer, exprimer la partie liquide du sérum et donner lieu à l'augmentation de celui-ci jusqu'au moment de la putréfaction. Ordinairement la surface supérieure du caillot, se resserrant plus que le reste, devient concave, et si on le lave lui-même sous un filet d'eau, en le pressant doucement et long-temps, on en enlève la matière colorante et il reste une masse fibrineuse blanche, solide, élastique, se comportant comme les muscles sous l'influence du galvanisme.

Ainsi donc, par la coagulation et le lavage, le sang se trouve partagé en *cruor*, en *sérum* et en *fibrine*.

Voici ce qui arrive dans ces opérations :

Aussitôt que le sang est hors des vaisseaux, la matière colorante des globules abandonne le noyau central de ceux-ci, qui, débarrassés de leur enveloppe, s'unissent entre eux et forment, comme Ruysch l'a noté le premier, des filamens qui se réunissent en un réseau ou lacis dans lequel se trouvent renfermées la matière colorante et beaucoup de particules entières, non encore décomposées, qui présentent l'aspect d'une masse consistante, d'un rouge noir à l'intérieur, pourpre au dehors, tremblante comme de la gelée et plus ou moins solide, plus ou moins colorée, ou qui constituent même des espèces de membranes.

C'est là ce qu'on nomme proprement le caillot, que Hunter a regardé comme dû à un phénomène entièrement vital, analogue à celui de la réunion des plaies par première intention.

Quand on lave le caillot, l'eau entraîne tout à la fois une matière colorante libre, et les globules qui sont restés entiers et qui contiennent encore un noyau blanc dans leur intérieur.

Ces matériaux sont, du reste, dans des proportions très-variées, suivant les circonstances d'âge, de sexe, de constitution, de maladie, etc.

Dans l'homme adulte et sain, les globules colorés font, après leur dessiccation, un peu plus d'un huitième du poids total du sang.

Quand, après plusieurs heures de repos, la masse épaisse du caillot a augmenté de densité, on reconnoît qu'elle est plongée dans une humeur transparente, d'un bleu jaunâtre ou verdâtre.

C'est le *sérum*.

Celui-ci a la saveur, l'odeur et le toucher du sang ; il se coagule à environ 69° +o centig., ressemble alors au blanc d'œuf cuit, et contient dans des vacuoles une substance que, plus d'une fois, on a prise pour de la gélatine, et qui paroît être du mucus.

Les parties constituantes du sérum sont de l'eau, de l'albumine, de la soude et des sels de soude, et, selon M. Brande, ce liquide n'est qu'un albuminate de soude avec excès de base, qui se coagule par l'effet de la neutralisation de la soude nécessaire à sa fluidité ; ce qui explique comment ce phénomène est produit par l'alcool et la plupart des acides qui enlèvent cet alkali.

Le cruor du sang, ou la matière colorée obtenue par le lavage, est toujours un mélange de matière rouge libre, de globules enveloppés par elle et de sérum.

Cette matière rouge libre est celle que les chimistes ont nommée ZOOHÉMATINE (voyez ce mot). Soluble dans l'eau, elle peut se diviser à l'infini dans ce liquide, et au point même de traverser les filtres. Un principe animal, en combinaison avec le peroxide de fer, paroît la constituer.

La fibrine du sang offre l'aspect de fibres feutrées, tenaces, élastiques, ayant au microscope l'aspect et la structure de la fibre musculaire, composées de globules blancs, semblables à ceux des particules colorées du sang et se résolvant en globules isolés avant de se putréfier dans l'eau.

Le sang renferme aussi une matière grasse ou huileuse.

Ce liquide, contenu dans les artères, dans les veines et dans le cœur, y est dans un mouvement continuel, qu'on appelle *circulation* (voyez SYSTÈME CIRCULATOIRE). Il éprouve, dans ce mouvement, des altérations constantes et régulières, qui, se balançant mutuellement, l'entretiennent dans un état moyen de composition, et il reçoit de nouveaux élémens préparés par la digestion et l'absorption intestinale. Des molécules séparées des organes sont, en même temps, ajoutées à sa masse. Il est soumis ensuite à l'action de l'atmosphère dans les poumons, où il se revivifie. Il est envoyé dans toutes les parties, où il éprouve un changement inverse, où il fournit les matériaux qui se fixent dans les organes, et où il est dépouillé par les sécrétions d'une partie de ses principes.

Parmi ces altérations, les plus notables sont celles qu'il éprouve dans les poumons, où il devient d'un rouge vermeil, et dans tout le reste du corps, où il acquiert une teinte d'un rouge brun, et qui paroissent dépendre, dans le premier cas, d'une absorption d'oxigène, et dans le second, d'une formation de carbone. (Voyez RESPIRATION.)

Outre la matière nutritive que le sang distribue dans les organes, il paroît encore être le véhicule du principe de la chaleur.

Le sang, dans l'homme, présente des variétés constantes, suivant les âges, les sexes et d'autres circonstances : il offre aussi des altérations accidentelles.

Dans le fœtus, ce liquide, dont la couleur est très-foncée, n'a presque pas de matière coagulable, presque pas de fibrine.

Il en est de même du sang menstruel de la femme.

Le *sang veineux* n'est pas, il s'en faut de beaucoup, le même que le sang artériel. Avec le chyle et la lymphe il forme un fluide destiné à être élaboré par l'acte de la respiration, et qu'il est aisé de se procurer par l'opération de la phlébotomie.

D'un rouge brun ou noirâtre, il a une odeur foible, une température de 31° ╾╾ o R. ; une pesanteur spécifique de 1051.

On n'a aucun moyen de déterminer la quantité de sang veineux contenu à la fois dans l'économie; car, si, dans un animal vivant, on perfore les parois des gros troncs veineux, la mort arrivera avant l'entier écoulement du liquide qu'ils contiennent, et c'est là ce qui explique les nombreuses variations observées à ce sujet dans les livres des physiologistes, les uns admettant en tout dix-huit, et les autres vingt-huit livres de sang; mais, assez généralement, on a dit qu'il n'y avoit qu'un tiers de cette quantité dans les artères et que les deux autres tiers étoient renfermés dans les veines et les systèmes capillaires.

Le *sang artériel*, vital et réparateur, ressemble beaucoup, physiquement et chimiquement, au *sang veineux*, appauvri et moins excité; mais il en diffère grandement par ses usages.

Ces deux humeurs, si distinctes pour le physiologiste, offrent peu de différences aux yeux du chimiste. Le premier a cependant une teinte rouge plus vermeille; une odeur plus forte; une chaleur plus élevée, d'un à deux degrés; une capacité pour le calorique plus prononcée dans le rapport, selon M. Davy, de 903 à 915; une pesanteur spécifique moins grande et dans le rapport, suivant le même savant, de 1049 à 1052; une quantité moindre de sérum et une disposition plus grande à la coagulation. Peut-être encore, comme le pense le professeur Krimer, de Bonn, est-il plus susceptible de putréfaction.

C'est aussi dans ce sang qu'on a cru trouver un élément particulier, volatil, odorant, dissoluble dans l'air, principe évident de la fluidité et de la vitalité de l'espèce d'humeur dont nous écrivons l'histoire; effluve odorant, admis d'abord par Rosa et Moscati, dont l'opinion a plus d'une fois depuis été adoptée, mais que personne ne suit aujourd'hui, où chacune nie l'existence de ce gaz et le regarde comme une volatilisation, une dissolution par l'air d'une portion de la masse sanguine.

Le sérum du sang artériel est moins abondant et spécifiquement plus léger que celui du sang veineux, dans la proportion de 10,257 à 10,264.

Son caillot se forme plus tôt et est plus ferme que celui du sang veineux.

Les micrographes assurent aussi qu'il contient plus de particules rouges : sur 10,000 parties il y a, selon MM. Dumas et Prévost, 100 de ces particules de plus.

Est-il nécessaire, d'ailleurs, de rappeler ici que l'état chimique et physique du sang artériel offre mille et mille variétés, selon les proportions et la nature des matériaux dont il dérive, selon l'énergie avec laquelle s'est opérée l'hématose sur le chyle, la lymphe et le sang veineux ; dernière condition, qui explique comment, lorsque le chyle est trop peu abondant, lorsqu'il est vicié par suite de la mauvaise qualité des alimens, le sang artériel, détérioré, est appauvri et diminue de quantité ?

Le sang artériel est identique dans tous les vaisseaux qu'il parcourt.

On a dit vaguement qu'il n'en étoit point de même du sang veineux, qui doit différer de lui-même dans les diverses distributions du système veineux ; ce que Legallois a cherché à démontrer en rappelant que les pertes faites par le sang artériel dans les divers organes. variant comme les organes eux-mêmes, le sang doit varier dans la même proportion.

Il est aussi difficile d'apprécier à sa juste valeur la masse du sang artériel que celle du sang veineux ; car si l'on ouvre un des gros troncs du système vasculaire que ce liquide remplit, la respiration s'embarrasse et la mort arrive avant son entier écoulement. Voilà pourquoi la plupart des expérimentateurs sont en contradiction sur ce point; pourquoi Harvey a dit que le poids total du sang en circulation étoit le vingtième de celui du corps; Lobb et Lower l'ont estimé à dix livres, en quoi ils ont été suivis par M. Krimer; Quesnay l'a porté à vingt-sept livres; Hoffmann à vingt-huit; d'autres à trente; voilà aussi pourquoi, le plus ordinairement, dans cette appréciation, qu'on a presque constamment rapportée à l'homme en particulier, on n'a point distingué les deux espèces de sang l'une de l'autre.

La quantité de ce fluide varie d'ailleurs dans les divers individus d'une même espèce. Ceux qui sont gras en ont moins que ceux qui sont maigres, et ceux des climats chauds que ceux des pays froids.

Nous avons déjà dit que le sang des fœtus diffère essentiellement de celui de l'enfant qui a respiré : des essais tentés par Fourcroy ont démontré ce fait.

On ne sait rien de positif sur les différences qui peuvent exister entre le sang de la femme et celui de l'homme.

Le sang de l'écoulement menstruel n'est identique, ni avec le sang veineux, ni avec le sang artériel.

La couleur du sang n'est point la même dans les diverses classes du règne animal. Il est d'un rouge plus ou moins vif dans tous les vertébrés; mais il devient jaunâtre ou blanchâtre dans la plupart des mollusques et des crustacés; rougeâtre dans plusieurs annélides; aqueux et transparent dans les radiaires.

Le sang des mammifères n'est point très-dissemblable de celui de l'homme, et les essais d'analyses faits sur celui du cheval, de l'âne, du bœuf, du mouton, de la chèvre et du cochon, n'ont donné pour résultats que des différences de proportion, soit entre les individus d'une même espèce, soit entre ces différentes espèces, soit entre elles et la nôtre.

Cependant les animaux mammifères du Nord, et principalement les espèces aquatiques, comme les phoques, les otaries, les dauphins, les baleines, les cachalots, ont une quantité de sang proportionnément plus grande que ceux des pays chauds, qui transpirent beaucoup, et que les espèces terrestres, qui absorbent de l'eau en quantité. Cette humeur est aussi, chez eux, plus noire, plus visqueuse, plus hydrogénée et plus chargée de carbone.

Les carnivores, qui boivent peu et se livrent à de violens exercices, ont un sang épais et peu abondant; sa coagulation est fort prompte.

Les animaux sauvages ont un sang plus copieux et plus riche en fibrine que les individus de leur espèce engraissés et asservis à la domesticité. Cette particularité est surtout évidente pour les ruminans.

Le sang des rongeurs est assez liquide, parce que, quoique ces animaux boivent rarement et urinent beaucoup, ils vivent de substances végétales plus ou moins humides. Parmi eux, le loir, la marmotte, le hamster et quelques autres s'assoupissent en hiver; ce que Buffon attribuoit à la froideur de leur sang; opinion manifestement erronnée et détruite par Sultzer, Pallas, Gmelin et Vicq d'Azyr, dont les recherches ont démontré que chez tous les rongeurs la température du sang est constamment la même.

Dans les oiseaux, le sang est abondamment chargé de fibrine, à cause, sans doute, de l'étendue et de l'énergie de la puissance respiratrice. La même différence que pour les mammifères caractérise ce liquide dans les individus domestiques et dans ceux qui vivent à l'état de liberté.

En général, le sang des mammifères et des oiseaux, c'est-à-dire, le *sang chaud*, est plus épais, plus coagulable, plus chargé de fibrine que le *sang froid* des reptiles et des poissons. Il renferme une plus grande quantité de zoohématine, un plus grand nombre de globules microscopiques et plus de phosphate de chaux.

Celui des serpens et des lézards ne se coagule même qu'imparfaitement, et celui des tortues ne se concrète que sous l'influence du feu.

Celui des poissons est blanchâtre, pâle, difficilement coagulable aussi, et peu riche en caillot. Il a une très-grande tendance à devenir huileux.

Dans les mollusques, le sang n'est qu'une sorte de lymphe muqueuse et gélatineuse, et le plus souvent insipide.

Il en est de même dans les crustacés, où, par la dessiccation, il prend l'aspect d'une matière fibreuse.

Enfin, les globules microscopiques qui circulent avec le sang, et dont l'existence, niée parfois, depuis Leeuwenhoeck, n'est plus mise en doute aujourd'hui, méritent quelque attention de notre part, puisque leur forme varie dans les différentes classes du règne animal, ainsi qu'il conste des observations de Hewson, G. A. Magni, Weiss, Meister, Schreiber, Haller, Meig, J. A. Poli, C. Sprengel, Gruithuisen, Autenrieth, Hales, Euler, Éverard Home, C. A. Rudolphi, Bauer, Blumenbach, Senac, Tabar, Dumas, Prévost, J. Chr. Schmidt, etc.

Examinés hors du corps, ces globules sont plus ou moins sphériques dans l'homme et les mammifères; lenticulaires ou elliptiques dans tous les autres animaux. Chez les batraciens, ils sont tout-à-fait plats et se plissent si on les arrose d'une solution de sel commun.

Ils diffèrent souvent en volume les uns des autres dans un même animal, et Malpighi en admettoit de trois ordres. Selon M. Krimer, les globules du sang artériel sont plus petits que ceux du sang veineux.

D'après Hewson, ils sont plus volumineux chez les jeunes animaux que dans les adultes.

La taille de l'animal ne paroît pas influer sur le volume des globules.

Dans plusieurs mammifères ils sont plus petits que dans l'homme. Souvent ils sont aussi volumineux, et rarement ils le sont davantage.

Comme dans l'homme, chez tous les animaux, chaque globule est composée d'une enveloppe vésiculaire et d'un noyau, qui se séparent l'un de l'autre lors de la putréfaction du sang.

D'après Sprengel on compteroit 9,000,000 de ces globules sur une surface d'un pouce carré, et, chez l'homme, le diamètre de chacun d'eux, apprécié au moyen du micromètre de Banks est d'$\frac{1}{3000}$ de pouce, tandis que Senac et Tabar le fixent à $\frac{1}{3600}$, et qu'Éverard Home le porte tantôt à $\frac{1}{1700}$, tantôt à $\frac{1}{4000}$, et même à $\frac{3}{6000}$.

Certains physiologistes ont attribué à chaque globule du

sang une vie propre. Le fait est que, durant l'existence de l'animal, ces particules exécutent un *tourbillonnement* qui dure encore plusieurs minutes après que le sang est sorti de la veine. (H. C.)

SANG. (*Chim.*) A l'état normal le sang des animaux vertébrés, qu'on a examiné sous le rapport de la composition immédiate, a donné les résultats suivans :

Composition.

Albumine.

Fibrine.

Hématosine ou principe colorant rouge organique.(Brande.)

Matière grasse du cerveau. (Chevreul.)

Urée. (Prévost et Dumas.)

Lactate de soude et matière extractive. (Berzelius.)

Sulfate de potasse.

Chlorures de sodium et de potassium. (Rouelle.)

Soude plus ou moins carbonatée. (Haen et Rouelle.)

Phosphates de chaux et de magnésie.

Peroxide de fer. (Menghini.)

Manière de l'analyser.

(*a*) On abandonne le sang à lui-même dans un lieu frais. Il se prend en masse, et peu à peu une matière solide, colorée en rouge-brun, appelée *cruor* ou *caillot*, se sépare d'un liquide épais, transparent, foiblement coloré en jaune, appelé *sérum du sang.*

(*b*) On prend le *caillot;* on le lave dans un tamis ou dans un linge : l'eau entraîne la partie colorante, et il reste de la *fibrine* en petites membranes blanches.

On peut encore se procurer la fibrine en agitant le sang, récemment tiré d'une veine, avec un petit balai; la fibrine s'attache en longs filamens, qu'on lave ensuite avec de l'eau pure.

(*c*) La fibrine contient une quantité notable de matière grasse du cerveau, qu'on en sépare en la faisant macérer dans l'éther hydratique. Celui-ci, décanté et évaporé, laisse la *matière grasse.*

(*d*) Rien n'est plus simple que de constater dans le sérum

la présence de l'*albumine*. Il suffit de l'exposer à la chaleur pour le voir se coaguler. En un mot, en le traitant comparativement avec du blanc d'œuf, dissous dans un peu d'eau, on verra que les deux liquides se comportent de la même manière.

(*e*) Quand on voudra analyser le sérum, on le fera évaporer spontanément à l'air ou bien dans le vide sec. On traitera le résidu pulvérisé par l'éther, qui dissoudra une nouvelle quantité de *matière grasse du cerveau*.

(*f*) On dissoudra le résidu (*e*) dans un peu d'eau; on y versera ensuite de l'alcool. L'albumine sera précipitée avec du sulfate et du sous-carbonate de soude, et le liquide retiendra de l'urée, des chlorures de potassium et de sodium, et, suivant M. Berzelius, du lactate de soude.

(*g*) En lavant le résidu (*f*) à l'eau chaude, on dissoudra des chlorures et du sous-carbonate de soude, et, enfin, une trace d'albumine et de lactate de soude.

Observation.

Pour avoir l'urée, il faut prendre les précautions suivantes: On enlève d'abord à un chien un de ses reins; quinze jours après on lui enlève l'autre rein. L'animal ne paroît guère souffrir qu'au bout de trois jours; si alors on le saigne, qu'on fasse évaporer le sérum séparé du caillot dans le vide sec, qu'on applique l'alcool au résidu desséché, qu'on évapore de nouveau l'alcool dans le vide, on obtiendra l'urée.

Cinq onces du sang d'un chien qui a vécu sans rein pendant deux jours, ont donné à MM. Prévost et Dumas plus de vingt grains d'urée; deux onces de sang d'un chat soumis au même traitement, leur en ont donné plus de dix grains.

(*h*) Quant à l'hématosine, il existe plusieurs procédés pour l'obtenir.

Procédé de Brande.

On agite le sang au moment où on vient de le tirer d'une veine; on enlève la fibrine qui s'est séparée; on abandonne la liqueur à elle-même: peu à peu elle dépose une matière colorée en rouge-brun, dont on sépare la liqueur surnageante par décantation. M. Brande considère le dépôt comme l'hématosine, contenant un peu d'albumine.

Voici les propriétés qu'il lui a reconnu :

Vue au microscope, elle paroît formée de globules.

Elle produit avec l'eau une solution, qui ne se putréfie que difficilement, qui est rouge de sang, jusqu'à 90^d; à partir de cette température, elle se trouble, et la matière colorante se dépose sous forme d'un sédiment brun. Il est vraisemblable que l'albumine est pour quelque chose dans cet effet. L'alcool précipite l'hématosine de sa dissolution.

L'acide sulfurique, étendu de huit fois son poids d'eau, la dissout à chaud seulement. L'acide hydrochlorique, les acides acétique, oxalique, tartrique, citrique, la dissolvent non-seulement à chaud, mais encore à froid.

Ces solutions sont d'un rouge cerise ou d'un cramoisi foncé quand on les regarde par réflexion, et verdâtres quand on les regarde par transmission.

Les alcalis et les sous-carbonates alcalins solubles la dissolvent en si grande abondance, que les liqueurs concentrées paroissent opaques.

L'alumine, l'oxide d'étain, forment avec elle des laques qui se décolorent au soleil.

Les dissolutions de mercure au minimum et au maximum, la précipitent de sa dissolution aqueuse.

Elle colore le coton engallé en rouge solide.

Elle est détruite rapidement par l'acide nitrique.

Au feu, elle donne les produits des matières azotées et un charbon qui ne contient qu'une trace de fer.

Procédé de Berzelius.

On coupe le caillot en tranches minces ; on le met à égoutter sur du papier brouillard ; on le triture dans une petite quantité d'eau ; on coagule la solution ; on la filtre : la masse brune, coagulée, est ensuite soumise à la presse et séchée à 70^d ; dans cet état elle est insoluble dans l'eau. Si, au lieu de sécher l'hématosine à 70^d, on la dessèche dans une soucoupe à 50^d, elle est susceptible de se redissoudre dans l'eau froide.

L'hématosine qui a été séchée à 70^d, est d'un brun noir.

Elle est insoluble dans l'eau, l'alcool et l'éther hydratique.

Elle forme avec l'acide acétique une gelée en partie soluble dans l'eau tiède.

La solution se trouble par l'ébullition. Elle est précipitée par les alcalis, l'hydro-cyanoferrate de potasse.

Elle est insoluble dans l'acide hydrochlorique.

Elle est soluble dans l'ammoniaque. La liqueur est d'un brun foncé.

M. Berzelius considère la nature de l'hématosine comme étant très-analogue à celle de la fibrine. Il pense qu'elle est composée de fer, de phosphore, de calcium, de soufre, d'oxigène, d'azote, de carbone et d'hydrogène. Quand on l'incinère, on obtient une cendre formée de

Oxide de fer	50
Sous-phosphate de fer	7,5
Phosphates de chaux et magnésie . .	6
Chaux pure.	20
Acide carbonique et perte	16,5
	100,0.

L'hématosine, préparée par le procédé de M. Berzelius contient de la matière grasse du cerveau et très-probablement de l'albumine.

Procédé de Vauquelin.

On écrase dans une terrine le caillot du sang, préalablement égoutté avec 4 parties d'acide sulfurique, étendues de 8 parties d'eau ; puis on fait chauffer à 70^d ; on filtre la liqueur ; on lave le résidu avec 12 parties d'eau chaude : on concentre à moitié la liqueur et les lavages ; puis, en neutralisant presque tout l'acide par l'ammoniaque, on obtient l'hématosine sous la forme d'un dépôt de couleur rouge pourpre ; on décante la liqueur surnageante ; on la remplace par de l'eau, et cela jusqu'à ce que le lavage ne trouble plus le nitrate de baryte : on jette le tout sur un filtre, et quand la matière est égouttée, on la fait sécher dans une soucoupe.

M. Vauquelin pense que l'albumine et la fibrine, qui se sont dissoutes par l'acide sulfurique, ne sont pas précipitées par l'ammoniaque.

L'hématosine, préparée par le procédé de Vauquelin, est d'un noir brillant comme le jayet.

Elle est inodore, insipide.

Elle se délaie dans l'eau sans s'y dissoudre. Lorsqu'elle est en suspension dans ce liquide, elle paroit d'une couleur rouge de vin.

Elle se dissout bien dans les acides et les alcalis. Les solutions sont d'un rouge pourpre. Sa dissolution hydrochlorique ne trouble point le nitrate de baryte. Elle n'éprouve aucun changement de la part de l'acide gallique et de l'hydro-cya-noferrate de potasse. Le tannin de la noix de galle la précipite sans en changer la couleur.

Elle donne à la distillation du sous-carbonate d'ammoniaque une huile rouge-pourpre, peu de gaz et un charbon abondant.

Des propriétés du sang à l'état normal.

Le sang des artères diffère de celui des veines par la couleur : le premier est d'un rouge tirant sur l'écarlate, tandis que le second est d'un rouge pourpre.

On avoit pensé que la capacité du sang artériel pour la chaleur étoit plus grande que celle du sang veineux ; mais M. J. Davy a trouvé ces capacités sensiblement égales.

La densité du sang artériel est un peu inférieure à celle du sang veineux ; et ces densités sont supérieures à celle de l'eau.

Lorsqu'on examine le sang artériel et le sang veineux au microscope, ils paroissent formés de globules colorés en rouge et d'un liquide incolore, ainsi que Leeuwenhoeck le découvrit le premier en 1674. En 1818, M. Home prouva que ces globules sont formés d'un globule central de fibrine et d'une enveloppe colorée. Après être sortis des vaisseaux, les globules de fibrine se séparent de leur enveloppe, pour former des fibres ou des membranes en s'agrégeant ensemble. M. Hewson a vu que les globules du sang sont aplatis et que dans tous les mammifères ils sont circulaires ; tandis qu'ils sont ovales dans les oiseaux, et, en général, dans les animaux à sang froid : nous disons, en général, parce qu'il a considéré les globules de l'anguille, du saumon, de la carpe et de la vipère comme circulaires.

MM. Prévost et Dumas, en 1821, ont confirmé ces résultats, sauf qu'ils ont vu que les globules de la vipère sont elliptiques, et qu'ils soupçonnent qu'il en est de même des globules de l'anguille, du saumon et de la carpe.

Ces savans pensent qu'un globule du sang, de forme circulaire, se compose d'un sphéroïde de fibrine transparent et d'une espèce de vessie membraneuse, colorée et aplatie, renfermant le sphéroïde ; quant aux globules elliptiques, il leur semble que le sphéroïde de fibrine, qui est au centre, est enveloppé d'une substance qui lui donne la forme ovoïde. Suivant les mêmes savans, le sang artériel contient plus de globules que n'en contient le sang veineux.

Coagulation du sang.

Le sang, tiré des vaisseaux d'un animal, est à peine abandonné à lui-même, qu'il se coagule, sans qu'il y ait, suivant J. Davy, un dégagement appréciable de chaleur.

Voici ce qui semble se passer dans la coagulation : Dès que le sang est en repos, l'enveloppe colorée d'un certain nombre de corpuscules de fibrine, se sépare de ceux-ci ; les corpuscules, devenus libres, s'agrègent et forment une sorte de réseau, qui retient entre ses parties, 1.º les enveloppes colorées des globules qui se sont décomposés ; 2.º des globules qui n'ont éprouvé aucun changement ; 3.º le sérum. Peu à peu les globules de fibrine se rapprochent et une partie de sérum s'en sépare, ainsi que nous l'avons dit en parlant de l'analyse du sang. D'après cela, on conçoit comment en pressant le caillot au sein de l'eau, ou en le malaxant dans un tamis de crin sous un filet de ce liquide, on parvient à séparer de la fibrine tout le sérum et les parties colorées qu'elle retenoit entre ses parties.

MM. Prévost et Dumas pensent que la partie colorée est gélatineuse, transparente, insoluble dans l'eau, dont elle peut toujours se séparer par le repos, et que ses parties ne peuvent s'agréger ensemble comme le font les corpuscules de fibrine qu'elles enveloppoient ; leur division est telle, qu'elles passent au travers des filtres : c'est ce qui a fait croire à plusieurs chimistes que la substance colorante de sang est soluble.

MM. Prévost et Dumas pensent que l'hématosine est composée d'une substance animale, qui peut être de l'albumine + du peroxide de fer.

Du sang considéré dans les diverses classes d'animaux vertébrés.

Densité moyenne.

Sang de l'homme.. 1,0527 Haller.
Sang de bœuf..... 1,056 Fourcroy.

Diamètre des globules circulaires dans plusieurs espèces d'animaux.

Diamètre réel en fractions du millimètre.

Callitriche....................	$\frac{1}{120}$ ([1])
Homme....... Chien........ Lapin........ Cochon...... Hérisson...... Cochon d'Inde. Muscardin	$\frac{1}{150}$
Ane....................	$\frac{1}{167}$
Chat........ Souris grise... Souris blanche	$\frac{1}{171}$
Mouton....... Oreillard..... Cheval....... Mulet........ Bœuf.........	$\frac{1}{200}$
Chamois...... Cerf.........	$\frac{1}{215}$
Chèvre....................	$\frac{1}{288}$

1 M. Kater avoit eu les résultats suivans :

Homme.......... $\frac{1}{200}$ de millimètre.
Veau........... $\frac{1}{250}$
Souris......... $\frac{1}{180}$
Raie.......... $\frac{1}{?}$

Diamètre des globules elliptiques dans plusieurs animaux.

	Grand diamètre.	Petit diamètre.
Orfraie Pigeon	$\frac{1}{75}$	$\frac{1}{150}$
Dinde Canard	$\frac{1}{79}$	$\frac{1}{150}$
Poulet	$\frac{1}{81}$	$\frac{1}{150}$
Paon Oie Corbeau Moineau Chardonneret	$\frac{1}{85}$	$\frac{1}{150}$
Mésange	$\frac{1}{100}$	$\frac{1}{150}$
Tortue terrestre	$\frac{1}{48}$	$\frac{1}{77}$
Vipère	$\frac{1}{60}$	$\frac{1}{100}$
Orvet	$\frac{1}{66}$	$\frac{1}{115}$
Couleuvre de Rasomouski	$\frac{1}{51}$	$\frac{1}{100}$
Lézard gris	$\frac{1}{60}$	$\frac{1}{111}$
Escargot	$\frac{1}{100}$	
Salamandre ceint. Salamandre à crête	$\frac{1}{36}$	$\frac{1}{75}$
Crapaud commun Grenouille commune Grenouil. à tempe tachetée	$\frac{1}{45}$	$\frac{1}{75}$
Lote Veron Dormille	$\frac{1}{75}$	$\frac{1}{723}$

Proportions des globules, de l'albumine et de l'eau dans plusieurs espèces d'animaux, et température moyenne de ces animaux, suivant MM. Prévost et Dumas.

NOM DE L'ANIMAL.	SA TEMPÉRATURE MOYENNE.	10000 parties de sang contiennent		
		Globules.	Albumine et sels solubles.	Eau.
Pigeon	42	1557	469	7974
Poule	$41\frac{1}{2}$	1571	630	7799
Canard.	$42\frac{1}{2}$	1501	847	7652
Corbeau	—	1466	564	7970
Héron	41	1326	592	8082
Singe.	35,5	1461	779	7760
Homme	39	1292	869	7839
Cochon d'Inde. .	38	1280	872	7848
Chien	37,4	1238	655	8107
Chat	38,5	1204	843	7953
Chèvre.	39,2	1020	854	8146
Veau.	—	912	828	8260
Lapin	58	938	685	8379
Cheval.	56,8	920	897	8182
Mouton, sang art.	38	935	772	8293
— sang vein.	—	861	775	8364
Truite	—	638	725	8637
Lote	celle du milieu ambiant . .	481	657	8862
Grenouille. . . .	9^d dans une eau à $7^d,5$	690	464	8846
Tortue	celle de l'air	1506	806	7688
Anguille	—	600	940	8460

Voici comment ces déterminations ont été faites.

(*a*) On a séparé le sérum du caillot; bien entendu que celui-ci en retenoit une certaine quantité.

(*b*) On a déterminé, par l'évaporation, la proportion des matières fixes contenues dans le sérum séparé du caillot (*a*), en supposant que la partie volatile n'étoit que de l'eau pure.

(*c*) On a déterminé, par le même moyen, la proportion de l'eau contenue dans le caillot, et d'après la quantité d'eau, on a conclu la proportion du sérum : parce qu'on a supposé

que le caillot étoit formé de particules sèches et de sérum.
Le poids du sérum, ainsi obtenu, retranché du poids du caillot, donne le poids des globules.

Nous observerons que, tout en admettant que la proportion des globules, déterminée d'après cette supposition, ne doive pas s'éloigner beaucoup de la vérité, cependant il ne seroit pas impossible que le liquide qui se trouve dans les globules du sang fût tout différent du sérum.

MM. Prévost et Dumas concluent des observations consignées dans ce tableau :

1.° Que les oiseaux, dont la température èst plus élevée que celle des animaux des autres classes, sont aussi les animaux dont le sang est le plus riche en globules;

2.° Que les mammifères sont, après les oiseaux, les animaux dont le sang est le plus riche en globules, et il sembleroit que le sang des carnivores en contient plus que celui des herbivores;

3.° Que le sang des animaux à sang froid contient moins de globules que celui des animaux à sang chaud.

	Analyse du sérum du sang de l'homme.	*Analyse du sérum du sang du bœuf.*
	Berzelius.	Berzelius.
Eau	905	905
Albumine ou substances insolubles dans l'alcool	80	79,990
Lactate de soude et matière extractive	4	6,175
Chlorures de potassium et de sodium	6	2,565
Soude carbonatée et un peu de matière animale	4	1,520
Perte	0	4,750

Sang considéré aux différens âges de la vie d'un animal d'une même espèce.

Le sang n'a point été étudié sous ce rapport d'une manière approfondie. Fourcroy a annoncé que le sang du fétus qui n'a pas respiré, contient, au lieu de fibrine, une matière qui se présente à l'état d'un tissu mollasse, sans consistance et comme gélatineux, qu'il ne devient pas rutilant par le contact de l'air, et qu'il ne donne pas de phosphate à l'analyse.

Sang considéré dans deux individus de sexe différent, correspondant d'âge, et appartenant à une même espèce.

Le sang n'a point été étudié sous ce rapport.

Sang à l'état pathologique.

Il n'existe que des observations détachées sur le sang considéré dans des animaux malades, et ces observations n'ont été faites que sur le sang de l'homme. Voici les résultats principaux de ce qu'on sait à ce sujet.

Sang inflammatoire.

MM. Déyeux et Parmentier ont vu que le sang des pleurétiques, abandonné à lui-même, se recouvre d'une couenne ; qu'il se prend en un caillot mou ; que le sérum chauffé ne présente point une coagulation consistante.

Ils regardent la couenne comme de la fibrine altérée.

Sang de trois scorbutiques âgés de 29 à 47 ans.

Les mêmes savans ont vu que le sang de ces trois malades n'étoit pas plus fluide que le sang normal ; qu'il se coaguloit spontanément ; qu'il avoit une odeur particulière ; que le sérum étoit moins susceptible de se coaguler par la chaleur que le sérum à l'état normal ; que le caillot donnoit de la fibrine par le lavage. Le sang d'un des scorbutiques s'est recouvert d'une couenne, mais moins épaisse que celle du sang inflammatoire.

Sang d'individus attaqués de fièvres putrides.

MM. Déyeux et Parmentier n'ont aperçu aucune différence bien spéciale entre le sang des fièvres putrides et le sang normal ; car le sang d'un individu attaqué d'une fièvre putride se couvroit de couenne, comme le sang inflammatoire ; tandis que le sang d'un autre individu, atteint de la même maladie, n'en présentoit pas. Ils n'y ont pas remarqué de signe de putridité ; enfin, dans la plupart de leurs essais, le sérum a paru se séparer difficilement du caillot.

Sang des diabétiques.

Rollo avoit annoncé la présence du sucre dans le sang de ces malades ; mais Wollaston et Vauquelin n'y en ont pas trouvé.

Sang des enfans attaqués de l'induration du tissu cellulaire.[1]

Le sang de deux enfans attaqués de cette maladie, sans l'être en même temps d'une ictère, m'a présenté les propriétés suivantes.

Il s'est coagulé spontanément, le caillot étoit peu abondant ; quand je l'ai lavé, il m'a donné une fibrine blanche, peu tenace.

Le sérum, séparé du caillot, étoit presque incolore ; abandonné à lui-même, il s'est pris en totalité en gelée.

Sang des enfans attaqués de l'induration du tissu cellulaire et d'une ictère.

Lorsqu'on incise la peau des enfans morts de cette maladie, on obtient un liquide jaune formé d'albumine, d'un principe colorant d'une couleur rouge-orangée, et d'un principe colorant vert ou peut-être d'un principe colorant bleu. Ces mêmes principes existent dans la bile. Si l'on abandonne le sang de ces enfans à lui-même, il s'en sépare un caillot de fibrine et d'hématosine ; le sérum a le même aspect que le liquide épanché dans le tissu cellulaire, et il contient les mêmes principes immédiats que lui ; et une propriété commune à ces liquides est de se prendre en une gelée formée d'une matière membraneuse et d'un liquide contenant la totalité ou la presque-totalité des principes colorans précités.

J'ignore si le sérum des enfans, à l'état normal, contient la matière spontanément coagulable que je signale ici : dans le cas où il en seroit dépourvu, ou, ce qui revient au même, où il en contiendroit une proportion beaucoup plus foible que celle contenue dans le sérum des enfans attaqués de l'in-

---

1 Ces faits et les suivans font partie d'un mémoire lu à l'Académie des sciences, le 4 Août 1823.

duration, et qu'il seroit démontré que la coagulation s'opé-
reroit dans le tissu cellulaire, il semble qu'on devroit considérer cette matière comme la cause de l'induration des
parties où le sérum s'est épanché.

Considérations sur la composition immédiate du sang.

On doit remarquer comme un des résultats les plus importans que la chimie ait fournis à la physiologie, la découverte
dans le sang de la plupart des principes immédiats qui constituent une grande partie de la masse des animaux. Ainsi on
rencontre dans ce fluide, destiné à accroître le corps des
êtres où il circule, et à réparer les pertes qu'il éprouve in-
cessamment : 1.° la *fibrine*, base des muscles; 2.° l'*albumine*,
un des principes immédiats de la matière cérébrale et d'un
grand nombre de liquides non excrémentitiels ; 3.° le *phosphate de chaux*; 4.° le *phosphate de magnésie* : ces deux sels sont
la base inorganique des os; 5.° l'*osmazôme*; 6.° la *matière grasse
du cerveau*; 7.° l'*urée*, un des produits excrémentitiels les plus
remarquables. Enfin, cette énumération seroit incomplète, si
on n'y ajoutoit pas : 1.° la *matière spontanément coagulable* que
m'a présenté le sérum des enfans attaqués de l'induration du
tissu cellulaire; 2.° *deux principes colorans*, que le sang des
enfans attaqués à la fois de cette maladie et d'une ictère, m'a
présenté : principes que j'ai trouvés dans la bile de l'homme
et celle de plusieurs mammifères. [1]

Avant de finir cet article, je ne crois pas inutile de faire
quelques remarques sur la proposition que plusieurs savans
ont avancée au sujet de l'absence ou de l'existence de la bile
dans le sang des ictériques. MM. Déyeux, Clarion et Orfila
disent avoir retrouvé la bile dans le sang des ictériques : cette
proposition ne peut être admise dans l'état actuel de la
science, puisqu'aucun de ces auteurs n'a prouvé qu'on peut
extraire de ce fluide tous les principes immédiats de la bile,

---

1 En comptant ici la matière spontanément coagulable parmi les
principes immédiats du sang, je ne prétends parler que du phénomène
que présente cette matière, sans décider s'il appartient à un principe
particulier, ou s'il résulte de l'action de quelque corps sur un principe immédiat déjà connu, par exemple, de l'action de quelque corps
inorganique sur l'albumine.

ou au moins ceux qui constituent ce qu'on a appelé sa *matière résineuse verte*. En effet, cette dernière matière, comme je l'ai prouvé en 1824, n'est pas un principe immédiat; elle est formée de cholestérine, d'acides margarique et oléique, d'un acide particulier et de deux principes colorans. Ce résultat a dû me rendre plus difficile que mes prédécesseurs relativement à la manière dont je devois énoncer les résultats de mes expériences sur le sang des enfans ictériques: je n'ai donc point dit que j'avois découvert la bile ou sa *matière colorante verte*; mais seulement *deux des principes colorans* que la bile humaine et celles de plusieurs mammifères m'ont présentés.

M. Ferrus m'ayant demandé, pour son article *Ictéricie* du Nouveau Dictionnaire de médecine, un résumé de mes recherches sur le sang en général et sur celui des enfans ictériques en particulier, je lui remis une note à ce sujet, à la condition qu'il la feroit imprimer telle que je l'avois écrite: mais cette note, malgré la promesse que M. Ferrus m'avoit faite de n'y rien changer, a été tellement tronquée à l'impression, que je déclare ici que le passage inséré sous mon nom, tome 12, page 15, du Nouveau Dictionnaire de médecine n'est pas de moi. (Cʜ.)

SANG-DRAGON. (*Bot.*) Le sang-dragon, employé en médecine sous le nom de *resina sanguis draconis*, est le suc résineux obtenu par incision de plusieurs plantes appartenant à des genres éloignés les uns des autres, et même à des familles fort différentes. Cette substance paroît ne pas avoir été inconnue aux anciens, qui la désignent assez clairement dans plusieurs passages de leurs écrits. La dénomination qu'on lui a attribuée, provient peut-être d'une idée chimérique, c'est-à-dire, du rapprochement qu'on a fait de sa couleur, qui est d'un rouge noir, avec celle du sang desséché du dragon de la fable.

Le sang-dragon existe sous trois formes dans le commerce de la droguerie. Premièrement, en olives enveloppées dans des feuilles de pandanus, nouées et disposées en chapelets; secondement, en cylindres plus ou moins longs et aplatis, renfermés dans des feuilles de palmier; et enfin, en masses plus ou moins informes, encore marquées des impressions des feuilles qui ont servi à les couvrir. Le sang-dragon en roseau, ou de forme olivaire, étoit celui qu'on estimoit le plus; mais, dans ces derniers temps, on est parvenu à le sophistiquer avec tant d'adresse, qu'il faut maintenant le soumettre à quelques essais pour constater son degré de pureté. Il arrive souvent qu'il est mélangé avec des résines communes, auxquelles on a joint une forte teinture de bois de Campêche.

Le sang-dragon a pour principaux caractères physiques d'être opaque ou quelquefois transparent, lorsqu'il est en lamelles minces; d'être coloré en rouge-brun foncé, quand il est en masse, et rutilant, lorsqu'il est en poudre. Sa consistance est fragile, friable; sa cassure conchoïde, lisse et luisante. Son odeur est nulle ou légèrement analogue à celle du benjoin, lorsqu'on le brûle. Aussi a-t-on cru qu'il devoit plutôt être rangé parmi les baumes qu'avec les résines.

L'eau n'a aucune action sur le sang-dragon, mais il se dissout en grande partie dans l'alcool, auquel il donne une brillante couleur rouge. Sa saveur est nulle ou légèrement stiptique, ce qu'on attribue au tannin qu'il contient. L'eau le précipite de la dissolution alcoolique.

Cette résine provient: 1.° du *pterocarpus draco*, L., de la famille des *légumineuses*, Juss., et de la *diadelphie décandrie* de Linné. Elle découle du tronc de cet arbre, qui croît aux Indes orientales, et pour la distinguer, on la nomme *sang-dragon oriental*. 2.° Du *pterocarpus santalinus*, qui croît dans l'Amérique méridionale; mais celle-ci est moins abondante et plus souillée d'impuretés. 3.° Du *dracœna draco* ou véritable dragonnier, de la famille des *asparaginées* de Jussieu, et de l'*hexandrie monogynie* de Linné. La résine sort du tronc de ce végétal monocotylédon, spontanément ou par incision, sous forme de larmes très-colorées. Sa patrie n'est pas exactement connue, et tout porte à croire que c'est l'Afrique, car c'est à tort que tous les auteurs indiquent que le sang-dragon provient des îles Canaries. Le seul dragonnier qu'on y a connu, existoit près d'*Orotava*, et il y avoit été introduit au temps des Béthencourt, lorsqu'ils firent la conquête des îles Fortunées. Ce végétal, qui avoit acquis des proportions monstrueuses, a été rendu célèbre par tout ce qu'en ont écrit les voyageurs, qui alloient le visiter comme en pélerinage; mais un orage l'a détruit en grande partie en 1822.

4.° Du *calamus draco* de Willdenow, variété du *calamus rotang* de Linné, végétal de la famille des palmiers, et qui est propre à presque toutes les îles de l'archipel des Indes orientales. Le sang-dragon en est obtenu, suivant Kæmpfer, en soumettant ses fruits à la vapeur de l'eau bouillante. 5.° Enfin, cette résine seroit encore obtenue de la racine d'un *dalbergia* qui croît à la Guiane, et d'un *croton* de l'Amérique méridionale.

On a aussi donné le nom de sang-dragon au suc astringent qui exsude abondamment du tronc de l'*eucalyptus resinifera* de la Nouvelle-Galles du Sud : c'est du moins sous ce nom que l'employoit le chirurgien en chef des établissemens anglois de Botany-Bay, dans les dyssenteries chroniques.

Les propriétés du sang-dragon ont été long-temps préconisées comme d'une efficacité réelle dans les hémorrhagies nommées anciennement passives, et comme un astringent précieux. De même que les taches qui existent sur les feuilles de la pulmonaire avoient fait employer cette plante dans les affections du poumon, de même il est fort probable que la couleur rouge du sang-dragon l'avoit fait choisir pour arrêter les pertes sanguines. Ses propriétés astringentes sont à peu près illusoires, et leur inefficacité presque universellement reconnue.

L'ancienne pharmacie faisoit entrer cette résine dans la formule des pilules d'*alun teint*, dans des *opiats*, et surtout dans des *poudres dentifrices*. On l'administre en poudre ou en teinture depuis vingt-quatre grains jusqu'à un demi-gros.

L'utilité la plus réelle du sang-dragon réside dans son application aux arts, et surtout dans la composition de vernis très-brillans. (Lesson.)

Les Espagnols du royaume de la Nouvelle-Grenade, près la ville de Mariquita, nomment sang-dragon le *croton sanguifluus* et le *croton hibiscifolius* de la Flore équinoxiale, qui tous deux laissent couler de leur tronc, par incision, un suc rouge semblable aux autres sang-dragons. (J.)

SANG-DE-DRAGON. (*Bot.*) Nom vulgaire de la patience sanguine. (L. D.)

SANG-LERCHE. (*Ornith.*) On appelle ainsi en Allemagne l'alouette des champs, *alauda arvensis*, Linn. (Ch. D.)

SANG DES MARAIS. (*Bot.*) Paulet (Traité des champ.,

2 , p. 227 , pl. 1o6, fig. 1) donne ce nom à l'*agaricus sangui-neus* , Jacq.; on le trouve aux environs de Paris, à Bondi et dans la forêt de Senart , dans les endroits humides. Il se fait reconnoître par sa couleur d'un beau rouge de sang. Il a deux pouces de hauteur; sa chair est un peu teinte de la couleur de la surface. (Lem.)

SANG-RINN. (*Bot.*) Nom que les habitans du port Praslin , à la Nouvelle-Irlande , donnent à l'arbuste nommé *scavola lobelia*, qui croit dans les sables marins des rivages , et qui, le premier, sert à coloniser les écueils formés par les poly-piers, lorsqu'ils sont élevés au-dessus des vagues. (Lesson.)

SANGA-SANGA. (*Bot.*) Nom du *cyperus papyrus*, L., main-tenant *Papyrus*, genre distinct, dans l'île de Madagascar. (J.)

SANGAM BOUTILLE. (*Ornith.*) Nom que le guépier porte à Malimbe. (Ch. D.)

SANGANGOUPI. (*Bot.*) Voyez Picoloti. (J.)

SANGAULI. (*Bot.*) Mollien, dans le tom. 2 , pag. 44, de son Voyage en Afrique, nomme ainsi le suc du fruit d'un arbre, qui, mélangé avec un peu de farine de maïs, sert d'aliment aux Nègres du Fouta Diallon. (Lesson.)

SANGBOURKESS. (*Malac.*) Les habitans du port Praslin à la Nouvelle-Irlande , donnent ce nom à la coquille du *tri-dacne bénitier*, tandis qu'ils nomment l'animal *marenoa*. (Lesson.)

SANGDROSSEL. (*Ornith.*) Nom allemand, suivant Blumen-bach, de la grive proprement dite, *turdus musicus*, L. (Ch. D.)

SANGELAPPO. (*Bot.*) Marsden parle d'un petit arbrisseau de ce nom à Sumatra, dont les feuilles sont terminées par une longue pointe, et les fleurs blanches sans étamines ni pistil visible. Il veut exprimer probablement des fleurs neu-tres, comme celles de l'*hortensia* ou de l'obier. (J.)

SANGENON. (*Min.*) C'est, suivant Pline, une variété d'o-pale qui a reçu ce nom des Indiens. Voyez Opale et Silex. (B.)

SANGHIRA. (*Bot.*) Flacourt cite sous ce nom une espèce d'indigo de Madagascar, employée comme spécifique dans les maladies pestilentielles. (J.)

SANGLIER. (*Mamm.*) C'est le type sauvage de l'espèce de nôtre cochon domestique d'Europe, mais non pas sans doute de toutes les races domestiques des autres parties du monde. C'est ainsi que MM. Lesson et Garnot ont considéré comme étant la souche originaire de la race chinoise ou tonquine, un sanglier non encore connu, qu'ils ont trouvé à la Nouvelle-Guinée, et dont ils ont publié la figure dans la première livraison, planche 8, de la *Partie zoologique du voyage autour du monde*, fait sur la corvette *la Coquille*.

Cet animal, qu'ils nomment COCHON DES PAPOUS, *Sus papuensis*, paroît avoir un pied et demi de hauteur, mesurée au garrot. Sa tête est conique; son groin médiocrement gros; ses oreilles, qui n'ont pas beaucoup de longueur, sont droites et en forme de cornet; ses canines, aussi petites que celles de nos cochons domestiques, ne sont nullement apparentes au dehors; les six incisives supérieures sont distantes entre elles et la plus extérieure de chaque côté est dirigée en arrière, tandis que la mitoyenne est perpendiculaire et l'intermédiaire dirigée obliquement en avant; il n'y a que quatre incisives inférieures, qui sont proclives; les molaires sont partout au nombre de cinq, et la première d'en bas est écartée des autres. Le corps paroît couvert en dessus de poils courts et d'un fauve brun, qui tire au gris-fauve très-clair en dessous. La queue est fort courte et droite; les jambes sont assez épaisses et les pieds terminés, comme ceux des cochons proprement dits, par quatre sabots, dont les deux plus grands seuls posent sur le sol. (DESM.)

SANGLIER. (*Ichthyol.*) Voyez CAPROS. (H. C.)

SANGLIER D'AFRIQUE, SANGLIER DU CAP VERT, SANGLIER D'ÉTHIOPIE, SANGLIER HIDEUX, SANGLIER A LARGE GROIN. (*Mamm.*) Ces noms ont été donnés à deux mammifères d'Afrique, qui appartiennent à l'ordre des pachydermes, et dont M. F. Cuvier a formé, un genre particulier, sous le nom de PHACOCHŒRE. Voyez ce mot. (DESM.)

SANGLIER D'AMÉRIQUE, SANGLIER DU BRÉSIL, SANGLIER DU MEXIQUE. (*Mamm.*) Ces divers noms ont été donnés au pécari. Voyez COCHON, tom. IX, p. 518. (DESM.)

SANGLIER DES INDES de Brisson, et SANGLIER DES MOLUQUES de plusieurs auteurs. (*Mamm.*) Dénominations attribués au babiroussa. Voy. COCHON, tom. IX, p. 516. (DESM.)

SANGLIER A MASQUE. (*Mamm.*) M. Frédéric Cuvier a donné le nom de sanglier à masque, *sus larvatus*, à une espèce de COCHON, qu'il a décrite dans le tom. IX, pag. 515. (DESM.)

SANGLIER DE MER. (*Ichthyol.*) Voyez Capriscus et Porc
marin. (H. C.)

SANGORI. (*Bot.*) Nom brame du *bombax pentandrum*, L. (J.)

SANGSAM ou SEMSEM. (*Bot.*) C'est le nom égyptien de
la graine de sésame, *sesamum orientale*, que les Arabes appellent aussi *djyl-djylan*, tandis que l'huile qu'on en retire se
nomme *ssalyth*. Les Persans, suivant Langlès, Itin. de Char-
din, tom. 4, pag. 85, donnent au sésame le nom de *gund-
jeyd*, et à l'huile celui de *chyrbakht*. Ils couvrent avec cette
graine, suivant Sonnini (*Itin.*, tom. 2, pag. 260), des petits pains qui acquièrent une saveur de noisette qui leur
plaît beaucoup. On en fait aussi du *tahiné*, sorte de friandise
composée d'un mélange de miel, de jus de citron et d'huile
de sésame. Ce végétal paroît indiqué par Hérodote (*lib.* 1), Pline
(*lib.* 18, *cap.* 10), et Dioscoride (*lib.* 1., *cap.* 12). (Lesson.)

SANGSUE, *Hirudo*. (*Entom.*) Groupe d'animaux du type
des entomozoaires ou animaux articulés, de la classe des
apodes de M. de Blainville, de celle des vers à sang rouge
de M. Cuvier, et des annélides de M. de Lamarck, établi
comme genre par Linné, et dont les zoologistes modernes,
tels que MM. Oken, de Blainville, de Lamarck, Savigny,
font aujourd'hui une petite famille sous la dénomination
de Sanguisugaires, ou mieux d'Hirudinés, *Hirudinea;* car il
s'en faut de beaucoup que tous ces animaux se nourrissent
de sang. Elle est aisément caractérisée par l'alongement et
l'aplatissement plus ou moins considérable du corps formé
d'un nombre variable, mais toujours très-grand, d'anneaux
ou d'articulations étroites, sans traces d'appendices locomo-
teurs, et constamment pourvu, à l'extrémité postérieure, d'un
disque musculaire servant de ventouse; bouche antérieure
souvent au fond d'un disque, véritablement en ventouse;
anus non terminal et dorsal; appareil de la génération composé
des deux sexes sur le même individu, ayant ses orifices
rapprochés dans la première moitié de la face ventrale.

Définie ainsi, la famille des hirudinés, comprend non-
seulement les sangsues proprement dites, et qui en effet
sucent le sang de tous les animaux qu'elles peuvent atteindre,
mais encore beaucoup d'autres vers qui se nourrissent d'une
tout autre manière et qui présentent des différences con-

cordantes dans l'organisation; nous en connoîtrons en effet qui se rapprochent beaucoup des néréides, d'autres des lombrics, d'autres des planaires, et même quelques-uns, suivant nous, ont été confondus avec les lernées ou les épizoaires.

Les anciens paroissent n'avoir connu que les espèces les plus communes; Aristote n'en fait cependant pas mention, et ces animaux n'étoient pas encore employés en thérapeutique du temps d'Hippocrate; Pline les désigne très-bien sous le nom d'*hirudines* et de *sanguisugæ*, en en distinguant deux espèces. La sangsue de mer est très-bien indiquée par Belon, Rondelet et tous les auteurs d'histoire naturelle de la renaissance des lettres. Depuis lors Linné, dans sa Faune de Suède, augmenta le nombre des espèces de ce genre; de manière que, dans la douzième édition du *Systema naturæ*, il fut porté à huit; Muller en décrivit cinq ou six autres; en sorte que Gmelin, dans son édition du *Systema naturæ*, en fit monter le nombre total à quatorze, toutes, si ce n'est une, d'Europe. Depuis lors Shaw, MM. Leach, Dutrochet, Savigny en ont fait connoître quelques espèces nouvelles.

Cependant l'introduction des nouvelles méthodes zoologiques a nécessité que ces différentes espèces de sangsues fussent examinées avec soin, ce qui a permis de les partager en plusieurs petites coupes génériques.

M. Oken est évidemment le zoologiste qui a l'initiative; quoique M. de Blainville ait été conduit de son côté, et au même temps à peu près, à proposer les mêmes subdivisions que M. de Lamarck a adoptées de ses manuscrits.

M. Leach avoit aussi déjà établi un genre avec les espèces marines, et M. Dutrochet un autre avec une espèce presque terrestre.

A une époque un peu plus récente, M. Savigny fit également l'examen du genre *Hirudo* de Gmelin, et proposa aussi les mêmes divisions génériques, dont il ne crut cependant pas devoir adopter les dénominations; mais il augmenta le nombre des espèces qu'il porta à dix-huit, dont une d'Égypte.

Un auteur anglois, M. Johnson, étudia aussi les sangsues de son pays et créa le genre Glossopore, déjà établi sous d'autres noms par les zoologistes du continent.

Enfin, un auteur italien, M. Carena, fit aussi, de son côté,

une monographie des espèces du genre *Hirudo*, qui se trouvent en Piémont; mais il ne crut pas devoir les répartir en
différens genres.

L'intérêt et l'importance des sangsues médicinales pour
la thérapeutique, et surtout dans ces derniers temps, ont
fait qu'on ne s'est pas borné à distinguer les espèces de ce
genre d'une manière purement zoologique et systématique;
aussi déja le nombre des personnes, qui se sont occupées de
l'étude de leur organisation, est-il considérable.

Méry et Morand le père, anciens membres de l'Académie
des sciences de Paris, me semblent avoir pris l'initiative.
Mais, depuis eux, l'anatomie de la sangsue médicinale a été
successivement étudiée par Durondeau, Thomas, Bibiena,
Vitet, Spix, Home, Bojanus, Kuntzmann, et par MM. Virey,
Dutrochet, Johnson, Huzard fils.

Malgré cela, je ne crois pas qu'elle soit encore complète,
et les différences d'opinion sur plusieurs points sont très-
grandes et même réellement assez singulières, comme nous
allons le voir tout à l'heure.

Une autre partie de l'histoire des sangsues, qui avoit également été fort négligée jusque dans ces derniers temps, et
que leur grande cherté et même la difficulté de s'en procurer pour les besoins de la médecine, a forcé d'étudier, est
leur mode de reproduction et de conservation. M. Lenoble,
médecin de Versailles, paroît être le premier qui ait rappelé que les sangsues médicinales formoient une sorte de
cocon, à peu près comme Bergmann l'avoit observé pour
une autre espèce, l'*H. octoculata* ou *H. vulgaris* : sa Notice sur
les sangsues parut à Versailles, en 1821. M. P. Rayer publia,
en 1824, un mémoire fort intéressant sur ce sujet, intitulé :
Observations sur le développement des œufs de plusieurs
espèces ovipares, appartenant au genre *Hirudo*. MM. Bertrand, Guyon, Achard et plusieurs autres, se sont occupés
du même objet, ou des moyens de conserver et même de faire
propager les sangsues; en sorte qu'aujourd'hui, par le con-
cours de tous les observateurs que nous avons cités, il nous sera
possible de donner une sorte de monographie complète de
ce genre sous le triple rapport anatomique, physiologique et
zoologique. C'est ce que nous allons faire avec quelques dé-

tails, vu l'importance du sujet, en prenant pour type la sangsue médicinale, qui est de beaucoup la mieux connue.

Anatomie des sangsues.

Le corps d'une sangsue, dans un état de reptation et d'extension modérée ou médiocre, est alongé, un peu déprimé, plus convexe en dessus qu'en dessous, s'atténuant insensiblement en avant et beaucoup moins en arrière, où il est arrondi; il en résulte que son plus grand diamètre est vers le tiers ou le quart postérieur. Il est formé d'un nombre un peu variable, mais cependant dans des limites assez rapprochées, d'anneaux ou d'articulations bien régulières, bien égales, séparées par des interstices un peu plus étroits et sublinéaires. L'extrémité antérieure est obtuse, quoique subanguleuse. Dans l'état d'inaction elle présente un grand orifice ovale, déprimé, oblique, parce que des deux lèvres la supérieure, composée d'anneaux incomplets, avance sensiblement plus que l'inférieure, formée par le bord du premier anneau complet, sans qu'il y ait d'étranglement bien marqué au-delà; en sorte qu'il n'y a pas de ventouse distincte, quoique ces lèvres en fassent la fonction. Sur les premiers anneaux on observe avec plus ou moins de facilité des points noirs, qu'on a décorés du nom d'yeux, mais qui en sont tout au plus des rudimens bien imparfaits. Ils sont au nombre de cinq paires bien régulièrement disposés en un fer à cheval, à branches longues et serrées. Dans tout le reste du dos on n'aperçoit que des pores muqueux assez irréguliers; et, enfin, tout-à-fait en arrière, une ouverture beaucoup plus évidente, parfaitement médiane pour l'anus. La face ventrale du corps présente vers le premier quart de sa longueur deux grands orifices médians, à quelque distance l'un de l'autre, dont l'antérieur sert, comme nous le verrons, de sortie à l'organe mâle, et le postérieur est l'organe femelle de l'appareil générateur; dans toute sa longueur on voit sur cette face inférieure du corps des pores latéraux assez renflés ou tuberculeux, rangés par paires, une de cinq en cinq anneaux; enfin, à l'extrémité postérieure est un disque musculaire parfaitement circulaire, un peu concave, formant une sorte de ventouse. J'ai remarqué aussi quelquefois que chaque anneau est pour-

vu de chaque côté d'un petit tubercule peu saillant, rétractile ; rudiment sans doute d'appendice, mais dans lequel je
n'ai jamais pu apercevoir de soies ; aucun auteur n'en a fait
mention, du moins à ma connoissance.

L'enveloppe des sangsues est molle dans toutes ses parties et
dans toutes les directions, au point que l'animal peut aisément passer de la forme semi - globuleuse à une forme sub-
linéaire. La peau proprement dite est adhérente dans tous ses
points, et même presque confondue avec le tissu contractile
sous-jacent. On peut y distinguer un épiderme, ou mieux
une sorte de vernis extrêmement mince, appliqué sur un pig-
mentum assez épais, granuleux, coloré de manière diverse.
Le derme lui-même est assez peu épais, adhérent, subtuber-
culeux, à cause du grand nombre de cryptes, dont il est
parsemé, ce qui lui donne un aspect poreux. On a remarqué que chaque anneau, séparé des autres par une rainure
assez profonde, est lui-même partagé en deux par un pli
transverse, sur lequel tombent des fissures longitudinales
nombreuses.

Les cryptes de la peau sont plus grands, plus développés de
chaque côté du ventre, de cinq en cinq anneaux, et forment
une saillie ou tubercule assez considérable, percé d'un grand
pore. Ce sont ces organes que M. Thomas a nommés des bourses
muqueuses, et qu'il a régardés comme des espèces de poumons ;
on ne sait réellement pas pourquoi, puisqu'ils ne contiennent
jamais d'air, et qu'ils sont remplis de la même mucosité qui se
trouve dans tous les autres cryptes du reste de la peau, et
d'ailleurs leur position n'a rien d'analogue à celle des organes
respiratoires. Voici la disposition que je leur ai reconnue :
dans toute la longueur de la sangsue, de chaque côté du
canal intestinal, dans l'intervalle des sinus de l'estomac, où
ils existent en connexion immédiate avec le grand vaisseau
latéral, on voit une série d'organes composés d'une partie
que je regarde comme sécrétoire, et d'une vésicule ou bourse
servant de vésicule de dépôt. La partie sécrétoire a la forme
d'un petit intestin, de couleur opaline, replié sur lui-même
et atténué à chaque extrémité ; par l'une, qui est interne
et qui touche presque le testicule dans les endroits où ces
organes sont en connexion, arrivent les vaisseaux sanguins ;

47.   14

et par l'autre se fait la communication avec la bourse. Celle-ci est plus postérieure et un peu plus interne, placée au bord externe de la bande cellulaire, qui accompagne le système nerveux ; elle touche la peau. Ses parois sont minces : elle est donc entièrement creuse et elle s'ouvre par le grand pore de la peau.

Je crois m'être bien assuré que ces organes n'ont aucun rapport réel avec la partie mâle de l'appareil générateur, comme le pense M. Spix ; mais je n'en crois pas davantage que ce soient des organes de respiration, comme l'a dit M. Thomas. Ils sont au nombre de dix-huit de chaque côté, ce qui répond assez bien aux pores muqueux qu'on voit de cinq en cinq anneaux.

Cette peau si molle, si contractile des sangsues, est très-probablement le seul organe des sens qu'on puisse leur reconnoître.

Je ne vois en effet aucun appendice, aucune cavité qu'on puisse regarder comme le siége de l'olfaction.

Il peut très-bien exister un organe du goût, probablement dans les espèces de lèvres qui précèdent les tubercules dentifères ; mais il est encore impossible de l'assurer.

On remarque, comme nous l'avons dit plus haut, à la face supérieure des premiers anneaux du corps, des points noirs formés par de très-petites calottes creuses, qui ont en effet quelque ressemblance apparente avec les yeux lisses ou stemmates des hexapodes, et encore mieux avec des organes semblables qui existent dans les néréides ; mais sont-ce réellement des yeux ? C'est ce dont je doute beaucoup ; puisqu'en effet ils paroissent n'en avoir ni la structure, ni les usages. M. Spix dit que ce ne sont très-probablement que des glandes dermiques, du moins dans la sangsue des poissons ; mais je ne suis pas de cette opinion. M. Carena les décrit comme des trous ovales, percés dans la peau, et remplis par une membrane d'un bleu très-foncé. Ces organes sont réellement assez profondément situés dans le tissu contractile. Ils semblent formés chacun par une petite cupule noire, ayant un orifice plus étroit à la surface de la peau, et d'une consistance assez ferme. Examinés attentivement au microscope, je n'ai pu y apercevoir ni vaisseaux ni nerfs ; mais seulement une sorte de

membrane assez épaisse, subgranuleuse et de couleur noire.
Toujours est-il qu'ils ont une disposition fixe dans chaque
espéce, ce qui a servi à les distinguer.

Quant à l'organe de l'audition, la place des sangsues dans
la série animale ne permet pas d'admettre qu'il puisse exister
chez ces animaux.

L'appareil locomoteur consiste en sa partie active seulement, et encore est-elle presque entièrement confondue avec
la peau qui la recouvre; ainsi, c'est à tort que quelques auteurs ont admis que chaque anneau du corps est soutenu par
une bande cartilagineuse. Je ne connois rien de cette nature
dans toute l'organisation des sangsues. La fibre contractile a
un aspect satiné, luisant, comme dans la plupart des autres
entomozoaires.

La partie distincte du système musculaire forme donc
une couche médiocrement épaisse à la face interne de la
peau, dans toute son étendue, mais un peu plus épaisse en
dessous qu'en dessus. Cette couche est composée de deux
plans; l'externe, formé de fibres circulaires ou transverses,
est beaucoup plus mince que l'interne; celui-ci est au contraire assez épais et surtout en dessous : on voit aisément
qu'il est entièrement composé de fibres longitudinales, fasciculées, dont les plus externes se terminent d'un anneau
à l'autre, tandis que les internes ont une étendue beaucoup
plus considérable. On remarque en outre des faisceaux de
fibres transverses en dedans du plan formé de fibres longitudinales et qui, nés au dos par une partie élargie, se portent
de chaque côté de la ligne ventrale, les sinus de l'estomac
s'interposant à leur terminaison; ce qui produit autant de
brides transverses qu'il y a de ces sinus ou cœcums.

A l'extrémité antérieure du corps ces deux plans de fibres
semblent pour ainsi dire se confondre, et il en résulte un
tissu contractile non distinct de celui du derme et qui constitue les deux lèvres ou les bords de l'ouverture antérieure,
susceptible alors de prendre toutes les formes.

A l'extrémité postérieure il y a aussi une sorte de confusion des deux plans de fibres musculaires; mais elles prennent une nouvelle disposition particulière. En effet, les fibres
longitudinales, rapprochées à cause de l'absence des viscères,

partent d'un point central pour s'irradier à la circonférence du disque, que nous avons dit terminer le corps de la sangsue; tandis que les fibres circulaires conservent leur disposition ordinaire. Il en résulte un véritable disque, dont le milieu, ainsi que les lèvres ou les bords peuvent s'appliquer sur les corps étrangers.

L'appareil de la digestion est à peu près comme dans les autres entomozoaires apodes et en général comme dans la plupart des chétopodes, c'est-à-dire qu'il n'y a pas de lacune évidente et séreuse entre l'enveloppe extérieure, sensible et locomotrice, et celle qui constitue le canal intestinal. On remarque même, au contraire, que ces deux parties sont réunies entre elles par des brides celluleuses et vasculaires nombreuses, qui passent de l'une à l'autre, et qui peuvent ainsi produire des espèces d'étranglemens, et par suite une série de poches ou de dilatations de l'intestin, comme cela va être dit tout à l'heure.

J'ai déjà fait remarquer que l'extrémité antérieure des sangsues présente une ouverture plus ou moins considérable, conduisant dans une cavité quelquefois conformée en ventouse. Au fond de cette cavité prœorale existe un repli labial, composé de trois lobes peu distincts, assez étroits, deux latéraux, et un ventral, laissant entre eux un espace triangulaire, dont le sommet est en dessus. C'est dans cet espace que l'on aperçoit saillir plus ou moins les tubercules dentifères. Ces tubercules sont en même nombre que les replis labiaux, mais dans un ordre inverse, un supérieur et antérieur, médian, et deux latéraux et inférieurs. Leur forme est sublenticulaire; ils sont placés de champ, de manière que la partie libre de leur tranchant, très-obtus, converge vers l'axe longitudinal du corps, et que la partie adhérente est confondue avec la couche contractile de l'enveloppe extérieure. Ils ont un aspect d'un blanc jaunâtre et luisant, et semblent être en effet d'un tissu plus dense, plus serré que le reste de la couche contractile dont ils font partie, ou dont ils sont du moins une dépendance. Je les regarde comme entièrement contractiles, quoiqu'on remarque à leur base dorsale un faisceau musculaire plus distinct qui fait partie de la couche longitudinale, se prolongeant sous l'œsophage, et en

outre une autre bride transverse bien visible, surtout entre
les deux tubercules inférieurs. C'est sur le tranchant fort
mousse cependant, qu'on peut voir, à l'aide d'une loupe
d'assez court foyer, une double série de dents cornées, extrêmement fines. Quelquefois elles le sont tellement, surtout
quand la sangsue n'a pas macéré quelque temps dans l'esprit
de vin, qu'il est presque impossible de les apercevoir. Au
milieu de l'espace compris entre la racine interne des tubercules dentifères, est un orifice rond, extrêmement petit et
conduisant dans le canal intestinal.

J'ai déjà dit plus haut que celui-ci n'est pas libre et flottant dans la cavité viscérale; en effet ses parois sont ad-
hérentes par leur face externe, presque immédiatement à
la gaine musculaire, au moyen d'une couche de tissu cellulaire, d'un aspect spongieux, de couleur brun-foncée, et
qui pourroit bien être considérée comme hépatique. Quoi
qu'il en soit, le canal intestinal a ses parois fort minces, tant
la couche musculaire, dont les fibres transverses sont plus
évidentes que les longitudinales, est peu épaisse. La membrane muqueuse ne l'est guère moins : elle forme souvent des
plis longitudinaux peu marqués. Ils le sont bien davantage
dans toute la longueur de l'œsophage, qui est fort court, et
dont les parois sont distinctes; d'où il résulte des espèces de
colonnes charnues, en forme de crêtes très-basses : peut-être
ces espèces de crêtes sont-elles réellement produites par de
petits corps ovales, glanduleux, entremêlés aux fibres musculaires. Au-delà commence l'estomac, qui s'étend presque jusqu'au sixième postérieur de la longueur totale du corps. Ce
qu'il offre de plus singulier, c'est que, dans les sangsues qui se
sont gorgées de sang, on trouve qu'il est divisé par des étranglemens en un nombre assez considérable, quoique un peu variable, de poches latérales, de forme le plus ordinairement sig-
moïde : ces poches, que quelques auteurs ont regardées comme
des estomacs et qui me semblent produites par les brides transverses, musculaires et celluleuses, passant de la peau du dos au
canal intestinal ou même à l'enveloppe ventrale et augmentant
d'abord insensiblement d'étendue pour diminuer ensuite un
peu, sont au nombre de onze paires, suivant MM. Dutrochet et
Johnson ; de treize suivant Vitet ; de douze d'après MM. Cuvier

et Jacquemin, qui dit avoir examiné plus de cent individus sous ce rapport; de sept à huit au moins, selon M. Huzard fils. Suivant ce que j'ai vu sur des sangsues dont l'estomac étoit complétement vide, état où il doit être étudié, plutôt que dans l'état de distension énorme comme on le fait ordinairement, ce viscère présente un grand nombre de plis longitudinaux, qui convergent ou se rapprochent à l'entrée des sinus. Outre ces sinus, dont la profondeur varie, il y en a de beaucoup plus petits entre eux. A l'endroit où cet estomac se termine il se continue à droite et à gauche en une vaste poche qui s'étend jusqu'à l'extrémité du corps, en en occupant toute la largeur et sans que ses parois soient plus séparées de la peau que le reste de l'estomac; aussi y aperçoit-on également des étranglemens formés par les fibres musculaires transverses; c'est ce qu'on a nommé des cœcums. L'intestin proprement dit est fort court; on y peut cependant distinguer deux parties, une première plus large, à parois plus épaisses, plus rouges, et dans lesquelles les replis de la muqueuse se croisent obliquement d'une manière assez singulière. Sa communication avec l'estomac se fait par un orifice extrêmement étroit, de même que celui qui se trouve entre cette première partie et la dernière ou rectum. Celle-ci va en effet tout directement à l'anus, qui est fort petit, quoique très-distinct et percé dans le dernier anneau du corps, à sa face dorsale.

Aucun auteur n'a parlé de foie ou d'organe hépatique dans la sangsue; cependant je ne serois pas éloigné de regarder comme tel un système celluleux d'un brun foncé, qui tapisse extérieurement, en forme de membrane, la plus grande partie de l'intestin et surtout l'estomac. Il m'a cependant paru un peu plus accumulé ou lobé en dessous qu'en dessus. Il forme, de chaque côté du cordon nerveux, une sorte de couche ou de bande assez épaisse, dont la continuation avec la partie supérieure semble être interrompue par les organes de l'appareil muqueux.

L'appareil respiratoire, suivant moi et beaucoup d'autres observateurs, n'existe pas d'une manière spéciale dans les sangsues; cependant M. Thomas a décrit comme tel des espèces de petites bourses, situées de chaque côté du ventre et dont j'ai décrit les orifices et la structure plus haut, en parlant de l'extérieur de l'animal. Il admet que ces petites poches, toujours remplies par un fluide blanchâtre, muqueux, reçoivent dans leurs parois une grande quantité de vaisseaux. J'avoue n'avoir vu que ce que j'ai indiqué, en parlant de l'enveloppe contractile de la sangsue, et que je pense appartenir à l'appareil crypteux.

L'appareil circulatoire des sangsues est considérable et très-compliqué ; il se compose toujours, comme dans tous les animaux sans vertèbres articulés ou non, d'un système rentrant ou veineux et d'un système sortant ou artériel; mais dans ces animaux il n'y a jamais de cœur proprement dit.

Le système veineux est formé de deux très-gros vaisseaux à parois minces, distinctes, situés en dessous de chaque côté du corps, entre le canal intestinal et la couche longitudinale des muscles de l'enveloppe extérieure. Ces vaisseaux, qui sont évidemment plus gros au milieu qu'aux extrémités, reçoivent dans tout leur trajet un grand nombre de branches transverses, dont les unes reviennent du tissu même de l'animal, et dont les autres proviennent du vaisseau du côté opposé, d'où il résulte que ces deux grosses veines et leurs ramifications forment un réseau à larges mailles au dos de la sangsue.

Vers l'extrémité antérieure ces deux veines se continuent en branches qui se recourbent en dessus et viennent se réunir dans la ligne médiane et dorsale à un vaisseau plus petit, mais à parois un peu plus épaisses, placé dans une gouttière longitudinale creusée dans toute la longueur de l'intestin. C'est l'aorte, de laquelle naissent ensuite à angle droit des deux côtés les vaisseaux qui doivent, par leurs ramifications, porter le sang dans toutes les parties du corps de l'animal; mais surtout aux parois du canal intestinal.

M. Spix et quelques autres auteurs ont envisagé le système circulatoire d'une manière très-différente, puisque ce que je regarde comme les troncs veineux, ils en font des artères, et qu'au contraire ils pensent que le vaisseau médiodorsal est une veine; mais ma manière de déterminer le genre des gros vaisseaux de la sangsue est établie sur le fait que dans tous les animaux, et dans tous les anostéozoaires sans exception, l'artère est unique, médiane, dorsale, et que les veines sont inférieures et doubles. M. Spix admet aussi qu'il y a une communication entre les veines et le vaisseau dorsal dans toute la longueur du corps; c'est ce qui est possible, mais c'est ce que je n'ai pas vu, et M. Thomas le nie positivement.

L'appareil reproducteur est aussi très-compliqué dans ce genre d'animaux; d'abord, parce que les deux sexes existent sur chaque individu, et ensuite parce que chacun d'eux est très-développé.

Le sexe femelle se compose de plusieurs parties, toutes accumulées, à peu de distance de l'orifice génital postérieur, qui lui appartient. Ce sont d'abord deux ovaires ovalaires ou subglobuleux, placés en avant de l'orifice; de chacun d'eux naît un oviducte très-court; mais par sa réunion à son congénère, il résulte un canal unique, dirigé d'avant en arrière, et qui va, en se recourbant, se terminer à l'extrémité d'une masse ovale; cette masse forme un gros mamelon dirigé d'arrière en avant, et saillant presque tout entier dans une poche ou espèce de matrice à parois distinctes, muqueuses, contractiles, et dont le col se prolonge jusqu'à l'orifice extérieur.

Le sexe mâle est encore plus compliqué et beaucoup plus étendu : il est formé d'un organe sécréteur complexe, d'un canal excréteur avec épidydyme; et enfin d'un organe excitateur avec sa gaîne.

L'organe sécréteur se compose d'une série de petites masses globuleuses blanches, placées les unes à la suite des autres, de chaque côté du canal intestinal entre les sinus de l'estomac, contenues dans le tissu cellulaire sous-dermique, mais certainement sans adhérence avec la peau. J'en ai compté six sur un individu pris dans l'acte d'accouplement, que j'ai disséqué au mois de Mai 1820; mais il paroît qu'il y en a bien davantage : M. Spix en décrit et figure neuf, comme M. Everard Home. Chaque petite masse n'est rien autre chose qu'une vésicule blanche, à parois fort minces, et contient un fluide blanchâtre très-expansible. Chacune d'elles fournit un petit canal blanc, comme grésillé, qui se joint bientôt à un canal commun, situé au côté externe de la série et qui s'avance directement, mais en faisant cependant beaucoup de sinuosités, d'arrière en avant. Quelques auteurs, entre autres MM. Spix et Home, pensent qu'avec ce canal déférent

se trouve aussi en communication une autre série d'espèces de
vésicules, recourbées, tortillées, placées à son côté externe,
et qu'ils regardent comme des vésicules séminales; mais il
me semble que ces prétendues vésicules ne sont que les organes sécréteurs des cryptes cutanés, que nous avons décrits
plus haut; et en effet elles existent dans toute la longueur
du corps, en avant comme en arrière, et M. Spix lui-même
en décrit et figure qui n'ont aucune connexion avec le canal
déférent. Quoi qu'il en soit, ce canal, parvenu vers la région
génitale, son diamètre diminue d'une manière sensible, et il
entre en connexion avec une masse ovalaire blanche, qui
semble formée par les circonvolutions serrées de ce canal,
de manière à imiter la disposition des circonvolutions cérébrales des mammifères; c'est sans doute ce qui aura porté
Vitet à en faire un cerveau. De cette masse sort un canal
distinct, collé contre elle et qui se termine à la racine de la
gaîne de l'organe excitateur. Cette gaîne, considérable et
fort longue, se dirige en arrière dans sa première moitié;
puis d'arrière en avant dans la seconde; ces deux parties,
collées l'une contre l'autre et vers l'endroit où sont les ovaires,
l'extrémité donne issue à l'organe excitateur. Celui-ci, fort
long, grêle et cylindrique dans une grande partie de son
étendue, claviforme à son extrémité, sort par l'orifice génital antérieur, probablement par la contraction de la gaîne,
qui m'a paru d'un tissu musculaire.

Ce que je viens de dire sur l'appareil générateur de la
sangsue médicinale, diffère beaucoup de ce que l'on trouve
dans les ouvrages de plusieurs observateurs; mais je répète que
j'ai eu l'heureuse occasion de disséquer une sangsue prise dans
l'acte d'accouplement et où par conséquent toutes les parties
étoient dans leur plus grand état de développement, en sorte
que, sans assurer d'une manière positive que je ne me suis pas
trompé, cependant je crois être assez près de la vérité dans un
point d'anatomie que je reconnois être très-difficile. Au
reste, sur ce point je suis presque entièrement d'accord avec
M. Thomas.

Le système nerveux de la sangsue est à peu de chose près
ce qu'il est dans les lombrics et dans tous les entomozoaires.
Placé sur la ligne médiane abdominale dans le tissu cellu-

laire, qui sépare l'intestin de la couche musculaire sous-cutanée, il est composé d'une certain nombre de ganglions placés à la file et fournissant, outre les cordons de communication en avant et en arrière des uns avec les autres, des filets transverses pour l'enveloppe extérieure. Le nombre de ces ganglions paroît varier d'une manière notable; puisque Vitet dit en avoir observé vingt-huit, tandis que MM. Mangili, Cuvier et Kuntzmann n'en comptent que vingt-trois, MM. Spix et Bojanus que vingt-quatre, et M. Johnson que vingt-deux. Cette différence tient-elle à la grandeur ou au nombre d'anneaux de la sangsue, ou mieux, à ce que les derniers, fort petits, sont souvent difficiles à compter? C'est ce que je ne voudrois pas assurer. Quoi qu'il en soit, le premier ganglion, beaucoup plus gros et autrement conformé que les autres, est immédiatement dans la lèvre inférieure. Outre les filets qu'il fournit aux parties environnantes, il en sort de chaque côté un gros cordon qui se continue avec un ganglion céphalique ou épilabial, à peine plus gros que lui et qui donne les nerfs de la lèvre supérieure. Chacun des ganglions suivans est de forme lozangique; les angles antérieurs et postérieurs fournissent le double cordon qui continue le système nerveux le long du ventre, et des angles extérieurs sortent les filets extrêmement fins, qui vont se distribuer aux parties. Enfin, le dernier ganglion, sensiblement plus gros que les antipénultièmes, qui sont devenus de plus en plus petits, au point d'être souvent très-peu apparens, fournit ceux qui se rendent au disque postérieur. Tout le cordon nerveux et les ganglions intermédiaires aux terminaux sont enveloppés par une toile celluleuse presque noire, du moins dans la sangsue médicinale. Ce tissu m'a paru presque entièrement vasculaire.

Physiologie des sangsues.

D'après ce qu'il a été dit de la partie sensible et protectrice de l'enveloppe cutanée, il me semble évident que les sangsues ne doivent apercevoir les corps que par un contact immédiat; mais, par compensation, le sens du toucher est chez elles extrêmement délicat; aussi, au moindre attouchement elles se contractent d'une manière tout-à-fait remarquable. La mollesse de leur corps dans toutes ses parties, et surtout celle du péristome, formant la ventouse antérieure, pourroit en outre faire croire à la perception de la forme des corps, s'il y avait une partie centrale du système nerveux.

Quoïque nous n'admettions dans les sangsues, ainsi que chez les animaux de la même classe que la sensation du toucher, quelques auteurs ont supposé qu'elles jouissoient de toutes les sensations spéciales.

Pour l'odorat on a donné comme preuve de son existence dans ce genre d'animaux, que, mis dans une atmosphère imprégnée d'une substance odorante, acide ou alcaline, ils s'agitoient, se contractoient et donnoient aussi des signes d'une véritable sensation ; mais ce ne sont évidemment que des symptômes d'une irritation perçue dans tous les points de la peau, comme cela peut avoir lieu dans tous les animaux dont la peau est molle et avec un épiderme très-mince. C'est à cela même qu'est dû le moyen de faire tomber des sangsues attachées à la peau d'un animal, en répandant sur elles une certaine quantité de poudre irritante, comme du sel de cuisine ou du tabac; mais ce ne peut être une véritable odoration; et d'ailleurs des expériences contradictoires de M. Derheims prouvent que des sangsues mises pendant trois jours dans des vases qui contenoient du musc, du castoréum, de l'assafœtida, de la valériane, de l'ail pilé, n'en ont éprouvé aucun effet délétère.

Il est assez difficile peut-être de leur refuser le sens du goût, s'il est bien vrai que l'usage de mettre un peu de lait ou d'eau sucrée aux endroits où l'on veut faire mordre des sangsues médicinales, soit établi d'après une réussite constante, ce qui ne me paroît pas hors de doute. On peut faire la même observation sur la préférence que semblent avoir les sangsues pour telles ou telles personnes. Le fait est-il certain? et ensuite a-t-il été analysé d'une manière suffisante, pour assurer que ce soit à la saveur du résidu de la transpiration à la surface de la peau, ou à celle même du sang, qu'est dû ce fait que les sangsues mordent très-bien sur un individu et point ou très-difficilement sur un autre? Les expériences de M. Derheims, dans lesquelles il a réussi à faire sucer à des sangsues, appliquées à des éponges qui en étoient imbibées, une quantité notable non - seulement de lait, d'huile, et même d'eau gommeuse très-épaisse, préparée avec une décoction de coloquinte, semblent prouver réellement que le sens du goût est à peu près nul chez ces animaux.

Pour appuyer l'existence de la sensation de la vision dans les sangsues, on a non-seulement donné des observations directes d'après lesquelles les sangsues évitent les obstacles qu'on leur oppose; mais on s'est appuyé sur un fait de leur organisation, en admettant que les points noirs, qui s'observent d'une manière constante sur les premiers anneaux de leur corps, sont des yeux. Malheureusement, quoique la disposition de ces organes ait réellement quelque chose qui rappelle les yeux stemmatiques des araignées et des scorpions, qui sont évidemment des organes de vision, il n'est rien moins que certain qu'ils en aient la structure, et c'est la chose importante. Il me semble plus probable que ce sont des rudimens d'organes analogues à ceux qui existent dans les néréides et qu'on a aussi décoré du nom d'yeux, sans autre raison que celle tirée de leur place. Quant à l'assertion que les sangsues évitent les obstacles, cela ne m'a jamais paru évident, et il m'a semblé au contraire qu'elles s'appuient sur tous les corps submergés indifféremment; cependant il faut convenir qu'elles se dirigent très-bien vers la lumière, comme on le voit en les conservant dans des bocaux de verre, et qu'elles arrivent assez subitement sur les membres plongés dans l'eau d'un homme ou d'un animal, pour quelquefois devenir très-dangereuses. Par quel moyen ont-elles été averties de la présence de cette proie?

La vision paroît encore plus probable que l'audition; car, quoiqu'il y ait des auteurs qui aient attribué ce sens aux sangsues, parce qu'une grande commotion, produite autour d'un vase isolé où on les conserve, les fait contracter quelquefois, il est évident que c'est un choc général qu'elles éprouvent et non une véritable audition.

Ainsi, en définitive, il se peut que les sangsues jouissent du sens du goût; mais pour la vision, elles sentent tout au plus l'action de la lumière, comme les hydres vertes, c'est-à-dire ses rayons calorifiques.

Le mode de locomotion des sangsues sur un sol résistant est assez remarquable, au point de leur être presque entièrement particulier. En effet, s'il a quelque chose de celui des chenilles, que l'on a à cause de cela nommées arpenteuses, en ce qu'elles font des espèces d'enjambées et qu'il n'y a jamais que les deux extrémités du corps qui touchent le sol, l'une après l'autre; il y a aussi de véritables différences. Chez les chenilles, les deux extrémités s'attachent ou se cramponnent sur le sol au moyen des pieds en avant et de tubercules en arrière ; tandis que dans les sangsues c'est à l'aide des disques terminaux, en fixant d'abord le postérieur, et en traînant et en racourcissant tout le corps, ce qui est le contraire pour les chenilles. La sangsue, supposée dans l'état de repos et alors constamment fixée par la partie postérieure, contracte tout ou partie de son corps, dans une direction quelconque et l'alonge aussi proportionnellement et d'une manière tout-à-fait remarquable, par la contraction transverse de tous les anneaux et le rapprochement de leurs fissures. Elle se fixe alors au moyen de la ventouse antérieure, détache la postérieure, se contracte suivant sa longueur et par conséquent se raccourcit, rapproche cette extrémité de l'autre, la fixe et recommence ensuite la même manœuvre. L'élongation du corps est produite par le rétrécissement de la couche musculaire transverse, et son raccourcissement par la contraction des faisceaux longitudinaux, et comme cette contraction peut se faire dans différens points du corps, il en résulte toutes les variations de forme que l'on peut remarquer dans ces animaux. Jamais cependant elles ne rampent à la manière des lombrics et encore moins comme les planaires, quoiqu'il arrive quelquefois que le ventre frotte ou se traîne sur le sol dans le moment où le disque de l'extrémité postérieure se rapproche de la ventouse antérieure.

Dans ce mode de locomotion les sangsues marchent avec une assez grande rapidité et peuvent s'éloigner assez promptement du point de leur départ.

Elles peuvent aussi, par le même mécanisme, se glisser entre deux obstacles, ce à quoi elles sont disposées par la grande quantité de mucosité qui sort de toutes les parties de leur corps, mais probablement bien davantage, sans doute, des bourses muqueuses abdominales. Le point d'appui n'est pas alors la ventouse seulement, mais bien l'anneau où porte la pression ; les anneaux se contractent fortement dans la direction transversale, et le corps, pour s'alonger, s'avance entre les obstacles et glisse ainsi successivement jusqu'à la ventouse postérieure, qui alors se détache, si elle est fixée, et l'animal s'échappe.

Cette adhérence des sangsues aux corps solides par leur disque postérieur, et qui est souvent assez forte pour résister à un poids de dix onces, comme l'a expérimenté M. Thomas, n'est réellement pas due à la pression atmosphérique, comme on le croit généralement, mais bien à un contact très-immédiat de tous les points du disque qui s'est épanoui, en glissant sur la surface du corps. Elle a lieu aussi bien sous le récipient de la machine peumatique qu'à l'air libre, et l'on ne peut aisément détacher une sangsue qu'en glissant, et non en tirant directement. L'adhérence par le disque antérieur pourroit être d'abord d'une autre nature, c'est-à-dire être produite par la pression de l'air; mais il est certain, que lorsqu'elle est complète, elle se fait également, pour le contact immédiat, des lèvres évasées. Au reste une sangsue, privée artificiellement de ses deux disques, peut encore marcher par le même mécanisme, mais avec beaucoup plus de peine et de lenteur. Elle peut également mordre et sucer dans le vide.

Les sangsues nagent aussi assez bien et peuvent ainsi s'élever ou descendre dans l'eau où elles sont immergées; mais alors elles le font comme tous les animaux à corps très-alongé ou vermiforme. Elles s'alongent en effet assez fortement et par des flexions et des redressemens successifs plus ou moins rapides dans le sens vertical ou sur le côté plat du corps; elles se dirigent et même s'élancent d'une manière très-prompte.

Quelquefois elles parviennent encore plus rapidement à leur but, celui d'atteindre le fond du réservoir où elles habitent; pour cela elles se contractent le plus possible, se ramassent, puis se détachent entièrement; alors elles tombent comme une masse inerte.

Les sangsues, comme nous allons le voir tout à l'heure,

se nourrissent de différentes substances; mais celles qui le font de substances animales, les prennent à l'état liquide ou à l'état solide. Malgré cette différence, le mode de déglutition est à peu près le même, et se fait non-seulement par la contraction successive des fibres transverses de l'estomac, mais aussi par celle de l'enveloppe cutanée. Prenant notre exemple dans les véritables sangsues, dont la bouche est armée de mamelons dentifères, voici comme les choses m'ont paru se passer. L'animal, après avoir pris son point d'appui à l'aide du disque postérieur, cherche quelquefois assez long-temps l'endroit qu'il doit mordre, mais sans intention évidente : il y applique ses lèvres, dont il forme d'abord une espèce de ventouse. Si la sangsue veut y sucer le sang, elle avance toute la masse buccale, en évase les lèvres intérieures, érige et redresse les trois tubercules dentifères qui portent les crochets, en les endurcissant par une forte contraction de tout leur tissu musculaire. Par les alternatives ou légères intermittences de cette contraction des trois tubercules, ce qui produit la douleur quelquefois assez vive de la morsure des sangsues, il résulte une action combinée de pression et de frottement du bord garni de crochets, à la manière d'une roue dentée, et par suite une petite plaie qui, traversant l'épiderme, arrive jusqu'au réseau vasculaire et peut-être au-delà, d'où la sortie du sang par la rupture des petits vaisseaux. Tel est, suivant moi, le mécanisme de cette morsure, qui ne peut être comparée à rien de ce que l'on connoît dans le reste de la série animale, et qui permet d'expliquer non-seulement la forme trilinéaire de la plaie, mais encore pourquoi il arrive assez souvent qu'elle est accompagnée d'irritation et d'inflammation. En effet, c'est plutôt une déchirure analogue à celle que feroit une scie très-fine, qu'une simple coupure. Une fois la plaie formée, le sang, accumulé d'abord en petite quantité dans la cavité præbuccale, est ensuite chassé dans l'œsophage par la contraction du péristome qui la forme : dès qu'il y a aussi assez de sang dans cet œsophage si étroit pour le distendre, il agit sur lui et commence ensuite la déglutition, qui est continuée dans toute l'étendue de l'estomac, non-seulement comme il a été dit plus haut, par l'action de ses fibres, mais essentiellement par la contraction des fibres annulaires de la peau, au point qu'en coupant la sangsue, le sang s'écoule continuellement par l'extrémité coupée. C'est ce que l'on voit manifestement par les ondulations du corps, à mesure que le sang accumulé dans les parties antérieures de l'estomac a besoin d'être chassé dans les parties postérieures; il en remplit ainsi tous les sinus, qu'il convertit enfin en de véritables poches latérales ou cœcums par son accumulation. Quand enfin, celle-ci est parvenue au point que le tiraillement produit par cette cause, est devenu douloureux, l'animal cesse d'adhérer et tombe presque hors d'état de se mouvoir. Lorsqu'à cette époque on ouvre l'animal, on trouve que le sang qui remplit l'estomac, ses sinus et ses cœcums postérieurs, n'a pas le moins du monde pénétré dans l'intestin, dont l'orifice pylorique est extrêmement étroit.

Si l'ingestion est si rapide dans les sangsues, au point que souvent en une demi-heure elles sont gorgées assez pour en mourir, il n'en est pas de même de la digestion. En effet, on a fait l'observation qu'il faut plus d'un an pour que tout ce sang ait complétement disparu. Il reste cependant toujours liquide et ne perd qu'assez peu de sa couleur ; tandis que sur l'animal mort, il se condense en une masse solide, et de couleur d'un brun rouge, quelquefois presque noir. Les fécès qui résultent de cette digestion sont excessivement peu abondans et ne consistent qu'en de très-petits filamens, que l'animal rend quelquefois par l'anus.

Dans les sangsues qui ne se nourrissent pas de sang, mais qui avalent des animaux tout entiers, nous verrons que l'ouverture de la bouche, la forme de l'œsophage, celle de l'estomac, de l'intestin et même de l'anus, suffisent pour montrer que la déglutition, la digestion et même la défécation doivent être tout différentes.

Nous avons vu, en traitant de l'organisation des sangsues, que nous ne reconnoissons pas chez elles d'organe spécial de respiration. Si donc l'on admet, et cela paroit indubitable, que ces animaux agissent sur l'air atmosphérique de la même manière que ceux qui sont évidemment pourvus de cet appareil, il faudra reconnoître que cette action se fait a travers la peau, ce que l'on conçoit très-bien, tant le système vasculaire qui s'y rend est considérable. Il faut cependant que les sangsues n'éprouvent pas un grand besoin de respirer, puisqu'on en a vu vivre un temps assez long dans les fluides, comme de l'huile, qui ne contiennent pas d'air en dissolution. ou même sous la cloche pneumatique.

L'absorption n'en est pas moins très-active chez elles ; aussi meurent-elles en vingt-quatre heures, quand on les met dans un vase qui contient des matières animales en putréfaction, ou toute autre substance irritante.

D'après cette absence d'organe spécial de respiration dans les sangsues, il me paroit évident que le fluide récrémentitiel, ou le sang, doit être à peu près identique dans tout le système vasculaire , et c'est en effet ce qui paroit être. Ce sang est d'un gris rougeâtre dans les vaisseaux veineux, comme dans l'artère dorsale. M. Derheims assure cependant le contraire, admettant que celui du vaisseau dorsal est d'une couleur plus intense que celui des vaisseaux latéraux. D'après le même observateur, le sang des sangsues, quoique rouge, diffère beaucoup de celui des animaux vertébrés, puisqu'il ne contient que des atômes de fibrine.

Sa marche doit être sans doute une véritable circulation, c'est-à-dire que, pris dans les radicules veineuses, il doit se porter dans les troncs latéraux pour passer de là dans le vaisseau dorsal, d'où ensuite, par ses ramifications, il est dirigé vers tous les points du corps où nous l'avons pris; mais, comme il n'y a pas d'organe d'impulsion ou de cœur véritable, il est évident que l'on doit plutôt reconnoître une sorte d'oscillation ou de balancement dans les sangsues. qu'une circulation évidente ; c'est ce qui peut expliquer le dissentiment des observateurs, dont les uns admettent que les gros vaisseaux latéraux ont une systole et une diastole, comme M. Thomas, qui dit avoir observé sept à huit pulsations par minute, tandis que d'autres nient ce double mouvement. Dans la sangsue vulgaire, qui est transparente, M. Carena assure que les vaisseaux se vident et se remplissent alternativement.

La nutrition dans les sangsues paroit être extrêmement lente, ce qui est en rapport avec la lenteur de leur digestion et, comme nous le verrons plus loin . avec le peu de rapidité de leur accroissement.

N'ayant reconnu aucun organe auquel il fût possible de supposer la fonction de la dépuration urinaire, nous sommes forcés d'admettre que cette fonction n'existe pas dans les sangsues.

Il n'en est pas de même de l'exhalation cutanée; en effet, outre la grande quantité du fluide muqueux, fournie par les cryptes et les appareils de ce nom; il semble que tous les points de la peau transudent la mucosité utile à leur locomotion, et propre à résister à l'action de l'eau ou de l'air.

Quant à la reproduction partielle, nous ne connoissons aucune expérience qui puisse faire admettre que ces animaux soient susceptibles de reproduire quelques parties qui leur auroient été enlevées artificiellement. Une sangsue étant coupée en deux tronçons, tous deux vivent pendant un temps assez long, l'antérieur plus que le postérieur; mais ni l'un ni l'autre ne peuvent se compléter.

Pour la reproduction complète, naturelle, il paroit certain que tous les individus peuvent sécréter les deux substances, dont l'action de l'une sur l'autre doit produire un jeune sujet vivant. Il paroît également certain qu'il faut qu'elles proviennent d'individus différens pour agir l'une sur l'autre, et que, par conséquent, l'hermaphrodisme n'est pas suffisant. Je suis également fort porté à admettre que toutes les sangsues sont ovipares; mais cela n'est pas absolument certain : je ne crois pas qu'on connoisse encore l'état des œufs, ni du fœtus de l'animal, au moment où ils sont sortis de l'organe sécréteur. D'après ce que nous savons sur ce qu'on a nommé le cocon des sangsues médicinales, il paroît que ce n'est d'abord qu'une masse gélatineuse, contenant dans son intérieur les œufs ou leurs germes, et offrant peu à peu à l'extérieur, probablement par la dessiccation et le retrait de cette matière muqueuse, l'aspect d'un réseau; mais les œufs sont-ils pondus à la fois; ce qui est probable? reçoivent-ils l'action du fluide spermatique, avant d'être rejetés, et surtout avant d'être entourés de la substance qui constituera le réseau du cocon? C'est ce que nous ignorons encore aujourd'hui et ce qu'il sera assez difficile de savoir, ces animaux ne voulant jamais s'accoupler sous nos yeux, c'est-à-dire dans les bocaux, où nous pouvons cependant les garder si long-temps en bon état de santé. Nous savons néanmoins, d'après les observations et les expériences de M. Achard, qu'à la Martinique les sangsues médicinales qu'on y transporte de France rendent d'abord un corps ovoïde, de la grosseur d'un noyau d'olive, ayant la couleur du tissu musculaire enveloppé d'une pellicule extrêmement mince, que le moindre attouchement détruit, et recouverte au moment de sa sortie d'une bave d'un blanc de neige; c'est cette bave qui, en se desséchant, prend la consistance et l'aspect d'une éponge fine, offrant à la loupe des mailles de forme hexagone, formées par des filamens s'entrelaçant dans tous les sens. Au bout de vingt-cinq jours, l'une des extrémités s'alonge en mamelon et l'on voit en sortir les jeunes sangsues. Elles sont alors couleur de chair, transparentes, grosses, à peu près comme une forte corde de violon, et longues de trois centimètres environ dans leur plus grande extension.

De l'histoire naturelle des sangsues.

Malgré le peu de connoissances que nous avons encore sur la distinction des espèces de sangsues, il me semble qu'il en existe dans toutes les parties du monde. Les voyageurs, il est vrai, plus que les observateurs, en citent de toutes les régions de l'Europe; il s'en trouve certainement dans les deux Amériques. L'Afrique, l'Asie occidentale et orientale, l'archipel Indien, en contiennent aussi; en sorte que l'on peut dire que ce genre d'animaux est répandu sur toute la surface du globe, dans les pays chauds, comme dans les pays froids et à toutes les hauteurs.

Ce groupe d'animaux est essentiellement aquatique ou vit constamment dans l'eau; il y a cependant quelques espèces qui en sortent assez fréquemment, et même une qui paroit n'y aller jamais.

Le plus grand nombre des espèces aquatiques est d'eau douce; mais on en connoit déjà plusieurs qui vivent dans la mer.

Ces animaux paroissent éprouver leur plus grande activité pendant le jour, et surtout lorsque la température est élevée. La nuit, ils restent fixés aux végétaux immergés, ou s'enfoncent un peu dans la vase, et demeurent dans une immobilité qui indique un véritable sommeil, dont on peut les tirer par l'action d'une vive lumière. On avoit cru que l'approche des tempêtes leur faisoit éprouver une grande agitation, au point qu'on pourroit s'en servir comme d'une espèce de baromètre vivant; mais tout ce qui a été avancé à ce sujet, n'a pu être confirmé par une observation plus exacte. On dit cependant, que dans certaines parties de la France, et entre autres aux environs de Bourbonne-les-bains, les habitans de la campagne n'ont pas d'autres baromètres qu'une caraffe d'eau, contenant quelques sangsues avec un peu de terre au fond, et même une échelle en bois graduée, pour juger par le degré d'élévation ou d'abaissement des sangsues, celui du beau ou du mauvais temps.

Le froid dans nos climats les engourdit plus ou moins, et alors elles s'enfoncent dans la vase ou se cachent sous les pierres pour passer la mauvaise saison. Il paroit même qu'elles peuvent être complétement gelées sans perdre la vie; M. Dubuc l'aîné dit en effet en avoir vu, gelées depuis un mois, revenir à la vie, en faisant fondre la glace avec précaution.

Toutes les sangsues doivent redouter éminemment la sécheresse, comme les lombrics. En effet, si elles se trouvent portées dans les lieux arides et trop éloignées d'une flaque d'eau, elles épuisent bientôt toute la matière liquide qu'elles contiennent pour combattre cette sécheresse, et elles meurent desséchées et ramassées sur elles-mêmes.

L'eau et la chaleur sont ce qu'il leur convient le mieux; mais la nature de l'eau ne paroit pas encore indifférente. Certaines espèces se trouvent en effet constamment dans des eaux vives et courantes, et d'autres dans des eaux stagnantes et quelquefois même assez malpropres.

La plupart du temps en repos et fixées sur les corps submergés, elles ne se mettent en mouvement que pour chercher leur nourriture, ou l'individu dont elles ont besoin pour se reproduire. Nous avons exposé plus haut leurs différens modes de locomotion, qui ne laisse pas que d'être assez vifs pendant toute la durée de la saison favorable.

La nourriture des sangsues paroît être le plus communément animale. On dit cependant que quelques espèces sont phytophages et qu'elles sucent les plantes: ce qui me paroît fort peu probable. Je croirois plus volontiers qu'elles peuvent sucer le limon gras ou la vase qui se trouve souvent dans les lieux qu'elles habitent. Nos espèces les plus connues se nourrissent, quand elles peuvent. du sang, ou mieux des humeurs en général, des animaux vertébrés, et même des humeurs des animaux sans vertèbres, comme des limaçons , des limnées, des planorbes, qu'elles sucent par un mécanisme qui a été exposé plus haut ; mais quelques-unes avalent des lombrics, des nais, des larves d'insectes et même des planaires et des limnées ou autres mollusques. Cela est certain pour la sangsue noire , d'après les observations de M. Carena et de M. Huzard fils , et surtout pour la sangsue de Dutrochet; aussi leur bouche, leur estomac et leur anus présentent-ils une toute autre disposition que ces mêmes organes dans les véritables sangsues. On dit aussi , que celles-ci s'attaquent les unes les autres, surtout quand un individu à jeun en rencontre un autre bien gorgé de sang; mais ce fait est-il bien certain ? et supposé même que cela ait lieu dans nos réservoirs , en est-il de même à l'état de liberté ?

Ces animaux paroissent supporter la diète pendant un temps extrêmement long, du moins si nous en jugeons d'après les individus que les pharmaciens conservent dans leurs officines. On en a vu en effet qui ont ainsi vécu, avec la simple précaution de les changer d'eau de temps en temps, pendant plusieurs années. Quoiqu'en aient dit quelques personnes , la disposition de leur bouche , l'occlusion complète de l'œsophage ne permettent pas de croire qu'elles y suppléent en prenant des animalcules microscopiques, qui existent toujours dans l'eau. Au reste cette facilité que les sangsues ont de supporter l'abstinence est tout-à-fait très en rapport avec la lenteur de leur digestion.

Les sangsues ne s'attachent jamais qu'à des animaux vivans. On a essayé plusieurs fois d'en faire mordre sur des cadavres , ou même sur du sang mort ou extrait d'un animal vivant; mais toujours sans succès, du moins d'après M. Derheims, qui a fait des expériences positives à ce sujet. Cependant; il est certain qu'on en trouve souvent sur les cadavres des animaux submergés, et même que l'on se sert de ce moyen pour s'en procurer. Lorsqu'elles ont été depuis long-temps à jeun, alors elles tombent avec avidité sur le malheureux animal qui vient dans la mare qu'elles habitent, et l'on a vu des exemples d'hommes, et surtout d'enfans et de bestiaux, qui en ont été la victime, tant elles sont quelquefois abondantes dans certaines flaques d'eau des prairies.

L'accroissement des sangsues se fait très-lentement. D'après une note qu'a bien voulu me communiquer M. Tinel-Héraut, pharmacien de Dieppe, qui, depuis 1819, s'est occupé avec suite de l'éducation de la sangsue médicinale, des individus de deux ans après leur sortie du cocon étoient encore assez loin d'égaler en grandeur une sangsue ordinaire de trois pouces de long. Combien alors leur auroit-il fallu de temps pour devenir aussi grands qu'un individu que possède M. Huzard fils, et qui a sept à huit pouces de long dans l'alcool. Au reste, peut-être les sangsues sont-elles dans le cas des larves d'hexapodes et leur grosseur est-elle proportionnelle à la quantité de nourriture qu'elles ont pu se procurer.

On ignore au juste à quel âge elles sont en état de se reproduire. C'est à l'époque du mois de Mai, dans nos climats, que l'accouplement a lieu; tous les individus qui y sont aptes montrent alors un renflement assez considérable dans l'espace compris entre les orifices de l'appareil générateur, ce qui est un peu comme dans les lombrics.

Quoique M. Thomas et plusieurs autres personnes aient cru que ces animaux androgynes se fécondoient eux-mêmes, ce qu'on pourroit concevoir en remarquant que l'organe excitateur est évidemment beaucoup plus long que l'espace compris entre les deux orifices, il est certain que cela n'a pas lieu et que les deux individus se placent l'un à côté de l'autre, ventre à ventre et tête à queue. J'ai trouvé, une seule fois il est vrai, deux individus ainsi accouplés; leur organe excitateur pénétrant réciproquement dans l'orifice vaginal, et plusieurs personnes ont fait la même observation.

La durée de l'accouplement nous est entièrement inconnue.

Nous ignorons également après combien de temps l'organe femelle se débarrasse du produit de la génération.

Ce que l'on sait assez complétement depuis un petit nombre d'années, c'est que nos sangsues médicinales déposent, comme Bergmann l'avoit observé il y a long-temps pour la sangsue vulgaire, une masse ovalaire en forme de cocon de vers-à-soie, composée d'un matière gélatineuse, formant capsule à l'extérieur et contenant dans son intérieur

un nombre plus ou moins considérable d'œufs. d'où doivent
sortir les jeunes sangsues. Les paysans bretons connoissent,
à ce qu'il paroît, ce fait depuis long-temps, et font multiplier
les sangsues dans des lieux où il n'y en avoit pas, en y plaçant
de ces cocons. Les sangsues vulgaire et bioculée pondent un
cocon proportionnel à leur taille, lisse et enduit d'une matière gluante, qui sert à l'attacher aux feuilles des plantes
aquatiques ou à quelque autre corps immergé ; mais les
sangsues médicinales font d'abord un cocon beaucoup plus
gros, que l'animal place dans une cavité conique, creusée sans doute par lui dans la terre des rives de la mare.
Ce que ce cocon offre de plus singulier, c'est qu'il est enveloppé par une couche comme spongieuse et qui semble
formée par l'anastomose d'un grand nombre d'assez gros filamens irrégulièrement disposés, séparés par des interstices parfaitement libres.

D'après ce que nous a appris M. Rayer, dans un mémoire fort intéressant sur les œufs des sangsues, publié en
1824 dans le Journal de pharmacie, la véritable capsule,
située au-dessous du tissu spongieux, offre à chaque extrémité de son grand diamètre un petit tubercule d'un tissu
plus ferme que la membrane, d'un brun jaunâtre, peu transparent. et faisant saillie dans son intérieur. C'est à leur place
que se forme un orifice, rarement aux deux extrémités à la
fois, et par où sortent les jeunes sangsues.

A l'époque où les cocons viennent d'être pondus, il paroît
que le tissu spongieux n'existe pas encore, ce qui permet de
croire que sa formation est due à une sorte de retrait de la
matière muqueuse abondante qui recouvroit la capsule. Quoi
qu'il en soit, à cette même époque il est souvent difficile
d'apercevoir les œufs, qui sont en nombre un peu variable
(6-15), et disposés d'une manière régulière dans l'intérieur, mais surtout de voir leur développement, comme il
paroît que cela est aisé pour la sangsue vulgaire. D'après les
observations de M. Rayer les petites sangsues contenues
dans leur capsule sont d'autant plus rouges et moins alongées qu'elles sont plus nouvellement écloses : elles sont colorées de très-bonne heure et l'on aperçoit déjà la différence
qui existe sous ce rapport entre les sangsues grises et les sang-

sues vertes. Arrivées au développement convenable, elles sortent de la capsule par l'orifice polaire, traversent le tissu spongieux, dans lequel elles peuvent encore se mettre quelque temps à l'abri, et deviennent complétement libres. Alors elles nagent déjà avec la plus grande facilité, et peuvent même vivre et s'accroître dans de l'eau filtrée, quoique des individus adultes, au bout de quelques mois, y perdent de leur poids.

Le nombre des petites sangsues qui sont produites dans chaque cocon, ne paroît pas aller au-delà de seize; et par conséquent, s'il n'y a qu'une ponte chaque année, ce qui paroît probable, sans que cependant nous puissions l'assurer, la multiplication des sangsues ne doit pas être aussi considérable qu'on pourroit le croire au premier abord.

Nous ignorons complétement la durée naturelle de la vie des sangsues et combien de temps elles conservent la faculté de se reproduire. Ce qu'il y a de certain, c'est que, outre la grande destruction qu'en font plusieurs animaux, et entre autres les oiseaux aquatiques, elles meurent souvent par milliers, lorsque l'eau des lieux qu'elles habitent vient à se corrompre par la grande quantité de substances animales en putréfaction qu'elle peut contenir, et surtout pendant les grandes chaleurs.

Mais la diminution des sangsues dans notre Europe, et surtout dans les parties les plus peuplées, tient à ce que les étangs ou masses d'eau qui leur sont nécessaires, et dans lesquelles se peuvent rencontrer toutes les circonstances favorables propres à leur conservation et à leur propagation, diminuent tous les jours de nombre et d'étendue, et surtout à l'énorme quantité de ces animaux employée d'après les prescriptions de la nouvelle théorie médicale de l'irritation, la saignée locale étant devenue le moyen thérapeutique par excellence; sans cela les sangsues étoient plutôt nuisibles qu'utiles à l'espèce humaine, puisqu'elles s'attachent souvent à nos animaux domestiques, aux canards, etc.; mais depuis leur grande vogue en médecine elles sont devenues d'une très-grande utilité, et par conséquent elles ont dû être recherchées avec soin dans les lieux où elles vivent encore en grande abondance, pour être transportées dans ceux où elles n'existent pas, ou du moins sont assez rares, et où la population est très-nombreuse. Aussi maintenant ces animaux sont-ils devenu l'objet d'un commerce considérable, et les pharmaciens, qui tout naturellement ont dû les regarder comme un sujet de leur domaine, se sont occupés avec zèle des moyens non-seulement de les conserver dans des espèces de magasins plus ou moins étendus, mais encore de les transporter souvent à des distances considérables, et même de les faire propager sous leurs yeux, en sorte que maintenant ce sont des animaux presque domestiques et qui entrent dans l'économie rurale.

La Russie, la Suède, la Norwége, la Hongrie, la Bohême, et tous les états de l'Allemagne, la Hollande, l'Italie et l'Espagne, produisent assez de sangsues pour leur consommation; mais il paroît qu'il n'en est pas de même en France et surtout en Angleterre, où une sangsue coûte quelquefois une guinée. Dans ce pays cela tient à ce que les sangsues s'y trouvent en petite quantité; mais, dans la France, cela est plutôt dû à l'emploi démesuré que les médecins en ont fait depuis quinze ou vingt ans. Nous voyons, en effet, dans les Tableaux si intéressans de statistique de la ville de Paris, publiés par les ordres de M. de Chabrol, préfet de la Seine, que le nombre de sangsues entrées dans cette ville, dans l'année 1826, monte à trois cent mille seulement pour les hôpitaux de Paris. Nos colonies d'Amérique paroissent aussi manquer de sangsues médicinales, et sont obligées d'en tirer d'Europe; c'est ce qui a donné lieu à une nouvelle branche de commerce. On tire les sangsues de l'Espagne, de l'Allemagne, de la Hongrie : on les met dans des espèces de réservoirs, où elles se propagent, et on les expédie pour l'Angleterre et même pour l'Amérique.

La récolte des sangsues médicinales ne demande pas beaucoup de soins. Des hommes, des enfans, les vont chercher, les jambes nues, dans les endroits où il s'en trouve, et prennent celles qui nagent ou qui s'attachent à eux. Quelquefois ils emploient des appâts, comme des cadavres d'animaux, laissés pendant la nuit, et ils ramassent chaque matin celles qui s'y sont accumulées. Un pot fermé ou un sac mouillé leur sert pour les rassembler.

Le choix des sangsues n'est pas indifférent, non pas qu'il y en ait dont la morsure soit plus dangereuse que celle d'autres individus ; mais parce qu'on confond souvent avec la sangsue médicinale une autre espèce qui ne mord point, comme M. Huzard fils l'a fait voir dans un mémoire *ex professo*. Il faut donc bien distinguer ces deux espèces. Il paroît aussi que les individus qui vivent dans les ruisseaux d'eau courante sont préférables aux autres, qu'ils sont plus vifs et mordent plus promptement. On préfère aussi ceux qui n'ont pas été pris sur les appâts.

L'art de conserver les sangsues que l'on a recueillies dans les mares et les étangs, paroît n'être pas fort difficile, puisqu'il consiste à les mettre dans une quantité suffisante d'eau, que l'on a soin de renouveler fréquemment, surtout en été pendant les chaleurs. Cependant on remarque que quelquefois elles périssent en très-grand nombre, soit par les variations atmosphériques, soit par des maladies auxquelles elles sont sujettes, et qui sont souvent difficiles à prévoir et par conséquent à prévenir.

M. Cresson, qui s'est le plus occupé des moyens de conserver les sangsues dans les officines, recommande de ne pas mettre au-delà de deux cents sangsues pour six pintes d'eau, de changer l'eau une fois par semaine en hiver, deux en été, et de deux jours l'un dans les grandes chaleurs, en ayant grand soin de tenir le vase bien propre, et d'enlever la matière muqueuse qui se dépose sur ses parois et les individus morts. Il ajoute qu'il faut mettre le vase qui renferme les sangsues dans un lieu frais, à l'abri des rayons solaires, et d'employer de l'eau à la même température, la plus voisine possible de zéro, les grandes variations de chaleur étant ce qu'il y a de plus nuisible pour ces animaux.

Plusieurs personnes ont recommandé en outre de mettre dans l'eau quelque substance qui puisse servir à leur nourriture ; ainsi, en Allemagne, il paroît qu'on y dissout une certaine quantité de cassonade. M. Bertrand a proposé de leur donner un peu de sang ; mais tout cela bien inutilement.

Voici un autre procédé que recommande M. Derheims. Il les met dans un réservoir assez petit, puisqu'il est creusé dans du marbre, et de forme oblongue. A l'une des extrémités de ce bassin, et vers le milieu de sa hauteur, est assujettie une tablette mince de la même substance, sur laquelle on met une couche de mousse fortement comprimée par de petits cailloux. Au fond du bassin on dépose aussi une couche beaucoup plus épaisse, composée de mousse, de tourbe, de charbon de bois, et on la comprime aussi par quelques petits cailloux. On remplit le bassin d'eau de manière à ce que le lit de mousse de la tablette soit seulement humecté; et on recouvre le tout d'une toile de crin à mailles serrées et qui est maintenue horizontale à l'aide de petits poids, de manière à ce que les sangsues ne puissent s'échapper. Un robinet placé convenablement sert à changer l'eau quand cela est convenable. On a soin aussi de renouveler de temps en temps la mousse.

Par ce procédé les sangsues peuvent, en traversant la mousse, se débarrasser de la mucosité qui, dans les temps orageux surtout, recouvre leur corps et est la cause la plus habituelle de leur mort dans la domesticité. L'emploi du charbon prévient la putréfaction de cette matière animale, laissée dans l'eau, et paroît empêcher son action délétère sur les sangsues. Il faut par conséquent avoir grand soin d'enlever les individus morts. Quant au bassin de marbre, quoiqu'il soit préférable à un baquet ou tout autre vase en bois, il peut aisément être remplacé par un vase de terre vernissée ou de faïence.

M. Achard, pharmacien à la Martinique, a proposé un moyen de conservation encore meilleur, puisque non-seulement les sangsues vivent très-bien, mais peuvent se reproduire en domesticité. Pour cela, dans une très-grande cuve en bois, autour et au-dessus de laquelle il a établi des ouvertures grillées, il a mis au fond une couche d'argile en consistance de pâte molle, et dans l'eau dont il l'a recouverte jusqu'à deux mille sangsues. Les jeunes individus qui y sont nés lui paroissoient pouvoir être employés pour mordre au bout d'un an.

Enfin, plusieurs pharmaciens françois, entre autres M. Lenoble, de Versailles, et les personnes qui en font commerce en grand, ont entrepris de parquer pour ainsi dire les sangsues, en les mettant dans de petites pièces d'eau de leurs jardins, où elles peuvent à la fois se nourrir et se reproduire aisément.

Le transport des sangsues se fait dans des sacs qu'on entretient soigneusement mouillés, quand le voyage ne doit durer que quelques jours; mais quand il doit être plus long, on a recours à des barils pleins d'eau et percés en dessus. C'est ainsi qu'on en envoie en Angleterre.

Les sangsues conservées dans des vases d'une capacité peu considérable et entassées en grande quantité, sont sujettes à différentes maladies qui ont été encore peu étudiées; mais il paroît aussi qu'elles s'attaquent les unes les autres. C'est du moins ce qu'assurent plusieurs observateurs, et entre autres M. Vauquelin; tandis que d'autres disent absolument le contraire. C'est donc une double raison d'employer de grands vases pour conserver les sangsues et de ne les y mettre qu'en nombre tel qu'elles puissent s'y mouvoir aisément, sans se rencontrer trop souvent.

Dans un ouvrage de la nature de celui-ci, nous ne devons pas entrer dans les détails techniques sur l'emploi du moyen thérapeutique fourni par les sangsues, c'est un sujet qui regarde exclusivement la médecine; mais comme il arrive souvent que les sangsues peuvent accidentellement mordre une personne ou un animal, il ne sera pas déplacé de dire quelque chose sur les accidens qui peuvent en résulter et sur les moyens d'y remédier.

La morsure des sangsues, souvent douloureuse par la raison que nous en avons donnée plus haut, est quelquefois suivie d'irritation assez forte pour déterminer une véritable inflammation et par conséquent du gonflement, de la rougeur, et par suite, de la suppuration, surtout si l'on a appliqué à la fois un grand nombre de sangsues dans un petit espace. On a attribué cela à l'espèce de sangsue; mais c'étoit probablement à tort; car il n'y a réellement qu'une espèce de sangsue qui puisse être employée pour extraire du sang, celle à laquelle on donne le nom de sangsue médicinale; la sangsue noire ne pouvant mordre, comme l'a démontré M. Huzard fils. Quant à la véritable sangsue de cheval, *H. sanguisuga*. Linn.. il paroît cependant que sa morsure est plus forte; mais c'est ce qui n'est pas encore hors de doute.

On a aussi supposé que les phénomènes pouvoient être attribués à ce que la morsure avoit été faite par des sangsues qui avoient déjà servi. Mais cela est également douteux. D'abord il est certain que beaucoup de marchands de sangsues en vendent qui ont déjà mordu plus ou moins long - temps auparavant, et il l'est encore davantage que des particuliers en conservent toujours de précaution, et que ce sont souvent des individus qui ont servi déjà plusieurs fois, sans que cependant il arrive aucun accident de leur morsure.

Quelques auteurs ont dit que des accidens étoient occasionés par la morsure des sangsues, lorsqu'on les arrachoit de vive force, et que cela étoit dû à ce que les dents restoient dans la peau : si l'on entend par là les mamelons dentifères, le fait est faux, ils ne peuvent être arrachés; si l'on entend les denticules, cela se peut concevoir davantage, mais leur effet n'en est pas moins fort hypothétique.

Il faut donc croire que l'inflammation, produite quelquefois par la morsure des sangsues, tient à la difficulté qu'a eu l'animal de mordre, aux essais nombreux qu'il aura faits, quelquefois à la nature même de la peau du sujet, et peut-être aussi à la matière muqueuse plus ou moins altérée, conservée dans le disque buccal et introduite dans la plaie. Je ne serois pas même étonné que les sangsues, prises sur des cadavres dans l'eau, produisissent plus d'accidens que les autres par leur morsure.

Pour éviter ce petit accident, ou du moins pour en prévenir les suites presque toujours peu graves, les médecins savent qu'il suffit d'appliquer un cataplasme émollient sur les plaies, surtout quand elles sont rapprochées; car alors l'inflammation locale est plus à redouter.

Un accident beaucoup plus grave, puisqu'on a vu la mort s'en suivre, c'est la continuité de l'écoulement du sang après la chute de la sangsue. Ordinairement, peu de temps après qu'elle a eu lieu, le sang qui couloit par la plaie s'arrête peu à peu, se coagule dans l'ouverture, et l'hémorrhagie est arrêtée, à moins que, pour l'empêcher, on ait soin de baigner la plaie avec un linge fin ou une éponge fine, imbibés d'eau tiède, comme les médecins le recommandent le plus ordinairement; mais il arrive quelquefois que le sang continue à couler, surtout si c'est au cou que l'application des sangsues a eu lieu. Alors on est obligé d'appliquer quelque poudre absorbante ou styptique, comme du lycopode, de l'alun ou même de la colophane. On peut aussi avoir recours à une substance absorbante par elle-même, comme de l'amadou, dont on a enlevé l'épiderme seulement ou qu'on a saupoudré d'alun; de la charpie, que l'on comprime et fixe sur la plaie à l'aide d'un bandage approprié, ou même, ce qui est souvent préférable, du doigt: quand ces moyens, unis à une position convenable, ainsi qu'au repos le plus complet, ne réussissent pas, on est obligé d'employer le baume de Commandeur ou la cautérisation par le fer rouge (l'extrémité d'une clef, par exemple, peut très-bien être employée à cela), ou à l'aide du nitrate d'argent. Par ce procédé on est toujours sûr de réussir.

La petite cicatrice qui résulte de la morsure d'une sangsue, et qui ressemble à une étoile à trois branches triangulaires, disparoît au bout de quelques mois dans les jeunes sujets; mais reste quelquefois toute la vie chez les individus plus âgés, surtout quand la suppuration a eu lieu.

Quant à la foiblesse singulièrement remarquable, qui suit constamment l'emploi trop réitéré de la saignée par les sangsues, foiblesse qui ne dépend pas autant de la quantité du sang que de sa qualité, et qu'il faut attribuer, sans aucun doute, à ce que le sang soutiré par ces animaux n'est pas du sang veineux circulant, mais bien du sang oscillant et compris dans les tissus au moment où il va servir à la nutrition, il est évident que le temps seul et des circonstances favorables, jointes à l'emploi des toniques, peuvent y rémédier.

Comme il arrive aussi quelquefois, à ce qu'il paroît, que des sangsues s'introduisent par accident dans les ouvertures du corps et que l'on craint qu'elles ne donnent lieu à des hémorrhagies mortelles, on recommande différens procédés pour y remédier. Le plus simple est de les saisir avec une pince quand on le peut. Dans le cas contraire il faut avoir recours à la déglutition ou à l'injection d'eau salée ou vinaigrée, ou même de vin, qui, suivant M. Double, a la propriété de les tuer. Si elles sont descendues dans l'estomac, il est aisé de voir qu'il faut avoir recours aux vomitifs. Si par accident elles avoient pénétré dans les voies aériennes, ce qui me paroît fort difficile, il faudroit employer des fumigations légèrement irritantes, et peut-être de bonne heure avoir recours à la trachéotomie.

Tout ce que nous venons de dire de général sur les sangsues doit être appliqué presque exclusivement à la sangsue médicinale, et par conséquent nous nous bornerons à en faire connoître tout à l'heure les caractères spécifiques. Elle seule, et ses nombreuses variétés, ainsi que le véritable *H. sangui-suga*, en admettant qu'elle en soit distincte, paroît susceptible de mordre et de tirer du sang, quoi que quelques auteurs en aient dit. Pour les autres espèces, nous renvoyons à chacune d'elles pour en connoître l'histoire.

Nous avons déjà fait observer plus haut qu'il existe des espèces de ce groupe dans toutes les parties du monde et dans toutes les eaux douces ou salées ; malheureusement nous ne connoissons encore que d'une manière peu suffisante les espèces d'Europe, toutes les autres n'étant qu'indiquées dans les voyageurs. Il en résulte que le nombre d'espèces inscrites dans nos catalogues est beaucoup moins grand sans doute que celui des espèces qui en existent réellement.

La distinction zoologique des sangsues a été commencée par Muller; MM. Oken, H. de Blainville, et surtout Savigny ont cherché à faciliter la connoissance des espèces de ce groupe, en y établissant des sections génériques qui peuvent jusqu'à un certain point être admises, puisque les différences caractéristiques concordent assez bien avec des différences dans les mœurs et les habitudes. Nous allons cependant les réunir toutes sous la dénomination de sangsues; mais auparavant indiquons les organes qui fournissent les meilleurs caractères.

Les parties dont les caractères distinctifs doivent être tirés sont les suivantes :

Le corps, en totalité, dont la forme cylindrique, ou mieux, à coupe circulaire dans un certain nombre d'espèces, se déprime de plus en plus, de manière à ce que le ventre est constamment plat dans d'autres.

Le nombre des articulations ou des anneaux dont le corps est formé : quoique ce nombre varie un peu, c'est dans des limites assez rapprochées, pour que cette considération ne soit pas sans quelque importance. Pour faire ce compte, il m'a semblé qu'il falloit négliger les plis de la lèvre supérieure, souvent difficile à distinguer, et commencer du bord de la lèvre inférieure, ce qui est toujours fort aisé.

La distinction plus ou moins tranchée des articulations antérieures du reste du corps, pouvant former une ventouse, dans le fond de laquelle est la bouche.

La position et le développement proportionnel de la ventouse anale, qui peut être terminale, c'est-à-dire verticale, ou bien être horizontale.

Le nombre et la disposition des points noirs ou pseudo-oculaires, considération qui paroît être d'une fixité remarquable. Malheureusement elle est quelquefois d'une assez difficile application.

La forme de la cavité præorale, le développement plus ou moins considérable des tubercules ou mamelons dentifères et la grandeur proportionnelle de l'orifice œsophagien.

L'anus, dont la position et surtout la forme et la grandeur proportionnelle, dont on peut très-bien se servir pour préjuger l'espèce de nourriture.

Les orifices de l'appareil génital, dont la position, plus ou moins reculée, à compter de la lèvre inférieure, est complétement fixe, de même que le nombre d'articulations comprises entre les deux orifices.

Quant à la couleur, elle me paroît être trop variable pour qu'on puisse le moins du monde s'en servir comme propre à fournir des caractères spécifiques.

Les tubercules, dont le corps est quelquefois hérissé, surtout sur les individus conservés dans l'esprit de vin, où ils sont toujours plus ou moins contractés, ne me paroissent que rarement pouvoir être employés à fournir de bons caractères.

A. *Espèces qui sont pourvues de branchies.* (G. Branchiobdella, Rudolphi; Branchellia, Savigny; Polydora, Oken.)

La Sangsue de Menzies : *H. branchiata*, Menz., *Transact. Linn. Societ.*, tome 1, page 188, tab. 17, fig. 3. Corps déprimé, alongé, d'un pouce de long à peu près, finement annelé, atténué en avant, dilaté en un disque en arrière, pourvu, dans une partie de son étendue, de sept paires de soies molles, un peu branchues et transparentes; couleur blanchâtre, translucide.

Cette singulière espèce de sangsue a été trouvée en grande abondance, adhérente à des tortues, dans l'océan Pacifique, entre les tropiques.

La Sangsue de Rudolphi: *H. Rudolphii; Branch. Torpedinis*, Savigny, Syst. des annél., pag. 109, n.° 1. Corps alongé, déprimé, formé de quarante-neuf anneaux peu distincts, dont les treize premiers constituent une sorte de col; le 14.ᵉ et les suivans jusqu'au 35.ᵉ, portant une paire de branchies en forme de feuillets demi-circulaires; ventouse orale, bien distincte et beaucoup moins grande que l'anale, et contenant trois points saillans; quatre paires de points pseudo-oculaires, disposés sur une ligne transverse : les orifices de l'appareil générateur situés aux 21.ᵉ et 24.ᵉ anneaux; couleur brun-noirâtre.

Cette espèce a été trouvée sur la torpille, dans la Méditerranée, par M. Rudolphi et par M. d'Orbigny, sur les bords de l'Océan. Elle a, comme la précédente, douze à quinze lignes de long.

B. *Espèces cylindro-coniques, pourvues de ventouses également distinctes et terminales, sans mamelons à la bouche, sans points pseudo-oculaires.* (G. Pontobdella, Leach.; Albione, Savigny.)

L'organisation des espèces de ce genre n'a pas encore été examinée suffisamment. Ce que je puis assurer, c'est qu'elles n'ont pas de points oculaires, ni de tubercules dentifères; quant à l'estomac, il m'a paru qu'elles ont des poches à peu prés comme les véritables sangsues. Il est donc probable qu'elles se nourrissent de sang comme celles-ci Ces espèces de sangsues, au contraire des autres, meurent en une heure ou deux, si on les met dans de l'eau de puits ou dans toute autre eau douce, à moins qu'on y fasse dissoudre une certaine quantité de sel, comme l'a expérimenté J. B. Batarra.

La Sangsue épineuse; *H. muricata*, Linn. Corps cylindro-conique, très-atténué en avant, composé d'un nombre un peu variable d'anneaux hérissés de tubercules épineux, séparés de

trois en trois par un anneau plus petit ; la ventouse ovale ayant
à son bord six paires de petites verrues molles et très-peu saillantes ; les orifices de l'appareil de la génération situés entre le
17.ᵉ et le 18.ᵉ et entre le 20.ᵉ et le 21.ᶜ anneaux ; couleur
cendré - verdâtre : quelquefois irrégulièrement tachetée de
brun.

Cette espèce, qui atteint jusqu'à quatre pouces de long,
est commune dans toutes nos mers, où elle s'attache aux
poissons et surtout aux raies.

La Sangsue spinuleuse : *H. spinulosa ; Pontobdella spinulosa*,
Leach., *Miscellan. Zool.*, tom. 11, pag. 12, tab. 68, fig. 1 et 2.
Corps cylindro-conique, hérissé de tubercules peu nombreux
et aigus.

Cette espèce ne diffère très-probablement pas de la précédente, comme le pense M. Savigny, qui la réunit en effet,
à l'*H. muricata* de Linné. Elle se trouve communément dans
les mers de l'Écosse et de l'Angleterre septentrionale, attachée aux raies, d'où le nom de suce-raies (*skate-suker*) que lui
donnent les Anglois. M. Leach fait observer que dans le jeune
âge les spinules sont disposées en rangées très-irrégulières,
mais que dans les individus plus âgés elles sont bien plus
irrégulièrement éparses, et qu'elles s'effacent, surtout quand
l'animal s'est gorgé de sang.

La S. verruqueuse : *H. verrucata ; Pont. verrucata, Alb. verrucata*, Sav. ; Leach, *loc. cit.*, p. 11, tab. 64 ; *H. piscium*,
Baster, *Opusc. subs.*, tom. 1, liv. 2, p. 95, tab. 10, fig. 2,
cop. dans l'Encycl. méth., pl. 53, fig. 5. Corps en massue,
couvert de grosses verrues disposées en anneaux ; ceux-ci inégaux : les plus grands séparés par trois petits.

M. Leach, en établissant cette espèce, ajoute l'observation
de Baster, que, dans son *H. piscium*, les verrues ou tubercules varient considérablement de formes ; aussi, suis-je encore fort porté à croire que ce n'est qu'une variété de la
sangsue épineuse.

La S. aréolée : *H. areolata ; Pont. areolata*, Leach, *loc. cit.*,
pag. 10, tab. 63. Corps de même forme que dans les précédentes, composé d'articulations assez régulières, égales et non
tuberculeuses, du moins en avant, aréolées en arrière, probablement par le rapprochement des tubercules aplatis.

On ignore la patrie de cette espèce de sangsue , qui a été donnée à la Société linnéenne de Londres par sir Jos. Banks. Je suppose que la disposition aréolaire que la figure citée indique, est due à la compression des tubercules serrés les uns contre les autres.

La Sangsue lisse; *H. lœvis*, Planch. des sangsues, n.° 3. Corps en longue massue, très-atténué en avant, et se renflant peu à peu jusque tout auprès de l'extrémité postérieure, lisse, et même sans articulations distinctes; ventouses terminales : la postérieure fort petite; l'antérieure assez peu considérable, sans traces de verrues tentaculaires, ni de points pseudo-oculaires; orifices des organes de la génération très-antérieurs, au premier sixième environ; anus fort petit; couleur d'un brun roussâtre.

Je possède , dans ma collection , la sangsue sur laquelle j'établis cette espèce. Elle m'a été donnée par M. Paretto, de Gênes. Elle a, dans son état de conservation dans l'esprit de vin, plus d'un demi-pied de long. Je n'oserois garantir sa couleur, ni peut-être même son état complétement lisse , parce qu'il me semble qu'elle a été un peu altérée.

La S. a bandelettes; *H. vittata*, de Chamisso et Eysenhardt, *De anim. è class. verm.*, *Acad. Leopold. Carl. des Naturforsch.*, tom. 2, part. 2, pl. 24, fig. 4. Corps déprimé, lisse, de couleur brune en dessus, avec environ trente-six stries transverses rapprochées deux à deux, blanc en dessous, avec des points de la couleur du dos.

D'après la figure que les auteurs cités donnent de cette espèce, elle seroit très-remarquable par la beauté de sa coloration. Malheureusement leur description est incomplète : ils se bornent à dire qu'elle paroît voisine de la S. indienne de Linné, et qu'elle en diffère par l'état lisse du corps, et par un moindre nombre de stries transverses. Elle a été observée par M. de Chamisso dans le port de l'île Unalascha.

La S. indienne; *H. indica*, Linn., Gmel., p. 3095, n.° 1. Corps déprimé, brun, avec cent stries transverses ou annulaires, larges, élevées et hérissées de tubercules.

Voilà malheureusement à quoi se borne la caractéristique donnée par Gmelin, pour cette espèce, qui existe dans la mer des Indes.

C. *Espèces cylindriques, composées d'articulations peu distinctes, terminées par des ventouses obliques, très-grandes et aplaties ; bouche petite, sans tubercules dentifères ; huit points pseudo-oculaires.* (G. Piscicola ou Ichthyobdella, de Bl. ; Hœmocharis, Sav.)

La Sangsue géomètre : *H. geometra*, Linn. ; *H. piscium*, Linn., Gmel., p. 3097, n.° 8 ; Rösel, *Ins.*, tom. 3, p. 199, tab. 52 ; cop. dans l'Encycl. méthod., pl. 51, fig. 12 — 19 ; *Hœmocharis piscium*, Savigny ; *Piscicola piscium*, de Lamk. Corps de dix à douze lignes de long, grêle, un peu atténué en avant, lisse ; ventouse antérieure de moitié plus petite que l'autre, portant des points pseudo-oculaires au nombre de quatre paires, suivant M. Savigny ; mais les points de chacune presque réunis, de manière à ne paroître que quatre ; ventouse anale très-grande, non bordée ; orifices des organes de la génération aux 17.ᵉ et 20.ᵉ anneaux ; couleur d'un blanc jaunâtre, finement pointillée de brun ou cendrée, avec une chaîne dorsale élargie en taches de chaque côté, plus claire que le fond ; deux lignes de gros points bruns sur les côtés du ventre ; des rayons bruns, avec des mouchetures noirâtres sur la ventouse anale.

Cette espèce, que je n'ai pas vue, se trouve dans les eaux douces d'Europe, attachée aux poissons et surtout aux cyprins. Elle se meut à la manière des chenilles arpenteuses ; sa couleur est assez variable. La position des orifices générateurs, telle que je l'ai rapportée, est déterminée par M. Savigny, qui compte les anneaux de la lèvre supérieure. (Voyez plus loin la S. céphalote.)

D. *Espèces subcylindriques, formées d'un très-grand nombre d'articulations peu distinctes ; bouche grande, sans tubercules dentifères ; anus très-grand et semi-lunaire ; ventouse postérieure sub-terminale ; orifices de la génération dans un renflement annulaire.* (G. Trochetia, Dutroch. ; Geobdella, de Bl.)

L'unique espèce de sangsue qui constitue ce groupe est véritablement fort remarquable, et semble faire le passage aux lombrics. Son corps, subcylindrique en avant, un peu déprimé et élargi en arrière, est également convexe en dessus comme en dessous. L'espace où s'ouvrent les orifices de l'appareil de la génération est renflé, et forme un anneau circulaire assez prononcé. Le nombre des articulations du corps est extrêmement considérable, et le paroît encore davantage par les plis irréguliers dont chacune d'elle est traversée. L'extrémité postérieure est terminée par une ventouse médiocre, oblique ou inférieure. L'antérieure présente une ouverture assez grande, transverse, bordée par deux lèvres, dont la supérieure, obtuse, déborde beaucoup l'inférieure ; mais il n'y a pas de ventouse proprement dite. La bouche se présente au fond de cette ouverture, qu'elle semble continuer sans rétrécissement : on n'y remarque aucun indice des tubercules dentifères que nous verrons dans la section suivante, mais bien l'origine de trois sillons, ou cannelures profondes, qui se prolongent dans toute la longueur de l'œsophage, deux en haut, et une médiane en bas ou sur la ligne ventrale. L'estomac ne commence qu'assez au-delà du renflement générateur : il ne forme aucune poche latérale, mais seulement d'espace en espace il offre des rétrécissemens ou bourrelets assez sensibles, d'abord quatre plus distans et ensuite trois plus rapprochés ; on voit de semblables bourrelets dans une partie de l'intestin où les plis longitudinaux de la muqueuse sont plus fins et plus rapprochés que dans celle qui la précède. Vient ensuite une dernière portion d'intestin, courte et toute droite, plus large en avant, se rétrécissant peu à peu en arrière, et dans lequel les plis très-épars de la membrane muqueuse sont comme frisés ou crépus. L'anus, qui termine cet intestin, est remarquable par sa grandeur, proportionnellement, surtout avec celui des véritables sangsues. Il est semi-lunaire, obliquement ouvert en arrière.

Les autres parties de l'organisation de cette espèce de sangsue ne diffèrent pas moins de ce que nous avons décrit plus haut dans la sangsue médicinale, qui nous a servi de type.

Nous ne connoissons encore qu'une espèce dans cette section, que M. Huzard fils, d'après l'indication de M. Duméril, a confondu à tort avec l'*H. sanguisuga* de Linné, dont nous allons parler tout à l'heure , quoique celle-ci s'en rapproche plus que les véritables sangsues; c'est

La Geobdella de Dutrochet: *H. Trochetii; Trochetia viridis,* Dutrochet, Bull. par la Soc. philom. , et de Lamarck. Anim. sans vert., tom. 5 , page 292. Corps de deux à trois pouces de long, épais, de couleur verte en dessus, jaunâtre en dessous.

Elle a été découverte par M. Dutrochet, dans le département d'Indre-et-Loire , où il paroît qu'elle est assez abondante.

E. *Espèces alongées, subcylindriques, ou peu déprimées, formées d'anneaux nombreux, égaux, assez longs et bien réguliers; ventouse antérieure peu distincte, bilabiée; cinq paires de points pseudooculaires, dont trois très-rapprochées dorsales sur le premier anneau, et deux latérales plus isolées; bouche très-grande, pourvue, à l'entrée de l'œsophage, de trois plis bifides : un supérieur et deux latéraux inférieurs; anus fort grand et semi-lunaire; orifices des organes de la génération, le premier entre le 24.ᵉ et le 25.ᵉ anneau; le second entre le 29.ᵉ et le 30.ᵉ* (Genre Pseudobdella , de Bl.)

Cette division des sangsues est établie sur une espèce très-commune aux environs de Paris, et sur laquelle M. Huzard a fait un travail spécial, pour la comparer avec la sangsue officinale. Tous les détails anatomiques qu'il a donnés sont précieux ; mais, suivant nous, c'est à tort que, suivant l'exemple de M. Carena, il l'a regardée comme identique avec la sangsue de cheval, décrite sous ce nom par M. Savigny , et placée avec elle par ce naturaliste dans son genre *Hæmopis.* Pendant long-temps il m'a été impossible de faire concorder la description que M. Savigny donne des tubercules dentifères de sa sangsue de cheval, avec ce que M. Huzard dit, et ce que j'ai vu moi-même de la bouche de l'espèce qu'il a désignée aussi sous ce nom ; mais comme celui-ci a eu l'extrême complaisance de me donner plusieurs individus de cette espèce, celui même dont il a fait figurer le canal intestinal , ainsi que la sangsue, qu'il a regardée comme une

simple variété de la sangsue médicinale, à laquelle il donne
le nom de sangsue noire, je me suis bientôt rendu compte de
cette grande différence dans la description de la bouche, en
reconnoissant que cette sangsue noire de M. Huzard est la véritable sangsue de cheval de M. Savigny, et la sangsue de
cheval de celui-là, la sangsue noire, *hæmopis nigra*, de celui-
ci, dont il n'aura pas examiné comparativement la bouche,
et que la forme seule de son corps, en effet parfaitement
semblable, lui aura fait placer dans le même genre. D'après
cela, j'établis une division particulière pour cette espèce
de sangsue, qui offre un assez grand nombre de rapports avec
la S. de Dutrochet, pour que M. Huzard ait cru que c'étoit
la même, s'il n'avoit fait, le premier, l'observation que
son appareil digestif est tout autrement conformé que celui
des sangsues proprement dites. En effet, d'abord, les tubercules de la bouche sont toujours beaucoup plus petits, quoiqu'offrant absolument la même disposition, c'est-à-dire que
l'un est médio-dorsal et les deux autres latéraux ; mais, comme
le fait justement observer M. Huzard, ce sont plutôt les extrémités un peu renflées des plis longitudinaux de l'œsophage ;
aussi convergent-ils moins que les tubercules dentifères des
sangsues. Les crochets, ou dents, paroissent aussi avoir une
autre disposition et être beaucoup moins nombreux. Suivant
M. Huzard fils, les dents forment sur la mâchoire une petite
bande saillante, divisée dans sa longueur par un sillon unique,
et dans sa largeur par d'autres sillons, qui lui ont paru être
au nombre de huit ou neuf, en sorte que cette bande seroit
formée de dix-huit ou vingt mamelons plus gros que les dents
de la sangsue médicinale, et en même temps plus obtus. M.
Carena dit qu'il y en a quatorze sur chaque rang ou vingt-
huit en tout. Quant à moi, j'avoue n'avoir jamais pu voir ces
denticules sur les individus que j'ai observés, et cependant
avec une assez forte loupe ; aussi je crois pouvoir assurer qu'il
n'y en a pas. Quoi qu'il en soit, l'orifice buccal ou œsophagien est très-grand, en comparaison de ce qu'il est dans les
véritables sangsues ; l'œsophage ne l'est pas moins : il est aussi
sensiblement plus long, et les plis longitudinaux de la muqueuse y sont beaucoup plus marqués. L'estomac n'en est
qu'une continuation, et ne s'en distingue que parce que ces

plis y sont moins évidens ; il est aussi beaucoup moins dilaté que dans les sangsues ordinaires , et surtout , quoiqu'il soit compris entre des faisceaux de fibres musculaires transverses , il ne présente aucun étranglement , comme des sinus ou poches que nous avons décrites dans celles-ci. Vers le tiers postérieur du corps, au point où il va se changer en intestin, il est pourvu , à droite et à gauche, d'un cœcum étroit, qui est bridé par une lame de fibres musculaires transverses , ce qui très-probablement l'aura caché aux yeux de M. Huzard, qui n'en parle pas. L'intestin, d'abord fort large , presque autant que l'estomac , diminue un peu de diamètre, pour se terminer à l'anus , que nous avons dit être fort grand.

Ainsi, l'appareil digestif de ces sangsues diffère notablement de celui des espèces ordinaires. Le reste de l'organisation présente aussi quelques différences, quoique moins considérables. Je n'ai pas observé ce singulier appareil, que M. Thomas a regardé comme respiratoire, et que je pense plutôt appartenir à l'appareil crypteux. Le système circulatoire est toujours formé des deux grosses veines latéro-inféres et de l'artère médio-dorsale. L'appareil de la génération, quoique construit sur le même plan que dans la sangsue médicinale, offre cependant au moins des proportions différentes. Il y a toujours neuf paires de testicules globuleux, communiquant successivement par un court canal particulier avec le canal déférent commun. L'épididyme a ses flexions moins serrées ; il est beaucoup moins blanc. L'organe excitateur est proportionnellement plus long : il en est de même de la matrice, comparativement avec les ovaires. Je n'ai pas trouvé non plus que le système nerveux fût exactement semblable ; il y a, en effet, un moins grand nombre de ganglions, puisque le nombre total ne dépasse pas vingt. Les antérieurs et surtout les postérieurs sont bien plus distincts et plus serrés que ceux du milieu du corps. Les filets qui en naissent m'ont même paru être plus nombreux , et sortir immédiatement au nombre de deux, en patte d'oie.

Mais toutes ces différences dans l'organisation seroient peut-être encore peu importantes, si elles ne concordoient pas avec des dissemblances dans les mœurs. Les sangsues de cette section sont en effet à demi terrestres ; elles sortent fréquemment de l'eau et vont se cacher sous les pierres qui se trouvent aux environs des mares et des étangs qu'elles habitent. Il paroît que c'est pour y chercher les lombrics ou vers de terre, dont elles font leur principale nourriture. C'est encore à M. Huzard fils que nous devons cette observation. Ayant remarqué que ces sangsues, de quelque manière qu'on s'y prenne, refusent constamment de mordre à la manière des sangsues ordinaires, il lui vint l'idée de mettre dans le vase, où il en conservoit, des vers de terre; aussitôt que, par le simple contact, elles en furent averties, elles se portèrent sur ces vers avec une vîtesse surprenante, les saisirent avec leur ouverture buccale, et les engloutirent de manière à en faire disparaître jusqu'à deux pouces de long. Elles peuvent aussi les prendre par la moitié du corps, et alors elles les avalent en une seule fois, les deux moitiés rapprochées. Il paroit qu'elles se mangent également les unes les autres, et qu'elles se nourrissent aussi d'animaux vertébrés, puisque M. Huzard a trouvé dans le rectum d'individus qu'on lui avoit apportés, des corps durs, de nature cornée ou osseuse, et des vertèbres et opercules de poissons, probablement d'épinoches.

Je ne connois encore d'une manière certaine qu'une espèce dans cette section ; c'est :

La SANGSUE NOIRE : *H. nigra ; Hæmopis nigra*, Savigny, *loc. cit.*, pag. 116; *H. sanguisuga*, Carena, *loc. cit.*, tab. XI, fig. 7 ; *H. vorax*, Johnson ; la S. DE CHEVAL, *H. vorax*; Huzard fils, Mém., pl. 2, fig. 16 et fig. 17 (ce qui est un peu plus douteux). Corps subcylindrique, grêle, alongé, sublombriciforme, composé de quatre-vingt-quatorze anneaux, bien séparés et égaux ; points pseudo-oculaires, noirs et bien distincts ; couleur noire en dessus, cendré-noirâtre en dessous, suivant M. Savigny et moi, et d'après M. Huzard, variable en dessus du noir foncé au vert clair et au vert grisâtre, et dans ce cas quelquefois avec de petites mouchetures brunes, offrant un peu l'aspect de bandes longitudinales, toujours plus claire en dessous et souvent maculée de brun.

M. Huzard, en rapportant cette espèce bien distincte de sangsue à celle que Linné a nommée *H. sanguisuga*, avoit sans doute été entraîné à cela par l'exemple de M. Carena, qui, le premier, l'avoit parfaitement caractérisée, sans cependant avoir fait connoître les différences de son estomac ; celui-ci décrit cependant les mamelons de la bouche un peu autrement que ne le fait M. Huzard, et surtout très-différemment de ce que j'ai vu moi-même ; en sorte que, comme il ajoute qu'elle est plus aplatie que la sangsue médicinale, ce qui est tout le contraire de ce qui a lieu pour la sangsue noire, on pourroit encore avoir quelques doutes, si M. Carena ne donnoit à son *H. sanguisuga* les mêmes habitudes d'avaler des lombrics, comme M. Huzard l'a observé pour sa sangsue de cheval. Il a également vu qu'elle mange en outre beaucoup d'autres animaux aquatiques, comme des larves d'insectes et même des chenilles. Elle est si vorace qu'il a remarqué une de ces sangsues chercher à avaler un lombric qui avoit traversé le corps d'une autre sangsue et qui lui sortoit en partie par l'anus. M. Carena avoit également essayé inutilement de se faire mordre par cette espèce de sangsue, et cependant il paroît admettre que ses morsures doivent être douloureuses et causer de l'inflammation.

C'est cette espèce que l'on trouve fréquemment aux environs de Paris dans les mares de Gentilly. J'en avois depuis long-temps dans mes portefeuilles une description anatomique sous le nom de sangsue noire. C'est aussi bien certainement celle dont nous devons une bonne distinction à M. Huzard ; mais qu'il a, suivant moi, confondue à tort avec la véritable sangsue de cheval, qui se trouve dans la section suivante. Il paroît en effet que, comme celle-ci, la sangsue noire se trouve quelquefois dans le commerce mêlée avec la sangsue officinale, ainsi que le prouve le fait rapporté par M. Huzard d'une distribution de sangsues à l'Hôtel-Dieu, qui n'étoit composée que de cette espèce. On la distingue très-aisément des bonnes sangsues par la grandeur et la forme de son anus, et parce que, mise dans la main, elle ne se ramasse pas en forme d'olive, comme le font celles-là.

La Sangsue de la Martinique, *H. martinicensis.* Corps subdéprimé, médiocrement alongé, composé de quatre-vingt-deux anneaux assez peu distincts ; ventouse antérieure labiale, médiane, à lèvre supérieure arrondie et papilleuse ; ventouse postérieure fort large ; ouverture buccale assez grande et sans mamelons dentifères ; anus médian ; orifice des organes de la génération entre le vingt-unième et le vingt-deuxième anneau pour le premier, et entre le vingt-sixième et le vingt-septième pour le second : couleur toute noire en dessus, comme en dessous.

J'ai défini cette espèce d'après trois individus de la collection de M. Huzard fils, et qui provenoient, à ce qu'il m'a assuré, de la Martinique. Le plus gros avoit environ un pouce et demi de long sur quatre lignes de large ; mais il étoit évidemment très-contracté et très-dur par la substance coagulée qui remplissoit son estomac et qui sembloit être du sang. Je n'ai pu voir aucune trace de mamelons dentifères, mais bien un orifice buccal arrondi, beaucoup plus grand que dans les sangsues ordinaires. La lèvre supérieure étoit comme lobée ou digitée à sa circonférence. L'estomac avoit un grand nombre de poches latérales aussi distinctes que dans les véritables sangsues. Les deux cœcums terminaux étoient également assez grands, mais le rectum avoit un diamètre évidemment plus considérable. La ventouse postérieure horizontale étoit aussi bien plus large que celle des sangsues médicinales, en sorte qu'en joignant les différences du nombre total des anneaux et de la terminaison des organes de la génération, il me semble que c'est une espèce distincte, intermédiaire aux pseudobdelles et aux hippobdelles. Je n'ai pu voir la disposition des points pseudo-oculaires.

Seroit-ce la même espèce que celle dont a parlé M. Achard et dont il est question dans la section des espèces douteuses ?

F. *Espèces à corps alongé, subcylindrique ou peu déprimé, composé d'anneaux nombreux, égaux et réguliers ; cinq paires de points pseudo-oculaires, peu distinctes, trois très-rapprochées sur le premier anneau, les deux autres latérales et plus isolées ; bouche petite, pourvue de trois tubercules, portant deux rangs de denticules plus nombreuses ; anus médiocre, orifice des organes de la génération comme dans la section suivante.* (G. Hœmopis, Savigny ; Hippobdella, de B.)

J'ai dit à l'article de la sangsue noire de la section précédente la raison pour laquelle je la séparois de la section qui va nous occuper. En effet, l'organisation de la véritable sangsue de cheval est tellement rapprochée de celle des sangsues médicinales, que M. Huzard l'a regardée comme n'étant qu'une simple variété de celles-ci. Ce qui l'aura induit en erreur, c'est sans doute qu'il n'aura eu égard qu'à l'estomac, qui, en effet, présente les mêmes poches ou sinus latéraux que dans les bonnes sangsues, quoique peut-être moins grandes. Le nombre m'en paroît cependant moindre, puisque je n'en ai trouvé que dix de chaque côté, la première paire étant très-petite; les cœcums sont aussi moins grands, moins dilatés, au contraire de l'intestin, dont l'orifice terminal est évidemment plus grand que dans les sangsues ordinaires. Je n'ai d'ailleurs pas remarqué de différences dans le reste de l'organisation; mais peut-être n'y ai-je pas encore regardé avec assez de soin. Les points noirs, pseudo-oculaires, m'ont cependant encore paru moins marqués, et peut-être même avec une autre disposition.

Les espèces que M. Savigny rapporte à cette section, sont, en en retirant sa sangsue noire :

La Sangsue de cheval : *H. sanguisorba*, Savigny, *loc. cit.*, pag. 115; de Lamarck, *loc. cit.*, tom. 5, pag. 291, n.° 2; *H. sangsuisuga*, Linn., Gmel., pag. 3095, n.° 3; Müller, *Hist. verm.*, tom. 1, part. 2, pag. 39, n.° 168; Bosc, Vers, tom. 1, pag. 246, n.° 3. Corps quelquefois de six pouces de long, formé de quatre-vingt-dix-huit anneaux un peu carénés, en comptant les trois de la lèvre supérieure; points pseudo-oculaires, peu distincts; mamelons buccaux blancs, armés de neuf doubles denticules noirâtres. Les orifices de la génération, le premier entre le 27.° et le 28.°, et le second entre le 32.° et le 33.° anneau, suivant la manière de compter de M. Savigny; et entre le 24.° et le 28.° pour le premier, et entre le 29.° et le 30.°, suivant la mienne. Couleur noir-verdâtre en dessus, vert-jaunâtre en dessous, maculée de brun sur les côtés et souvent sur le dos; la ligne latérale d'un jaune plus clair, surtout dans les jeunes individus.

. Cette espèce est, suivant M. Savigny, très-commune dans les eaux douces de toute l'Europe. Il ajoute que sa morsure produit des plaies très-douloureuses. C'est ce que nous empêche de croire avec MM. Carena et Huzard, que ce soit certainement la même espèce que la sangsue qu'il a nommée *H. vorax*, et que nous avons observée nous-mêmes, et cela d'autant mieux, que Linné dit de son *H. sanguisuga*, qu'elle est si vorace, si avide de sang, que neuf individus suffisent pour faire mourir un cheval exsangué. Or, tout cela ne peut convenir à la sangsue des environs de Paris, qui a ses mamelons très-peu prononcés, et qui ne se nourrit pas de sang. Il faut, au reste, faire l'observation que l'*Hirudo sanguisuga* de Linné est trop incomplétement caractérisée pour dire au juste ce que c'est.

La Sangsue en deuil : *H. luctuosa; Hæmopis luctuosa*, Sav., *loc. cit.*, pag. 116. Corps long de douze à quinze lignes, cylindrique, composé du même nombre d'articulations que celui de la précédente; yeux très-visibles ; mamelons buccaux très-forts; couleur noire avec quatre rangées de points plus obscurs en dessus, noirâtres en dessous.

Cette espèce, des environs de Paris, n'est évidemment qu'un jeune âge de l'espèce précédente, comme le prouve la transparence de la ventouse.

La S. lacertine : *H. lacertina; Hæmopis lacertina*, Savig., *loc. cit.*, pag. 117. Corps de la même longueur et ayant le même nombre d'anneaux que dans l'espèce précédente; de couleur brune en dessus, avec deux rangées flexueuses de points noirs, inégaux ; deux plus gros et plus intérieurs, alternant régulièrement avec trois plus petits et plus externes; le ventre brun-clair.

C'est encore suivant moi une variété de la S. de cheval.

G. *Espèces alongées, sensiblement déprimées, à bouche bilabiée, pourvue de trois mamelons dentifères, bien évidens , et portant cinq paires de points noirs pseudo-oculaires; anus extrêmement petit.* (G. Sanguisuga, Savigny, Jatrobdella; de B.)

Ce sont les espèces de cette section qui, étant le mieux connues et les plus communes, nous ont servi à étudier l'organisation générale de tout le groupe des hirudinés. Nous allons donc nous borner à caractériser les espèces ou mieux, à ce qu'il me semble, les variétés de la sangsue médicinale, qui en est le type.

La Sangsue médicinale : *H. medicinalis*, Linn., Gmel., p. 3095, n.º 2; Müller, *loc. cit.*, n.º 167, pag. 37; G. Cuvier, Règne anim., tom. 2, pag. 523; de Lamarck, *l. c.*, pag. 290, n.º 1; *Sanguisuga officinalis*, Savigny, *loc. cit.*, pag. 114. La S. officinale, Huzard, Mém. journ. de pharm., Mars 1825, planche 3, fig. 18, 19, 20.

Corps long de trois à quatre, cinq et même six pouces, composé de quatre-vingt-quatorze anneaux, bien distincts, et garnis de petits mamelons obtus, latéraux. Orifices de la génération, le premier entre le 24.ᵉ et le 25.ᵉ anneau, le second entre le 29.ᵉ et le 30.ᵉ; couleur extrêmement variable, pour le fond de la robe, qui peut être vert-clair, vert-grisâtre, et même d'un noir plus ou moins foncé; mais toujours ornée de bandes longitudinales plus ou moins évidentes. Ce sont ces différences qui peuvent servir à établir les variétés suivantes :

A. La S. médicinale grise; *H. med. grisea.* Le fond gris, plus ou moins obscur, avec quatre bandes bien distinctes, deux de chaque côté, outre une bande de couleur moins foncée que le fond, bordée elle-même de noir ou de brun séparant le dos du ventre qui est entièrement maculé de noir.

B. La S. médicinale verte : *H. sanguisuga officinalis*, Savigny; *Hirudo provincialis*, Carena; Huzard, *loc. cit.*, pag. 3, fig. 20. Fond d'un vert plus ou moins clair, avec six bandes de couleur très-variable; les latérales supérieures, quelquefois décomposées en taches assez régulières; ventre vert-jaunâtre, sans aucune tache.

M. Savigny qui fait une espèce distincte de cette variété, ajoute que les six yeux antérieurs sont très-saillans, et paroissent très-propres à la vision.

Je rapporte à cette variété de la sangsue médicinale non-seulement l'*H. provincialis* de M. Carena. comme l'a fait M. Huzard, mais encore son *H. medicinalis*. En effet, le naturaliste piémontois ne donne, pour distinguer ces deux sangsues, que des différences de couleur extrêmement peu importantes. Celle-ci étant d'un vert foncé, avec trois paires de raies roussâtres de chaque côté du dos; l'intermédiaire étant décomposée en taches, tandis que celle-là est d'un vert clair, avec trois lignes longitudinales brunes, tachetées de noir. Or, ces différences n'indiquent très - probablement que des variétés locales; en effet, la première vient de toutes les eaux du Piémont, et l'autre des environs de Marseille et de Toulon, d'où on l'exporte pour l'emploi de la médecine à Grenoble et dans le Piémont.

C. La Sangsue médicinale marquetée; *H. medicinalis testellata*, Huz., *l. c.*, fig. 18. Fond ordinairement d'un très-beau vert, quelquefois très-foncé, orné de séries de points noirs, régulièrement disposés de cinq en cinq anneaux. Cette variété, qui est très-grosse, se trouve, dit M. Huzard, assez communément mêlée avec les sangsues médicinales dans le commerce. Il présume qu'elle vient de New-York dans les États-Unis.

D. La S. médicinale noire; *H. medicinalis nigra.* Fond entièrement noir en apparence; mais offrant cependant, quand on l'examine attentivement, des traces de bandes longitudinales. C'est cette variété que M. Huzard est porté à regarder comme la véritable sangsue de cheval, ou du moins celle qu'on accuse de s'attacher aux jambes des chevaux et des bœufs, au point de les exsanguer, dont nous avons fait la sangsue de cheval, *H. sanguisuga*, de M. Savigny.

E. La S. médicinale couleur de chair; *H. med. carnea.* Couleur générale entièrement rose ou couleur de chair, sans indices, des bandes plus colorées.

Cette variété a été observée par M. Guillez, pharmacien de Paris, qui m'a dit en avoir conservé un individu bien vivant pendant plus de trois ans, et qui étoit couleur de chair dans sa moitié antérieure, de couleur ordinaire dans l'autre moitié.

La sangsue médicinale a été observée dans toutes les parties de l'Europe, essentiellement dans les eaux stagnantes, il paroît qu'elle ne diffère guère que dans la couleur et le système de coloration. On dit qu'elle se trouve aussi dans l'Amérique septentrionale; mais est-il absolument certain que ce soit la même espèce ? C'est ce que je ne voudrois pas assurer.

Quoi qu'il en soit, cette sangsue habite essentiellement les eaux douces et stagnantes, dont elle sort fort rarement. Quelques auteurs disent cependant qu'elles le fait pendant la nuit, et qu'elle se glisse dans l'herbe humide pour aller attaquer les animaux qui paissent ou qui sont couchés; mais cela me paroît fort douteux, et jamais je n'ai entendu les habitans des vallées de la Normandie, où l'on nourrit beaucoup de vaches et de bœufs, se plaindre que ces animaux aient été mordus et sucés par des sangsues hors de l'eau.

C'est vraisemblablement la seule espèce, avec la sangsue de cheval dans nos pays, qui soient organisées pour mordre et tirer du sang des animaux, puisqu'elles seules ont de véritables mamelons dentifères.

Elle dépose ses cocons dans des trous de forme conique, qu'elle creuse elle-même dans la terre sur le bord des ruisseaux et des mares. Ces cocons paroissent d'abord entourés d'une sorte de bave blanchâtre, et c'est cette bave qui, en se desséchant, se convertit en une espèce dé réseau muqueux à mailles peu serrées, enveloppant le cocon proprement dit. Ce que nous avons rapporté plus haut en traitant de l'histoire naturelle des sangsues, appartient presque entièrement à cette espèce, et nous y renvoyons.

La SANGSUE MÉDICINALE DE VERBANO; *H. Verbano*, Carena, *loc. cit.*, tab. 11, fig. 6. D'un vert sombre en dessus, avec des bandes brunes transverses, nombreuses, terminées par une tache ferrugineuse, d'où la réunion constitue de chaque côté une ligne longitudinale interrompue. Le ventre vert, peu ou point tacheté.

Cette variété, qui est également employée en médecine sur les bords du lac Majeur, où elle se trouve, ne paroît nous offrir d'autres différences avec la sangsue médicinale que dans la couleur. M. Carena dit en effet que son corps est composé du même nombre d'anneaux que celui de ses *H. medicinalis* et *provincialis*.

La S. GRANULEUSE: *H. granulosa; Sanguisuga granulosa*, Savigny, *loc. cit.*, p. 115. Corps formé du même nombre d'anneaux que dans l'espèce précédente, mais hérissés, dans leur contour, d'un rang de tubercules assez serrés; couleur générale d'un vert brun, avec trois bandes longitudinales plus obscures sur le dos. Des eaux douces de Pondichéry, où elle est employée par les médecins.

Je possède trois ou quatre individus d'une variété de sangsue médicinale, chez lesquels les anneaux sont aussi garnis, dans toute leur moitié supérieure, de tubercules bien évidens. Je crois cependant qu'elle n'est pas étrangère et que c'est une sangsue grise très-contractée.

H. *Espèces sensiblement déprimées, pourvues de quatre paires de points pseudo-oculaires et de trois tubercules buccaux, sans denticules à leur bord.* (Genre Bdella, Savigny.)

La Sangsue du Nil : *H. nilotica*, Savigny, *loc. cit.*, p. 113; Égypte, Annél., pl. 5, fig. 4. Corps cylindro-conique, sensiblement déprimé, composé de quatre-vingt-dix-huit articulations égales, un peu carénées sur les côtés; ventouse orale de dix anneaux, et quatre à cinq fois plus petite que l'anale, avec un canal triangulaire très-profond sous la lèvre supérieure : points pseudo-oculaires peu distincts, au nombre de huit : six disposés sur une ligne semi-circulaire; les deux autres plus écartés. Les orifices de la génération, le premier entre le 27.ᵉ et le 28.ᵉ anneau : le second entre le 32.ᵉ et le 33.ᵉ Couleur brun-marron en dessus; d'un roux vif en dessous.

Cette espèce, dont je n'ai vu que la figure, a été observée par M. Savigny dans les environs du Caire; mais il paroît qu'elle se trouve dans toutes les eaux douces de l'Égypte, où les Arabes la nomment *alak*. Elle paroît de la grosseur de notre sangsue noire, à laquelle elle ressemble un peu par la forme de ses anneaux.

Quant à la division générique que M. Savigny en forme, il est évident qu'elle est bien peu tranchée, puisqu'elle ne porte guère que sur le nombre des points noirs de l'extrémité antérieure. Je dois aussi faire observer que, dans le nombre des anneaux du corps et dans la situation des orifices de la génération, j'ai suivi M. Savigny, qui comprend ceux de la lèvre supérieure. La figure excellente, qu'il en a donnée, présente une erreur grave, en ce qu'elle indique un organe excitateur, sortant de chaque orifice de l'appareil générateur.

I. *Espèces alongées, déprimées, composées d'anneaux nombreux égaux, peu distincts; bouche très-grande, sans ventouse distincte; anus assez grand, semi-lunaire; quatre paires de points pseudo-oculaires: les deux premières formant un arc semi-circulaire sur le premier anneau; les deux autres latérales et transverses. Orifices de la génération, le premier au* 30.ᵉ *anneau; le second entre le* 32.ᵉ *et le* 33.ᵉ (G. Heluo, Oken; Erpobdella, de Bl., de Lamk.; Nephelis, Savigny.)*

Les espèces de cette section étant beaucoup plus minces, plus transparentes, plus molles, craignent bien davantage le contact de l'air atmosphérique: aussi ne sortent-elles pas volontairement de l'eau qu'elles habitent. C'est sur l'espèce la plus commune que le célèbre chimiste Bergman a fait, le premier, l'observation qu'elle pondoit une espèce de cocon, servant à envelopper les œufs, et d'où sortoient les jeunes sangsues au bout d'un certain temps. Plusieurs personnes, et entre autres M. le docteur Rayer, ont confirmé ce fait. Elles ont vu que ce cocon diffère de celui des sangsues médicinales, parce qu'il est toujours lisse et qu'il est adhérent.

Je n'ai pu faire l'anatomie complète de la sangsue vulgaire, tant son tissu est peu résistant; mais ce que j'ai vu de son organisation ne m'a offert qu'un très-petit nombre de différences, avec ce qui existe dans les véritables sangsues, et surtout avec les espèces de la division des Hippobdelles. Cependant l'œsophage est beaucoup plus long, puisqu'il se prolonge jusqu'aux orifices de la génération; outre les plis longitudinaux extrêmement fins qui le sillonnent, il offre trois sillons ou cannelures beaucoup plus larges et plus profondes: une médiane supérieure, et deux latérales infères. A leur origine est une petite bride membraneuse ou labiale, en dehors de laquelle est un sinus bien distinct; mais il n'y a réellement aucune trace de mamelons. L'estomac proprement dit est court et n'occupe que le tiers médian de la longueur totale; ses parois sont excessivement minces, lisses, et il n'offre aucune trace de sinus; mais il est toujours bridé d'espace en espace par des fibres musculaires transverses. L'intestin, non séparé de l'estomac par un rétrécissement, est large, et la muqueuse forme de légers plis irréguliers et comme anastomosés. Il m'a semblé qu'il y a une paire de cœcums, comme dans la sangsue noire. Du reste, l'intestin se termine à un anus assez large. L'appareil générateur présente aussi quelques différences; ainsi, les ovaires sont plus éloignés de la matrice et peut-être plus considérables; les masses que nous avons regardées comme des épididymes, dans la sangsue médicinale, et qui ont un aspect cérébriforme, sont ici beaucoup plus éloignées de l'organe excitateur et ne sont plus que des renflemens évidens et seulement très-flexueux, auxquels aboutissent les canaux déférens, et d'où sortent les canaux éjaculateurs qui sont très-fins.

La Sangsue vulgaire: *H. vulgaris*, Linn., Gmel., p. 3096, n.° 4; *Erpobdella vulgaris*, de Bl. et de Lamk., *l. c.*, tom. 5, pag. 296, n.° 1; *H. octoculata*, Bergman, *Act. Stockh.*, 1757, tab. 6, fig. 5 — 8; *Nephelis tessellata*, Savigny, *l. c.*, p. 117. Corps alongé, très-déprimé, de vingt à vingt-quatre lignes de long, composé de cent deux anneaux environ, de couleur extrêmement variable, ordinairement noirâtre ou brune, avec ou sans taches fauves ou brunes.

Les différences nombreuses que cette espèce de sangsue, que l'on trouve communément dans toutes les eaux douces de l'Europe, présente dans sa couleur et dans son système de coloration, ont servi à M. Savigny pour établir les espèces suivantes :

La S. rousse: *H. rutila; Neph. rutila*, Savigny, *loc. cit.*, p. 118. Corps de douze à quinze lignes de long, très-déprimé, de cent anneaux environ, de couleur rousse, avec quatre rangées dorsales de points bruns.

La S. testacée: *H. testacea; Neph. testacea*, id., *ibid.* Corps long de dix à douze lignes, presque cylindrique, de cent anneaux environ, de couleur testacée, sans taches.

La S. cendrée: *H. testacea; Neph. testacea*, id., *ibid.* Corps long de douze à quinze lignes, un peu plus déprimé que dans l'espèce précédente, de cent anneaux environ et de couleur cendré-clair.

Mais nous les regardons comme n'étant que de simples variétés, ainsi que le pensoit Bergmann, de la S. vulgaire. On la rencontre presque constamment sur les plantes aquatiques, rampant quelquefois à la manière des planaires. Elle se nourrit de petits mollusques aquatiques, ainsi que de monocles et autres entomostracés.

Linné, dans son *Iter Gothland.*, pag. 181, et depuis dans sa *Fauna suecica*, n.° 725, avoit fait une espèce de son genre *Coccus* avec le cocon de cette espèce, sous la dénomination de *Coccus aquaticus*, tout en doutant si ce ne seroit pas l'œuf ou l'ovaire de quelque animal aquatique ; mais plus tard, probablement depuis le travail de Bergmann, il en a parlé après la définition de son *H. octoculata*. Voici l'extrait des observations curieuses de M. Carena sur le développement de ces sangsues. Depuis le 8 Juin il avoit un certain nombre d'individus de cette espèce dans un vase de cristal. Le 17, il vit collé contre les parois un cocon qui venoit d'être pondu depuis peu. Une sangsue se promenoit dessus, paroissant l'explorer partout avec sa bouche, et en pressant dessus pour le comprimer et le faire adhérer davantage, ce qu'elle répéta plusieurs fois avec vivacité, jusqu'à ce qu'elle eut fait disparoître un gros pli, qui sans doute pouvoit nuire au développement des petits. La coque, coriace, ovale et très-aplatie, a deux lignes et demie sur une et demie de large ; sa couleur est d'un vert jaunâtre, si ce n'est aux extrémités, qui sont marquées d'une petite tache noire ou brune, l'une étant ronde, avec un point blanchâtre au centre ; l'autre étant prolongée en un petit pédoncule. Toute la circonférence est bordée par une petite lisière transparente, subciliée, et par laquelle se fait l'adhérence au corps. Le même jour on aperçut à l'intérieur douze petits grains ronds et isolés, irrégulièrement disposés et de couleur un peu plus claire que l'enveloppe. Dix seulement grossirent en peu de jours et parurent comme écumeux en dedans. Le sixième jour c'étoient déjà des petits vivans et se mouvant les uns sur les autres, quoique leur corps ne parût qu'une masse oblongue, chagrinée et d'un vert jaunâtre. Le dixième jour, chaque petit, considérablement grossi, paroissoit entouré d'une substance transparente, débordant de chaque côté et se prolongeant fort en avant ; le douzième, on voyoit distinctement la ventouse et les yeux, comme dans l'adulte, mais roussâtres. Le dix-septième jour on commença à apercevoir les trois troncs vasculaires. Cependant la coque étoit devenue de plus en plus bombée, et depuis le moment où les petites sangsues se mouvoient, elles ne passoient pas devant les extrémités sans y donner un coup de tête, ce qui produisit peu à peu un enfoncement, et enfin une ouverture à chacune. Alors elles essayèrent de sortir : le vingt-unième jour la première s'échappa; le vingt-deuxième cinq autres la suivirent, et enfin, le vingt-troisième, toutes étoient sorties et nageoient ou rampoient aux environs; elles avoient alors trois lignes de long, et la grosseur d'un fil ordinaire. Quelques-unes sont rentrées sans doute accidentellement dans leur cocon, mais en sont ressorties quelque temps après.

La Sangsue atomaire; *H. atomaria*, Car., *l. c.*, tab. 12, fig. 16. Corps sans doute plus grand que dans la sangsue vulgaire, deux pouces de long sur deux à trois lignes de large, de couleur de chair ou pâle sur les bords; le dessus presque entièrement brun, moucheté de points blanchâtres, formant dans la contraction de petites lignes transverses et empêchant en avant de bien distinguer les points pseudo-oculaires.

Cette sangsue, que M. Carena a trouvée dans plusieurs lacs du Piémont, où la sangsue vulgaire abonde, ne me semble cependant en différer que par la couleur et n'en être qu'une variété.

La S. marquetée : *H. tessellata*, Linn., Gmel., p. 3098, n.° 11; Muller, *Hist. verm.*, 1, p. 2, pl. 45, n.° 173. Corps alongé ou ovale, de dix-huit lignes de long, avec huit points, sur une double série longitudinale ; couleur cendrée, ornée de taches orangées ou blanches en dessus. les bords marquetés de taches blanches ou en partie grises ou en partie orangées. Le ventre gris. avec deux taches médianes rondes blanches.

Suivant Muller, cette espèce seroit rare dans les ruisseaux. Je serois encore assez porté à la regarder comme une variété de la S. vulgaire, si la disposition des yeux n'étoit différente. Muller ajoute que la femelle, comme si toutes les espèces de sangsues n'étoient pas androgynes, est quelquefois remplie de trois cents petits, ce qui me paroît un peu douteux.

K. *Espèces ovales, peu alongées, convexes en dessus, planes en dessous, composées d'un grand nombre d'anneaux étroits, égaux, assez distincts pour que les bords soient denticulés; orifice buccal marginal, en forme de grand pore, donnant issue à une trompe rétractile, armée d'un anneau corné en tarrière; anus médiocre; points noirs pseudo-oculaires bien distincts en nombre variable; ventouse postérieure très-petite; orifices des organes de la génération fort rapprochés, le premier au quart antérieur du corps.* (Genres ERPOBDELLA, de Bl. et de Lamk.; CLEPSINE, Sav.; GLOSSOPORE, Johnson; GLOSSOBDELLA, de Bl.)

L'organisation des espèces de sangsues qui entrent dans cette section, et dont la peau est plus sèche et nullement visqueuse, paroît différer assez notablement de celle des autres sections. D'abord, l'œsophage forme une saillie dans la cavité buccale, et cette saillie, plus ou moins extensible, est garnie, dans sa circonférence, par un anneau corné, cylindrique, à bords tranchans, et percé dans son centre; le reste de l'œsophage est long, un peu flexueux, et occupe le tiers antérieur de la longueur du corps. Vient ensuite un estomac pourvu latéralement de cinq paires de lobes ou cœcums, croissant du premier au dernier, et tous dirigés en arrière. Au-delà est une autre partie de l'intestin, qui est aussi pourvue de quatre paires de lobes plus grêles et dirigés, au contraire, d'arrière en avant, surtout pour leur dernière paire: leur couleur et leur état grenu me les ont quelquefois fait regarder comme des lobes hépatiques. Enfin, le rectum, assez court, se porte à un anus assez grand. Je n'ai pas encore étudié le reste de l'organisation de ces sangsues : on peut seulement faire remarquer que leur dos offre deux rangées de tubercules poreux, souvent très-sensibles, et que les faisceaux musculaires longitudinaux et transverses sont très-distincts.

Ces petits animaux ne quittent jamais l'eau, quoique cependant, par la contraction et par sa rudesse leur enveloppe paroisse un peu crustacée ; ils vivent constamment fixés sur les tiges des plantes aquatiques, dont peut - être ils prennent les sucs. En effet, la disposition en tarière de leur trompe, et l'observation de Daudin que sa sangsue pulligère dégorge une matière brunâtre, quand on la sépare de la tige où elle repose, viennent à l'appui de cette opinion. Elles ne nagent jamais, mais leur marche est assez prompte par les grandes enjambées qu'elles font.

Bergmann, et, depuis, M. le docteur Rayer, nous ont appris que la S. bioculée pond aussi ses œufs dans des cocons, ce qui fait supposer qu'il en doit être de même des autres espèces.

La Sangsue aplatie : *H. complanata*, Linn.*, Gmel., p. 3097, n.° 6 ; Muller, *l. c.*, 1, 2, p. 47, n.° 175 ; *H. sexoculata*, Bergm., *Act. Stockh.*, 1757, tom. 6, fig. 12—14, cop. dans l'Encycl. méth., pl. 51, fig. 20 et 21 ; *H. crenata*, Kirby, *Trans. linn. Soc.*, t. 2, p. 318, tab. 29 ; *Erpobdella complanata*, de Lamk., *loc. cit.*, p. 296 ; *Clepsine complanata*, Savigny, *loc. cit.*, pag. 120. Corps ovale de six à huit lignes de long sur trois ou quatre de large, subcrustacé, composé de soixante-dix anneaux crénelant fortement les côtés ; points pseudo-oculaires, au nombre de quatre paires, rangées l'une après l'autre ; ventouse postérieure très-petite ; les orifices des organes de la génération, le premier entre le 21.° et le 22.° anneau, suivant moi ; entre le 25.° et le 26.°, suivant M. Savigny : le second deux anneaux après. Couleur cendré-grisâtre ou verdâtre en dessus, avec deux rangées de petits points blancs saillans, séparés chacun par deux points bruns.

Cette espèce, qui se trouve communément dans toutes les eaux douces d'Europe, varie un peu en couleur ; mais ce qu'elle offre de plus remarquable, c'est qu'elle est souvent assez transparente pour laisser voir la forme du canal intestinal.

Je possède un individu de cette espèce, qui, dans l'état de rétraction, dans l'alcool, a plus de dix lignes de long sur près de quatre lignes de large.

La S. hyaline : *H. hyalina*, Linn., Gmel., p. 3097, n.° 7, d'après Muller, *loc. cit.*, p. 49, n.° 176 ; *H. heteroclyta*, Linn., *Syst. nat.*, 12, 2, p. 1080, n.° 7 ; Trembley, Polyp., tom. 7, fig. 7. Corps ovale de sept lignes de long, pellucide, à bords entiers, avec quatre à six points noirs pseudo-oculaires; couleur fauve, variée de points brunâtres, formant des stries longitudinales très-fines, serrées, et d'autres transverses, plus distantes.

Des mêmes lieux que la précédente, dont elle n'est sans doute qu'une variété d'âge.

Muller dit que la mère porte une centaine d'œufs sphériques verts, entourés d'un anneau pellucide, desquels sortent des petits, fauves à la première portée, et verts à la seconde.

La Sangsue linéée : *H. lineata*, Linn., Gmel., *l. c.*, p. 3096, n.° 10; d'après Muller, *Verm.*, 1, 2, p. 39, n.° 169. Corps alongé, gris, avec quatre lignes longitudinales noires; six points pseudo-oculaires très-noirs, disposés transversalement en une série double.

Muller dit que cette espèce, qu'il a trouvée au premier printemps dans les marais, est rare; qu'elle a seize lignes de long et qu'elle est annelée de sillons serrés.

Je n'ose assurer que cette espèce soit distincte et qu'elle appartienne à cette section.

La S. Swampine; *H. swampina*, Bosc, Vers, tom. 1, p. 247. pl. 8, fig. 5. Corps dilaté, sillonné transversalement, rugueux sur le dos; cinq points noirs pseudo-oculaires; couleur verte, variée de brun, avec des taches blanches sur la tête, la queue et les côtés; le ventre d'un gris brillant.

Il est fort douteux que cette espèce de sangsue, que M. Bosc a observée dans les marais de l'Amérique méridionale, n'ait que cinq prétendus yeux, ces points étant toujours disposés par paires.

La S. cloporte; *H. oniscus*, Planch. des sangsues, fig... Corps ovale, de dix à douze lignes de long sur cinq de large dans l'état de contraction, très-bombé en dessus, plat en dessous, composé de soixante-deux anneaux denticulant le bord; bouche très-petite, à la partie supérieure d'une ventouse antérieure oblique; ventouse postérieure assez grande; orifices des organes de la génération : l'antérieur entre le 21 et le 22 anneaux; le postérieur trois anneaux après; couleur d'un brun verdâtre uniforme dans l'esprit de vin.

Cette grande espèce, qui m'a été envoyée de l'Amérique

septentrionale par M. Lesueur, ne diffère peut-être pas de la précédente ; mais c'est ce que je ne puis assurer.

Le Sangsue bioculée : *H. bioculata*, Linn., Gmel., p. 3096 ; d'après Muller, *l. c.*, p. 40, n.° 170 ; Bergman, *Act. Stockh.*, 1757, n.° 4, tab. 6, fig. 9 — 11, cop. dans l'Encycl. méth., pl. 51, fig. 9 — 11 ; *Erpobdella bioculata* de Lamk., *loc. cit.*, p. 296, n.° 2 ; *Clepsine bioculata*, Savigny, *loc. cit.*, p. 119. Corps ordinairement assez alongé, de neuf à dix lignes de long sur une à deux de large, transparent, subgélatineux, composé de soixante-dix anneaux ; deux points pseudo-oculaires seulement, mais très-visibles ; une trompe souvent saillante à la bouche ; les orifices de la génération très-rapprochés : le premier entre le 25.ᵉ et le 26.ᵉ anneau ; le second entre le 27.ᵉ et le 28.ᵉ Couleur d'un blanc laiteux ou d'un gris livide, parsemé de quelques petites taches roussâtres.

Cette petite espèce de sangsue, qui se trouve communément dans les mêmes lieux que la S. aplatie, laisse aussi quelquefois apercevoir l'estomac avec ses cœcums. Il y a long-temps que Bergman a remarqué qu'elle porte pendant quelque temps ses petits attachés sur son corps, après qu'ils sont éclos. Cela est cependant assez difficile à concevoir, d'après ce qu'on sait par les observations de Bergmann lui-même et de M. le docteur Rayer, que cette sangsue, comme les sangsues médicinales, pond des cocons. Quoi qu'il en soit, les deux faits sont certains ; mais l'est-il également que les jeunes sangsues trouvées sur un grand individu, sont ses petits ? ou bien cet animal seroit-il ovipare dans un temps et vivipare dans un autre ? C'est une question que nous ne pouvons résoudre : car M. Carena nous apprend, qu'il a trouvé plusieurs petits de son *H. bioculata*, attachés au ventre d'espéces différentes, comme de l'*H. complanata, vulgaris* et de son *H. cephalota.*

M. le docteur Rayer nous apprend que les cocons de cette espèce sont sphériques, entièrement noirs, enduits d'une sorte de vernis gluant, à l'aide duquel ils sont attachés aux plantes aquatiques. Ils ont à peu près deux lignes de diamètre ; la petite sangsue, quand elle en sort, a à peu près la même longueur, et M. Carena, au contraire, nous assure qu'elle est vivipare, et qu'à la fin de Juillet il a trouvé un grand nombre d'individus qui contenoient des œufs ou qui portoient leurs petits attachés au ventre ; mais alors son *H. bioculata* ne seroit-il pas l'*H. pulligera* de Daudin ?

La Sangsue pulligère ; *H. pulligera*, Daudin, Mém. et Notes, p. 19, pl. 1, fig. 1, 2 et 3. Corps alongé, cylindrique, de neuf lignes au plus de long ; de couleur blanche, avec une tache cendrée brunâtre à l'ouverture de la bouche.

Cette espèce, que Daudin a trouvée dans un étang de Saint-Sauveur, près Bray sur Seine, est très-probablement la même que la précédente, comme le pense M. Savigny : en effet, elle a la même habitude de porter ses petits attachés sous son ventre, à l'aide de leur disque postérieur. Malheureusement Daudin ne dit rien de ses yeux, quoiqu'il parle de l'*H. bioculata* de Muller. Il ajoute que, dans ces deux espèces, les œufs sont nombreux et enveloppés dans l'un des anneaux de l'abdomen ; qu'ils éclosent ensuite dans l'ovaire, et que les petits s'échappent successivement au dehors.

La S. bicolore ; *H. bicolor*, Daudin, *loc. cit.*, p. 22, fig. 4, 5 et 6. Corps oblong, un peu comprimé, long de six lignes au plus, de couleur brune, avec les deux extrémités blanches.

Cette espèce, que nous ne plaçons dans cette section qu'avec doute, car il se pourroit que ce fût un jeune âge de la S. vulgaire, dont elle paroît avoir les habitudes, a été trouvée dans différens endroits, comme à Beauvais, dans la rivière du Therain, ainsi que dans la Seine. Daudin dit positivement n'avoir pu lui reconnoître d'yeux, pas plus qu'à la précédente.

La S. céphalote ; *H. cephalota*, Carena, *loc. cit.*, tab. 12, fig. 19. Corps alongé, subconvexe en dessus, de couleur variée de brun, de jaune et de verdâtre, avec cinq lignes longitudinales de taches blanches, ponctiformes pour les quatre séries latérales, et carrées ou transverses pour la médiane ; le ventre jaunâtre.

Tous les autres caractères que M. Carena attribue à cette espèce, comme la distinction de la ventouse antérieure ou de la tête, d'où il a tiré le nom ; la grandeur de la ventouse postérieure, et même un peu le système de coloration, appartiennent à l'*H. piscium* de Muller ; en sorte qu'on pourroit être porté à penser que ce n'en est qu'une variété ; mais le nombre des points pseudo-oculaires, et surtout l'ouverture de l'organe femelle au sixième anneau, permettent quelques doutes.

Quoi qu'il en soit, voici quelques détails de mœurs ou d'habitudes que M. Carena nous fournit. Cette petite sangsue, qui a l'habitude de se rouler un peu à la manière des cloportes, est presque continuellement en mouvement; elle ne nage jamais; elle s'accroche habituellement avec son disque postérieur, et balance son corps en tout sens pendant long-temps, ou le tient roide et immobile; et cela elle le peut faire aussi aisément en prenant son point d'appui à la surface de l'eau qu'à celle des corps submergés; elle peut même marcher en arpentant et renversée, en appliquant alternativement ses deux disques comme à la surface d'un corps solide.

Elle est vivipare, et c'est en Juin et Juillet qu'elle se reproduit. M. Carena a remarqué dans un individu quatorze œufs, qui, peu de jours après, se changèrent en petits, se remuant lentement avec un mouvement vermiculaire. On pouvoit reconnoître les anneaux, le disque et les quatre points noirs pseudo-oculaires sur un fond blanc. Le lendemain tous les petits étoient sortis et adhéroient avec leur disque au ventre de leur mère. Cinq jours après un d'eux s'en étoit détaché, et le surlendemain il n'y en avoit plus aucun qui lui fût adhérent. Ces jeunes sangsues, du reste, ressemblent tout-à-fait à leur mère, si ce n'est qu'elles n'ont pas les points ni les taches transverses blanches du dos.

La SANGSUE TRIOCULÉE; *H. trioculata*, Carena, *l. c.*, tab. 12, fig. 22. Corps très-petit (trois lignes et demie sur une ligne de large), convexe en dessus, très-concave en dessous, composé d'anneaux visibles seulement à la loupe; trois points pseudo-oculaires seulement, formant un triangle dont le sommet est en avant : couleur d'un blanc grisâtre, translucide, parsemé de très-petits points verdâtres.

Cette espèce ou cette simple variété de l'*H. bioculata*, s'il est vrai, comme le dit M. Savigny, que les points pseudooculaires varient en nombre dans celle-ci, a été trouvée dans les lacs d'Avigliana. Malgré sa petitesse, elle est adulte, puisqu'un individu a multiplié sous les yeux de M. Carena, et les jeunes avoient le même nombre et la même disposition de points noirs. Du reste, les phases du développement des cinq œufs aperçus au bout de dix jours d'observations, ont été à peu près semblables à ce qui a été observé pour l'*H. vulgaris*. Deux jours après leur apparition ils sont devenus moins ronds qu'ils n'étoient, et une seule partie, en forme de croissant, avoit conservé la couleur vert-pâle qu'ils avoient d'abord, le reste étant blanchâtre et transparent. Le lendemain, la partie verte étoit partagée en segmens : trois jours après, les jeunes sangsues mieux formées, laissant voir les trois points noirs, et se remuoient sans cesse dans le ventre de la mère : le septième jour il y eut doute si elles étoient encore à l'intérieur, à cause de leur transparence ; le huitième tous les individus étoient certainement extérieurs, attachés à leur mère, dont ils se sont séparés peu à peu jusqu'au trente-septième jour, où il n'y en avoit plus aucun d'adhérent. Mais, ce qu'il y a de plus remarquable, c'est qu'aussitôt que la mère eut été abandonnée de tous ses petits, elle sortit de l'eau, ce qu'elle n'avoit jamais fait jusque-là, et y mourut dans un degré de contraction considérable. Un autre individu, qui étoit dans le même vase et qui n'avoit pas produit, sortit au même instant, semblant roder avec inquiétude autour de son camarade ou de sa femelle ; car M. Carena met en doute si dans cette espèce, qui est vivipare, les sexes ne seroient pas séparés, ce qui est extrêmement peu probable.

La Sangsue verte ; *H. viridis*, Shaw, t. 1, p. 93, tab. 1, et pag. 95, tab. 7.

Corps oblong, un peu acuminé aux deux extrémités, surtout en arrière, d'un huitième de pouce de longueur et quelquefois moins ; deux yeux sur l'extrémité élargie : couleur d'un beau vert de gazon, avec une bande transparente tout autour et le centre brun foncé.

Ce petit animal, très-probablement des eaux douces d'Angleterre, appartient-il véritablement aux sangsues ? ne seroit-ce pas une planaire ? Shaw dit qu'au bout de peu de jours de conservation dans l'eau, il vit dans l'intérieur de son corps paroître cinq à six œufs proportionnellement très-gros.

L. *Espèces parasites, c'est-à-dire vivant fixées à la même place sur les animaux.* (EPIBDELLA, de Bl.)

La SANGSUE DE L'HIPPOGLOSSE : *H. hippoglossi*, Linn., Gmel., pag. 3098, n.° 14 ; d'après Muller, *Zool. Dan.*, 2, tab. 54, fig. 1 — 4, copiée dans l'Encycl. méthod., pl. 51, fig. 11 — 14; Baster, *Opuscul. subsc.*, 2, p. 138, tab. 8, fig. 11; Oth. Fabr., *Faun. Groenl.*, p. 302, tab. 1, fig. 8.

Corps ovale, déprimé, transparent, plus étroit en avant, sans anneaux distincts, pourvu antérieurement d'une petite ventouse en forme de tête triangulaire, et postérieurement d'un large disque hémisphérique, lisse en dessus et garni en dessous de plusieurs séries de tubercules convergens vers le centre, et en outre d'une paire de petits crochets postérieurs et de deux pointes vers le milieu : couleur blanchâtre.

Cette singulière espèce de sangsue est assez transparente pour que Muller ait donné quelques détails sur son organisation, qui paroît être assez compliquée. On y reconnoît aisément les deux grands vaisseaux latéraux, offrant un grand nombre de ramifications ; dans la bande moyenne, en avant, une paire d'organes globuleux d'un blanc de craie, compris entre deux canaux flexueux ; au milieu est encore une autre paire d'organes orbiculaires, placés en travers et remplis de petits points, peut-être les ovaires, à ce que suppose Muller. Quant à l'estomac et aux orifices du canal intestinal, il n'en parle pas.

Cet animal a été trouvé sur le pleuronecte hippoglosse, adhérant très-fortement au moyen des tubercules et des crochets dont son disque est pourvu.

Je n'ose assurer que ce soit absolument la même espèce que celle décrite et figurée par Othon Fabricius, *loc. cit.*; quoique cela soit probable, du moins sa description et sa figure diffèrent beaucoup de celles de Muller. D'abord il la décrit dans un ordre inverse, comme l'avoit déjà fait Baster, prenant pour la tête la partie fixée, et pour la queue la partie libre. Voici au reste l'extrait de ce qu'il en dit : Cet animal, long de quatre lignes et demi sur deux de large, est très-plat, submembraneux, lisse et de couleur blanche ; il est composé de deux lamelles ou disques : l'un, antérieur, plus petit, concave, orbiculaire, plus inférieur et presque sessile; l'autre deux fois plus grand, plat et ovale-oblong. Dans le milieu du premier et en dessous est un pore d'orifice, au-devant duquel sont des points scabres, serrés, et deux éminences linéaires, assez dures, denticulées, obliques, se réunissant vers la bouche, à l'aide desquelles l'animal s'attache à sa proie; l'autre lamelle se prolonge en un appendice court, plat et conique. Dans son milieu sont quatre verrues orbiculaires, subcrustacées, blanches, deux disposées en travers et deux l'une après l'autre.

Othon Fabricius a trouvé cette sangsue parasite également sur la peau de l'hippoglosse, fixée par le disque et se mouvant dans le reste du corps; en sorte que, en ajoutant ce qu'il dit, que, quand on la détache, l'extrémité se fléchit vers l'autre, il est aisé de voir que c'est une sangsue voisine de celles de la section précédente.

C'est ici, suivant moi, que doit être placé dans une section particulière l'animal dont M. de Laroche a fait un genre distinct et auquel il a donné le nom de *Polystoma*; parce que, l'ayant trouvé fixé par l'extrémité postérieure de son corps élargi et pourvu de six paires de crochets, il les a considérés comme autant de bouches.

C'est également ici, ou dans la famille des hirudinés, que l'on doit placer, suivant nous, l'animal observé et figuré pour la première fois par Lamartinière, dont M. Bosc a fait son genre Capsale et que M. Cuvier a nommé *Tristoma*, dénomination adoptée par M. Rudolphi, qui en fait à tort un entozoaire proprement dit. (Voyez Tristome, où nous donnerons les nouvelles observations qui ont été faites sur cet animal depuis l'impression du mot Capsale.)

M. *Espèces molles, sans articulations distinctes.* (Genre Malacobdella, de Bl.)

La Sangsue grosse : *H. grossa*, Linn., Gmel., pag. 3098, n.° 13; d'après Muller, *Zoolog. Dan.*, 1, pag. 69, n.° 27, tab. 21, fig. 1 — 5, copiée dans l'Encycl. méthod., pl. 52, fig. 6 — 10.

Corps ovale, un peu alongé, atténué, obtus ou comme

tronqué et bifide en avant ; ventouse postérieure médiocre
et dépassant le corps : couleur d'un blanc jaunâtre, quelquefois orné de lignes transverses très-fines.

Cette espéce de sangsue est transparente à la manière des
planaires ; elle se trouve, à ce qu'il paroît, dans le manteau
des mollusques bivalves marins, du moins Muller l'a trouvée
dans la *venus exoleta*, et j'en ai rencontré un individu dans
une mye tronquée. Elle a dix à douze lignes de long sur cinq
à six de large. Dans la figure que Muller a donnée de la
sienne, le canal intestinal fait d'assez fortes inflexions, et il
se termine à un anus placé comme dans tous les hirudinés ; mais dans l'animal que j'ai observé il étoit beaucoup
moins flexueux. Du reste, il étoit également accompagné à
l'intérieur d'une grande quantité de grains oviformes, que
Muller paroît regarder comme de véritables œufs, dont il
porte le nombre à plus de mille, nageant dans une humeur
gélatineuse.

N. *Espéces douteuses.*

La Sangsue de Ceilan, *H. ceylanica*. M. Bosc parle d'une sangsue de ce pays, de la longueur et de la grosseur d'une épingle, de couleur rouge tachetée, vivant hors de l'eau dans
les bois humides, se fixant sur les animaux et sur l'homme
même, quelquefois en assez grand nombre pour faire périr
des personnes endormies ; en sorte que c'est, dit-on, un fléau
pour cette île.

La S. du Japon ; *H. japonica*, Krusenst., Voyage autour du
monde, pl. 65. Cette espéce, de couleur jaune, pointillée de
rouge, est, dit-on, de la grosseur d'un œuf de poule, quand
elle est contractée.

La S. chinoise, *H. sinica*. Assez petite sangsue, qui paroît
être entièrement noire, et qui est employée, comme chez
nous, pour les saignées locales.

Je ne puis rien dire autre chose de cette espéce de sangsue, dont une figure assez grossière existe dans l'Encyclopédie japonoise, accompagnée d'un article dont M. Abel Ré-
musat a bien voulu me donner la traduction de vive voix. Il
en résulte que les Chinois distinguent plusieurs espéces de
sangsues, les unes de mer, les autres d'eau douce et même

de terre, et qu'ils emploient celles d'eau douce aux mêmes usages que nous. Pour cela ils en mettent un certain nombre dans un morceau de bambou et l'appliquent sur la tumeur ou la partie malade, comme nous le faisons avec un verre.

La Sangsue d'Égypte ; *H. ægyptiaca.* M. Larrey, dans son ouvrage intitulé Campagnes chirurgicales, parle d'une sangsue commune dans les flaques d'eau qui existent dans le désert qui sépare l'Égypte de la Syrie. Malheureusement il n'en donne pas de description, et il se borne à dire qu'elle étoit fort petite et qu'elle occasiona des accidens fort graves sur un grand nombre de soldats qui burent de ces eaux sans précaution.

La S. de la Martinique, *H. martinicensis.* M. Achard, Journ. de pharm., tom. 10, p. 296, dit qu'il y a à la Martinique, et probablement dans les autres îles de l'archipel Américain, une petite sangsue qui n'a rien de commun avec la sangsue médicinale ; en effet, des essais faits avec elle par les médecins, ont montré qu'elle ne mord pas sur la peau de l'homme. Est-ce la même que celle qui a été décrite plus haut sous le même nom, et dont M. Huzard fils possède trois individus?

La S. du héron, *H. ardeæ.* M. Guyon a donné, dans la Revue encyclopédique du mois de Janvier 1822, la description d'une très-petite espèce de sangsue indigène de la Jamaïque, et qui se retrouve fréquemment sous les paupières et dans les fosses nasales du crabier des montagnes (*ardea virescens*). Je ne l'ai pas vue. M. Huzard dit qu'elle a à la partie postérieure de l'estomac deux cœcums, comme dans la sangsue médicinale. Seroit-ce encore la même que la précédente et dont j'ai donné plus haut la description?

La S. des étangs, *H. stagnalis.* M. Derheims, dans une Histoire naturelle et médicale des sangsues, publiée en 1825, désigne sous ce nom une espèce de sangsues de France, qu'il dit beaucoup ressembler à la sangsue noire, mais dont elle diffère parce qu'elle est d'une couleur moins foncée, que son ventre est cendré et paroît noir, quand l'animal est contracté. Il ajoute que ses mouvemens dans l'eau sont d'une vivacité extraordinaire, et qu'elle se tord quand elle change de direction, ce qu'il regarde comme lui étant particulier. Il paroît qu'elle n'est pas très-commune et qu'elle se trouve plus spécialement dans les marais de la Bretagne. Ne seroit-ce pas le véritable *H. sanguisuga?*

Le même auteur parle d'une autre sangsue, que l'on trouve dans le Nord de l'Écosse, où elle est nommée *Horse-Leach* ou sangsue de cheval, extrêmement grosse, plutôt terrestre qu'aquatique, dont le corps est presque cylindrique, très-muqueux, d'un brun très-foncé sur le ventre et sur le dos. Ne seroit-ce pas la sangsue de Dutrochet?

M. Durand, qui s'est beaucoup occupé des sangsues sous le rapport commercial, et qui paroît être le premier qui ait eu l'idée d'en transporter de Hongrie en France, a dit en avoir rencontré deux espèces nouvelles dans ce pays, dont une, suivant lui, seroit pourvue d'appendices; malheureusement il ne les a pas rapportées, en sorte qu'il est impossible de rien décider à ce sujet.

Enfin, il paroît que plusieurs auteurs ont donné le nom de sangsues à de véritables planaires, qui, quoique assez voisines, en diffèrent cependant d'une manière notable par l'absence totale du disque postérieur. Ainsi M. Carena s'est assuré positivement que l'*H. alpina*, décrit comme une espèce nouvelle par le docteur Dona, dans les Mémoires de l'Académie de Turin, vol. 3, p. 199, et que quelques auteurs, comme l'abbé Ray, ont admise, n'est rien autre chose que le *planaria torva* de Muller et de Gmelin. (DE B.)

SANGSUE VOLANTE. (*Mamm.*) On a quelquefois désigné ainsi le phyllostome vampire, parce qu'il suce le sang des animaux endormis, après avoir écorché leur peau à l'aide des papilles cornées qui garnissent sa langue. (DESM.)

SANGUIFICATION. (*Physiol. générale.*) Voyez SYSTÈME CIRCULATOIRE. (H. C.)

SANGUILLO. (*Ornith.*) Cet oiseau, de la grosseur d'une pie, que Pétiver a trouvé dans les environs de Madras, et que Rai a décrit dans son *Synopsis*, page 197, n.° 21, est cité par Mœrhing comme synonyme de son genre *Ficedula*, page 42 de sa Méthode. Il en est aussi fait mention dans le Dictionnaire des animaux de La-Chesnaye-des-Bois. (CH. D.)

SANGUIN. (*Bot.*) Nom vulgaire d'un cornouiller, *cornus sanguinea.* C'est le *sangui* des Languedociens, selon Gouan; la *sanguina* des Provençaux, suivant Garidel; le *sanguen* cité par Césalpin dans l'Étrurie. Le *sanguino* des Portugais est l'alaterne, suivant Grisley. (J.)

SANGUINALIS. (*Bot.*) On trouve sous ce nom ancien, dans Daléchamps, la pesse d'eau, *hippuris*, qui y est indiquée comme astringente. La renouée ordinaire a été aussi nommée *sanguinalis*. (J.)

SANGUINARIA. (*Bot.*) Genre de plantes dicotylédones, à fleurs complètes, polypétalées, de la famille des *papavéracées*, de la *polyandrie monogynie* de Linnæus, offrant pour caractère essentiel : Un calice caduc, à deux folioles ; huit pétales, les alternes plus étroits ; un grand nombre d'étamines insérées sur le réceptacle ; les anthères simples ; l'ovaire supérieur ; point de style ; un stigmate en tête, persistant, à deux sillons ; une capsule uniloculaire, à deux valves caduques ; un réceptacle persistant, sur lequel sont attachées de chaque côté des semences nombreuses.

Sᴀɴɢᴜɪɴᴀʀɪᴀ ᴅᴜ Cᴀɴᴀᴅᴀ : *Sanguinaria canadensis* , Linn. , *Spec.;* Lamk., *Ill. gen.*, tab. 449 ; Dillen., *Elth.*, tab. 252, fig. 325 et 326 ; Moris., Hist., 2, n.º 3, tab. 11, fig. 1 ; vulgairement la ɢʀᴀɴᴅᴇ Cᴇ́ʟᴀɴᴅɪɴᴇ, la Bᴇᴀᴜʜᴀʀɴᴏɪsᴇ. Petite plante, d'un aspect assez agréable, munie de racines épaisses, tubéreuses, horizontales, qui poussent inférieurement des filamens capillaires et roussâtres. Du sommet de la racine sort une feuille radicale, qui enveloppe les fleurs avant leur développement, comme une spathe, et qui elle-même est enveloppée à sa base par plusieurs gaines membraneuses, très-minces. Cette feuille est presque ronde et en forme de capuchon, profondément échancrée à sa base, lobée et sinuée à son contour, glabre, d'un vert noirâtre en dessus, d'un blanc bleuâtre en dessous, traversée par des nervures très-ramifiées et rougeâtres ; le pétiole glabre, comprimé, élargi, long de trois ou quatre pouces.

Les fleurs sont blanches, solitaires, supportées par une hampe grêle, plus longue que les feuilles. Le calice est composé de deux folioles ovales, concaves, plus courtes que la corolle ; les pétales sont au nombre de huit, oblongs, obtus, très - ouverts ; quatre intérieurs alternes, plus étroits ; l'ovaire oblong, aigu, terminé par un stigmate sessile, épais, à deux sillons profonds. Le fruit est une capsule ovale, oblongue, rétrécie à sa base, acuminée au sommet, couronnée par le stigmate persistant; une seule loge à deux valves, qui s'écartent, tombent et laissent à découvert les semences attachées des deux côtés à un placenta qui répond au bord des valves.

Cette plante contient un suc rougeâtre, qui s'écoule de toutes ses parties, lorsqu'on la brise. Elle croît au Canada, et dans plusieurs autres contrées de l'Amérique septentrionale. Les fleurs varient de grandeur et se doublent quelquefois. On la cultive au Jardin du Roi. (Poir.)

SANGUINARIA. (*Bot.*) Ce nom a été donné par les anciens à quelques plantes astringentes, propres à arrêter les crachemens ou écoulemens de sang; par Gesner et Lobel à la renouée, *polygonum aviculare;* par d'autres au plantain corne-de-cerf, *plantago coronopus;* par Tragus au *geranium sanguineum.* Linnæus l'a appliqué à une plante papavéracée, qui rend un suc rouge et que Sarrazin avoit nommée *belharnosia.* (J.)

SANGUINARIA. (*Mamm.*) Famille de mammifères carnassiers, dans la méthode d'Illiger, qui correspond à celle des carnivores digitigrades de M. Cuvier. (Desm.)

SANGUINE. (*Min.*) On donne ce nom, chez les marchands de crayons à dessiner et de couleur, au crayon d'un rouge de brique tirant sur celui du sang. Ce n'est point une hématite, comme le disent plusieurs minéralogistes: la sanguine, qui se taille facilement, qui laisse sur le papier une trace rouge très-colorée et très-nette, n'a ni la texture fibreuse ni la dureté de l'hématite. C'est bien, comme ce minérai, un fer oligiste; mais il a ce qu'on appelle la texture terreuse et compacte : on peut le désigner méthodiquement par le nom de fer oligiste sanguine. Voyez Fer oxidé compacte. (B.)

SANGUINELLA. (*Bot.*) Nom cité par Daléchamps, d'après Matthiole, du *parnassia*, qui croît dans les lieux humides. (J.)

SANGUINELLE. (*Bot.*) Nom vulgaire du cornouiller sanguin. (L. D.)

SANGUINEN. (*Mamm.*) Ce nom équivaut à celui de sagoin, employé pour désigner de petits singes américains. (Desm.)

SANGUINOLAIRE, *Sanguinolaria.* (*Conchyl.*) Genre de coquilles bivalves pyloridées, établi par M. de Lamarck, tom. 5, pag. 609, des Anim. sans vert., pour un assez petit nombre d'espèces de solen de Linnæus, et que nous avons caractérisé ainsi : Animal inconnu ; coquille ovale, un peu alongée, ordinairement très-comprimée, à peine bâillante, équivalve, subéquilatérale, également arrondie aux deux extrémités, sans indice de carène postérieure ; charnière formée par une ou deux dents cardinales, rapprochées sur chaque valve ; ligament saillant, bombé ; deux impressions musculaires arrondies, distantes, réunies par une impression palléale étroite et fortement sinueuse ou rentrée en arrière.

D'après ces caractères, il est évident que ce genre, dont le nom a été tiré de l'espèce la plus commune, dont la couleur est rouge, ne diffère réellement pas de certaines espèces de solen, dont les deux bords ne sont nullement parallèles. On ne connoît absolument rien sur l'animal des sanguinolaires ; mais les traces qu'il a laissées sur la coquille ne permettent pas de douter de sa grande ressemblance avec celui des solens ovales et à sommet médian, dont j'ai formé les genres Solécurte et Solételline.

Les quatre espèces de sanguinolaires vivantes, caractérisées par M. de Lamarck, sont toutes des mers des pays chauds.

La Sanguinolaire soleil - couchant : *Solen occidens ; Solen occidens*, Gmel., p. 3228, n.° 21 ; Encycl. méthod., pl. 226, fig. 2, *a, b*. Grande coquille de près de quatre pouces de long, sur deux pouces de haut, subelliptique, un peu renflée, à sommets un peu protubérans, striée dans sa longueur, radiée et maculée de blanc et de rouge.

C'est une coquille extrêmement rare, dont on ignore encore la patrie.

La S. rosée : *S. rosea ; Solen sanguinolentus*, Gmel., p. 3227, n.° 17 ; Chemn., *Conch.*, 6, tab. 7, fig. 56. Coquille beaucoup plus petite que la précédente, ovale, suborbiculaire, peu convexe, avec des stries d'accroissement assez marquées : de couleur blanche, plus ou moins rouge vers les natèces.

Cette espèce, commune dans les collections, vient des mers de la Jamaïque.

La S. livide ; *S. livida*, de Lamk., *loc. cit.*, p. 511, n.° 3. Coquille d'environ deux pouces de long, mince, semi-orbiculaire, lisse, de couleur violette, avec trois rayons blanchâtres à l'extrémité antérieure.

De la baie des Chiens marins, dans la Nouvelle-Hollande, d'après MM. Péron et Lesueur.

La Sanguinolaire ridée : *S. rugosa*, de Lamk., *loc. cit.*, p. 511, n.° 4; *Venus deflorata*, Gmel. Coquille assez solide, ovale, un peu ventrue, quelquefois de trois pouces de long, sur deux de haut, rugueuse par des stries s'irradiant du sommet à la circonférence : de couleur blanchâtre, violette en avant, d'un noir violet sur les nymphes.

Cette espèce vient des mers de l'Inde et de celles de l'Amérique.

M. de Lamarck cite comme variété pouvant être distinguée comme espèce, une coquille de sa collection, qui est rose en dehors, sans rayons. (De B.)

SANGUINOLAIRE. (*Foss.*) On connoît peu d'espèces de ce genre à l'état fossile.

Sanguinolaire de Lamarck : *Sanguinolaria Lamarckii*, Desh., Foss. des env. de Paris, tom. 1.ᵉʳ, p. 73, pl. 10, fig. 15 — 19. Coquille ovale, subtrigone, inéquilatérale, bâillante aux deux extrémités, comme dans la sanguinolaire rose, à valves non parfaitement égales, dont les crochets sont petits, à peine saillans, et le corselet profond, présentant des nymphes enfoncées. La surface est couverte de légères stries qui proviennent des accroissemens. Il se trouve sur la valve droite deux petites dents, dont l'une est bifide, et sur la valve gauche deux dents divergentes, entre lesquelles on voit un espace triangulaire occupé par les deux dents de l'autre valve. La coquille est très-aplatie. Longueur, dix lignes; largeur, quatorze lignes. Fossile d'Acy, département de l'Oise, au-dessus de la craie.

Sanguinolaria Hollowaysii, Sow., *Min. conch.*, tom. 2, pag. 133, tab. 159. Coquille déprimée, inéquilatérale, ovale, portant des stries qui proviennent de ses accroissemens; à côté antérieur élargi. Longueur, un pouce; largeur, plus de trois pouces. Fossile de Bricklesome - Bay, en Angleterre. M. Deshayes pense que cette espèce dépend plutôt du genre Psammobie que de celui des Sanguinolaires.

Sanguinolaria compressa, Sow., *loc. cit.*, tom. 5, pag. 91.

tab. 462. Coquille comprimée, deux fois plus large que longue, très-lisse. Le côté antérieur est un peu tronqué; deux légères élévations viennent de chaque côté aboutir au sommet. Longueur, sept lignes; largeur, quatorze lignes. Fossile de Barton-Cliff, en Angleterre, dans une couche qui représente celle du calcaire coquillier, où on le trouve avec le *murex bartonensis*, Sow. (D. F.)

SANGUINOLE. (*Bot.*) C'est une variété de pêche. (L. D.)

SANGUINOLENT. (*Ichthyol.*) Nom spécifique d'un Spare. Voyez ce mot. (H. C.)

SANGUISORBA. (*Bot.*) Voyez Sanguisorbe. (L. D.)

SANGUISORBE; *Sanguisorba*, Linn. (*Bot.*) Genre de plantes dicotylédones apétales, de la famille des rosacées, Juss., et de la *tétrandrie monogynie* de Linnæus, dont les principaux caractères sont : Un calice monophylle, à quatre divisions ovales, colorées; point de corolle; quatre étamines à filamens capillaires, beaucoup plus longs que le calice, terminés par des anthères arrondies; un ovaire supère, surmonté d'un style filiforme, terminé par un stigmate en tête; une ou deux graines coniques, renfermées dans le calice persistant, qui s'est durci et forme une sorte de capsule turbinée.

Les sanguisorbes sont des plantes herbacées, à racines vivaces, à feuilles ailées avec impair, et à fleurs serrées en épi ovale ou cylindrique au sommet de la tige et des rameaux. On en connoît six espèces, dont une croît naturellement en Europe.

Sanguisorbe officinale, vulgairement Pimprenelle des montagnes : *Sanguisorba officinalis*, Linn., *Spec.*, 169; *Fl. Dan.*, tab. 97. Ses tiges sont droites, anguleuses, un peu rameuses, hautes de deux à trois pieds, garnies de feuilles alternes, pétiolées, composées de onze à treize folioles ovales, opposées, dentées en leurs bords, glabres et d'un beau vert en dessus, d'un vert glauque en dessous. Ses fleurs sont petites, rougeâtres, sessiles à l'extrémité d'un long pédoncule commun, et disposées en épi ovale. Cette plante croît en France et en Europe, dans les prés et les pâturages.

Sanguisorbe du Canada; *Sanguisorba canadensis*, Linn., *Sp.*, 169. Ses tiges sont droites, cylindriques, striées, légèrement velues, hautes de deux à trois pieds, garnies de feuilles ailées, composées de onze à treize folioles ovales-oblongues ou lancéolées, dentées en scie, longuement pétiolées, presque alternes, vertes en dessus, plus pâles en dessous. Ses fleurs sont d'un vert blanchâtre, disposées, au sommet des tiges et des rameaux, en un épi cylindrique, long de deux à trois pouces. Cette espèce est originaire du Canada : on la cultive au Jardin du Roi à Paris. (L. D.)

SANGUISUGA. (*Entom.*) Nom latin du genre Sangsue dans le système de distribution méthodique des espèces du grand genre *Hirudo* de Linné, par M. Savigny, et qui comprend en effet les sangsues médicinale et officinale. Voyez Sangsue. (De B.)

SANGUISUGES ou ZOADELGES. (*Entom.*) Ces noms, dont le premier signifie suce-sang, et le second suceurs d'animaux , ont été donnés par nous à une famille d'insectes hémiptères qui comprend les véritables punaises des lits, les *mirides*, les *réduves*, etc. (voyez Zoadelges) ; car ce sont les noms tirés du grec que nous adoptons de préférence en françois, les autres noms ne devant servir que comme des synonymes latins que nous avons francisé seulement par la terminaison. (C. D.)

SANICLE; *Sanicula*, Linn. (*Bot.*) Genre de plantes dicoty-lédones polypétales, de la famille des ombellifères, Juss., et de la *pentandrie digynie* de Linnæus, dont les principaux caractères consistent en : un calice très-petit, presque entier ; une corolle de cinq pétales réfléchis ; cinq étamines à filamens plus longs que la corolle, surmontés d'anthères arrondies ; un ovaire infère, chargé de deux styles subulés, réfléchis, à stigmates aigus ; deux graines hérissées, convexes d'un côté, planes de l'autre, et accolées ensemble.

Les sanicles sont des herbes vivaces, à feuilles palmées ou digitées, dont les fleurs sont disposées en ombelles, compo-sées d'un petit nombre de rayons munis à leur base d'une collerette tournée d'un seul côté, et dont les ombellules, pres-que sessiles, sont munies d'une collerette partielle formée de plusieurs folioles enveloppant l'ombellule en entier. On n'en connoît que trois espèces ; une d'elles est indigène de l'Eu-rope, et les deux autres croissent dans l'Amérique septentrio-nale.

Sanicle d'Europe, vulgairement Sanicle commune, Sanicle

MALE; *Sanicula europœa*, Linn., *Sp.* 339. Sa racine est fibreuse, brunâtre ; elle produit une ou plusieurs tiges simples ou à peine rameuses, hautes de dix à quinze pouces, nues dans toute leur longueur, garnies, seulement à leur base, de plusieurs feuilles radicales, longuement pétiolées, glabres, luisantes et d'un vert assez foncé en leur face supérieure, plus pâles en dessous, découpées profondément en cinq lobes dentés, incisés, élargis et trifides à leur sommet. Ses fleurs sont blanches, petites, disposées en ombellules globuleuses ; les rayons de l'ombelle générale ne sont qu'au nombre de quatre à cinq. Cette plante croît en France et dans le reste de l'Europe, dans les bois et les lieux ombragés.

La sanicle a une saveur légèrement amére et un peu acerbe. C'est une plante qui a joui de la plus grande réputation en médecine ; on l'a regardée jadis comme une panacée universelle, et comme telle on l'employoit dans une multitude de maladies. Elle a été appelée *sanicula*, du verbe latin *sanare*, guérir, parce qu'on la regardoit alors comme un remède propre à guérir tous les maux, et c'est par allusion aux propriétés merveilleuses dont on la croyoit douée, de même que la bugle, autre plante à laquelle on attribuoit aussi de grandes vertus, qu'on a fait jadis les deux mauvaises rimes suivantes :

> Qui a la bugle et la sanicle,
> Fait aux chirurgiens la nique.

Les médecins modernes, qui ont révoqué en doute les propriétés extraordinaires qu'on avoit supposées appartenir à la sanicle, ont entièrement abandonné cette plante, et elle ne figure plus aujourd'hui que dans les *vulnéraires suisses*, que l'on appelle encore *thé suisse* ou *Falltrank*, mélange de plantes sèches, dans lequel le peuple et les gens peu éclairés ont seuls conservé quelque confiance. La composition de ces vulnéraires varie d'ailleurs autant qu'il y a d'individus employés à les recueillir. On y voit, en général, figurer des véroniques, beaucoup de labiées et quelques composées. (L. D.)

SANICLE FEMELLE. (*Bot.*) Nom vulgaire de l'astrance. (L. D.)

SANICLE DE MONTAGNE. (*Bot.*) C'est la benoîte et l'astrance majeure. (L. D.)

SANICULA. (*Bot.*) Ce nom latin de la sanicle a été aussi
donné, par C. Bauhin et d'autres auteurs, au *pinguicula*, à
des *primula*, des saxifrages, à un *mitella*, à un *verbascum* et
à l'*heuchera*. Voyez Sanicle. (J.)

SANIDIN. (*Min.*) M. Nose, dans son ouvrage intitulé *Études
minéralogiques sur les montagnes du Bas-Rhin*, a proposé de
donner ce nom à la variété de felspath qui est disséminé en
cristaux assez volumineux et presque toujours agrégés, dans le
trachyte du Drachenfels, du Mont-d'or, et dans les pumites
et même les téphrines d'autres contrées d'origine volcanique.
Cette variété avoit été désignée avant lui par le nom de
Felspath vitreux, et il paroît que par la composition elle
appartient au felspath de potasse. Nous l'avons déjà décrite
sous ce nom. Voyez Felspath. (B.)

SANILUM. (*Bot.*) Nom égyptien de la scammonée, cité
par Ruellius et Mentzel. (J.)

SANKI. (*Erpét.*) Nom japonois de la *tortue de terre*. Voyez
Tortue. (H. C.)

SANKIRA. (*Bot.*) La squine, *smilax China*, est ainsi nommée au Japon, suivant Kæmpfer. (J.)

SANKITS. (*Bot.*) Un des noms japonois du *bladhia japonica*
de Thunberg. (J.)

SANKOU NAGOU. (*Erpét.*) C'est le nom d'une variété de
Naja, décrite dans ce Dictionnaire, tome XXXIV, page 136.
(H. C.)

SANNIO. (*Ornith.*) Cet oiseau de la Nouvelle-Zélande est
un grimpereau vert, dont la figure se trouve au Manuel
d'histoire naturelle de Blumenbach, page 209 de la traduction françoise, et sous le n.° 64 des grimpereaux, dans les
Oiseaux dorés de MM. Audebert et Vieillot. (Ch. D.)

SANPIÉRÉ. (*Ichthyol.*) Nom marseillois du poisson Saint-
Pierre. Voyez Dorée. (H. C.)

SANPRIGNANO. (*Bot.*) Nom provençal de la jusquiame
ordinaire, cité par Garidel. (J.)

SANPUDEN. (*Bot.*) Voyez Sambequier. (J.)

SANQUALIS. (*Ornith.*) Il paroît, d'après ce que Pline dit
de cet oiseau, liv. 10, chap. 7, que les anciens augures le
nourrissoient à Rome pour les sacrifices, et que c'étoit un
aigle de mer. (Ch. D.)

SANQUI-KOUMONG. (*Bot.*) C'est à Java le nom d'une espèce d'oxalide ou surelle. (Lem.)

SANRESANRI. (*Bot.*) Flacourt parle d'une herbe de ce nom à Madagascar, dont la racine, administrée avec un mélange de gingembre, passe pour un bon aphrodisiaque. Cette conformité de vertu avec le salep peut faire présumer que c'est une espèce d'*orchis*. (J.)

SANS TACHE, *Immaculatus*. (*Ichthyol.*) Nom spécifique d'un Syneranche. Voyez ce mot. (H. C.)

SANSARAI. (*Ornith.*) Nom égyptien d'une espèce de canard. (Ch. **D.**)

SANSEVIERA. (*Bot.*) Genre de plantes monocotylédones, à fleurs incomplètes, de la famille des *asparaginées*, de l'*hexandrie monogynie* de Linnæus, offrant pour caractère essentiel : Une corolle (calice, Juss.) monopétale; le tube filiforme ; le limbe à six divisions réfléchies en dehors; point de corolle ; six étamines insérées à la base du limbe ; l'ovaire supérieur surmonté d'un style, d'un stigmate ; une baie à une seule semence.

Ce genre, qui d'abord faisoit partie des *aletris*, en a été séparé par Thunberg, à cause de son fruit, qui est une baie monosperme, et non une capsule à trois loges polyspermes. Il faut y rapporter les espèces suivantes :

Sanseviera en thyrse : *Sanseviera thyrsiflora*, Thunb., *Prodr.*, 65 ; Willd., *Spec.*, 2, page 159 ; *Aletris guineensis*, Jacq., *Hort.*, tab. 84 ; Lamk., *Ill. gen.*, tab. 237 ; Comm., *Hort.*, 2, page 39, tab. 21 ; *Præl.*, 84, tab. 33. La racine de cette plante produit des feuilles toutes radicales, droites, longues de deux ou trois pieds, larges de quatre pouces, planes, un peu contournées, légèrement concaves dans leur partie inférieure, d'un vert foncé, parsemées de taches d'un blanc verdâtre, qui font paroître ces feuilles tigrées comme une peau de serpent. Les fleurs naissent sur une hampe épaisse, cylindrique, ferme, de la longueur des feuilles, garnie, dans sa partie inférieure, de membranes spathacées, aiguës : elles forment sur cette hampe, dont elles occupent les deux tiers, un très-bel épi un peu lâche, de couleur blanche. Ces fleurs sont disposées trois ou quatre ensemble, par petits bouquets épars : elles ont une corolle grêle, longue d'un pouce et

demi, ayant ses découpures linéaires, réfléchies, roulées en
dehors; des étamines très-longues, très-saillantes; le style
fort long; le stigmate simple et petit. Cette plante croit en
Afrique, dans la Guinée.

Sanseviera de Ceilan : *Sanseviera zeylanica*, Willd., *Spec.*,
2, page 159; Roxb., *Corom.*, 2, page 43, tab. 184; *Sanseviera œthiopica?* Thunb., *Prodr.*; *Aletris zeylanica*, Lamk.,
Enc.; *Salmia spicata*, Cav., *Ic. rar.*, 3, tab. 246; *Aletris hyacinthoides*, Linn., *Spec.*, 2; *Aloe hyacinthoides*, Linn., *Spec.*,
1; Commel., *Hort.*, 2, tab. 21; Pluk., *Almag.*, tab. 256,
fig. 5; *Liriope spicata*, Lour., *Fl. Coch.*, 248, *var. β*, Lamk.,
loc. cit.; *Kata-Kapel*, Rhéed., *Malab.*, 11, tab. 42; *Sanseviera
lanuginosa*, Willd., *loc. cit.* Cette espèce, quoique très-rapprochée de la précédente, en est assez bien distinguée. Ses
feuilles sont également radicales, panachées de vert et d'un
blanc verdâtre; mais elles ont constamment leur dos marqué
de lignes longitudinales ou d'espèces de nervures vertes, caractère qui ne se trouve point dans l'espèce précédente. D'ailleurs les feuilles de la plante dont il s'agit ici sont comme
de deux sortes : les intérieures sont plus longues, étroites,
très-pointues, canaliculées dans toute leur longueur, convexes postérieurement et charnues ; les extérieures plus
courtes, plus aplanies et moins épaisses.

Une variété, dont Willdenow a fait une espèce (*sanseviera
lanuginosa*), d'après la figure publiée par Rhéede, a des feuilles
fort étroites, canaliculées, charnues et marquées de lignes longitudinales; mais ces lignes, selon Rhéede, sont lanugineuses;
les fleurs d'un blanc rougeâtre; elles naissent sur une hampe
plus longue que les feuilles et sont disposées deux ou trois ensemble par petits bouquets épars, formant un bel épi dans la
partie supérieure de la hampe. Les étamines ne sont presque pas
plus longues que les divisions de la corolle. Ces plantes croissent dans les lieux sablonneux de l'Inde et à Ceilan. (Poir.)

SANSIO, SJO, JAMMA-SANSIO. (*Bot.*) Noms japonois
du *fagara piperita*, suivant Kæmpfer. Il rapporte aussi le nom
de *sansio* pour le *physalis angulata*. (J.)

SANSOGNO, SANSOUGNE. (*Mamm. et Ornith.*) Ces noms
languedociens sont donnés aux parties charnues ou aux déve-
loppemens de peau qui pendent sous la tête et sur le cou

des animaux, telles que le fanon du bœuf, les appendices qu'on voit sur quelques chèvres, les caroncules charnues de la base du bec des coqs et poules, etc. On les nomme aussi *pendils*. (Desm.)

SANSON. (*Bot.*) Nom du hêtre à Constantinople, suivant Forskal. (J.)

SANSONNET. (*Ornith.*) Voyez Étourneau. (Ch. D.)

SANSOO. (*Bot.*) Voyez Josia. (J.)

SANSOVINIA. (*Bot.*) Ce genre de Scopoli, fait sur le *staphylea indica* de Burmann, est, selon Linnæus, congénère de l'*aquilicia* dans la famille des méliacées. (J.)

SANSSOUFÉ. (*Ornith.*) On lit, dans le Nouveau voyage autour du monde de F. Pagès, tome 2, page 375, que les Mexicains font avec des plumes, arrachées aux oiseaux morts avec de fines pincettes, et attachées, avec une colle très-déliée, au vélin, au papier ou sur la toile, des tableaux si parfaits, qu'on les prend pour de véritables peintures, et que, parmi les oiseaux qui fournissent ces belles couleurs, le sanssoufé ou sans-souflé (cinq cents voix) tient le premier rang. (Ch. D.)

SANSUN. (*Ichthyol.*) Nom spécifique d'un Caranx. Voyez ce mot. (H. C.)

SANT. (*Bot.*) Voyez Horg, Schack. (J.)

SANTA CATHERINA. (*Ornith.*) Voyez Durballa. (Ch. D.)

SANTA MARIA. (*Ornith.*) L'oiseau décrit par Cetti, p. 99, sous le nom d'*uccello santa Maria*, est le martin - pêcheur commun, *alcedo ispida*, Linn. (Ch. D.)

SANTAL. (*Bot.*) Ce nom désigne trois sortes de bois qu'on apporte des Indes. Le santal blanc est produit par le *santalum album*, Linn. (voyez Santalin); le santal rouge est donné par le *pterocarpus santalinus*, Linn. (voyez Ptérocarpe); le santal citrin, qui paroît être le cœur du *santalum album*, Linn., déjà cité.

Il y a encore le faux santal : c'est l'écorce de l'*aralia racemosa*, qu'on substitue au vrai santal ou santal blanc dans l'Inde. (Lem.)

SANTALACEES. (*Bot.*) Cette famille de plantes, établie par M. Brown dans son *Prodromus floræ Novæ Hollandiæ*, doit faire partie de la classe des péri-staminées ou dicotylédones apétales, à étamines insérées au calice. Elle est formée de plusieurs genres auparavant confondus dans la famille des éléagnées, maintenant subdivisée en éléagnées, myrobolanées, osyridées et santalacées. Les motifs qui ont déterminé cette division sont consignés dans les articles des trois premières de ces familles, déjà mentionnées dans ce recueil, et principalement dans celui des osyridées, auquel on renvoie pour éviter des répétitions. Les santalacées tirent leur nom du *Santalum*, genre décrit auparavant comme polypétale et placé dans une famille éloignée, mais reconnu plus récemment apétale et ramené parmi les péri-staminées. Le caractère général de cette famille, rédigé par l'auteur, est composé de la réunion des suivans.

Un calice supère, adhérant à l'ovaire qu'il déborde par son limbe, à quatre ou cinq divisions, valvaires dans la préfloraison, au bas desquelles sont insérées autant d'étamines à filets distincts et à anthères biloculaires. Corolle nulle. Ovaire simple, supère non adhérent, uniloculaire, contenant un ou deux ovules pendans au sommet du placentaire central, et surmonté d'un seul style terminé par un stigmate ordinairement lobé. Le fruit est une petite noix nue ou revêtue d'un brou, ordinairement monosperme par suite d'avortement. L'embryon cylindrique, dicotylédon, à radicule montante, occupe le centre d'un périsperme charnu. Les tiges sont ligneuses, plus ou moins élevées, souvent très-basses, rarement herbacées. Les feuilles, alternes ou presque opposées, sont simples, souvent très-petites, en forme d'écailles. Les fleurs sont petites, axillaires ou terminales, solitaires, ou en épi, ou en ombelle.

Les genres rapportés à cette famille par M. Brown sont le *Quinchamalium*, le *Thesium*, le *Leptomeria* et le *Choretrum* de cet auteur; le *Fusanus*, nommé *Colpoon* par Bergius; le *Santalum*, dont le *Sirium* est congénère. Il place à la suite, mais avec doute, son *Anthobolus* et l'*Exocarpus* de M. Labillardière. M. Kunth y joint le *Cervantesia* de la Flore du Pérou. Ces trois genres ont, comme les santalacées, un embryon renversé, à radicule montante, renfermé dans l'axe d'un périsperme; mais ils diffèrent principalement par l'ovaire, qui est libre, entièrement dégagé du calice, et ils pourroient donner lieu à la formation d'une nouvelle famille voisine, dont les éléagnées, qui ont aussi l'ovaire libre, seroient distinguées par l'embryon à radicule descendante et l'absence du périsperme.

Outre les genres rapportés plus haut à ces deux familles, on trouve encore dans la même section primitive l'*Osyris* et le *Nyssa*, qui ont de l'affinité avec les santalacées par leur ovaire adhérent, leur embryon périspermé et à radicule montante, l'insertion périgyne des étamines et l'absence de la corolle. Mais l'*Osyris* a les fleurs dioïques, un calice trifide et chargé seulement de trois étamines; un ovaire uniloculaire, contenant trois ovules; le fruit monosperme par avortement; l'embryon s'écartant de l'axe du périsperme, suivant l'observation de M. Gærtner fils. Ces différences ont motivé probablement l'omission de ce genre dans les santalacées par M. Brown. Dans l'intention d'attirer sur lui l'attention des botanistes, nous avons présenté quelques vues sur une famille à faire sous le nom d'Osyridées (voyez ce mot), à laquelle on pourroit associer le *Nyssa*, ayant beaucoup d'affinité avec les santalacées, mais un peu différent, selon M. Brown, probablement à cause de ses fleurs polygames, qui le rapprochent de l'*Osyris*. Si quelque observateur s'occupe de ces genres, on lui proposera de voir si le *Pyrularia* de Michaux, le *Nannodea* de Banks et de M. Gærtner fils, l'*Octarillum* de Loureiro, ont avec eux quelque affinité, et de déterminer aussi celle que peut avoir le *Mioschilos* de la Flore du Pérou avec les véritables éléagnées. Enfin, en reconnoissant que le *conocarpus racemosa* de Linnæus ou *laguncularia* de M. Gærtner fils appartient aux myrobolanées et sert de transition entre elles et les combretacées, il conviendra de vérifier si le *conocarpus erecta*, très-différent par son port et par d'autres caractères, devra être séparé et devenir peut-être le type d'une nouvelle famille. (J.)

SANTALIN, *Santalum*. (*Bot.*) Genre de plantes dicotylédones, à fleurs incomplètes, de la famille des *onagres*, Juss., (*santalacées*, Rob. Brown), de la *tétrandrie monogynie* de Linnæus, offrant pour caractère essentiel : Un calice persistant, urcéolé, à quatre divisions; point de corolle? quatre écailles à l'orifice du calice; quatre étamines insérées sur le calice; un ovaire inférieur; un style; un stigmate à trois lobes; une baie à trois loges, couronnée par les divisions du calice.

Sous les noms de *santalum* et de *sirium*, Linné avoit établi deux genres, que M. de Lamarck croit non-seulement devoir être réunis en un seul, mais même appartenir à la même plante, à laquelle il a conservé le nom de *sirium*. La différence qui existoit, selon Linné, entre le *sirium* et le *santalum*, consistoit en ce que, dans ce dernier, la fleur, outre quatre écailles alternes avec les divisions du calice, avoit encore uue corolle fort petite, insérée sur les divisions du calice. M. de Lamarck n'admet point l'existence de cette corolle, et comme d'ailleurs les caractères sont les mêmes dans les deux genres, il s'ensuit que la même plante a été décrite sous deux noms différens.

Je suis très-porté à croire que ces deux botanistes ont véritablement observé ce qu'ils annoncent l'un et l'autre, et quoique leurs opinions paroissent contradictoires, qu'elles ont cependant la vérité pour base. Des observations que j'ai faites, il y a très-longtemps, sur le calice et la corolle, me paroissent justifier celle de ces deux savans. Il existe un grand nombre de plantes, qui, privées de corolle en apparence, ont souvent un calice fort épais, coloré surtout en dedans et même à ses bords, et dont les divisions, minces à leur contour, sont beaucoup plus épaisses et vertes dans leur milieu, comme on peut le remarquer dans beaucoup d'espèces de *polygonum*, etc.

S'il étoit possible d'enlever cette pellicule intérieure, colorée, qui déborde les folioles du calice, pourroit-on ne pas y reconnoître une véritable corolle, faisant corps avec le calice, et qui, quelquefois, peut exister sans être soudée avec le calice. Dans ce cas, nous aurons le *santalum* et le *sirium*, qui sera parfaitement la même plante, l'une avec la corolle libre, l'autre avec cette même corolle faisant corps avec le calice.

Remarquons de plus que, d'après Linné, les pétales, dans le *santalum*, sont appliqués sur les divisions du calice et non alternes : ce qui confirme ce que j'ai dit plus haut.

Santalin a feuilles de myrte : *Santalum myrtifolium*, Enc. Lamk., *Ill. gen.*, tab. 74; *Santalum album*, Linn., *Syst.*; Si-

rium myrtifolium, Linn., *Mant.*; Roxb., *Corom.*, 1, tab. 2; Breyn., *Icon.*, 94, tab. 5, fig. 1; *Santalum album*, Rumph, *Amb.*, 2, tab. 11. Arbre qui a l'aspect d'un myrte et dont les tiges se divisent en rameaux étalés, roides, glabres, droits, presque cylindriques, articulés. Les feuilles sont opposées, pétiolées, tendres, lancéolées, glabres, entières, vertes en dessus, glabres en dessous, rétrécies et un peu obtuses à leurs deux extrémités, assez larges, longues d'environ deux pouces. Les fleurs sont petites, axillaires ; elles forment une sorte de tige à l'extrémité d'un pédoncule commun, beaucoup plus court que les feuilles, médiocrement ramifié. Le calice est glabre, entier, à quatre dents aiguës, aussi longues que le tube, muni à son orifice de quatre écailles un peu épaisses, barbues, alternes avec les dents du calice ; l'ovaire est ovale, couronné par un disque convexe, surmonté d'un style filiforme, de la longueur des étamines, terminé par un stigmate à trois lobes, courts et obtus. Le fruit est une baie ovale, à trois loges, couronnée par les dents du calice. Cette plante croît dans les Indes orientales.

Le bois de cet arbre est connu dans le commerce sous le nom de *santal blanc*. Il est pesant, solide, d'une couleur pâle, médiocrement odorant ; il se fend difficilement. On lui préfère, pour les parfums, le *santal citrin*, qui appartient à une autre plante, et le *santal rouge*. On nous l'apporte de l'île de Timor et de Solor. (Poir.)

SANTALINE. (*Chim.*) Principe immédiat du bois de santal rouge (*pterocarpus santalinus*), obtenu par M. Pelletier en traitant ce bois, réduit en morceaux minces, par l'alcool bouillant et en faisant évaporer la solution à siccité.

Propriétés.

La santaline est solide, rouge.

Elle se fond environ à 100^d.

Elle n'est que très-peu soluble dans l'eau, même à chaud.

Elle se dissout bien dans l'alcool, l'éther hydratique, dans l'acide acétique, dans les solutions alcalines de potasse, de soude et d'ammoniaque.

Les huiles volatiles de lavande, de romarin, dissolvent une petite quantité de santaline.

Les huiles grasses ne la dissolvent pas.

La solution alcoolique précipite l'hydrochlorate d'étain en une laque d'un beau pourpre, et les sels de plomb en une laque violette.

La solution acétique est très-astringente, elle précipite la gélatine.

Le chlore la détruit; il la convertit en une matière résineuse jaune, retenant de l'acide hydrochlorique.

L'acide sulfurique concentré la réduit en charbon.

L'acide nitrique la dissout, la décompose en matière jaune amère, en acide oxalique, etc.

Elle se décompose à la distillation, en donnant les produits des matières résineuses non azotées. (Cʜ.)

SANTALOIDES de Linnæus. (*Bot.*) C'est le *connarus santaloides* de Vahl, et le *kalavel* d'Adanson. (Lᴇᴍ.)

SANTALUM. (*Bot.*) Voyez Sᴀɴᴛᴀʟɪɴ. (Lᴇᴍ.)

SANTAN. (*Bot.*) Nom japonois du *lilium pomponium*, suivant Kæmpfer. (J.)

SANTÉ. (*Crust.*) Les crevettes de mer ou salicoques sont ainsi nommées dans les environs de Saintes, selon M. Bosc. C'est notre palæmon squille. (Dᴇsᴍ.)

SANTENU. (*Bot.*) Nom brame du pala du Malabar, *alstonia* de M. Rob. Brown, genre de la famille des apocinées. (J.)

SANTIA. (*Bot.*) Ce genre de graminées, fait par M. Savi, est le même que le *polypogon* de M. Desfontaines. (J.)

SANTILITE. (*Min.*) Nouveau nom donné, sans motif et sans autorité, à une variété de quarz hyalithe qui ne mérite aucun nom spécial, et qui a cependant déjà reçu les noms de fiorite, d'amiatite, etc. On a prétendu dédier cette variété au docteur Santi, de Pise, qui paroît avoir fait connoître le premier les exemples de ce quarz, qu'on rencontre en Toscane. Voyez Qᴜᴀʀᴢ. (B.)

SANTOLINE, *Santolina*. (*Bot.*) Ce genre de plantes appartient à l'ordre des Synanthérées; à notre tribu naturelle des Anthémidées, à la section des Anthémidées-Prototypes, et au groupe des Santolinées, dans lequel nous l'avons placé entre les deux genres *Diotis* et *Lasiospermum*. (Voyez notre tableau des Aɴᴛʜᴇᴍɪᴅᴇᴇs, tom. XXIX, pag. 179.)

Voici les caractères génériques du *Santolina*, tels que nous les avons observés sur plusieurs espèces de ce genre.

Calathide subglobuleuse, incouronnée, équaliflore, multiflore, régulariflore, androgyniflore. Péricline convexe ou subhémisphérique, inférieur aux fleurs; formé de squames paucisériées, irrégulièrement imbriquées, appliquées, ovales, oblongues, ou lancéolées, coriaces, la plupart munies d'une bordure scarieuse. Clinanthe large, convexe ou presque hémisphérique, garni de squamelles inférieures aux fleurs, demi-embrassantes, oblongues, comme tronquées au sommet, subcoriaces. Ovaires oblongs, épaissis de bas en haut, anguleux, subtétragones, glabres, ayant l'aréole apicilaire oblique-intérieure; aigrette nulle. Corolles à tube long, très-arqué en dehors, ayant la base un peu rabattue ou prolongée inférieurement en un petit anneau qui ceint le sommet de l'ovaire; limbe à cinq divisions portant chacune, derrière le sommet, une énorme bosse calleuse, ou corne courte, épaisse, arrondie.

Nous avons remarqué que, dans la *Santolina chamæcyparissus*, les fleurs extérieures ou marginales avoient souvent la corolle à quatre divisions et les étamines demi-avortées: mais cela n'est qu'accidentel. Dans la *Santolina rosmarinifolia* les filets des étamines sont laminés, très-larges et même un peu cohérens.

On connoît une douzaine d'espèces de Santolines; mais il suffit de décrire ici celle qui est le type du genre, et qu'on cultive dans quelques jardins.

Santoline petit-cyprès: *Santolina chamæcyparissus*, Linn., *Sp. pl.*, pag. 1179; Willd., *Sp. pl.*, tom. 3, pag. 1797; *Santolina incana*, Lam. et Decand., Flore franç., tom. 4, p. 200. C'est un petit arbuste en touffe ou buisson, dont la racine produit plusieurs tiges ligneuses, grêles, hautes d'environ un pied et demi, rameuses, cylindriques, cotonneuses, blanchâtres; ses feuilles sont nombreuses, persistantes, cotonneuses, presque tétragones, étant formées d'un axe nu à sa base, garni du reste de quatre rangées de dents obtuses; les calathides, composées de fleurs jaunes, sont solitaires au sommet de pédoncules terminaux, presque nus; leur péricline est pubescent.

Cette plante, connue sous les noms de *Garderobe*, *Citron-nelle*, *Auronne femelle*, *Petit-Cyprès*, se trouve sur les collines sèches du Languedoc et de la Provence, où elle fleurit en Juillet et Août. On la cultive dans quelques jardins, soit comme plante d'ornement, soit à raison des propriétés économiques et médicinales qu'on lui attribue: son odeur forte éloigne, dit-on, les teignes et les vers des vêtemens de laine; ses feuilles, âcres et amères, passent pour être stomachiques, vermifuges, diaphorétiques, diurétiques, etc. On la multi-plie de marcottes et de boutures; mais elle craint la gelée et doit être placée à l'exposition la plus chaude, ou même abritée durant l'hiver.

Le groupe des Santolinées comprend les Anthémidées à clinanthe garni de squamelles et à calathide non radiée. Dans notre tableau des Anthémidées (tom. XXIX, pag. 179) ce groupe étoit composé des sept genres *Hymenolepis*, *Atha-nasia*, *Lonas*, *Diotis*, *Santolina*, *Lasiospermum*, *Anacyclus*: mais, ayant subi quelques changemens depuis la publication de ce tableau, il se trouve aujourd'hui composé des dix genres *Hymenolepis*, *Athanasia*, *Lonas*, *Morysia*, *Diotis*, *San-tolina*, *Nablonium*, *Lyonnetia*, *Lasiospermum*, *Marcelia*. Le vrai genre *Anacyclus*, ayant la calathide ordinairement radiée, est éliminé du groupe des Santolinées, et placé à la tête du groupe des Anthémidées-Prototypes vraies, immédiatement avant l'*Anthemis*, en sorte qu'il se trouve à la suite du *Mar-celia*, qui termine les Santolinées. (H. Cass.)

SANTOLINOÏDES. (*Bot.*) Ce genre de plantes, fait par Michéli, est la *santolina alpina* de Linnæus. Vaillant donnoit le même nom au genre qui est maintenant l'*Anacyclus* de Linnæus, voisin de la santoline et de la camomille, *anthenis*. Il a été encore donné, par un autre, aux espèces de santoline herbacées. (J.)

SANTONICUM. (*Bot.*) Deux espèces de santoline (*santolina squarrosa* et *chamæcyparissus*, Linn.) sont désignées sous ce nom par Valerius Cordus. (Lem.)

SANTOR. (*Ichthyol.*) Nom danois du Sandat. Voyez ce mot. (H. C.)

SAN-TSI. (*Bot.*) Plante de la Chine, citée dans le petit Recueil des voyages, plus estimée que le ginseng par les mé-

decins chinois, qui l'emploient pour toutes les pertes de sang.
(J.)

SANVALI. (*Bot.*) Nom brame du *pæru* du Malabar, espèce de dolic, *dolichos catiang*. (J.)

SANVITALIE, *Sanvitalia*. (*Bot.*) Ce genre de plantes, établi en 1792, par M. de Lamarck, dans le Journal d'histoire naturelle (tom. 2, pag. 176), appartient à l'ordre des Synanthérées, à la tribu naturelle des Hélianthées, et à notre section des Hélianthées-Prototypes. Voici ses caractères, tels que nous les avons observés sur des individus vivans, cultivés au Jardin du Roi.

Calathide radiée : disque multiflore, régulariflore, androgyniflore; couronne unisériée, liguliflore, féminiflore. Péricline à peu près égal aux fleurs du disque, irrégulier; formé de squames subbisériées ou paucisériées, inégales, imbriquées, appliquées : les extérieures plus courtes, mais surmontées d'un grand appendice étalé, foliacé; les intérieures obovales, tantôt surmontées d'une petite pointe, tantôt absolument privées d'appendice. Clinanthe conique, élevé, garni de squamelles inférieures aux fleurs, demi-embrassantes, oblongues, submembraneuses. *Fleurs du disque:* Ovaire des fleurs extérieures comprimé bilatéralement, obovale-oblong, à aigrette nulle, à surface régulièrement cannelée par de nombreuses côtes longitudinales, parallèles, tuberculées ou hérissées de gros poils courts papilliformes; ovaire des fleurs intérieures privé de côtes et de tubercules, mais pourvu d'une bordure aliforme sur ses deux arêtes, et portant une aigrette de deux petites squamellules inégales, courtes, grêles, filiformes, nues. Corolle articulée sur l'ovaire, à tube aussi large que le limbe, cylindracé, vert, hérissé de longs poils subulés, charnus; limbe plus long que le tube, cylindracé, coloré (rouge-brun), glabre, à divisions étalées, semiovales, un peu papillées sur la face intérieure. Étamines à filet greffé à la partie inférieure seulement du tube de la corolle; anthère noirâtre, munie d'un appendice apicilaire cordiforme, et de deux appendices basilaires courts, polliniferes, libres entre eux, mais greffés avec ceux des anthères voisines. Style à deux stigmatophores divergens, arqués en dehors, demi-cylindriques, ayant la face extérieure convexe,

glabriuscule, la face intérieure plane, stigmatique, unie,
comme veloutée, sans bourrelets, ni papilles sensibles, et le
sommet surmonté d'un appendice semi-conique, très-court,
à base large, à face externe hérissée de collecteurs piliformes.
Fleurs de la couronne : Ovaire triquètre, portant une aigrette
de trois squamellules (deux latérales, une intérieure), absolument continues à l'ovaire, étalées, épaisses, subtriquètres.
lisses, spiniformes. Corolle parfaitement continue à l'ovaire,
à tube nul, à languette subcordiforme.

On ne connoît qu'une seule espèce de ce genre.

Sanvitalie couchée : *Sanvitalia procumbens*, Lam., Journ.
d'hist. nat., tom. 2, pag. 176; *Illustr. gener.*, tab. 686; *Sanvitalia villosa*, Cavan., *Icon. et descr. pl.*, tom. 4, pag. 30;
Lorentea atropurpurea, Orteg., *Decad.* 4. C'est une plante
mexicaine, herbacée, annuelle, à tige étalée, diffuse ou
couchée, rameuse, brune, à feuilles opposées, pétiolées,
ovales, pointues, très-entières ou dentées, trinervées, velues, d'un vert sombre, à calathides solitaires, pédonculées
ou sessiles, terminales et axillaires, ayant la couronne d'un
beau jaune doré et le disque brun.

Cette plante ayant été envoyée par M. Gualteri au Jardin
botanique de Paris, M. de Lamarck la décrivit, en 1792,
dans le Journal d'histoire naturelle, comme un nouveau
genre, sous le nom de *Sanvitalia*, qui probablement lui avoit
été donné par M. Gualteri, et qui, selon Ventenat (Tabl. du
règne vég., tom. 2, pag. 529), désigne une famille de Parme.
Quelques années après, M. de Lamarck inséra dans ses *Illustrationes generum* une figure de la même plante, qui pendant
ce temps là fleurissoit dans le Jardin de Madrid, où Cavanilles la décrivoit comme un nouveau genre. Mais avant de
publier sa description, ce botaniste ayant vu sa plante figurée
dans les *Illustrationes* de M. de Lamarck, sous le nom de *Sanvitalia*, adopta ce nom générique dans le 4.ᵉ volume de ses
Icones et descriptiones, publié en 1797. Cependant, comme les
figures des *Illustrationes* ne portent que des noms génériques,
sans dénominations spécifiques, et comme Cavanilles ne connoissoit point le Journal d'histoire naturelle, il nomma la
plante *Sanvitalia villosa* au lieu de *Sanvitalia procumbens*, et il
proclama hautement que si M de Lamarck étoit l'auteur

du nom générique, lui Cavanilles étoit l'auteur du caractère du genre et de sa description, ajoutant que sa figure du *Sanvitalia*, dessinée sur un individu vivant, étoit plus complète que celle de M. de Lamarck. Dans le même temps Ortega publioit la même plante, comme un nouveau genre, sous le nom de *Lorentea atropurpurea*, dans sa 4.ᵉ décade, qui a paru en 1797.

Il résulte de cet exposé historique ou chronologique, que M. de Lamarck doit être considéré comme le véritable auteur du genre dont il s'agit, et que la plante qui le constitue doit conserver son premier nom, générique et spécifique, de *Sanvitalia procumbens*.

Les caractères génériques du *Sanvitalia*, tels que nous les avons tracés dans cet article d'après nos propres observations, offrent plusieurs particularités fort remarquables. Les ovaires d'une même calathide se présentent, suivant leur situation, sous trois formes très-différentes : ceux de la couronne sont triquètres et portent une aigrette de trois squamellules spiniformes, d'où résulte une analogie apparente avec notre *Pinardia* (tom. XLI, pag. 40); les ovaires extérieurs du disque sont comprimés, privés d'aigrette, et régulièrement cannelés, comme ceux des *Flaveria* et *Brotera*; les ovaires intérieurs, comparables à ceux du *Ximenesia*, ne sont point cannelés, mais bordés ou ailés, et munis d'une aigrette de deux petites squamellules filiformes et nues. Les corolles de la couronne ne sont point articulées sur l'ovaire, mais parfaitement continues avec lui, comme celles des *Zinnia*, et leur tube est nul. Les corolles du disque semblent avoir quelque analogie avec celles des Anthémidées. Les filets des étamines ne sont greffés qu'à la partie inférieure du tube de la corolle, comme dans les Anthémidées. Les deux bourrelets stigmatiques sont entièrement confluens, de manière à ne former qu'une seule lame indivise sur la face intérieure des stigmatophores. Enfin, le port et toutes les apparences extérieures attirent la Sanvitalie dans la section des Rudbéckiées, tandis que les caractères des ovaires intérieurs du disque et de leur aigrette la fixent dans la section des Hélianthées-Prototypes. Ainsi, le *Sanvitalia* est, comme le *Tithonia*, un genre ambigu, démontrant l'intime alliance qui existe entre ces deux sections.

Ceci nous fournit l'occasion de confirmer une conjecture

que nous avions émise (tom. XXXV, pag. 278), en disant que l'*Helianthus tubæformis* de Jacquin étoit probablement une seconde espèce de *Tithonia*, et qu'il falloit la nommer *Tithonia tubæformis*. Cette conjecture n'étoit fondée que sur des ressemblances extérieures, et sur une mauvaise figure du fruit, grossièrement représenté dans l'*Hortus schœnbrunnensis*. Mais, plus récemment, nous avons examiné, dans l'herbier de M. Desfontaines, un échantillon d'*Helianthus tubæformis*, et en le comparant à un échantillon de *Tithonia tagetiflora*, nous avons reconnu, 1.° que, dans ces deux plantes, le pédoncule est épais, renflé, fistuleux; 2.° que la structure du péricline est absolument semblable dans l'une et dans l'autre; 3.° que les squamelles du clinanthe et les fleurs de la couronne offrent la même analogie; 4.° que, dans l'*Hel. tubæformis*, l'aigrette est stéphanoïde, membraneuse, très-irrégulièrement découpée et lacérée, munie d'une longue squamellule filiforme, barbellulée; 5.° que dans cette même plante les corolles du disque sont cylindracées, à tube très-court, à base du limbe velue. Malheureusement la calathide que nous avons analysée n'étoit qu'à moitié fleurie, trop comprimée, et ravagée par les insectes, ce qui nous a empêché d'observer suffisamment et de décrire exactement toutes ses parties. Nous regrettons surtout de n'avoir pas pu bien reconnoître la forme tétragone des ovaires, parce qu'ils étoient trop jeunes, entièrement aplatis et collés ensemble ou avec les squamelles, par l'action de la presse. Quant au clinanthe, il nous a paru être plan, tandis que celui du vrai *Tithonia* est conique; mais nous avons lieu de croire que, dans ces deux plantes, l'élévation du clinanthe ne se manifeste qu'à une époque tardive. En résumé, sauf la forme du clinanthe et celle des ovaires, qui restent plus ou moins douteuses, il y a conformité parfaite ou extrême analogie dans tous les caractères génériques des deux plantes que nous comparons. Peut-on encore hésiter à rapporter l'*Helianthus tubæformis* au genre *Tithonia*? (H. Cass.)

SANZENELAHÉ, SANZENÉ VAUÉ. (*Bot.*) A Madagascar on nomme ainsi, selon Flacourt, un bois qui a une forte odeur de cumin et dont les fleurs sont très-recherchées par les abeilles. Les habitans emploient ce bois comme vulnéraire et fébrifuge. (J.)

SAOGOUK. (*Ornith.*) On appelle ainsi, en Norwége, le torcol, *yunx torquilla*, Linn. (Cн. **D.**)

SAOUACOU. (*Ornith.*) Voyez Sаvacou. (Cн. **D.**)

SAOUARI. (*Bot.*) Le genre de ce nom, fait par Aublet, a été depuis long-temps réuni par nous au *pekea* du même auteur. C'est le même que le *rhizobolus* de Gærtner, et plus récemment on a reconnu que c'est encore le *caryocar* de Linnæus. (**J.**)

SAOUBIA. (*Bot.*) Nom languedocien de la sauge officinale, selon Gouan. (**J.**)

SAOUKENO. (*Ichthyol.*) Sur le littoral languedocien de la Méditerranée on donne ce nom à la jeune dorade. Voyez Dorade. (**H. C.**)

SAOUZÉ. (*Bot.*) Nom languedocien, cité par Gouan, du *salix vitellina*. (**J.**)

SAP. (*Bot.*) Nom vulgaire du sapin dans la Provence, suivant Garidel. (**J.**)

SAPAHAKA - APOLLI. (*Bot.*) Nom galibi du *triplaris americana* d'Aublet, observé par lui dans la Guiane. (**J.**)

SAPAJOU ou SAJOU. (*Mamm.*) Erxleben a fondé, sous le nom de *Cebus*, un genre particulier de singes du nouveau continent, auquel on a appliqué la dénomination françoise de *Sapajou* ou de *Sajou*. Ce genre des Sapajous étoit caractérisé surtout par la propriété préhensile de la queue des animaux qu'il renfermoit, et ce caractère le distinguoit des *callithrix* du même auteur, dont la queue est toujours lâche et non prenante. Le genre Sapajou, ou *Cebus*, se composoit donc primitivement de singes que nous nommons maintenant alouates, atèles et sapajous proprement dits. Celui des *Callithrix* renfermoit les sakis, les sagouins et les ouistitis.

Nous avons déjà traité de tous les *callithrix* d'Erxleben, aux articles Sagoin, page 9, Ouistiti, page 17, et Saki, page 38 de ce volume. Les précédens comprennent l'histoire des Alouates et des Atèles, dans l'ordre alphabétique de leurs noms; conséquemment il ne nous reste plus à faire connoître que les sapajous proprement dits pour terminer la description des singes américains: c'est la tâche que nous allons remplir.

Les sapajous sont des singes de taille un peu au-dessous de

la moyenne, qui sont généralement connus sous le nom de *singes capucins*, et qu'on élève de préférence à tous autres, à cause de la douceur de leur caractère et du moins de pétulance de leurs mouvemens. On les reconnoît d'abord par la forme ronde de leur tête, souvent couverte d'une calotte de poils plus foncés en couleur que ceux du reste du corps et ensuite par leur longue queue, toujours recourbée à l'extrémité et en dessous, et formant ainsi le crochet. Leur voix, qui est un petit cri, a de la ressemblance avec celle d'un oiseau.

Comme tous les singes américains, ils ont les narines fort écartées l'une de l'autre et ils manquent de callosités et d'abajoues ; comme toutes les espèces frugivores de ceux-ci, ils ont six molaires à chaque côté des mâchoires, au lieu de cinq, qu'on trouve dans tous les singes de l'ancien monde et dans les espèces insectivores de l'Amérique méridionale, telles que les ouistitis et les tamarins.

Leur tête est dépourvue des crêtes qui caractérisent plusieurs genres de singes de l'ancien continent et les alouates parmi ceux du nouveau ; et ils n'ont pas, comme ces derniers, le crâne pyramidal, la mâchoire inférieure excessivement haute et le corps hyoïde transformé en un vaste tambour osseux ; leur angle facial est d'environ soixante degrés ; leur museau est court, leur front un peu prééminent ; leurs yeux, médiocrement ouverts, sont ceux d'animaux diurnes, et présentent ainsi quelques différences avec les yeux des sakis, et notamment du nocthore douroucouli ; leurs oreilles sont arrondies ; ils ont le corps assez mince, et leurs bras et jambes sont alongés, mais beaucoup moins que les mêmes parties dans les atèles, dont ils ne présentent pas l'excessive maigreur. Leurs mains des membres antérieurs sont toujours complètes, c'est-à-dire pourvues d'un pouce alongé et opposable aux autres doigts, lequel manque ou n'est que rudimentaire dans les singes précédens. Ils ont les ongles généralement courts et demi-convexes.

Le caractère de la queue, longue, musculeuse et prenante, est, ainsi que nous l'avons dit, commun aux atèles, aux alouates et aux sapajous ; mais la queue des sapajous diffère de celle des animaux des deux autres genres, en ce qu'elle est velue dans toute son étendue et non pourvue d'une place dénudée et semblable à la peau du dessous d'un doigt, vers son extrémité.

Le système dentaire des sapajous ne diffère point sensiblement de celui des Atèles, des Alouates et des Sagoins proprement dits, aux articles desquels nous renvoyons, pour n'en pas répéter la description. Nous nous bornerons à dire ici que leurs quatre incisives sont aplaties et que les supérieures ont plus de largeur que les inférieures; que leurs canines sont quelquefois assez saillantes au-dessus des autres dents et surtout dans les mâles; et que leurs molaires, dont la couronne est garnie de tubercules mousses, présentent quelques légères différences avec celles des Sakis (voyez cet article) et n'ont pas de pointes saillantes comme celles des ouistitis.

Le poil de ces animaux est généralement assez court, doux, non luisant, et n'offre point les couleurs vives et variées qui sont un attribut de celui des sagoins. Ses teintes restent toujours dans les limites du brun plus ou moins foncé et du gris.

Comme tous les autres singes de l'Amérique méridionale, c'est-à-dire des Guianes, du Para, du Brésil et du Paraguay, les sapajous forment de petites troupes qui voyagent de branche en branche sur les arbres des vastes forêts des pays que nous venons de nommer, vivant de fruits, et mangeant aussi des insectes et des œufs d'oiseaux, lorsqu'ils rencontrent des nids.

Dans ces derniers temps on a beaucoup multiplié les espèces de ce genre, et nous soupçonnons que plusieurs d'entre elles ont été établies sans fondement; mais, comme nous n'avons pas à notre disposition les moyens de réaliser notre conjecture, nous serons obligés d'admettre ici toutes celles qu'on a distinguées.

Le Sapajou robuste, ou Mico brun (*Cebus robustus*, Desm., Mamm., esp. 60), est une des espèces nouvellement fondées par le prince de Neuwied, qui nous paroissent le plus susceptible d'être admises définitivement. C'est un singe dont la longueur totale de la tête et du corps, ensemble, est d'un pied sept à huit pouces, et dont la queue est longue d'un pied cinq pouces. Il a la tête ronde et forte, la face brunâtre, les joues garnies de très-petits poils gris, les canines très-fortes dans l'adulte, les incisives égales entre elles aux deux mâchoires, mais les supérieures d'un tiers plus larges que les inférieures; les poils du sommet de la tête bruns et s'avançant sur le front, où ils forment un angle arrondi; le haut des tempes nu; une ligne de poils bruns entourant la face et se portant de chaque côté de la tache brune du sommet de la tête jusque sous le menton, qui est de la même couleur, à l'exception de sa pointe, où il y a des poils gris; le derrière du cou brun, comme le vertex; les épaules, les bras, le dessous du cou et la poitrine couverts de poils d'un jaunâtre qui est plus clair sur la face externe des bras qu'ailleurs; les avant-bras, les mains antérieures, les cuisses, les jambes et les mains postérieures revêtus de poils d'un brun foncé, dont la pointe est légèrement dorée; le dos brun, avec une ligne moyenne plus foncée principalement sur les lombes; le dessous du cou et le ventre d'un roux marron; la queue d'un brun cendré.

Les femelles et les jeunes individus mâles diffèrent seulement des mâles adultes, tels que celui que nous venons de décrire, par une teinte plus claire des poils des parties inférieures du corps.

Ce singe, commun au Brésil, ne dépasse pas le Rio-Doce vers le midi.

Le Sapajou sajou (*Cebus apella*, Desm., Mamm., esp. 61; *Simia appella*, Linn.; le Sajou brun, Buff., Hist. nat., tom. 15, pl. 4) est l'espèce la plus anciennement connue et celle que l'on voit d'ordinaire en Europe. Il n'a guère qu'un pied de long, et sa queue a un pied deux pouces. Il a la tête ronde; le pelage généralement brun, la plupart des poils étant de cette couleur et ayant la pointe ou la dernière partie de leur longueur d'un brun fauve; le dessus du front et le sommet de la tête d'un brun noir foncé; le dessus du cou et du dos, les lombes, la face supérieure de la queue, d'un bout à l'autre, d'un brun noirâtre; les côtés du corps, le dessous et les côtés de la queue, les avant-bras, les cuisses, les jambes et les quatre pieds, mêlés de brun, de noir et de jaunâtre; la partie externe des bras d'un brun mêlé de jaunâtre moins clair que dans le sapajou robuste; les poils du tour de la face souvent un peu plus foncés que les autres. Les

deux incisives intermédiaires supérieures plus larges, plus
plates et moins pointues que les latérales; les incisives inférieures plus étroites et les latérales d'entre elles plus longues
que les intermédiaires.

Selon le prince Maximilien de Neuwied, le sajou brun habite la Guiane françoise et la terre ferme, mais non pas le
Brésil.

Les individus de cette espèce qu'on apporte en Europe,
n'ont pas la pétulance des guenons et des macaques, et paroissent susceptibles de prendre de l'attachement pour les
personnes qui les soignent, et de l'aversion pour celles qui
les tourmentent. Leur adresse est extrême, et dans tous leurs
mouvemens ils emploient leur queue, tantôt comme un ba-
lancier pour conserver l'équilibre, tantôt comme un crochet,
comme une main, pour saisir les moindres saillies qui peuvent leur servir de points d'appui. Depuis quelques années,
on voit dans les rues de Paris plusieurs de ces animaux, dressés par de jeunes Savoyards, monter sur les façades des maisons, jusqu'au troisième étage, pour recueillir des aumones,
en se servant de leurs quatre mains et de leur queue, avec
lesquelles ils s'attachent aux conduits des gouttières, aux
rampes des croisées, aux rainures qui séparent les pierres de
taille, aux cordes des lanternes, etc.

Les sapajous sont lubriques, et s'attachent généralement à
des personnes de sexe opposé au leur; ils sont sales et fri-
leux; silencieux pour l'ordinaire, et faisant entendre seulement de temps à autre un petit sifflement, mais élevant la
voix, qui devient glapissante, lorsqu'ils sont contrariés, et
prononçant alors d'une manière articulée quelques syllabes
bien distinctes, telles que celles-ci : *pi, ca, rou : pi ca rou*,
etc. Ils ont quelquefois produit en France.

Sapajou gris : *Cebus griseus*, Desm., Mamm., esp. 62 ; Sajou
gris de Buffon, Hist. nat., tom. 15, pl. 5. Il est de la taille
du sapajou sajou. Son pelage est généralement d'un brun
fauve mêlé de grisâtre en dessus, et d'un fauve clair en dessous; le sommet de la tête est noirâtre; la face est en partie brune et en partie rougeâtre; les poils du tour du visage
sont d'un gris blanchâtre : il y en a de fauves sur les joues,
et ceux du milieu, parmi ces derniers, ayant une pointe

noirâtre, forment une petite bande de cette couleur de chaque côté; le menton n'a pas de barbe; la face externe des bras et des cuisses et la première partie de la queue sont du même brun fauve mêlé de gris, qui existe sur le dos; le reste de la queue est d'un gris mêlé de noirâtre; les quatre mains sont noirâtres.

La plus grande ressemblance se fait remarquer entre le sajou brun et cette espèce, qui ne paroît guère en différer que par la teinte plus grisâtre de son pelage et la couleur plus foncée de ses avant-bras. Ce dernier caractère la rapproche de la suivante, avec laquelle même M. Geoffroy l'avoit réunie, mais qui en diffère néanmoins par la présence d'une barbe sous le menton, qui lui manque complétement.

M. Fréderic Cuvier a décrit et figuré, sous le nom de sajou gris (Mamm. lith., 12.º livraison), un jeune singe qui a de la ressemblance avec celui que nous avons décrit ci-dessus, d'après Buffon; mais qui s'en distingue cependant par du blanc sur le cou et la poitrine, sur le haut des bras et sur la face antérieure de l'avant-bras.

Le SAPAJOU BARBU de M. Geoffroy (*Cebus barbatus*, Desm., Mamm., esp. 63), décrit par Audebert comme une variété du sapajou saï, est encore de la même taille que les deux précédens, et ses formes sont très-semblables aux leurs. Les canines du mâle sont très-grandes, et, dans tous les individus que nous avons observés, les incisives sont égales entre elles, tant les supérieures que les inférieures, mais les premières sont beaucoup plus larges que les dernières; la face est nue, obscure, avec quelques petits poils jaunes, épars sur son milieu; les poils du front et du vertex sont courts et dirigés en arrière, de couleur jaune de paille; ceux de l'occiput sont bruns; les poils du côté extérieur des joues et ceux du menton sont beaucoup plus longs que les autres, touffus, un peu crêpus, et forment une barbe rousse. qui manque aux sapajous bruns et gris; la poitrine et le ventre n'ont que peu de poils de couleur rousse: toutes les parties supérieures sont, au contraire, bien fournies de poils longs, moelleux, d'un roussâtre teint de gris pâle, ce qui est dû à ce que chacun d'eux, généralement de la première couleur, est terminé par la seconde; les extrémités postérieures et la queue sont d'un roux châtain, parce que le gris y est moins abondant; le poil du dessus des mains est un peu plus brun que celui des bras. Dans les jeunes individus le pelage est d'un gris jaunâtre livide, plus foncé en dessus qu'en dessous.

Un individu d'un blanc légèrement lavé de jaunâtre, qui paroît se rapporter à cette espèce, avoit d'abord été distingué par M. Geoffroy sous le nom de Sapajou blanc, *Cebus albus*. M. Kuhl a aussi regardé comme variété de ce même singe un sapajou tout blanc, avec le dessus de la tête et les pattes postérieures teintes d'un gris roussâtre pâle.

M. de Humboldt ne considère pas cette espèce et la précédente comme étant différentes de celle du sajou brun.

Le Sapajou ou Sajou a pieds dorés (*Cebus chrysopus*, F. Cuv., Mamm. lith., 51.ᵉ livraison) est un singe qui ne peut être rapproché que du sapajou gris, du sapajou barbu, du sapajou fauve ou du sapajou ouavapavi. La belle couleur dorée de ses quatre pieds le distingue également de tous. Sa tête est très-grosse; sa face couleur de chair, un peu tannée et entourée d'un cercle de poils blancs; son vertex et son occiput sont d'un brun grisâtre; la partie moyenne de son dos est de la même couleur; les côtés des épaules et ses flancs sont d'un gris jaunâtre très-doux à la vue, et les parties inférieures du corps blanches; sa queue, de la couleur du dos à son origine et en dessus, est terminée de blanc. Il est de l'Amérique méridionale.

Sapajou fauve: *Cebus fulvus*, Desm., Mamm., esp. 67; *Cebus flavus*, Geoff.; *Simia flava*, Schreb., tab. 31, *B*. Il est intermédiaire, pour la taille, au sapajou brun et au sapajou saï. Sa tête est assez petite; sa face nue, mais parsemée de petits poils grisâtres très-fins; le vertex et l'occiput sont d'un gris fauve, passant au brun très-clair; des poils jaunâtres assez rares sont répandus sur le front et en avant des oreilles; toutes les parties supérieures du corps sont d'un fauve seulement un peu plus foncé sur le milieu du dos que sur les flancs; tout le dessous est de la même couleur, mais peu poilu; la queue, qui est longue comme le corps, est couverte de poils fins, d'un fauve brunâtre en dessus et d'un fauve très-clair en dessous; les membres ont leur extrémité légèrement plus foncée que leur base. Un jeune individu de cette espèce avoit le dessus de la tête roux, le milieu du dos, la queue et les membres d'un roux châtain, avec le reste du pelage jaune.

Cette espèce est du Brésil.

Le Sapajou ouavapavi de M. de Humboldt (*Cebus albifrons*, Geoff.; Desm., Mamm., esp. 6²) est un singe que M. de Humboldt (Rec. d'obs. zool., p. 5²3) a rencontré en grandes troupes dans les environs des cascades de l'Orénoque, près de Maipures et d'Atures. Il est de la taille du sapajou brun. Son pelage est grisâtre, plus clair sous la poitrine et le ventre, plus foncé sur les extrémités, qui sont d'un brun jaunâtre; le sommet de la tête est d'un gris tirant sur le noir; le front et les orbites sont d'un beau blanc; le reste de la face est d'un gris blanchâtre; les yeux sont bruns et très-vifs: les oreilles rebordées et poilues; la queue est de la longueur du corps, cendrée en dessus, blanchâtre en dessous et d'un brun noir à l'extrémité. M. de Humboldt dit de ce sapajou qu'il est doux, agile et peu criard.

Sapajou coiffé ou Sapajou trembleur : *Cebus frontatus*, Kuhl; Desm., Mamm., esp. 64; Singe a queue touffue? Edw., *Glan.*, p. 3¹2; *Simia trepida*, Linn.; *Cebus trepidus*, Geoff. Encore de la taille du sapajou brun, celui-ci est particulièrement caractérisé par la disposition des poils de son front et la teinte de brun noir presque uniforme de son pelage. Il a la tête médiocrement grosse; la face obscure, nue, parsemée, autour de la bouche, de petits poils blancs; les poils de son front sont très-serrés, relevés, d'un noir presque pur, et cette couleur se 'répand aussi de chaque côté de la tête, en formant une bande étroite qui passe sous le menton. Les poils des parties supérieures du corps sont d'un brun noir, qui devient plus obscur sur les extrémités que partout ailleurs; le dessous du cou et de la poitrine sont peu garnis et ont une teinte moins foncée; les mains antérieures sont couvertes de poils très-fins d'un blanc grisâtre; la queue est d'un brun très-foncé dans toute sa longueur et terminée de noir.

Le Sapajou ou Sajou nègre de Buffon, Hist. nat., Suppl., tom. 7, pl. 28 (*Cebus niger*, Geoff.; Desm., Mamm., esp. 65), est de la taille du sapajou brun, et M. de Humboldt le regarde comme une simple variété de ce singe. Il a le pelage d'un brun foncé ; la face nue et noire , avec quelques poils bruns épars ; les poils du haut du front relevés, quelques-uns d'entre eux étant jaunâtres, ainsi que ceux de la partie postérieure des joues; il n'y a point de poils blancs à l'entour de la bouche, comme dans le précédent ; les mains et la queue sont entièrement noirs.

Sapajou varié : *Cebus variegatus* , Geoff. ; Desm. , Mamm. , esp. 66 ; *Simia variegata* , Humb. , Rec. d'obs. zool., esp. 17. Toujours de la taille des précédens, ce sapajou a la face d'un brun livide , parsemée de petits poils épars, grisâtres ; les poils du sinciput de longueur égale , nombreux , et perpendiculaires à la tête, mêlés, par place, de noir, surtout vers le front, où cette dernière couleur forme des taches assez variées; le tour des oreilles grisâtre ; les côtés de la tête brunâtres; les poils du menton peu nombreux et gris ; le dessus du dos d'un gris mêlé de roussâtre et de noir, provenant des couleurs dont les poils sont annelés; quelques-uns de ceux-ci ayant la pointe dorée ; les parties postérieures légèrement lavées de brun ; la face externe des bras d'un gris blanchâtre ; les avant-bras d'un gris noirâtre , ainsi que les extrémités postérieures, en entier, et la queue. Le pelage est doux et un peu laineux.

Sapajou lunulé : *Cebus lunatus* , Kuhl ; Desm. , Mamm. , esp. 69. Ce singe , dont les dimensions sont semblables à celles du sajou brun , a été distingué spécifiquement par M. Kuhl, d'après l'examen d'un individu conservé dans la collection de l'académie de Heidelberg. Son pelage est généralement noirâtre ; sa tête et ses parties antérieures sont noires ; ses joues sont marquées chacune d'une tache blanche en croissant, qui joint le sourcil à l'angle de la bouche du même côté.

Sapajou a poitrine jaune : *Cebus xanthosternos* , pr. Maxim. de Neuw.; Desm., Mamm. , esp. 70. Ce singe, trouvé par le prince Maximilien de Neuwied au Brésil, entre le 15.ᵉ degré 30 minutes latitude sud, et le fleuve Belmonte, est un peu plus grand que le sapajou cornu. Son pelage est châtain, avec le dessous de son cou et sa poitrine d'un jaune roussâtre très-clair; sa face et son front sont d'un blanc jaunâtre ; une ligne de poils noirs ou d'un gris brun entoure la face; la queue est très-robuste; les membres sont musculeux et noirs.

Sᴀᴘᴀᴊᴏᴜ ᴏᴜ Sᴀᴊᴏᴜ ᴄᴏʀɴᴜ : *Cebus fatuellus*, Geoff. ; Desm.,
Mamm., esp. 71 ; Sᴀᴊᴏᴜ ᴄᴏʀɴᴜ, Buff., Hist. nat., Suppl., tom.
7, pl. 29; *Simia fatuellus*, Linn. Ce singe a quatorze pouces
de longueur et sa queue en a autant. Il est surtout caractérisé
par deux forts pinceaux ou aigrettes de poils noirs placés aux
deux côtés du front, dirigés vers le haut et formant un angle
entre eux. La tête est oblongue ; le museau épais, couvert de
poils d'un blanc sale ; les oreilles sont grandes et nues ; les
poils de la base et des côtés du front, ceux des joues, sont
blanchâtres, avec quelques nuances de fauve ; ceux de l'occiput sont noirs, comme les aigrettes du front, mais moins
longs, et s'étendent pour former une pointe sur l'extrémité
du cou ; le dos est d'un roux marron, mêlé de brun et de grisâtre, ainsi que la face externe des cuisses, dont l'intérieure
est grisâtre ; la ligne de l'épine est marquée par une bande
longitudinale plus foncée, et qui s'étend depuis le cou jusqu'à l'origine de la queue ; cette dernière partie est couverte
de poils noirs ; les flancs ont des poils fort longs et leur couleur est d'un fauve foncé, qu'on retrouve aussi sous le ventre ;
les bras, depuis l'épaule jusqu'au coude, et une partie de la
poitrine sont d'un fauve jaunâtre plus clair que le dos et les
flancs ; les poils du dessus des pieds et des mains sont noirs.

M. de Humboldt pense que ce sapajou ne diffère pas spécifiquement du sapajou brun ; mais nous ne partageons pas
son opinion.

Cette espèce a été trouvée à la Guiane françoise.

Sᴀᴘᴀᴊᴏᴜ ᴀ ᴛᴏᴜᴘᴇᴛ: *Cebus cirrifer*, Geoff. ; Desm., Mamm.,
esp. 72. Il est de la taille du sapajou brun, ou même un peu
plus grand, et la longueur de sa queue est égale à celle du
corps. Il a la tête grosse, courte et ronde ; la face brunâtre
et parsemée de petits points blanchâtres ; les poils du front
et du sommet de la tête d'un noir brun, formant un toupet
très-relevé et dirigé obliquement en arrière ; les parties postérieures des joues d'un blanc sale jaunâtre ; les côtés de la
tête brunâtres ; le menton, le dessous du cou et les autres
parties inférieures du corps couverts de poils d'un brun roussâtre ; le dos d'un brun châtain foncé ; les extrémités des
quatre membres et la queue d'un brun marron tirant sur le
noir ; la face externe des bras et le dessus du cou légèrement

lavés de roussâtre : le poil est partout bien fourni, doux et moelleux.

Sᴀᴘᴀᴊᴏᴜ sᴀï : *Cebus capucinus*, Geoff.; Desm., Mamm., esp. 73 : Sᴀï, Buff., Hist. nat., tom. 15, pl. 8; *Simia capucina*, Linn. C'est, après le sapajou brun, l'espèce la plus anciennement distinguée. Il est un peu plus grand que ce singe, et sa queue est dans les mêmes rapports de grandeur que la sienne, c'est-à-dire qu'elle dépasse un peu en longueur celle du corps.

Le saï, dont le nom se trouve aussi écrit *çay* dans les descriptions des voyageurs, a la tête petite, arrondie; le museau gros et court; le bord des orbites saillant du côté interne; les oreilles grandes et nues; la face pâle, parsemée de très-petits poils noirâtres; les poils du sommet de la tête assez courts, à l'exception de ceux du vertex et du haut de l'occiput, qui sont de couleur noire et qui forment une calotte de cette couleur, bien marquée, tous les autres étant d'un gris blanc; une ligne noire de poils descendant de la calotte noire du sommet de la tête, traversant le front dans son milieu et venant s'arrêter à la racine du nez; les poils des côtés du front, des joues, des épaules et de la face externe des bras, d'un gris pâle; la face interne de ceux-ci plus foncée; une ligne brune à la face postérieure des avant-bras; le dessus du corps et les flancs d'un gris-brun assez uniforme; la face externe des cuisses aussi brune et plus foncée que l'interne, mais ayant la pointe des poils qui la recouvrent d'un jaune pâle; les pieds et les mains d'un brun obscur; la queue brune.

L'espèce du saï a été regardée comme douteuse par plusieurs naturalistes, et notamment par M. G. Cuvier, qui la rapportoit à l'espèce du sajou brun. Néanmoins elle en diffère pour le moins autant que la plupart de celles qui ont été distinguées dans ces dernières années; et son caractère principal consiste dans les teintes de son pelage plus grises et plus prêtes de passer à l'olivâtre que celles du sajou brun, qui tirent principalement au brun; dans l'absence de la ligne brune qui entoure la face de ce dernier; dans la ligne brune qui descend jusqu'à la base du nez, et dans la couleur gris-clair du front, des joues et des épaules.

Le saï est d'un naturel doux et timide ; il fait souvent entendre un petit cri plaintif, qui lui a valu la dénomination de *singe pleureur*, par laquelle il a été désigné quelquefois. Il est facile à apprivoiser, et a d'ailleurs toutes les habitudes naturelles du sajou brun. Il répand une odeur musquée particulière. Sa patrie est la Guiane.

Sapaiou a gorge blanche : *Cebus hypoleucus*, Geoff.,'Desm., Mamm., esp. 74 ; Saï a gorge blanche, Buff., Hist. nat., tom. 15 , pl. 9. Il est un peu plus petit que le précédent. Daubenton le représente assez fidèlement en disant qu'il a la tête ronde ; le museau gros et court ; les yeux grands ; les oreilles amples ; le nez élevé à sa racine ; la face pâle et presque entièrement nue ; les poils du front, des tempes , des joues, des oreilles, du menton , du dessous et des côtés du cou, de la partie antérieure de l'épaule, de la face externe des bras et du milieu de la poitrine, d'un blanc sale et jaunâtre ; la face interne des bras et des cuisses avec des poils blancs et des poils noirâtres , et tout le reste du pelage , c'est-à-dire le dessus de la tête et du cou, le dos, les flancs, le ventre et les extrémités des membres d'un brun foncé, qui passe au noir sur la queue.

Quelques individus ont la partie blanche du front plus étendue que les autres, et plusieurs ont les parties brunes du pelage variées de teintes grises. Il paroît que c'est à cette espèce qu'il faut rapporter le singe dont M. de Humboldt a donné la description, sous le nom de *cari blanco de Rio-Sinu*. (Desm.)

SAPAJOU COIFFÉ. (*Mamm.*) Le singe qu'on a désigné vaguement sous ce nom, paroît être la guenon à camail de Buffon, dont Illiger a fait le type de son genre *Colobus*. (Desm.)

SAPAJOU FOSSILE. (*Erpét.*) Des ossemens fossiles mal déterminés ont été regardés comme venant d'un sapajou ou d'une guenon, bien qu'ils appartinssent à un reptile saurien du genre Monitor de M. Cuvier. (Desm.)

SAPAN. (*Mamm.*) Mammifère du genre des Polatouches ou écureuils volans. (Desm.)

SAPANQUE. (*Bot.*) Nom de pays du *Styloceras Kunthianum*, décrit dans le *Nova genera* de M. Kunth, genre de la famille des euphorbiacées, lequel croît au bas du mont Tuguraga, dans la province de Quito en Amérique. (J.)

SAPENOS. (*Min.*) C'est, suivant Pline, une des variétés de l'améthyste, d'un bleu plus clair que le Sacondios, autre variété de cette pierre. Voyez ce mot. (B.)

SAPERDE, *Saperda.* (*Entom.*) C'est le nom d'un genre d'insectes coléoptères tétramérés ou à quatre articles à tous les tarses, de la famille des lignivores ou xylophages.

Ce nom de saperde, quoique tiré du grec Σαπερδης, a été pris au hazard parmi les noms des animaux; c'est celui d'un poisson cité par Athénée, dans son Deipnosophiston, comme étant l'un des meilleurs de ceux que l'on pêchoit dans le lac Méotide : cette étymologie n'est donc d'aucune importance.

Mais si le nom de saperde est insignifiant, le genre qu'il désigne est très-naturel et parfaitement établi, et il est facile de le caractériser ainsi qu'il suit : Corps alongé, convexe, presque cylindrique; à élytres d'égale largeur; corselet arrondi, plus long que large, sans épines.

Il sera facile, avec ces caractères et en consultant la planche 18 de l'atlas de ce Dictionnaire, de distinguer les saperdes, dont nous avons fait représenter une espèce sous le n.º 5, de tous les autres genres que comprend la même famille des xylophages.

Ainsi les trois genres Rhagie, Lepture et Molorque ont les élytres rétrécis ou raccourcis, tandis qu'ils sont d'égale largeur dans les autres genres; mais, parmi ceux-ci, les Priones, les Capricornes et les Lamies ont le corselet muni latéralement d'une ou de plusieurs épines; tandis que le seul genre des Callidies en est privé comme les saperdes; mais celles-ci ont constamment leur corselet alongé et cylindrique, tandis qu'il est ou globuleux ou circulaire, plus ou moins aplati dans le genre Callidie.

D'ailleurs les mœurs des saperdes et leurs métamorphoses sont absolument les mêmes que celles de tous les coléoptères que nous avons nommés *lignivores;* leurs larves se développent dans l'intérieur des tiges, et surtout dans les branches et les troncs des arbres encore vivans, sur lesquels elles déterminent des tubérosités, qui sont surtout très-remarquables sur les peupliers.

On trouve les insectes parfaits sur les branches des arbres et sur les fleurs, principalement sur celles des corymbifères, des ombellifères et des synanthérées.

Nous allons en décrire quelques espèces.

1. Saperde chagrinée, *Saperda carcharias.*

C'est la lepture chagrinée de Geoffroy, n.° 1, pag. 208. Olivier l'a figurée sur la planche 68, n.° 22, de son ouvrage sur les coléoptères.

Car. D'un cendré jaunâtre ponctué de noir: antennes annelées, à peu près de la longueur du corps.

C'est une des plus grandes espèces du genre. On la trouve sur les troncs des trembles et des peupliers.

2. Saperde linéaire, *S. linearis.*

Car. Noire; cylindrique; à pattes et bord extérieur des élytres de couleur jaune rousse.

On la trouve sur les noisetiers.

3. Saperde cylindrique, *S. cylindrica.*

C'est la lepture ardoisée de Geoffroy.

Car. D'un noir cendré; à bases des cuisses et jambes antérieures d'un roux jaunâtre.

Sa larve se développe dans la moelle des branches des pruniers et des poiriers.

4. Saperde du peuplier, *S. populnea.*

Car. Noire; antennes annelées; corselet à lignes longitudinales et élytres à points jaunes.

Sa larve se développe dans la moelle des branches du peuplier noir, et y forme des tumeurs dans lesquelles il est facile de l'observer, en les fendant sur leur longeur.

5. Saperde du chardon, *S. cardui.*

C'est l'espèce que nous avons fait figurer sur la planche 18 de l'atlas de ce Dictionnaire, sous le n.° 5.

Car. Noire, mais couverte d'un duvet jaunâtre; antennes annelées; trois lignes sur le corselet en long et l'écusson jaunes.

Comme son nom l'indique, on la trouve sur les fleurs de chardon.

6. Saperde échelle, *S. scalaris.*

Olivier en a donné une très-bonne figure sous la pl. 68. n.° 1. fig. 7.

Car. Élytres noirs, à taches arrondies et ligne suturale dentée, jaunes; antennes annelées.

On trouve beaucoup d'autres espèces de ce genre aux environs de Paris. (C. D.)

SAPHAN. (*Mamm.*) Le saphan de l'Écriture sainte paroît être le daman et non la gerboise, comme l'avoit pensé le voyageur Shaw. (Desm.)

SAPHAN-BACHA. (*Ornith.*) L'oiseau qui, suivant de Maillet, porte ce nom à Alep, est le *rachama*, ou petit vautour blanc à ailes noires, *vultur percnopterus*, Linn. (Ch. **D.**)

SAPHIR. (*Ornith.*) Nom donné à une espèce d'oiseaux-mouches. (Ch. **D.**)

SAPHIR. (*Min.*) Le nom de saphir n'est plus usité que dans le commerce des pierres fines, car les minéralogistes l'ont à peu près abandonné en même temps qu'ils ont réuni dans la même espèce le corindon des Indiens, le saphir des joailliers et l'émeril du commerce. Les saphirs qui ne sont que de simples variétés de corindon, ont donc été déjà décrits à l'article Corindon de ce Dictionnaire; aussi ce n'est qu'en raison du rôle important qu'ils jouent dans la joaillerie que nous allons les rappeler ici sous leurs anciennes dénominations, qui sont encore exclusivement employées dans le commerce.

Les vrais saphirs, c'est-à-dire ceux qui font partie de l'espèce corindon, raient tous les corps de la nature, excepté le diamant, et ils ne perdent que 23 pour 100 de leur poids dans l'eau. Ces deux seuls caractères suffisent pour les distinguer d'avec plusieurs autres substances auxquelles on avoit appliqué ce même nom de *saphir*.

Les *saphirs blancs* et les *saphirs bleus*, par leur dureté et le brillant éclat qui en est la suite, et par la vivacité de leurs teintes, se placent immédiatement après le diamant, surtout quand ils sont d'un volume tant soit peu remarquable.

Un saphir bleu barbeau, du poids de six karats, a été payé en vente publique, 1760 fr.; un autre bleu indigo, du poids de six karats et trois grains, a été vendu 1500 fr.

L'un des plus beaux saphirs connus est celui qui a fait partie de la collection du Muséum d'histoire naturelle, et qui fut échangé avec un marchand nommé Weiss. Cette pierre, qui n'étoit ni taillée ni polie, avoit la forme d'un cube légèrement rhomboïdal, dont les côtés avoient trois centimètres.

Les saphirs reçoivent un poli parfait : on les taille en Europe avec de la poussière de diamant, et on les polit avec de l'émeril, qui n'est lui-même qu'une espèce de grès de saphir. Quelques lapidaires sont dans l'usage de tailler cette gemme sur des roues de plomb, imbibées d'émeril et d'eau, mais la roue de cuivre et l'égrisée sont généralement préférées, parce que l'on risque beaucoup moins d'étonner. Dans l'Inde, on scie les saphirs avec un archet enduit d'un espèce d'émeril blanc, qui y porte le nom de *corind* ou de *corum*, et qui n'est encore qu'une variété de notre *corindon*.

Les joaillers parviennent quelquefois à modifier la couleur des saphirs qui sont trop foncés, en les chauffant avec précaution ; mais il arrrive aussi quelquefois que l'effet est contraire et qu'ils se chargent d'avantage au lieu de s'éclaircir.

Les saphirs proprement dits du commerce qui appartiennent à l'espèce *corindon*, sont :

1.º Le *saphir blanc*, dont le prix n'est élevé que lorsqu'il est d'un certain volume, et qu'il est parfaitement incolore ; souvent il est légèrement lavé d'une teinte de bleu tendre.

2.º Le *saphir bleu clair* (saphir femelle des lapidaires), dont la teinte est claire et peu agréable à l'œil.

3.º Le *saphir bleu barbeau*, qui présente une teinte veloutée des plus brillantes.

4.º Le *saphir indigo* (saphir mâle des lapidaires) ; nuance extrêmement riche, mais parfois trop chargée.

5.º Le *saphir girasol*. Cette pierre transparente ou légèrement laiteuse lance des reflets rouges et bleus, semblables à ceux du quarz girasol, et qui suivent les différentes positions que l'on donne à la pierre.

6.º Le *saphir chatoyant*. Il présente des reflets nacrés sur un fond bleu.

7.º Le *saphir astérie* ou *étoilé* (saphir de chat des lapidaires). Cette jolie variété, d'un bleu clair assez vif, présente, quand elle est taillée en cabochon, des reflets à six rayons qui rappellent l'image d'une brillante étoile sur un ciel d'azur.

8.º Les *saphirs polichrômes*, qui réunissent deux ou trois couleurs, sont des pierres de pure fantaisie qui n'ont pas une valeur reçue dans le commerce, mais ils ont contribué à démontrer de la manière la plus évidente que les saphirs, les rubis et les topazes d'Orient appartiennent à la seule et même espéce, puisque la nature les a souvent réunis dans la même pierre.

Ces variétés de saphirs viennent de différens points des Indes orientales, et particuliérement de l'île de Ceilan où on les trouve dans le sable de certaines rivières.

Parmi les pierres que l'on nomme saphirs, fort mal à propos, nous citerons le saphir du Brésil qui est une tourmaline bleue ; le saphir d'eau, qui est une dichroïte, et le sapare, qui est le disthène. Ce dernier en a imposé pendant quelque temps, parce qu'il est d'un très-beau bleu et qu'il prend assez d'éclat quand on le taille en cabochon. La seule différence du poids de ces pierres, pesées dans l'air et pesées dans l'eau, eût pu suffire par en démontrer la différente nature ; car un saphir de 100 grains en pèse encore 76 dans l'eau, tandis qu'une tourmaline, du même poids dans l'air, ne pèse plus dans l'eau que 71, le disthène que 69, et le dichroïte que 62. On ne sauroit trop recommander l'emploi de ce caractère, tant il est simple et décisif. (Brard.)

SAPHIRIN. (*Min.*) Ce nom, au masculin, a été appliqué à deux minéraux différens :

1.° Par M. Nose, à ces grains bleus cristallins qui se trouvent disséminés dans les laves (téphrines, pumites, etc.) des bords du Rhin, principalement de Laach, et qu'on a décrit sous le nom de Haüyne.

2.° A la cordiérite (dichroïte) de Bohème. (B.)

SAPHIRINE. (*Min.*) Ce nom, au féminin, a été donné a deux minéraux très-différens :

1.° A une variété de silex agate calcédoine, d'un bleu pur, mais peu intense, et qui est assez estimé à cause de cette couleur : elle se présente quelquefois avec la forme cristalline primitive du quarz. (Voyez Silex agate.)

2.° A un minéral du Groënland, découvert par M. Giesecke et analysé par M. Stromeyer.

La Saphirine du Groënland est d'une couleur bleue de saphir, mais pâle et tirant au verdâtre ; elle a une texture imparfaitement grenue et même un peu lamelleuse. Elle est transparente, raie le verre ; sa pesanteur spécifique est de 3,42 : elle est infusible.

M. Stromeyer y a reconnu les principes suivans :

Alumine.	63,11
Silice.	14,51
Magnésie.	16,83
Chaux	00,58
Protoxide de fer	03,92
Oxide de manganèse.	00,53
Perte par calcination.	00,49
	99,77.

Elle se trouve en petites masses engagées dans un micaschiste de Fiskeraes en Groënland.

Cette pierre a, au premier aspect, quelque analogie avec la cordiérite ; mais elle en diffère par sa plus grande pesanteur et par la proportion de ses principes composans. (B.)

SAPHNINA. (*Ornith.*) M. Vieillot dit que c'est le nom arabe de la tourterelle des bois. (Desm.)

SAPHTIO. (*Bot.*) Nom égyptien de la jusquiame, suivant Mentzel. (J.)

SAPIN ; *Abies*, Tournef. (*Bot.*) Genre de plantes dicotylédones apétales, de la famille des *conifères*, et de la *monoécie monadelphie*, Linn., dont les fleurs sont unisexuelles, portées sur le même individu, et qui présentent les caractères suivans : Fleurs mâles dépourvues de calice et de corolle, composées seulement d'étamines nues, presque sessiles, disposées et imbriquées, sur un axe commun, en un chaton arrondi ou oblong, et formées chacune de deux anthères, s'ouvrant par leur face inférieure : fleurs femelles, ayant chacune un calice en forme d'écaille onguiculée, qui porte à sa partie interne deux ovaires, terminés chacun par un stigmate bifide, et qui est munie, à sa partie postérieure, d'une bractée membraneuse, oblongue, entière ou à trois pointes. Après la floraison les écailles qui tiennent lieu de calice, prennent de l'accroissement, deviennent coriaces, et, par leur disposition imbriquée et en spirale autour d'un axe commun, elles forment un cône ovoïde ou oblong ; chacune d'elles est creusée en dedans et à sa base pour loger deux petites noix monospermes, osseuses, surmontées d'une aile membraneuse.

Les sapins sont de grands arbres à feuilles éparses, soli-

taires, toujours vertes, plus rarement caduques, dépourvues de gaîne particulière à leur base. On en connoît dix-
huit espèces, parmi lesquelles plusieurs présentent un grand
intérêt, à cause de leur bois et des produits résineux qu'on
en retire.

* *Feuilles toutes solitaires.*

SAPIN ÉLEVÉ : *Abies excelsa*, Poir., Dict. enc., 6, p. 5i8;
Pinus abies, Linn., *Sp.* i42i. Cette espèce est un arbre qui
s'élève très-droit jusqu'à cent vingt pieds et plus de hauteur,
en acquérant à sa base trois pieds de diamètre et même davantage. Ses rameaux sont disposés par verticilles irréguliers,
ouverts à angle droit, et ils forment dans leur ensemble une
belle pyramide. Ses feuilles sont linéaires, quadrangulaires,
pointues, d'un vert sombre, rapprochées les unes des autres
tout autour et le long des rameaux, articulées sur un petit
renflement particulier de l'écorce. Les fleurs mâles forment
des chatons épars çà et là le long des rameaux, longs de
six lignes ou à peu près, pédonculés et munis à leur base
d'une rosette d'écailles scarieuses, arrondies, imbriquées;
leurs anthères sont terminées par une crête arrondie. Les
fleurs femelles forment de petits chatons solitaires à l'extrémité des jeunes rameaux. Les fruits qui leur succèdent, sont
des cônes pendans, longs de quatre à six pouces, cylindriques,
verdâtres ou quelquefois d'un rouge vif dans leur jeunesse,
et roussâtres dans leur maturité; leurs écailles sont échancrées au sommet. Le sapin élevé croît naturellement sur
les montagnes de l'Europe et de l'Asie; on le trouve en
France, dans les Alpes, les Pyrénées, les Vosges, etc. Il est
connu sous les différens noms de *sapin gentil*, *faux-sapin*,
épicéa, *pesse*, *pinesse*, *serente*, etc. Les propriétés de cet arbre
étant à peu près les mêmes que celles du sapin commun,
on n'en parlera pas maintenant, mais on réunira plus bas tout
ce qui aura rapport à ces deux espèces.

SAPIN BLANC : *Abies alba*, Mich., *Fl. boreal. amer.*, 2,
page 207; Mich., Arb. forest. de l'Amér., i, page i33,
t. i2; *Pinus alba*, Willd., *Sp.*, 4, page 5o7. Le sapin blanc,
qu'on nomme encore quelquefois *sapinette blanche*, *épinette
blanche*, ressemble assez à l'espèce précédente. Sa tige et ses

rameaux forment de même une pyramide très-régulière, mais qui a moins d'élévation ; car la hauteur de cet arbre excéde rarement cinquante pieds, même dans son pays natal. Ses feuilles sont aussi moitié plus courtes, d'un vert plus pâle et comme bleuâtres. Les chatons mâles ne diffèrent pas sensiblement dans les deux espèces ; mais les cônes sont très-différens dans le sapin blanc : ils n'ont que vingt à trente lignes de longueur, et ils sont d'ailleurs beaucoup plus nombreux, épars le long des rameaux ou placées à leur extrémité, solitaires ou opposés et quelquefois verticillés par six à huit ensemble. Leurs écailles sont parfaitement arrondies, nullement échancrées à leur sommet. Les graines n'ont que quatre lignes de hauteur, y compris l'aile qui les surmonte. Le sapin blanc croît naturellement dans le Canada et le Nord des États-Unis, et, selon le témoignage de M. Ferry, que j'aurai encore occasion de citer plus bas, il se trouve aussi en Sibérie, quoique Gmelin et Pallas n'en aient rien dit. Il est cultivé en France depuis environ cinquante ans.

Dans le Nord de l'Amérique, où le sapin blanc est indigène, on emploie son bois à faire des solives, des planches ; mais on s'en sert en général bien moins que de celui du sapin noir, qui est d'une meilleure qualité. La partie fibreuse de ses racines ayant beaucoup de flexibilité et de force lorsqu'elle a été macérée dans l'eau, on la dépouille par ce moyen de l'écorce qui la recouvre ; on la fend en brins, ayant moitié de la grosseur d'une plume à écrire, et on les emploie ainsi préparées pour coudre ensemble les morceaux de l'écorce de bouleau, dont on se sert pour construire des canots en Canada. Les coutures, ainsi fixées, sont ensuite frottées et enduites avec de la résine de sapin baumier, afin de les rendre imperméables à l'eau. M. Michaux assure que ce n'est point avec les rameaux de cette espèce qu'on fabrique en Amérique la bière de *spruce*, comme l'ont dit Duhamel et plusieurs autres ; mais qu'on évite au contraire de les y employer, parce que ses feuilles répandent, lorsqu'on les froisse, une odeur désagréable qui se communique à la liqueur.

En France, on plante le sapin blanc dans les parcs et les grands jardins comme arbre d'ornement. Il a un port élégant, surtout à l'âge de quinze à trente ans. Son feuillage est d'une teinte assez claire et sujette à varier ; ce qui a fourni aux pépiniéristes l'occasion de distinguer deux variétés dans cette espèce, la sapinette blanche proprement dite ou la sapinette argentée, et la sapinette bleue ; l'une et l'autre font un agréable contraste dans les jardins avec la teinte plus foncée des autres sapins.

Sapin noir : *Abies nigra*, Poir., Dict. enc., 6, page 520 ; Mich., Arb. forest. de l'Amér., 1, page 123, tab. 11 ; *Pinus nigra*, Willd., Sp., 4, page 506. Cet arbre a de grands rapports avec le sapin élevé, et particulièrement avec le sapin blanc ; il s'élève dans son pays natal, lorsqu'il croît dans les vallons dont le sol est humide, noir et profond, à soixante-dix et quatre-vingts pieds, en formant à son sommet une pyramide très-régulière. Ses feuilles, disposées comme dans les deux espèces précédentes, sont moitié plus courtes que dans la première et d'un vert plus foncé que dans la seconde. Ses fleurs mâles ne présentent aucun caractère qui puisse servir à les faire distinguer de celles du sapin blanc ; mais ses cônes diffèrent beaucoup de ceux de ce dernier : ils sont environ moitié plus courts, ovales, rétrécis à leur sommet, d'une couleur rougeâtre ou violette, surtout dans leur jeunesse, et alors pendans ou légèrement inclinés vers la terre ; mais, le plus souvent, redressés à l'époque de leur maturité.

Le sapin noir, encore connu sous les noms de *sapin double*, d'*épinette noire*, d'*épinette à la bière*, croît naturellement dans le Canada et les parties septentrionales des États-Unis d'Amérique. Apporté en France à peu près à la même époque que le sapin blanc, il est cependant beaucoup moins répandu que celui-ci dans les jardins et les pépinières, quoique sous le rapport de l'utilité il lui soit bien préférable.

Le bois de sapin noir réunit la force, l'élasticité et la légèreté, trois qualités importantes ; aussi est-il très-estimé dans son pays natal, et les Anglois lui donnent même la préférence sur le sapin élevé. Les Américains en font d'excellens mâts de hune, de très-bonnes vergues, et ils le font encore entrer dans quelques autres parties des constructions navales. On en fait aussi des solives, des planches, qui servent pour différens ouvrages de menuiserie, des caisses d'emballage, des barils pour mettre le poisson salé, etc. Le sapin noir n'est pas assez résineux pour en retirer de la résine et pour être exploité avantageusement sous ce rapport. Comme bois de chauffage, il fait un feu qui pétille beaucoup. En Amérique on prépare avec ses jeunes rameaux, bouillis dans l'eau, une sorte de bière, connue sous le nom de bière de *spruce.* On ajoute à la décoction de la mélasse ou du sucre brut, et en laissant fermenter le tout convenablement, on obtient une boisson salutaire et très-utile dans les voyages de long cours, par l'avantage qu'elle a d'être bonne contre le scorbut, et même, à ce qu'on assure, de pouvoir prévenir cette maladie.

Sapin du Canada : *Abies canadensis,* Mich., *Fl. bor. amer.,* 2, page 206; Mich., Arb. forest. de l'Amér., 1, page 137, t. 13; *Pinus canadensis,* Linn., *Sp.,* 1421. Ce sapin est un grand arbre, qui, dans son pays natal, s'élève à la hauteur de soixante à quatre-vingts pieds, et qui acquiert à sa base six à neuf pieds de circonférence. Ses feuilles sont linéaires, planes, obtuses, longues de cinq à six lignes, persistantes, luisantes et d'un vert gai en dessus, d'un vert plus pâle ou légèrement blanchâtre en dessous, éparses, mais disposées de manière qu'elles paroissent être placées sur deux rangs opposés de chaque côté des rameaux. Les fleurs mâles sont réunies sur des chatons axillaires, très-courts et arrondis. Les femelles sont situées à l'extrémité des rameaux, et il leur succède de petits cônes ovales, d'une couleur rougeâtre ou cendrée, pendans, composés d'un petit nombre d'écailles imbriquées, entières et arrondies en leurs bords. Cet arbre croît naturellement dans le Canada et dans les parties septentrionales des États-Unis. Il se plaît dans les endroits frais, sur les bords des torrens et sur le penchant des collines. Les Américains le connoissent sous le nom d'*hemlock spruce,* et les François du Canada sous celui de *pérusse.*

Le sapin du Canada est de tous les arbres résineux de l'Amérique septentrionale celui dont le bois est le plus mauvais. Il manque de force et ne dure que très-peu de temps lorsqu'il est exposé aux injures de l'air. Le plus grand avantage qu'on en retire dans son pays natal, c'est d'employer son écorce pour le tannage des cuirs. Ce n'est que comme arbre d'ornement que ce sapin peut être cultivé en France. Il a un port agréable dans sa jeunesse ; mais sa forme devient moins belle, à mesure qu'il avance en âge. On peut en faire des rideaux de verdure et autres décorations dans les parcs et les grands jardins, parce que, de même que l'if, on peut le tailler aux ciseaux.

SAPIN COMMUN : *Abies vulgaris*, Poir., Dict. enc., 6, p. 514; *Pinus picea*, Linn., Sp., 1420. Le sapin commun ou *sapin argenté*, ou tout simplement le *sapin*, est un grand arbre, dont la tige acquiert par le bas neuf à dix pieds de circonférence, et s'élève bien droite à la hauteur de cent à cent vingt pieds; ses branches sont ouvertes, étalées horizontalement, peu étendues si on les compare à la hauteur de l'arbre, et disposées par verticilles assez réguliers; ses feuilles sont linéaires, planes, coriaces, persistantes, obtuses ou échancrées à leur sommet, d'un vert foncé et luisantes en dessus, blanchâtres ou glauques en dessous, éparses quant à leur insertion, mais dirigées de chaque côté des rameaux sur deux rangs opposés. Les fleurs mâles forment des chatons isolés dans les aisselles des feuilles, mais très-rapprochés les uns des autres et disposés en grand nombre vers l'extrémité des rameaux. Chacun de ces chatons est porté sur un pédoncule de deux à trois lignes de longueur, muni à sa base d'un faisceau d'écailles roussâtres. Les anthères se composent de deux loges renflées à leur extrémité et surmontées d'un petit prolongement, terminé par deux dents très-courtes. Les fleurs femelles forment des chatons presque cylindriques, rougeâtres, disposés au nombre d'un à trois vers l'extrémité des rameaux. Ces chatons sont redressés vers le ciel, ainsi que les cônes qui leur succèdent, et qui sont formés d'un grand nombre d'écailles planes, coriaces, arrondies en leurs bords, rétrécies à leur base, imbriquées et serrées les unes sur les autres, accompagnées, sur leur dos et à leur base, d'une bractée oblongue, terminée en pointe aiguë, dont les trois quarts sont cachés entre les écailles ; à la base interne de ces dernières sont deux graines assez grosses, d'une forme un peu irrégulière, environnées et surmontées d'une aile membraneuse. Le sapin croît naturellement sur les montagnes de l'Europe; on le trouve en France, dans les Alpes, les Pyrénées, les Vosges; il est indiqué en Suisse, en Allemagne, en Écosse, en Suède, en Russie et en Sibérie. Il fleurit en Avril, en Mai, et même dès la fin de Mars, selon qu'il est plus au midi ou plus au nord. Ses fruits mûrissent dans le courant d'Octobre, et les graines tombent spontanément par terre dans le mois suivant, entraînées par les écailles qui se détachent alors de leur axe commun.

Le sapin élevé ou sapin pesse, et plus vulgairement la *pesse*, est le *picea* des Latins. Linné, au lieu d'adopter les noms consacrés par les anciens pour la pesse et pour le sapin, a changé et transporté les noms de l'un à l'autre, en appelant *pinus picea* le vrai sapin, dont on ne retire pas la poix, et en donnant le nom de *pinus abies* à celui qui la fournit. Ce changement a causé beaucoup de confusion dans la nomenclature et a produit plusieurs erreurs; aussi avons-nous cru devoir, à l'exemple de quelques auteurs modernes, rétablir les noms des anciens.

Pline appelle *picea*, l'arbre auquel on donne maintenant le nom de sapin élevé ou de pesse. Les anciens l'employoient dans les funérailles. Il étoit d'usage d'en suspendre une branche à la porte des maisons dans lesquelles il y avoit un mort, et le bois étoit employé tout vert pour les bûchers.

Le sapin commun, ou le sapin proprement dit, étoit désigné chez les anciens sous le nom d'*abies*. Les Romains employoient son bois pour la charpente des maisons, et ils l'estimoient surtout pour la construction des vaisseaux. C'est ce qui a fait dire à Virgile :

Casus abies visura marinos.

Et à un autre poëte latin :

Apta fretis abies.....

Pline fait mention d'un sapin qui servit à faire le mât d'un vaisseau sur lequel l'empereur Caligula fit apporter d'Égypte à Rome un obélisque qui fut élevé dans le cirque du mont Vatican.

Les forêts de sapin, lorsqu'elles sont bien aménagées, se repeuplent d'elles-mêmes par les graines que les vieux arbres produisent en grande quantité. La *recrue* est souvent si épaisse, surtout dans les lieux frais où il y a beaucoup de terre meuble et pas trop de vieux arbres, que les jeunes pieds se touchent et se soutiennent les uns par les autres; mais, à mesure que les jeunes sapins grossissent, les plus vigoureux étouffent les plus foibles. Il pourroit être utile de couper ces derniers et de les enlever, afin de les empêcher de gêner à l'accroissement des autres; mais cela ne se pratique généralement pas. Il convient d'ailleurs de faire observer que, si on enlevoit les jeunes arbres qui périssent étouffés par ceux qui poussent avec plus de vigueur, il ne le faudroit faire que lorsque ces derniers ont déjà assez de force; car, en général, il ne faut rien couper dans les sapinières naissantes. Lorsque les sapins commencent à acquérir une certaine grosseur et que leur tige s'élève beaucoup en hauteur, ils perdent les branches inférieures, qui se dessèchent et tombent en même temps qu'il se forme un bourrelet à l'endroit de leur implantation sur le tronc, et c'est ce qui occasionne les nœuds que l'on voit plus particulièrement dans les tiges des jeunes sujets.

Tous ces arbres s'élèvent d'abord lentement dans les premières années : ce n'est que lorsqu'ils ont six ans et plus qu'ils commencent à pousser assez vîte, et le temps de leur vie où ils croissent le plus rapidement, est entre douze et trente ans. Ils grandissent alors de deux à trois pieds chaque année. Il ne faut guère que cinquante ans au pin sauvage pour devenir un bel arbre et propre à être employé; il en faut cent au sapin et presque autant à la pesse. Cette dernière, qui d'abord s'élance plus rapidement et prend en peu de temps beaucoup d'élévation, ne grossit pas si promptement que le sapin. L'un et l'autre viennent d'ailleurs mieux en groupe qu'isolés ou mêlés avec d'autres arbres.

Les sapins, et surtout les pesses, peuvent assez facilement être transplantés pendant leur jeunesse; mais, pour réussir dans cette transplantation, il faut, autant que possible, qu'ils soient arrachés en motte, et dans tous les cas éviter de mutiler ou de retrancher aucune partie des branches et des racines.

Les sapins, une fois coupés, ne fournissent jamais de rejets. Ce n'est donc que par les graines qu'on peut les multiplier. Nous venons de parler de la reproduction naturelle de ces arbres, telle qu'elle se fait spontanément dans les forêts. Quant aux semis en pépinières, les soins à leur donner étant absolument les mêmes que ceux qui sont nécessaires pour les pins, nous renvoyons à ce qui a été dit à ce sujet au tome XLI, page 25. Il faut seulement avoir la précaution de recueillir de bonne heure les graines du sapin ; car si l'on n'a pas le soin de les faire récolter dès les premiers jours de l'automne, elles tombent bientôt et sont perdues, à moins qu'on ne les fasse ramasser à terre ; mais cela est plus long et plus difficile que de faire cueillir les cônes avant que leurs écailles aient commencé à se détacher. Les cônes de la pesse ne laissent pas échapper leurs graines aussi promptement ; mais il est toujours bon qu'ils soient cueillis avant l'hiver.

On peut tailler la pesse avec les ciseaux et le croissant, et lui donner par ce moyen diverses formes. Autrefois, ainsi façonnée au gré du jardinier, elle servoit à l'ornement des parcs et des grands jardins ; mais aujourd'hui on n'aime plus que les arbres soient mutilés, on préfère les laisser croître en liberté, et l'on trouve avec raison qu'ils ont un port beaucoup plus beau. La pesse peut perdre sa flèche ou branche terminale sans que cela nuise à son accroissement. Le plus souvent une pousse collatérale remplace la pousse terminale qu'un accident quelconque avoit rompue ou détruite. Il n'en est pas de même du sapin : une fois qu'il a perdu le sommet de sa tige, il se couronne et cesse de croître en hauteur. En revanche, on peut lui retrancher beaucoup de ses branches inférieures, trop vigoureuses et qui absorbent la séve au détriment de la cime.

Les sapins peuvent braver les froids les plus rigoureux ; mais les grandes sécheresses, causées par les ardeurs de l'été, leur sont très-nuisibles. L'été de 1803, qui a été très-sec, a fait périr, dans les Vosges, des forêts entières, exposées au midi.

Dans les pays de plaines on coupe à la fois tous les bois d'une sapinière, et on la resème ensuite ; mais cela n'est pas praticable dans les pays de montagnes, surtout lorsqu'elles sont d'une nature sablonneuse et d'un terrain mouvant. Dans les Vosges, où il y a de vastes forêts de sapins, on est dans l'usage de couper ces arbres isolément par-ci par-là, en ayant soin d'abattre ceux qui ne prennent plus d'accroissement ou qui ont quelques défauts. Cette manière de jardiner les sapinières, les nettoie, et facilite leur repeuplement, surtout lorsqu'on a le soin de n'abattre les arbres qu'après les avoir ébranchés.

L'époque la plus favorable pour l'exploitation de ces forêts est la montée de la séve au printemps, et la fin de l'été. Le bois de la meilleure qualité est toujours celui qui est coupé lorsque l'arbre est le plus chargé de résine. On a soin, aussitôt que les arbres sont abattus, de les dépouiller de leur écorce, afin qu'ils se dessèchent plus promptement, qu'ils se conservent mieux, et enfin parce que cette écorce, qui est inutile au bois de travail, est employée pour le chauffage et fait un excellent combustible. Si on négligeoit de dépouiller le bois de son écorce, surtout celui des arbres abattus au mois de Mai et au mois d'Août, ce bois se piqueroit, comme disent les forestiers, c'est-à-dire qu'il seroit attaqué par les vers de différens insectes, et alors il perdroit beaucoup de sa valeur; il pourroit même n'être plus dans le cas d'être débité pour les différens usages auxquels il est propre.

Le bois du sapin et celui de la pesse sont employés pour les constructions et pour divers ouvrages. Celui du premier étant le plus commun, c'est celui dont on se sert principalement. On le préfère d'ailleurs pour tous les ouvrages qui demandent de la force, parce qu'il a plus de nerf. La partie ligneuse de ces arbres est formée par des faisceaux de fibres longitudinales de deux sortes ; les unes dures et d'une couleur fauve, les autres tendres et blanches. Plus ces dernières sont étroites, plus le grain du bois est beau et solide. La nature de l'exposition et du sol contribue beaucoup à donner aux arbres ces bonnes qualités.

Pour la charpente des maisons, pour la mâture des vaisseaux, pour les échafaudages, le sapin et la pesse, par la longueur et la rectitude de leur tronc, sont d'un usage avantageux. Placés de travers, ils ne sont pas sujets à se tourmenter comme le chêne.

Le sapin dure long-temps dans l'eau et sous la terre, et cela le rend très-propre à faire des pilotis. Dans les pays où il est commun, les jeunes arbres, de six pouces de diamètre ou environ, sont employés par les charrons pour faire les brancards des chariots. Avec des tiges plus minces on fabrique diverses pièces de charronages, entre autres des échelles de différentes longueurs, dont les échelons sont également fait avec des branches de sapin, et qui unissent la souplesse à la résistance. Avec les jeunes pesses et les jeunes sapins on fait de longues perches, qui servent à étendre le linge ou à faire des palissades, des clôtures, etc. On en fait aussi, pour différens outils, des manches que leur légèreté fait rechercher. Aussi, lorsque toute la France s'arma de piques, en coupa-t-on des milliers dans les forêts de sapin, et particulièrement dans celles des Vosges. Mais ce n'est pas de nos jours seulement que le sapin a servi à faire des armes meurtrières ; les anciens l'employoient pour faire des javelots, comme il le paroît par ce passage de Virgile :

Cujus apertum
Adversi longa transverberat abiete pectus.

Le sapin et la pesse, refendus en planches, s'emploient dans toutes sortes de constructions et de meubles, tels que bateaux, cloisons, plafonds, planchers, parquets, lambris, boiseries, armoires, caisses, tables, etc.; mais les menuisiers préfèrent en général le premier de ces bois, parce qu'il est plus fort et se coupe mieux. Les luthiers, au contraire, n'emploient, pour les instrumens à corde, que la pesse, qui se fend bien, qui a le grain très-blanc, et dont le bois a surtout l'avantage de transmettre le mieux les sons, c'est-à-dire de rendre le ton le plus haut, lorsqu'on frappe ou qu'on parle à une des extrémités de ses fibres longitudinales. Aussi, c'est avec des tablettes très-minces de pesse qu'on fait toutes les tables sonores des violons, des basses, des forté-pianos, des harpes, etc. C'est encore plus particulièrement avec la pesse que l'on fabrique la boisselerie légère, si commune en Lorraine, comme baquets, seaux, boîtes de toute forme et de toute grandeur. Les habitans de quelques cantons des Vosges s'occupent presque exclusivement de la fabrication de cette boisselerie, qui se transporte jusque sur les côtes de l'Océan et de la Méditerranée, où elle s'embarquoit autrefois pour les colonies. Toutes les petites boîtes plates et rondes, dans lesquelles les confiseurs de la capitale et d'une partie de la

France mettent leurs dragées et leurs confitures sèches, sont
en bois de pesse, et la consommation qu'on en fait, sous ce
seul rapport, est très-considérable.

Dans les Vosges, en Franche-Comté et ailleurs, la plupart
des maisons dans les campagnes, à l'exception de celles des
gens riches, sont recouvertes en planchettes de pesse ou de
sapin.

Comme bois de chauffage, celui du dernier de ces arbres
est préférable, parce qu'il dure plus long-temps au feu, et
que celui de pesse brûle plus vîte, et qu'il dégage moins de
chaleur. Le charbon fait avec du bois de sapin, est très-
léger, et on l'estime moitié moins que celui de hêtre et de
charme; celui fait avec les branches, vaut d'ailleurs mieux
que celui fait avec le tronc.

Outre les propriétés et les usages du bois de pesse et de
sapin, ces arbres fournissent encore plusieurs produits, tels
que la térébenthine, l'essence de celle-ci, la colophane,
la poix blanche, le noir de fumée, etc.

La térébenthine se retire du sapin par le moyen de cornets
de fer-blanc ou de cornes de bœuf, dont la pointe est tranchante et ouverte, et dont le fond est fermé. Des hommes
exercés à ce genre de travail grimpent sur les arbres, et ils
plongent la pointe de leur instrument dans les vésicules ou
ampoules qui se forment sous l'épiderme de l'écorce pendant le temps de la séve, à mesure qu'ils en rencontrent.
La térébenthine s'écoule dans le cornet, et lorsque celui-ci
est rempli, ils le vident dans un vase d'une plus grande capacité, communément dans une bouteille, qu'ils portent attachée à leur ceinture. La saison favorable pour faire cette
récolte est l'été. Les sapins ne commencent à fournir de la
térébenthine que lorsqu'ils ont neuf à dix pouces de circonférence, et ils cessent d'en donner, lorsqu'ils ont environ
trois pieds de tour : à cette époque leur écorce devient trop
épaisse pour permettre aux vessies de se former, où l'on n'en
rencontre plus qu'au sommet de l'arbre, où il seroit trop
difficile et trop dangereux d'aller les chercher. Lorsque la
térébenthine est recueillie, on ne lui fait subir d'autre préparation que de la filtrer, afin de la débarrasser des corps
étrangers qui peuvent y être mêlés. La térébenthine retirée

du sapin est connue dans le commerce sous le nom de *térébenthine de Strasbourg*, parce que les habitans des Vosges et de la forêt Noire vont la vendre dans cette ville. Elle reste toujours liquide, ayant la consistance d'un sirop épais; elle est gluante, blanchâtre, transparente; son odeur est très-pénétrante; enfin sa saveur est un peu âcre et amère.

La térébenthine entre dans les vernis communs; mais elle est peu employée. Son huile essentielle, qui est le produit de la distillation, connue dans le commerce sous le nom d'essence de térébenthine, est d'un usage bien plus considérable : c'est elle qui sert aux peintres pour rendre leurs couleurs plus coulantes, plus siccatives, et aux vernisseurs pour dissoudre les résines concrètes. La belle térébenthine de sapin donne à la distillation un quart de son poids d'essence, et, lorsque l'opération est finie, il reste dans la cucurbite une résine concrète appelée colophane. Les joueurs de violon s'en servent pour frotter leurs archets, et on en fabrique des vernis. Les chirurgiens en font usage pour saupoudrer les premiers plumasseaux ou bourdonnets qu'ils appliquent après l'amputation des membres. Cette substance, ainsi que la térébenthine et son essence, entrent dans la composition de plusieurs onguens et emplâtres. Quant à l'essence de térébenthine, elle est employée en médecine, soit à l'intérieur, soit à l'extérieur. On l'a administrée avec avantage contre le tænia, la sciatique, l'épilepsie, le catarrhe des membranes muqueuses des voies urinaires. Les urines des personnes qui en font usage, contractent une odeur de violette. L'art vétérinaire fait également usage de l'essence de térébenthine, soit à l'intérieur, en la faisant entrer dans plusieurs breuvages qu'on administre aux bêtes à cornes, soit en l'appliquant pour dessécher les plaies des ehevaux et pour les guérir de la gale.

On donne le nom de poix blanche ou de poix jaune, ou encore de poix de Bourgogne, au suc résineux que produit la pesse, et ce suc découle naturellement de toutes les fentes qui se trouvent à l'écorce de cet arbre; mais on l'obtient en plus grande abondance en faisant, du côté du midi, de légères entailles à l'écorce et aux premières couches ligneuses; entailles qu'on rafraîchit tous les quinze jours, en récoltant la résine qui a coulé d'abord fluide et blanche, et qui, en se condensant à l'air, est devenue jaunâtre.

La récolte de la poix, comme celle de la térébenthine, se fait en été par des enfans et des hommes qui ne s'occupent à rien autre chose pendant toute cette saison. Ils sont très-agiles pour grimper jusqu'à la cime des arbres, armés d'une serpe pour faire ou rafraîchir les entailles, et d'un racloir pour gratter et recueillir la poix, qui s'est échappée des entailles faites préalablement, et qu'ils mettent dans un sac ou dans une boîte, dont ils sont munis. Comme cette résine est unie à des débris de bois, d'écorce et de feuilles, on la fait fondre dans de grandes chaudières, et lorsqu'elle est liquéfiée, on la verse dans des sacs de toile, on l'exprime au moyen d'une presse, et elle est reçue dans des boîtes ou barils. Souvent la poix est si abondante entre l'écorce et le bois sur les arbres que l'on a entaillés et où l'on a négligé de la récolter, qu'elle s'y amasse en grandes lames et qu'on l'obtient très-pure.

Dans les pays où l'on récolte beaucoup de poix blanche, on conserve les résidus qui sortent de la presse ou qu'on trouve au fond des chaudières, pour en faire du noir de fumée. Pour cette opération on construit un cabinet exactement fermé, si ce n'est qu'on pratique, au milieu de la partie supérieure, une ouverture que l'on couvre d'un cône ou cornet de toile. A quelque distance de ce cabinet on bâtit un four, dont l'intérieur y communique par un tuyau de cheminée. Un ouvrier allume dans le four une petite quantité des résidus dont il vient d'être question, et il a le soin d'entretenir la combustion de moment en moment par de nouvelles matières. La résine, en brûlant, forme beaucoup de fumée, qui passe, par le tuyau de communication, dans le cabinet, où elle se porte de préférence dans le cône de toile, et où, enfin, elle se rassemble et se condense en une sorte de suie. Lorsqu'on juge que le cône est suffisamment rempli de fuliginosités, on fait battre la toile en dehors avec des baguettes pour faire tomber le noir de fumée dans la partie inférieure du cabinet, et il n'y a plus, après cela, qu'à le ramasser pour le mettre dans des barils.

La poix s'emploie dans les pharmacies pour la composition de plusieurs onguens et emplâtres. Elle sert d'ailleurs à divers usages dans la marine et dans les arts.

Dans les pays du Nord, on fabrique une sorte de bière en faisant fermenter dans de l'eau les feuilles de la pesse, et dans ceux où l'on manque de chênes, on fait quelquefois servir son écorce au tannage des cuirs.

Dans les cantons où les forêts de sapin sont très-communes, les habitans des campagnes qui vivent dans le voisinage de ces forêts, expriment une huile des graines de cet arbre, et ils s'en servent pour s'éclairer; mais ils sont obligés d'employer à cet effet des lampes qui n'ont qu'une très-petite ouverture pour laisser passer la mèche, parce que cette huile est très-résineuse et qu'elle s'enflammeroit infailliblement si le récipient n'étoit pas couvert et s'il communiquoit avec la flamme. Cette huile a une odeur désagréable et brûle en dégageant beaucoup de fumée. Elle a, dit-on, la faculté de détruire la vermine : il suffit d'en faire des frictions sur la peau.

Sapin baumier : *Abies balsamea*, Mill., *Dict.*, n.° 3; *Pinus balsamea*, Linn., *Sp.*, 1421. Le sapin baumier, encore connu sous les noms de *sapin argenté* et de *baumier de Giléad*, a de grands rapports avec notre sapin commun; car il a le même port, le même feuillage; les fleurs et les fruits sont disposés de la même manière; mais il forme un arbre beaucoup moins élevé; ses étamines sont chargées d'une petite crête, qui n'a le plus souvent qu'une dent; enfin les bractées qui accompagnent les écailles des cônes sont ovales, au lieu d'être alongées; elles se séparent, d'ailleurs, des cônes, ainsi que les graines, lors de la parfaite maturité, avec la même facilité que dans le sapin d'Europe. Cet arbre croît naturellement dans les régions froides de l'Amérique septentrionale; et d'après une note que m'a communiquée M. Ferry, très-versé dans l'étude de l'histoire naturelle, qui a habité et qui a voyagé pendant quelques années dans plusieurs parties de l'empire de Russie, il croît aussi en Sibérie, quoique Pallas et Gmelin n'en aient rien dit, parce qu'ils l'ont pris, l'un et l'autre, pour le sapin commun, et que les Russes donnent à ces deux arbres le même nom de *pichta*. Mais, selon M. Ferry, le baumier de Sibérie, qui ne diffère pas de celui du Canada, est facile à reconnoître par son odeur, la petitesse de ses cônes, comparés à ceux du sapin ordinaire. Les Sibériens n'en font aucun usage dans les constructions; mais ils aiment beaucoup son odeur, et plusieurs d'entre eux en parfument leurs habitations. M. Ferry, lui-même, dit avoir eu plusieurs fois recours à ce moyen pour corriger l'air de ses logemens, et s'en être bien trouvé.

Sous tous les rapports le baumier est inférieur à notre sapin commun et ne mérite d'être cultivé en France que comme arbre d'ornement. Il fournit dans son pays natal une sorte de térébenthine, connue dans les pharmacies sous le nom de *baume blanc du Canada* ou de *baume de Giléad*, quoique le vrai baume de Giléad soit produit par un arbre très-différent. Cette térébenthine n'est que peu employée en médecine, parce qu'elle n'a pas de propriétés particulières et qu'on peut facilement la remplacer par celle du mélèze ou du sapin.

** *Feuilles solitaires sur les jeunes rameaux, fasciculées sur les autres.*

Sapin mélèze; *Abies larix*, Lamk., *Ill.*, t. 785, fig. 2. (Voyez Mélèze d'Europe, tome XXIX, page 509.)

Sapin a branches pendantes; *Abies pendula*, Poir., Dict. enc., 6, page 514. (Voyez Mélèze a branches pendantes, tome XXIX, page 517.)

Sapin a petits fruits; *Abies microcarpa*, Poir., Dict. enc., 6, page 514. (Voyez Mélèze a petits fruits, tome XXIX, page 517.)

Sapin cèdre; *Abies cedrus*, Poir., Dict. enc., 6, page 510. (Voyez Cèdre du Liban, tome VII, page 328.)

Nous allons, d'ailleurs, profiter de ce que cet arbre se trouve rappelé ici dans l'ordre des espèces du genre Sapin, pour corriger une erreur que nous avons faite en indiquant, d'après le témoignage de Pallas, le cèdre comme se trouvant en Sibérie. A ce sujet nous croyons devoir rapporter ici la note de M. Ferry (que nous avons déjà eu occasion de citer, en parlant du sapin blanc et du baumier de Giléad), qu'il a bien voulu nous communiquer, il y a déjà quelques années, sur l'espèce de Sibérie que nous avions cru être le cèdre du Liban.

« L'arbre de Sibérie, nous écrit M. Ferry, auquel Pallas,

« donne le nom de cèdre, est le pin cembro. Ses propriétés,
« son lieu natal, sa végétation et la culture qui lui convient,
« en un mot, tout ce qui concerne cet arbre, diffère tellement
« de ce qui appartient au cèdre du Liban, que je crois néces-
« saire de rétablir la vérité et de l'appuyer de preuves et
« de témoignages qui ne laisseront aucun doute.... Je n'ai
« pas lu l'original en langue russe du voyage de Pallas, non
« plus que la traduction allemande, d'après laquelle on nous
« a donné une traduction françoise; mais Pallas avoit l'ha-
« bitude de désigner, autant qu'il le pouvoit, les objets par
« leur nom vulgaire, ainsi qu'on le remarque principalement
« dans ses Descriptions minéralogiques. Or, les Russes d'Eu-
« rope et d'Asie donnent au pin cembro le nom de cèdre,
« ou, comme ils le prononcent et l'écrivent, *kedr*. Ses
« amandes, qui forment une petite branche de commerce
« pour les Sibériens, se vendent dans tout l'empire sous le
« nom de *noisettes de cèdre*, et les fruits du coudrier, que la
« partie orientale de l'empire fait venir de Kasan, y porte
« le nom de *noisettes de Kasan*. Le pin cembro, qui a franchi
« ses limites naturelles et que l'on commence à cultiver dans
« la Russie d'Europe, y porte partout le nom de cèdre.
« Ainsi Pallas, selon son habitude, lui aura conservé ce nom,
« et si le traducteur allemand l'a fait passer dans sa langue
« sans tenir compte des observations précédentes, l'erreur
« du traducteur françois est devenue inévitable.

« Mais opposons Pallas lui-même aux erreurs qui ont pu
« se glisser, soit dans la relation de ses voyages, soit dans
« les traductions qu'on en a faites. S'il eût en effet trouvé
« en Sibérie une plante aussi remarquable que le cèdre du
« Liban, il ne l'auroit pas omise dans sa *Flora rossica*. Or,
« il n'en dit pas un mot; ce qui annonce que cet arbre ne
« se trouve, ni en Crimée, ni sur le revers septentrional
« du Caucase, lieu visité avec soin par l'auteur; mais à
« l'article *Pinus cembra* on trouve un résumé exact et com-
« plet de tout ce qu'il a dit, dans ses Voyages, sur le pré-
« tendu cèdre.... Enfin j'ai vu avec M. Sokoloff, l'un des
« collaborateurs de Pallas, une plantation de ces prétendus
« cèdres, à la forge impériale de Verchnotagnilski, dont
« Pallas a parlé dans ses Voyages : ce sont des pins cembro. Il

« est donc hors de doute que par ce nom de cèdre Pallas
« n'a jamais désigné un autre arbre que le pin cembro. »
(L. D.)

SAPINDÉES. (*Bot.*) Cette famille de plantes, tirant son
nom du *sapindus*, appartient à la classe des hypopétalées ou
dicotylédones polypétales à étamines insérées sous le pistil.
Elle est très-naturelle et présente le caractère général formé
de la réunion des suivans.

Calice à quatre ou cinq sépales ou d'une seule pièce à
quatre ou cinq divisions profondes. Quatre ou cinq pétales à
préfloraison imbriquée, insérés sous un disque hypogyne, cor-
respondans aux divisions du calice ou quelquefois en nombre
différent, tantôt munis à leur onglet d'une écaille interne conformée en pétale, tantôt sans écailles et quelquefois chargés
de poils sur le milieu de leur surface intérieure : rarement
ces pétales manquent entièrement. Étamines à filets distincts,
insérées sous le bord du disque, ordinairement au nombre
de huit, quelquefois de celui des pétales, rarement plus ou
moins. Ovaire simple, porté sur le disque dont les bords
sont souvent relevés, surmonté d'un à trois styles et autant
de stigmates. Fruit drupacé ou capsulaire, à trois loges ordinairement monospermes, dont une ou deux avortent quelquefois. Graines couvertes en partie d'une arille, attachées au
bas de l'angle intérieur de leur loge. Embryon sans périsperme, à radicule ordinairement recourbée sur les lobes
qui sont aussi courbés, rarement droite ainsi que les lobes.
Tiges herbacées ou plus ordinairement ligneuses et quelquefois
grimpantes. Feuilles alternes, simples ou plus souvent composées. Inflorescence non uniforme.

Cette famille peut être divisée en trois sections, caractérisées par la présence ou l'absence de pétales simples ou doubles.

La première section, dans laquelle les pétales paroissent
doubles, étant munis d'une écaille intérieure, réunit les
genres *Cardiospermum*, *Urvillea* de M. Kunth ; *Serjania* de
Plumier ; *Paullinia*, *Akeesia* de M. de Tussac ou *Blighia* de
M. Kœnig, peu différent du précédent ; *Kœlreuteria* de M. Lax-
mann ; *Dimeresia* de M. Labillardière ; *Talisia* et *Matayba*
d'Aublet ; *Aporetica* de Forster, réuni par quelques auteurs

à l'*Ornitrophe*, mais distinct par ses pétales intérieurs et devant peut-être attirer à lui le *Pometia* de Forster, et quelques *Schmidelia* nouveaux, indiqués comme ayant des pétales doubles.

Dans la seconde section, distinguée par des pétales simples, dénués d'écailles intérieures, doivent être placés les genres *Ornitrophe* de Commerson, auquel on réunit l'*Allophyllus* et le *Schmidelia* de Linnæus, le *Gemella* de Loureiro, le *Cominia* de P. Browne, et le *Kabbe* de Hermann ou *Rhus Cobbe* de Linnæus; *Sapindus*, *Euphoria* de Commerson, dont le *Scytalia* de Gærtner et le *Dimocarpus* de Loureiro sont synonymes, et dont le *Nephelium* de Linnæus est congénère; *Thouinia* de M. Poiteau; *Toulicia* d'Aublet; *Melicocca*, dont on ne peut séparer le *Schleichera* de Willdenow, quoique apétale; *Cupania*, dans lequel sont confondus le *Trigonis* de Jacquin, le *Molinæa* de Commerson, et le *Guioa* de Cavanilles; *Tina* de Schulze ou *Gelonium* de M. du Petit-Thouars, peut-être encore congénère du précédent; *Hypelate* de P. Browne; *Cossignia* de Commerson.

La troisième section renferme les genres apétales *Dodonæa*, *Stadmannia* de M. de Lamarck, *Amirola* de M. Persoon, ou *Lagunoa* de la Flore du Pérou.

On laisse à la suite de ces sections les genres suivans, qui ont avec la famille quelque affinité, mais dont les caractères ne sont pas assez connus : *Eystathes* de Loureiro, *Alectrion* de Gærtner, *Enourea* d'Aublet, et d'après M. De Candolle son *Ratonia*, le *Pedicellia* de Loureiro, le *Racaria* d'Aublet, et le *Valentinia* de Swartz, qui a peut-être plus d'affinité avec les samydées. (J.)

SAPINDUS. (*Bot.*) Voyez Savonnier. (Poir.)

SAPINETTE. (*Bot.*) On donne ce nom à trois espéces de sapin de l'Amérique septentrionale. (L. D.)

SAPINETTE. (*Mollusq.*) Il paroît qu'on donne quelquefois cette dénomination aux anatifes, probablement à cause de la forme des appendices articulés et ciliés de ces animaux, qui ressemblent un peu aux branches des sapins. (De B.)

SAPINOS. (*Min.*) Voyez Sapenos. (B.)

SAPOESSI. (*Bot.*) Nom brame de l'*aristolochia indica*, cité par Rhéede. (J.)

SAPONACÉES. (*Bot.*) Ventenat désignoit ainsi les Sapindées. Voyez ce mot. (Lem.)

SAPONAIRE; *Saponaria*, Linn. (*Bot.*) Genre de plantes dicotylédones polypétales, de la famille des *caryophyllées*, Juss., et de la *décandrie diandrie*, Linn., dont les principaux caractéres sont les suivans : Calice monophylle, tubulé, à cinq dents, nu à sa base; corolle de cinq pétales, à onglets étroits et de la longueur du calice, terminés par un limbe élargi et obtus; dix étamines à filamens subulés; un ovaire arrondi ou oblong, surmonté de deux styles à stigmates aigus ; une capsule alongée, à une seule loge, contenant des graines nombreuses, attachées à un placenta central.

Les saponaires sont des plantes herbacées, à feuilles entières, opposées, et à fleurs disposées en corymbe terminal, ou solitaires dans les aisselles des feuilles. On en connoît dix-sept espéces, dont la plus grande partie croit naturellement en Europe.

Saponaire officinale, vulgairement Savonnière; *Saponaria officinalis*, Linn., *Sp.* 584. Ses racines sont alongées, noueuses, rampantes, blanchâtres, vivaces. Elles produisent plusieurs tiges cylindriques, droites, articulées, hautes d'un pied et demi à deux pieds, garnies de feuilles ovales-lancéolées, sessiles ou presque sessiles, opposées, glabres comme toute la plante, marquées de trois nervures longitudinales. Ses fleurs sont blanches ou d'une couleur rose très-claire, disposées, à l'extrémité des tiges et des rameaux, en faisceaux corymbiformes. Elles ont une odeur agréable et paroissent en Juillet et Août. On en cultive dans les jardins une variété à fleurs doubles. Cette plante croît dans les haies, les buissons et sur le bord des champs, en France et dans une grande partie de l'Europe.

La saponaire a une saveur légèrement amère : elle passe pour apéritive et résolutive; on l'emploie en médecine dans les maladies cutanées, les affections vénériennes, les rhumatismes, les engorgemens des viscéres, etc. On fait indifféremment usage des racines, des tiges, des feuilles ou des sommités fleuries, et c'est en décoction qu'on les prépare. Cette décoction est mucilagineuse et elle donne une écume assez semblable à celle de l'eau de savon; mais M. Bosc ne croit pas, comme on l'a prétendu, que cette décoction puisse servir à enlever les taches du linge ou des étoffes, comme fait le savon. Les bestiaux ne mangent point la saponaire.

Cette plante n'est point délicate sur la nature du terrain, et elle se multiplie avec la plus grande facilité par ses racines traçantes ; souvent même elle devient incommode pour les autres espèces qui sont dans son voisinage, parce que, si on n'a pas le soin de veiller à ce qu'elle ne se propage pas trop, elle ne tarde pas à envahir beaucoup d'espace. Elle mérite d'ailleurs par la beauté de ses fleurs et leur agréable odeur, qu'on en plante quelques pieds toutes les fois qu'on a un jardin d'une certaine étendue.

Saponaire a fleurs jaunes ; *Saponaria lutea*, Linn., *Sp.* 585. Sa racine est une souche ligneuse, qui produit des feuilles nombreuses, linéaires, glabres, ramassées en gazons épais. Du milieu de ces feuilles s'élèvent plusieurs tiges légèrement velues, hautes de deux à trois pouces, simples, garnies seulement de deux à trois couples de feuilles, et terminées par un petit corymbe serré, formé de cinq à huit fleurs jaunes, dont le calice est hérissé de poils nombreux. Cette espèce croît dans les fentes des rochers des Alpes de la Suisse et du Piémont. Lapeyrouse l'indique aussi dans les Pyrénées.

Saponaire des vaches ; *Saponaria vaccaria*, Linn., *Spec.*, 585. Sa tige est droite, cylindrique, haute d'un pied à dix-huit pouces, simple inférieurement, rameuse dans sa partie supérieure, garnie de feuilles lancéolées, sessiles et connées à leur base, d'un vert glauque. Ses fleurs, d'un rouge vif, plus rarement blanches, sont portées sur des pédoncules grêles à l'extrémité des tiges et des rameaux, et disposées en une sorte de panicule lâche. Les calices sont renflés, pyramidaux et à cinq angles saillans. Cette plante croît dans les champs parmi les moissons, en France, en Allemagne, en Suisse, etc. Les bestiaux et surtout les vaches l'aiment beaucoup et la mangent avec avidité.

Saponaire ocymoïde ; *Saponaria ocymoides*, Linn., *Spec.*, 585 ; Jacq., *Fl. Aust.*, app., tab. 23. Ses tiges sont divisées dès leur base en rameaux nombreux, dichotomes, couchés, longs de huit à dix pouces, pubescens, garnis de feuilles ovales, rétrécies à leur base, ciliées en leurs bords. Ses fleurs sont purpurines ou quelquefois blanches, portées sur des pédoncules velus, ainsi que les calices, et disposées, dans la partie supérieure des rameaux, en une sorte de corymbe ou de panicule lâche. Cette espèce croît naturellement sur les rochers dans le Midi de la France, de l'Europe et en Barbarie. (L. D.)

SAPONARIA. (*Bot.*) On a donné ce nom latin à un genre de plantes dont quelques espèces, battues dans l'eau, y déposent une matière savonneuse, que l'on peut employer comme remède fondant et comme utile pour lessiver le linge ou les laines. (Voyez SAPONAIRE.) Quelques espèces de *gypsophila*, jouissant des mêmes propriétés, ont aussi reçu le même nom dans quelques lieux méridionaux, ainsi qu'un arbre, *sapindus saponaria*, dont les graines fournissent la même substance. (J.)

SAPONELLE. (*Foss.*) On croit que c'est à une espèce d'échinide fossile et de forme ronde, à laquelle Luid a donné ce nom. Lit. brit., n.º 1587. (D. F.)

SAPONIÈRE. (*Bot.*) C'est la saponaire. (L. D.)

SAPONIFICATION. (*Chim.*) Ce mot a deux acceptions; il désigne : 1.º l'opération par laquelle, au moyen d'une base salifiable et de certains corps gras non acides, on obtient des corps gras acides; 2.º le phénomène que présentent des corps gras non acides, lorsqu'ils acquièrent l'acidité sous l'influence d'un alcali. Dans les arts, c'est toujours par l'opération que nous venons de définir qu'on se procure le savon ; mais si l'on en faisoit, en unissant à la potasse ou à la soude les acides stéarique, margarique et oléique, qui constituent essentiellement tous les savons dont on fait usage, il ne faudroit pas donner à cette dernière opération le nom de *saponification*, puisqu'elle ne consiste qu'à unir simplement des acides avec des alcalis.

Les corps gras non acides, susceptibles d'éprouver la saponification, sont :

1.º La cétine, susceptible d'être changée par les alcalis en acides margarique et oléique, et en éthal.

2.º La stéarine de mouton, susceptible d'être changée, dans les mêmes circonstances, en glycérine et en acides stéarique, margarique et oléique.

3.º et 4.º La stéarine d'homme et l'oléine, susceptibles de donner les mêmes produits que la précédente, excepté l'acide stéarique.

5.º, 6.º et 7.º La phocénine, la butirine, l'hircine, susceptibles de donner, dans les mêmes circonstances, de la glycérine, de l'acide oléique et un ou plusieurs acides gras volatils.

J'ai démontré que la saponification des corps précédens a lieu sans le contact de l'oxigène ; qu'il suffit, pour l'effectuer, d'exposer à une certaine température les corps gras saponifiables, avec de l'eau et les bases salifiables suivantes : la soude, la potasse, la baryte, la strontiane, la chaux, l'oxide de zinc et le protoxide de plomb.

La magnésie n'opère la saponification qu'avec la plus grande difficulté ; et si l'ammoniaque l'opère, ce n'est qu'avec une lenteur extrême, au moins quand les matières sont préservées du contact de l'oxigène.

J'ai démontré qu'il ne se produit pas d'acide carbonique, ni d'acide acétique, quand les corps gras précités sont saponifiés, et en outre, que l'on retrouve dans les acides gras et la glycérine ou l'éthal d'une saponification, tous les élémens des corps gras saponifiés ; plus de l'oxigène et de l'hydrogène, dans le rapport où ces élémens constituent l'eau.

J'ai démontré en outre que la potasse ou la soude ne peuvent saponifier que la quantité de graisse capable de fournir la proportion d'acides gras nécessaires pour neutraliser ces alcalis. (Ch.)

SAPONOLITHE. (*Min.*) Nom scientifique que M. Fischer a donné à la pierre très-onctueuse, qu'on nomme si improprement *savon de montagne*, *Seifenstein*, etc. Voyez Stéatite et Argile smectite. (B.)

SAPOTA. (*Bot.*) Ce nom, donné par Plumier au sapotillier des Antilles, a été changé sans raison, par Linnæus, en celui d'*achras*. Il est employé seulement pour désigner la famille des sapotées, dont ce genre fait partie. (J.)

SAPOTE-BORACHO. (*Bot.*) Le *lucuma salicifolium* est ainsi nommé dans le Mexique, suivant M. Bonpland. Dans l'île de Cuba on nomme *sapote de coulevra*, le *lucuma serpentaria* de la Flore équinoxiale. Le *sapote negro* est un plaqueminier, *diospyros obtusifolia* de Willdenow. M. Kunth cite aussi le nom péruvien de *sapote* à son *Matisia cordata*, genre de sa famille des bombacées. (**J.**)

SAPOTÉES. (*Bot.*) Famille de plantes qui tire son nom du sapotillier, *sapota* de Plumier, *achras* de Linnæus : elle appartient à la classe des hypocorollées ou dicotylédones à corolle monopétale, insérée sous l'ovaire. Son caractère général est formé de la réunion des suivans.

Calice d'une seule pièce, persistant, infère, non adhérent à l'ovaire, divisé à son limbe en plusieurs lobes imbriqués dans la préfloraison, quelquefois accompagné d'écailles extérieures. Corolle hypogyne, monopétale, régulière, divisé en autant de lobes. Étamines à filets distincts, insérées au tube de la corolle, tantôt en nombre double de celui de ses lobes, et alors toutes fertiles, tantôt en nombre égal, opposées alors à ces lobes et séparées alternativement par autant de languettes représentant des filets d'étamines stériles (dans l'*omphalocarpum* ces étamines sont plus nombreuses, et rassemblées en faisceaux entre chaque languette et devant chaque lobe). Ovaire simple, supère, non adhérent, à plusieurs loges, remplies chacune d'un seul ovule attaché au bas de la loge ; style simple ; stigmate ordinairement non divisé. Fruit charnu, quelquefois couvert d'une croûte solide, multiloculaire, à loges monospermes, dont plusieurs avortent souvent (quelquefois toutes, à l'exception d'une). Graines couvertes d'un tégument presque osseux, lisse et luisant, excepté à leur ombilic, placé sur le côté inférieur et intérieur, tantôt arrondi, tantôt plus étroit et alongé. Périsperme charnu, existant ordinairement, manquant quelquefois. Embryon à radicule courte, descendante, à lobes plans et beaucoup plus grands, épaissis quand il n'y a pas de périsperme, minces quand il existe, recouvrant alors l'embryon. Plantes remplies d'un suc laiteux. Tiges ligneuses, s'élevant en arbrisseaux ou en arbres. Feuilles alternes, simples, à bords ordinairement entiers. Pédoncules uniflores, solitaires ou en faisceaux aux aisselles des feuilles.

On rapporte à cette famille les genres *Sideroxylum*, *Sersalisia* de M. Brown, peu différent du précédent ; *Bumelia* de Swartz ; *Bassia* et son congénère *Madhuca* de Hamilton et

Roxburg; *Mimusops*, auquel l'*Imbricaria* de Commerson est réuni; *Chrysophyllum*, *Lucuma*, *Achras* ou *Sapota* de Plumier; *Omphalocarpum* de Beauvois.

Un des caractères principaux de cette famille très-naturelle, est tiré des étamines, en nombre double de celui des lobes de la corolle et alors toutes fertiles, ou en nombre égal et opposées à ces lobes, alternes avec des languettes représentant des filets d'étamines stériles. L'absence de ces languettes dans le *manglilla* (*caballeria* de la Flore du Pérou ou *scleroxylum* de Willdenow), qui n'a que cinq étamines, a déterminé M. Kunth à reporter ce genre dans les ardisiacées, famille voisine, qui est dépourvue de ces languettes. Il y a renvoyé également le *Jacquinia*, qui en est dépourvu, mais dans lequel la corolle est divisée en dix lobes, dont cinq intérieurs, plus petits et alternes avec les étamines, mais dans un plan plus extérieur, auroient peut-être quelque similitude avec des languettes; d'où il suit que le *Jacquinia*, dont le port est d'ailleurs différent de celui des sapotées, pourroit servir de point de transition de cette famille aux ardisiacées. Mais, pour fixer définitivement les idées sur ce classement des deux genres, il faudra vérifier s'ils ont l'embryon filiforme, flexueux, à radicule plus longue que les lobes, placé presque transversalement au milieu du périsperme, comme dans les ardisiacées, ou s'il est conformé et disposé comme dans les sapotées. Les mêmes observations devront être faites sur le *Nycterisition* de la Flore du Pérou, que M. Kunth réunit aux sapotées, quoique dénué de languettes, et que par cette raison nous avions rapproché du *Myrsine* dans les ardisiacées.

Les arbres qui ont fourni les fruits du *calvaria*, du *rostellaria* et du *vitelaria*, figurés par M. Gærtner fils, paroissent appartenir plus certainement aux sapotées.

A la suite de cette famille on citera avec doute les genres *Rapanea* d'Aublet, *Othera* de Thunberg, *Cyrta* de Loureiro, et *Xystris* de Schreber, dont l'affinité a besoin d'être vérifiée par un nouvel examen. (J.)

SAPOTILLIER, *Achras*. (*Bot.*) Genre de plantes dicotylédones, à fleurs complètes, monopétalées, de la famille des sapotées, de l'*hexandrie monogynie* de Linnæus, offrant pour caractère essentiel : Un calice à six folioles, placées sur un double rang ; une corolle campanulée, à six divisions ; six écailles échancrées, placées à l'orifice de la corolle, ainsi que les six étamines ; un ovaire supérieur, surmonté d'un style plus long que la corolle et d'un stigmate obtus. Le fruit est une pomme globuleuse, charnue, à douze loges ; autant de semences comprimées, avec une cicatrice longitudinale.

Plusieurs réformes ont été établies dans ce genre depuis Linné. M. de Jussieu en a retranché l'*Achras mammosa*, dont il a formé le genre Lucuma (voyez ce mot). D'autres espèces de sapotilliers ont été reportées dans le *Bumelia* de Swartz (voyez Bumélie). La principale différence entre ces genres consiste particulièrement dans le nombre des parties de la fructification.

Sapotillier commun : *Achras sapota*, Linn., *Spec.*, Lamk.; *Ill. gen.*, tab. 255 ; Brown, *Jam.*, tab. 19, fig. 3 ; Sloan., *Jam. Hist.* 2, tab. 169, fig. 2. Arbre fort élégant, qui distille de son écorce un suc blanc, tenace et visqueux ; son tronc varie de hauteur, selon les localités ; il s'élève depuis dix jusqu'à cinquante pieds de haut ; son bois est blanc ; son écorce brune ; il se divise en rameaux, réunis en une belle cime ; les plus jeunes sont épais, un peu charnus, garnis de feuilles alternes, éparses, pétiolées, épaisses, ovales, lancéolées, entières, aiguës à leurs deux extrémités, longues de quatre à cinq pouces sur environ deux pouces de large, glabres à leurs deux faces, luisantes en dessus. Les fleurs sont éparses, solitaires, axillaires, pédonculées, blanchâtres, inodores : elles varient dans leur forme, selon que la floraison est plus ou moins avancée. Les folioles du calice sont ovales, concaves, aiguës ; la corolle est monopétale, plus longue que le calice ; son tube campanulé, à six divisions planes, presque ovales, avec autant d'écailles à l'orifice, échancrées à leur sommet ; les six étamines sont insérées à l'entrée de la corolle ; les filamens courts et subulés, un peu courbés ; l'ovaire est arrondi, comprimé à ses deux extrémités ; il lui succède une pomme assez grosse, globuleuse, mais variable dans sa forme, divisée en douze loges, renfermant autant de semences, dont plusieurs avortent.

Cet arbre croît dans plusieurs contrées de l'Amérique méridionale, mais il se trouve particulièrement à la Jamaïque, au milieu des forêts. Ses fruits sont assez recherchés; ils ont une saveur douce, mais un peu fade. On les sert en Amérique sur toutes les tables. Il faut, pour les trouver plus agréables, attendre qu'ils commencent presque à se pourrir. Beaucoup d'oiseaux et autres animaux en sont très-friands. L'écorce de l'arbre passe pour astringente et bonne pour couper la fièvre.

SAPOTILLIER DÉCOUPÉ: *Achras dissecta*, Linn., *Suppl.*, 210; *Manil-kara*, Rhéed., *Malab.*, 4, tab. 25, vulgairement BOIS DE NATTE. Arbre d'une grandeur médiocre. Son tronc, d'où découle une liqueur onctueuse et inodore, est revêtu d'une écorce d'un vert noirâtre. Il se divise en longues branches latérales, diffuses et en rameaux épars, garnis de feuilles alternes, pétiolées, très-épaisses, coriaces; les unes ovales, d'autres un peu oblongues, luisantes, glabres à leurs deux faces, obtuses, très-entières, rétrécies à leur base, à nervures fines, très-rapprochées, traversées en dessous par une côte épaisse : froissées entre les doigts, elles donnent une liqueur laiteuse, âcre et visqueuse. Les fleurs sont situées à l'extrémité des rameaux sur de longs pédoncules pubescens, striés, épars entre les feuilles. Le calice est composé de six folioles aiguës, lanugineuses, de couleur purpurine, ainsi que la corolle. Les fruits ont la couleur, la forme et la grosseur d'une olive verte; ils fournissent une liqueur visqueuse. Leur chair, quand ils sont mûrs, est d'une saveur douce, acidulée. Elle excite l'appétit et facilite la digestion. Cette plante croit dans la Chine, aux îles Manilles. On la cultive au Malabar et dans plusieurs autres contrées de l'Inde. Ses feuilles, pilées, broyées avec du gingembre et autres plantes aromatiques, sont employées à l'extérieur dans les paralysies.

SAPOTILLIER A FLEURS SESSILES; *Achras sessilis*, Poir., Enc. Très-belle espèce, dont les rameaux sont fort épais; l'écorce rugueuse, épaisse. Les feuilles sont alternes ou éparses, fort amples, coriaces, pétiolées, oblongues, rétrécies en coin à leur base, obtuses, arrondies, quelquefois un peu échancrées au sommet, glabres, luisantes, entières, traversées par une côte saillante avec des nervures latérales, fines, distantes, très-simples, dont l'intervalle est occupé par des veines agréablement réticulées. Les fleurs sont éparses entre les feuilles, vers l'extrémité des rameaux, assez nombreuses, sessiles, ou à peine pédicellées, solitaires. Le calice est un peu pubescent, de couleur brune. Cette espèce croît à l'Isle-de-France. Sa corolle et ses fruits n'ont pu être observés. (Poir.)

SAPPARE. (*Min.*) Nom que de Saussure a donné à la pierre nommée aussi cyanite, et ensuite DISTHÈNE par Haüy (voyez ce mot). Il a appliqué ce nom, qui est dans l'Inde synonyme de saphir, au disthène du Saint-Gothard, à cause de la belle couleur bleue qu'il possède quelquefois. (B.)

SAPPARITE. (*Min.*) M. de Schlotheim a décrit sous ce nom un minéral qui paroît avoir quelque analogie avec le disthène, que de Saussure avoit nommé sappar.

Il est d'un bleu assez intense, avec un éclat chatoyant argentin. Ses cristaux dérivent d'un prisme quadrilatère rectangulaire. Ils sont divisibles assez facilement et assez nettement dans le sens longitudinal; mais la division transversale présente une cassure inégale, passant à l'écailleuse. Il est transparent, d'une foible dureté; il ne peut rayer le verre: sa poussière est d'un gris blanchâtre clair.

Ce minéral vient du Pégu ou de Ceilan : il s'est trouvé engagé dans une druse de spinelle octaèdre.

Il est difficile, d'après des caractères si vagues et si incomplets, de dire si ce minéral est une espèce particulière ou une simple modification de disthène. (Leonhard, *Taschenb.*, 1809, p. 127, tiré du magasin des naturalistes de Berlin, 1, 303.) (B.)

SAPROLEGMIA. (*Bot.*) Dans le Bulletin des sciences naturelles pour 1824, page 48, ce nom est donné au SAPROLEGNIA, décrit ci-après. (Lem.)

SAPROLEGNIA. (*Bot.*) Ce genre, de la famille des algues, formé sur quelques-unes de ces plantes confondues avec les conferves, et dont les naturalistes sont portés à faire un règne intermédiaire, a été établi par Nées et Wiegmann; il forme avec l'*Achlya* (*Hydronema*, Car.) et le *Pythium* de Wiegmann, Nées, etc., un groupe ou appendice des *Leptomites* de l'ordre des *Batrachospermes*, de la cohorte des Hydrophyces, c'est-à-dire des Algues, dans la nouvelle classification de Fries. Ce groupement avoit été établi avant Fries par M. Carus dans ses

Observations sur les genres d'Algues et de Moississures qui croissent sur les animaux morts et sous l'eau. (*Nov. Act. acad. nat. cur.*, vol. 2, p. 493.) Les caractères du *saprolegnia* sont ceux-ci : Plantes mucides, à filamens cloisonnés, et sporidies ou globules sortant en série de leur loge respective, simples, douées de mouvemens et s'éparpillant ensuite. Ce genre a quelque analogie avec le *Tiresias* de Bory de Saint-Vincent, et le *Prolifera* de Vaucher : le *Conferva ferax* de Gruithuisen en fait partie. (Lem.)

SAPROMA, Gatinette, Saprome. (*Bot.*) Nouveau genre de la famille des mousses, ainsi nommé par MM. Mougeot et Nestler, et adopté par Bridel ; mais établi et publié par Schwægrichen sous la dénomination de *Bruchia* : il est voisin du *Voitia* et du *Physedium*, et tous les trois sont fort rapprochés du *Phascum.*

Le *Saproma* est caractérisé par sa capsule clause, égale, munie d'une apophyse à sa base, recouverte d'une coiffe campanulée, fendue sur son bord en plusieurs parties, et fermée par un opercule rudimentaire, un peu en bec et persistant. Les séminules ne sortent qu'après la destruction de la capsule.

Le *Saproma vogesiacum*, Moug. et Nestl.; Brid., *Bryol. univ.*, 1, p. 53, pl. 1; *Bruchia vogesiaca*, Schw., Suppl., 2, p. 91, tab. 127, est la seule espèce du genre : c'est une petite mousse d'une à quatre lignes, à tige simple ou divisée, garnie de feuilles ovales à la base, puis subulées ; les feuilles périchétiales sont plus longues, courbées et rejetées du même côté ; le pédicelle de la capsule est un peu flexueux, long d'une à trois lignes; son sommet se termine en une apophyse verte qui se confond avec la capsule sans en pouvoir être distinguée. Cette petite mousse est terrestre, vivace, semblable à un phascum, et se trouve dans les Vosges. Elle a été découverte par MM. Mougeot et Nestler, à terre sur les bouses de vaches dans les parties élevées du mont Hohneck, pendant le mois de Septembre 1822. Cette mousse a des fleurs mâles et femelles, terminales, dioïques, rarement monoïques : les fleurs mâles sont presque capituliformes ; elles contiennent environ dix anthères et des paraphyses filiformes stipités.

Ce genre diffère du *phascum* par la forme de sa coiffe, par sa capsule, qui ne se détache point du pédicelle et ne se fend point par le côté, mais qui se détruit sur son pédicelle. Il se distingue du *voitia* par sa coiffe en forme de mitre, laciniée et caduque, et de l'un et de l'autre par la présence de l'apophyse au bas de la capsule.

Le genre *Physedium* (*Ampoulette*), que nous n'avons pu faire connoître à sa lettre, parce que la Bryologie universelle de Bridel n'a paru que dans ces derniers temps, est encore très-voisin du *phascum*. Il est caractérisé par la coiffe cuculiforme, entière à sa base, caduque; par la capsule clause, sans bouche, égale, munie d'une apophyse basilaire et d'un opercule rudimentaire persistant.

Le *Physedium splachnoides*, seule espèce du genre, est une très-petite mousse droite, presque sans tige, à peine rameuse, garnie de feuilles ovales, pointues, concaves, très-entières; la capsule est oblongue, cylindrique. Cette plante a été recueillie en petits gazons sur la terre nue près de Kankerbay au cap de Bonne-Espérance. C'est le *phascum splachnoides*, Hornsch., *Hor. phys. berol.*, p. 57, pl. 12, fig. 1 — 4. (Lem.)

SAPYGE, *Sapyga*. (*Entom.*) Genre d'insectes hyménoptères, établi sous ce nom par M. Latreille comme voisin de celui des scolies, et par conséquent de notre famille des floriléges ou anthophiles.

Fabricius, dans son Système des Piézates, a réuni les espèces de scolies séparées par M. Latreille en un genre qu'il a nommé *Hellus*.

M. Latreille a décrit sous le nom de *sapyge à six points*, le mâle et la femelle d'une même espèce : l'un est l'*hellus quadriguttatus* mâle, l'autre l'*hellus sexpunctatus* femelle, plus grosse. C'est aussi le même insecte que Geoffroy a nommé *guêpe noire à quatre points blancs sur le ventre*. Klug les a figurés pl. 7, n.ᵒˢ 4, 5 et 6.

Une autre espèce a été décrite sous le nom de *scolia* ou d'*hellus prisma*, qui est l'*apis clavicornis* de Linnæus, parce que le mâle a les antennes terminées en massue. C'est un petit insecte noir, dont l'abdomen présente trois bandes souvent interrompues et un point anal jaunâtre ou blanchâtre. (C. D.)

SAQ-EL-HAMAM. (*Bot.*) Nom arabe d'une vipérine, *echinum prostratum* de M. Desfontaines, suivant M. Delile. (J.)

SAQR. (*Ornith.*) Selon M. Savigny, dans ses Oiseaux d'É-gypte et de Syrie, les noms arabes de *saqr chahyn*, *saqr el ghazal*, *saqr el baz*, *saqr el teyr*, s'appliquent au faucon com-mun, *falco communis*, Gmel., en diverses contrées de l'Égypte; celui de *saqr el gerad*, à l'émerillon, *falco œsalon*, Linn., et celui de *saqr el fyran*, à la soubuse, *falco pygargus*, Linn. (Cн. D.)

SAR. (*Bot.*) Nom qui désigne les varecs, dans le pays d'Aunis, selon M. Bosc. (Lem.)

SAR. (*Ichthyol.*) Dans quelques parties de l'Europe méri-dionale on donne ce nom au sargue ordinaire. Voyez Sargue. (H. C.)

SARA. (*Bot.*) Nom arabe du gouet ou pied-de-veau, *arum*, cité par Daléchamps. (J.)

SARAB. (*Bot.*) Nom arabe du *cadaba farinosa* de Forskal. (J.)

SARAB. (*Ichthyol.*) Nom égyptien de la Saupe. Voyez ce mot. (H. C.)

SARACA. (*Bot.*) Genre de plantes dicotylédones, à fleurs incomplètes, irrégulières, de la famille des *légumineuses*, de la *diadelphie hexandrie* de Linnæus, offrant pour caractère essentiel : Une corolle monopétale, infundibuliforme, à quatre divisions; point de calice; six étamines en deux pa-quets opposés, insérées à l'orifice de la corolle; un ovaire supérieur, comprimé; un style incliné; le stigmate obtus. Le fruit n'a point été observé. Cette plante seroit-elle la même que l'Ionesia de Roxburg? (*Voyez ce mot.*)

Saraca des Indes; *Saraca indica*, Linn., *Mant.*, 98; Burm., *Flor. ind.*, tab. 25; fig. 2. Arbre des Indes, imparfaitement connu. Son tronc se divise en branches diffuses et en rameaux alternes, garnis de feuilles alternes, pétiolées, composées de quatre, six ou huit folioles pédicellées, oblongues. Les fleurs sont disposées en plusieurs épis ovales, alternes, formant une panicule par leur ensemble. Ces épis sont munis de bractées opposées deux à deux, imbriquées, ovales, lancéolées. Il n'y a point de calice. La corolle est monopétale, en entonnoir, le limbe divisé en quatre découpures ovales, ouvertes; la division supérieure plus écartée; l'orifice élevé à son bord; elle renferme six étamines diadelphes, à filamens sétacés, inclinés, insérés à l'orifice de la corolle, réunis trois par trois à leur base, formant deux paquets opposés; l'ovaire est oblong, comprimé, pédicellé, de la longueur des étamines; le style subulé, incliné, aussi long que l'ovaire, terminé par un stigmate obtus. Cette plante croît dans les Indes orientales. (Poir.)

SARACÉNAIRE. (*Foss.*) J'ai reçu d'Italie de petites coquilles, dont les plus longues n'ont qu'une ligne et demie sur une demi-ligne de diamètre. Elles sont lisses, triangulaires, cellulées, et ne portent aucune trace d'ouverture extérieure. J'ai cru qu'elles devoient constituer un genre particulier, auquel j'ai donné le nom de Saracénaire, attendu que les coquilles qu'il renferme, ressemblent parfaitement à un petit grain de sarrazin; j'ai donné à la seule espèce que je connoisse, et qui a servi de type à ce genre, le nom de saracénaire d'Italie, *saracenaria italica.* Dans le Tableau méthodique de la classe des céphalopodes, M. Dorbigny annonce que cette espèce vit dans la mer Adriatique et qu'on la trouve fossile aux environs de Sienne. On en voit une figure dans l'atlas de ce Dictionnaire, planches des fossiles. (D. F.)

SARACHA. (*Bot.*) Ce genre de la Flore du Pérou doit être supprimé et réuni à la mandragore, avec laquelle il a la plus grande affinité, et dont il ne diffère que par sa corolle plus évasée. Il paroît que c'est l'*atropa procumbens* de Cavanilles et de M. Persoon. Il ne faudra pas confondre ce *saracha,* qui est une solanée, avec la *saraca* de Linnæus, qui est un genre conservé dans la famille des légumineuses. Celui de la Flore du Pérou est nommé dans ce pays *tomate cimarron,* c'est-à-dire pomme d'or sauvage. Ses feuilles, écrasées et mêlées avec du saindoux, ont une vertu anodine et émolliente. On ajoutera ici que Mentzel cite le nom égyptien *saraca* pour l'hellébore noir. Voyez SARAQUIER. (J.)

SARACHE. (*Ichthyol.*) Le poisson ainsi nommé par Aldrovandi, est le même que le *scoranze* des Italiens. Voyez Scoranze. (H. C.)

SARACHS, SARAX. (*Bot.*) Nom arabe de la fougère, cité par Daléchamps. (J.)

SARAGACE. (*Bot.*) Nom portugais d'une espèce de buglose, cité par Grisley. (J.)

SARAGU. (*Ichthyol.*) Nom sarde du sargue ordinaire. Voyez
Sargue. (H. C.)

SARAIGNET. (*Bot.*) Nom d'une variété de froment, dans
le département du Gard, selon M. Bosc. (Lem.)

SARAK. (*Mamm.*) L'un des noms tartares de la brebis.
(Desm.)

SARALU. (*Bot.*) Voyez Pongelion. (J.)

SARANA. (*Bot.*) Nom du *lilium pomponium* chez les Mon-
gols, dans la Daourie, cité par Gmelin. (J.)

SARANGUINA. (*Bot.*) Dans la province de Jaen de Bra-
camoros, près le fleuve des Amazones, on donne ce nom
au *bumelia rotundifolia* de Swartz, suivant M. de Humboldt.
(J.)

SARAPE. (*Entom.*) M. Fischer, de Moscou, a décrit comme
un genre, et sous ce nom, une espèce d'escarbot que Fabricius
appeloit *hister glabratus*, et qui se trouve sous les écorces.
(C. D.)

SARAPICO. (*Ornith.*) Don Ulloa, dans ses Mémoires philosophiques et physiques sur l'Amérique, cite les sarapicos, qu'il
associe aux courlis, comme étant communs dans les parties
haute et basse du Pérou, ainsi que dans la Louisiane. (Ch. D.)

SARAQUH. (*Ornith.*) Voyez Saggaouy. (Ch. D.)

SARAQUI. (*Bot.*) Dans les montagnes voisines de Loxa
croît un arbre de ce nom, qui est le *stereoxylum pendulium*
de la Flore du Pérou, *escallonia pendula* de MM. Persoon et
Kunth. (J.)

SARAQUIER, *Saracha*. (*Bot.*) Genre de plantes dicotylédones, à fleurs complètes, monopétalées, de la famille des *so-
lanées*, de la *pentandrie monogynie* de Linnæus, dont le caractère
essentiel consiste dans un calice persistant, à cinq angles, à
cinq divisions ; une corolle campanulée, en roue et à cinq
lobes à son limbe ; cinq étamines insérées à la base de la
corolle ; les filamens élargis vers leur base ; les anthères
ovales, à deux loges ; un ovaire supérieur ; un style ; le stigmate en tête ; une baie globuleuse, à une seule loge, enveloppée jusque vers son milieu par le calice persistant ; des
semences comprimées, logées dans autant de petites cellules
éparses.

Ce genre a été établi par les auteurs de la Flore du Pérou

en l'honneur du R. P. Isidore Saracha, bénédictin, botaniste espagnol, très-zélé pour la science. Il diffère des *Physalis* par le limbe de sa corolle en roue, par ses baies uniloculaires, enveloppées à leur base par le calice ; il diffère des *atropa* par son calice à cinq divisions ouvertes, par les divisions de la corolle égales et réfléchies ; enfin par les étamines, les fruits et les semences.

SARAQUIER PONCTUÉ ; *Saracha punctata*, Ruiz et Pav., *Flor. Per.*, 2, page 42, tab. 178, fig. *B.* Cette plante a des tiges droites, presque ligneuses, rameuses, cylindriques, hautes de deux ou trois pieds, de couleur brune ; les rameaux alternes, un peu anguleux, pulvérulens dans leur jeunesse. Les feuilles sont pétiolées, éparses, alternes, ovales, oblongues, très-entières, glabres en dessus, veinées et pulvérulentes en dessous, aiguës au sommet. Les fleurs sont terminales, axillaires, réunies plusieurs ensemble ; les pédoncules simples, uniflores, pendans, inégaux. Le calice est glabre, à cinq divisions ovales, un peu arrondies, obtuses ; la corolle grande, campanulée, pulvérulente en dehors ; le limbe très-ouvert, à cinq lobes obtus, réfléchis, d'un pourpre jaunâtre, marqués de petites taches purpurines. Cette plante croît au Pérou, sur les hautes montagnes. Ses feuilles ont une saveur très-amère ; elles passent pour anodines, émollientes, dépuratives.

SARAQUIER A DEUX FLEURS : *Saracha biflora*, *Flor. Per.*, *loc. cit.*, tab. 179, fig. *A ;* vulgairement POMMES D'OR. Sa tige est droite, pubescente, cylindrique, haute d'environ deux pieds, divisée en rameaux anguleux, pubescens. Les feuilles sont pétiolées, alternes, presque géminées, ovales, aiguës, entières, rétrécies à leur base, courantes sur le pétiole ; les fleurs axillaires ; les pédoncules solitaires, bifides au sommet, terminés par deux, rarement trois fleurs pendantes. La corolle est campanulée, d'un vert jaunâtre, étalée à son limbe, qui se divise en cinq lobes aigus ; les étamines sont droites, une fois plus longues que la corolle ; les baies fort petites, de la grosseur d'un pois, arrondies, un peu comprimées et blanchâtres. Cette plante croit dans les champs, au Pérou, parmi les moissons et les haies. Ses feuilles, broyées et mêlées avec de la graisse de porc, passent pour émollientes et anodines.

Saraquier a pédoncules tors; *Saracha contorta*, *Flor. Per.*, *loc. cit.*, tab. 180, fig. *A*. Plante annuelle, herbacée, dont les racines sont blanchâtres, très-fibreuses; la tige droite, haute de trois ou quatre pieds, presque fistuleuse, cannelée, à cinq angles, glabre, d'un violet livide à sa partie inférieure; les rameaux dichotomes, striés, anguleux, pubescens. Les feuilles sont alternes, pétiolées, ovales; les inférieures solitaires, un peu anguleuses et dentées; les supérieures géminées, l'une plus petite que l'autre, inégales à leur base, entières à leur contour, obliques, aiguës au sommet, pubescentes à leurs deux faces, un peu courantes sur le pétiole, qui est à demi cylindrique, trois fois plus court que les feuilles. Les fleurs sont disposées en une sorte d'ombelle pendante, situées dans la bifurcation des rameaux et dans les aisselles des feuilles supérieures. Le pédoncule commun est solitaire, sillonné, tors ou en spirale, soutenant six ou dix fleurs inclinées, pédicellées; les pédicelles uniflores et en spirale. La corolle est d'un blanc jaunâtre, assez grande, campanulée, très-ouverte; les lobes aigus; les étamines velues à la base des filamens. Les baies sont noires, globuleuses, de la grosseur d'un pois. Cette plante croît au Pérou, aux lieux escarpés. Ses feuilles passent pour émollientes et anodines.

Saraquier denté; *Saracha dentata*, *Flor. Per.*, *loc. cit.*, tab. 179, fig. *B*. Cette plante a des racines fusiformes, blanchâtres, fibreuses, d'où sort une tige herbacée, très-rameuse, annuelle, pubescente, chargée, presque dès sa base, de rameaux nombreux, foibles, renversés, diffus, pubescens, anguleux et dichotomes, longs d'un demi-pied. Les feuilles sont géminées, médiocrement pétiolées, l'une plus petite que l'autre, ovales, oblongues ou lancéolées, petites, les unes entières, d'autres dentées ou sinuées, un peu aiguës ou obtuses au sommet, rétrécies à leur base en un pétiole court. Les fleurs sont réunies en ombelles, les unes terminales, d'autres latérales, inclinées: le pédoncule commun filiforme, divisé en trois ou quatre pédicelles courts, pubescens; la corolle d'un blanc violet, mince, velue à ses deux faces, marquée, dans son centre, de dix points verdâtres; les lobes aigus, ouverts en roue; les baies d'un jaune de safran, de la grosseur d'un petit pois; les semences un peu ridées. Cette plante croît dans les décombres, au Pérou. Ses feuilles, cuites dans la graisse de porc et appliquées en cataplasme, sont employées pour amollir les tumeurs et en apaiser la douleur.

Saraquier ombellé: *Saracha umbellata*, Dec., *Cat. hort. Monsp.*, 142; *Atropa umbellata*, Roth, *Catal. bot.*, 2, pag. 26? Cette espèce a des tiges herbacées, droites, presque glabres, un peu cannelées, garnies de feuilles ovales, alternes, rétrécies en pointe à leurs deux extrémités, réunies en ombelles axillaires: les pédicelles sont uniflores, inclinés, au nombre de trois ou six; le calice est partagé en cinq découpures très-profondes, recouvrant les baies à leur moitié inférieure; les anthères sont non conniventes, s'ouvrant en longueur latéralement. Cette plante, probablement originaire de l'Amérique méridionale, est cultivée au Jardin du Roi.

Le *Saracha procumbens* de la Flore du Pérou, *loc. cit.*, tab. 180, fig. *B*, est l'*atropa procumbens* de Cavanilles, *Icon. rar.*, 1, tab. 72, cultivé sous ce nom au Jardin du Roi. Il paroît être l'*atropa plicata* de Roth, *Cat. bot.*, 24. Ses tiges sont couchées, herbacées; les feuilles géminées, ovales, entières, un peu velues en dessous; les fleurs axillaires, disposées en ombelles de trois ou quatre fleurs; les pédoncules velus; la corolle est d'un blanc jaunâtre, verdâtre à son centre, pubescente à ses bords: les baies sont glabres, luisantes, de la grosseur d'un pois; les semences lenticulaires, un peu échancrées à leur base. Cette plante croît au Pérou. Voyez Saracha. (Poir.)

SARAQUIOA. (*Bot.*) Nom de l'*andropogon glaucescens* de la Flore équinoxiale dans le royaume de Quito. (J.)

SARAS, ADAMARAM. (*Bot.*) Noms malabares, cités par Rhéede, du badamier, *terminalia catappa*. (J.)

SARASIÉ. (*Bot.*) Nom arabe du fruit du cerisier, cité par Daléchamps. C'est le *karasiœ* de Forskal. (J.)

SARAT. (*Bot.*) Nom arabe de l'*amaryllis alba* de Forskal. (J.)

SARAUB. (*Bot.*) Les Maures nomment ainsi le cyprès, *cupressus sempervirens*, suivant Rumph. C'est le *saru* des Arabes; le *sarub* des environs d'Alep, cité aussi par Forskal. (J.)

SARAUDLIK. (*Ichthyol.*) Nom groënlandois du Musche-bout. Voyez ce mot. (H. C.)

SARAVOZA. (*Ornith.*) Flacourt cite, parmi les oiseaux de

Madagascar, ce très-petit perroquet vert, qu'il dit avoir le talent de contrefaire la voix des autres oiseaux. (Ch. D.)

SARAX et SARACHS. (*Bot.*) Noms donnés par les auteurs arabes à la fougère royale, *osmunda regalis*, Linn. (Lem.)

SARBA. (*Ichthyol.*) Nom arabe du Sarbe. Voyez ce mot et Daurade. (H. C.)

SARBARSUK. (*Ornith.*) Ce nom, qui s'écrit aussi *sargvarsuk*, est celui du *tringa striata* au Groënland, selon Fabricius, n.° 73. (Ch. D.)

SARBATANA. (*Bot.*) Dans la Nouvelle-Grenade, suivant M. de Humboldt, on nomme ainsi son *verbesina turbacensis*, qui croît auprès de Turbasco. (J.)

SARBE. (*Ichthyol.*) Nom spécifique d'une Daurade, décrite dans ce Dictionnaire, tome XII, page 154. (H. C.)

SARCANDA. (*Bot.*) Voyez Sercanda. (J.)

SARCANTHÈME, *Sarcanthemum.* (*Bot.*) Ce genre de plantes, que nous avons proposé dans le Bulletin des sciences de Mai 1818 (pag. 74), appartient à l'ordre des Synanthérées, à notre tribu naturelle des Astérées, à la section des Astérées-Solidaginées, et au groupe des Psiadiées, dans lequel nous l'avons placé entre les deux genres *Elphegea* et *Psiadia*. (Voyez notre tableau des Astérées, tom. XXXVII, pag. 459 et 469.) Le genre *Sarcanthemum* présente les caractères suivans :

Calathide subglobuleuse, discoïde : disque pluriflore, régulariflore, masculiflore; couronne plurisériée, multiflore, ambiguïflore, féminiflore. Péricline un peu inférieur aux fleurs, hémisphérique; formé de squames imbriquées, appliquées, ovales-oblongues, coriaces, munies d'une bordure membraneuse. Clinanthe plan, garni sous le disque de petites lames, et sous la couronne de squamelles inférieures aux fleurs et un peu variables. Ovaires de la couronne comprimés, obovoïdes, glabres, striés, pourvus d'un bourrelet basilaire, et offrant un rudiment presque imperceptible d'aigrette stéphanoïde. Faux-ovaires du disque réduits au seul bourrelet basilaire, qui porte une longue aigrette chiffonnée, irrégulière, composée de squamellules entregreffées à la base, flexueuses, filiformes-laminées, inappendiculées. Corolles de la couronne tubuleuses-ligulées, très-épaisses inférieurement, grêles supérieurement, liguliformes au sommet. Corolles du disque ayant la partie inférieure du limbe formée d'une substance épaisse, coriace-charnue.

Nous ne connoissons qu'une seule espèce de ce genre.

Sarcanthème corne-de-cerf : *Sarcanthemum coronopus*, H. Cass.; *Conyza coronopus*, Lamk., Encycl., tom. 2, pag. 87 ; Pers., *Syn. pl.*, tom. 2, pag. 428. C'est un arbuste glabre, à tige rameuse, cylindrique ; ses feuilles sont alternes, longuement pétiolées, étroites, oblongues-lancéolées, subglaucescentes ou grisâtres, trinervées, dentées, à dents distantes, oblongues, arrondies au sommet ; les calathides, composées de fleurs jaunes, sont disposées en corymbes terminaux.

Nous avons fait cette description spécifique, et celle des caractères génériques, sur un échantillon sec, recueilli dans l'île Rodrigue par Commerson, et qui se trouve dans l'herbier de M. de Jussieu.

Le genre *Sarcanthemum* se distingue des trois autres genres de Psiadiées (*Elphegea*, *Psiadia*, *Nidorella*) par des caractères très-remarquables : La calathide n'est point radiée, mais discoïde ; les fleurs de la couronne, disposées sur plusieurs rangs, ayant leur languette demi-avortée ; le clinanthe est garni d'appendices laminés, dont les extérieurs ressemblent à de vraies squamelles ; les ovaires de la couronne n'ont qu'un rudiment presque imperceptible d'aigrette stéphanoïde ; les faux-ovaires du disque, réduits au bourrelet basilaire, ont une longue aigrette de squamellules entregreffées à la base, filiformes-laminées et nues ; les corolles du disque et de la couronne offrent une partie très-épaisse et coriace-charnue. C'est à ce dernier caractère que fait allusion le nom de *Sarcanthemum*, composé de deux mots grecs, qui signifient *fleurs charnues*.

Il est à propos de remarquer ici que M. Lindley a établi un genre *Sarcanthus* dans l'ordre des Orchidées. Nous ignorons si la publication de son *Sarcanthus* est antérieure ou postérieure à celle de notre *Sarcanthemum*, décrit dans le Bulletin des sciences de Mai 1818. Mais il nous semble qu'on peut très-bien conserver, sans aucun changement, les deux noms génériques de *Sarcanthus* et de *Sarcanthemum*, puisque tous les botanistes adoptent ceux d'*Helianthus* et d'*Helianthemum*. Il sera bientôt impossible de nommer les nouveaux

genres, si l'on exige que les noms génériques ne se ressemblent point du tout. (H. Cass.)

SARCELLE. (*Ornith.*) Voyez Canard. (Ch. D.)

SARCINULE, *Sarcinula.* (*Polyp.*) M. de Lamarck donne
ce nom, dans la Nouvelle édition de ses Animaux sans vertèbres, tome 2, page 222, à un genre de Madrépores ou
de Polypiers lamellifères, composés d'un grand nombre de
tubes subcylindriques, verticaux, parallèles, à ouverture po-
lygonale, avec des lames rayonnantes dans l'intérieur aux
deux extrémités, et formant par leur réunion des masses simples, plus ou moins épaisses, ayant des ouvertures sur les
deux faces.

Ce polypier fort singulier, qui semble s'accroître à la fois
à la circonférence par l'augmentation du nombre des tubes,
et à ses deux faces par leur alongement, diffère principalement des tubipores en ce que ses tubes sont véritablement
contigus dans toute leur longueur, du moins dans l'espèce
non fossile que j'ai sous les yeux ; aussi ai-je été obligé, à
cause de cela, de ne pas faire entrer dans la caractéristique
les cloisons intermédiaires et transverses, dont parle M. de Lamarck. Les sarcinules diffèrent aussi des tubipores par la forme
même de la cavité et l'existence des lamelles radiées intérieures. Ils se distinguent des stylines, parce que les lamelles
radiées ne tombent pas sur un axe solide, qui dépasse les
bords de l'ouverture.

M. de Lamarck définit deux espèces de sarcinules.

La Sarcinule perforée ; *Sarcinula perforata*, de Lamk., *loc.
cit.*, pag. 223. Polypier en masse aplatie en dessus comme en
dessous, assez épaisse, composée de tubes droits, parallèles,
réunis entre eux dans toute la longueur, ou à interstices pleins
et ouverts aux deux extrémités.

Cette espèce, apportée des mers australes par MM. Péron
et Lesueur, à ce que dit M. de Lamarck, m'a présenté, dans
l'échantillon que je possède, et qui a près d'un pouce et demi
d'épaisseur, un aspect cristallin si singulier dans l'intérieur
des tubes et sur les bords, que je ne serois pas étonné qu'elle
fût fossile.

La S. orgue : *S. organum*, de Lamk. : *Madrepora organum*,
Linn., *Amœn. acad.*, 1, tab. 4, fig. G. Polypier en masse

épaisse, composée d'un grand nombre de tubes verticaux, agrégés par une matière cellulaire, disposée en cloisons transverses.

M. de Lamarck cite de cette espèce des individus vivans, provenant de la mer Rouge et existant dans son cabinet : je ne les ai pas vus; mais il y rapporte comme fossile analogue le madrépore dont Linné a donné la figure dans la dissertation *De corallis balticis*, et il me semble, d'après la figure, qu'il y a des différences notables, en ce que dans celui-ci les tubes cylindriques sont comme articulés, percés d'un très-petit trou, peut-être sans lames rayonnantes, et qu'ils sont réunis dans toute leur longueur par une substance continue sans indice de cloisons. (De B.)

SARCINULE. (*Foss.*) Nous n'avons jamais rencontré d'espèces de ce genre à l'état fossile, et nous ne le connoissons que par ce qui en a été dit par M. de Lamarck, dans son ouvrage sur les animaux sans vertèbres, tom. 2, pag. 225. Ce savant pense que ce polypier est libre; mais il est difficile de croire que des masses composées de tubes réunis puissent n'être pas adhérens sur quelques corps. Il en a signalé deux espèces : la sarcinule perforée et la sarcinule orgue. Il ne paroît pas assuré que la première, qui vit dans l'océan Austral, ne soit pas fossile, et il annonce que la seconde, qui se trouve à l'état vivant dans la mer Rouge, se trouve fossile sur les côtes de la mer Baltique.

Pour dissiper quelques doutes que nous avons sur la nature et le genre de ce polypier, nous regrettons beaucoup de n'en avoir pas eu sous les yeux quelques échantillons. (D. F.)

SARCITE. (*Min.*) Nom donné par Pline à une pierre qui ressembloit à de la chair de bœuf, et par le docteur Townson, suivant M. Jameson, à un minéral qui se trouve à Greenock, entre Édimbourg et Glasgow, et qui pourroit bien être ou de l'analcime rosâtre ou de l'Hydrolithe. Voyez ce mot et Sarcolithe. (B.)

SARCOBASE. (*Bot.*) M. De Candolle donne ce nom au fruit des ochnacées, des simaroubées, etc., dans lequel les loges, toujours distinctes, sont articulées sur un très-grand gynobase (base du style); et il donne à ce fruit le nom de microbase, lorsque, comme dans les labiées, par exemple, les loges sont articulées sur un gynobase très-petit. M. Mirbel réunit le sarcobase et le microbase sous la dénomination de Cénobion. Voyez ce mot. (Mass.)

SARCOCARPE. (*Bot.*) M. Richard distingue dans le péricarpe trois parties : 1.° la peau externe ou épicarpe ; 2.° la peau interne, de consistance variable, qui forme les loges, ou l'endocarpe ; 3.° la partie intermédiaire plus ou moins charnue, ou le sarcocarpe. M. Mirbel ne distingue dans le péricarpe que deux parties : l'extérieure, qu'il nomme panne externe, et l'intérieure, qu'il nomme panne interne. (Mass.)

SARCOCARPES. (*Bot.*) Ce sont des champignons qui constituent un ordre particulier dans leur famille. Voyez Champignons. (Lem.)

SARCOCHILUS. (*Bot.*) Ce genre, établi par M. Rob. Brown, appartient à la famille des *orchidées*, à la *gynandrie diandrie* de Linnæus. Il a de grands rapports avec les *cymbidium* et les *dendrobium*, étant rapproché des premiers par sa corolle étalée ; des seconds par son port ; ses fleurs offrent pour caractère essentiel : Cinq pétales égaux, étalés ; les deux extérieurs soudés avec l'onglet de la lèvre ou du sixième pétale : celui-ci est privé d'éperon, rétréci en un onglet, qui est un prolongement de la colonne sexuelle ; son limbe est en sabot ; le lobe du milieu est ferme et charnu ; l'anthère mobile, terminale et caduque. L'auteur ne cite qu'une espèce pour ce genre, le *sarcochylus falcatus*, Nov. Holl., pag. 332. Il croît à la Nouvelle-Hollande. (Poir.)

SARCOCOLIER. (*Bot.*) Voyez Penæa. (Poir.)

SARCOCOLLA. (*Bot.*) Ce nom latin a été conservé par Adanson au sarcocollier, que Linnæus a nommé *penæa*, en supprimant le *penæa* de Plumier, qu'il rapportoit au *polygala*. (J.)

SARCOCOLLE. (*Bot.*) On connoît sous ce nom un suc plus gommeux que résineux, lequel suinte de l'écorce du *penæa sarcocolla*. Il est apporté de la Perse, de l'Arabie et de l'Éthiopie, sous forme de petits grains friables, de volume inégal, de couleur rougeâtre ou jaunâtre, d'une saveur un peu âcre, amère et nauséabonde. Il plie sous la dent, se dissout en partie dans l'esprit de vin et presque entièrement dans l'eau. Les anciens n'étoient pas d'accord sur ses vertus. Les

Arabes lui attribuèrent une propriété purgative, mais ils craignoient de l'administrer aux tempéramens bilieux. On tempéroit son action par le mélange avec des huileux. Les Grecs ne l'employoient qu'à l'extérieur, dissous dans du lait ou de l'eau rose, pour bassiner les yeux attaqués d'ophthalmie, pour délayer et cicatriser les plaies. On l'a employé plus récemment pour arrêter les hémorrhagies; mais généralement il est peu d'usage. (J.)

SARCOCOLLE. (*Chim.*) M. Thomson a fait un principe immédiat de cette substance, que l'on considéroit généralement auparavant comme une gomme résine.

La sarcocolle exsude du *penœa sarcocolla*.

La sarcocolle du commerce est en globules oblongs, dont les uns sont de la grosseur d'un pois, et les autres de la grosseur d'un grain de sable. Elle est jaune ou rougeâtre, assez semblable à la gomme arabique. Elle a une odeur légère d'anis; elle est formée, suivant Thomson, de quatre substances différentes : 1.° de sarcocolle pure, c'est la plus abondante; 2.° de petites fibres ligneuses et d'une substance molle ressemblant à l'enveloppe des graines de plusieurs crucifères; 3.° d'une substance brune rougeâtre ressemblant à de la terre; 4.° d'une matière gélatineuse que l'on aperçoit quand on traite la sarcocolle par l'eau et l'alcool.

Lorsqu'on fait évaporer la solution alcoolique de sarcocolle filtrée, on obtient une matière brune, demi-transparente, facile à casser, ressemblant à la gomme et n'ayant pas d'odeur : c'est la sarcocolle pure.

Elle ne cristallise pas.

La sarcocolle pure a une saveur sucrée, légèrement amère; elle se dissout dans la bouche comme la gomme.

Elle est aussi soluble dans l'eau que dans l'alcool. La première solution est mucilagineuse; elle peut servir aux mêmes usages que la gomme.

Au feu elle se ramollit, sans se fondre; elle exhale une odeur légère de caramel. A une haute température elle noircit, prend la consistance du goudron, répand une fumée blanche, qui a une odeur très-âcre. (Cʜ.)

SARCODACTYLIS. (*Bot.*) Gærtner a décrit sous ce nom le fruit d'une plante qu'il suppose voisine de l'*helicteres*,

et peut-être même *l'helicteres apetala*. Ce fruit est une baie
charnue, d'un rouge de feu, oblongue, sillonnée, s'élevant du
milieu des sillons, en forme de doigt, ombiliquée profondément au sommet, en forme d'entonnoir, multiloculaire ; les
graines sont éparses dans les loges et peu nombreuses. (LEM.)

SARCODE , *Sarcodum.* (*Bot.*) Genre de plantes dicotylédones, à fleurs complètes, papilionacées, de la famille des
légumineuses, de la *diadelphie décandrie* de Linnæus , offrant
pour caractère essentiel : Un calice persistant, court, à demi-
tronqué ; la corolle papilionacée ; les ailes courtes et planes ;
la carène courte, en faucille ; dix filamens subulés , diadelphes ; une gousse charnue, cylindrique, renfermant des semences ovales.

SARCODE GRIMPANT ; *Sarcodum scandens*, Lour. , *Fl. Coch.*, 2 ,
pag. 564. Arbrisseau dont la tige est fort longue, grimpante,
très-rameuse. Les feuilles sont ailées, composées de folioles
ovales, lanugineuses, oblongues , acuminées, très-entières.
Les fleurs sont d'un rose clair, disposées en grappes simples,
terminales ; chaque fleur est munie d'une bractée ciliée, lan-
céolée. Le calice est coloré, tronqué à son bord supérieur,
muni à l'autre de trois petites dents droites, aiguës ; la corolle est papilionacée ; l'étendard ascendant, ovale, entier ;
les ailes sont courtes, planes, ovales, alongées ; la carène est
d'une seule pièce, courbée en faucille , de la longueur de
l'étendard ; les anthères sont ovales, tombantes ; l'ovaire est
linéaire ; le style subulé, de la longueur des étamines ; la
gousse droite, cylindrique, glabre, oblongue, charnue, contenant des semences réniformes. Cette plante croît dans les
forêts, à la Cochinchine. (POIR.)

SARCODENDRE, *Sarcodendros.* (*Zoophyt.*) Donati , Essai
sur l'histoire naturelle de la mer Adriatique, p. 2, emploie ce
nom pour désigner un genre de zoophytes entièrement charnu,
et dans lequel les cellules, en forme de lampe, sont enfoncées. C'est sans doute quelque espèce d'alcyon. (DE B.)

SARCODERME. (*Bot.*) Nom donné par M. De Candolle
à la partie parenchymateuse, quelquefois à peine visible,
quelquefois très-apparente, qui se trouve entre le tégument
extérieur de la graine, et le tégument immédiat de l'amande.
Voyez TÉGUMENS DE LA GRAINE. (MASS.)

SARCOGRAPHA. (*Bot.*) Genre de la famille des lichens, établi par M. Fée près du *Graphis* et du *Fissurina*, Fée, dont il est intermédiaire : il est caractérisé par son thallus ou expansion crustacé, membraneux, uniforme; ses apothéciums constitués par des lirelles labyrinthiformes, insérées sur une base charnue, cessant près du bord du thallus, ayant le disque noir et pulvérulent, et contenant un noyau alongé, rameux, strié intérieurement. La forme des apothéciums, et leur disposition sur une base charnue, a suggéré le nom de *sarcographa*, dérivé du grec, donné à ce genre, et qui signifieroit *écriture sur de la chair*.

Ce genre comprend quelques espèces exotiques parasites des écorces de quinquina et de celles de la cascarille.

Le Sarcographa des quinquina ; *Sarcogr. cinchonarum*, Fée, *Essay*, p. 58, pl. 1, fig. 5, il est cartilagineux, glabre, d'un blanc de neige, arrondi ; ses lirelles sont noires. Il forme sur les écorces du *Cinchona lancifolia* de petites taches de deux à quatre lignes de diamètre.

M. Fée décrit encore trois autres espèces, figurées pl. 16 du même ouvrage, ce sont les *Sarcographa cascarillæ*, *tigrina* et *labyrinthiformis*.

Le *sarcographa* est réuni par Meyer à son *asterisca*, ainsi que le *medusula* d'Eschweiller ; mais la connoissance de la véritable structure du genre est due à M. Fée. Il paroît qu'on doit l'augmenter de plusieurs espèces placées par Achard dans son *glyphis*, et entre autres des *glyphis labyrinthica* et *tricosa*, outre plusieurs nouvelles espèces. Voyez Platygramma. (Lem.)

SARCOLÈNE, *Sarcolæna*. (*Bot.*) Genre de plantes dicotylédones, à fleurs complètes, polypétalées, de la famille des *Clenacées* de M. du Petit-Thouars, de la *monadelphie polyandrie* de Linnæus, offrant pour caractère essentiel : Un involucre ou calice extérieur à cinq dents; un calice intérieur à trois folioles; cinq pétales réunis en tube à leur base; des étamines nombreuses, monadelphes, insérées à la base ; un tube urcéolé; un ovaire supérieur, conique; un style; un stigmate en tête, à trois lobes. L'urcéole se convertit en une sorte de baie, et renferme une capsule à trois loges bivalves ; deux semences dans chaque loge.

Sarcolène a grandes fleurs ; *Sarcolæna grandiflora*, du Petit-

Thouars, Hist. des végét. d'Afrique, fasc. 2, pag. 37, tab. 9.
Arbre d'une médiocre grandeur, à rameaux alternes, renversés, dichotomes. Les feuilles sont pétiolées, alternes, un
peu distantes, ovales, entières, longues de quatre ou cinq
pouces, plissées dans leur jeunesse, couvertes de poils ferrugineux et caducs; les pétioles comprimés, à deux angles; les
stipules fendus dans leur longueur. Les fleurs sont terminales,
assez grandes, portées sur des pédoncules divisés par dichotomies, munis de bractées caduques, chargées d'un duvet
écailleux, ferrugineux et caduc. Le calice extérieur est charnu,
en forme d'urcéole, persistant, couvert de poils rudes; l'intérieur à trois folioles concaves, membraneuses; la corolle
blanche, à cinq pétales élargis au sommet, rapprochés en
tube à leur base; un urcéole cylindrique, crénelé à ses bords,
portant à sa base des étamines nombreuses. L'ovaire est velu,
surmonté d'un style cylindrique, d'un stigmate en tête; la
capsule acuminée, à trois valves, à trois loges, renfermant
chacune deux semences, dont une avorte souvent. Ces semences sont pendantes, attachées au sommet des loges, raboteuses; le périsperme corné; l'embryon vert, la radicule
alongée, cylindrique; les cotylédons en cœur, foliacés, trèsminces. Cette capsule est cachée dans le tube intérieur, qui,
grossissant par la maturation, prend l'aspect et la consistance
d'une baie charnue, qui s'amollit en mûrissant; elle est tapissée intérieurement de poils roides, qui occasionnent des
démangeaisons insupportables. Cette plante croît à l'île de
Madagascar. La pulpe du tube a une saveur qui approche
de celle de la nèfle; mais les poils qui tapissent son intérieur
empêchent qu'on puisse la manger. (Poir.)

SARCOLITHE. (*Min.*) C'est Thomson qui a désigné le premier par ce nom un minéral presque opaque, d'une couleur
rougeâtre tirant sur celle de la chair, et qui se trouve en
grains ou en cristaux, soit disséminés, soit implantés dans les
cavités des spilites et des téphrines.

Il y a beaucoup d'obscurité sur la vraie synonymie de ce
minéral : on l'a regardé successivement comme une espèce
particulière, ensuite comme une simple variété de couleur
d'analcime, puis comme une variété due à quelques échanges
de bases isomorphes. Enfin, ce qui augmente la confusion,

comme il arrive souvent dans ces sortes de discussions, c'est l'incertitude où l'on est que tous les minéraux nommés sarcolithes appartiennent eux-mêmes à une seule espèce ; car on s'est plus souvent dirigé par l'aspect extérieur que par des caractères fondamentaux.

Il paroît résulter des recherches de M. Léman, des analyses de M. Vauquelin, et des observations encore plus récentes de M. Léman, qu'on a donné le nom de sarcolithe à deux minéraux très-différens.

Premièrement à une variété rougeâtre de vraie analcime, que M. Thomson a observée dans les téphrines de la Somma et qu'on a retrouvée depuis dans les spilites de Montecchio-Maggiore, en cristaux cubo-octaèdres plus ou moins prononcés, et d'une couleur qui varie du rouge de chair foncé au rose pâle, avec une cassure vitreuse et tous les autres caractères de l'analcime.

Nous avons donné la composition de cette pierre à l'article ANALCIME du Supplément ; on remarque qu'elle contient beaucoup de soude, 13 à 14, et peu d'eau, environ 8. Sa forme est celle de l'analcime ; c'est donc une analcime rosàtre qui, outre les lieux qu'on vient de citer, se trouve encore à Fassa dans le Tyrol.

Secondement à un minéral rosàtre, qu'on trouve aussi à Montecchio-Maggiore, et c'est là la cause de la confusion, qui indique par ses petits cristaux en prismes à six pans terminés par un pointement à six faces, un rhomboïde obtus pour forme primitive, forme incompatible avec celle de l'analcime, et qui, enfin, renferme, d'après les analyses que M. Vauquelin a faites de ce minéral venant de deux endroits différens, seulement 4 à 5 de soude, mais 20 à 21 pour cent d'eau.

M. Léman est le premier qui ait distingué cette espèce au milieu de tous les minéraux qui lui ressemblent et qui sont disséminés dans les spilites du Vicentin ; il a vu que ce n'étoit ni de l'analcime, ni de la chabasie, quoiqu'elle ait avec cette dernière espèce beaucoup d'analogie. Il l'a décrite dans le Musée minéralogique de M. de Drée sous le nom d'hydrolite, et nous l'avons mentionnée sous ce même nom à son ordre alphabétique (voyez HYDROLITHE). Il y a

bien quelques observations critiques à faire sur ce nom;
mais quel est celui qui n'en est pas susceptible? D'ailleurs
il étoit fait par le minéralogiste qui avoit seul le droit de
choisir un nom pour la substance qu'il avoit su distinguer,
et personne n'a plus celui de le changer, surtout quand,
n'ayant rien ajouté de nouveau à l'histoire de ces substances,
on n'acquiert pas un seul titre pour opérer ce changement :
nous ne ne pouvons donc ni approuver ni admettre le nom
de gmélinite, que M. Leonhard a donné à cette substance,
malgré l'autorité de ce savant et laborieux minéralogiste, et
le respect que nous avons pour l'illustre chimiste auquel il
a dédié ce minéral.

L'hydrolithe paroit devoir constituer une espéce et continuer de porter le nom que M. Léman lui a donné en la faisant connoître (voyez Hydrolithe). Il faut ajouter aux lieux
indiqués dans cet article, Castel dans le Vicentin, et peut-
être Glenarm, dans le comté d'Antrim en Irlande. (B.)

SARCOLOBUS. (*Bot.*) Genre de plantes dicotylédones monopétales de la famille des *apocinées*, de la *pentandrie digynie*.
Il est caractérisé ainsi par R. Brown (*Act. soc. Wern. Edimb.*),
qui l'a établi : Calice à cinq divisions, accompagnées d'autant de glandes petites et cylindriques; corolle en roue, à
cinq divisions; pollen disposé en dix masses, réunies par
paires ; stigmate déprimé, pentagone, recouvrant les anthères, accompagnés de corpuscules cylindriques, sillonnés,
portant de chaque côté un filet horizontal, courbé à sa
pointe; un follicule charnu, contenant des semences nombreuses, plates, imbriquées et munies d'une membrane dans
leur pourtour.

Ce genre renferme trois espéces volubles, dont la tige est
ligneuse, presque articulée. Les feuilles sont opposées et les
fleurs en petits corymbes extrapétiolaires. Ces espèces croissent dans l'Inde. Ce sont :

1. Le *Sarcolobus Banksii*, Rœm. et Schult., *Syst. veget.*, 6,
page 58, qui croit dans l'île Princesse, à Batavia. Il a les
feuilles larges.

2. Le *Sarcolobus globosus* de Wallich, *Asiat. rech.*, 12,
pag. 577, pl. 4. Il a les feuilles ovales-oblongues; la corolle
velue en dedans; les follicules grands, charnus, globuleux,

avec les bouts recourbés et muriqués. On le trouve au Bengale sur les bords des eaux saumâtres du fleuve Hoogly.

3. Le *Sarcolobus carinaltis*, Wall., *loc. cit.*, pl. 5. Il a les feuilles ovales ou oblongues, presque charnues; les corolles lisses; les follicules oblongs, lisses, pointus et presque carénés. Il se rencontre dans les mêmes lieux que le précédent. (LEM.)

SARCOME. (*Bot.*) Nom donné par M. Linck au nectaire du *cobœa*. (MASS.)

SARCOMPHALUS. (*Bot.*) L'arbre de la Jamaïque auquel P. Browne donnoit ce nom, est maintenant un nerprun, *rhamnus sarcomphalus* de Linnæus. (J.)

SARCONEMUS. (*Bot.*) Rafinesque propose sous ce nom, dans son Analyse de la nature, un genre de champignons, qu'il place à la suite du *Byssus* et de l'*Erineum*, position qui ne permet par de juger la valeur de ses caractères; aussi ce genre n'a-t-il pas été adopté. (LEM.)

SARCOPHAGO. (*Bot.*) Voyez MAURONIA. (J.)

SARCOPHYLLA. (*Bot.*) Genre de la famille des algues établi par Stackhouse sur des espèces de *fucus* de Linnæus et des *delesseria* de Lamouroux : il est caractérisé par sa substance délicate, charnue et glabre; sa fronde le plus souvent laciniée, ayant le bord nu ou garni de cils, qui s'observent aussi quelquefois à la surface de la fronde; et par la fructification en tubercules placés à la surface de la fronde ou sur les cils. Stackhouse y ramène ses *fucus palmatus, olivaceus, marginifer, edulis, ciliatus*, et quelques autres. Toutes ces plantes se font remarquer par leur couleur d'un rouge de chair plus ou moins vif, ce qui a suggéré à Stackhouse le nom de *sarcophylla*. L'imagination plus riante de M. Lamouroux a trouvé dans les couleurs vives de ces plantes et de leurs analogues l'image des mêmes couleurs dans les fleurs, et le nom de Floridées lui a paru plus noble pour désigner ces végétaux marins. Les diverses espèces que nous venons de citer rentrent dans les genres *Sphærococcus, Halymenia* et *Echinella*, d'Agardh. (LEM.)

SARCOPHYLLE, *Sarcophyllum*. (*Bot.*) Genre de plantes dicotylédones, à fleurs complètes, polypétalées, de la famille des *légumineuses*, de la *diadelphie décandrie* de Linnæus, caractérisé par un calice persistant, campanulé, à cinq divisions régulières ; une corolle papilionacée ; dix étamines diadelphes ; un ovaire supérieur ; un style ; une longue gousse aiguë, en forme de sabre.

SARCOPHYLLE CHARNU : *Sarcophyllum carnosum*, Thunb., *Nov. gen.*, 135 ; Willd., *Spec.*, 3, pag. 968. Arbrisseau peu élevé, dont les tiges sont droites, glabres, très-rameuses, hautes d'un pied et plus ; les branches et les rameaux épars, diffus, droits ou un peu courbés, élancés, cylindriques, légèrement striés, couverts d'une écorce cendrée, garnis de feuilles sessiles, ternées ou presque fasciculées, charnues, linéaires, aiguës, glabres, entières, un peu ridées, longues d'un pouce. Les fleurs sont solitaires, situées à l'extrémité des rameaux, droites, réfléchies après la floraison. Le calice est glabre, charnu, à divisions ovales, obtuses, roulées à leurs bords ; la corolle papilionacée ; l'étendard ovale, renversé, trois fois plus long que le calice ; les ailes sont lancéolées, presque naviculaires, un peu plus courtes que l'étendard ; la carène est de même grandeur que l'étendard ; les étamines diadelphes, de la longueur de la corolle ; les anthères petites, oblongues, tombantes ; l'ovaire est glabre ; les gousses sont longues d'un demi-pouce. Cette plante croît au cap de Bonne-Espérance. (POIR.)

SARCOPODIUM. (*Bot.*) Genre de la famille des champignons établi par Ehrenberg et qu'il caractérise ainsi : fibres longues, cylindriques, annulées, molles, prenant naissance dans une substance charnue (ou *stroma*), vésiculeuses et molles, puis libres dans leur partie supérieure et persistantes. Le *Sarcopodium circinatum*, Ehrenb., *Sylv. Mycol.*, pag. 12 et 23, fig. 4, est un champignon semblable à une moisissure, un peu charnu, d'un jaune rougeâtre, ou bien avec teinte de rouge de chair ; le stroma présente des fibres de même couleur : les extérieures sont fortes, obtuses, courbées à l'extrémité et souvent arquées comme un demi-cercle. Cette plante a été observée sur les tiges desséchées des plantes annuelles, qu'elle couvre, sur une grande étendue, de sa base charnue. Ehrenberg la place dans la division des *Sarcopia* de sa Méthode mycologique, où se rangent les genres *Stereum*, *Dacryomyces*, *Podisoma*, *Gymnosporangium*, *Coryneum*, *Prosthemium*, *Fusarium*, etc. Linck, en l'adoptant, le place entre le

Phragmotrichum et le *Podisoma*, non loin de l'*Exosporium*, dont il diffère, selon lui, par sa base ou stroma, qui est dilaté et étendu. Fries, ne pouvant se faire une idée exacte des organes de cette plante épiphyte, croit devoir la passer sous silence dans son *Systema orbis vegetabilis*. (Lem.)

SARCOPTE. (*Entom.*) Nom donné par M. Latreille à un genre d'insectes aptères voisin des mites ou des cirons, avec lesquels il avoit été confondu sous le nom latin d'*acarus*. M. Latreille les a rangés depuis dans la famille des arachnides trachéennes holêtres; mais dans son dernier ouvrage, intitulé Familles du règne animal, on ne trouve plus le nom de sarcopte inscrit, ni dans la famille des acarides, ni dans celle des tiques et des microphtères.

Nous avons réuni tous les insectes aptères et sans mâchoires, dont la tête et le corselet sont distincts, en une seule et même famille, sous les noms de rhinaptères ou de parasites, parce qu'ils se trouvent ordinairement et se nourrissent sur le corps d'autres animaux. (Voyez Rhinaptères.)

Le genre Sarcopte, dont le nom est tiré des deux mots grecs Σαρξ-σαρκος, qui signifie *chair d'animal*, et de κοκ]ος, *qui pique*, peut être ainsi caractérisé : Tête, corselet et abdomen distincts seulement par des lignes transverses; huit pattes garnies de cils ou poils et terminées par des vésicules.

Nous avons fait figurer, d'après M. Galès, qui a donné une très-bonne dissertation sur ce sujet, les dessins indiqués par les n.ᵒˢ 1, 3, 4, 5, 6, 7 et 8, sur la planche 52 de l'atlas de ce Dictionnaire, dont on pourra se servir pour suivre la description que nous allons donner de cet insecte.

La dissertation de M. Galès de Betbèze qui a pour titre, Essai sur le diagnostic de la gale, a été soutenue en 1812, pour obtenir le grade de docteur à la Faculté de médecine de Paris, sous le n.° 151.

On trouvera dans cet ouvrage les détails historiques relatifs à la découverte qui a été faite de ces animalcules, dont l'existence a été indiquée d'abord par Abynzoar, puis par Moufet, Cestoni, Rédi, Degéer, etc. L'auteur a répété lui-même les expériences qui prouvent que ces insectes produisent la gale, et qu'en isolant quelques individus pris dans la sérosité d'un bouton, et les plaçant sur la peau d'un individu sain de ma-

niére à ce qu'ils ne puissent s'échapper de l'espace circonscrit
par un verre de montre appliqué sur les tégumens, du côté
concave, ces animaux ne tardent pas à produire des boutons
en s'insinuant sous l'épiderme, et que c'est très-probablement
de cette manière que cette maladie dégoûtante et incommode
au dernier degré, devient contagieuse.

Les sarcoptes, examinés avec une très-forte loupe, ont le
corps luisant, vésiculeux, un peu transparent : au moment où
on les saisit, ils contractent leurs membres, les pelotonnent
sous leur corps et restent assez long-temps immobiles ; mais
par le repos et l'action de la chaleur ils se meuvent, et bientôt
on peut distinguer leurs membres ou leurs pattes, au nombre
de huit lorsqu'ils sont adultes ; car dans les premiers temps
de leur existence ils n'en ont que six.

Leur corps est globuleux et ressemble assez à celui de la
mite ou du ciron du vieux fromage et de celui de la farine
altérée : on y voit, outre les indices des articulations, des
poils rares, isolés ; leur tête forme une sorte de museau court ;
l'ensemble du corps est à peine de la grosseur et de l'apparence du plus petit grain d'un sable transparent ; cependant
ses mouvemens le décèlent, et quand nous jouissions de toute
la perfection de notre vue, nous avons pu distinguer à l'œil
non armé ces animalcules quand nous les avions d'abord découvert avec la loupe.

Il paroît que les diverses sortes d'animaux sont attaqués par
différentes espèces de sarcopte. Nous avons vu ceux d'un phas-
colome de la Nouvelle-Hollande attaqué d'une sorte de gale
qui s'est communiquée à plusieurs des aides-naturalistes du Muséum lorsqu'ils étoient occupé à préparer la peau de l'un de ces
animaux qui avoit succombé et dont on a conservé la dépouille.
Les dromadaires, les moutons, les chiens, paroissent être attaqués d'une sorte de gale propre à chacune de ces espèces,
et probablement produite par un insecte différent. Tous les
moyens propres à guérir la gale sont en effet de nature à faire
penser que leur action dépend d'une sorte de poison qui ferait
périr l'insecte.

Linnæus a pensé que certaines dysenteries pouvoient provenir
de l'irritation produite par l'une des espèces que l'on a observée
dans les matières glaireuses qui composent les déjections fécales.

Les espèces de ce genre ne sont connues que très-imparfaitement. Celles que Linnæus y avoit inscrites sont maintenant réparties dans un très-grand nombre d'autres genres. Voyez l'article MITE. (C. D.)

SARCOPTERE, *Sarcopterus*. (*Malacoz.*) M. Rafinesque-Schmaltz a établi sous cette dénomination le même genre de mollusques, que M. Meckel avoit désigné plusieurs années auparavant par le nom de gasteropteron, pour un petit animal des mers de Sicile. Son corps est en effet biparti: la partie antérieure ou tête, beaucoup plus petite, est subcarrée; la postérieure, globuleuse, est bordée d'une grande membrane subcirculaire. La couleur est également rouge. Voyez GASTÉROPTERE. (DE B.)

SARCORAMPHE. (*Ornith.*) Ce nom, qui signifie bec charnu, a été donné, par M. Duméril, dans sa Zoologie analytique, à un nouveau genre d'oiseaux, comprenant ceux des vautours qui ont des crêtes ou caroncules charnues sur la tête ou aux environs du bec, comme le condor, le papa, l'oricou. Le renvoi des mots condor et oricou au mot VAUTOUR, ne permet pas de placer ici la description de ces oiseaux. (CH. D.)

SARCOSTEMME, *Sarcostemma*. (*Bot.*) Genre de plantes dicotylédones, à fleurs complètes, monopétalées, de la famille des *apocinées*, de la *pentandrie digynie* de Linnæus, offrant pour caractère essentiel: Un calice à cinq divisions; une corolle en roue, à cinq lobes; la couronne double; l'extérieure en anneau, crénelée; l'intérieure plus longue, charnue, à cinq folioles; les anthères terminées par une membrane; les masses de pollen pendantes, attachées au sommet de l'anthère; deux ovaires supérieurs; deux styles; les stigmates surmontés d'une pointe ou mutiques; deux follicules lisses et grêles; les semences chevelues.

SARCOSTEMME GLAUQUE; *Sarcostemma glauca*, Kunth *in* Humb. et Bonpl., *Nov. gen.*, 3, pag. 194, tab. 239. Ses tiges sont lactescentes et grimpantes; les rameaux glabres, cylindriques; les feuilles opposées, médiocrement pétiolées, lancéolées, acuminées, entières, aiguës à leur base, un peu roulées à leurs bords, glabres, membraneuses, vertes en dessus, glauques en dessous. Les fleurs sont nombreuses, axillaires, disposées en ombelles; le pédoncule commun est long d'environ quatre pouces; les pédicelles sont filiformes; les divisions du calice lancéolées, acuminées, ciliées à leurs bords; la corolle est très-blanche, à tube court, à peine de la longueur du calice; la couronne extérieure est ondulée et charnue, à cinq découpures ovales, aiguës et frangées; la couronne intérieure une fois plus longue, à cinq folioles, insérée au sommet du tube des étamines; les anthères sont opposées aux folioles, terminées par une membrane ovale, obtuse, qui recouvre le stigmate; les filamens courts, connivens; les deux ovaires glabres, à stigmate à cinq angles. Cette plante croît dans la province de Caracas, sur le bord de la mer des Antilles.

Sarcostemme pubescent; *Sarcostemma pubescens*, Kunth., *loc. cit.* Cette espèce a des tiges grimpantes, des rameaux pubescens et soyeux; des feuilles opposées, pétiolées, lancéolées, acuminées, entières, arrondies à leur base, presque glabres, pubescentes en dessous, sur leurs nervures et à leurs bords, presque longues de deux pouces, larges d'un demi-pouce; les pétioles courts, pubescens et soyeux. Les fleurs sont en ombelles solitaires, axillaires, à pédoncule pubescent, long d'environ trois pouces; les pédicelles ont un demi-pouce; le calice est pubescent, à cinq découpures planes, oblongues, aiguës, trois et quatre fois plus courtes que la corolle; celle-ci est en roue, presque sans tube, à divisions du limbe pubescentes, ovales, obtuses, ciliées; la couronne extérieure à cinq folioles ovales, oblongues, obtuses; l'intérieure verdâtre, une fois plus courte. Cette plante croît aux mêmes lieux que la précédente.

Sarcostemme de Cumana; *Sarcostemma cumanense*, Kunth, *l. c.* La tige est grimpante; les rameaux sont glabres; les feuilles opposées, médiocrement pétiolées, linéaires, lancéolées, acuminées, obtuses à leur base, entières, pubescentes, membraneuses, longues de deux pouces, larges d'environ trois lignes. Les fleurs sont disposées en ombelles; les pédoncules de la longueur des feuilles; les pédicelles pubescens; le calice est un peu velu, à découpures étalées, planes, oblongues, aiguës, cinq fois plus courtes que la corolle : celle-ci est blanche; son tube très-court, bordé à son orifice; le limbe à cinq divisions ovales, aiguës; la couronne extérieure à cinq folioles oblongues, obtuses, charnues. Cette plante croît aux lieux sablonneux, dans les environs de Cumana.

Sᴀʀᴄᴏsᴛᴇᴍᴍᴇ ɴᴜ : *Sarcostemma viminale*, Rob. Brown ; *Cynanchum viminale*, Linn., *Spec.; Asclepias aphylla*, Forsk., *Flor. Ægypt. Arab.* Plante très-singulière, en ce qu'elle est privée de feuilles. Elle pousse plusieurs tiges laiteuses, persistantes, effilées, un peu grêles, lisses, verdâtres, cylindriques, de la grosseur d'une plume à écrire, un peu contournées, sarmenteuses, qui s'élèvent à la hauteur de trois à six pieds ; elles sont presque d'égale épaisseur dans toute leur longueur, munies de rameaux opposés, plus ou moins longs. Les fleurs ont un calice très-petit, à cinq divisions ; une corolle en roue ; un rebord membraneux, qui environne les organes sexuels ; une couronne à cinq folioles droites, pétaliformes ; les anthères brunes, très-petites. Cette plante croît en Afrique et dans l'Arabie.

Le *Sarcostemma australe* de Rob. Brown, *Nov. Holl.*, 464, est très-rapproché de cette plante. Ses tiges sont dépourvues de feuilles, articulées, tombantes, presque volubiles. Les fleurs sont disposées en ombelles terminales : elles deviennent latérales par le prolongement des tiges. Cette plante croît à la Nouvelle-Hollande. (Pᴏɪʀ.)

SARCOSTOMES. (*Entom.*) Nous avions ainsi désigné, dans le grand tableau des insectes placé à la fin du premier volume des Leçons d'anatomie comparée, de M. Cuvier, une grande famille d'insectes diptères, dont la bouche consiste en une trompe charnue et contractile, par opposition aux *sclérostomes*, qui ont un suçoir corné et non rétractile complétement. Depuis, dans la Zoologie analytique et dans nos Considérations générales sur la classe des insectes, nous avons cru devoir diviser cette famille, qui comprenoit un trop grand nombre de genres, en deux autres, d'après la disposition des antennes, qui sont munies d'un poil isolé, simple, ou plumeux, ou qui n'offrent pas ce poil, ni rien de semblable. Ces derniers genres ont été réunis sous le nom d'Aᴘʟᴏᴄèʀᴇs, et les autres ont pris par opposition le nom de Cʜéᴛᴏʟᴏxᴇs ou à soie latérale. Voyez ces deux mots. (C. D.)

SARDA. (*Min.*) Voyez Sᴀʀᴅᴏɪɴᴇ. (Bʀᴀʀᴅ.)

SARDACHATES de Pline (*Min.*), étoit très-vraisemblablement une agate qui avoit la couleur rougeâtre qu'on attribue spécialement à la pierre nommée *sarda* par les anciens. (B.)

SARDANELLA. (*Ichthyol.*) Voyez Scoranze et Célerin. (H. C.)

SARDE. (*Ichthyol.*) On donne ce nom à une espèce de *clupée* imparfaitement connue, qu'on pêche sur la côte du Brésil, et qu'on prépare à la manière du hareng pour les Canaries et pour Madère. Ce poisson tient, pour la taille, le milieu entre le hareng et la sardine.

On a parfois appelé aussi la *sardine*, *sarde*. Voyez Clupée. (H. C.)

SARDE. (*Mamm.*) De Lacépède a compris ce nom parmi les synonymes de la baleine nord-caper. (Desm.)

SARDE (*Min.*), *Sarda* et *Sardius* de Pline, et le *Sardus* de Wallerius et des anciens minéralogistes, qui ne paroît pas être précisément la même pierre que celle que nous nommons *sardoine;* car la sardoine, telle que la considèrent les lapidaires italiens et françois, est une agate d'un brun roussâtre ou orangé, et la sarde, *sardius* et *sardus*, étoit une pierre rouge ou rougeâtre. Au reste, ce ne sont que des différences techniques; car ces pierres, considérées minéralogiquement, diffèrent à peine l'une de l'autre : ce sont des silex agates qui n'offrent que des variétés de nuance, qui se trouvoient à peu près dans les mêmes lieux et servoient aux mêmes usages. Les anciens en faisoient beaucoup de cas comme pierres propres à faire des cachets ; il paroît qu'ils s'en procuroient facilement des quantités considérables, et comme il est probable que les plus belles venoient des montagnes qui sont sur la route de l'Inde par terre, et que cette route étoit bien plus fréquentée par les anciens que par les modernes, qui suivent actuellement la voie de la mer, il étoit assez naturel qu'ils pussent s'en procurer facilement un très-grand nombre sans faire le voyage exprès pour les aller chercher. Voyez Sardoine. (B.)

SARDELLA. (*Ichthyol.*) Voyez Scoranze. (H. C.)

SARDINE. (*Bot.*) Voyez Sardinella. (Lem.)

SARDINE. (*Ichthyol.*) Nom d'un poisson que nous avons décrit en détail à notre article Clupée. (H. C.)

SARDINE [Grande]. (*Ichthyol.*) A l'Isle-de-France on

appelle ainsi le *clupanodon Jussieu*. Voyez CLUPANODON. (H. C.)

SARDINELLA. (*Bot.*) Nom donné en Toscane à une espèce de champignons que Paulet nomme *raquette blanche, sardine* et *orceille*. Voyez ORCELLA. (LEM.)

SARDINIERS. (*Ornith.*) Une des dénominations citées par MM. Quoy et Gaimard, dans la partie zoologique de leur Voyage autour du monde, avec le capitaine Freycinet, comme désignant les oiseaux pélagiens. (CH. D.)

SARDINO. (*Ichthyol.*) Nom nicéen de la SARDINE. Voyez ce mot. (H. C.)

SARDOINE. (*Min.*) La sardoine des bijoutiers est une pierre de la nature des agates, qui est d'une couleur orangée plus ou moins foncée, et passant par des nuances insensibles au jaune, au roussâtre et au brun, en sorte que l'on est convenu de réunir sous cette dénomination, toutes les agates dont la couleur tire sur le brun. Malgré cette distinction, l'on peut dire cependant que la sardoine passe à la cornaline et même à la calcédoine par des nuances qui se fondent les unes avec les autres, et cela doit être ainsi toutes les fois que deux ou trois pierres de même nature ne se distinguent que par leurs couleurs. Je ferai remarquer cependant que la sardoine présente, dans son intérieur et au milieu de sa pâte, des espèces de zones concentriques ou de petits nuages pommelés, que je n'ai jamais remarqués dans la cornaline rouge proprement dite.

On ignore les lieux qui nous fournissent les sardoines, mais il est probable qu'elles se trouvent dans le lit de certaines rivières, car on les rencontre toujours, chez les marchands et chez les amateurs, en noyaux qui ont de un à deux pouces de diamètre et qui sont polies à leur surface. L'abbé Chappe, qui fit un voyage astronomique dans le Nord, en rapporta une grande quantité. La forme et la couleur des sardoines brunes leur a fait donner le nom de *marons*.

Les anciens connoissoient certainement notre sardoine, puisqu'ils nous en ont laissé un grand nombre de gravées, mais il me paroît certain qu'ils réunissoient sous le nom de *sarda*, et notre sardoine, et notre cornaline et nos calcédoines. Pline, dans son 37.ᵉ livre, s'étend beaucoup sur l'histoire de cette pierre, qu'il nomme *sarda*, et qui étoit très-employée de son temps par les graveurs. Il en distingue plusieurs espèces, mais entre autres celles qui furent trouvées aux environs de la ville de *Sarda*, en Lydie, et aux environs de Babylone. Il en cite aussi trois variétés venant de l'Inde et plusieurs des frontières de l'Égypte. Le même auteur rapporte, d'après Démostrate, que ce fut Scipion l'Africain qui porta la première sardoine, et que depuis cette pierre fut très-estimée des Romains, qui la recevoient de l'Inde et d'Arabie.

Parmi les sardoines gravées qui existent dans la collection des antiques de la Bibliothèque royale de Paris, nous citerons un Apollon, qui est aussi remarquable par sa belle couleur que par son grand volume.

La sardoine fait souvent partie des agates onix, mais le plus ordinairement c'est avec une couche ou deux de calcédoine qu'elle se trouve associée : on la voit assez rarement accolée avec la cornaline. Mais quelle que soit son association, elle prend alors le nom de sardonyx ou tout simplement d'Onix. Voyez ce mot. (Brard.)

SARDOLA. (*Ichthyol.*) Voyez Scarda. (H. C.)

SARDONIA, SARDOS. (*Bot.*) Voyez Scelerata. (J.)

SARDONYX. (*Min.*) Ce n'est pas précisément notre sardoine, mais c'étoit dans Pline une sarde ou sarda propre à être gravée en camée, puisqu'elle se compose d'une couche de sarde ou agate rougeâtre et d'un lit ou couche blanche. Cette disposition des couleurs rendoit cette pierre comparable *à un ongle placé sur la chair, l'un et l'autre étant transparens.* Ce sont les propres expressions de Pline. (B.)

SARE. (*Ornith.*) Nom du venturon, *fringilla citrinella*, Linn., en turc. (Ch. D.)

SAREA. (*Bot.*) Fries propose d'établir ce genre, voisin des *vibrissea* et *volutella*, tous champignons du groupe des elvelles, pour placer quelques espèces considérées comme des *helotium* par les auteurs, et que lui-même avoit comprises dans le genre *Peziza*. Le *sarea* est caractérisé ainsi : Réceptacle lenticulaire, toujours ouvert, excavé en dessous, d'une consistance céracée; fructification en petits amas fixes qui ne se déchirent point. Ce genre nous paroît foiblement caractérisé. (Lem.)

SARELLE. (*Bot.*) Le mélampyre des bois porte ce nom dans quelques cantons. (L. D.)

SARG. (*Ichthyol.*) Voyez Sar. (H. C.)

SARGAÇO, SARGASSO et SARGAZO. (*Bot.*) Noms que les premiers navigateurs portugais et espagnols dans les mers des tropiques ont donnés aux varecs qui forment des bancs immenses, flottant à la surface de la mer, où ils imitent des prairies. Cependant les *fucus natans* et *bacciferus* sont spécialement nommés *sargaço*, et de là le nom de *sargassum*, sous lequel ils sont mentionnés dans les ouvrages de botanique anciens. Voyez Fucus. (Lem.)

SARGASSUM. (*Bot.*) Genre de la famille des algues, établi par Agardh, et formé aux dépens du genre *Fucus*, Linn., tel que les botanistes modernes l'ont fixé. Son caractère essentiel consiste dans sa fructification composée de réceptacles tuberculeux, ayant des loges intérieures, chaque tubercule muni d'un trou au sommet et contenant des capsules sans mélange d'aucune fibre. Dans le *cystoseira* du même auteur les capsules sont accompagnées de filamens, et dans le genre *Fucus*, proprement dit, Agardh ne laisse que les espèces dont les tubercules, également percés, contiennent un mucus fibreux, dans lequel nagent de petites pelottes de fibres entremêlées avec de petits amas de capsules. Une grande partie des *fucus* des auteurs rentreroient dans les *sargassum* et *cystoseira*, mais beaucoup de ceux déjà rapportés ne doivent être considérés que comme placés provisoirement dans ces genres, demandant à être observés de nouveau dans leur fructification. L'espèce qui a servi de type au *sargassum* est le *fucus bacciferus*, Turn., lequel, selon Agardh, est le véritable *fucus natans*, Linn.; celui que les navigateurs ont fait connoître sous le nom de *sargaço*, que les Espagnols lui ont donné les premiers, et qui est si remarquable par la profusion avec laquelle il croit et couvre les mers des Indes et d'Amérique.

Agardh décrit une soixantaine d'espèces de *sargassum* et les divise en plusieurs sections, dont voici l'indication.

1.re Section.

Réceptacles axillaires, feuilles entières.

Cette section comprend les *fucus natans* et *acinarius*, décrits dans ce Dictionnaire à l'article Fucus, et toutes les espèces congénères, au nombre de plus de trente, presque toutes

exotiques et plus particulières à la mer Rouge, aux mers
orientales et au cap de Bonne-Espérance.

2.ᵉ SECTION.

Réceptacles axillaires, feuilles pinnatifides.

Cette section comprend moins d'espèces, sept ou huit environ, étrangères à l'Europe, et qui croissent dans les mers
d'Afrique et de l'Inde.

3.ᵉ SECTION.

Espèces à petites frondes et munies de très-petites vésicules.

Cette section est aussi peu nombreuse en espèces ; celles-
ci sont encore toutes exotiques et s'éloignent des précédentes
par leur forme et leur aspect : elles sont rares dans nos herbiers. Nous ne ferons que citer le *Fucus angustifolius*, Turn.,
pl. 212, ou *Sargassum angustifolium*, Agardh, *Species alg.*,
p. 32, qui croît dans la mer des Indes.

4.ᵉ SECTION.

Réceptacles terminaux.

Elle est peu nombreuse en espèces, et celles-ci se rencontrent dans les mers de Chine et du Japon. Il faut en excep-
ter cependant une seule espèce, le *Sargassum Hornschuchii*,
Agardh, *l. c.*, p. 40, qui est le *Fuco acinara* de Ginnani,
Oper. post., 1, p. 19, pl. 27, n.° 36, lequel vit dans la mer
Adriatique, et que Hornschuch a trouvé près Parenzo, sur
la côte de l'Istrie.

5.ᵉ SECTION.

Vésicules ailées.

Cette section a pour type une seule espèce, le *Fucus tur-
binatus*, Linn., décrit dans ce Dictionnaire au mot FUCUS,
tom. XVII, p. 497, où il est également seul dans sa section.

6.ᵉ SECTION.

*Fronde plane, avec une côte pinnatifide; vésicules et réceptacles
aciculaires.*

Trois espèces de la Nouvelle-Hollande font partie de cette
section : ce sont les *Fucus decurrens*, Turn., *Hist. pl.*, 124;

Peronii, Turn., pl. 247, et *platylobium*, Mertens, Mém., p. 4, avec figures.

7.ᵉ SECTION.

Fronde plane, sans nervures; réceptacles situés sur le bord des frondules; capsules solitaires dans leurs tubercules.

D'après la manière de concevoir les genres à présent en cryptogamie, cette section pourroit en former un distinct. L'aspect ou le *facies* l'éloigne des précédentes, et ses caractères tirés de la structure des tubercules suffiroient pour cela. Elle comprend les *Fucus phyllanthus* et *maschalocarpus* de Turner, *Hist. fuc.*, pl. 205 et 206.

Fries pense que les genres *Sargassum*, Agardh; *Cystoseira*, Agardh; *Halidrys*, Lyngb., et *Himanthalia*, Lyngb., n'en doivent former qu'un : c'est celui qu'il nomme *Fucus*, caractérisé ainsi par un apothécium tuberculeux, formé par le thallus (ou fronde) même, percé à l'extrémité, contenant des péridioles libres, un peu pyriformes et hyalins, renfermant des sporidies noires, agglomérées. Ce genre est le même, à peu de choses près, que le Fucus décrit à ce mot dans ce Dictionnaire. Enfin, nous terminerons en faisant observer que Link a proposé de nommer *sargassus*, le genre *Fucus* lui-même, et d'y rapporter les espèces chez lesquelles la fructification, placée à l'extrémité des rameaux dont elle produit le gonflement, consiste en sporanges contenant des sporules agglomérées.

Ces diverses manières de considérer les plantes ci-dessus, font connoître les difficultés qu'éprouvent les botanistes en se livrant à la recherche des véritables caractères de ces végétaux cryptogames, qui se lient par tant de caractères, et dont la séparation sera par là même toujours soumise à la critique. (LEM.)

SARGASSUS. (*Bot.*) Nom proposé par Link comme synonyme de *fucus*. Voyez SARGASSUM. (LEM.)

SARGE, *Sargus*. (*Entom.*) Genre d'insectes à deux ailes, à trompe rétractile dans une cavité du front, dont les antennes, à dernier article en palette, sont munies d'un poil isolé et par conséquent de la famille des chétoloxes.

Ce nom, créé, comme le genre, par Fabricius, a été pris au

hasard. C'est celui d'un poisson décrit ou indiqué par Ælien et par Aristote, Σαργος. Nous avons fait figurer une espèce de ce genre sur la planche 50 de l'atlas de ce Dictionnaire, sous le n.° 8, et le profil de la tête, qui montre la position des antennes et celle de la trompe lorsqu'elle est rétractée ou cachée dans la cavité buccale.

Réaumur a fait connoître la figure de la larve ou plutôt de la nymphe des sarges, dans le tome 4 de ses Mémoires, à la fin du huitième mémoire de ce volume; mais il l'a figuré, ainsi que l'insecte parfait, sur la planche 22, qui appartient au septième mémoire des n.°ˢ 5 à 8. Cette larve se développe dans les bouses de vache.

Les insectes parfaits sont remarquables par leur tête isolée, arrondie, munie d'yeux globuleux; par leur abdomen droit, un peu alongé, aplati, ovalaire, ou plus large au milieu qu'aux deux extrémités; par leurs ailes planes, souvent colorées, un peu plus longues que le ventre: les pattes sont grêles et propres à la marche.

Les principales espèces de ce genre, auquel M. Latreille a rapporté, comme une section, des espèces à écusson muni de pointes, telles que celles du genre que nous avons établi sous le nom d'*Hypoléon*, sont assez nombreuses. Nous citerons d'abord celle que nous avons fait figurer, et qui est

1. Le Sarge cuivreux, *Sargus cuprarius*, que Geoffroy a décrit sous le nom de mouche dorée, à taches brunes sur les ailes, tom. 2, n.° 6, pag. 525.

Car. Cuivreux, à duvet blanchâtre, corselet vert, abdomen d'un violet doré changeant.

2. Sarge doré, *S. auratus*.

Car. D'un poli brillant, corselet vert cuivreux, abdomen doré.

C'est peut-être une variété de sexe.

3. Sarge écussonné, *S. scutellatus*.

Car. D'un noir brillant, à écusson et pattes jaunes.

On trouve trois ou quatre autres espèces voisines aux environs de Paris : on les distingue par la couleur des pattes, car d'ailleurs elles ont la taille et la couleur du sarge cuivreux. (C. D.)

SARGES. (*Ichthyol.*) Voyez Chéiline. (H. C.)

SARGIE. (*Entom.*) Voyez Sarge. (Desm.)

SARGO. (*Ichthyol.*) Nom italien du Sargue commun. Voyez ce mot. (H. C.)

SARGOÏDE. (*Ichthyol.*) Nom spécifique d'un Glyphisodon. Voyez ce mot. (H. C.)

SARGON. (*Ichthyol.*) Voyez Gardon. (H. C.)

SARGON. (*Ornith.*) L'espèce de canard, à laquelle ce nom est donné en Russie, est plus connue sous celui de garrot, *anas clangula*, Linn. (Ch. D.)

SARGOS. (*Ichthyol.*) Les anciens Grecs donnoient au sargue ordinaire le nom de Σαργος. Voyez Sargue. (H. C.)

SARGOU. (*Ichthyol.*) Sur la côte des Alpes maritimes on donne ce nom au Sargue. Voyez ce mot. (H. C.)

SARGOU RASCAS. (*Ichthyol.*) Nom nicéen du *sparus puntazzo* de Linnæus. Voyez Sargue. (H. C.)

SARGUE, *Sargus*. (*Ichthyol.*) Nom d'un sous-genre établi par M. Cuvier dans le grand genre des Spares de Linnæus, et qui a pour type le sargue ordinaire, *sparus sargus*, Linnæus.

Ce sous-genre appartient à la famille des léiopomes de M. Duméril, et à la troisième tribu de la quatrième famille des acanthoptérygiens de M. Cuvier.

Il est reconnoissable aux caractères suivans :

Mâchoires peu extensibles, garnies sur les côtés de molaires rondes, semblables à des pavés, et en avant de grandes dents incisives, semblables à celles de l'homme; une seule nageoire dorsale, mais très-étendue; point de piquans, ni de dentelures aux opercules; hauteur du corps presque égale et quelquefois supérieure à sa longueur.

On distinguera facilement les sargues de la plupart des genres de la famille des Léiopomes (voyez ce mot), en ce que ceux-ci ont les mâchoires garnies de dents, en général d'une même espèce. On les séparera particulièrement des Daurades, qui ont les dents maxillaires antérieures coniques; des Picarels, dont les mâchoires sont extensibles; des Bogues, qui n'ont point de molaires en pavé; des Pagres, qui ont antérieurement un grand nombre de petites dents en brosse; des Dentés, dont les mâchoires sont armées en devant de quelques longs et gros crochets, et, sur les côtés, de dents coniques; des Canthères, qui n'ont que des dents en velours. (Voyez ces différens noms de genres et Léiopomes.)

Parmi les poissons de ce genre, nous citerons :

Le Sargue ordinaire : *Sargus vulgaris*, N.; *Sparus sargus*, Linnæus. Incisives au nombre de huit; molaires sur deux rangées de chaque côté; museau avancé; bouche petite; langue lisse; yeux obscurs; iris argenté; teinte générale argentée; des raies longitudinales jaunes; des bandes transversales noires; ligne latérale composée de petits traits noirs; une tache noire à la queue; nuque, dos, catopes, d'une nuance noirâtre; nageoire caudale lisérée de noir.

Ce poisson est commun dans la mer Méditerranée et dans le golfe de Gascogne : il fréquente habituellement les parages de Nice et ceux d'Iviça. On a dit aussi l'avoir vu dans la mer Rouge et dans le Nil. Il parvient au poids de quatre livres et à la taille de vingt à vingt-quatre pouces.

Il se nourrit de zoophytes et de mollusques, et écrase facilement avec ses fortes molaires les coquillages des testacés, les coraux, et les madrépores habités par des radiaires.

Dès le temps d'Aristote on avoit noté que les sargues se réunissoient en troupes et fréquentoient les rivages.

Le nombre des femelles dans ces troupes surpasse constamment celui des mâles.

La chair du sargue est un manger médiocre : elle est communément sèche et dure.

On pêche ce poisson au filet, à la fouenne, à la ligne, et même à la main, dans les trous des rochers. Dans l'archipel de la Grèce, où il est loin d'être rare, on s'en empare à l'aide de lignes, dont on garnit les hameçons de chair de corneille, après avoir jeté aux environs de l'endroit où l'on pêche, une pâte composée de farine et de vieux fromage.

Le Puntazzo : *Sargus puntazzo*, N.; *Sparus puntazzo*, Gmel. Corps ovale, oblong, couvert de belles écailles argentées, obscur sur le dos et traversé sur les côtés par seize petites lignes dorées, relevées par une tache noire, qu'on voit sur les opercules; museau avancé; bouche ample; langue lisse; yeux d'un argent azuré; iris doré; ligne latérale composée de petits traits noirs; nageoire caudale en croissant, traversée à sa base d'une bande noirâtre.

Ce poisson, qui atteint des dimensions supérieures à celle

du sargue ordinaire, et dont la chair est meilleure, habite les côtes de la Sardaigne, dont les pêcheurs l'appellent *puntazzo.*

Il est aussi fort commun à Nice.

De Lacépède a pensé, comme Walbaum, qu'il n'étoit qu'une variété de l'espèce précédente ; ce qui n'est point l'avis de Gmelin, de Sonnini et de M. Risso.

Le Sparaillon ou l'Annulaire : *Sargus annularis*, N. ; *Sparus annularis*, Gmel., de la Roche ; *Sparus smaris*, Brunnich. Un appendice écailleux auprès de chaque catope ; incisives larges, tronquées ; tête petite ; mâchoires égales ; quatre rangs de molaires à la supérieure ; deux seulement à l'inférieure ; base des nageoires anale et caudale écailleuse ; corps et catopes jaunes ; un anneau noir autour de la queue, qui est fourchue ; dos, catopes et nageoire anale noirâtres, ainsi que le bord de la caudale.

Ce poisson, auquel les pêcheurs d'Iviça et de Maïorque donnent le nom d'*esparay*, paroît être le même que celui que Rondelet et Willughby de Eresby ont décrit sous le nom de *sparus*. Il est, par conséquent, le *sparus unicolor flavescens* d'Artédi, et le *sparus annularis* de Linnæus. M. Cuvier le regarde aussi comme identique au *sparus haffara* de M. Risso, que les habitans du littoral des Alpes maritimes appellent, en effet, *esperlin ;* mais il est fort différent du *sparus annularis* de Brunnich et de Bloch, lequel est une Daurade. (Voyez ce mot.)

Le sparaillon reste toujours petit : il atteint rarement la taille de dix à douze pouces.

On le pêche dans l'Adriatique, dans les eaux de la Toscane, dans le lac de Cagliari, sur les côtes de Nice, sur les rivages des îles Baléares et surtout dans les étangs salés de la petite île de Formentera.

Il se tient en grandes troupes près des rivages.

Sa chair est molle et peu estimée.

Le *spare à museau pointu* de François De la Roche, lequel paroît le même que le *sparus annularis* de M. Risso, doit aussi être rangé dans ce sous-genre, de même que le poisson auquel on a donné le nom de *sparus ovicephalus.* Voyez Spare. (H. C.)

SARGUET. (*Ichthyol.*) Un des noms du sargue ordinaire. Voyez Sargue. (H. C.)

SARI. (*Bot.*) La plante ainsi nommée par Théophraste est, selon C. Bauhin, son *papyrus syriaca*, *cyprus papyrus* de Linnæus, maintenant genre distinct sous le nom de *Papyrus*, dans la famille des cypéracées. C'est peut-être la poussière des fleurs de cette plante, dont C. Bauhin parle ailleurs, sans indication du lieu, laquelle est employée par les habitans pour s'en frotter le corps pour le mettre à l'abri des influences de l'air. (J.)

SARI. (*Conchyl.*) Adanson (Sénég., p. 184, pl. 12) décrit et figure sous ce nom un très-petit mollusque conchylifère, qui me paroît être le jeune âge de quelque espèce de turbo. (De B.)

SARIA. (*Ornith.*) Nom que les Guaranis, ou naturels du Paraguay, ont imposé au gallinacé dont la description se trouve au tome VII de ce Dictionnaire sous le mot Cariama. (Ch. D.)

SARIBUS. (*Bot.*) Nom indien du *corypha umbraculifera*, espèce de palmier, suivant Rumph. (J.)

SARICOVIENNE. (*Mamm.*) Ce nom, d'origine brasilienne, désigne, selon Buffon, une espèce de Loutre de l'Amérique méridionale, décrite dans ce Dictionnaire sous le nom de Loutre de Cayenne, tome XXVII, page 244. Il a ensuite été appliqué, mais à tort, à la loutre marine.

La *saricovienne de la Guiane* de plusieurs auteurs est encore le même animal que cette loutre de Cayenne, à l'article de laquelle nous venons de renvoyer. (Desm.)

SARIGUE. (*Mamm.*) Les naturalistes françois donnent ce nom et celui de didelphes aux mammifères que Linné, et tous les auteurs qui l'ont suivi, ont désignés sous la dénomination générique de *didelphis* (tirée de $\delta i \varsigma$, deux, et de $\delta \varepsilon \lambda \varphi \dot{\upsilon} \varsigma$, matrice, *double matrice*, à cause des particularités que présentent les organes de la génération dans ces animaux).

Les sarigues sont des mammifères carnassiers, de la famille des Marsupiaux (voyez ce mot), dans la méthode de M. Cuvier. Par leur système dentaire ils se rapprochent assez des dasyures et des péramèles de la Nouvelle-Hollande ; mais ils s'en éloignent par la forme de leurs pieds et de leur queue, qui leur donne, au contraire, de la ressemblance avec les phalangers.

Leurs caractères propres sont les suivans : La tête de ces animaux est très-alongée et conique, terminée par un petit mufle comme tronqué et sur lequel sont percées les narines ; les yeux sont placés très-haut, plutôt petits que moyens, et obliques ; les oreilles grandes, ovales et presque nues ; la gueule est très-fendue et les mâchoires sont pourvues d'une quantité de dents qui dépasse celle qu'on observe dans les autres mammifères terrestres ; on en compte en tout cinquante, vingt-six à la mâchoire supérieure et vingt-quatre à l'inférieure. Les dix incisives supérieures sont petites et placées sur une ligne transverse légèrement courbée ; les deux intermédiaires sont cylindriques, crochues et plus longues que toutes les autres, qui sont un peu tranchantes ; un espace creux les sépare des canines, qui sont comprimées, à bords arrondis et arquées ; immédiatement après la canine viennent de chaque côté d'abord trois fausses molaires, dont la première est la plus petite ; puis quatre vraies molaires, dont les trois premières croissent successivement en grandeur et dont la dernière est plus petite, ces dents ayant le bord externe de leur couronne découpé en dentelures et le milieu portant un ou deux tubercules aigus. La mâchoire inférieure n'a que huit incisives, couchées obliquement en avant, égales entre elles et à peu près cylindriques ; les canines ressemblent à celles d'en haut ; les trois fausses molaires sont un peu écartées de celles-ci, et la plus grande d'entre elles est la seconde ; les quatre vraies molaires se composent antérieurement de trois pointes disposées en triangle et d'un talon postérieur garni de trois tubercules moins élevés. La langue est ciliée sur les bords et pourvue de papilles cornées, dirigées en arrière sur sa face supérieure ; les moustaches sont longues et nombreuses.

Le corps, dont le volume total ne dépasse jamais celui du chat domestique et est souvent borné à de bien plus petites dimensions, a généralement les formes qui sont propres aux animaux carnassiers, et il est plus grêle et plus alongé dans les petites espèces que dans les grosses, qui se chargent souvent d'une quantité assez considérable de graisse. La queue est généralement fort longue, ronde, écailleuse, dépourvue de poils dans la plus grande partie de sa longueur et éminemment prenante. Tous les pieds sont à cinq doigts. Dans les didelphes ou sarigues proprement dits, les doigts sont séparés, et dans les sarigues nageurs (types du genre *Chironectes* d'Illiger) ils sont réunis par une membrane, comme les doigts du castor et ceux de la loutre. Toujours les pieds de derrière sont plantigrades, et le pouce de ces mêmes pieds manque d'ongle ; les ongles de tous les autres doigts sont arqués et crochus.

Les femelles de ces animaux ont une quantité variable de tétines et quelquefois celles-ci sont en nombre impair, placées en cercle et non sur deux lignes, avec une d'entre elles centrale : elles sont toutes ventrales, peu éloignées les unes des autres et comprises soit dans un vaste sac formé par une duplicature de la peau, soutenue par deux os surnuméraires du pubis (nommés os marsupiaux), soit dans un simple sillon longitudinal qui sépare deux plis latéraux de la peau du ventre. Il semble qu'une seule glande mammaire soit commune à toutes ces tétines, et l'opinion de M. de Blainville est que celles-ci ne sont autre chose qu'une expansion de la peau produite par la succion du petit, et qui acquiert la qualité d'un mamelon ordinaire; de sorte que, selon lui. le nombre des tétines seroit toujours correspondant à celui des jeunes sarigues et qu'elles seroient situées irrégulièrement, selon la place qu'ils auroient choisie pour s'attacher à leur mère. Quoi qu'il en soit, les os marsupiaux, qui sont longs, plats, en forme de languette, et articulés en avant du bord antérieur du pubis, se trouvent constamment dans les mâles et dans les femelles, que celles-ci soient pourvues d'une poche, ou qu'elles n'aient que des plis simples et latéraux de la peau du ventre. Lorsque la poche existe, son intérieur est garni de poils très-doux; son ouverture est transversale, placée un peu en haut du ventre, et elle peut se fermer au moyen de muscles, dont quelques-uns prennent attache aux os marsupiaux. Les organes de la génération sont semblables à ceux des autres animaux de la même famille, c'est-à-dire, que le vagin de la femelle se bifurque en deux canaux très-étroits, aboutissant à la matrice, par lesquels les petits ne peuvent passer que dans un état rudimentaire; la verge du mâle a son gland aussi divisé en deux pointes, à la base desquelles s'ouvre le canal de l'urètre, et chacune de ces pointes est marquée d'un sillon longitudinal; les testicules sont contenus dans un scrotum pendant et placé en avant de la verge. Le clitoris des femelles est double.

Le pelage de ces animaux, selon les espèces, est lisse et luisant ou comme laineux, et parsemé de poils roides assez rares. L'odeur désagréable que plusieurs d'entre eux répandent et qui les a fait comparer aux moufettes ou aux putois, paroît due à une liqueur sécrétée par des glandes anales.

Les sarigues ont un estomac simple et petit, et un cœcum médiocre et non boursouflé.

Tous les didelphes ou sarigues sont du nouveau continent, et la limite géographique de leur genre est comprise, du nord au sud, entre le pays des Illinois et le Paraguay; c'est seulement dans la partie orientale de l'Amérique que l'on les rencontre : ils n'existent ni sur la chaîne des Andes et des montagnes rocheuses, ni sur son revers occidental.

Ce sont de tous les animaux à bourse les plus anciennement connus et les plus fréquemment observés; cependant le mystère de leur génération est loin d'avoir été complétement dévoilé. On sait que peu de temps après l'accouplement les femelles mettent bas un nombre souvent considérable de très-petits fœtus (gros comme un pois, par exemple, dans un animal de la taille du chat), tous nus, n'ayant pour membres que quatre petits tubercules non divisés en doigts, dépourvus d'oreilles, d'yeux, et qui ne montrent de bien distinct qu'une ouverture, qui est celle de la bouche. Ces embryons se trouvent subitement transportés dans la bourse ou entre les plis de la peau du ventre des femelles; les tétines sont formées, et chacun d'eux est fixé à l'une de celles-ci, pour y rester suspendu jusqu'à ce que son développement principal ait lieu. Un peu plus tard, si l'on détache ces petits de leur mamelle, qui étoit comme un pédoncule pour eux, on observe que la tétine s'étoit tellement alongée, qu'elle devoit remplir tout leur œsophage et arriver à l'estomac. On n'a jamais vu comment ces petits sont placés aux mamelles; on s'est assuré qu'aucune communication n'existe entre la vulve et la poche; on s'est convaincu de la difficulté que devoient-éprouver les femelles pour transporter avec leurs griffes acérées ou leurs dents, et sans les blesser ou les tuer, des êtres aussi frêles et aussi débiles que le sont leurs petits au moment qu'ils sortent de la vulve, et l'on a proposé, pour se rendre compte de ce phénomène, différentes explications plus ou moins ingénieuses, mais dont nous nous abstiendrons de préférer aucune. Pour remplir le désir des lecteurs, nous ne croyons pouvoir mieux faire que de les renvoyer aux articles Didelphe et Marsupiaux, dans lesquels M. Geoffroy Saint-Hilaire a donné une analyse exacte de toutes les recherches qui ont été faites sur la génération des sarigues, et présenté les idées physiologiques que ce sujet curieux lui a suggérées.

On voit que dans ces animaux la gestation est pour ainsi dire divisée en deux temps. La première période, qui est courte, est celle du séjour des fœtus dans l'utérus; c'est la plus courte : et la seconde est celle de leur séjour dans la poche ou entre les plis de la peau du ventre qui renferment les mamelles. Pendant long-temps on a cru que les petits sarigues n'avoient point de placenta, parce que, aussi jeunes qu'on les ait observés, on n'avoit point vu de trace d'ombilic, et l'on en inféroit qu'il devoit exister pour ces animaux un mode de génération tout différent de celui des autres mammifères; mais M. Geoffroy a démontré l'inexactitude de cette supposition, en décrivant deux embryons de sarigues que lui avoit remis M. Turpin, et dans lesquels le cordon ombilical étoit apparent.

Les petits restent long-temps dans la poche, acquièrent successivement toutes les parties qui leur manquoient d'abord, et se couvrent de poils. Dans les espèces sans poche ils pendent sous le ventre des femelles, comme des grains de raisin à la rafle qui les soutient. Ces derniers ont un développement plus prompt, et aussitôt qu'ils sont assez forts, ils montent sur le dos de leur mère en accrochant leur queue prenante à la base de la sienne, et c'est ainsi qu'elle les transporte partout. On conçoit que dans la première jeunesse les petits qui commencent à s'éloigner de leur mère trouvent un refuge assuré, dans le danger, ou dans sa poche ou sur son dos, et c'est ce qui arrive en effet.

Les sarigues sont des animaux qui, par leurs habitudes naturelles, ont de l'analogie avec les fouines et les putois; ils habitent les bois, montent sur les arbres et vivent d'oiseaux, d'œufs et d'insectes. Les grosses espèces s'introduisent dans les habitations et étranglent les volailles ainsi que le font les carnassiers que nous venons de nommer. Ils sont néanmoins beaucoup plus lents dans leurs mouvemens et ne montrent qu'une ardeur médiocre dans la poursuite de leur proie. Ceux de ces animaux qu'on a cherché à élever en domesticité, se sont montrés stupides, indifférens aux bons traitemens, indolens et très-dormeurs.

M. Rafinesque a prétendu que dans l'Amérique septentrionale il arrivoit quelquefois que les femelles des sarigues s'accouploient avec des chats domestiques et qu'il en résultoit des êtres participant par leurs formes des deux espèces qui leur avoient donné naissance. Malgré la disposition où nous sommes généralement de croire aux faits rapportés par M. Rafinesque, la grande différence qui existe entre l'organisation des sarigues et celle des chats, ne peut nous permettre d'ajouter foi à celui-ci. M. Rafinesque aura vraisemblablement été trompé par un rapport mensonger.

Dans l'antique nature le genre des Sarigues est un de ceux qui ont existé les premiers. On a trouvé des débris, et notamment des mâchoires bien caractérisées, appartenant à des animaux de ce genre : 1.º à Stonesfield en Angleterre, dans un dépôt compris au milieu des couches oolithiques; 2.º à Provins, dans des lits d'argile plastique; et 3.º depuis longtemps M. Cuvier a fait connoître les ossemens de ce genre, qu'il a découverts dans les couches gypseuses calcaires de Montmartre.

Le nom de sarigue, que nous avons adopté pour désigner le genre qui nous occupe, vient des mots *çarigueia, sariguoi* ou *cerigon*, qui, au rapport de Marcgrave et des autres anciens naturalistes de l'époque de la découverte de l'Amérique, étoient génériques parmi les Brésiliens pour désigner ces animaux. Les Mexicains les appeloient *thlaquatzin*, et les peuplades de l'Amérique du Nord *manicou* ou *manitou*; au Paraguay on les appelle *micourés*. Les Anglois donnent la dénomination d'*opossum*, à tous les animaux à bourse, et conséquemment aux sarigues. Quant à celle de *philander*, qui a été rapporté par Séba à quelques-unes de leurs espèces, elle n'a rien de grec, comme on pourroit le croire ; c'est le nom défiguré de *pelandoc* ou *pelandor*, appliqué, dans l'une des îles de l'archipel des Indes, à un kanguroo.

Nous décrirons d'abord les Sarigues proprement dits, c'est-à-dire, ceux qui sont grimpeurs et qui ont les doigts des quatre pieds longs et bien séparés. Leur pouce des pieds de derrière est sans ongle, long et opposable aux autres doigts, disposition qui avoit d'abord fait donner aux animaux à bourse les premiers connus et qui la présentent, le nom de *pédimanes*.

La subdivision naturelle du genre Sarigue est fondée sur l'existence ou la non-existence de la poche ventrale dans les femelles.

§. 1. *Espèces dont les femelles sont pourvues d'une poche ventrale.* [1]

Le Sarigue a oreilles bicolores ou le Manicou (*Didelphis virginiana*, Linn., Cuv., Temm. ; le Sarigue des Illinois et le Sarigue a longs poils de Buffon, Suppl., tom. 6, pl. 33 et 34 ; *Virginian opossum* de Shaw) est, après le crabier, l'espèce la plus grande du genre. Il a la taille du chat ; son corps a environ quinze pouces de longueur, sa queue onze pouces ; sa tête quatre, et ses oreilles ont un pouce. Son corps est épais et le paroît encore plus, à cause de la nature laineuse du poil intérieur, qui est très-abondant. Ce pelage intérieur ou cette laine est généralement de couleur blanche, lavée de brunâtre, parce que tous les poils qui le composent sont blancs près de la peau et bruns vers l'extrémité ; ils sont traversés par de grands poils roides, plus abondans sur le dos qu'ailleurs, et de couleur blanche dans toute leur étendue. La tête est blanche ; le tour des yeux et les oreilles à leur base sont d'une couleur brune, et ces dernières sont termi-

---

1 Selon la remarque de M. Temminck, cette poche, très-développée dans les femelles adultes, est moins distincte dans les jeunes, et difficile à reconnoître sur les dépouilles desséchées de très-jeunes individus de ce sexe.

nées de blanc jaunâtre ; la queue, plus courte que le corps et la tête réunis, est garnie à sa base de très-longs poils soyeux et blancs, et le reste, généralement nu et écailleux, n'a que des poils rares très-courts et aussi blancs; le museau est très-long et pointu ; la partie nue et muqueuse du nez est de couleur de chair jaunâtre, et la fente nasale est très-profonde. Les mamelons dans la poche des femelles paroissent être au nombre de douze environ, et une figure de cet animal en présente treize, dont douze disposés en cercle et un central.

Les jeunes sont plus blancs que les adultes, et pourvus comparativement de plus de poils laineux.

Cette espèce, long-temps confondue avec les deux suivantes, en a été distinguée par M. Cuvier. C'est sur elle principalement qu'on a pu étudier les mœurs des sarigues : elle habite les bois, pénètre pendant la nuit dans les habitations rurales et se jette sur les animaux des basses-cours, comme la fouine le fait chez nous sur nos volailles ; elle vit aussi de fruits et d'insectes. Ses petits, en naissant, ne pèsent qu'un grain ; ils restent dans la poche de la mère jusqu'à ce qu'ils aient atteint la taille d'une souris et qu'ils soient vêtus de poils : ils n'en sortent d'abord qu'avec précaution, sans s'éloigner de leur mère, et au moindre bruit ils y rentrent avec précipitation. La mère les aide alors, et lorsqu'elle est assurée qu'il n'en manque aucun, elle s'enfuit en emportant ainsi sa famille entière. On a compté dans cette espèce jusqu'à quatorze et seize petits par portée. La gestation intérieure dure seulement vingt-six jours et les petits séjournent dans la poche environ cinquante jours après leur naissance : ce n'est qu'au bout d'un très-long temps que leurs yeux sont ouverts. Cette espèce est particulière à l'Amérique septentrionale et se trouve depuis le pays des Illinois jusque dans les Florides et dans le Mexique.

Le Sarigue d'Azara ou Gamba : *Didelphis Azaræ*, Temm., Monogr., pag. 3o ; Micouré premier ou Micouré proprement dit d'Azara, Essai sur l'hist. nat. des quadr. du Paraguay, vol. 1, pag. 244; le Gamba, Schreb.

Nous avions réuni cette espèce avec la précédente, à cause de la grande ressemblance qu'elles ont entre elles. M. Temminck, le premier, l'a distinguée de celle-ci et de la suivante, et exprime ainsi ses différences caractéristiques : « On « évitera de confondre les trois espèces de grands sarigues à « longs poils, désignés sous les noms de *sarigues manicou*, « *Azara* et *crabier*, en ayant soin d'observer que le manicou « ou sarigue du nord de l'Amérique a toujours la face et le « cou d'un blanc pur, le boutoir du nez ou le mufle blanc; « le bout des oreilles coloré, et la queue plus courte que le « corps. Le sarigue d'Azara se distingue du manicou par sa « queue plus longue, la face et la nuque presque noires, « et les oreilles toujours noires ou colorées à leur base. Ces « deux espèces ont des poils soyeux très-longs, d'un blanc « pur depuis leur base jusqu'à leur pointe. Le crabier diffère des deux autres par sa très-longue queue et par les « longs poils soyeux, qui ont seulement du blanc à leur base, « tandis que tout le reste est d'un noir profond ou d'un brun « noirâtre très-foncé. » Ces différences se sont montrées constantes à M. Temminck dans tous les âges et chez les deux sexes.

Les plus grands individus de l'espèce du sarigue d'Azara ont quinze pouces de longueur, et leur queue a treize pouces et demi. Le pelage se compose de poils de deux sortes : l'intérieur est laineux, blanc ou blanchâtre depuis sa base, mais terminé de noir; et les grands poils soyeux, qui traversent les premiers, sont roides et blancs dans toute leur longueur; ces longs poils étant plus abondans sur les parties supérieures de la tête et du corps que partout ailleurs. La face est généralement d'un jaunâtre sâle; le tour des yeux est noir, et cette couleur se prolonge jusqu'aux moustaches; une tache noire naît du chanfrein et se porte jusque sur l'occiput, où elle se réunit avec le noir de la nuque, partie où commencent à paroître les grands poils blancs qu'on voit sur le reste de la robe. Les quatre jambes sont noires; la base de la queue est très-poilue et colorée comme le dos; sa partie nue est d'abord noire et ensuite terminée de blanc; les poils qui naissent entre les interstices de ses écailles sont très-courts et noirs dans la partie où les écailles sont noires, et blancs dans celle où les écailles sont blanches.

Ce sarigue habite les parties méridionales et orientales

de l'Amérique, et particulièrement le Paraguay et le Brésil. Selon M. d'Azara, il vit dans les buissons et dans les champs, se tenant pendant le jour dans des trous sous terre. Il entre dans les maisons pendant la nuit pour se jeter sur les volailles, dont il suce le sang : il mange aussi des œufs et des fruits. D'Azara croit qu'il fait la chasse aux reptiles.

Le Sarigue crabier : *Didelphis cancrivora* et *Didelphis marsupialis*, Linn., Cuv., Temm.; le Crabier, Buff., Suppl., tom. 3, pl. 54; le grand Philandre de Surinam, de Séba, Piaut ou Piant des habitans de Cayenne. La longueur de cet animal, mesurée depuis le bout du nez jusqu'à l'origine de la queue, est d'environ quatorze pouces, et cette dernière partie en a quinze. C'est un animal très-voisin des deux précédens, mais dont nous avons ci-dessus rapporté la différence, d'après M. Temminck. Sa tête et son museau sont remarquablement longs, et le boutoir du nez ou le mufle est noir; les oreilles sont d'un blanc jaunâtre uniforme; le chanfrein est un peu bombé et marqué d'une ligne brune; le poil est de deux sortes : l'intérieur est court et laineux, entièrement d'un blanc sale, et les grands poils roides et soyeux qui le traversent, sont blancs depuis leur base jusqu'à la moitié de leur longueur seulement, et d'un brun foncé dans tout le reste jusqu'à leur extrémité (ce qui est absolument le contraire de ce qu'on voit dans les deux premières espèces); ces poils bruns sont en plus grand nombre au dos, au sommet de la tête, sur les cuisses et à la base de la queue, que partout ailleurs, où ils ne sont pas assez abondans pour recouvrir et empêcher de voir la couleur blanche du poil intérieur; la queue, un peu plus longue que le corps et la tête réunis, est poilue à son origine et nue et écailleuse dans le reste; sa couleur est plus foncée à sa base qu'à son extrémité, et les petits poils courts qu'on voit sur la partie nue y sont épars et colorés de même; les pattes sont brunes. Les femelles n'ont, dit-on, que huit mamelles disposées en ellipse.

Les jeunes, selon M. Temminck, lorsqu'ils sont assez forts pour sortir de la poche ventrale de leur mère, ont un pelage court, lisse, seulement composé de poils soyeux d'un brun marron plus ou moins foncé. Les poils laineux ne paroissent que lorsque le jeune animal a pris la moitié de son accroissement.

Cette espéce présente plusieurs variétés de couleur, selon l'abondance plus ou moins grande des grands poils soyeux du dos, et selon que la teinte de ceux-ci tire plus ou moins au noir ou au marron.

Les mœurs de cet animal sont très-semblables à celles des deux premiers. Il habite, dit-on, de préférence les paletuviers et autres endroits humides et marécageux, et le nom qu'il porte, lui vient de ce qu'on assure qu'il vit de crabes, bien qu'il chasse aussi aux reptiles et aux oiseaux. Pris jeune, il s'apprivoise facilement, mais ne paroît pas prendre d'affection pour son maitre.

Son espéce est très-répandue dans l'Amérique méridionale, et surtout à la Guiane et au Brésil. Les naturels mangent sa chair, que l'on dit comparable à celle du lièvre.

Le SARIGUE QUICA; *Didelphis quica*, Temm., Monogr., p. 86. Cette espéce, distinguée par feu M. Natterer, de Vienne, est bien moins grande que celles qui nous ont occupé précédemment, et à peu prés de la taille du sarigue proprement dit ou sarigue quatre-œil. Son pelage n'a rien de laineux, et ses poils sont tous assez courts, fins et soyeux. Il est généralement gris, tandis que celui du sarigue quatre-œil tire au roux plus ou moins vif; sa queue est plus grande que celle de cet animal, velue sur une plus grande longueur, mais surtout elle est beaucoup plus grosse à sa base.

La taille du sarigue quica est comparable à celle de la marte putois : son corps et sa tête ensemble ont dix à onze pouces de longueur, et sa queue, encore plus grosse dans le mâle que dans la femelle, a onze ou douze pouces; la partie de celle-ci, couverte de poils, est de trois pouces six à neuf lignes; sa partie nue est noire, avec l'extrémité blanche dans une longueur de trois pouces un quart à cinq pouces. Le mâle est d'un gris de souris en dessus, ayant les poils de cette partie annelés de cendré et de noirâtre, et blanc par en dessous; ses yeux sont entourés d'un cercle noir et surmontés chacun d'une tache blanche; son museau et la ligne moyenne de son chanfrein sont d'un gris sombre. Dans la femelle toutes les parties supérieures sont fauve-noirâtres, avec de légers reflets argentés; le sommet de la tête est noirâtre, avec trois taches blanches; le menton blanc; le ventre roussâtre, et les parois externes de la poche, qui est complète, sont d'un roux foncé.

Le quica habite le Brésil ; il vit sur les arbres, fait la chasse aux petits oiseaux et aux insectes, et mange aussi des fruits. En captivité on le nourrit de chair. Il se cache pendant le jour et se roule en boule pour dormir ; il souffle comme le furet et ne paroît sortir de sa retraite que la nuit.

Il y a long-temps que ce sarigue existe dans les divers cabinets de l'Europe, où il a été souvent confondu avec le sarigue quatre-œil et d'autres espèces.

Le Sarigue quatre-œil : *Didelphis opossum*, Linn., Cuv., Geoffr., Temm. ; le Sarigue ou Opossum, Buff., tome 10, pl. 45 et 46 ; Philander, Séba. Celui-ci, très-anciennement connu et avec lequel on avoit confondu le quica, en diffère, en effet, assez peu. Sa queue égale en longueur son corps et sa tête réunis, ou bien elle est un peu plus courte. Elle est grêle depuis son origine, au lieu d'être épaisse comme celle du quica, et sa partie poilue est assez étendue. Les couleurs du pelage sont plus rousses.

La tête de ce sarigue est très-longue et son museau fort pointu. Le chanfrein, le front et le sommet du crâne sont sur une même ligne ; les oreilles sont grandes, rondes et minces. Le pelage, extérieurement, et sur les parties supérieures du corps et la base de la queue, est d'un roux de rouille ou cannelle, plus vif chez les mâles que chez les femelles. Cette couleur domine aussi sur le dessus de la tête et prend plus de brun au chanfrein. Sur la face externe des membres et sur les flancs elle se mélange de gris. Les poils de la base des oreilles forment une tache d'un blanc sale, et une tache de la même couleur se voit sur chaque œil. Le tour de celui-ci est de la même teinte rousse que le dos ; le bout du museau, la lèvre supérieure, la face interne des quatre membres et une partie de la face externe des avant-bras, les quatre pieds et toute la face inférieure de l'animal, depuis le bout du museau jusqu'à l'origine de la queue, sont d'un blanc sale ou jaunâtre ; la partie velue de la queue est longue de deux pouces à deux pouces et demi, et sa couleur est en dessus celle du dos, et en dessous celle du ventre ; la partie nue et écailleuse est brune, avec la pointe blanchâtre. Daubenton a trouvé cinq ou sept mamelles dans la poche des femelles, lesquelles étoient placées sur une glande mammaire, longue de deux pouces, d'une manière symétrique, l'impaire étant dans le premier cas au milieu des quatre autres, et, dans le second, au milieu des quatre antérieures.

M. Temminck remarque que les femelles dans ce sarigue sont toujours d'une taille plus forte que les mâles, et que les jeunes, avant d'être parvenus à l'état d'adulte, ont le pelage coloré de roussâtre au lieu de roux-vif. Les dimensions de cette espéce, selon le même naturaliste, sont les suivantes : Longueur du corps et de la tête, ensemble, neuf pouces à neuf pouces et demi ; de la queue, huit pouces à huit pouces et demi ; de la base poilue de la queue, deux pouces ; épaisseur de celle-ci à son origine, un pouce six lignes. Les dimensions indiquées par Daubenton sont plus considérables, et il se pourroit qu'elles dussent se rapporter à l'espéce du quica, surtout parce que la queue y est portée comme étant d'un pouce plus courte que la tête et le corps réunis.

M. Temminck dit aussi positivement que le sarigue quatre-œil est plus petit que le quica, et il ajoute que les crânes de ces deux animaux sont difficiles à distinguer ; mais que néan-moins dans celui du premier le chanfrein forme une ligne inclinée, droite et d'une venue avec le front, au lieu que dans celui du dernier le chanfrein est voûté et décrit une ligne courbe, dont la plus grande élévation est au centre. Sous ce rapport la tête du quica ressemble à celle des sari-gues à oreilles bicolores, d'Azara, et crabier, dont le mu-seau, quoique proportionnément aussi long, paroît moins pointu que celui des autres sarigues, particulièrement du quatre-œil, du dorsal et de la marmose.

Le nom de *quatre-œil* qu'on lui donne, vient des taches qui sont placées au-dessus des yeux et qui paroissent en indiquer deux autres. Il pourroit aussi bien convenir au sarigue quica et au sarigue nudicaude, qui présentent un semblable caractére.

Ce sarigue est très-commun dans toute la Guiane et prin-cipalement aux environs de Cayenne. M. Temminck dit qu'il a lieu de croire qu'il est rare au Brésil, où se trouve le quica.

Il vit de la même manière que les autres sarigues et chasse aux petits oiseaux.

Le Sarigue nudicaude : *Didelphis nudicaudata*, Geoff., Desm., Mamm., esp. 392 ; le Sarigue myosure, *Didelphis myosuros*, Temm., Monogr., pag. 38. Celui-ci appartient à la division des sarigues dont les femelles sont pourvues d'une poche complète, ainsi que M. Temminck l'a reconnu, et non comme M. Geoffroy le croyoit (et ce en quoi nous avions partagé son erreur) à la division des espèces de ce genre, pourvues de simples replis de la peau du ventre ; mais cette observation importante et nouvelle ne donnoit pas à ce naturaliste le droit de changer un nom adopté pour en substituer un nouveau, et c'est pourquoi nous conserverons celui de M. Geoffroy.

La description de M. Temminck étant bonne, nous en donnerons l'extrait. Ce didelphe est de la taille du quica, la tête et le corps ont dix pouces, et la queue est plus longue d'un quart ; sa base poilue n'a que dix lignes, de manière que cette queue, grêle et très-pointue, est fort semblable à celle des rats et des surmulots ; les oreilles sont très-grandes et à peu près rondes.

Le pelage est doux, serré, mais très-court, d'une teinte mélangée ; chacun des poils, cendré à sa base, est varié de brun-foncé et de fauve-roussâtre à sa pointe ; ceux de la ligne moyenne du dos ont des teintes plus foncées que ceux des flancs ; le sommet de la tête offre les traces de trois bandes noirâtres ; au-dessus des yeux se trouve une petite tache d'un roux jaunâtre et au-dessous une autre beaucoup plus grande, qui s'étend sur la commissure des lèvres ; les côtés du cou et le bord extérieur des cuisses sont d'un fauve roussâtre ; les parties inférieures sont d'un blanc foiblement nuancé de roussâtre ou d'un blanc terne, ou d'un fauve isabelle. Les oreilles, remarquables par leur grandeur, sont nues, d'un jaunâtre clair à la base et noirâtres dans le reste ; derrière les oreilles et à leur origine se trouve une petite tache rousse ; la queue, très-poilue dans une petite longueur près du corps, est brune et garnie d'écailles lisses jusqu'à la distance de trois pouces de la pointe, qui est blanche. Les plus grands individus ont une large plaque noire sur le sommet de la tête, qui s'étend de l'occiput au chanfrein ; le cercle qui entoure les yeux est noir, et l'on voit une tache noire devant ceux-ci.

Le sarigue nudicaude de M. Geoffroy, que M. Temminck appelle sarigue myosure, habite, ainsi que ce dernier nous l'apprend, le Brésil, où il paroît très-commun. Tous les naturalistes qui ont visité ce pays en ont rapporté des individus. Il semble l'être moins à la Guiane. On le reçoit rarement dans les envois qui arrivent de Surinam en Europe.

Le Sarigue cayopollin ou Philander : *Didelphis philander*, Linn., Gmel.; Temm., Monogr., page 43; Cayopollin, Buff., Hist. nat. des anim., tome 10, page 350, pl. 55; Cuv., Règn. anim.; Desm., Dict., Mamm., esp. 394; *Didelphis philander* ou *Varas*, Schreb., *Säugth.*, pl. 147.

Le nom de cayopollin ou kayopollin est rapporté par les premiers naturalistes qui ont écrit sur les productions du nouveau-monde, et notamment par Fernandez, pour désigner un sarigue des montagnes du Mexique, dont les caractères, à peine indiqués, se réduisent à ceci : Sa queue est plus longue que le corps; ses yeux sont entourés de noir; son ventre est blanc : la femelle n'a pas de poche ventrale.

Buffon a décrit sous ce même nom de cayopollin un animal de la Guiane et non du Mexique, auquel les caractères extérieurs peu importans, que nous venons de rapporter, convenoient parfaitement, si ce n'est que le blanc du ventre étoit un peu jaunâtre, et il n'a pas pour cela voulu prétendre que le cayopollin de Fernandez fût positivement le même animal que celui auquel il en donnoit le nom, et il y a tout lieu de croire que le vrai cayopollin est encore inconnu.

Quoi qu'il en soit, ce nom de *cayopollin* est maintenant fixé à un être réel, celui que Buffon a fait connoître et figuré le premier, celui que MM. Cuvier, Geoffroy et nous-même avons également décrit. A cette espèce se rattache aussi le *didelphis philander* de Schreber et les animaux des figures 3 et 4 de la planche 31 de Séba.

M. Temminck vient de prouver que le cayopollin de Buffon (dont on ne connoissoit que le sexe mâle) doit être placé dans la division qui comprend les espèces dont les femelles sont pourvues d'une poche ventrale. Il a reconnu avec les naturalistes qui l'ont précédé, que le *didelphis philander* de Linné n'est que le même animal, et il a proposé de supprimer le nom de cayopollin (qui se rapporte à une espèce sans poche, encore inconnue), pour adopter celle de philander. Nous serions portés à suivre son exemple, s'il ne nous paroissoit pas très-nuisible à l'intérêt de la science, d'abroger ainsi une désignation généralement adoptée pour la remplacer par une dénomination vague qui a été successivement donnée à cinq ou six espèces.

Un autre sarigue, *didelphis dorsigera*, avoit été considéré par MM. Cuvier, Geoffroy et par nous, comme ne différant pas spécifiquement du cayopollin de Buffon ou philander de Schreber; mais M. Temminck venant de faire connoître que sa femelle n'a pas de poche ventrale, tandis que celle du cayopollin en a une, il devient absolument nécessaire de les séparer.

La taille du cayopollin de Buffon et de M. Cuvier, ou philander de Schreber et de M. Temminck, est égale à celle du sarigue quatre-œil. Sa tête est comparativement beaucoup plus courte (ce qui lui est commun avec le sarigue grison, dont la femelle n'a pas de poche ventrale); son museau est obtus et ses narines sont séparées par un sillon très-marqué; les oreilles sont grandes, très-distantes et ovales à leur partie supérieure; un poil très-doux, cotonneux et bien fourni, couvre tout le corps et s'étend sur une grande portion de la queue; les parties supérieures de ce pelage sont dans les mâles d'un fauve roussâtre très-clair, mais teinté de jaunâtre sur les flancs et à la partie poilue du dessous de la queue; toutes les autres parties inférieures sont blanches. Une petite bande d'un roux vif passe sur le chanfrein et aboutit au sinciput, où elle est plus large; les yeux sont placés chacun dans une petite tache d'un brun cendré clair qui s'étend jusqu'aux narines; tout le sinciput, les côtés du chanfrein et les joues sont à peu près blancs; les moustaches et les longs poils du dessus des yeux sont d'un roux foncé; les oreilles et la partie nue des pieds sont d'un brun intense; la queue est beaucoup plus longue que le corps et la tête réunis, garnie dans son premier quart d'un poil touffu, et du reste totalement nue, tachetée de brun sur un fond blanc.

La femelle a le pelage d'un cendré fauve et roussâtre; les parois intérieures de sa poche abdominale (qui est complète) sont garnies de poils roux, et toutes les parties inférieures du corps sont d'un blanc sale. Elle est beaucoup plus grosse que le mâle.

Les dimensions sont les suivantes : Dans trois mâles le corps et la tête ensemble avoient cinq pouces de longueur, et la queue en mesuroit huit et demi; la partie poilue de celle-ci avoit un pouce neuf lignes; la longueur de la tête étoit d'un pouce dix lignes. Deux femelles avoient le corps et la tête ensemble longs de neuf pouces; la queue longue de treize pouces, avec sa partie poilue, de deux pouces neuf lignes; la longueur de leur tête étoit de deux pouces trois lignes.

Les jeunes, dans leur premier âge, sont couverts d'un poil cendré; la raie brune du chanfrein existe et la pointe de leur queue est blanche. La forme obtuse de leur museau les fait distinguer, au premier aspect, des jeunes animaux du même genre.

M. Temminck a remarqué que dans cette espèce les côtes sont du double plus larges que dans les autres, et il a figuré son squelette sur la planche 6 de sa Monographie des didelphes.

Le Sarigue cendré; *Didelphis grisea*, Desm. Cette espèce, dont l'existence ne sera constatée définitivement que lorsqu'on aura pu la comparer en nature aux précédentes, est le *micouré quatrième* ou *micouré à longue queue*, d'Azara (Essai sur l'Hist. natur. des quadr. du Parag., tome 1, page 290). Sa taille est égale à celle de la marmose, ou un peu plus petite; mais sa queue a un cinquième de longueur de plus que celle de cet animal. Son pelage en dessus est d'un gris de souris et en dessous d'un blanc sale uniforme. Ses yeux sont entourés de noir, et en dehors de cette espèce d'anneau on remarque un second cercle blanchâtre; la mâchoire inférieure, le dessous de la tête et la partie antérieure des jambes de devant sont presque blancs. L'individu décrit ci-dessus paroissoit jeune, et, conséquemment, ne présentoit peut-être pas les caractères de l'espèce dans tout leur développement.

D'Azara rapporte que cet animal du Paraguay se tient dans les creux des troncs d'arbres et des rochers, dans les buissons et les haies vives, où il s'attache par la queue. Le même auteur ajoute qu'un de ses amis lui a donné l'assurance que la femelle étoit pourvue d'une poche ventrale, et qu'elle ne différoit du mâle, ni par la taille, ni par les formes extérieures.

§. 2. *Espèces dont les femelles sont dépourvues de poche, mais qui ont simplement une duplicature de la peau de chaque côté du ventre.*

Le Sarigue grison; *Didelphis cinerea*, Temm., Monogr., page 46. Cette espèce nouvelle a été rapportée du Brésil par le prince Maximilien de Neuwied. Sa taille est celle du rat domestique. Elle a six pouces à six pouces et demi de longueur pour le corps et la tête pris ensemble, et sa queue, qui est très-grêle, a de neuf pouces à neuf pouces et demi, sur quoi les deux premiers pouces de la base sont recouverts de poils épais. Sa tête est petite; son museau très-court; ses oreilles sont un peu étranglées à la base et nues. Tout le pelage est bien fourni, mais court et cotonneux. Les mâles sont d'un gris cendré clair, teinté de noirâtre à la fine pointe des poils; les parties inférieures du corps et la face interne des membres sont blanchâtres; la gorge et la poitrine d'un blanc roussâtre; la tête est de la couleur du dos, sans raie ou ligne plus foncée sur le chanfrein, ni tache plus claire sur les yeux; ceux-ci sont entourés d'un cercle d'un noir profond, qui s'élargit un peu en avant; la queue a les poils de sa base gris, comme ceux du dos, et sa partie nue, un peu écailleuse, sans le moindre vestige de poils, brune dans la première moitié de sa longueur et blanche dans l'autre.

Les femelles ont leur fourrure d'un fauve clair en dessus avec une teinte jaunâtre à la base des oreilles et sur les joues; tout le dessous de leur corps est d'un blanc moins pur que chez le mâle; le pli dans lequel sont situées les mamelles est d'un jaune roussâtre.

Le Sarigue a grosse queue : *Didelphis crassicaudata*, Desm.; Micouré troisième ou Micouré a grosse queue, d'Azara (Ess. sur l'Hist. natur. des quadr. du Parag., tom. 1, page 284). Celui-ci, dont la longueur est d'un pied et dont la queue n'a que onze pouces, a du rapport avec le quica par la grosseur de cette queue à sa base (elle a trois pouces et demi de circonférence); mais sa femelle n'a pas de bourse, tandis que celle du quica en a une. Ses oreilles sont plus petites, moins rondes et plus droites que celles des autres espèces : son museau est moins plat vers le haut, moins long et aussi moins aigu; il n'y a point de rainure entre les narines : la queue est velue dans le premier tiers de sa longueur, et sa partie nue est brune, à l'exception de son extrémité dans la longueur d'un pouce et demi, qui est blanc. Le pelage est généralement fauve ou cannelle en dessus; les quatre pieds et la face, depuis les yeux jusqu'au bout du museau, sont de couleur foncée et le reste du pelage est d'un gris de souris; le dessus de l'œil présente une place plus claire que la partie qui l'entoure. La femelle diffère du mâle par des teintes plus claires; ses mamelles sont disposées en ellipse dans l'intervalle compris par les deux plis de la peau du ventre.

Cette espèce est du Paraguay.

Le SARIGUE DORSIGÈRE OU DORSAL ; *Didelphis dorsigera*, Linn., Gmel.; Temm.. Monogr., page 48. Celui-ci, d'abord considéré comme formant une espèce particulière et ensuite réuni au *D. philander* ou au *D. cayopollin*, mérite bien réellement d'être distingué spécifiquement du cayopollin de Buffon et de M. Cuvier, dont la femelle est pourvue d'une poche complète, ainsi que M. Temminck l'a reconnu. Schreber en a donné une mauvaise figure, *Säugth.*, tab. 150, et il est vraisemblable qu'il faut lui rapporter le *mus sylvestris americanus* de Séba, *Thes.*, tab. 31, fig. 1 et 2.

Cet animal, décrit par M. Temminck, est de la taille du rat domestique. Sa tête et son corps, ensemble, ont cinq pouces et demi de longueur, et sa queue en a sept. Ses formes générales sont aussi très-semblables à celles du rat. Il a le pelage serré et fin, mais court et peu fourni; chaque poil sur les parties supérieures est d'un cendré foncé à sa base et d'un gris brun ou fauve jaunâtre à la pointe, d'où il résulte que la teinte générale de ces parties est très-semblable à celle du pelage du surmulot. Les yeux sont placés dans une tache d'un brun marron très foncé, qui se prolonge sur une partie de la lèvre supérieure; tout le chanfrein et le front entre les yeux sont d'un blanc jaunâtre. Cette couleur se retrouve aussi sur les joues, sur la face externe des membres antérieurs et sur les quatre pieds; la partie poilue de la queue est longue de onze lignes; la partie nue ne présente aucun poil et sa couleur est uniformément brune.

Le sarigue dorsigère a été primitivement ainsi nommé à cause de l'habitude que sa femelle a de transporter ses petits sur son dos, lorsqu'ils sont assez âgés pour pouvoir y monter d'eux-mêmes, s'y cramponner et se fixer à sa queue au moyen des replis de la leur. Ce nom et ces habitudes conviendroient également à toutes les espèces de la même division.

Ce sarigue ressemble particulièrement à la marmose, et il est assez difficile de les distinguer, quand on n'en a pas contracté l'habitude. Leur taille, néanmoins, présente des différences, et M. Temminck a trouvé ces différences constantes sur tous les individus tirés de l'esprit de vin, mais variables dans les individus empaillés; ce qu'il attribue à la préparation vicieuse de ces dépouilles. Les proportions de la queue ne sont pas non plus les mêmes; cette partie est proportionnellement plus longue dans le sarigue dorsigère que dans la marmose : dans le premier elle est d'un brun uniforme, et dans la dernière, jaunâtre et sans taches. Enfin, les nuances du pelage sont toujours jaunâtres ou roussâtres dans la marmose, et brunes ou cendré-fauves dans le dorsigère. Dans les deux espèces, qui habitent le même pays, c'est-à-dire la Guiane, les sexes n'offrent point entre eux de différence sensible sous le rapport de la taille.

Le SARIGUE MARMOSE : *Didelphis murina*, Linn., Gmel., Cuv., Geoff., Desm.; Temm., Monogr., pag. 50; la MARMOSE de Buffon, Hist. nat., tom. 10, pag. 335, pl. 52 et 53. Dans cette petite espèce, dont la taille égale à peu près celle du lérot, le corps et la tête, ensemble, ont cinq à six pouces, et la queue n'a que quelques lignes de plus que cette longueur. Les formes sont très-semblables à celles de l'espèce précédente; la tête est plus pointue et le museau plus effilé que dans le cayopollin ou philander. Le pelage est serré et fin, mais court et peu fourni; chaque poil des parties supérieures étant d'un cendré foncé à la base, et d'un fauve jaunâtre, roussâtre ou même roux, à la pointe; il résulte, pour ces parties, une teinte générale d'un fauve roussâtre claire, jaunâtre ou rousse , mêlée de gris dans les endroits où les poils sont divergens et écartés les uns des autres ; la tête est d'un jaunâtre clair ; les yeux sont situés au milieu d'une tache brune, qui est plus large en avant et sur la paupière supérieure qu'en arrière et sur la paupière inférieure ; le chanfrein n'a pas de raie brune ; toutes les parties inférieures de la tête et du corps sont d'un blanc très-légèrement teint de jaunâtre ; la partie de la queue qui est couverte de poils est très-courte et de la couleur du dos, et tout le reste de son étendue est nu et d'une couleur jaunâtre uniforme. Daubenton a compté quatorze mamelons dans une femelle, placés entre les deux plis de la peau des aines.

Nous avions d'abord (Mamm., esp. 596) regardé comme possible que le micouré à longue queue, ou quatrième de d'Azara, appartînt à l'espèce de la marmose : maintenant nous partageons, avec M. Temminck, l'opinion contraire, et cela surtout d'après les différences de proportions de la queue de ces deux animaux, relativement à la longueur de leur corps et l'existence d'une poche sous le ventre de la femelle du premier.

La marmose, dont le nom résulte vraisemblablement d'une altération de celui de *marmotte*, que Séba lui donnoit, vit à la Guiane, où elle est appelée, par les habitans, rat des bois ou *bosch-ratte*. Les Brésiliens la nomment *taïbi*, mot qui a la même signification que les précédens. Ses habitudes naturelles sont très-analogues à celles des autres sarigues, si ce n'est que la proie qu'elle poursuit est plus petite que celle qui convient aux espèces plus grandes. La femelle fait dix ou quatorze petits, qui restent d'abord suspendus à ses mamelles, et qui, plus tard, lorsqu'ils sont couverts de poils et ont acquis un peu de force, montent sur son dos et enroulent leur queue prenante autour de la base de la sienne.

Le Sarigue touan : *Didelphis tricolor*, Geoff., Desm. ; *Didelphis brachyura*, Pall. ; le Touan, Buff., Suppl., tom. 7, pl. 41 ; Micouré cinquième ou Micouré a queue courte, d'Azara. Cette espèce, bien distincte, a le corps long d'environ cinq pouces et demi, et sa queue, de moitié moins longue, est épaisse et large à sa base, déprimée dans toute son étendue;

à peu près nue en dessous et à la pointe, mais couverte de poils à sa face supérieure. Ses oreilles sont médiocres, nues et de forme arrondie ; le dessus du corps et de la tête, jusqu'aux narines, et les poils du dessus de la queue, sont d'un brun noirâtre ; les joues, les épaules, les flancs, la gorge, la face externe des cuisses et les pattes, sont d'un roux vif ; la poitrine et le dessous du corps sont d'un blanc pur. Les poils sont doux et courts ; ceux des flancs noirâtres près du corps et roux à la pointe ; ceux du dos aussi noirâtres à la base, mais chacun d'eux marqué d'un petit anneau blanchâtre. Les mâles ont un scrotum pendant à terre ; leur robe ne diffère pas de celle des femelles.

Dans le micouré à queue courte de d'Azara le ventre est fauve-blanchâtre, au lieu d'être blanc ; les mamelons, au nombre de quatorze, disparoissent presque entièrement lorsque les femelles n'allaitent plus. Le mâle, lorsqu'on l'irrite, répand une très-mauvaise odeur.

Les mœurs du touan sont semblables à celles des autres espèces ; le nombre des petits de chaque portée est de neuf à douze. Son espèce se trouve à la Guiane et particulièrement à Cayenne. D'Azara l'a observée près Saint-Ignace Gouazou, au Paraguay.

Le Sarigue brachyure : *Didelphis brachyura*, Linn., Gmel, Geoff. Dans cette espèce le corps est long de six pouces, et la queue en a moins de trois ; la taille est celle du lerot ; les oreilles sont médiocres, rondes ; le museau est court, un peu obtus ; le pelage est court, doux, d'un roux assez vif sur les joues, les côtés du cou, les flancs, les cuisses et la base de la queue ; d'un gris fauve jaunâtre, à peu près de la teinte du surmulot ou du mulot, sur le dessus de la tête, du cou et du corps ; le ventre et les pieds sont blanchâtres, et les autres parties inférieures sont d'un roux jaunâtre ; la queue est épaisse à la base et terminée en pointe. Les femelles ont huit mamelles. Cette espèce, qu'il ne faut pas confondre avec le *didelphis brachyura* de Pallas, qui est le touan, se trouve dans l'Amérique méridionale, depuis Cayenne jusqu'à Monte-Video.

C'est à tort que M. Temminck rapporte à cette espèce le *Mus sylvestris americana* de Séba (*Mus.*, tab. 31, fig. 1) qu'il a déjà indiqué comme synonyme de son sarigue dorsal.

Le Sarigue laineux : *Didelphis lanigera*, Desm. ; Micouré second ou Micouré laineux, d'Azara (Ess. sur l'Hist. nat. des quadr. du Parag., tom. 1, page 275). Ce sarigue, qui n'est connu que par ce qu'en dit d'Azara, a huit pouces huit lignes de longueur totale, et sa queue n'a pas moins de treize pouces et demi, de telle sorte que par ces proportions il a beaucoup de rapport avec le cayopollin ou philander. La tête du mâle est très-longue et pointue, et ses narines sont séparées par un sillon ; les oreilles sont de moitié moins larges que hautes, un peu pendantes, d'une teinte violette ; le scrotum est nu et d'un blanc bleuâtre. Tout le pelage est laineux, doux et très-serré, généralement de couleur de tabac d'Espagne en dessus et blanchâtre en dessous ; le tour de l'œil est d'un fauve vif ; le dessus de la tête est d'un brun clair ; le chanfrein a une petite raie brune ; la queue est de forme presque triangulaire à sa base et nue en dessus dans son dernier tiers seulement.

La femelle n'est pas connue ; ainsi l'on ne sauroit placer cette espèce avec certitude dans la division qui comprend les espèces qui ne sont pas pourvues d'une poche.

Le Sarigue nain : *Didelphis pusilla*, Desm. ; Micouré sixième ou Micouré nain, d'Azara (Essai sur l'hist. nat. des quadr. du Paraguay, tom. 1, pag. 304). Son corps a trois pouces de longueur ; sa queue, trois pouces huit lignes ; ses oreilles ont un peu moins de huit lignes de longueur. Ce petit animal a la queue nue en totalité ; le poil court et doux, d'un gris plombé, plus foncé que celui de la souris, sur toutes les parties supérieures du corps et de la tête, et blanchâtre sur toutes les inférieures ; le contour de l'œil noir, et s'élargissant vers le grand angle ; une tache d'un blanc jaunâtre au-dessus de chaque œil ; la queue blanchâtre ; le scrotum pendant, ayant la peau obscure et recouverte d'un petit duvet court et blanc.

On n'a encore vu qu'un mâle de cette espèce, pris dans un jardin du village de Saint-Ignace Gouazou, au Paraguay ; conséquemment on n'est pas certain qu'il appartienne à la division des sarigues dont les femelles n'ont pas de poche ventrale.

Il ne nous reste plus à décrire que l'animal dont Illiger a formé son genre CHIRONECTE, qui présente tous les caractères des sarigues, dont la femelle est pourvue d'une poche ventrale complète, et dont les pieds de derrière, à cinq doigts, sont plantigrades et palmés, avec le pouce sans ongle : tous les autres doigts étant armés d'ongles aigus et recourbés.

Le CHIRONECTE YAPOCK (*Chironectes yapock*, **Desm.**; PETITE LOUTRE DE LA GUIANE de Buffon, Suppl. 3, pl. 22; *Lutra memina*, Zimmermann) a été retiré du genre des Loutres pour être ramené, par MM. Cuvier et Geoffroy, à celui des Sarigues, auquel il appartient réellement, n'étant qu'un vrai sarigue aquatique. C'est un petit animal dont la tête et le corps, ensemble, ont sept pouces de longueur, et dont la queue en a six et demi; celle-ci est cylindrique, nue, écailleuse en dessous et prenante. Sa tête est pointue; son museau assez fin; ses oreilles sont grandes et nues; ses pieds sont courts, et les antérieurs ont leurs doigts écartés, tandis que les postérieurs les ont palmés. Le pelage, en dessus, est d'un brun noirâtre, marqué, de chaque côté, de trois grandes taches transversales grises, qui semblent former autant de lignes interrompues par la couleur du milieu du dos; la tête est brune en dessus, avec une tache blanchâtre derrière chaque œil; les moustaches ont un pouce de long, ainsi que les grands poils du dessus des yeux et ceux des tarses: les poils du corps sont de deux sortes : les uns courts et laineux et les autres plus grands et soyeux.

L'yapock a pris son nom du fleuve de la Guiane dont il habite les bords. Il nage avec facilité, et tout annonce qu'il vit de petites proies et d'insectes, comme les autres sarigues : peut-être joint-il des poissons à cette nourriture. (DESM.)

SARIGUE ÉPINEUX. (*Mamm.*) Ce nom a été donné à un porc-épic, à queue prenante, de l'Amérique méridionale, qui appartient au genre Coëndou de feu de Lacépède, et à celui que M. F. Cuvier a nommé SINÉTHÈRE, le nom de Coëndou ayant été appliqué, comme nom spécifique, à plusieurs rongeurs, qui différoient même par les caractères génériques. (DESM.)

SARIONE. (*Ichthyol.*) Un des noms des jeunes saumons. Voyez Truite. (H. C.)

SARIS. (*Min.*) C'est ce nom qu'on donne, suivant M. Robilant, au schiste quarzeux ou phtanite, ou plus probablement au micaschiste, qu'on exploite dans plusieurs parties du Piémont, et notamment dans les montagnes de l'Oursière, non loin de Turin. (B.)

SARISSUS. (*Bot.*) Le fruit que Gærtner a décrit et figuré sous ce nom, appartient au genre *Hydrophylax* de Linnæus fils, dans la famille des rubiacées, ainsi que le *Scyphiphora* de M. Gærtner fils. Voyez Hydrophylace. (J.)

SARITOS. (*Bot.*) Les Portugais qui habitent la côte malabare nomment ainsi le Mala-pœnna de ce pays (voyez ce mot), qui paroît avoir de l'affinité avec l'*antidesma*. (J.)

SARLUK. (*Mamm.*) Le yak, espèce de bœuf de la Tartarie, est ainsi nommé par les Mongoux. (Desm.)

SARMASITJI. (*Bot.*) Nom turc, cité par Forskal, du *cynanchum acutum*. Le petit liseron, *convolvulus arvensis*, est nommé *sarmasjeck*. (J.)

SARMENT. (*Bot.*) On donne ce nom aux rameaux devenus ligneux, que la vigne produit chaque année. (L. D.)

SARMENTACÉES. (*Bot.*) Voyez Vinifères. (J.)

SARMENTARIA. (*Bot.*) Suivant Mentzel, les Latins nommoient ainsi la clématite, probablement parce qu'elle pousse des tiges sarmenteuses et grimpantes, qui s'attachent aux arbres et aux buissons voisins. (J.)

SARMENTEUX. (*Bot.*) Ligneux et grimpant ou rampant, comme les sarmens de la vigne; exemples : *cobœa scandens*, *solanum dulcamara*, *hedera helix*, *rubus fruticosus*, *lonicera caprifolium*, et autres plantes sarmenteuses. M. Linck donne le nom de sarmens aux coulans (stolons) semblables à ceux du fraisier, et que Tournefort nommoit *viticulæ*. (Mass.)

SARMIENTE, *Sarmienta*. (*Bot.*) Genre de plantes dicotylédones, à fleurs complètes, monopétalées, de la *diandrie monogynie* de Linnæus, offrant pour caractère essentiel : Un calice persistant, à cinq divisions inégales; une corolle tubulée, renflée à sa partie supérieure, à cinq divisions égales; cinq filamens, dont trois stériles, deux fertiles, terminés par des anthères ovales; un ovaire supérieur; un seul style; une capsule à une loge, s'ouvrant transversalement; plusieurs semences attachées à un réceptacle charnu.

SARMIENTE RAMPANTE: *Sarmienta repens*, Ruiz et Pav., *Flor. Per.*, 1, pag. 8, tab. 7, fig. *B; Urceolaria foliis carnosis*, etc., Feuillée, Pér., 3, pag. 69, tab. 43. Plante parasite, grimpante, sarmenteuse. Les tiges sont cylindriques, rampantes, très-rameuses; les rameaux pendans; les feuilles opposées, médiocrement pétiolées, ovales, charnues, entières, aiguës ou un peu acuminées, sans nervures apparentes, vertes en dessus, blanchâtres en dessous, ponctuées à leurs deux faces. Les fleurs sont terminales, supportées par un long pédoncule presque simple, quelquefois divisé au sommet en deux pédicelles courts. Le calice est velu, muni à sa base de deux bractées oblongues, un peu charnues; la corolle d'un rouge écarlate, pubescente en dehors, tubulée; le tube ovale, oblong, ventru, très-étroit à la base, resserré à son orifice; le limbe à cinq lobes ovales, égaux, ouverts; deux étamines fertiles; trois filamens stériles, subulés, tous insérés à l'orifice de la corolle, plus courts que le limbe: l'un d'eux plus petit, situé entre les deux étamines fertiles. L'ovaire est ovale, presque à cinq faces; le style subulé, persistant, de la longueur des étamines; les capsules sont ovales, à une seule loge, s'ouvrant transversalement; les semences ovales. Cette plante croît au Chili, dans les forêts. Les naturels du pays emploient ses feuilles pour amollir et extirper les cors et les callosités. (POIR.)

SARN et SARNA. (*Mamm.*) En Pologne ces noms désignent le chevreuil et la chevrette. (DESM.)

SARNALIO. (*Erpétol.*) Nom languedocien des jeunes lézards. (H. C.)

SAROKI. (*Ornith.*) Nom russe de la pie, *corvus pica*, Linn. (CH. D.)

SAROPODE. (*Entom.*) M. Latreille indique sous ce nom un genre d'insectes hyménoptères qu'il a séparé des eucères de la famille des mellites. à cause de quelques différences dans les parties de la bouche, et surtout des palpes labiaux et maxillaires. (C. D.)

SAROTHRA. (*Bot.*) Ce genre a été supprimé et réuni à tort aux millepertuis (*hypericum*), dont il est très-éloigné.

Il ne renferme qu'une seule espèce, le *sarothra gentianoides,*
Linn., *Amœn.*, qui est l'*hypericum sarothra*. Mich., *Fl. bor.
amer.*, 2, pag. 79; Lamk., *Illustr. gen.*, tab. 215; Pluken.,
Mant., tab. 342, fig. 2. Petite plante, haute de cinq à
six pouces, dont la racine est grêle, rameuse, fibreuse.
Les tiges sont droites, glabres, cylindriques, fort menues,
très-rameuses dès leur base; les rameaux grêles, diffus,
la plupart presque trichotomes; les feuilles extrêmement
petites, appliquées contre les rameaux, ponctuées, transparentes; celles des tiges sessiles, linéaires, aiguës; celles
des rameaux une fois plus courtes, à peine longues d'une
ligne, obtuses, entières, opposées, glabres, distantes. Les
fleurs sont fort petites, alternes, solitaires, axillaires vers
l'extrémité des rameaux; le calice est court, presque une fois
plus petit que la corolle, persistant, à cinq divisions profondes, droites, linéaires, aiguës; la corolle caduque, composée de cinq pétales droits, linéaires, un peu aigus; les cinq ou
dix étamines sont de la longueur de la corolle, terminées par
des anthères arrondies; l'ovaire est supérieur, surmonté de
trois styles filiformes, aussi longs que l'ovaire à stigmates
simples. Le fruit est une capsule oblongue, à une seule loge,
aiguë, colorée, à trois valves, s'ouvrant à leur suture, où sont
attachées des semences ovales, fort petites. Cette plante croît
aux lieux arides et marneux, dans la Virginie, la Caroline,
la Pensylvanie, etc. (POIR.)

SAROUBÉ. (*Erpét.*) Voyez SARROUBÉ. (H. C.)

SARPA. (*Ichthyol.*) A Nice on appelle ainsi la SAUPE.
Voyez ce mot. (H. C.)

SARPALO. (*Bot.*) Nom brame, cité par Rhéede, du BROXA-
NELI du Malabar. Voyez ce mot. (J.)

SARPANANZO. (*Ichthyol.*) Nom nicéen de l'apogon rouge.
Voyez APOGON. (H. C.)

SARPEDONIA. (*Bot.*) Selon Adanson, cette plante des
anciens est une espèce de renoncule. (LEM.)

SARPO. (*Ichthyol.*) Voyez SARPA. (H. C.)

SARPOULI. (*Bot.*) Nom brame du welli-tagera du Malabar, *cassia arborescens* de Vahl. (J.)

SARRACENA de Tournefort ou SARRACENIA, Linn.
(*Bot.*) Voyez ci-après SARRACÈNE. (LEM.)

SARRACÈNE , *Sarracenia.* (*Bot.*) Genre de plantes à fleurs complètes, polypétalées, de la *polyandrie monogynie*, offrant pour caractère essentiel : Un calice double, caduc ; l'extérieur à trois folioles : l'intérieur plus grand, à cinq folioles colorées ; cinq pétales, des étamines nombreuses, attachées sur le réceptacle ; un ovaire supérieur ; un style très-court ; un stigmate pelté, à cinq angles ; une capsule à cinq loges, à cinq valves, séparées par une cloison ; plusieurs semences placées sur un réceptacle central.

Ce genre, très-naturel, est tellement circonscrit dans ses caractères, qu'il n'a avec les autres que des rapports éloignés. Il se rapproche des pavots par son stigmate, le nombre et la situation des étamines. D'une autre part, il est voisin des nénuphars par ses capsules à plusieurs loges ; il a des rapports avec les *nepenthes* par ses feuilles tubulées. Il comprend, d'ailleurs, de très-belles espèces, toutes marécageuses, dont les fleurs sont presque aussi éclatantes que celles des nénuphars. Leur calice intérieur, au moins aussi ample que la corolle, offre, comme elle, des couleurs agréables ; un grand stigmate pelté, supporté par un style court, épais, ressemble à un large parasol, qui garantit de l'humidité les étamines qu'il recouvre. Les feuilles sont aussi très-remarquables ; elles forment un long tube conique ou ventru, souvent rempli d'eau, surmonté d'un appendice élargi, redressé ou recourbé, en forme d'opercule. On ignore si l'embryon est pourvu d'un ou de deux cotylédons, avec ou sans périsperme.

Sᴀʀʀᴀᴄᴇ̀ɴᴇ ᴀ ꜰʟᴇᴜʀꜱ ᴘᴜʀᴘᴜʀɪɴᴇꜱ : *Sarracenia purpurea*, Linn., *Spec.* ; Lamk., *Ill. gen.*, tab. 452 : Curtis, *Magaz.*, tab. 849. Pluken., *Amalth.*, tab. 376, fig. 6 ; Clus., *Hist.*, 2, pag. 82. Cette belle plante a une racine épaisse, charnue, qui produit un grand nombre de feuilles, toutes radicales, courtes, sessiles, tubulées, ventrues et renflées dans leur milieu, rétrécies vers leur base, un peu resserrées à leur orifice, droites, minces, glabres, verdâtres, terminées par un ample appendice droit, presque en rein, en forme de cœur, lisse en dehors, garni en dedans de quelques poils blanchâtres et couchés. Du centre des feuilles s'élève une hampe très-simple, nue, glabre, cylindrique, striée, droite, haute de huit à dix pouces, terminée par une grande fleur purpurine. Le calice

extérieur est fort petit, à trois folioles glabres, ovales, verdâtres ; le calice intérieur coloré en un pourpre mélangé de
vert, à cinq folioles ovales, oblongues, obtuses, veinées, réticulées, longues d'un pouce et demi. La corolle est composée de cinq pétales alternes, avec les divisions du calice intérieur, courbés à leur sommet, insérés sur le réceptacle. Le
fruit est une capsule globuleuse, ridée, presque verruqueuse
en dehors, surmontée d'un stigmate persistant, mince, plan,
large d'un pouce et plus de diamètre, divisé en cinq lobes,
quelquefois bifides à leur sommet. Cette plante croît dans les
marais fangeux, en Amérique, depuis la baie d'Hudson jusque dans la Caroline.

Sarracène a fleurs jaunes : *Sarracenia flava*, Linn., *Spec.*;
Curtis, *Magaz.*, tab. 780 ; Andr., *Bot. repos.*, tab. 381 ; Pluk.,
Almag., tab. 376, fig. 5 ; Miller, *Icon.*, tab. 46. Cette espèce
se distingue de la précédente par ses feuilles bien plus étroites
et plus longues, point ventrues, et par ses fleurs jaunes. Sa
racine est forte, fibreuse, épaisse, d'où s'élèvent des feuilles
toutes radicales, longues d'environ un pied et demi, fermes,
roides, épaisses, droites, nerveuses, creusées en forme d'un
long entonnoir étroit, point ventrues ; l'orifice est ample,
très-ouvert : ses bords sont un peu recourbés ; l'appendice est
en forme d'opercule très-droit, fortement rétréci à sa base,
large, ovale, presque arrondi, réfléchi à ses bords, mucroné,
subulé au sommet, glabre à ses deux faces. Les hampes sont
droites, longues, simples, striées, glabres, cylindriques, terminées par une fleur solitaire, un peu inclinée, de couleur
jaune. Le calice extérieur est composé de trois petites folioles
ovales, concaves, jaunâtres, caduques ; le calice intérieur se
divise en cinq grandes folioles élargies, ovales, obtuses, d'un
vert jaunâtre ; les pétales courbés en dedans ; l'ovaire globuleux ; le stigmate plan, très-ample, ovale, à cinq lobes un
peu aigus, peu profonds, jaunâtres en dessous, d'un jaune
verdâtre en dessus, persistant. Cette plante croît en Amérique, aux lieux humides et découverts, depuis la Caroline
jusque dans la Floride.

Sarracène bec-de-perroquet ; *Sarracenia psittacina*, Mich.
La forme des feuilles, celle de leur appendice, la couleur
purpurine des fleurs, distinguent cette espèce de ses congé-

nères. Ses feuilles sont toutes radicales, courtes, colorées à leur partie supérieure, tubulées, veinées, réticulées, munies à leur partie antérieure d'une aile membraneuse qui, insensib'ement, se rétrécit vers le haut en forme de coin. Le tube s'amincit graduellement vers son sommet, où il s'alonge en un appendice recourbé, et imite assez bien la tête d'un perroquet. Sa base est arrondie en forme de voûte, et son sommet mucroné. Cette espèce croît dans l'Amérique septentrionale, depuis la Nouvelle-Géorgie jusque dans la Floride.

Sarracène a fleurs rouges : *Sarracenia rubra*, Willd., *Spec.*, 2, pag. 1150. Cette espèce n'a, comme les autres, que des feuilles radicales droites, roides, tubulées; elles se terminent par un opercule en forme d'appendice plan, élargi, relevé. Ses fleurs sont de couleur rouge. Cette plante croît en Amérique, dans les terrains humides de la Caroline. (Poir.)

SARRALLIER. (*Ornith.*) Nom provençal de la mésange charbonnière, *parus major*, Linn. (Ch. **D.**)

SARRASIN. (*Bot.*) C'est sous ce nom et sous celui de blé noir, que l'on cultive une plante dont la graine est employée à la nourriture des volailles, et même des hommes dans quelques pays. C'est le *fagopyrum* de Théophraste, que Tournefort avoit conservé comme genre et que Linnæus a réuni au *polygonum* (voyez Rénouée). Les anciens la nommoient aussi sarrasine et donnoient le même nom à quelques espèces d'aristoloche, semblables au sarrasin par le port et les feuilles. (J.)

SARRASINE. (*Bot.*) Un des noms de l'*aristolochia clematitis*. Voyez Aristoloche. (Lem.)

SARRETTE. (*Bot.*) Voyez Serratule. (Poir.)

SARRIETTE; *Satureia*, Linn. (*Bot.*) Genre de plantes dicotylédones monopétales, de la famille des *labiées*, Juss., et de la *didynamie gymnospermie*, Linn., dont les caractères principaux sont : Un calice monophylle, tubulé, strié, à cinq dents presque égales ; une corolle monopétale, à peine bilabiée, à cinq lobes à peu près égaux ; quatre étamines distantes les unes des autres, et dont deux plus courtes ; un ovaire à quatre lobes, surmonté d'un style filiforme, de la longueur de la corolle, terminé par deux stigmates sétacés ; quatre graines arrondies, renfermées dans le fond du calice persistant et connivent.

Les sarriettes sont des herbes ou des sous-arbrisseaux à feuilles opposées et à fleurs disposées par verticilles axillaires, ou rapprochés en tête terminale. On en connoît une vingtaine d'espèces, dont le plus grand nombre appartient à l'ancien continent.

SARRIETTE JULIENNE; *Satureia juliana*, Linn., *Spec.*, 793. Ses tiges sont un peu ligneuses à leur base, divisées en rameaux grêles, redressés, presque glabres, hauts de six à huit pouces, garnis de feuilles linéaires-lancéolées, sessiles, un peu rétrécies à leur base. Les fleurs sont purpurines, disposées, dans les aisselles des feuilles supérieures, en petits paquets verticillés. Leur calice est cylindrique, pubescent, rayé de dix stries et fermé par des poils après la floraison. Cette plante croît dans les lieux arides en Grèce, en Toscane et aux environs de Nice.

SARRIETTE GRECQUE; *Satureia græca*, Linn., *Spec.*, 794. Sa tige est rameuse, légèrement pubescente, haute de cinq à six pouces, garnie de feuilles, dont les inférieures sont ovales-lancéolées et les supérieures linéaires. Ses fleurs sont purpurines, avec des taches plus foncées à leur base et portées, trois à six ensemble, sur des pédoncules axillaires et ordinairement deux à deux dans chaque aisselle. Le calice est strié comme dans l'espèce précédente. Cette plante croît dans les îles de l'Archipel et dans les environs de Nice.

SARRIETTE DE MONTAGNE; *Satureia montana*, Linn., *Spec.*, 794. Sa tige est ligneuse à la base, divisée en rameaux nombreux, étalés, glabres, longs de six à huit pouces, garnis de feuilles linéaires-lancéolées, ponctuées et glanduleuses, ainsi que les calices. Ses fleurs sont blanches, portées, deux à trois ensemble, sur un pédoncule axillaire, plus longues que les feuilles et rapprochées en une longue grappe terminale. Cette espèce croît dans les lieux stériles et pierreux des montagnes du Midi de la France et de l'Europe.

SARRIETTE DES JARDINS; *Satureia hortensis*, Linn., *Spec.*, 795. Sa racine est grêle, un peu rameuse, annuelle; elle produit une tige rougeâtre, pubescente, haute de huit à dix pouces, divisée en un grand nombre de rameaux opposés, assez étalés et garnis de feuilles linéaires-lancéolées, ponctuées, glanduleuses. Ses fleurs sont purpurines, deux à deux sur chaque pédoncule, plus courtes que les feuilles florales et rapprochées en petites grappes terminales. Cette plante croît naturellement dans les lieux arides du Midi de la France, de l'Europe et sur le Caucase.

Toutes ses parties ont une odeur et une saveur aromatiques agréables, ce qui fait que cette plante est fréquemment cultivée dans les jardins du Nord, pour être employée comme assaisonnement et pour relever la fadeur de certains mets. On la sème au printemps dans une terre convenablement préparée, et elle exige d'ailleurs si peu de soin, que souvent, quand elle a été introduite dans un jardin, elle s'y resème toute seule. (L. **D.**)

SARRIETTE DES BOIS. (*Bot.*) Le mélampyre des bois porte ce nom dans quelques cantons. (L. **D.**)

SARRIETTE JAUNE. (*Bot.*) C'est le mélampyre des prés. (L. **D.**)

SARRIOLE. (*Bot.*) Voyez Isanthus. (Poir.)

SARRIWAK. (*Ornith.*) Nom du martin-pêcheur à Amboine, selon Forrest, pag. 155. (Ch. **D.**)

SARROTRIE, *Sarrotrium.* (*Entom.*) Illiger a distingué sous ce nom un genre que M. Latreille avoit appelé *Orthocère*; il ne comprend encore qu'une espèce de petit coléoptère qui avoit été désignée improprement sous le nom d'*hispa mutica*. Cet insecte est hétéroméré. Nous l'avons rangé dans la famille des ténébricoles ou lygophiles, près des opâtres, dont il offre à peu près les mœurs, quoiqu'il en diffère beaucoup par la forme, et surtout par le port des antennes, qui, dans le repos, sont dirigées en avant et parallèlement l'une à l'autre.

Le nom de sarrotrie est tiré du grec Σαρροτρίον, qui signifie *scopula, scopa setacea*, un petit balai, un balai fait avec des soies, et il a été donné à l'insecte à cause de la forme des antennes, un peu en masse et garnies de petits poils. Le nom donné d'abord par M. Latreille signifie *corne dressée*.

M. Illiger range à tort ce genre parmi les pentamérés, car il n'a que quatre articles aux deux premières paires de pattes, ce qu'avoit bien vu M. Latreille. D'ailleurs la description de M. Illiger est complète.

Ce genre, caractérisé d'abord, comme tous les lygophiles, par les élytres durs, non soudés, et par les antennes grenues, en masse alongée, peut l'être particulièrement par la forme du corselet, qui est plat, de la largeur des élytres, et par ses antennes, dont les articles sont velus.

Nous avons fait figurer ce genre sur la planche 13, n.° 5, de l'atlas de ce Dictionnaire. Il sera facile de voir comme il diffère des upides, qui ont le corselet cylindrique, plus étroit que les élytres, et des trois autres genres, Ténébrion, Pédine et Opâtre, qui ont la tête beaucoup plus engagée et plus petite que le corselet, qui est arrondi sur ses côtés et non à bords droits.

La seule espèce connue est le SARROTRIE MUTIQUE, *Sarrotrium muticum.* Il est noirâtre, ses élytres sont striés; son corselet, carré, présente dans sa longueur un sillon longitudinal. On le trouve dans les trous des sables. Il est assez commun au printemps dans les bois de Romainville, près Paris. (C. D.)

SARROUBÉ. (*Erpét.*) On appelle ainsi à Madagascar un reptile qui a été observé vivant par Bruguière, et qui auroit tous les caractères du *famo-cantrata* du même pays, excepté la frange et le pouce qui lui manqueroit aux pieds de devant. (Voyez GECKO, PTYODACTYLE et UROPLATE.)

De Lacépède a classé parmi les salamandres cet animal, qui n'a aucune arme dangereuse, et qui vit d'insectes. On le rencontre surtout au moment de la pluie et plus souvent la nuit que le jour. Sa taille est d'un pied environ. (H. C.)

SARSEPAREILLE. (*Bot.*) Voyez SALSEPAREILLE. (L. D.)

SARSIR. (*Ornith.*) Ce mot, qui s'écrit aussi *zezir*, est le nom hébreu de l'étourneau, que Gesner écrit *sarsar*, App., p. 765. (CH. D.)

SART. (*Bot.*) Selon M. Bosc, on désigne ainsi, dans quelques lieux, les accumulations des *fucus* et autres plantes marines, opérées par le mouvement des vagues qui les rejettent sur les côtes. (LEM.)

SARTELLA. (*Ornith.*) Nom italien de la sarcelle ordinaire, *anas querquedula*, Linn. (CH. D.)

SARU, SARUB. (*Bot.*) Voyez SARAUB et GOPHER. (J.)

SARVE. (*Ichthyol.*) Un des noms du ROTENGLE. Voyez ce mot. (H. C.)

SARZA DE MOYSE. (*Bot.*) Près de Guancabamba, dans le Pérou, suivant M. Kunth, on nomme ainsi le *colletia hor-*

rida de Willdenow, genre de la famille des rhamnées. (J.)

SARZILLO. (*Bot.*) Nom du *seriana paniculata* de MM. de Humboldt et Kunth, dans la province de Caracasana, faisant partie de l'Amérique méridionale. A Parama de Paraca, les mêmes auteurs citent celui de *sarzilejo* pour leur *rhexia canescens*. (J.)

SAS. (*Bot.*) Le platane est ainsi nommé dans l'Égypte, suivant Forskal. (J.)

SASA. (*Bot.*) Nom syrien du lis, cité par Mentzel et Adanson. C'est un des noms du bambou au Japon, suivant Kæmpfer. (J.)

SASA. (*Ornith.*) Voyez Hoazin. (Ch. D.)

SASA-NANTING. (*Bot.*) Nom japonois d'un houx, *ilex japonica* de Thunberg. (J.)

SASAGI. (*Bot.*) Nom japonois du *dolichos umbellatus*, Thunb. (Lem.)

SASALI. (*Bot.*) Ce nom brame du *schageri cottam* du Malabar, avoit été préféré par Adanson à celui de *microcos*, donné par Linnæus à cet arbre, dont il faisoit un genre, qu'il a réuni ensuite au *Grewia*. (J.)

SASANKWA. (*Bot.*) Thunberg cite ce nom japonois de son *camellia sasanqua*. (J.)

SASAPIN. (*Mamm.*) On a quelquefois désigné par ce nom les animaux du genre Sarigue ou Didelphe. (Desm.)

SA-SASHEW. (*Ornith.*) Nom d'une espèce de chevalier, qui fréquente la baie d'Hudson. (Ch. D.)

SASHAUN-SASHU. (*Ornith.*) Ce nom est donné, par les habitans de la baie d'Hudson, à une hirondelle bleue, qui se trouve aussi à la Louisiane. (Ch. D.)

SASIN. (*Ornith.*) Sonnini dit, au tome 53.ᵉ de son édition de Buffon, avoir tiré le nom de cette espèce d'oiseau-mouche, qui est le *trochilus rufus*, Linn., et le *trochilus collaris*, Lath., de celui de *sasineer sasin*, qu'il porte à la baie de Nootka. (Ch. D.)

SASJEBU. (*Bot.*) Nom japonois, cité par Thunberg, de son *vaccinium ciliatum*, espèce d'airelle. (J.)

SASLOT. (*Ornith.*) On appelle ainsi, au Piémont, la sarcelle commune, *anas querquedula*, Linn. (Ch. D.)

SASSA. (*Bot.*) Ce genre de Bruce, adopté par Gmelin,

n'est qu'une espèce de *mimosa* de Linnæus. Willdenow, qui a séparé le *mimosa* en cinq genres, rapporte le *Sassa* à l'*Inga*, un de ces genres. (J.)

SASSA. (*Bot.*) Cette plante a été découverte par Bruce dans l'Abyssinie. C'est une espèce de *mimosa* (acacia), *inga sassa*, Willd., que Gmelin, dans le *Systema naturæ*, présente comme un genre particulier, sous le nom de *Sassa gummifera*. D'après Bruce, cet arbre fournit une gomme très-légère, qu'il pense être l'*opocalbasum* de Galien. Mise dans l'eau, elle se gonfle, blanchit et perd sa viscosité. Elle ressemble beaucoup, pour sa qualité, à la gomme adragante : on peut en avaler sans danger. Elle sert aux marchands du pays à lustrer les toiles bleues de Surate, lorsqu'elles leur viennent gâtées de Moka. L'arbre qui la produit est au moins de la hauteur de nos grands ormes; la gomme couvre presque tout le tronc et les principales branches ; elle sort en globules assez gros, qui pèsent quelquefois jusqu'à deux livres chacun, quoique cette matière soit naturellement très-légère. L'écorce est mince, d'un bleu blanchâtre ; le bois blanc et très-dur; les fleurs d'un rouge cramoisi; les filamens d'un rouge violet, teints en pourpre à leur extrémité. Le fruit n'a point été observé. Stackhouse soupçonne que cette plante est le *smirna* de Théophraste. (Poir.)

SASSA. (*Ornith.*) Le canard, *anas*, se nomme ainsi à Parme. (Ch. D.)

SASSAF. (*Bot.*) Nom syrien, cité par Rauwolf et Daléchamps, d'un saule, *salix ægyptiaca*, qui est le *calaf* ou *ban* des Égyptiens, suivant Prosper Alpin. Forskal donne le nom de *safsaf* au saule en général, et plus particulièrement au *salix babylonica*, cité aussi plus haut sous le nom de *safsaf*. Le *sassaf baledy* de Delile est le *salix subserrata* de Willdenow. On trouve encore dans Rauwolf le nom de *sassaf*, donné, soit au peuplier blanc. soit au chalef, *elæagnus*. (J.)

SASSAFRAS. (*Bot.*) Voyez Laurier sassafras. (J.)

SASSAJUOLO. (*Ornith.*) Nom sous lequel Cetti, p. 139 et suivantes, donne une assez longue description d'un pigeon sauvage qui se trouve en Sardaigne, et qui probablement est le même que le *sassarolo* des Bolonois, c'est-à-dire l'*œnas* ou *vinago*. (Ch. D.)

SASSARESE. (*Ornith.*) L'oiseau ainsi nommé en Sardaigne, paroît, d'après ce qu'en dit Cetti, être le vanneau ordinaire, *tringa vanellus*, Linn. (Cʜ. **D.**)

SASSAROLO. (*Ornith.*) Voyez Sᴀssᴀᴊᴜᴏʟᴏ. (Cʜ. **D.**)

SASSEBÉ. (*Ornith.*) Cette espèce de perroquet ou papegay, qu'Oviédo a, le premier, indiquée sous le nom de *xaxbès*, et qui se trouve particulièrement à la Jamaïque, est le *psittacus jamaicensis gutture rubro* de Brisson, et le *psittacus collarius* de Linné et de Latham. (Cʜ. **D.**)

SASSEGNAT. (*Ornith.*) Voyez Mᴇ́ɢᴀᴘᴏᴅᴇ. (Cʜ. **D.**)

SASSIE, *Sassia*. (*Bot.*) Genre de plantes dicotylédones, à fleurs complètes, polypétalées, de l'*octandrie monogynie* de Linnæus, offrant pour caractère essentiel : Un calice à quatre folioles ouvertes, oblongues; quatre pétales lancéolés; huit étamines plus courtes que la corolle; les anthères arrondies; un ovaire supérieur; un style plus court que le calice; un stigmate ovale; une capsule à deux loges, contenant deux semences.

Sᴀssɪᴇ ᴅᴇs ᴛᴇɪɴᴛᴜʀɪᴇʀs; *Sassia tinctoria*, Molin., *Chili, edit. gall.*, 117. Petite plante, dont les feuilles sont toutes radicales et ovales. De leur centre s'élève une hampe nue, qui supporte trois ou quatre fleurs couleur de pourpre. Cette plante croît dans les campagnes, au Chili, où elle se montre après les premières pluies de l'automne. Les habitans du pays emploient ses fleurs pour colorer en pourpre une sorte de liqueur spiritueuse, à laquelle elles donnent en même temps une odeur agréable. Une seule fleur, quoique très-petite, et rarement plus grosse que les fleurs du thym, peut colorer plus de six livres de liqueur. Les ébénistes s'en servent aussi pour donner aux boiseries une couleur agréable. Il paroît, d'après ces faits, que le suc de cette plante pourroit être avantageusement employé pour la teinture des laines, d'autant mieux qu'il s'attache fortement aux draps, et qu'on ne peut l'enlever que très-difficilement.

Sᴀssɪᴇ ᴀᴜx ᴘᴇʀᴅʀɪx : *Sassia perdicaria*, Molin., *loc. cit.*; vulgairement Rɪᴍᴀ au Chili. Cette espèce diffère de la précédente par ses feuilles en cœur, toutes radicales, et par ses hampes terminées par une fleur d'un jaune doré. Cette plante croît au Chili; elle fait, au commencement de l'automne.

l'ornement des prairies, où elle se trouve en grande quantité. Les habitans du pays lui ont donné le nom de *rima* ou *fleur de perdrix*, parce que ces oiseaux l'aiment beaucoup. Dans le même pays les noms d'Avril et de Mai sont pris de cette plante. Avril porte le nom de *unen-rimu* (premier rimu), et Mai celui de *inan-rimu* (second rimu). (Poir.)

SASSIFRAGIA. (*Bot.*) Synonyme de *sassafras* dans plusieurs ouvrages. Cet arbre est une espèce de laurier. (Lem.)

SASSOLIN. (*Min.*) C'est le nom sous lequel Mascagni a désigné l'acide borique natif, qui se trouve dans certaines eaux chaudes et dans les pierres qui les environnent, en Toscane et principalement a Sasso dans le Siennois.

On dit qu'il faut distinguer le sassolin de l'acide borique, en ce que le premier est produit par la voie aqueuse, tandis que le second est dû à une sublimation ignée. Nous ne pensons pas que cette différence soit assez importante pour faire donner deux noms différens à la même substance. Voyez Acide boracique. (B.)

SASURU. (*Bot.*) On nomme ainsi à Amboine, suivant Rumph, son *pseudosantalum amboinense*, qui est l'*aralia umbellifera* de M. de Lamarck. (J.)

SATAL. (*Conchyl.*) Dénomination employée par Adanson (Sénég., p. 204, pl. 14) pour désigner le *spondylus gœderopus* ou une espèce très-voisine. (De B.)

SATAN ou COUXIO. (*Mamm.*) Nom spécifique d'un singe américain du genre Saki. Voyez ce mot. (Desm.)

SATANICLE. (*Ornith.*) C'est, d'après MM. Quoy et Gaimard, p. 147 de la partie zoologique du Voyage autour du monde du capitaine Freycinet, le nom que les matelots donnent à l'oiseau de tempête, *procellaria pelagica*, Linn. (Ch. D.)

SATARIA. (*Bot.*) Nom ancien, donné par les Romains au *peucedanum*, suivant Ruellius et Adanson. (J.)

SATELLITES. (*Astr.*) Planètes secondaires qui tournent autour d'une planète principale : la lune est satellite de la terre ; *Jupiter* a quatre satellites, *Saturne* sept, *Herschel* ou *Uranus* six. Voyez Système du monde. (L. C.)

SATHAR. (*Bot.*) Nom syrien, suivant Rauwolf, d'une sarriette, *satureia capitata*, qui est le *hasce* des Arabes. Mentzel l'écrit *shatar*, en citant Rauwolf, et il ajoute que c'est le *sahater* des Arabes. (J.)

SATHERIUS. (*Mamm.*) Quelques naturalistes commentateurs ont voulu reconnoître dans le *satherius* d'Aristote, la MARTE ZIBELINE. Voyez ce mot. (DESM.)

SATHYRION. (*Mamm.*) Le *sathyrion* d'Aristote étoit un petit animal que Buffon pense devoir être le desman. (DESM.)

SATIACH, SATIECH, SEPULVEDA. (*Bot.*) Noms persans du SPICANARD ou NARD INDIEN (voyez ces mots), cités par Clusius et Mentzel. (J.)

SATILHAS. (*Bot.*) Nom donné par les Portugais du Malabar, suivant Rhéede, au *physalis flexuosa*, espèce de coqueret. (J.)

SATIN PALE DE PAULET (*Bot.*), Traité des champ., 2, p. 238, pl. 114, fig. 3 — 4. Ce champignon est un *agaricus* de trois pouces de hauteur, blanchâtre, à surface sèche, unie et lisse comme du satin, dont il a le luisant ; le mamelon, qui est au centre du chapeau, est petit, et le chapeau est sujet à se fendre ; ses feuillets sont minces, très-serrés, blanchâtres ; la tige ou stipe est d'un roux cendré. Ce champignon fait partie de ceux que Paulet désigne par *Mamelonnés pâles*. (LEM.)

SATINÉE. (*Bot.*) La lunaire annuelle est ainsi nommée quelquefois, selon M. Bosc. (LEM.)

SATIRAO. (*Bot.*) Les Portugais du Malabar donnent ce nom au KARIL du Malabar. Voyez ce mot. (J.)

SATO-DAKE. (*Bot.*) Nom japonois de la canne à sucre, *saccharum*, cité par Kæmpfer. (J.)

SATO-IMO. (*Bot.*) Le gouet, *arum esculentum*, dont on mange la racine et les tiges, porte au Japon, suivant Thunberg, ce nom, qui signifie le gouet des villages. (J.)

SATORKIS. (*Bot.*) Nom donné par M. du Petit-Thouars au genre *Satyrium* de la famille des orchidées. (LEM.)

SATSAKI. (*Bot.*) Un des noms japonois, cités par Kæmpfer, pour l'*azalea indica*. (J.)

SATSIFOCO. (*Ichthyol.*) Nom japonois de l'ESPADON. Voyez ce mot. (H. C.)

SATSURA-SAPO. (*Bot.*) Voyez SABOTIN. (J.)

SATTUL. (*Bot.*) Voyez SANDORI. (J.)

SATURATION. (*Chim.*) Ce mot est employé en chimie suivant plusieurs acceptions très-distinctes.

Suivant l'acception la plus ancienne, il signifie le terme où un liquide cesse d'agir sur un corps solide qu'il est susceptible de dissoudre ; par exemple, on dit que de l'eau est saturée de sulfate de soude, de nitrate de potasse, de chlorure de sodium, etc., lorsqu'elle ne peut plus se charger de sulfate de soude, de nitrate de potasse, de chlorure de sodium, etc., à la température où l'on opère.

Suivant une autre acception, le mot saturation indique qu'un corps cesse de s'unir à un autre, quel que soit d'ailleurs l'état de la combinaison : on dit que l'acide phosphorique est saturé de chaux, lorsqu'il cesse de s'unir à cette base ; on dit que le fer, le plomb, sont saturés d'oxigène, lorsqu'ils sont à l'état de peroxides : or tous ces composés sont solides.

Suivant une troisième acception, le mot saturation indique les différentes proportions suivant lesquelles deux corps sont susceptibles de se combiner ; ainsi on dit le premier degré, le second degré.... de saturation, pour indiquer la première proportion, la seconde proportion.... d'un corps qui s'est uni à une certaine quantité d'un autre corps.

Enfin, il a encore une quatrième acception : il indique la disparition des propriétés caractéristiques que des corps antagonistes éprouvent par leur union mutuelle. On dit, par exemple, que l'acide sulfurique sature les propriétés alcalines de la potasse, ou que la potasse sature les propriétés acides de l'acide sulfurique : en ce sens, saturation est synonyme de neutralisation. (Ch.)

SATUREIA. (*Bot.*) Nom latin du genre Sarriette. (L. D.)

SATURNE. (*Chim.*) Les alchimistes désignoient le plomb par ce nom.

Le plomb, qui, en se combinant avec l'or, l'argent, le cuivre, les prive de leurs propriétés caractéristiques, leur sembloit mériter cette dénomination, qui faisoit allusion à ce que la fable raconte de Saturne dévorant ses enfans. (Ch.)

SATURNIA. (*Bot.*) Maratti, botaniste italien, avoit fait sous ce nom un genre de l'*allium chamæmoly* de Linnæus. (J.)

SATURNINE. (*Ichthyol.*) Nom spécifique d'une couleuvre

dont il est question dans ce Dictionnaire, tome XI, p. 216. (H. C.)

SATURNITE. (*Min.*) Forster a donné ce nom à la galène ou plomb sulfuré épigène, qu'on appelle aussi plomb bleu, *Blaubleierz.* Voyez PLOMB. (B.)

SATYRA. (*Entom.*) M. Meigen a décrit sous ce nom et comme un genre d'insectes diptères, plusieurs espèces de DOLICHOPE. (C. D.)

SATYRE, *Satyrus.* (*Entom.*) C'est le nom donné à un genre de papillon dans l'Encyclopédie. C'est aussi celui qu'a adopté M. Godart, dans son Tableau méthodique des papillons de France, qu'il a inscrit sous le n.º 11, et dont nous avons présenté l'extrait à l'article PAPILLON, tom. XXXVII, pag. 387, n.º 28 et suiv.

Geoffroy a nommé *Satyre,* l'espèce de papillon que Linnæus appeloit *mæra,* et dont nous avons donné la description sous le n.º 66 du genre PAPILLON. (C. D.)

SATYRION; *Satyrium,* Swartz. (*Bot.*) Genre de plantes monocotylédones, de la famille des *orchidées,* Juss., et de la *gynandrie monogynie,* Linn., qui présente pour principaux caractères : Une corolle de six pétales irréguliers, dont cinq supérieurs, à peu près égaux, plus ou moins connivens, et le sixième inférieur (nommé nectaire ou labelle) entier ou lobé, tout-à-fait différent des autres, prolongé à sa base en deux éperons ou cornes; une étamine consistant en une seule anthère adnée sous le stigmate à la partie supérieure du style; un ovaire infère, surmonté d'un style terminé par un stigmate à deux lèvres; une capsule alongée, uniloculaire, à trois côtes, s'ouvrant par ses angles et contenant des graines menues, nombreuses.

Les satyrions sont des plantes herbacées, à racines tuberculeuses et vivaces; à feuilles entières, alternes, et à fleurs disposées en épi terminal.

Le genre *Satyrium* a éprouvé de grands changemens depuis qu'il a été établi par Linnæus. Aucune des huit espèces que cet auteur y avoit d'abord comprises, dans son *Species plantarum,* n'en fait plus partie maintenant. Les *Satyrium hircinum, viride, nigrum, albidum* et *plantagineum* sont devenus des *Orchis;* le *Satyrium epipogium* a été placé dans le genre

Limodorum, et le *Satyrium repens* parmi les *Neottia*; enfin, le *Satyrium capense* a aussi perdu son premier nom pour passer dans un autre genre. Ensuite, de vingt-deux espèces de *satyrium*, que Thunberg avoit trouvées au cap de Bonne-Espérance, cinq seulement sont restées dans ce genre, et dix-sept autres, sous les noms de *Satyrium grandiflorum*, *S. bifidum*, *S. draconis*, etc., ont été retirées par Swartz du genre où Thunberg les avoit d'abord placées, et elles sont devenues les *Disa grandiflora*, *D. bifida*, *D. draconis*, etc. Sept autres espèces, que Linnæus fils avoit encore rangées parmi les *Satyrium*, sont passées, d'après la réforme de Swartz, les unes dans les *Corycium*, les autres dans les *Limodorum*; un *Satyrium maculatum* de M. le professeur Desfontaines a été reporté dans les *Orchis*; et enfin, cinq espèces, que Swartz lui-même avoit classées, en 1788, dans les *Satyrium*, ont été, douze ans après, changées de genre; cet auteur a fait de quatre d'entre elles des *Neottia*, et de la cinquième un *Orchis*. De cette manière, sur quarante-huit espèces qui pourroient exister dans le genre *Satyrium*, sans les différentes réformes qu'il a éprouvées, les botanistes modernes n'en ont plus conservé que dix comme lui appartenant réellement, et ces dix espèces sont exotiques.

· S**atyrion en capuchon** : *Satyrium cucullatum*, Swartz., *Act. Holm.*, 1800, pag. 216; *Orchis bicornis*, Linn., *Sp.*, 1330. Sa racine est formée d'un tubercule cordiforme, et, comme dans les orchis, ce tubercule est double pendant que la plante est en végétation. Sa tige est géniculée, rougeâtre, munie à sa base de deux feuilles opposées, larges, cordiformes, aiguës; les caulinaires sont courtes, en forme de capuchon, amplexicaules, engaînantes à leur base et marquées de stries purpurines. Ses fleurs sont jaunes, penchées, disposées en un épi court. Les éperons sont longs et subulés. Cette plante croît au cap de Bonne-Espérance.

S**atyrion a bractées** : *Satyrium bracteatum*, Thunb. *Prodr.*, 6; Willd., *Sp.*, 4, pag. 56. Sa racine est formée de deux bulbes arrondies; elle produit une tige haute de six pouces, garnie à sa base de feuilles ovales, nerveuses, tandis que celles de sa partie moyenne sont ovales-oblongues. Ses fleurs sont nombreuses, disposées en un épi serré, entremêlé de bractées ovales, ouvertes, plus longues que les fleurs. Le

47.   27

labelle est entier à son sommet, aigu, et les éperons sont très-courts, obtus. Cette espèce croît, ainsi que la précédente, au cap de Bonne-Espérance. (L. D.)

SATYRIUM. (*Bot.*) Ce nom a été donné par des auteurs anciens à diverses espèces de la famille des orchidées, dont un des genres l'a conservé. Daléchamps le cite aussi pour une espèe de *scilla* et pour la dent-de-chien, *erythronium dens canis;* Swertius pour un *hœmanthes;* Césalpin pour l'*iris tuberosa;* Pona pour le *phallus*, espèce de champignon, auquel sa forme a fait donner le nom françois de satyre. Voyez SATYRION. (J.)

SATYRIUM. (*Bot.*) Matthiole désigne par *satyrium erythronium* le *phallus impudicus*, Linn. Ce même champignon est le type du genre *Satyrus* de Ventenat. M. Bosc ramène à ce genre les morilles qu'il a décrites dans les Mémoires de l'Académie de Berlin, et désignées par morilles rubiconde et duplicate. (LEM.)

SATYRUS. (*Bot.*) Voyez PHALLUS. (LEM.)

SATYRUS. (*Mamm.*) Cette dénomination a été donnée par Linné à l'espèce de singe, nommée *orang roux* par les zoologistes modernes. (DESM.)

SATYRUS. (*Entom.*) Fabricius a donné ce nom à un genre de lépidoptères diurnes, démembré du grand genre *Papilio* de Linné. Voyez l'article PAPILLON. (DESM.)

SAU-SARAI. (*Ornith.*) Espèce de canard d'Arabie, indiquée par Forskal, *Descrip. anim.*, p. 5, n.° 8. (CH. D.)

SAUARSUCK. (*Ornith.*) Nom de la bécasse, *scolopax rusticola*, Linn., en groënlandois. (CH. D.)

SAUBILLANG ou GEESTREEPTE SAUBILLANG. (*Ichth.*) Suivant Ruysch, les Hollandois donnent ces noms à un poisson des Indes, qui a la forme et la saveur de l'anguille, et qui est long d'un pied. Il nous est difficile de le classer d'après de si insuffisans documens. (H. G.)

SAUCANELLE. (*Ichthyol.*) Un des noms vulgaires de la daurade, *aurata vulgaris*. Voyez DAURADE. (H. C.)

SAUCH, CHOUCH. (*Bot.*) Noms arabes du fruit du pêcher, cités par Daléchamps. (J.)

SAUCLET. (*Ichthyol.*) Un des noms de l'athérine sur le littoral de la Méditerranée. Voyez ATHÉRINE. (H. C.)

SAUGE ; *Salvia*, Linn. (*Bot.*) Genre de plantes dicotylédones monopétales, de la famille des *labiées*, Juss., et de la *diandrie monogynie*, Linn., dont les principaux caractères sont les suivans : Calice monophylle, presque campanulé, strié, à deux lèvres, dont la supérieure souvent à trois dents et l'inférieure bifide ; corolle monopétale, tubulée inférieurement, ayant son limbe partagé en deux lèvres, dont la supérieure en voûte ou en faux et échancrée, et l'inférieure découpée en trois lobes inégaux, le moyen étant plus grand que les deux latéraux ; deux étamines à filamens courts, portant transversalement un filet, terminé à son extrémité supérieure par une anthère fertile, et, inférieurement, par une anthère stérile ; un ovaire à quatre lobes, surmonté d'un style filiforme, terminé par un stigmate bifide.

Les sauges sont des plantes herbacées ou des arbustes à feuilles opposées, dont les fleurs sont également opposées, ou, le plus souvent, verticillées, quelquefois axillaires, ordinairement disposées en épis dans la partie supérieure des tiges et des rameaux.

Ce genre est très - nombreux : on en compte plus de deux cents espèces répandues dans les différentes parties du monde.

Sauge officinale : *Salvia officinalis*, Linn., *Spec.*, 34 ; Lois., Nouv. Duham., 6, page 77, tab. 25. Cette espèce est un sous-arbrisseau, dont la tige est une souche ligneuse, divisée en rameaux nombreux, plus ou moins redressés, velus, garnis de feuilles pétiolées, ovales-lancéolées, ridées ; finement crénelées, d'un vert grisâtre en dessus, pubescentes et blanchâtres en dessous. Ses fleurs sont bleuâtres, disposées par six à huit en verticilles formant un épi interrompu et terminal. Cette sauge croît dans le Midi de la France et dans une grande partie de l'Europe australe. On en distingue deux variétés principales : l'une, plus élevée et à plus grandes feuilles, appelée *grande sauge ;* l'autre, plus petite dans toutes ses parties, est dite *petite sauge.*

Ces deux plantes ont une odeur aromatique, forte et agréable. Leur saveur est amère, chaude, piquante, et a quelque rapport avec celle du camphre. On les emploie indifféremment l'une pour l'autre.

La sauge étoit autrefois très-estimée en médecine. Les anciens lui avoient attribué de grandes vertus, et c'est ce qui lui avoit valu le nom de *salvia*, évidemment dérivé de *salvere*, sauver. C'est aussi parce qu'on la croyoit propre à remédier à un grand nombre de maux qui affligent l'espèce humaine, que les rédacteurs de l'école de Salerne paroissent s'étonner que l'homme puisse mourir en possédant la sauge :

Cur moriatur homo, cui salvia crescit in horto ?
Contra vim mortis non est medicamen in hortis.

De toutes les labiées aromatiques, la sauge est une de celles dont la propriété stimulante est la plus marquée. Prise à l'intérieur, elle agit éminemment comme tonique, stomachique et cordiale. On l'a conseillée dans l'apoplexie, les affections comateuses, la paralysie, l'épilepsie, les maladies hystériques, les menstrues difficiles, les indigestions, les débilités de l'estomac, les flatuosités, les affections catarrhales atoniques et toutes celles qui paroissent exiger l'action des fortifians. Les parties dont on fait ordinairement usage sont les feuilles préparées en infusion aqueuse ou vineuse.

La sauge est assez souvent employée comme assaisonnement, surtout dans les pays du Midi. Ainsi, les Provençaux aiment beaucoup cette plante ; ils en mettent dans la plupart de leurs alimens, et ils préparent avec ses feuilles une infusion qui, pour beaucoup de personnes, remplace le thé. On dit aussi que les Chinois estiment et recherchent beaucoup la sauge, et qu'ils sont étonnés que, possédant une si excellente plante, les Européens viennent de si loin chercher leur thé ; et dans l'échange qu'ils font de celui-ci contre la sauge, on assure même qu'ils donnent volontiers deux à trois caisses du premier pour s'en procurer une de la seconde.

Sauge pommifère ; *Salvia pomifera*, Linn., *Spec.*, 34. La tige de cette espèce est ligneuse, haute de deux à trois pieds, divisée en rameaux opposés, redressés, quadrangulaires, garnis de feuilles lancéolées, très-ridées, finement crénelées et un peu ondulées en leurs bords, légèrement cotonneuses et cendrées en dessus, chargées en dessous d'un duvet épais et blanchâtre. Les fleurs sont grandes, bleuâtres, disposées par

verticilles rapprochés en épi plus ou moins serré. Cette espèce croît dans l'île de Crète et dans le Levant. On la cultive au Jardin du Roi à Paris. Dans les pays où elle vient naturellement, elle produit, par la piqûre d'un insecte, des
excroissances charnues, grosses comme des cerises, et dont
l'intérieur est une sorte de pulpe transparente comme de
la gelée. Ces excroissances, qui sont des espèces de galles,
se vendent dans les marchés du Levant, et on les mange
après les avoir fait confire.

SAUGE VERTICILLÉE; *Salvia verticillata*, Linn., *Spec.*, 37. Sa
racine est annuelle et produit une tige velue, haute d'un
pied et demi, garnie de feuilles pétiolées, crénelées, en
cœur à leur base, et quelquefois munies d'une petite oreillette de chaque côté. Ses fleurs sont bleues ou violettes,
disposées par verticilles, trente ensemble et au-delà; leur
style est très-saillant, incliné sur la lèvre inférieure. Cette
espèce croît en Alsace, en Suisse, en Allemagne, en Italie;
elle a aussi été trouvée aux environs de Paris.

SAUGE VARIABLE : *Salvia variabilis; N. salvia clandestina*,
Linn., *Spec.*, 36; *Salvia verbenaca*, Linn., *Spec.*, 35; *Salvia
præcox*, Savi, *Flor. Pis.*, 1, page 22 (*non Vahl*). Je ne crois
pas me tromper en réunissant ici, non comme variétés distinctes, mais comme la même plante qui se modifie de diverses manières, plusieurs espèces regardées précédemment
comme différentes.

Cette sauge, en la considérant comme ne formant qu'une
seule et même espèce, a une tige droite, velue, haut de six
à quinze pouces et même plus. Ses feuilles inférieures sont
pétiolées, ovales-oblongues, ridées, tantôt simplement bordées de grandes dents ou de crénelures, tantôt plus ou moins
profondément découpées en lobes opposés et eux-mêmes
crénelés. Ses feuilles supérieures sont sessiles, presque en
cœur. Ses fleurs, bleues, quelquefois blanches, verticillées
six ensemble, sont disposées en un long épi. Leur calice est
très-velu, campanulé, beaucoup plus large que le tube de
la corolle, partagé en deux lèvres, dont la supérieure arrondie, à trois dents peu sensibles, et l'inférieure à deux
grandes dents aiguës. La corolle est presque glabre, dépourvue
de glandes, tantôt une fois plus longue que le calice ou même

davantage, à deux lèvres bien ouvertes, et tantôt presque cachée dans le calice ou à peine plus longue que lui, à deux lèvres à peine ouvertes et peu distinctes. Le style est toujours peu ou point saillant hors de la corolle. Toutes ces différences, quoiqu'elles paroissent être très-grandes, ne sont nullement constantes, et elles se rencontrent quelquefois sur le même pied à des époques différentes de l'année. Cette espèce est commune dans les prés secs et montueux du Midi de la France et de l'Europe; elle fleurit depuis le mois de Mars jusqu'à la fin de l'été.

SAUGE DES PRÉS; *Salvia pratensis*, Linn., *Spec.*, 35; Bull., Herb., tab. 357. Sa racine est vivace : elle produit une tige quadrangulaire, velue, haute d'un pied à un pied et demi, garnie de feuilles, dont les inférieures sont pétiolées, oblongues, plus ou moins en cœur à leur base, ridées, simplement crénelées, ou incisées en lobes eux-mêmes crénelés. Ses fleurs sont d'un bleu foncé, quelquefois d'un bleu clair, rarement blanches ou roses, verticillées cinq à six ensemble. La lèvre supérieure de la corolle est très-grande, courbée en faucille et parsemée de glandes visqueuses. Cette plante est commune dans les prés secs et sur les bords des champs, en France et dans le reste de l'Europe : elle a des propriétés analogues à celles de la sauge officinale et elle peut jusqu'à un certain point la remplacer dans les pays du Nord; mais son infusion est moins agréable. Les chèvres et les moutons la mangent; mais son odeur forte fait qu'elle déplaît aux autres bestiaux.

SAUGE GLUTINEUSE OU SAUGE DE MONTAGNE; *Salvia glutinosa*, Linn., *Spec.*, 37. Sa racine, qui est vivace, produit une tige velue, haute de deux pieds, garnie de feuilles pétiolées, cordiformes, presque sagittées, très-aiguës, dentées, à peu près glabres. Ses fleurs sont jaunâtres, très-grandes, visqueuses, verticillées environ six ensemble, formant un long épi. Leur calice a la lèvre supérieure entière, et il est moitié plus court que le tube de la corolle. Cette espèce croît dans les prés montueux en France et dans plusieurs autres parties de l'Europe. Les Tyroliens emploient, contre la coqueluche, son infusion mêlée avec du lait.

SAUGE SCLARÉE, vulgairement ORVALE, SCLARÉE, TOUTE-BONNE.

Sa tige est très-velue, presque laineuse, haute de deux pieds, garnie de feuilles cordiformes, pétiolées, chagrinées, crénelées. Ses fleurs sont d'un bleu clair, grandes, verticillées à peu près six ensemble, environnées de bractées concaves, colorées, acuminées et plus grandes que le calice, qui est à quatre dents, terminées par une pointe dure et sétacée. Cette plante croit en France, en Italie, en Espagne, etc. ; elle a une odeur très-forte et très-pénétrante. Infusée dans le vin blanc, elle lui donne un faux goût de vin muscat et le rend très-enivrant. Dans quelques cantons du Nord on l'emploie dans la fabrication de la bierre pour remplacer le houblon. Ses propriétés sont analogues à celles de la sauge officinale.

Sauge laineuse; *Salvia œthiopis*, Linn., *Spec.*, 39; Jacq., *Fl. aust.*, tab. 211. Sa tige est laineuse, ainsi que toute la plante, haute d'un pied et demi à deux pieds, très-rameuse, garnie de feuilles ovales-oblongues, sinuées ou laciniées en leurs bords. Ses fleurs sont blanches, verticillées quatre à six ensemble, environnées de deux bractées concaves, terminées par une pointe acérée et recourbée. Les calices sont à cinq dents et chargés d'un coton très-épais. Cette espèce croit dans les lieux secs et chauds du Midi de la France et de l'Europe : elle est bisannuelle.

Sauge dorée; *Salvia aurea*, Linn., *Spec.*, 38. La tige de cette espèce est ligneuse et forme un arbrisseau haut de cinq à six pieds et même plus, divisé en rameaux opposés, garnis de feuilles ovales ou arrondies, assez petites, brièvement pétiolées, entières ou un peu sinuées en leurs bords, chargées, sur leurs deux faces, d'un duvet court et serré, qui leur donne une teinte cendrée. Les fleurs sont grandes, d'une belle couleur jaune d'or, disposées en verticilles peu garnis et formant des épis courts à l'extrémité des rameaux ; les divisions de leur calice sont très-obtuses. Cette sauge croit au cap de Bonne-Espérance ; on la cultive au Jardin du Roi.

Sauge d'Afrique; *Salvia africana*, Linn., *Spec.*, 38. Sa tige est ligneuse, haute de cinq à six pieds, divisée en rameaux nombreux, opposés, effilés, à peine quadrangulaires, pubescens, garnis de feuilles ovales, aiguës, sessiles, légèrement dentées, ridées en dessus, cotonneuses et blanchâtres en dessous ; les inférieures portées sur de courts pétioles, et les supérieures sessiles. Ses fleurs sont violettes ou d'un bleu foncé, assez grandes, disposées, au sommet des rameaux, en épis nombreux, formant dans leur ensemble une espèce de panicule. Cette sauge est originaire du cap de Bonne-Espérance ; on la cultive au Jardin du Roi, où elle fleurit en Juillet et Août.

SAUGE PANICULÉE ; *Salvia paniculata*, Linn., *Mant.*, 25 et 511. Cette plante a quelque ressemblance avec la précédente ; mais elle en diffère par ses feuilles ovales-cunéiformes, rétrécies en pétiole à leur base, dentées seulement au sommet, et vertes des deux côtés ; par ses fleurs plus grandes, d'un bleu clair, disposées en épis plus nombreux, formant une panicule plus ample ; enfin par ses calices moins velus, un peu glanduleux et aigus. Elle a été apportée du cap de Bonne-Espérance ; on la cultive au Jardin du Roi.

SAUGE DES CANARIES ; *Salvia canariensis*, Linn., *Spec.*, 38. Sa tige est ligneuse, haute de quatre à cinq pieds, divisée en rameaux opposés, garnis de feuilles oblongues, triangulaires, hastées à leur base, un peu ridées en dessus, finement crénelées, vertes des deux côtés, portés sur des pétioles très-cotonneux. Ses fleurs, bleuâtres, accompagnées de bractées ovales-lancéolées, souvent colorées, sont disposées sur des épis opposés, formant, par leur rapprochement au sommet des rameaux une belle panicule terminale. Leur calice est à deux lèvres très-ouvertes, dont la supérieure très-large, à peine échancrée, et l'inférieure à deux lobes. Cette plante est indigène des îles Canaries : on la cultive au Jardin du Roi.

SAUGE LÉONUROÏDE ; *Salvia leonuroides*, Lam., *Illust.*, vol. 1, page 71, n.° 312, t. 20, fig. 3. Ses tiges sont ligneuses, hautes de cinq à six pieds, divisées en rameaux opposés, garnis de feuilles cordiformes, pétiolées, persistantes, glabres, légèrement dentées en leurs bords, d'un vert foncé en dessus et d'un vert cendré en dessous. Ses fleurs sont axillaires, verticillées cinq à six ensemble et brievement pétiolées ; leur calice est glabre, à deux lèvres, dont la supérieure entière et acuminée ; leur corolle est grande, d'une belle couleur écarlate, à lèvre supérieure droite et velue. Cette espèce est originaire du Pérou, d'où ses graines furent envoyées au Jardin du Roi par Dombey, et où elle est cultivée depuis ce temps. Elle fleurit pendant une grande partie de l'été.

Sauge éclatante : *Salvia splendens*, Spreng., *Syst. veget.*, 1, page 57; *Salvia colorans*, Hortulan. Sa tige est un peu ligneuse à sa base, herbacée dans le reste de son étendue, haute de trois à quatre pieds, divisée en rameaux nombreux, opposés, garnis de feuilles ovales, aiguës, dentées, assez longuement pétiolées et d'un vert gai. Ses fleurs sont d'un superbe rouge écarlate, opposées, pédonculées et disposées, au nombre de trente et plus, en une belle grappe terminale. Chaque fleur est accompagnée d'une bractée très-caduque, colorée comme le calice et du même rouge que la corolle. Cette belle plante est originaire du Brésil; on la cultive dans les jardins depuis quatre à cinq ans, et on la tient dans la serre chaude pour la conserver pendant l'hiver. Elle se multiplie de boutures, qui reprennent facilement quand elles sont faites au printemps sur couche et sous châssis ou sous cloches. Ces boutures, quand elles ont bien repris, peuvent être mises en pleine terre au commencement de Juin, et dans le courant de l'été elles forment des tiges de trois à quatre pieds de hauteur, qui, pendant toute la belle saison, produisent de superbes grappes de fleurs.

Sauge écarlate ; *Salvia coccinea*, Linn., *Suppl.*, 88. Ses tiges sont hautes de trois à quatre pieds, ligneuses dans leur partie inférieure, divisées en rameaux opposés, quadrangulaires, pubescens, garnis de feuilles cordiformes, aiguës, pétiolées, dentées, légèrement pubescentes en dessus, presque cotonneuses en dessous. Ses fleurs sont d'un beau rouge écarlate, pédonculées, verticillées six à huit ensemble et disposées, au sommet des rameaux, en longs épis simples. Cette espèce croît naturellement dans la Floride; on la cultive pour l'ornement des jardins. (L. D.)

SAUGE AMÈRE. (*Bot.*) C'est une espèce de germandrée. (L. D.)

SAUGE EN ARBRE. (*Bot.*) Nom vulgaire de la phlomide frutescente. (L. D.)

SAUGE DES BOIS, SAUGE SAUVAGE. (*Bot.*) On donne vulgairement ces noms à la germandrée des bois. (L. D.)

SAUGE DE JÉRUSALEM. (*Bot.*) C'est la pulmonaire offi‑
cinale. (L. D.)

SAUI-JALA. (*Ornith.*) Ce merle doré de Madagascar est
le *turdus saui-jala*, Lath. (Ch. D.)

SAUKI. (*Ornith.*) Ce nom russe a été donné à un canard
de Sibérie. C'est le même que le canard à longue queue de
Terre-Neuve. (Ch. D.)

SAUL et SÖL. (*Bot.*) Sur les côtes d'Islande on donnoit ce
nom anciennement à une plante marine, le *fucus palmatus*, L.
(*dele,seria palmata*, Lx.), mentionnée sous ce nom dans les vieux
auteurs qui ont écrit sur cette île dès le dixième siècle. Elle
servoit de nourriture dans les temps de disette ; cependant on
lui attribuoit de mauvaises qualités, si l'on en croit l'histoire
de la fille d'Égille (homme puissant en Islande au dixième
siècle), qui, désirant vaincre la résolution qu'avoit prise son
père de se laisser mourir, feignit aussi de vouloir mettre un
terme à ses jours en mangeant du *saul ;* résolution qu'Égille
prit aussitôt : mais sa fille, au lieu de lui donner du bouillon
fait avec cette plante, lui fit avaler du lait, et le sauva ainsi.
(Lem.)

SAULAR. (*Ornith.*) Cet oiseau, qui étoit la pie‑grièche
noire du Bengale d'Edwards, de Brisson et de Buffon, a été
depuis placé parmi les mainates : c'est le *gracula saularis,*
Linn. (Ch. D.)

SAULE ; *Salix*, Linn. (*Bot.*) Genre de plantes dicotylé‑
dones apétales, de la famille des *amentacées*, Juss., dont quel‑
ques auteurs font le type d'une famille particulière, sous le
nom de *salicinées*, et qui, dans le Système sexuel, appartient
à la *dioécie diandrie.* Dans ce genre les fleurs sont unisexuelles,
placées sur des individus différens et disposées en chatons
chargées d'écailles imbriquées. Chaque fleur mâle, prise sé‑
parément, est composée d'une écaille de forme variable,
servant de calice, et de deux étamines (quelquefois d'une
seulement ou de trois à sept) à filamens filiformes, plus longs
que l'écaille, insérés à sa base et terminés par des anthères à
deux ou quatre loges. Les fleurs femelles présentent une
écaille comme dans les mâles, et un ovaire ovale-conique,
surmonté d'un style court, quelquefois nul, terminé par deux
stigmates souvent bifides. Le fruit est une capsule ovale-

oblongue, rétrécie dans sa partie supérieure, à une seule loge s'ouvrant en deux valves, et contenant plusieurs petites graines environnées à leur base par une aigrette de poils simples.

Les saules sont des arbres ou des arbustes à feuilles alternes, dont les fleurs, petites et peu remarquables par leur couleur, sont disposées en chatons ordinairement axillaires. Leurs espèces sont nombreuses, puisque quelques auteurs en comptent plus de deux cents; mais les difficultés de toute nature qui se rencontrent pour bien déterminer ces plantes, font que, jusqu'à présent, toutes les espèces indiquées dans les catalogues ne sont point encore complétement décrites ni convenablement caractérisées dans les ouvrages généraux ou particuliers. Ainsi, je n'ai guère trouvé dans les livres que j'ai consultés que cent vingt à cent trente espèces plus ou moins clairement décrites. De ces cent trente et quelques saules, environ quatre-vingt-dix sont indiqués comme croissant naturellement en Europe : trente, comme appartenant à l'Amérique, soit méridionale, soit septentrionale, et douze, seulement, comme se trouvant en Asie ou en Afrique; aucun, jusqu'à présent, n'a été trouvé dans la Nouvelle-Hollande. Cette distribution très-inégale des saules dans les différentes parties du monde doit paroître étonnante, et je ne doute pas que, par la suite des temps, lorsque les botanistes auront porté plus d'attention sur les espèces de ce genre qui peuvent exister en Asie, en Afrique et en Amérique, il se trouvera, dans ces différentes parties du monde, un bien plus grand nombre de saules, tandis qu'au contraire leur nombre réel diminuera peut-être en Europe, parce qu'on reconnoîtra que certaines espèces des contrées du Nord sont les mêmes que celles de la France, de l'Allemagne, etc., seulement modifiées par le changement de climat.

Les difficultés que l'on rencontre dans l'étude des saules, viennent, premièrement, de ce que, dans ce genre, les espèces sont presque toutes dioïques, et qu'on ne rencontre pas toujours facilement les fleurs mâles d'une espèce, après en avoir trouvé les femelles, ou celles-ci, lorsque l'on a déjà les premières. Secondement, les fleurs naissent souvent avant les feuilles, et c'est un autre embarras pour se procurer les dernières. Troisièmement , on ne sait point encore jusqu'à quel point les espèces voisines les unes des autres sont susceptibles ou non d'être fécondées par d'autres que par leur propre mâle ; et , si cette fécondation a lieu, ne peut-elle pas donner naissance à des hybrides ou à des espèces intermédiaires , qui , en rendant moins saillans les passages entre les véritables espèces, font, par cela même, que leur étude devient beaucoup plus difficile ? Quatrièmement, les différens auteurs qui ont parlé des saules, ont souvent décrit les mêmes espèces sous des noms différens, ou donné le même nom à des plantes essentiellement dissemblables; ce qui fait qu'on rencontre à chaque pas des difficultés presque insurmontables pour établir une concordance exacte entre les divers auteurs. Quelques botanistes collecteurs se sont appliqués à faire des collections de saules, qu'ils ont répandues : ce travail eût pu devenir très-utile, s'il eût été bien fait ; mais ces collecteurs n'ont souvent cherché qu'à multiplier les espèces pour avoir plus d'échantillons ; et l'un d'eux a fabriqué plus de cinquante espèces avec une seule, en prenant pour caractère les moindres modifications qu'il a pu observer , soit dans le port, soit dans les feuilles, soit dans les chatons, etc. Cinquièmement, enfin, les saules varient tellement, d'après la nature du sol et de l'exposition , que souvent la même espèce devient méconnoissable, quand elle est prise dans deux cantons qui diffèrent entre eux par la nature du sol et du climat.

Quoique la culture puisse et doive modifier plusieurs espèces , je crois cependant que ce seroit le seul moyen de pouvoir porter quelque clarté dans un genre qui offre tant de difficultés dans le diagnostic des espèces. Mais aucun genre peut-être n'est, en général, aussi négligé dans les jardins de botanique et dans les établissemens publics, quoique sa culture ne présente, d'ailleurs , aucune difficulté ; ainsi jusqu'à présent le Jardin du Roi à Paris n'a jamais offert qu'un assez petit nombre de saules, et ce n'est que depuis que M. Bosc y a été nommé professeur d'agriculture, qu'il a cherché à réunir dans cet établissement un plus grand nombre d'espèces que celles qu'on y voyoit autrefois. Mais cette collection de saules est encore trop nouvelle, et n'est d'ailleurs point encore rangée méthodiquement, de sorte que ce n'est que dans quelques années qu'elle pourra servir à l'étude. Ayant déjà senti toutes les difficultés qu'il y avoit à bien caractériser les espèces de ce genre, lorsque je fis mon *Flora gallica*, je ne tardai pas à recueillir, pour en faire la plantation, tous les saules que je pus me procurer vivans, et, dès l'année 1811, je commençai cette collection ; mais malheureusement, ne pouvant la faire cultiver sous mes yeux, et étant obligé de la faire planter à vingt lieues de Paris, après avoir reçu, de différentes parties de la France, du Piémont, des Alpes de la Suisse, de l'Allemagne, de la Belgique, etc., cinq à six cents pieds de saules différens, je suis à peine plus avancé aujourd'hui qu'il y a seize ans, lorsque j'ai commencé ma collection, parce que le défaut d'intelligence de la part des gens de la campagne, auxquels j'avois été forcé de confier mes plantes, m'a bientôt fait perdre les espèces les plus rares et les plus précieuses. Je me vois donc encore obligé de remettre à une autre époque un travail complet sur ce genre, et je me bornerai maintenant à établir d'une manière plus positive le diagnostic des espèces que je mentionnerai ici, et à les classer d'après l'ordre qui m'a semblé le plus naturel, c'est-à-dire d'après les rapports de ressemblance que ces espèces m'ont paru avoir entre elles.

[*] *Ovaires glabres ; arbres ou arbrisseaux un peu élevés.*

SAULE BLANC ; *Salix alba*, Linn., *Sp.*, 1449. Sa tige s'élève à trente ou quarante pieds, et son tronc, revêtu d'une écorce grisâtre, crevassée, peut acquérir six à huit pieds de circonférence. Ses jeunes rameaux sont rougeâtres ou d'un vert brunâtre, droits, garnis de feuilles lancéolées, brièvement pétiolées, soyeuses et blanchâtres des deux côtés, surtout dans leur jeunesse. Les fleurs naissent en même temps que les feuilles, et viennent le long des rameaux de l'année précédente sur des pédoncules feuillés à leur base. Les écailles des mâles sont oblongues, en grande partie pubescentes ; celles des femelles sont oblongues-lancéolées, obtuses ou à peine aiguës, pubescentes dans leur moitié inférieure, portées sur un axe velu. Les ovaires sont pédicellés, surmontés d'un style très-court. Cet arbre est commun en France et dans une partie de l'Europe, dans les prairies un peu humides et sur le bord des eaux.

SAULE OSIER , vulgairement OSIER JAUNE ; *Salix vitellina* , Linn., *Sp.*, 1442. Cette espèce a le port de la précédente , mais elle en diffère par plusieurs caractères. Ses rameaux sont toujours d'un jaune plus ou moins foncé ; ses feuilles sont étroites-lancéolées, glabres ; les fleurs viennent en même temps que les feuilles ; mais le pédoncule commun qui porte les fleurs femelles , est glabre. Cet arbre croît dans les mêmes lieux que le saule blanc.

SAULE FRAGILE; *Salix fragilis*, Linn., *Sp.*, 1443. Pour le port et la hauteur, ce saule ne diffère pas des deux précédens. Ses rameaux sont brunâtres ou un peu rougeâtres, et ils cassent avec la plus grande facilité près de leur insertion sur les branches. Les feuilles sont lancéolées, dentées, glabres, pétiolées, et elles se développent en même temps que les fleurs. Les écailles des mâles sont ovales, ciliées, portées sur un axe très-pubescent. Le pédoncule commun qui porte les fleurs femelles, n'est que légèrement pubescent, chargé d'écailles oblongues, ciliées, tronquées ou échancrées. Cette espèce se trouve dans les mêmes localités que les deux précédentes.

SAULE A FEUILLES AIGUËS ; *Salix acutifolia*, Willd., *Spec.*, 4, pag. 699. Cette espèce est un arbre de vingt à vingt-cinq pieds de hauteur, dont les rameaux sont recouverts d'une écorce d'un violet noirâtre, et à la surface de laquelle se trouve une poussière glauque, très-menue. Ses feuilles sont lancéolées, étroites, aiguës, dentées et glanduleuses en leurs bords, glabres dans mes échantillons, tandis que, selon Willdenow, elles sont recouvertes de poils couchés et blanchâtres. Ses fleurs naissent avant les feuilles ; les mâles, les seules que je connoisse, forment des chatons compactes, cylindriques, longs de quinze à dix-huit lignes, et leurs écailles sont ovales-lancéolées, chargées de longs poils soyeux. Cet arbre est originaire des contrées voisines de la mer Caspienne.

SAULE A FEUILLES D'AMANDIER; *Salix amygdalina*, Linn., *Sp.*, 443. C'est un arbre de vingt à vingt-cinq pieds de hauteur, lorsqu'on le laisse croître en liberté ; ses rameaux, rougeâtres ou jaunâtres, sont garnis de feuilles oblongues-lancéolées, glabres, et d'un beau **vert** en dessus, glauques en dessous, bordées de nombreuses dents aiguës. Ses fleurs naissent en même temps que les feuilles ; les mâles forment des chatons cylindriques, longs de deux pouces, dont les écailles sont ovales-cunéiformes, velues, surtout en leur partie inférieure, et portent trois étamines. Cette espèce croît en France, en Argleterre et dans plusieurs parties de l'Europe, dans les lieux humides et sur les bords des eaux.

SAULE DE BABYLONE, vulgairement SAULE PLEUREUR, *Salix babylonica*, Linn., *Sp.*, 1443. Sa tige s'élève à la hauteur de vingt à vingt-cinq pieds, en se divisant en branches étalées, presque horizontales, divisées en longs rameaux grêles. pendans, très-glabres, verdâtres, garnis de feuilles étroites-lancéolées, d'un vert tendre en dessus, presque glauques en dessous, finement dentées en leurs bords et glabres sur leurs deux faces. Ses fleurs sont disposées en chatons grêles, lâches, pubescens, jaunâtres ; leurs écailles sont lancéolées et glabres. Cette espèce est originaire du Levant, et on la cultive aujourd'hui dans presque tous les jardins paysagers.

SAULE A CINQ ÉTAMINES ; *Salix pentandra*, Linn., *Sp.*, 1442. Cette espèce forme un arbrisseau de six à dix pieds de hauteur, dont les rameaux sont lisses, jaunâtres, garnis de feuilles ovales-lancéolées, dentées, glanduleuses, qui se développent en même temps que les fleurs. Les chatons mâles sont cylindriques, un peu épais, odorans ; leur axe est velu, et chaque fleur a ordinairement cinq à six étamines, ou sept au plus, et quelquefois quatre seulement. Ce saule croît sur les bords des eaux, en France, en Angleterre, en Allemagne et dans plusieurs autres parties de l'Europe.

SAULE PRÉCOCE : *Salix præcox*, Willd., *Sp.*, 4, pag. 670 ; *Salix daphnoides*, Vill., Dauph., 3, p. 765. Sa tige s'élève à trente ou quarante pieds et forme un bel arbre. Ses jeunes rameaux sont ordinairement d'un rouge foncé ; mais ils paroissent d'un blanc bleuâtre ou cendré, parce qu'ils sont le plus souvent recouverts d'une poussière très-fine et qui ressemble, en quelque sorte, à celle qui recouvre certains fruits, comme les raisins, les prunes, etc. Ses feuilles sont ovales-lancéolées, dentées, chargées dans leur milieu d'une nervure très-prononcée. Les fleurs naissent avant les feuilles ; les mâles ont leurs écailles ovales, noirâtres, très-velues; celles des femelles sont de même, et les ovaires se terminent par des styles très-alongés. Cette espèce croit sur les bords des rivières, en France, en Suisse, en Allemagne, en Italie, etc.

Saule a trois étamines; *Salix triandra*, Linn., *Sp.*, 1442. Cette espèce ne m'a jamais paru être qu'un arbrisseau de huit à dix pieds de hauteur, quoique quelques auteurs l'indiquent comme un arbre susceptible de s'élever à trente pieds. Ses rameaux sont d'un jaune grisâtre, très-lisses, et les plus jeunes sont garnis de feuilles lancéolées, d'un vert gai, très-luisantes, dentées, acuminées, pétiolées, munies à leur base de deux stipules arrondies. Ces feuilles sont d'ailleurs très-sujettes à varier; car, sur certains individus, on les trouve ovales-lancéolées, sur d'autres, oblongues, et sur d'autres, enfin, lancéolées-linéaires. Les fleurs se développent en même temps que les feuilles; les chatons mâles sont grêles, à écailles courtes, ovales ou arrondies, très-velues, garnies de trois étamines. Ce saule croît naturellement sur les bords des rivières, en France, en Allemagne, en Suisse, etc.

Saule des rivages; *Salix riparia*, Willd., *Sp.*, 4, p. 698. Arbrisseau de huit à dix pieds de hauteur, dont les rameaux sont effilés, garnis de feuilles lancéolées-linéaires, glabres en dessus, cotonneuses et blanchâtres en dessous, entières ou à peine dentées. Les fleurs, qui naissent avant les feuilles, ont les écailles des chatons mâles ovales, glabres, ciliées, et celles des chatons femelles ovales-oblongues, obtuses ou un peu tronquées, presque glabres. Ce saule croît sur les bords des rivières et des ruisseaux, dans les lieux montagneux en France, en Autriche, en Hongrie, etc.

Saule amaniana; *Salix amaniana*, Willd., *Sp.*, 4, p. 663. Arbrisseau de douze à quinze pieds de hauteur, dont les rameaux sont d'un rouge noirâtre dans l'âge adulte, pubescens dans leur jeunesse, garnis de feuilles ovales, aiguës, dentées, glabres en dessus, glauques en dessous, portées sur des pétioles pubescens. Les fleurs, qui naissent avant le développement des feuilles, ont leurs chatons mâles ovales-oblongs, presque sessiles, à écailles ovales, brunâtres, velues; les chatons femelles ont leurs écailles de la même forme que dans les mâles, et le style est bifide, ainsi que les stigmates.

** *Ovaires glabres ; arbustes de quelques pouces de hauteur ou n'ayant jamais plusieurs pieds.*

Saule herbacé: *Salix herbacea*, Linn., Sp., 1445 : *Fl. Dan.*, tab. 117. Cette espèce est la plus petite du genre : sa tige est rampante, à peine ligneuse, longue de deux à quatre pouces, divisée en quelques rameaux garnis d'un petit nombre de feuilles ovales-arrondies, glabres, dentées. Ses fleurs ne se développent qu'après les feuilles ; les chatons femelles n'étant composés que de cinq à six fleurs à écailles ovales, glabres ; et les chatons mâles étant très-courts, à écailles ovales-arrondies, presque glabres ou légèrement ciliées en leurs bords. Cet arbuste croît sur les sommets des Alpes en France et sur les autres montagnes alpines de l'Europe.

Saule a feuilles de serpolet ; *Salix serpillifolia*, Willd., Sp., 4, p. 60. Ses tiges sont couchées, rampantes, ligneuses, longues de deux à quatre pouces, divisées en rameaux garnis de feuilles ovales ou ovales-lancéolées, glabres, très-entières. Ses fleurs se développent en même temps que les feuilles, ou peu après. Les chatons mâles sont pauciflores, à écailles glabres ; les chatons femelles ne sont composés que de quatre à cinq fleurs à écailles ovales, très-glabres, et les ovaires portent des stigmates sessiles. Cet arbuste croît sur les sommets des Alpes, en France, en Suisse, en Italie, en Autriche, etc.

Saule émoussé ; *Salix retusa*, Linn., Sp., 1445. Sa tige est divisée, presque dès sa base, en rameaux couchés, rampans, longs de quatre à dix pouces, garnis de feuilles ovales, très-entières, obtuses ou souvent échancrées, parfaitement glabres. Les chatons mâles, qui ne viennent qu'après que les feuilles ont commencé à se développer, sont oblongs, à écailles ovales, glabres ou légèrement ciliées, obtuses ou échancrées. Les ovaires des chatons femelles sont surmontés d'un style court, mais distinct et bifide. Cette espèce croît dans les mêmes lieux que la précédente.

*** *Ovaires velus ; arbustes ou arbrisseaux ayant depuis quelques pouces jusqu'à trois pieds de hauteur.*

Saule a feuilles de myrte ; *Salix myrsinites*, Linn., Sp., 1445. Sa tige est droite, haute d'un ou deux pieds, divisée en rameaux divariqués, d'un rouge brunâtre, glabres dans l'âge adulte, plus ou moins velus dans leur jeunesse, garnis de feuilles ovales-oblongues, brièvement pétiolées, longues d'un pouce ou à peu près, dentées en scie, d'un vert gai des deux côtés, quelquefois un peu glauques en dessous, parfaitement glabres dans l'âge adulte, plus ou moins couvertes de poils dans leur jeunesse. Ses fleurs, qui se développent en même temps que les feuilles, ont leurs chatons mâles cylindriques, longs d'un pouce, avec des écailles ovales, obtuses, noirâtres et velues. Les ovaires sont très-velus, surmontés d'un style divisé en deux stigmates alongés, à peine bifides. Ce saule croît dans les Alpes de la France, de la Suisse, de l'Italie, de l'Écosse, de la Laponie, etc.

Saule myrtille; *Salix myrtilloides*, Linn., *Sp.*, 1446. Sa tige s'élève à deux ou trois pieds de haut, en se divisant en rameaux brunâtres, glabres, étalés ou redressés, garnis de feuilles ovales-oblongues, très-entières, aiguës, glauques en dessous. Ses fleurs viennent en même temps que les feuilles, et les femelles sont réunies en petits chatons ovoïdes, longs de quatre à six lignes, à écailles très-courtes, ovales-arrondies, roussâtres, presque glabres, et à ovaires coniques, très-soyeux, surmontés d'un style terminé par deux stigmates assez longs et sensiblement bifides. Cet arbrisseau croît sur les Alpes du Dauphiné, de la Suisse, etc.

Saule soyeux; *Salix sericea*, Vill., Dauph., 3, pag. 782, t. 51, fig. 27. Sa tige est haute d'un à deux pieds, divisée en rameaux pubescens dans leur jeunesse, glabres et brunâtres dans l'âge adulte, garnis de feuilles oblongues-lancéolées, très-entières, couvertes des deux côtés de poils longs et soyeux qui les rendent blanchâtres. Les fleurs viennent avec les feuilles. Les chatons femelles sont cylindriques, longs d'un pouce ou un peu plus, à écailles lancéolées, obtuses, velues, et à ovaires ovales-oblongs, très-velus, chargés d'un style à deux stigmates médiocrement alongés, à peine bifides. Ce saule croît dans les Alpes, en France et en Suisse.

Saule des sables: *Salix arenaria*, Linn., *Sp.*, 1447; *Fl. Dan.*, t. 197. Sa tige est haute de deux pieds ou environ, divisée en rameaux d'un rouge brun, glabres dans l'âge un peu avancé, couverts, dans leur jeunesse, de poils soyeux, et

garnis de feuilles ovales-oblongues, ordinairement très-entières, d'abord blanchâtres dans le commencement de leur
développement, enfin vertes et glabres, toujours couvertes
en dessous de poils soyeux, couchés, qui rendent leur face
inférieure toute blanche. Les fleurs viennent en même temps
que les feuilles; leurs chatons sont cylindriques, oblongs : les
femelles ayant leurs écailles noirâtres, velues, ovales, rétrécies en coin à leur base, et les ovaires étant très-velus, surmontés d'un style divisé en deux stigmates alongés, bifides.
Cette espèce croît dans les Alpes de la France, de la Suisse,
de l'Autriche, de l'Écosse, etc.

Saule des Pyrénées : *Salix pyrenaica*, Gouan, *Illust.*, 77;
Willd., *Sp.*, 4, pag. 696. Sa tige est haute d'un pied ou un
peu plus, divisée, presque dès sa base, en rameaux étalés ou
presque couchés, jaunâtres, garnis de feuilles ovales, aiguës,
très-entières, brièvement pétiolées, chargées de poils des deux
côtés et surtout en dessous. Les chatons, qui ne naissent
qu'après le développement des feuilles, sont longs d'un pouce,
et ils ont leurs écailles ovales, velues. Les ovaires sont ovales-
coniques, très-velus, surmontés d'un style divisé profondément et dont chaque division se termine par un stigmate
bifide. Cet arbuste croît naturellement dans les Pyrénées;
j'en ai aussi un échantillon des Alpes de la Suisse, qui ne me
paroît pas en différer.

Saule réticulé : *Salix reticulata*, Linn., *Sp.*, 1446; *Fl. Dan.*,
t. 212. Sa souche est ligneuse, divisée, dès sa base, en rameaux étalés ou même couchés, longs de quatre à huit pouces,
rarement davantage, garnis, dans leur partie supérieure, de
feuilles ovales ou presque arrondies, très-entières, glabres
des deux côtés, vertes en dessus, glauques en dessous, et
chargées de veines nombreuses, disposées en réseau. Ses fleurs
naissent après les feuilles, et leurs chatons, portés sur de
longs pédoncules nus, ont leurs écailles ovales, en partie
glabres. Ce saule croît dans les Alpes, les Pyrénées et les
autres montagnes alpines de l'Europe.

Saule rampant; *Salix repens*, Linn., *Sp.*, 1447. Sa tige est
divisée en rameaux nombreux, effilés, en partie couchés,
longs de deux à trois pieds, pubescens, surtout dans leur jeunesse, garnis de feuilles ovales ou ovales-oblongues, aiguës,

très-entières, glabres en dessus, un peu soyeuses et blanchâtres en dessous. Ses fleurs, qui naissent avant le développement des feuilles, ont leurs chatons mâles longs de six à huit lignes, et munis d'écailles ovales, très-velues. Dans les chatons femelles les capsules sont alongées, portées sur des pédicelles plus longs que les écailles. Cet arbrisseau croît dans les lieux sablonneux, en France, en Angleterre, en Allemagne, en Suède, etc. Je regarde comme extrêmement douteux que le *salix fusca* et même les *salix argentea* et *prostrata* soient réellement des espèces distinctes de celles-ci.

**** *Ovaires velus; arbres ou arbrisseaux ayant plus de trois à quatre pieds d'élévation.*

SAULE A FEUILLES DE LAURIER : *Salix laurina*, Willd., *Sp.*, 4, pag. 662; Smith, *Fl. Brit.*, 3, pag. 1048. Arbrisseau de dix à douze pieds de hauteur, dont les rameaux sont brunâtres, glabres, légèrement pubescens seulement dans leur jeunesse, et garnis de feuilles ovales-oblongues, un peu aiguës, foiblement denticulées en leurs bords, glabres, luisantes et d'un beau vert en dessus, glauques en dessous et chargées de quelques poils courts, surtout dans leur jeunesse. Ses fleurs naissent avant les feuilles; les femelles ont les écailles de leurs chatons ovales-obtuses, brunâtres, très-velues, plus courtes ou à peine aussi longues que les pédicelles des capsules; celles-ci sont oblongues-lancéolées. Les stigmates sont entiers, plus rarement bifides. Ce saule croît en France, en Angleterre et en Allemagne.

SAULE MARCEAU, vulgairement MARCEAU, MARSAULT ou MALSAULT : *Salix capræa*, Linn., *Spec.*, 1448; *Fl. Dan.*, tab. 245. Arbre de vingt à vingt-cinq pieds, dont les branches sont grisâtres dans l'âge avancé, et les jeunes rameaux brunâtres, pubescens, garnis de feuilles assez grandes, ovales ou arrondies, quelquefois ovales-oblongues, glabres en dessus, blanchâtres et cotonneuses en dessous, dentées et plus ou moins ondulées en leurs bords, aiguës à leur sommet, souvent munies, à leur base, surtout sur les rameaux vigoureux, de stipules arrondies. Ses fleurs se développent avant les feuilles; les écailles de leurs chatons sont ovales, très-velues, de la longueur des pédicelles des capsules : ces dernières sont alongées, ventrues inférieurement, surmontées d'un style court, à stigmates le plus souvent entiers. Cet arbre est commun dans les bois, en France, et dans la plus grande partie de l'Europe.

Saule a oreillettes; *Salix aurita*, Linn., *Sp.*, 1446. Cette espèce est un arbrisseau très-rameux, un peu moins élevé que le précédent, divisé en rameaux étalés, d'un brun cendré, velus dans leur jeunesse. Ses feuilles sont ovales, obtuses, avec une pointe particulière, inégalement dentelées en leurs bords, presque glabres en dessus, velues en dessous et chargées de veines nombreuses réticulées. Ses fleurs, soit mâles, soit femelles, naissent quelque temps avant les feuilles, et elles sont disposées en chatons courts, sessiles, ovales ou ovales-oblongs. Les écailles des femelles sont roussâtres, plus ou moins velues, souvent obtuses, et les stigmates sont presque sessiles, le plus souvent non divisés. Cet arbrisseau croît dans les bois humides, en France et en Europe.

Saule acuminé; *Salix acuminata*, Smith, *Fl. Brit.*, n.° 1068. Arbre de vingt pieds de hauteur ou environ, dont les jeunes rameaux sont effilés, pubescens, garnis de feuilles lancéolées ou ovales-oblongues, acuminées, plus ou moins ondulées, dentées, principalement dans leur partie supérieure, lisses et d'un vert gai en dessus, cotonneuses et chargées en dessous de nombreuses nervures. Ses fleurs naissent avant les feuilles; elles forment, dans les individus femelles, des chatons oblongs, cylindriques, dont les écailles sont ovales, noirâtres, velues; les ovaires sont surmontés d'un style très-court, terminé par deux stigmates ordinairement entiers. Ce saule croît dans les lieux humides, en France, en Angleterre et en Allemagne.

Saule viminal, vulgairement Osier blanc; *Salix viminalis*, Linn., *Sp.* 1448. Arbre de quinze à vingt pieds, dont les jeunes rameaux sont très-droits, très-effilés, revêtus d'un duvet soyeux dans leur jeunesse, garnis de feuilles linéaires-lancéolées, acuminées, très-entières en leurs bords, mais légèrement ondulées, vertes et glabres en dessus, soyeuses et d'un blanc argenté en dessous, avec une nervure très-saillante. Ses fleurs, qui se développent avant que les feuilles aient commencé à paroître, sont disposées en chatons cylindriques, dont les écailles sont arrondies et très-velues. Les ovaires sont surmontés d'un style alongé, filiforme, à deux stigmates aigus, menus et entiers. Il leur succède des capsules ovales-oblongues et sessiles. Cette espèce se trouve communément sur les bords des rivières en France et dans la plus grande partie de l'Europe.

Saule hélice; *Salix helix*, Linn., *Sp.*, 1444. Arbrisseau de dix à douze pieds d'élévation, dont les rameaux sont très-effilés, glabres, luisans, d'une couleur cendrée ou quelquefois un peu rougeâtre. Ses feuilles sont souvent opposées, plus rarement alternes, linéaires-lancéolées, acuminées, glabres et d'un vert gai en dessus, glauques en dessous. Ses fleurs, qui se développent avant l'apparition des feuilles, forment des chatons cylindriques, alongés et pédonculés. Chaque fleur mâle n'a qu'une seule étamine; dans les femelles, les écailles sont oblongues, et l'ovaire est ovoïde, sessile, surmonté d'un style filiforme, terminé par deux stigmates oblongs, échancrés. Ce saule croît dans les lieux humides et aquatiques, en France, en Suisse, en Angleterre, en Allemagne, etc.

Saule pourpre, vulgairement Osier rouge ; *Salix purpurea*, Linn., *Sp.*, 1444. Cette espèce a beaucoup de rapports avec la précédente. Ses feuilles sont opposées ou alternes, oblongues-lancéolées ou lancéolées-linéaires, le plus souvent entières dans leur partie inférieure, légèrement dentées dans la supérieure. glabres, luisantes et d'un beau vert en dessus, plus ou moins glauques en dessous. Ses fleurs se développent toujours avant qu'aucune feuille ait paru. Les mâles forment des chatons cylindriques, sessiles, à écailles ovales, velues, accompagnées d'une seule étamine, portant une anthère à quatre lobes. Dans les chatons femelles l'ovaire est ovoïde-oblong, surmonté d'un style très-court, terminé par deux stigmates entiers. Ce saule croît dans les lieux humides et sur les bords des eaux, en France, en Angleterre, en Allemagne, etc.

Saule ondulé ; *Salix undulata*, Willd., *Sp.*, 4, p. 655. Sa tige s'élève à douze ou quinze pieds, en se divisant en rameaux effilés, pubescens dans leur jeunesse, garnis de feuilles alternes-lancéolées ou linéaires-lancéolées, glabres et d'un vert gai en dessus, dentées en scie et légèrement ondulées en leurs bords. Ses fleurs viennent en même temps que les feuilles, et chacune des mâles a trois étamines; dans les femelles les ovaires sont oblongs-lancéolés, pédicellés, pubescens, surmontés d'un style terminé par deux stigmates profondément bifides. Ce saule croît sur les bords de la Seine, aux environs de Paris, et en Allemagne.

Les saules n'élèvent point majestueusement leur cime, comme les pins, au-dessus de tous les arbres des forêts; leur tronc n'acquiert jamais, comme celui du chêne et du châtaignier, cette grosseur prodigieuse qui est la suite de plusieurs siècles d'existence. Dans les plus grands la tige atteint rarement à plus de quarante ou cinquante pieds de hauteur, et le nombre des années de sa durée n'est guère plus considérable : et, d'ailleurs, quelques espèces seulement peuvent être comptées au nombre des arbres; la plus grande quantité des autres ne forme que des arbrisseaux, et quelques-unes, enfin, ne sont que de foibles arbustes, au-dessus desquels dominent beaucoup de simples plantes herbacées. Cependant, quoique les saules paroissent, au premier coup d'œil, devoir moins attirer notre attention que les grands arbres, au-dessous desquels il faut les placer, ils possèdent néanmoins encore assez de propriétés recommandables pour être d'une utilité journalière et pour que plusieurs de leurs espèces soient cultivées avec avantage. C'est, de préférence, dans les lieux frais et sur les bords des eaux que les saules croissent le plus communément; mais quelques espèces viennent aussi dans les terrains secs.

Le saule blanc est une des espèces les plus communes au long des rivières, des fossés aquatiques et sur les bords des prairies humides. On ne se donne jamais la peine de l'élever de graines, parce que cela seroit beaucoup plus long que de le planter de boutures, et que, de cette manière il reprend avec la plus grande facilité. Ces boutures, que l'on nomme plançons, se font, dans la place même où l'on veut que soient les arbres, avec des branches de quatre à cinq ans, qu'on réduit à huit ou dix pieds de hauteur et que l'on plante, après les avoir aiguisées par le gros bout en bec de flûte, et en les enfonçant tout simplement en terre, sans aucune préparation du terrain, lorsque celui-ci n'a que peu ou point de pierres, qu'il n'est pas trop ferme, et qu'il est assez facile à pénétrer, pour que le gros bout du plançon puisse y entrer sans difficulté à quinze ou seize pouces de profondeur. Lorsque le sol est trop dur pour que les boutures puissent être faites avec autant de facilité, on prépare, à l'avance, pour chacune d'elles, un trou, avec un pieu de fer, comme on pourroit le faire avec un plantoir, et on y fiche ensuite le plançon, en ayant soin de le bien assujettir en refoulant, avec le pied ou avec le manche du pieu de fer, la terre des bords du trou qui seroit trop écartée, ce qui contribue à maintenir le plançon solidement planté. Mais ce qui l'assure encore plus contre les ébranlemens que les vents ou les bestiaux peuvent lui faire éprouver, et ce qui contribue par conséquent beaucoup à en faciliter la reprise, c'est de faire relever autour de sa base une certaine quantité de terre : c'est ce qu'on appelle communément butter. Le moment le plus favorable pour mettre en place les plançons est la fin de l'hiver ; cependant on peut aussi faire ces boutures plus tôt, et même dès le commencement de Novembre. Le saule blanc, planté de cette manière, reprend avec tant de facilité, que sur cent plançons, placés ainsi le long d'une rivière ou d'un fossé rempli d'eau, il n'en manque souvent pas un seul; et, le plus ordinairement, lorsqu'il arrive à quelques-uns de ne pas pousser, c'est qu'ils ont éprouvé quelque accident, comme d'avoir été trop souvent ébranlés par des bestiaux ou autrement. Lorsque les plançons ont repris, le seul soin qu'ils demandent, c'est d'être débarrassés de tous les bourgeons qui auront poussé dans la longueur de leur tige, en n'en laissant que quatre à cinq à l'extrémité supérieure, destinés à former la tête des arbres, si l'on veut en faire des têtards, ou à prolonger leur tige, lorsqu'on veut, au contraire, les faire croître seulement en hauteur.

Les saules à tête, ou les têtards, sont ceux dont on taille, tous les trois ou quatre ans, toutes les branches, en les retranchant à la hauteur que le plançon avoit primitivement.

La méthode de tondre ainsi le saule blanc est la plus généralement répandue, parce que cet arbre fournit, de cette manière, une grande abondance de menu bois, qui est d'une utilité journalière dans les campagnes, soit comme bois de chauffage, soit pour les gaules qu'on en retire, et qu'on peut employer pour échalas à soutenir les vignes, ou à faire des palissades , etc. Ces saules cultivés en têtards se pourrissent de bonne heure par le cœur , et ils ne tardent pas à devenir entièrement creux; mais cela ne les empêche pas de produire encore une grande quantité de branches vigoureuses.

Pour élever le saule blanc sur une seule tige, on choisit , lorsqu'on doit le tailler pour la première fois, ce qu'il est bon, dans tous les cas , de ne pas faire avant la cinquième ou sixième année , afin que les arbres aient pris plus de force, on choisit , dis-je , la branche la plus belle et la plus droite parmi celles qu'on lui a laissé pousser , et on supprime toutes les autres le plus près possible du tronc. Cette branche réservée prolonge la tige , qui continue alors à s'élever, en hauteur et en ligne droite, jusqu'à quarante et même cinquante pieds, surtout si, tous les quatre ans, on a le soin de faire émonder toutes les branches qui poussent latéralement le long de la tige , en ne réservant à chaque taille que quelques branches du sommet.

La taille du saule blanc cultivé à haute tige ne fournit pas autant de branches que celle de celui qui est en têtard ; mais aussi, lorsqu'on abat l'arbre à l'âge de trente à trente-six ans, il fournit un bois propre à divers usages, tandis que celui du têtard , toujours plus ou moins pourri par le cœur, n'est bon qu'à brûler.

Le bois du saule blanc est rougeâtre-pâle ou un peu jaunâtre ; il a le grain uni et homogène ; il se coupe facilement et se travaille bien , même au tour. Celui qui est sain peut être employé à faire des solives bonnes pour les constructions légères, des planches pour voliches et propres à des ouvrages de menuiserie commune : on en fait aussi des douves, des sabots, etc. Ce bois est très-léger ; il ne pèse, sec, que vingt-sept à vingt-huit livres par pied cube. Réduit en copeaux alongés et en lanières aussi minces que possible, il peut servir à fabriquer des chapeaux qui imitent, en quelque sorte, ceux faits avec de la paille. Les menues branches, comme il a été dit plus haut, sont employées, dans les campagnes, à chauffer les foyers, les fours; on peut aussi les faire servir à cuire la chaux, le plâtre, la poterie, la tuile ; les branches assez grosses sont réservées pour gaules, échalas, etc. Ce bois ou ses branches ne donnent en brûlant qu'une chaleur médiocre, et la braise qui en provient se couvre promptement de cendres, qui lui font perdre aussitôt sa vivacité et son ardeur. Cependant son charbon peut être employé pour la fabrication de la poudre à canon, et c'est avec celui d'une espèce de saule que les Arabes font la leur.

L'écorce de saule blanc est amère, astringente, et elle a quelquefois, sans trop de désavantage, été substituée au quinquina pour la guérison des fièvres intermittentes. Au défaut de celle de chêne, on peut faire servir cette écorce au tannage des cuirs. En Russie on en prépare ainsi beaucoup avec l'écorce du saule des sables, et on donne à ces cuirs l'odeur forte qui leur est particulière avec une huile de bouleau, qui sert en même temps à leur confection. On peut encore retirer une teinture rougeâtre de l'écorce du saule blanc. En Tartarie on fabrique des étoffes grossières avec le fil tiré d'un saule peu différent de cette espèce, si ce n'est pas exactement la même. Au printemps les abeilles trouvent une abondante pâture sur les nombreux chatons du saule blanc et des autres espèces congénères. C'est à ce goût des abeilles pour les fleurs des saules que Virgile fait allusion dans les vers suivans :

Hyblœis apibus florem depasta salicti.
Ecl. 1, v. 65.

. . . . . . paseuntur (apes) et arbusta passim,
Et glaucas salices, casiamque, crocumque rubentem.
Georg. 4, v. 182.

Enfin, les vaches et tous les bestiaux aiment les feuilles de ce saule et les mangent avidement; c'est encore ce qu'on retrouve dans le poëte qui sut nous tracer de si charmans tableaux de la nature champêtre.

. . . . . . nec, me pascente, capellœ,
Florentem cytisum et salices carpetis amaras.
Ecl. 1, v. 79.

Dulce satis humor, depulsis arbutus hœdis,
Lenta salix fœto pecori . . . .
Ecl. 3, v. 83.

Le duvet qui enveloppe la base des graines du saule blanc peut, étant recueilli, servir à faire des coussins; mais on a essayé sans succès d'en faire des étoffes, parce qu'il est trop court.

Par la forme élégante et surtout par la teinte argentée de son feuillage, qui tranche agréablement avec le vert de la plupart de nos arbres, le saule blanc fait un effet agréable dans les jardins paysagers; il est propre à ombrager les bords des pièces d'eau; et si on le laisse surtout croître en toute liberté, c'est alors qu'il présente un plus bel aspect. Mais, en général, cet arbre ne se voit pas assez souvent dans les grands jardins: ses nombreuses espèces congénères en paroissent même presque entièrement bannies, et cependant plusieurs d'entre elles ont un très-joli feuillage. Telles sont particulièrement le saule osier-jaune, le saule précoce ou *salix daphnoides* de Villars, le saule fragile, celui des rivages, ceux à trois et à cinq étamines, celui à feuilles de laurier, le marsault, le saule pliant, l'hélice, le pourpre, etc.

Le saule fragile se plante autour des prairies et sur les bords des rivières ou des ruisseaux aussi communément que le saule blanc; on le traite de la même manière que ce dernier, et ses propriétés, ainsi que ses usages, sont à peu près les mêmes.

Le saule précoce forme un arbre qui s'élève autant que les deux précédens, ou qui paroit au moins en approcher beaucoup. Jusqu'à présent il est très-peu répandu, et l'on ne connoît guère en France que quelques cantons montagneux du ci-devant Dauphiné dans lesquels il soit assez commun. Villars dit qu'on lui donne, dans cette province, le nom de saule noir. J'en possède plusieurs pieds à la campagne, lesquels m'ont été envoyés de la Suisse, il y a douze à treize ans, par M. Thomas, et que j'ai faits de boutures qui n'avoient alors que six à sept pouces de hauteur; ils forment aujourd'hui des arbres ayant plus de vingt pieds d'élévation. Les jeunes rameaux de cette espèce sont très-flexibles et très-lians; ils m'ont paru propres à faire toute espèce de liens, et ne pas le céder, sous ce rapport, à l'osier jaune, qui est le plus souple de tous les saules.

Le saule de Babylone, plus vulgairement connu sous le nom de saule pleureur ou encore sous celui de parasol du grand-seigneur, nous a été apporté de l'Asie mineure en

Europe; mais, comme cet arbre se retrouve à la Chine, il est à présumer qu'il croît naturellement dans une grande partie de l'Asie, ou qu'originaire de la Chine, il se sera avec le temps successivement répandu depuis cet empire jusque dans les contrées voisines de la Méditerranée, d'où il a enfin passé en Europe et jusque dans le Nord de l'Afrique; car M. Desfontaines l'a retrouvé ornant les jardins des habitans d'Alger, comme les nôtres.

Seroit-ce à ses branches que les israélites captifs à Babylone ont suspendu leurs instrumens, en pleurant sur les souvenirs de Jérusalem :

Super flumina Babylonis, illic sedimus et flevimus, cum recordaremur Sion.

In salices in medio ejus suspendimus organa nostra.

Psalm. 136, v. 1 et 2.

D'après le témoignage des missionnaires, le saule pleureur est très-commun à la Chine, où on lui donne un nom qui signifie saule chevelu, parce que ses rameaux, à la réserve de quelques-uns des plus gros, sont déliés et pendans comme une chevelure. Cet arbre est un de ceux que les Chinois aiment à cultiver pour l'ornement de leurs parcs et jardins, et la plupart des lettrés non-seulement se plaisent à avoir des saules chevelus dans leurs parterres, en face de leur cabinet d'étude; mais encore c'est assis sous leur feuillage qu'ils respirent la fraîcheur du matin pendant le printemps et l'été, ou qu'ils se reposent le soir de la chaleur de la journée. C'est là qu'ils méditent sur les affaires publiques, ou que, dans leurs momens de loisir, ils célèbrent, le pinceau à la main, la beauté de ces arbres dans des vers qui leur sont inspirés par les charmes qu'ils goûtent sous leur ombrage, ou par les idées aimables que leur vue leur fait éprouver. La rose a été bien vantée par nos poëtes; elle leur a inspiré un grand nombre de vers depuis qu'Anacréon l'a chantée le premier : mais peut-être que tous les vers qui ont été faits dans notre Europe pour cette reine des fleurs, n'égalent pas ceux que les lettrés chinois ont faits en l'honneur des saules.

Les Chinois ont aussi chez eux d'autres saules, parmi lesquels il y en a un qui s'élève très-haut et qui devient très-

gros; suivant la géographie de Moukden, il y a tels de ces
saules dont plusieurs hommes, en se donnant la main, pourroient à peine embrasser le tronc. Les Chinois ont observé
que, quoique léger, poreux et sujet à la carie, quand il est
exposé à l'air libre, le bois de saule employé pour pilotis
dans l'eau se conservoit aussi long-temps que celui du bois
le plus dur; et à Pékin, ainsi que dans les campagnes voisines, c'est avec des pièces de bois tirées du tronc d'un gros
saule bien sain qu'on construit les rouets de tous les puits :
ces rouets, en terme d'architecture, sont la base sur laquelle
porte la maçonnerie, dont on forme les parois circulaires
des puits; et ces premières assises en bois de saule se conservent aussi saines et subsistent aussi long-temps que les
nôtres, construites en bois de chêne.

Les Anglois paroissent avoir possédé le saule pleureur avant
nous; c'est, dit-on, en 1692 que cet arbre a été introduit
chez eux, et il y a tout lieu de croire que nous ne l'avions
pas encore vivant chez nous au temps de Tournefort, puisque cet auteur n'en a fait mention en 1703, dans son Corol-
laire, que comme d'un arbre qu'il avoit trouvé dans le Levant. Aussitôt qu'il eut paru dans les jardins françois, il ne
tarda pas à se répandre, surtout lorsque le goût des jardins
paysagers succéda à la régularité monotone dont on les dis-
tribuoit autrefois. Le saule pleureur, par ses rameaux molle-
ment inclinés vers la terre, produit avec la plupart des autres arbres, dont la tête s'élève presque toujours plus ou
moins directement vers le ciel, un contraste frappant, qui non-
seulement a quelque chose de pittoresque, mais qui présente
encore un charme particulier.

Comme les autres espèces congénères, cet arbre se multiplie de boutures avec la plus grande facilité, et comme elles
il aime les terrains frais et humides; aussi c'est principalement
autour des lacs, des pièces d'eau, des petites rivières, qu'il
faut le planter. Cependant il subsiste assez bien partout,
pourvu que le sol ne soit pas absolument sec; mais alors il
faut ne le placer à demeure que de boutures déjà enraci-
nées depuis deux à trois ans.

Pendant les premiers temps où l'on cultivoit le saule pleureur, on ne le faisoit servir qu'à la décoration des jardins

paysagers ; mais depuis trente à quarante ans, depuis surtout que les cimetières ne sont plus autour des églises, et que les signes religieux, presque les seuls connus de nos pères, y sont devenus moins communs, le saule pleureur remplace souvent la croix sur la tombe d'un père, d'une épouse, d'un enfant chéri ou d'un ami, dont nous déplorons la perte. Dans le plus joli jardin la vue de ce saule, toute gracieuse qu'elle puisse être, ne semble avoir rien qui porte aux idées riantes ; elle ne paroît pouvoir inspirer que de douces rêveries ou même des pensées mélancoliques ; mais près d'un tombeau, lorsque sa tête s'incline sur une urne sépulcrale, et que ses longs et souples rameaux l'entourent et l'enveloppent en quelque sorte de tous côtés en pendant jusqu'à terre, c'est l'emblême de la douleur, c'est l'image du deuil. Le sombre cyprès lui-même, consacré aux tombeaux depuis les temps les plus reculés, ne produit peut-être pas un effet aussi touchant. Qui ne connoît ce saule pleureur ombrageant et entourant de ses rameaux cette urne auprès de laquelle pleuroit la France en deuil, et dans les contours desquels le peintre avoit trouvé le secret de retracer les traits des victimes les plus augustes, que la plus effroyable tyrannie avoit immolées, et dont elle ne souffroit pas qu'on conservât ou qu'on reproduisît les images.

Parmi les saules que leurs propriétés utiles rendent recommandables, il faut surtout mettre au premier rang ceux auxquels on a donné particulièrement le nom d'*osiers ;* ce sont ceux qui, taillés tous les ans jusque sur la souche, produisent, dans l'intervalle du printemps à l'automne, une grande quantité de longs rameaux souples et plians, dont l'emploi est si répandu en Europe pour les travaux d'agriculture, de jardinage, et pour beaucoup d'ouvrages d'économie domestique, qu'il seroit très-difficile de s'en passer, et que ce seroit un grand embarras de les remplacer par quelque autre plante. Avec les longues pousses que les osiers fournissent en abondance, on fait des liens pour toutes sortes de choses, des corbeilles et des paniers légers, des claies, des vans pour les grains, des hottes pour les vendanges, etc. Aussi la culture des saules pour en retirer de l'osier, est-elle d'une certaine importance, et le rapport d'une oseraie (c'est ainsi

qu'on nomme un terrain planté en osier) surpasse toujours
de beaucoup, surtout dans les environs de Paris et des grandes
villes, ce que la même étendue de terre pourroit produire
en blé ou en toute autre culture.

Tous les saules ne donnent pas de bon osier, et l'on préfère en général quatre à cinq espèces que l'expérience a démontré avoir les rameaux plus souples, plus lians et plus difficiles à rompre que les autres : tels sont le saule-osier jaune,
appelé encore bois jaune et amarinier ; le saule à feuilles
d'amandier, vulgairement l'osier rouge ou l'osier franc ; le
saule pliant ou osier blanc, osier vert et encore osier noir ;
le saule hélice, connu dans quelques cantons sous le nom
d'osier bleu, et le saule pourpre, désigné quelquefois, ainsi
que le saule à feuilles d'amandier, sous le nom de saule rouge.
Tous ces osiers ne sont pas également bons : les deux premiers sont les plus lians et les meilleurs; employés verts avec
leur écorce, ou quand ils sont secs, après avoir trempé
quelque temps dans l'eau, leurs gros rameaux sont excellens
pour faire des harts de toute espèce, et les plus grêles ou
les brindilles, pour attacher les vignes aux échalas, pour fixer
sur les treillages les arbres fruitiers en espalier, ou pour
attacher d'une manière quelconque les arbrisseaux qu'on
cultive pour l'ornement des jardins. Les osiers sont encore
d'une utilité indispensable pour les tonneliers, qui se servent
de leurs brins fendus en deux ou en quatre, selon leur
grosseur, pour lier les cercles des tonneaux, des cuves, etc.

Les osiers se plantent de boutures faites avec les gros bouts
des jets d'une année, coupés à la longueur de quinze à seize
pouces. Pour en former une oseraie, on choisit un terrain
convenable ; le meilleur est un sol profond, gras et humide ;
les îles situées dans le lit des fleuves et des rivières sont excellentes pour cela, et on le fait préparer soit en pratiquant le
défoncement à quinze ou dix-huit pouces de profondeur, soit
en lui faisant seulement donner un profond labour à la char-
rue, et à la fin de l'hiver ou dès le mois de Février, si le
temps est doux et favorable, on y plante les boutures par
rangées et en quinconce, en mettant trois à quatre pieds
d'intervalle en tout sens entre chaque plant. Si le terrain a
été bien défoncé, qu'il soit bien meuble et qu'il soit dépourvu

de pierres qui puissent blesser les boutures en les enfonçant, comme sont la plupart des terrains d'alluvion et beaucoup de terres sablonneuses, on peut se contenter de ficher tout simplement les boutures à la main ou en s'aidant d'un plantoir, avec lequel on leur fait d'avance un trou suffisamment profond, et on les enfonce de manière à n'en laisser passer que trois à quatre pouces hors de terre. Mais lorsque le terrain n'a pas été labouré assez profondément, ou que même il ne l'a pas été du tout, il faut pour chaque bouture ouvrir un trou avec une pioche.

Il seroit inutile, à la fin de la première année de la plantation, de couper les brindilles que les boutures ont données; parce qu'elles sont à peine propres à quelque chose; mais si on ne le faisoit pas, la coupe de la seconde année ne seroit bonne qu'à brûler, parce qu'elle se composeroit de brins trop rameux pour être employés à aucune espèce de travail; tandis que lorsqu'on a retranché, à la fin de la première année, toutes les pousses quelque foibles qu'elles fussent, celles qui leur succèdent, forment déjà des jets bien droits, de cinq à six pieds de hauteur et propres à faire toutes sortes de liens. Enfin, la coupe de la troisième année commence déjà à être un peu productive, et d'année en année elle le deviendra toujours davantage. Dans un bon fond, une oseraie peut pendant vingt-cinq à trente ans donner chaque année des produits qui n'ont que très-peu à redouter les diverses influences atmosphériques qui agissent si souvent sur les autres récoltes.

C'est à la fin de l'hiver qu'il faut faire la coupe des osiers, parce qu'alors leur bois a acquis toute la consistance dont il est susceptible. Les pousses d'une oseraie qui est dans un bon fond s'élèvent souvent à huit ou dix pieds et même plus, depuis le printemps jusqu'à l'automne. On les coupe avec une forte serpette, à quelques lignes seulement du tronc, et à peu près comme on fait sur les têtards des saules ordinaires.

La plus grande partie de l'osier jaune et de l'osier rouge s'emploie avec son écorce, ce qui lui donne plus de force; et ces deux osiers servent principalement pour les divers travaux d'agriculture et de jardinage. Mais l'osier ayant besoin d'être écorcé pour la plupart des ouvrages de vannerie, on pré-

fère à tous les autres le saule pliant ; non parce que ses brins
sont plus souples et plus lians que ceux des deux autres, qui
au contraire l'emportent sur lui sous ce rapport, mais parce
que ses jets sont beaucoup plus unis, non garnis de rameaux
secondaires ou de brindilles qui nuisent à l'écorcement, ou
qui, lorsqu'on les a enlevés avec une serpette bien tranchante,
produisent toujours de petits nœuds qui rendent cette partie
du rameau moins lisse et plus fragile.

Ce n'est que lorsque l'osier est en séve qu'il est facile à
écorcer ; mais comme il faut toujours le couper avant ce
temps, les vanniers qui doivent l'employer, ou ceux qui veulent le préparer pour le leur vendre, réunissent les brins à
peu près de la même grandeur par grosses bottes dont ils enfoncent la base et qu'ils rangent, les unes près des autres,
dans un fossé rempli d'eau, ou dans un endroit préparé
exprès, dans le voisinage d'une rivière, et où ils puissent
faire arriver et tenir constamment de l'eau à la hauteur
d'environ un pied. Dans le courant du mois de Mai, un peu
plus tôt ou un peu plus tard, suivant le climat, on retire
cet osier dans le moment où la séve commence à en développer les bourgeons, et l'écorce en est enlevée au moyen
d'une sorte de màchelière fort simple, faite avec un morceau de bois dur, communément du chêne. Les ouvriers ou
les ouvrières, car le plus souvent ce sont des femmes qui
s'occupent de ce travail, tiennent, étant assis, la màchelière
fixée par le bas entre leurs pieds et leurs genoux, ils la contiennent par le haut avec une main, et de l'autre ils prennent un brin d'osier qu'ils passent successivement dans toute
sa longueur à travers l'ouverture de leur instrument, dont
ils serrent en même temps les côtés avec la première main,
tandis qu'avec la seconde ils tirent le brin d'osier, dont la
plus grande partie de l'écorce se trouve ainsi facilement dé-
tachée, et dont un enfant achève de le débarrasser.

L'osier, ainsi écorcé et blanchi, est laissé quelque temps à
l'air, jusqu'à ce qu'il soit suffisamment sec ; ensuite il est réuni
en grosses bottes et serré ou mis en vente, et lorsque les
vanniers veulent le mettre en œuvre, ils le font tremper pendant vingt-quatre heures dans l'eau, ce qui lui redonne assez
de souplesse pour être travaillé.

47.   29

Les oseraies faites dans les terrains frais, ou qui sont dans le voisinage des eaux et des rivières, donnent toujours de plus beaux jets que celles plantées dans les terrains secs, et ces jets sont plus convenables pour les divers ouvrages de vannerie. Cependant l'osier bleu et les deux osiers rouges viennent encore assez bien dans les terrains un peu secs et élevés pour qu'on puisse les y planter avec quelque avantage, quand on n'a pas d'ailleurs à sa disposition la première nature de terrain, celle qui convient réellement le mieux à tous les osiers. Au reste, je crois qu'il seroit à désirer qu'on fît quelques expériences sur la ténacité, l'élasticité, la souplesse et le liant des diverses espèces de saules qu'on emploie journellement comme osier, et sur les espèces moins généralement connues, qui ne sont usitées que dans quelques localités particulières. Le saule précoce et le saule à feuilles aiguës, par exemple, mériteroient, je crois, d'être introduits dans les oseraies.

Le saule marceau ou le marsault a l'avantage de venir dans toutes sortes de terrains, et de donner partout des produits avantageux. Il croît avec beaucoup de rapidité, puisque coupé du pied il fait quelquefois, dès la première année, des jets de dix à douze pieds de hauteur. Cependant il n'acquiert jamais plus de vingt-cinq à trente pieds d'élévation, parce qu'il ne s'élève pas ordinairement sur un seul tronc et qu'il donne presque toujours beaucoup de tiges collatérales. Son bois est blanchâtre et quelquefois tirant sur la couleur de chair. Il pèse sec quarante-une à quarante-deux livres par pied cube. Il se travaille facilement et prend bien le poli; mais les menuisiers l'emploient peu, parce que, comme c'est dans ses premières années qu'il croît avec le plus de rapidité, on trouve plus d'avantage à le couper souvent pour faire des échalas, des cercles, des fagots, qu'à le laisser acquérir assez de grosseur pour en faire des planches. Cultivé seul en taillis, on peut pour ces divers usages le mettre en coupe réglée tous les six à huit ans. Taillé en têtard comme le saule blanc et le saule fragile, il peut, de même que ces arbres, être émondé tous les quatre ans.

Son bois donne un feu clair, mais qui ne produit pas beaucoup de chaleur et qui est de peu de durée. On s'en sert principalement dans les campagnes pour chauffer les fours et pour cuire la chaux, le plâtre, la tuile, etc. Son charbon est léger et peut servir pour la fabrication de la poudre à canon.

L'écorce du marceau a quelquefois été donnée en médecine comme succédanée du quinquina, et quelques médecins ont même prétendu qu'elle avoit des propriétés fébrifuges égales à celles de ce dernier, ou même qu'elle l'emportoit sur lui. Dans les usages économiques ordinaires, cette écorce peut être employée à tanner les cuirs. Ses jeunes pousses servent dans quelques cantons à faire des corbeilles, des paniers et autres ustensiles de vannerie commune.

Les châtons mâles des fleurs de cet arbre se développent dès la fin de l'hiver, aussitôt après la cessation des gelées et après la fonte des neiges, et sous ce rapport ils sont précieux pour les abeilles, dans une saison où l'on ne trouve encore que très-peu de fleurs épanouies. Enfin ses feuilles sont du goût de tous les bestiaux, qui les mangent même avec avidité. Les chèvres surtout les recherchent encore plus que tous les autres animaux herbivores, et c'est de là sans doute que ce saule a été nommé *salix capræa*. Dans quelques cantons on le cultive exprès pour en donner la dépouille aux vaches, aux chevaux, etc.

Sous tous ces rapports le saule marsault mérite l'attention des cultivateurs; il devroit être plus répandu et il pourroit l'être autant qu'on le voudroit, puisqu'il a l'avantage de n'être pas délicat, et même, comme il a déjà été dit, de venir presque également bien dans les terrains de la nature la plus opposée, dans les plus secs comme dans les plus humides.

Le marsault se multiplie facilement de graines, et, si le semis est fait dans un bon terrain, le jeune plant aura dès la première année huit à dix pouces de hauteur; mais ce moyen de multiplication étant le plus lent et le plus dispendieux, on ne le met que fort rarement en pratique. On préfère planter cet arbre de boutures, en faire des marcottes, ou arracher les vieux pieds et les diviser en autant d'éclats qu'il est possible, ayant chacun un peu de racines. On peut même diviser leurs grosses racines elles-mêmes par tronçons coupés à la longueur de six à huit pouces, et en ayant soin, en les plantant, de laisser le plus gros bout à fleur de terre, chacun de ces tronçons formera un pied dans l'année même. Comme le marsault entre en séve de très-bonne heure et qu'il est souvent en fleur dès la fin de Février ou dans les premiers jours de Mars, il vaut mieux le planter en Novembre et Décembre, ou en Janvier, lorsque le temps est favorable, que d'attendre plus tard, surtout si le sol auquel on le destine est sec de sa nature ou très-exposé au soleil. Dans un terrain humide j'en ai fait, jusqu'en Mai et Juin, des boutures, qui ont bien réussi.

Le saule marceau est très-sujet à varier, selon la nature du sol dans lequel il croît. Il est plus élevé ou plus bas; ses feuilles sont arrondies ou oblongues, obtuses ou aiguës, d'un vert plus foncé ou plus clair, etc., d'où plusieurs botanistes en ont pris occasion de le diviser en plusieurs espèces, mais qui manquent véritablement de caractères assez prononcés et surtout assez constans.

Ce qui vient d'être dit du saule marceau est en grande partie applicable au saule à oreillettes et au saule acuminé, qui ont beaucoup de rapports avec lui, et qui sont quelquefois assez difficiles à bien distinguer de quelques-unes de ses variétés. (L. D.)

SAULE MARIN, *Salix marina*. (*Zoophyt.*) On trouve dans quelques anciens auteurs, et entre autres dans Jean et Gaspard Bauhin, cette dénomination employée en latin pour désigner une espèce de gorgone, que Pallas rapporte avec doute à son *Gorgonia acerata*, le *G. pinnata* de M. de Lamarck. (De B.)

SAULET. (*Ornith.*) Un des noms vulgaires du moineau friquet, *fringilla montana*, Linn. (Ch. D.)

SAULOKER. (*Ornith.*) C'est, en Prusse, le rossignol de muraille, *motacilla phœnicurus*, Linn. (Ch. D.)

SAULX. (*Bot.*) Nom vulgaire des saules. (L. D.)

SAUMERIO. (*Bot.*) Dans la vallée de Quito on donne ce nom au *croton coriaceus* de la Flore équinoxiale. On trouve encore dans les manuscrits de Joseph de Jussieu sur quelques plantes du Pérou, le *myrosperum peruifemum*, sous les noms de *Saumerio* et Quina-quina. Voyez ce dernier mot. (J.)

SAUMON et SALMONE. (*Ichthyol.*) Voyez Truie. (H. C.)

SAUMONEAU. (*Ichthyol.*) Nom vulgaire du jeune saumon. Voyez Truite. (H. C.)

SAUMONELLE. (*Ichthyol.*) Dans plusieurs ports de mer on donne ce nom aux petits poissons, dont on se sert comme d'appât pour la pêche à la ligne. (H. C.)

SAUNÉE. (*Chasse.*) Ce nom a été donné à une chasse aux alouettes avec des collets tramans. (Ch. D.)

SAUNES BLANCHES. (*Bot.*) Daléchamps cite ce nom françois ancien pour la lampsane. (J.)

SAUNO-GARRI. (*Bot.*) Garidel cite sous ce nom provençal un chiendent paniculé, dont le genre n'est pas assez déterminé. (J.)

SAUPE. (*Ichthyol.*) Nom spécifique d'un Bogue, que nous avons décrit à la page 8 du Supplément du tome V de ce Dictionnaire. (H. C.)

SAUPUDEN. (*Bot.*) Voyez Sambequier. (J.)

SAUQUÈNE. (*Ichthyol.*) Voyez Saucanelle. (H. C.)

SAUR - ÆNDER. (*Ornith.*) Nom norwégien de la petite sarcelle, *anas crecca*. La sarcelle ordinaire est appelée *saurand*. (Ch. D.)

SAURAUIA. (*Bot.*) Genre de plantes dicotylédones, de la famille des *ternstræmiées*, et de la *polyandrie pentagynie*, caractérisé ainsi : Calice à cinq divisions obtuses ; corolle en roue, à cinq divisions, ou presque à cinq pétales arrondis ; étamines nombreuses, courtes, velues à leur base, épipétales ; ovaire supérieur, pentagone, portant cinq styles persistans ; capsule à cinq valves et à cinq loges polyspermes ; graines lentiformes, attachées à un placenta commun pentagone, plongées dans une matière spongieuse.

Ce genre a été fondé par Willdenow, pour y placer un arbre élevé (*S. excelsa*, Willd., Curt., Spreng., *Syst. veget.*, 2, pag. 613), qui croît à la Nouvelle-Grenade dans l'Amérique méridionale. Cet arbre est caractérisé par ses feuilles ovales-oblongues, un peu pointues, très-entières sur les bords, rudes en dessus, et ayant en dessous leurs veines velues ; et par ses fleurs en panicule trichotome, alongée, velue.

Ce genre a été depuis augmenté par M. De Candolle de onze nouvelles espèces toutes exotiques, savoir : deux du Mexique, sept de Java, une du Népaul dans l'Inde, et une des Moluques. Cè sont tous des arbres à feuilles ovales-oblongues ou elliptiques, rarement un peu en cœur, et à fleurs pédonculées, aggrégées ou fasciculées, paniculées ou en grappes. Ce genre forme une division distincte dans la famille des ternstrœmiées, selon M. De Candolle. (Lem.)

SAURE, *Saurus.* (*Ichthyol.*) Nom d'un genre de poissons de la famille des dermoptères de M. Duméril, et de celle des salmones, parmi les malacoptérygiens abdominaux de M. Cuvier.

Ce genre, établi par ce dernier savant, offre les caractères suivans :

Bouche à l'extrémité du museau; ventre arrondi; catopes abdominaux; dents longues, très-pointues le long des deux mâchoires, des os palatins et sur toute la langue; vomer sans dents; huit ou neuf et souvent douze ou quinze rayons aux ouïes; première dorsale derrière les catopes, qui sont grands; grandes écailles sur les joues, le corps et les opercules.

On peut distinguer les Saures des Éperlans, qui ont des dents au vomer et qui n'offrent que huit rayons aux ouïes; des Corégones et des Argentines, qui n'ont point de dents; des Aulopes, dont les catopes sont presque thoraciques; des Raiis, des Serrasalmes et des Piabuques, qui ont le ventre caréné et dentelé en scie. (Voyez ces divers noms de genres, et Dermoptères et Salmones.)

Parmi les espèces de ce genre nous citerons :

Le Saure ordinaire : *Saurus vulgaris,* N.; *Salmo saurus,* Linnæus. Nageoire caudale fourchue; un enfoncement au-dessus des yeux; ouverture de la bouche très-longue et se terminant fort en arrière des yeux; tête, corps et queue très-alongés; dents fortes; un seul orifice à chaque narine.

Ce poisson, toujours maigre et dont la chair est insipide, a le dos d'un vert mêlé de bleu et de noir, avec des bandes transversales étroites, irrégulières, sinueuses et roussâtres; la première nageoire dorsale coupée de raies de la même teinte; les nageoires pectorales rayées également de roussâtre et tachetées de brun; une ligne longitudinale bleuâtre et chargée de taches rondes et bleues, de chaque côté du corps et de la queue; le ventre et le dessous de la queue argentés et brillans.

On pêche ce poisson dans les eaux de l'archipel des Antilles et sur les côtes de l'Arabie. Il paroît habiter aussi la Méditerranée ; mais l'identité des individus observés dans ces diverses localités, n'est pas suffisamment prouvée. M. Cuvier pense que celui de nos mers d'Europe est tout différent de celui qui a été décrit par Bloch (384).

Le Tumbil : *Saurus tumbil*, N. ; *Osmerus tumbil*, Lacép. Nageoire caudale fourchue ; tête et opercules couvertes d'écailles semblables à celles du dos ; mâchoire inférieure plus avancée que la supérieure ; museau pointu ; nageoires dorsale et anale falciformes ; côtés jaunes ; ventre nacré ; bandes transversales d'un jaune mêlé de rouge ; nageoires bleues, à base jaune.

De la mer qui baigne le Malabar.

Le Saure galonné : *Saurus lemniscatus*, N. ; *Osmerus lemniscatus*, Lacép. Nageoire caudale fourchue ; tête comprimée et déprimée ; yeux rapprochés et très-saillans ; teinte générale jaune ; cinq ou six raies longitudinales bleues de chaque côté ; nageoire adipeuse claviforme ; dix ou douze bandes transversales brunes ; tête couleur de chair avec de petites taches rouges et bleues ; nageoire anale bleue avec une bordure jaune.

Plumier a observé ce poisson dans la mer des Antilles.

M. Cuvier rapporte encore à ce genre le *salmo fœtens* de Bloch, le salmone varié de Lacépède et l'osmère à bandes de M. Risso. (H. C.)

SAUREL, SAURELLE. (*Ichthyol.*) Noms du caranx trachure. Voyez Caranx. (H C.)

SAURIENS. (*Erpét.*) M. Alexandre Brongniart, le premier, a donné ce nom à un ordre des reptiles, qui comprend les animaux désignés par Linnæus sous l'appellation collective d'*Amphibia reptilia*, et qu'il est facile de distinguer dans la classe des vertébrés à certains caractères non équivoques et à des signes communs tirés de leur conformation et de leurs habitudes.

Le mot *sauriens* est d'origine grecque. Il dérive de σαυρος, nom par lequel Aristote, avec tous ses compatriotes, désignoit le lézard.

L'ordre des sauriens qu'ont adopté MM. G. Cuvier et Duméril, ainsi que la plupart des erpétologistes modernes (voyez

Erpétologie), est très-naturel. Ses caractéres généraux sont les suivans.

Corps alongé, écailleux ou chagriné, sans carapace, quelquefois apode, mais le plus souvent à quatre et rarement à deux pattes, dont les doigts sont garnis d'ongles crochus; des paupières mobiles; un tympan distinct; branches des mâchoires soudées et armées de dents enchâssées; orifice du cloaque en fente transversale; cœur à deux oreillettes; des côtes et un sternum.

D'après l'étude de leurs caractères extérieurs, les reptiles de l'ordre des Sauriens ont été, pour la plus grande commodité des zoologistes, groupés en trois familles, divisées chacune, d'ailleurs, en plusieurs genres.

Les uns ont la queue aplatie en dessus ou de côté : ce sont les Uronectes.

D'autres ont la queue arrondie, conique, distincte : on les appelle Eumérodes.

Enfin, il en est qui ont également la queue arrondie et conique, mais chez eux cette partie n'est point distincte du reste du corps : on leur donne le nom d'Urobènes.

Un examen superficiel suffit habituellement pour distinguer immédiatement un Saurien de tout autre reptile. Cependant il est quelques sauriens auxquels, sans une certaine attention, on pourroit trouver des rapports avec des espèces appartenant à des genres plus ou moins éloignés. Si, par exemple, les Sauriens s'éloignent des Ophidiens, par la présence des membres et par l'existence de paupières mobiles; des Batraciens, par le défaut de métamorphoses; des Chéloniens, par la privation de carapace et par l'existence des dents; des Poissons, par l'absence des branchies; ils s'en rapprochent néanmoins dans beaucoup de points. C'est ainsi que l'*orvet* les lie aux premiers, la *tortue serpentine* aux troisièmes; que les *crocodiles* et les *dragonnes* les rattachent aux seconds et aux quatrièmes.

Il est donc indispensable à toute personne qui veut approfondir l'histoire de ces animaux, d'étudier avec soin leur organisation intérieure, et d'établir, à l'aide de celle-ci, les points de comparaison propres à éclairer la théorie de leur classification.

1.° *Des organes de la Locomotion dans les Sauriens.* Aucune

classe d'animaux peut-être ne présente, sous le point de vue de
la locomotion, des variétés et plus nombreuses et plus évidentes
que celle des sauriens, et il en devoit être ainsi, cela se
conçoit facilement, puisque aucune ne présente des espèces
aussi différentes sous le double rapport des habitudes et du
genre d'habitation.

Le séjour des uns semble fixé au milieu des eaux, et ceux-
là sont organisés pour la natation; les crocodiles, les caïmans, les gavials, peuvent être cités ici en preuve.

D'autres, comme le lézard vert, recherchent les terrains
secs et élevés, tandis que quelques-uns, comme le basilic,
préfèrent le voisinage des lieux aquatiques.

Il en est qui habitent dans des creux de rochers, et d'autres qui vivent au milieu des bois; certains, tels que les
iguanes, grimpent avec vitesse jusqu'à l'extrémité des branches, ou même, ainsi que les dragons, s'en élancent parfois
en volant, pour ainsi dire.

On en voit qui, tels que les anolis, courent avec la rapidité d'un trait lancé par la main d'un vigoureux archer ;
quelques-uns, comme certains geckos, marchent pénible-
ment, semblent se traîner; et d'autres, enfin, dépourvus de
membres, rampent sur le sol de la même manière que les
serpens, et, comme eux encore, s'élancent dans l'atmosphère
à une hauteur plus ou moins considérable, en débandant,
à la façon d'un ressort, les replis multipliés de leur corps
alongé.

Les orvets offrent un exemple frappant de ce dernier mode
de locomotion.

Quoi qu'il en soit du genre de mouvemens que ces animaux sont appelés à exercer, c'est surtout dans les climats
favorisés du soleil qu'ils s'en acquittent de la manière la plus
complète; on diroit que, pour l'entier développement de
leur force motile, ils ont besoin d'être animés par toute la
chaleur de l'atmosphère; aussi est-ce dans l'antique Égypte,
si rapprochée du tropique, sur les côtes brûlantes de l'Afrique,
sur les rives ardentes du Sénégal, du Nil et de la Gambie;
dans les solitudes intertropicales du Nouveau Monde; dans
les Archipels des Moluques et des Antilles, sans cesse échauf-
fés des feux de l'astre du jour, que le peuple léger des sau-

riens, dans toute la plénitude de sa vie, se fait remarquer par la souplesse, l'agilité, la force de ses mouvemens.

On diroit aussi qu'une atmosphère humide, qu'un sol aquatique, qu'une surabondance quelconque d'eau est indispensable à l'accomplissement normal de ceux-ci. L'Égypte, que nous citions dans l'instant, et où, de toutes parts, les sauriens semblent surgir de terre, n'est pas seulement chaude; un fleuve immense, dans ses débordemens périodiques, la couvre d'un limon humide : les savannes noyées de l'Amérique méridionale, les plages inondées de l'Orénoque et du fleuve des Amazones, les rivages des îles de l'Atlantique équatoriale, sont dans les mêmes conditions de température et d'humidité ; des eaux chaudes semblent les baigner, et personne n'ignore que les légions innombrables des lézards et autres sauriens qui les habitent, jouissent d'une activité bien supérieure à celle qui distingue les êtres de cette classe dans nos contrées septentrionales.

A notre article REPTILES nous avons étudié les formes, les connexions et les rapports de tous les organes du mouvement dans les sauriens. Nous avons indiqué les particularités que présentent leurs os et examiné en abrégé l'action spéciale de leurs muscles.

Poursuivant ici notre entreprise, nous allons maintenant faire connoître l'effet qui résulte de l'action simultanée ou successive de tous les organes de la locomotion, dans la production des mouvemens généraux que ces animaux sont à même d'exécuter.

Remarquons d'abord que les mouvemens de progression des reptiles en général offrent, à l'observateur qui veut s'en rendre compte, des obstacles beaucoup plus difficiles à vaincre que ceux qu'il rencontre dans l'explication de ce qui se manifeste, sous ce rapport, dans les animaux vertébrés des deux classes supérieures. Disons aussi que ce genre de difficultés ne tient pas seulement à ce qu'on s'est peu occupé d'approfondir cette matière, mais qu'il dépend encore de l'énorme différence qui existe entre l'action du système locomoteur ou de ses parties chez l'homme et celle du même appareil organique chez les reptiles; différence telle qu'on ne sauroit établir entre leurs mouvemens et les nôtres un rapprochement propre à éclairer le sujet.

Parmi eux, la plupart des sauriens sont de véritables quadrupèdes, mais des quadrupèdes ovipares et, pour le mode de station, bien différens des quadrupèdes vivipares de la classe des mammifères. Leurs cuisses sont dirigées en dehors, et les inflexions des pattes, chez eux, se font dans des sens perpendiculaires au rachis, en sorte que le poids du corps agit par un très-long levier et nuit ainsi au redressement du genou, dont l'articulation reste constamment pliée, ce qui fait que le ventre traîne à terre entre les jambes.

On en peut dire autant, sous ce rapport, des membres thoraciques.

Dans les quadrupèdes mammifères, au contraire, les jambes se fléchissent en avant et en arrière, dans des plans à peu près parallèles à l'épine et peu éloignées du plan moyen du corps dans lequel agit la pesanteur.

Quand les sauriens de la famille des urobènes, qui n'ont que deux membres ou qui même n'en ont point, se reposent sur le sol, ils forment avec leur corps plusieurs ronds au-dessus ou autour les uns des autres, et leur tête est élevée au-dessus de ces circonvolutions.

Tel est le cas des orvets, des ophisaures, des chalcides, des bipèdes en particulier.

Certains sauriens grimpent avec une merveilleuse facilité. Sous ce rapport, le caméléon semble, parmi les reptiles, aussi bien partagé que les quadrumanes parmi les mammifères, et cela à cause de ses mains en tenaille et de sa queue prenante.

Beaucoup marchent et courent avec une grande agilité.

Les lézards, les anolis, les geckos, les tupinambis, sont dans ce cas.

Il en est qui nagent à l'aide de leurs membres et par le moyen de leur queue.

Les crocodiles et les dragonnes peuvent être cités ici en preuve.

D'autres, tels que les orvets et les ophisaures, rampent, par suite d'une impulsion du corps, en avant ou en arrière, et par l'application alternative d'une ou de plusieurs de ses parties inférieures contre le sol.

Les dragons, qui appartiennent à l'ordre des sauriens, sont les seuls reptiles qui possèdent la faculté de voler : ils ont, pour cela, sur chaque flanc, entre les pieds, une large membrane qui se développe en éventail et qui se plie au gré de l'animal, à l'aide de rayons osseux articulés sur les vertèbres du dos, et qui remplacent les six premières fausses-côtes.

Tous les physiologistes s'accordent à regarder, chez les animaux en général, la *marche* et la *course* comme deux actes tellement liés l'un à l'autre, qu'il devient difficile d'établir entre eux une distinction certaine. Les sauriens quadrupèdes ne dérogent en rien à la règle commune sous ce rapport, et, chez eux, il n'existe que très-peu de différence entre courir et marcher d'une certaine manière, et leur course, comme celle des mammifères, semble le plus communément s'effectuer par le mécanisme compliqué de la marche et du saut.

Lorsque, à l'aide d'un mouvement alternatif des pieds, ces animaux veulent transporter leur corps d'un endroit solide dans un autre, il se passe des phénomènes différens, suivant que ces pieds sont de pareille longueur ou présentent des dimensions inégales ; mais jamais, dans cette sorte de mouvement progressif, le corps ne se trouve entièrement suspendu au-dessus du sol qui supporte les membres.

Dans tous les cas le corps de l'animal, dans son ensemble, peut être comparé à un ressort à deux branches, dont l'une est appuyée contre un obstacle résistant. Si ces branches, après avoir été rapprochées par une force quelconque, sont rendues à leur liberté primitive, la puissance de leur élasticité tendra à les écarter ; mais la branche appuyée contre l'obstacle, ne pouvant le vaincre, transmet le mouvement, qui se fait en entier dans le sens opposé, en sorte que le centre de gravité du ressort s'écarte de l'obstacle avec une vitesse plus ou moins grande.

Chez eux, comme chez les mammifères, les muscles fléchisseurs sont la force qui comprime le ressort ; les extenseurs représentent l'élasticité qui en écarte les branches, et la résistance du sol ou de l'eau est l'obstacle.

Tous les sauriens dont les pieds ont une longueur à peu

près égale, marchent avec une grande vivacité; les lézards, dont une espèce a reçu l'épithète de *véloce*, et une autre celle d'*agile*, les améivas, les monitors, les agames, les anblis et plusieurs autres, sont dans ce cas. Chez eux, dans le marcher le plus naturel, le corps se trouve en équilibre sur un des pieds antérieurs et sur celui des pieds postérieurs opposé, en sorte que le centre de gravité ne se meut point suivant une ligne droite, mais avance entre deux *parallèles*, dans l'intervalle desquelles il décrit des *obliques*, qui vont de l'une à l'autre en formant de véritables zigzags. Les impulsions communiquées au tronc se contrebalancent réciproquement, et celui-ci se meut dans la diagonale d'un parallélogramme, dont il formeroit les côtés.

La rectitude de direction dans la marche est continuellement altérée chez ces sauriens, où l'on doit en outre tenir compte de la largeur plus ou moins grande des pieds et du degré variable d'écartement de ces parties, qui leur permettent d'embrasser une base plus ou moins grande de sustentation, ou qui s'accommodent plus ou moins bien aux inégalités du sol.

Si les sauriens, tout en ayant les membres d'égales dimensions, ne soutiennent qu'avec effort, sur des pieds trop petits et trop foibles, un tronc lourd, pesant, trapu ou très-long, ils ne marchent qu'avec lenteur, gêne et embarras.

Tels sont les crocodiles et les chalcides.

Quelques sauriens sautent fort lestement. Les iguanes et les tupinambis nous serviront d'exemples.

Ceux d'entre ces animaux qui vivent dans l'eau, comme les crocodiles et les dragonnes, nagent au moyen de leurs pieds, qui sont pour eux ce que les rames sont pour un bateau.

C'est ainsi que les mouvemens de tous genres des sauriens contribuent à vivifier la scène du monde, soit sur la verdure de la terre, soit au sein des fleuves rapides, des lacs tranquilles. Le lézard, qui semble dévorer l'espace dans sa course rapide; le dragon, qui voltige de branche en branche et s'élance vers les cieux; la dragonne, qui se baigne dans le cristal des fontaines et des ruisseaux limpides; l'orvet, qui se glisse, en serpentant, sous les feuilles sèches de nos taillis, le gavial, qui fend les ondes avec la rapidité d'une flèche, nous offrent certainement, dans leurs vives évolutions, un des spectacles les plus variés et les plus intéressans de notre monde sublunaire, où rien ne peut rester immobile, où la puissance, le merveilleux de la nature, nous obligent à une admiration continuelle et sans bornes.

2.° *Des Organes de la Sensibilité en général chez les Sauriens.* Nous avons déjà dit que ces organes sont excessivement variables dans chacun des quatre grands ordres de la classe des Reptiles, les Chéloniens, les Sauriens, les Ophidiens et les Batraciens (voyez REPTILES). Nous rappellerons ici que les Sauriens ont un aussi grand nombre de sens que les animaux vertébrés les mieux conformés. Comme les mammifères et les oiseaux, ils jouissent de cinq sens différens; tandis que dans les poissons on voit déja l'olfaction être remplacée très-probablement par une sorte de gustation ; que dans beaucoup de gastéropodes la vue et l'ouïe, outre l'odorat, paroissent nuls; que dans les acéphales et les helminthes il n'y a ni yeux, ni oreilles, ni organes de l'olfaction et de la gustation reconnus évidemment; que dans les radiaires, actinies, méduses, échinodermes, polypes, etc., toute la sensibilité semble bornée à une simple faculté de taction.

Mais, à l'exception de celui de la vue, les Sauriens ont tous leurs sens si foibles, en comparaison de ceux des mammifères et des oiseaux, qu'ils doivent percevoir un bien plus petit nombre d'impressions, éprouver des sentimens intérieurs moins forts et moins fréquens, ressentir un besoin moins souvent renouvelé, et surtout moins parfaitement satisfait, de communiquer avec le monde extérieur, et, par suite, offrir à l'observation une froideur d'affections, et une apathie remarquables, un instinct mal déterminé, des intentions peu décidées.

C'est, en effet, ce que l'on peut noter dans la généralité de ces animaux.

C'est à cette réunion de causes, sous la dépendance immédiate d'une seule principale, qu'il convient de rattacher un fait énoncé ci-devant par nous (voyez REPTILES); savoir : que, chez les animaux dont nous écrivons l'histoire, l'irritabilité musculaire est d'une énergie qui paroît hors de pro-

portion avec le peu de développement de la sensibilité, avec
le peu de délicatesse de la plupart des sens, avec le petit volume relatif de leur cerveau. La foiblesse des sens qui les
caractérise suffit probablement, en effet, pour amener dans
leur organisation intérieure des changemens tels que la rapidité des mouvemens soit manifestement modérée, que la
force des frottemens soit sensiblement diminuée, que la chaleur interne, qui est en proportion du mouvement et de la
vie, décroisse de genre en genre, pour ainsi dire.

Si l'on joint à cela le peu d'abondance du sang chez les
reptiles, le temps considérable que cette humeur met à circuler, sans passer par les poumons, qui, d'ailleurs, selon
quelques anatomistes, ne reçoivent jamais d'autre sang que
celui qui est nécessaire à leur nourriture, et peuvent être
ouverts, coupés, lacérés, sans que la mort s'ensuive immédiatement, on concevra facilement comment, chaque année
et durant un temps déterminé, ces animaux tombent dans
un état de torpeur que rendent inévitable des circonstances
de température auxquelles paroissent insensibles et les Oiseaux
et les Mammifères.

Les causes internes se réunissent donc aux causes externes
pour diminuer l'activité intérieure des Sauriens, pour ne
leur pas laisser même, pendant telle ou telle saison, le bru-
tal instinct, les penchans physiques, qu'ils écoutent ou qu'ils
suivent habituellement, l'exercice intérieur de leurs sens et
du sentiment, l'appétit grossier des alimens, le besoin si im-
périeux du rapprochement des sexes, et pour les faire tomber
dans un état de sommeil et d'engourdissement prolongé, véritable image de la mort, comme chez les marmottes, les
loirs, les chauve-souris, les hérissons et les hirondelles.

Chez eux aussi, par conséquent, la sensibilité peut, sans
de graves inconvéniens, être émoussée et perdre beaucoup
de sa délicatesse, sans que l'activité des fonctions de la vie
intérieure en soit notablement ralentie, et cela d'après l'examen des faits cités plus haut par nous à ce sujet. (Voyez
Reptiles.)

Moins sensibles, moins animés par des passions vives, moins
agités au dedans, moins agissans à l'extérieur, en général,
bien mis à l'abri des violens dangers, devant peu redouter

les accidens, les Sauriens peuvent être, sans pour cela perdre aussitôt la vie, privés de *pattes*, de *queue* et d'autres parties importantes, et même les recouvrer, les reproduire plus tard. Un phénomène si extraordinaire suffit pour démontrer combien les différentes parties de ces êtres sont peu dépendantes les unes des autres; comment leur système nerveux constitue un ensemble, dont les diverses pièces sont moins liées entre elles que dans les mammifères et les oiseaux; comment, animés par une moindre chaleur, ils ont, sur le sol brûlant qu'ils habitent, en général, moins besoin de boire que les animaux de ces deux classes.

La lenteur de la circulation, la basse température du sang de ces reptiles, tout en servant à expliquer comment ils ne perdent point la vie au moment même où ils sont privés de leur tête, s'accordent aussi très-bien avec la facilité qu'ont ces animaux de supporter de longs jeûnes; facilité telle, qu'on a vu des crocodiles passer plus d'un an sans prendre aucune nourriture.

Mais, s'ils ont le pouvoir de résister à des coups qui ne portent que sur certains points de leur corps, à des lésions locales, ils succombent promptement aux efforts des causes extérieures qui attaquent l'ensemble de leur économie avec énergie et constance : leurs facultés internes réagissant avec trop peu d'activité. C'est ainsi qu'une atmosphère plutôt froide que tempérée les rend immédiatement foibles et malades, et même les tue souvent. Aussi voit-on les crocodiles gigantesques, les iguanes, les basilics et toutes les races à grande taille de la famille des Sauriens, ne fréquenter, tant dans l'ancien que dans le nouveau continent, que les zones torrides, animer leurs fleuves, leurs savannes noyées, leurs forêts humides et chaudes, leurs sables brûlans. C'est là que ces grandes espèces semblent confinées, et si quelques-unes d'entre elles habitent aussi des contrées plus ou moins éloignées de l'équateur, leurs dimensions deviennent progressivement de plus en plus petites, et elles sont de moins en moins nombreuses en individus.

Le peu d'énergie de l'appareil de la Sensibilité chez les Sauriens empêche les individus d'une même espèce de former jamais une vraie société, quoique souvent on puisse les trou-

ver réunis en troupes plus ou moins nombreuses. Aucun
ouvrage, aucune chasse, aucune guerre qui paroissent con-
certés, ne résultent, comme l'a dit de Lacépède, de leur
attroupement. Jamais ils ne se construisent d'asyle ; et lorsqu'ils en choisissent un sur des rivages, dans des rochers,
dans des trous d'arbres, ce n'est point, ajoute ce grand his-
torien de la Nature, une habitation commode qu'ils préparent pour un certain nombre d'individus réunis, c'est une
retraite purement individuelle, où ils ne veulent que se cacher, et à laquelle ils ne changent rien.

Si quelques-uns chassent ou pêchent ensemble, c'est qu'ils
sont simultanément entrainés par le même besoin, attirés par
le même appât; s'ils se défendent en commun, ce n'est que
parce qu'ils sont attaqués ensemble.

Malgré leur férocité indomptable, pour ainsi dire, malgré
leur stupidité décourageante, beaucoup de ces reptiles sont
cependant susceptibles d'être apprivoisés et rendus familiers.

Les prêtres de Memphis, disent les anciens historiens,
élevoient dans une sorte de domesticité des crocodiles, qu'ils
promenoient en public dans certaines cérémonies religieuses.

Au rapport de La Brue, cité dans l'Histoire générale des
Voyages, il paroit aussi que, dans la rivière de San Domingo,
près les côtes occidentales de l'Afrique, les Nègres prennent
soin de nourrir les crocodiles, qui deviennent tellement familiers, qu'ils sont le jouet et la monture des enfans.

L'encéphale n'occupe, dans les Sauriens, qu'une petite
partie de la cavité du crâne, en sorte que la figure et l'é-
tendue de celle-ci ne sauroient être un indicateur exact de
la forme et du volume de l'organe qu'elle renferme.

Il se termine, du reste, comme chez tous les autres reptiles et animaux vertébrés en général, en haut et en avant,
par les lobes olfactifs et par les hémisphères cérébraux; mais,
ainsi que l'encéphale des poissons, il est privé de décussa-
tions ou commissures générales, quoiqu'il se place beaucoup
au-dessus de lui par la prédominance de l'organe qui représente le cerveau, prédominance telle, que les autres parties
de la masse encéphalique semblent n'avoir plus de relations
les unes avec les autres que par son intermède, et y sont liées
bien plus intimement que ne le sont les divers lobes entre eux.

En général, toutes ses parties sont lisses et sans circonvolutions.

Il est difficile d'établir ici, d'une manière comparative, la proportion de son poids, relativement au poids total du corps, parce que celui du premier reste à peu près le même, tandis que celui du dernier varie suivant une foule de circonstances, et quelquefois du simple au double, selon qu'on examine un sujet maigre ou gras.

Cependant on peut affirmer que son volume est, absolument parlant, énormément plus petit que celui de l'encéphale des animaux à sang chaud, c'est-à-dire des mammifères et des oiseaux.

La dure-mère, dépourvue de toute espèce de replis falciformes et autres, est constamment adhérente à la face interne du crâne, et se trouve séparée de l'encéphale par une pulpe muqueuse plus ou moins solide.

L'arachnoïde est remplacée par une cellulosité lâche, qui renferme cette sorte de pulpe gélatineuse.

La pie-mère, comme dans les autres animaux vertébrés, est formée par un réseau vasculaire des plus compliqués et des plus délicats.

Les hémisphères du cerveau sont placés en avant des couches optiques et ne les recouvrent point. Leur existence est évidente, et il n'est nullement permis de les confondre avec telle ou telle autre partie de la masse encéphalique, comme, plus d'une fois, on l'a fait pour les poissons.

Leur forme la plus ordinaire se rapproche de celle d'un triangle dont la base seroit tournée en arrière, ainsi que cela a lieu dans les oiseaux.

Tout-à-fait isolés l'un de l'autre, par leur partie supérieure, à cause de l'absence du corps calleux et de la voûte, ils viennent s'attacher par leur base sur les pédoncules cérébraux.

Les hémisphères du cerveau des sauriens, comme de celui des autres reptiles, plus parfaits que ceux des poissons, tant osseux que chondroptérygiens, sont moins variables dans leur forme que chez ces derniers animaux.

Dans le caméléon ils forment un ovale et se fixent ou s'assujettissent par leur base aux pédoncules cérébraux. Ils ressemblent beaucoup à ce qu'ils sont chez les oiseaux.

Leur intérieur est, comme à l'ordinaire, creusé par un ventricule, dans lequel est un tubercule hémisphérique, dont une portion représente le corps strié.

La lame, de substance cérébrale, qui les constitue, après avoir recouvert ce tubercule hémisphérique, se réfléchit au-dessous de lui, et, se dirigeant en dedans, vient fixer l'hémisphère au-devant de la couche optique, à peu près comme chez les oiseaux : elle est d'un blanc mat. Chacun d'eux est pyriforme et présente sa grosse extrémité arrondie en arrière, tandis que la petite se prolonge insensiblement dans le pédicule olfactif, comme on le voit dans le lézard vert, le lézard gris, l'orvet, etc.

Dans les crocodiles et dans le caïman à museau de brochet la lame qui les constitue se comporte comme dans les Tortues.

Chez les uns, comme chez les autres, elle est blanche.

Dans les tupinambis les hémisphères cérébraux sont plus globuleux et moins alongés que dans les reptiles précédens.

Chez les Sauriens, en général, de même que dans les poissons, les lobes cérébraux sont précédés d'un lobule olfactif, qui tantôt, ainsi que cela se voit dans le crocodile à museau de brochet, est sessile, et tantôt, ainsi que cela existe dans la plupart des autres sauriens, est pédicellé et tenu à distance.

A l'exception des crocodiles, du caïman à lunettes et du caméléon, où le volume de ces organes est fort petit, les Sauriens, chez lesquels le lobe olfactif est, pour ainsi dire, confondu avec le lobe cérébral, ont les lobes cérébraux les plus développés; tandis que chez ceux qui ont le lobe olfactif supporté par un pédoncule, on trouve les lobes cérébraux très-petits, alongés, comme fusiformes, ou plus ou moins globuleux et arrondis.

Le pédicule du lobule olfactif de ces reptiles est plus ou moins gros; il ressemble à celui des poissons chondroptérygiens, mais jamais, comme cela a lieu dans les poissons osseux, il n'a la figure d'un ruban aplati.

M. le docteur Serres, chef des travaux anatomiques de l'Administration des hôpitaux et hospices de Paris, a mesuré les dimensions des lobes cérébraux chez plusieurs reptiles. Voici le résultat de ses observations sur les Sauriens :

	Diamètre antéro-postérieur. Mètres.	Diamètre transverse. Mètres.
Crocodile du Nil	0,00800	0,00500
Caïman à lunettes	0,00700	0,00400
Caïman à museau de brochet	0,02100	0,01100
Lézard gris	0,00500	0,00275
— vert	0,00350	0,00250
Tupinambis	0,00400	0,00300
Caméléon ordinaire	0,00600	0,00333
Orvet	0,00250	0,00200

Les circonvolutions du cerveau; le corps calleux; le *septum lucidum*; le trigone cérébral ou la voûte à trois piliers; le corps frangé et la corne d'Ammon ou pied d'hippocampe, manquent dans l'encéphale des Sauriens, comme chez les autres reptiles.

Lorsque dans les Sauriens qui appartiennent aux familles supérieures de l'ordre, dans les crocodiles en particulier, on vient à ouvrir le ventricule de l'hémisphère, on le trouve, ainsi que chez les oiseaux, presque comblé par un tubercule considérable, solide, d'un gris blanchâtre, entièrement libre dans la partie interne, où un sillon longitudinal le partage en deux portions, une supérieure et une inférieure; cette dernière formant un croissant, dont la concavité embrasse les rayons médullaires, émanés de la couche optique. Ce tubercule est également libre par sa face supérieure, et n'adhère au corps de l'hémisphère que par sa base et sa face externe. Au-dessus de lui on aperçoit un second tubercule, plus considérable, plus étendu en avant, en haut et en arrière, et le recouvrant en quelque sorte.

Le tubercule hémisphérique de ces reptiles est donc, comme le dit M. Serres, composé du corps strié et de la masse grise qui l'enveloppe communément, et qui correspond au demi-centre ovale des mammifères.

C'est donc, et par celui-ci et par le corps strié lui-même, que le ventricule de l'hémisphère se trouve rempli.

Chez le tupinambis et le caméléon le tubercule du demi-centre ovale est comme atrophié; mais le corps strié, quoique très-réduit dans son volume, est plus nettement dessiné que chez les crocodiles et les caïmans.

Dans les genres suivans le tubercule du demi-centre ovale diminue, et le ventricule devient de plus en plus libre.

Chez les lézards, entre autres, on ne trouve déjà plus que le corps strié, formant un petit croissant autour des radiations de la couche optique.

Chez les Sauriens, où, sans être recouvertes par eux, elles sont situées en arrière des hémisphères, les couches optiques sont, en général, plus restreintes que dans les oiseaux, et même elles sont fort petites dans les lézards en particulier, où elles occupent l'angle rentrant formé par l'entrecroisement des nerfs optiques.

Dans le caméléon elles sont plus volumineuses et plus arrondies.

Chez les crocodiles et les caïmans elles forment un globe saillant en arrière des nerfs optiques et en avant de la moelle alongée.

Dans ces espèces de Sauriens, leur volume est proportionné à celui des lobules olfactifs.

Chez les crocodiles, et surtout dans le caïman à museau de brochet, elles représentent une vésicule membraneuse, dont la cavité communique en haut dans le troisième ventricule et en bas dans la tige pituitaire. Les parois de cette vésicule sont formées de deux lames médullaires, dans l'intervalle desquelles se trouve logée une certaine quantité de substance corticale ou grise.

En outre, chez plusieurs lézards, on trouve deux petites vésicules blanchâtres, situées en arrière de ces couches, et que Malacarne a prises pour les éminences mamillaires.

Située en avant de la couche optique et sans connexion avec elle, la bandelette demi-circulaire est interposée comme une cloison entre celle-ci et le corps strié, chez les Sauriens.

Les ventricules latéraux du cerveau se dilatent beaucoup dans les mêmes animaux, où, cependant, leur plancher porte des tubercules qui en diminuent beaucoup la capacité.

Leur soupirail est pratiqué sur la face interne du lobe cérébral et en arrière, immédiatement en avant et un peu au côté externe de la couche optique, en arrière de la commissure antérieure.

Cette disposition se remarque chez tous les Sauriens, où cet orifice est une ouverture étroite, tandis que chez les Batraciens et les Ophidiens, il est beaucoup plus large, ce qui tient à la différence de volume du noyau central.

En avant, les ventricules se continuent dans la cavité du lobule olfactif.

Ils se réfléchissent en arrière au pourtour de la portion non adhérente du tubercule hémisphérique.

Les cavités digitales semblent ne point exister.

Les plexus choroïdes sont riches en vaisseaux et bien développés.

Dans la plupart des Sauriens les pédoncules du conarium sont fins, déliés et foiblement assujettis.

La commissure postérieure manque dans la presque-généralité des Sauriens, ou il n'y existe qu'en rudiment, et généralement dans les lacertiens.

Le *Conarium* ou *Glande pinéale* existe dans les Sauriens comme dans tous les autres animaux vertébrés sans exception, malgré les assertions contraires de Sténon et de Haller.

Il est bien plus apparent chez eux que chez les poissons.

Situé en arrière des hémisphères cérébraux et sur le renflement des couches optiques, dont ses pédoncules dépassent quelquefois les limites, il est, chez l'orvet, d'une extrême ténuité, tandis que dans les lézards il offre un peu plus de volume.

Chez le caméléon et le tupinambis il est très-prononcé et dans les crocodiles il paroît d'un volume considérable, comparativement à la masse totale de l'encéphale.

Chez le caïman à museau de brochet il est plus fort encore.

Dans l'orvet, les lézards, les tupinambis, les crocodiles, il est de forme alongée et un peu bifurquée en devant.

Dans le caïman à museau de brochet il est divisé jusqu'à son sommet.

Quand il existe un rudiment de commissure postérieure, cette prétendue glande n'a avec lui aucun rapport.

C'est ce qui arrive le plus évidemment du monde pour les crocodiles et pour le caïman à museau de brochet, comme l'a observé le docteur Serres.

Chez les mammifères et les oiseaux on remarque dans le troisième ventricule la *commissure molle et grise des couches optiques.*

Dans les crocodiles et les caïmans, cette commissure existe aussi, et est plus marquée que chez les oiseaux, et située plus bas que dans les mammifères.

. La *Commissure antérieure* se rencontre chez presque tous les Sauriens ; elle devient plus prononcée chez les lézards que chez les autres.

. Dans les crocodiles et les caïmans elle est située en avant de la couche optique et dans le sillon qui la sépare du corps strié ; à droite et à gauche elle pénètre dans le tubercule hémisphérique, et s'y perd presque aussitôt.

Le *Corps pituitaire* ou l'*Hypophyse cérébrale* est impaire dans les Sauriens, comme dans les mammifères, les oiseaux, et les autres reptiles.

Il est en général d'un fort petit volume et d'une teinte grise.

Le cervelet des Sauriens, très-petit et aplati, a la figure d'un segment de cercle plus ou moins triangulaire.

Les nerfs olfactifs de ces reptiles, comme dans les autres animaux de leur classe et dans les oiseaux, proviennent d'un lobule placé à l'extrémité antérieure des hémisphères.

Nous avons parlé de l'origine de leurs nerfs optiques au mot REPTILES. (Voyez aussi SENS et SYSTÈME NERVEUX.)

Celle de leurs autres nerfs ne présente rien de particulier.

3.° *Des Organes des Sensations spéciales dans les Sauriens.* Tous les Sauriens ont deux yeux placés à droite et à gauche de la tête, assez saillans et assez gros, relativement au volume de leur corps.

Ces yeux sont mobiles et logés dans des orbites.

Constamment ils sont pourvus de paupières, qui varient en nombre, en figure, en direction et en mobilité.

Dans les crocodiles, on compte trois paupières, deux horizontales et une verticale. Les deux premières se ferment exactement et ont un renflement à leur bord, mais sans aucun cil. La troisième, demi-transparente, se meut d'avant en arrière et peut couvrir tout l'œil. Elle n'a qu'un seul muscle, qui remplace le pyramidal des oiseaux, et qui, de même fixé à la partie postérieure du globe vers le bas, tourne autour du nerf optique, repasse sous l'œil et jette son tendon dans cette paupière.

Les lézards ordinaires ont pour paupières une sorte de voile circulaire, tendu au-devant de l'orbite, et percé d'une fente horizontale que ferme un sphincter, et que dilatent un muscle élévateur et un muscle abaisseur. La partie inférieure de ce voile a un disque cartilagineux, lisse, rond, comme celui des oiseaux. On trouve en outre, chez ces reptiles, un rudiment de troisième paupière, mais sans muscle propre.

Chez le caméléon cette troisième paupière manque totalement, et la fente du voile est si petite qu'on voit à peine la pupille au travers.

Le gecko n'a point de paupière mobile, et son œil n'est protégé que par un léger rebord de la peau.

Le scinque paroît être dans le même cas.

On ne sait encore rien de positif sur l'appareil lacrymal des Sauriens.

La sclérotique des lézards et du caméléon renferme des lames osseuses, comme celle des oiseaux; mais ces lames n'en forment point le disque antérieur et n'en entourent que la partie latérale.

Le crocodile a des procès-ciliaires très-beaux et très-prononcés, qui se terminent chacun par un angle rectiligne presque droit.

Les lézards en sont dépourvus.

L'iris des Sauriens tient un peu à celui des poissons par les teintes métalliques dont il brille. Celui du crocodile offre un réseau vasculaire des plus beaux.

Ce dernier reptile a une pupille semblable à celle du chat, tandis que cette ouverture est arrondie dans le caméléon et dans les lézards, et rhomboïdale chez le gecko.

En général, dans tous les animaux de cet ordre la pupille

est susceptible de contraction et de dilatation, de manière à recevoir la quantité de lumière nécessaire. Aussi peuvent-ils tout à la fois distinguer les objets au milieu de l'obscurité des nuits et au sein des flots de lumière versés dans l'atmosphère par le soleil le plus brillant.

Le nerf optique, chez les Sauriens, traverse les membranes de l'œil directement et par un trou rond, comme dans la plupart des mammifères. Il forme en dedans un petit tubercule, des bords duquel naît la rétine.

L'humeur vitrée de ces animaux n'offre rien de particulier à noter.

Il en est de même de leur cristallin et de leur humeur aqueuse.

Le globe de l'œil, chez le crocodile, est maintenu dans l'orbite au moyen des six muscles ordinaires, disposés comme dans les poissons, et, de plus, par quatre petits muscles qui embrassent de près le nerf optique et s'épanouissent sur la sclérotique, après avoir été comme bridés par le muscle de la troisième paupière.

L'organe de la vision est, d'ailleurs, fort actif dans les Sauriens. Habitant la plupart, comme l'a remarqué de Lacépède, les rivages des mers et les bords des fleuves de la zone torride, où le soleil n'est presque jamais voilé par les nuages et où les rayons lumineux sont réfléchis sans cesse par les lames d'eau et le sable des rives, il faut que leurs yeux soient assez forts pour n'être pas altérés et bientôt détruits par les flots de lumière qui les inondent.

Ainsi que les autres reptiles, les Sauriens ont un organe d'audition composé d'un sac vestibulaire, d'un vestige de limaçon et de trois canaux demi-circulaires ; mais aucun d'eux ne présente de pavillon pour l'oreille. Le crocodile seul offre quelque apparence d'un méat auditif externe, parce que la peau forme une sorte de couvercle épaissi au-dessus de son tympan. C'est là ce qui peut expliquer le passage d'Hérodote, où il est dit que les Égyptiens suspendoient des bijoux aux *oreilles* des crocodiles.

Leur labyrinthe osseux serre de près le membraneux et le revêt partout d'une lame mince et dure.

Dans les lézards et le caméléon, la caisse du tympan, membraneuse en arriére et en dessous, communique avec le fond du palais par un canal large et court.

Dans le crocodile, cette caisse, située vers le haut du crâne, peut se diviser en deux parties; une externe, très-évasée et fermée en dehors par le tympan et par la peau, et une interne, séparée de la première par un étranglement et à laquelle aboutissent les deux fenêtres et quelques cavités analogues aux cellules mastoïdiennes de l'homme, quoique beaucoup plus grandes.

Une de ces cavités est placée entre les canaux demi-circulaires, tandis qu'une autre se dirige en arriére et en dehors.

Il n'existe qu'un seul osselet de l'ouïe, lequel est simple et offre une tige mince, dure, et une platine ovale ou triangulaire. Cet osselet s'attache au tympan dans les lézards, et plus spécialement encore dans le crocodile, par une branche cartilagineuse. Chez ce dernier la platine a la figure d'une ellipse alongée, dont le grand axe est longitudinal, tandis que chez le caméléon, où la tige cartilagineuse se perd dans les chairs, elle ressemble au pavillon d'une trompette.

Cet osselet paroît généralement dépourvu de muscles; ce qui est surtout évident pour le caméléon.

L'appareil de l'audition est donc peu parfait dans les Sauriens; aussi ces animaux ne paroissent-ils pas avoir l'ouïe bien fine et sont-ils muets, ou ne font-ils entendre que des sons rauques, confus et désagréables.

Il en est de même du sens de l'olfaction, dont, en eux, les organes paroissent encore plus incomplets.

Chez la plupart de ces animaux, et surtout dans le crocodile, les fosses nasales se continuent en un tuyau long et étroit jusque sous le trou occipital. Leur ouverture regarde le ciel et n'est entourée que par les os intermaxillaires seulement.

Quelques lézards cependant ont les narines ouvertes, presque comme celles des oiseaux, c'est-à-dire, en dehors sur le museau et en dedans au milieu du palais.

Aucun Saurien n'a les os de la face creusés par des sinus en communication avec les fosses nasales.

On ne sait rien de bien positif sur les lames saillantes qui peuvent exister chez eux dans l'intérieur de celles-ci.

La membrane pituitaire est entièrement garnie d'un rets de vaisseaux noirâtres.

La plupart des Sauriens ont leurs narines extérieures munies de quelques couches charnues, qui peuvent en dilater ou en rétrécir l'entrée.

Les crocodiles sont ceux qui ont ces espèces de muscles les plus rapprochés.

Les tupinambis, les caméléons et les stellions, sont ceux où ils sont le plus écartés.

Le sens du goût est, dans la plupart des animaux dont nous écrivons ici l'histoire générale, très-foible et peut-être encore moins développé que celui de l'odorat.

La langue du plus grand nombre des Sauriens, en effet, quoique singulièrement extensible et mobile, est terminée par deux longues pointes qui sont demi-cartilagineuses et cornées, et, quoique molle et humide, sa surface est lisse.

Chez les crocodiles même elle est tellement fixée de près par les bords et par la pointe, qu'elle paroît manquer, ce qu'une opinion généralement admise anciennement, paroissoit avoir consacré en principe. Elle est, du reste, couverte de papilles représentant des rides superficielles.

Dans l'orvet elle est plate, seulement fendue par le bout et non extensible.

Chez les stellions et les iguanes elle est charnue et mobile, au contraire, comme celle des mammifères, et ne diffère de celle des scinques et des geckos, qu'en ce qu'elle n'est point échancrée par le bout. Elle est, d'ailleurs, chez eux, couverte d'un velouté bien marqué.

Le caméléon a une langue cylindrique, qui peut s'alonger considérablement par un mécanisme analogue à celui qui met en mouvement la langue des pics. Ses papilles forment des rides transverses, profondes, serrées et très-régulières.

A l'égard du toucher, on doit le regarder comme bien obtus dans ces animaux, puisqu'il ne peut, chez eux, donner lieu qu'à un petit nombre d'impressions distinctes, et cela en raison des écailles dures, des couvertures osseuses, des boucliers solides, qui recouvrent et protègent toute la surface de leur corps, de l'épiderme de corne qui les enveloppe de toutes parts, et qui, entièrement desséché, tombe au moins une fois tous les ans, au printemps, d'une seule pièce et sous la forme d'un fourreau, ou de squames sèches, racornies, fanées et incolores.

Plusieurs ont, d'ailleurs, les doigts réunis de manière à ne pouvoir être appliqués qu'avec peine à la surface des corps, et si quelques-uns d'entre eux ont des doigts très-longs et isolés les uns des autres, le dessous même de ces doigts est garni d'écailles assez épaisses pour ôter presque toute sensibilité à cette partie.

Ces doigts sont au nombre de cinq, de diverses longueurs dans les véritables lézards. Les crocodiles les ont palmés, du moins aux pieds de derrière. Les geckos les ont revêtus en dessous d'écailles imbriquées.

Chez le caméléon ils sont réunis par la peau jusqu'aux ongles en deux parties, qui font la pince.

Dans les seps et les chalcides ils ne sont qu'au nombre de trois.

La queue du caméléon peut, jusqu'à un certain point, être comparée aux doigts, sous le rapport de l'exercice du sens du toucher.

Le corps muqueux qui existe sous l'épiderme a des couleurs très-vives et très-variées chez les sauriens, qui sont, du reste, privés de tissu papillaire partout ailleurs que sous les pattes.

Dans le caméléon les papilles des pattes sont très-grosses et mamelonnées.

Le derme ou cuir est fort tenace, intimement adhérent aux muscles et d'une épaisseur variable.

Dans beaucoup d'espèces on voit sous chaque cuisse une rangée très-régulière de petits pores, d'où sort une humeur visqueuse.

Les véritables lézards présentent cette disposition.

Les ongles des sauriens n'offrent aucune particularité à noter.

Les écailles des crocodiles sont osseuses, imbriquées, disposées par bandes comme chez les tatous, carrelées entre elles comme dans les ostracions, et surmontées dans le sens de leur longueur d'une arête ou ligne saillante.

Dans les lézards et dans le plus grand nombre des autres

sauriens, les écailles ne sont que de petites plaques ou com-
partimens de la peau, entre lesquels s'enfonce et se moule
l'épiderme, et qui présente quatre, cinq ou six côtés, une
carène longitudinale, une lame saillante ou même une épine.

Les scinques et les orvets ont de véritables écailles, qui,
à la manière de celles des poissons, sont placées en recouvre-
ment les unes sur les autres. Elles sont plates et ressemblent
à de petits ongles.

Dans les iguanes, des écailles très-saillantes et aplaties se
redressent de manière à former, par leur réunion sur le dos,
une crête dentée ou pectinée, haute d'un pouce et plus.

Sous le ventre des lézards, des tupinambis et des crocodiles, on observe des plaques carrées, lisses, carrelées et rangées en long et en travers.

4.° *Des Organes de la Nutrition dans les Sauriens.* Ces reptiles,
qui se nourrissent de chair vivante, de petits quadrupèdes,
d'oiseaux, de mollusques, de vers, d'insectes, qui ne boivent
point et qui ne sauroient sucer, digèrent lentement et mangent rarement, surtout dans la saison froide, en sorte que,
si quelques-uns d'entre eux, tels que les crocodiles, détruisent beaucoup, cela tient évidemment à la grande masse
qu'ils ont à entretenir. Un repas leur suffit souvent pour
plusieurs jours, et l'on a vu des crocodiles rester plusieurs
mois sans prendre de nourriture, malgré la voracité qui les
caractérise.

Dans notre article Reptiles nous avons fait connoître, avec
des détails suffisamment étendus, tout ce qui concerne la
forme, la composition, les dimensions, la solidité des mâchoires, le nombre, le volume, la position, le mode d'implantation des dents des sauriens. Nous ne reviendrons point
ici sur cette matière, et nous continuerons immédiatement
la description de leurs organes de la digestion.

Par une conséquence nécessaire du défaut de mastication
chez ces animaux les glandes salivaires devoient constituer un
appareil moins important dans leur organisation que dans celle
des mammifères.

Dans quelques-uns d'entre eux la langue est composée en
grande partie d'une masse glanduleuse épaisse, formée d'une
foule de petits tuyaux réunis par leur base et qui se séparent

vers la surface de l'organe. Ce sont autant de papilles qui hérissent cette surface ou qui la rendent veloutée lorsqu'elles sont très-fines. Les côtés de la masse sont percés d'une multitude de pertuis qui donnent passage à l'humeur sécrétée par la glande elle-même.

On observe spécialement cette disposition dans les geckos à tête plate, dans le scinque schneidérien et dans l'iguane.

Dans les tupinambis cette glande paroît être remplacée par deux autres, alongées, granuleuses, situées sous la peau le long de la face externe des branches de la mâchoire inférieure, et dont l'humeur est versée au côté externe des dents de la même mâchoire. Elles sont, de ce côté, immédiatement recouvertes par la membrane palatine.

L'os hyoïde, chez les sauriens, n'est ordinairement que cartilagineux, et a toutes ses parties très-grêles, alongées et soudées ensemble.

Le corps de celui des crocodiles, cependant, conserve la figure d'un large bouclier, et, en cela, ressemble beaucoup à celui des chéloniens : il est cartilagineux et porte les deux cornes articulées à peu près au milieu de ses côtés, et paroissant formées de deux portions soudées ensemble au moyen d'une espèce de coude qu'elles présentent en arrière.

Dans l'iguane ce même corps de l'os hyoïde n'est, pour ainsi dire, que la réunion des sept cornes qui forment le cartilage hyoïde. Il y en a une en avant qui se porte sous la langue, sans s'y fixer. Les six autres sont en arrière. Les deux inférieures sont les plus longues ; elles sont contiguës, un peu courbées en arc, et s'introduisent dans le goître sans donner attache à des muscles ou à des ligamens. Les quatre qui restent, sont les vraies cornes du cartilage hyoïde. Deux se portent d'abord en arrière, puis en haut, pour gagner l'occiput. Celles qui leur sont postérieures sont recourbées en arrière et en haut, de manière à leur rester à peu près parallèles.

Les mêmes cornes du goître se trouvent encore dans les scinques, les agames et les dragons. Dans le dragon rayé leur extrémité tient au fond du grand sac qui forme le goître et doit le tirer en dedans lorsque la langue sort de la bouche.

Dans le gecko à tête plate on ne trouve que deux cornes hyoïdes, lesquelles sont analogues à celles des oiseaux.

Dans le caméléon il en existe quatre, dont deux sont droites et dirigées obliquement en avant, tandis que les deux postérieures remontent derrière la tête. Le corps se prolonge jusque vers le tiers antérieur de la langue, et est cylindrique et grêle.

On compte également quatre cornes dans les lézards et les tupinambis. Les antérieures sont formées de deux pièces, soudées ensemble ou mobiles l'une sur l'autre, dont la première est dirigée en avant et dont la seconde se porte en arrière et se recourbe sur l'occiput.

Ces diverses pièces sont mises en jeu par les analogues des muscles mylo-hyoïdiens, sterno-hyoïdiens, omo-hyoïdiens, qui sont souvent très-considérables, génio-hyoïdiens et cérato-maxilliens.

Les muscles stylo-hyoïdiens manquent totalement.

Dans les sauriens la langue est en général susceptible de s'alonger considérablement, et le mécanisme qui produit ce mouvement, lié intimement à l'acte de la déglutition, est lui-même inséparable de celui des diverses pièces de l'appareil hyoïdien.

La langue, en effet, chez eux, est mue par trois paires de muscles qui prennent leur point fixe sur ce dernier ou sur l'arc du menton, et par un muscle propre qui ne tient qu'à elle.

La première paire paroît l'analogue des hyo-glosses de l'homme, et compose avec les génio-glosses droits, qui forment la seconde paire et qui naissent du bord inférieur de l'arc du menton, la base de la langue, dans laquelle viennent se confondre les fibres du muscle propre.

Dans les lézards et les tupinambis ces muscles hyo-glosses sont fort longs et cylindriques.

Il existe aussi dans les sauriens des génio-glosses transverses, qui s'attachent aussi à l'arc du menton, qui sont larges et courts et qui manquent dans le caméléon, de même que les génio-glosses droits.

Le muscle propre ne se trouve que dans les sauriens dont la langue est alongeable par elle-même et est composé de fibres annulaires. Dans le gecko à tête plate il est antérieurement divisé en six ou huit petites branches, qui se réunissent, vers le tiers moyen de la langue, en deux ventres, puis en un seul tronc de chaque côté, avant de se jeter dans la base de la langue.

Dans le caméléon, dont la langue offre un mécanisme tout-à-fait spécial, les muscles hyo-glosses sont fixés à tout le bord antérieur des cornes postérieures de l'hyoïde et s'insèrent à la moitié postérieure du fourreau de la langue, qui se regrimpe par son moyen.

Chez le même reptile le muscle annulaire ou propre est fort épais et forme un cylindre charnu, qui enveloppe les trois quarts antérieurs de la partie de l'os hyoïde qui pénètre dans la langue. En avant il est fendu sur les côtés et divisé en deux languettes.

Chez lui encore le fourreau membraneux, qui enveloppe la langue, est mû par un muscle rétracteur qui applique son bout à l'extrémité du muscle annulaire.

Ainsi donc, dans ce reptile singulier, quand la partie de la langue qui se regrimpe est froncée et raccourcie par l'hyoglosse et que l'hyoïde est porté en arrière par les sternohyoïdiens et cératoïdiens, le muscle rétracteur maintient le bout du fourreau en rapport avec les parties ci-dessus désignées.

Lorsque au contraire l'os hyoïde est porté en avant par le muscle annulaire, qui pousse en outre le fourreau dans le même sens, les portions postérieures du rétracteur tirent en avant le fourreau et le déplissent.

L'épiglotte manque chez la plupart des *sauriens* : l'iguane ordinaire et le scinque schneidérien en présentent seuls une apparence; les crocodiles n'en ont qu'un rudiment.

Il en est de même du voile du palais.

Cependant, dans le gecko à tête plate, il existe une sorte de valvule immobile sur les ouvertures postérieures des narines, et chez le crocodile on retrouve quelque chose d'analogue au voile du palais.

Dans le dernier reptile les ouvertures postérieures des narines, très-reculées, forment un trou arrondi au fond de la voûte du palais, dont la membrane se détache pour descendre sur ses côtés en s'élargissant jusqu'à la base de la langue.

Le pharynx des sauriens n'est que légèrement plus large que l'œsophage : aucun muscle n'est destiné à le mouvoir ou à lui faire changer de forme.

La membrane muqueuse qui le tapisse présente de nombreux plis longitudinaux.

L'œsophage des Sauriens n'offre rien de bien remarquable. Son diamètre seulement est très-grand relativement à l'estomac, et il paroit fort dilatable.

Leur estomac est presque généralement sans cul-de-sac, de forme ovale et fort alongé : ses parois sont ordinairement minces et transparentes, comme celles du canal intestinal.

Sa membrane musculeuse est fort peu sensible, du moins dans une portion de son étendue.

Le pylore, communément sans valvule, n'est indiqué que par un simple rétrécissement, par une plus grande épaisseur dans les parois, et par quelques différences de structure.

La forme de l'estomac varie, du reste, beaucoup.

Dans le crocodile ce viscère a une figure globuleuse et offre, très-près du cardia et en dessous, un petit cul-de-sac, qui s'ouvre dans l'intestin par un fort petit orifice et dont la cavité est séparée de la grande par une sorte de détroit. Cette dernière, comme le remarque M. Cuvier, est conséquemment un grand cul-de-sac : ses parois sont remarquablement épaisses. La membrane interne y forme de longues rides, qui serpentent à la manière des circonvolutions cérébrales.

L'estomac de l'iguane est ovoïde et fort alongé, sans courbure ; il semble formé par l'œsophage, qui se dilate insensiblement en descendant, en sorte qu'on ne peut assigner la place du cardia que par la cessation des plis longitudinaux qui caractérisent l'œsophage. Avant de se terminer au pylore, le viscère se recourbe un peu, se rétrécit tout à coup et acquiert plus d'épaisseur et d'opacité dans ses parois.

Celui du sauve-garde constitue un long boyau courbé en un cercle presque complet.

Dans le caméléon l'estomac commence par un petit renflement, prend une forme cylindrique et alongée, se recourbe sur lui-même, se rétrécit beaucoup avant de se terminer, et forme une sorte de petit boyau, dont la membrane interne présente des plis longitudinaux.

Dans le dragon il est pyriforme : sa grosse extrémité répond au cardia.

Proportionnellement au corps, le canal intestinal des sauriens est très-court : dans le crocodile du Nil, par exemple, la longueur du corps par rapport à celle du canal intestinal est :: 1 : 3,3 ; dans le gavial :: 1 : 1,1 ; dans le caméléon :: 1 : 1,7 ; dans le gecko à gouttelettes :: 1 : 1,3 ; dans le lézard gris :: 1,3 : 1. Cette brièveté dépend évidemment du genre d'alimens dont se nourrissent ces reptiles.

Généralement leur canal intestinal n'offre aucune espèce d'appendice propre à indiquer une division en petits et en gros intestins.

Le plus ordinairement on voit chez eux un intestin long et grêle, qui s'insère à l'extrémité d'un intestin gros et court, dans la cavité duquel il se prolonge le plus souvent en forme de valvule par un rebord circulaire.

Les parois du gros intestin sont presque toujours plus fortes, plus épaisses que celles de l'intestin grêle.

La forme et les dimensions de ce canal varient beaucoup, suivant les espèces.

Le crocodile du Nil a un intestin grêle divisé naturellement en deux portions ; l'une, plus dilatée, à parois plus minces, courbée quatre fois de manière à former autant de coudes permanens ; l'autre, plus serrée, à parois plus épaisses, renferme, entre ses membranes muqueuse et charnue, une couche de follicules glanduleux, semblable à une pulpe grisâtre et demi-transparente. La membrane interne de cette seconde portion offre des zigzags longitudinaux, réunis par de petits plis transversaux en un réseau fin, qui, dans le gros intestin, se change en plis irréguliers, constituant une sorte de velouté.

Chez le même reptile le gros intestin est cylindrique ; dans le gavial, au contraire, il est pyriforme.

Dans les lézards le gros intestin est cylindrique et plus large que l'intestin grêle, qui, après s'être courbé en avant dès le pylore, se replie en arrière, et va en serpentant jusqu'au rectum.

Chez le caméléon l'intestin grêle n'est pas moins large que l'estomac dans la plus grande partie de son étendue; mais il se resserre beaucoup vers sa terminaison, et n'est point séparé du gros par une valvule : sa membrane muqueuse est hérissée de plis longitudinaux, ondulés, à bord frangé, qui disparoissent à quelque distance du gros intestin, dont l'intérieur est lisse et sans plis.

Dans le dragon le canal intestinal décrit, de l'estomac à l'anus, deux circonvolutions et demie : son commencement ne se distingue de l'estomac que par plus de ténuité dans ses parois.

Celui de l'iguane est transparent, et va, en se rétrécissant, depuis le pylore jusqu'à l'insertion de l'intestin grêle dans le gros intestin, qui est alongé et partagé par un étranglement en deux moitiés cylindriques, dont la surface interne est lisse et sans plis, à l'exception du commencement, où l'on observe environ six valvules transversales, mais non circulaires.

On trouve aussi chez ce dernier saurien un véritable cœcum, aussi large que long, à parois boursouflés, distinct par la plus grande épaisseur de ses parois et par une cloison qui le sépare du rectum, et ne laisse aux matières fécales qu'un passage fort étroit.

Dans la plupart des sauriens l'anus n'est qu'une fente trans-versale, placée sous l'origine de la queue, et conduisant dans le cloaque, sorte de réservoir commun des fluides ou des produits de la génération, de l'urine et des excrémens solides.

Cet orifice a chez eux d'ailleurs deux lèvres, dont l'une se meut contre l'autre et ferme l'ouverture à la manière d'un couvercle à charnière.

Les muscles qui meuvent ces lèvres sont en général fort compliqués : on peut très-bien les observer sur l'iguane, où ils ont été décrits en particulier par M. Cuvier, et où ils peuvent servir de type.

Chez cet animal c'est la lèvre postérieure de l'anus qui est mobile; elle est bordée par un anneau musculeux, sur lequel la peau se redouble, et dont les extrémités vont s'attacher dans l'angle que fait la cuisse avec la queue.

Il applique cette lèvre contre l'antérieure, et forme l'anus.

Quatre autres muscles rendent cette ouverture béante, en

ramenant la même lèvre en arrière ; ils sont fixés à ses angles. Les deux internes se rapprochent l'un de l'autre à mesure qu'ils se portent en arrière, deviennent contigus, et s'insèrent sous la ligne moyenne de la portion caudale de la colonne rachidienne ; les deux externes remontent obliquement sur les côtés de la queue, et s'étendent plus loin que les premiers.

Il existe aussi chez l'iguane un cinquième muscle de chaque côté, fixé par son bord antérieur à l'arcade du pubis, se changeant sur le côté correspondant du cloaque en un tendon très-fort, qui s'unit aux adducteurs de la cuisse, et embrassant avec son congénère l'extrémité du rectum et le cloaque lui-même, qu'il doit fortement presser du bas en haut.

Deux petits muscles, enfin, qui vont du pli de la cuisse vers la commissure du cloaque, servent à l'ouvrir, tandis qu'il est soulevé par un releveur analogue à celui des mammifères.

Dans un grand nombre de sauriens, dans les lézards, les geckos, les dragons, les iguanes, en particulier, le foie, de figure variée, ne forme qu'une seule masse, plate ou convexe en dessous, concave en dessus.

Le bord libre de cette glande a dans les dragons deux échancrures, qui le partagent en trois lobules, dont le droit se prolonge en une sorte de queue.

Dans les geckos il n'a qu'une échancrure, et la partie droite est également plus étendue que la gauche.

Dans l'iguane ordinaire elle se prolonge en un long appendice.

Dans les crocodiles et les caméléons le foie est bilobé.

Le tronc commun du canal hépatique est chez les sauriens ordinairement séparé du cystique comme dans les oiseaux, et ne s'insère pas avec ce dernier dans le canal intestinal.

Dans le crocodile il fournit quelquefois une branche à la vésicule.

Dans le même animal la vésicule du fiel est placée sous le lobe droit du foie.

Chez lui, et chez les autres sauriens en général, ce réservoir est ovoïde. Dans l'iguane cependant il se rapproche de la forme cylindrique.

La bile contenue dans la vésicule est d'ordinaire très-verte, très-amère et même très-âcre.

Le pancréas est fort irrégulier, et situé à droite de l'origine du canal digestif. Celui du crocodile du Nil est partagé en lobes, et est parcouru par deux canaux distincts.

La rate du lézard vert et celle du caméléon forment un arc de cercle marqué.

Celle du crocodile est recouverte par l'estomac.

Dans les sauriens en général elle est alongée.

Leur mésentère est assez développé. Le prolongement de ce repli, qui se porte au gros intestin, vient de la colonne vertébrale.

Il n'y a point de mésocolon transverse, ni d'épiploons proprement dits.

On a reconnu des vaisseaux lymphatiques dans plusieurs de ces reptiles. Les ganglions du même système que ces vaisseaux n'ont point été découverts.

Les reins sont très-reculés dans la cavité abdominale chez les lézards : ils sont collés dans le bassin, sous le sacrum, et s'enfoncent même jusque sous la queue. Ils sont ovoïdes et plus ou moins aplatis. Chez les crocodiles, au moins pendant les premiers âges, ils sont lobulés.

Dans ces derniers les uretères sont courts, gros et à parois très-épaisses.

Chez tous les sauriens ils se terminent dans le cloaque immédiatement, sans l'intermédiaire de la vessie.

L'accroissement des sauriens est assez lent, parce que ces animaux vivent long-temps, et que l'engourdissement, auquel ils sont sujets durant l'hiver, semble suspendre leur vie. Avec le temps, certaines espèces, comme les iguanes, et surtout les crocodiles, atteignent une taille considérable.

Les sauriens vivent en général très-longtemps; l'âge avancé auquel ils peuvent parvenir ne doit pas étonner dans des animaux à sang froid, qui transpirent à peine, qui se passent facilement de nourriture, et qui réparent aisément les pertes qu'ils éprouvent.

5.° *Des Organes de la Circulation dans les Sauriens.* Personne n'ignore que les physiologistes entendent par le mot de *circulation* le mouvement progressif et déterminé auquel sont assujettis, dans les vaisseaux qui les contiennent, les divers fluides qui entrent dans la composition des corps vivans, comme le chyle, la lymphe, le sang.

Dans l'homme et dans les animaux vertébrés les plus compliqués, la circulation est une fonction des plus importantes, par laquelle le sang, parti du ventricule gauche du cœur, se répand, par les artères, dans tout le corps, chemine dans le système capillaire, passe dans les veines, revient au cœur, entre dans l'oreillette droite de cet organe, puis dans le ventricule correspondant, qui l'envoie, à son tour, dans l'artère pulmonaire, pour être distribué dans les poumons, d'où il sort par les veines pulmonaires pour se rendre dans l'oreillette et le ventricule gauches, et en partir de nouveau.

Dans ce trajet le sang décrit évidemment un double cercle: l'un dans les poumons, l'autre dans tout le corps.

Il n'en est point de même chez les reptiles en général, et chez les sauriens en particulier.

Chez tous ces animaux, en effet, le cœur se trouve disposé de manière qu'à chaque contraction il n'envoie dans le poumon qu'une portion du sang qu'il a reçu des diverses parties du corps, et que le reste de ce fluide retourne aux organes sans avoir passé par le poumon et sans avoir éprouvé l'influence de la respiration.

La circulation pulmonaire des sauriens n'est donc qu'une fraction de la grande circulation ; fraction plus ou moins forte, suivant les genres, et produisant des effets plus ou moins marqués.

Il résulte de là que l'action de l'oxigène sur le sang est moindre que dans les mammifères et les oiseaux, et que, si la quantité de respiration de ceux-ci, où tout le sang est obligé de passer par le poumon, avant de retourner aux autres organes, est exprimée par l'unité, on ne pourra exprimer la quantité de respiration des sauriens que par une fraction de cette unité, d'autant plus petite, que la portion de sang qui se rend au poumon à chaque contraction du cœur, sera moindre.

De là aussi, moins de force dans les mouvemens, moins de finesse dans l'exercice des sens, moins de rapidité dans la digestion, moins de violence dans les passions; de là l'inaction, la stupidité apparente, les habitudes communément paresseuses, la température froide, l'engourdissement hivernal, qui caractérisent les sauriens en général.

Remarquons aussi que les sauriens n'ont que peu de sang en comparaison des mammifères et des oiseaux : Hasselquist, qui, en 1751, a disséqué un crocodile au Grand Kaire, rapporte que le fluide qui s'écoula de la grande artère étoit en fort petite quantité.

Chez les reptiles de cet ordre, au reste, les organes de la circulation offrent d'assez grandes différences.

Dans les crocodiles, en particulier, le péricarde adhère, comme chez les chéloniens, au péritoine, qui revêt la convexité du foie, et sa pointe tient par un cordon tendineux très-fort au sommet du cœur. Extrêmement fort et comme fibreux à l'extérieur, il est contenu entre les deux lobes du foie et entre les deux poumons à la fois.

Chez l'iguane le péricarde est situé fort loin du foie, sous l'origine des poumons et à la partie la plus avancée du thorax. Sa forme est celle d'un cône à sommet alongé.

La première membrane de cette espèce de sac est épaisse, fibreuse et consistante.

La seconde est mince, transparente et séreuse.

Dans le crocodile le péricarde renferme évidemment une humeur séreuse.

Le cœur a deux oreillettes et un seul ventricule. Il a les mêmes rapports, les mêmes connexions que le péricarde avec les organes voisins : son volume est en général petit.

Dans le crocodile, ses oreillettes, un peu moins grandes que dans les tortues, ont des parois épaisses et sont affermies par de robustes colonnes charnues, dirigées en divers sens.

Dans l'iguane elles n'offrent rien de particulier.

Le sinus des veines caves s'ouvre dans une sorte de réservoir qui communique dans l'oreillette droite par une embouchure en forme de fente et bordée de deux valvules.

Le ventricule du cœur présente, chez le crocodile, une forme ovale et des parois très-épaisses. Sa cavité est divisée en trois loges, communiquant entre elles par plusieurs orifices, mais donnant cependant au sang qu'elles reçoivent une marche déterminée.

L'une de ces loges est inférieure et droite; l'oreillette du même côté y verse, par une large ouverture bordée de deux valvules, le sang qu'elle reçoit des veines du corps.

Du côté gauche de la même loge, et toujours en avant, se trouve l'embouchure de l'aorte gauche descendante, et derrière elle un orifice qui conduit dans la plus petite des trois loges, placée à la partie moyenne de la base du cœur, et dans laquelle s'ouvre le tronc commun des artères pulmonaires.

Une dernière loge, supérieure et gauche, est séparée des deux précédentes par des cloisons perforées, et reçoit de l'oreillette gauche le sang des veines pulmonaires par une embouchure bordée à droite d'une valvule membraneuse, à droite de laquelle encore s'ouvre le tronc commun de l'aorte descendante droite, des carotides et des axillaires.

Dans l'iguane le ventricule du cœur n'a que deux loges; une droite, qui constitue proprement le ventricule, et une gauche et supérieure, qui semble n'être qu'un sinus de la première : c'est dans celle-ci que s'ouvrent l'oreillette pulmonaire et l'aorte descendante droite; puis, plus bas, l'artère pulmonaire et l'aorte descendante gauche.

Il n'y a point de loge pulmonaire.

L'intérieur de toute la cavité est garni de colonnes charnues, dont les ramifications sont détachées.

L'oreillette gauche du cœur du caméléon est remarquable par ses dimensions de beaucoup supérieures à celles de la droite, fort développée déjà elle-même.

C'est dans cette oreillette que, chez les sauriens, vient s'ouvrir par un seul orifice le sinus commun des veines pulmonaires, lequel est bordé d'une valvule charnue en forme de croissant.

Les mouvemens du cœur sont très-énergiques dans ces reptiles.

Chez le crocodile le sang qui afflue de l'oreillette droite dans la loge du même côté, passe à la fois dans l'aorte descendante gauche, dans la loge pulmonaire, qui le chasse par l'artère du même nom dans la loge supérieure et gauche, enfin, en filtrant à travers les trous des cloisons. L'oreillette gauche pousse dans cette dernière loge le sang qu'elle a reçu

des veines pulmonaires et qui passe bientôt dans le tronc commun de l'aorte descendante droite, des carotides et des axillaires, et en partie dans les deux autres loges.

Chez ce saurien le sang pulmonaire ne se mélange donc
pas aussi intimement avec celui du corps que dans les chéloniens.

Et, en effet, les carotides et les axillaires portent aux parties antérieures, les iliaques aux membres postérieurs, un
sang qui vient presque en totalité immédiatement des poumons, tandis qu'une portion de celui qui prend son cours
par l'aorte gauche, pour aller aux viscères, vient de la loge
droite et de l'oreillette du même côté, et n'a pu conséquemment traverser les organes de la respiration pour y être mo-
difié par l'air.

En général, au reste, chez les sauriens, le cœur, excité
par un sang moins souvent animé, renouvelé, revivifié pour
ainsi dire par l'air atmosphérique qui pénètre dans les poumons, n'exécute ses mouvemens de diastole et de systole
que d'une manière lente et parfois presque insensible. Le
sang a, en conséquence, chez eux, un cours beaucoup moins
rapide que dans les mammifères et surtout que dans les
oiseaux.

Leurs veines pulmonaires sont réunies en un seul tronc au
moment où elles atteignent le cœur.

Il existe aussi chez eux deux aortes postérieures, une gauche
et une droite.

Les Sauriens, comme les autres reptiles, offrent plusieurs
phénomènes, que la physiologie de nos jours ne sauroit encore expliquer facilement. Pendant un fort long temps ils
peuvent se passer de nourriture, et, durant l'hiver, ils sont
plongés dans un état d'engourdissement beaucoup plus profond que celui qui caractérise le sommeil hivernal des mammifères. Voilà deux faits sur lesquels notre curiosité, à l'é-
gard de ces animaux, n'est point encore complétement satis-
faite. Jusqu'aux recherches publiées par M. L. Jacobson, de
l'académie de Copenhague, nous n'étions que peu éclairés sur
ces deux facultés des reptiles; rien ne nous démontroit de
quelle disposition de leur organisation elles peuvent dépendre.

D'après des recherches particulières, le savant anatomiste

danois que nous venons de citer, a reconnu qu'il existe dans les reptiles une manière d'être spéciale de certains vaisseaux, qui constitue un *système veineux particulier*.

La nature a établi ce système dans tous les reptiles d'une manière plus ou moins marquée ; on en trouve les rudimens dans les tortues et les crocodiles ; mais il n'est complétement développée que chez les autres Sauriens, les Ophidiens et les Batraciens, tant anoures qu'urodèles.

Il est composé des *veines des membres abdominaux*, des *veines pelviennes* ou *caudales*, des *veines rénales postérieures*, des *veines de l'oviducte*, d'une grande partie des *veines de la peau*, de celles des *muscles de l'abdomen*, et de celles de *certains organes particuliers aux reptiles*.

Ces veines se combinent et forment un ou plusieurs troncs, qui vont se rendre, ou dans la veine-porte, ou dans le foie, ou, enfin, et dans le foie et dans la veine - porte.

Ce qui distingue spécialement ce système, c'est qu'on voit en lui une partie des veines des organes de la locomotion et de la peau aller se distribuer dans le foie ; ce dont on n'a aucun autre exemple parmi les animaux vertébrés.

Certains organes spéciaux semblent liés à ce système veineux d'une manière particulière, et sont regardés par M. Jacobson comme propres à sécréter et à garder un suc nutritif destiné à être résorbé dans les mois rigoureux de la mauvaise saison, lors du sommeil hivernal.

Ces organes sont formés de deux sacs membraneux et vasculeux, qui sont situés à la partie inférieure du bas-ventre, entre les muscles et le péritoine.

Chez les Ophidiens, où avant M. Jacobson ils avoient été déjà observés, quoique décrits incomplétement, ils constituent deux corps graisseux, qui occupent la paroi antérieure de l'abdomen et reçoivent leurs artères de l'aorte même, tandis que les veines qui en naissent font partie du système indiqué.

Dans les Sauriens ces mêmes organes sont plus petits et situés plus bas : ils semblent aussi n'être développés qu'à une certaine époque de la vie.

Quoi qu'il en soit, le système veineux dont il s'agit, et dont j'ai vérifié la disposition dans le lézard en particulier, varie beaucoup.

Pour le composer, toutes les veines des muscles et de la peau des extrémités pelviennes entrent par différentes ouvertures dans la cavité du bassin, et s'y réunissent en deux troncs, qui, de chaque côté, vont se joindre à la veine rénale postérieure, laquelle est particulière aux reptiles, commence dans le rein par des racines qui n'ont aucune communication avec celles des autres veines rénales, et, accompagnant le nerf sciatique, se porte le long du bord externe du rein, et en recevant dans son trajet les veines de l'oviducte et les sous-cutanées dorsales, jusqu'à la cavité du bassin, où elle se réunit avec le tronc formé par les veines crurales, pour se porter à la face inférieure de l'abdomen, et recevoir le sang des veines vésicales.

Ce tronc principal rampe ainsi jusqu'à la partie antérieure de l'abdomen, reçoit les veines des muscles des parois de cette cavité, et se porte entre les grands lobes du foie, pour se joindre à la veine-porte.

On observe seulement quelques variations provenant de la situation des reins, de la grandeur des veines caudales et de l'étendue de la paroi inférieure de l'abdomen. Les veines de la partie supérieure des muscles de cette région forment un tronc séparé, qui va directement au foie.

Dans les crocodiles on trouve à la partie antérieure du bas-ventre deux de ces troncs veineux qui se portent au foie.

Il en est de même dans les caïmans.

6.° *Des Organes de la Respiration dans les Sauriens.* En général les poumons de ces reptiles, toujours au nombre de deux, sont moins étendus le long du dos que dans les chéloniens. Dans le caméléon et le marbré ils sont divisés en longues appendices coniques, qui arrivent jusqu'au bassin, se plaçant entre les viscères, et augmentant de beaucoup le volume de l'animal, lorsque celui-ci les remplit entièrement d'air.

Les bronches sont fort courtes dans la plupart des sauriens, et dans le lézard vert même la trachée-artère, parvenue au sommet des deux poumons réunis, s'ouvre dans chacun par un large orifice. Dans le crocodile ce même conduit fibro-cartilagineux se recourbe d'arrière en avant, se divise en bronches, qui se portent de même en avant, pour reprendre ensuite leur direction d'avant en arrière, en restant quelque temps accolées l'une à l'autre.

Généralement les canaux aériens de ces reptiles sont formés d'anneaux fibro-cartilagineux complets. Le crocodile du Nil, où la trachée-artère présente, non loin du larynx, un intervalle membraneux, et le caméléon, où le même conduit offre des anneaux incomplets dans le voisinage de sa bifurcation, font seuls exception à cette règle générale.

Les poumons chez eux n'ont point la structure vasculeuse propre à ceux des mammifères et des oiseaux.

Ils constituent dans la plupart des espèces deux sacs, dont la forme et la grandeur relatives varient beaucoup, et dont les parois intérieures sont divisées par des feuillets membraneux en cellules polygonales, dans lesquelles d'autres feuillets, moins élevés, forment des cellules plus petites, assez comparables à celles qui se voient dans le second estomac des mammifères ruminans. Ces cellules sont ordinairement plus petites, plus nombreuses et plus profondes dans la partie antérieure du sac pulmonaire que dans le reste de son étendue, et surtout que dans les appendices qui le terminent en arrière, où l'on n'aperçoit plus qu'un réseau à mailles lâches et extrêmement fines. (Voyez Respiration.)

Chez ces reptiles, en général, les mouvemens d'inspiration et d'expiration, bien loin d'être fréquens et réguliers, sont souvent suspendus pendant très-longtemps et par des intervalles fort inégaux.

Les sauriens manquent, avons-nous dit déjà, d'épiglotte et de voile du palais : leur larynx se compose de pièces analogues à celles du larynx supérieur des oiseaux ; ils n'offrent aucune trace de larynx inférieur.

La charpente cartilagineuse du larynx dans le crocodile est formée de cinq pièces : la glotte est purement membraneuse ; il n'existe ni ventricules ni rubans vocaux.

Dans l'iguane la glotte est fort courte, de même que dans les tupinambis et les lézards.

Le caméléon porte un petit sac membraneux, qui s'ouvre en dessous, entre la plaque inférieure du larynx et le premier anneau de la trachée-artère.

On ne retrouve cette disposition ni dans l'iguane ni dans le dragon, malgré la présence d'un goître chez ces animaux.

Les sauriens manquent de voix pour la plupart : les crocodiles et les geckos seuls poussent un cri assez remarquable ; les autres n'ont qu'un *sifflement* sourd.

7.° *Des Organes de la Génération dans les Sauriens.* Tous les sauriens s'accouplent, produisent des œufs, dont l'enveloppe est calcaire ou coriace, et les déposent dans le sable ou dans la terre, sans jamais les couver. L'ardeur du soleil et la chaleur de l'atmosphère les font éclore. Ces œufs varient, sous le rapport de leur grosseur, selon les espèces, beaucoup plus que ceux des oiseaux.

Chez les mâles les testicules sont dans la cavité abdominale collés en avant de la face inférieure des reins : leur substance est composée de faisceaux fins, cylindriques et facilement séparables.

L'épididyme forme chez les lézards en particulier un corps détaché, gros, de figure pyramidale, plus long que le testicule, et évidemment composé des replis du canal déférent, qui, très-flexueux, va s'ouvrir dans le cloaque.

Il n'existe chez les sauriens ni vésicules séminales ni vésicules accessoires.

La plupart des mâles ont chacun deux verges courtes, cylindriques, hérissées d'épines. Le crocodile néanmoins n'en offre qu'une seule.

Les femelles manquent de clitoris.

Elles ont chacune deux ovaires, ordinairement plus étendus que ceux des oiseaux, et où les œufs prennent un accroissement très-grand. Voyez ÉRPÉTOLOGIE, EUMÉRODES, LÉZARD, REPTILES, UROBENES. (H. C.)

SAURIENS. (*Foss.*) Voyez REPTILES FOSSILES. (D. F.)

SAURIGEN. (*Bot.*) Nom arabe de l'hermidate, cité par Mentzel. (J.)

SAURION. (*Bot.*) Daléchamps cite ce nom ancien de la moutarde. (J.)

SAURITE. (*Erpét.*) Nom spécifique d'une couleuvre, décrite dans ce Dictionnaire, tome XI, pag. 205. (H. C.)

SAURITIS. (*Bot.*) Un des noms grecs anciens donnés au mouron, *anagallis*, suivant Ruellius. (J.)

SAUROTHECA. (*Ornith.*) Nom générique, formé du grec

par M. Vieillot, pour le *Tacco*, espèce de *coua*, dont il est parlé dans ce Dictionnaire à l'article du Coucou, tom. XI, pag. 136. (Ch. D.)

SAURURUS. (*Bot.*) Ce nom avoit été donné d'abord par Plumier à plusieurs plantes des Antilles, réunies maintenant au *piper*. Linnæus l'a consacré au genre qui est le type de la famille des saururées. Son *Saururus natans* est devenu l'*Aponogeton monostachyum* dans la même famille. Voyez Lézardelle. (J.)

SAURUS. (*Ichthyol.*) Voyez Saure. (H. C.)

SAUSEB. (*Bot.*) Voyez Subæsib. (J.)

SAUSSURÉE, *Saussurea*. (*Bot.*) Ce genre de plantes, proposé en 1810, par M. De Candolle, dans le tome 16 des Annales du Muséum d'histoire naturelle, et dédié par lui aux célèbres Saussure, père et fils, appartient à l'ordre des Synanthérées, et à notre tribu naturelle des Carlinées. Voici ses caractères, tels que nous les avons observés sur des échantillons secs des *Saussurea alpina* et *salicifolia*.

Calathide subcylindracée, incouronnée, équaliflore, pluriflore, régulariflore, androgyniflore. Péricline subcylindracé, inférieur aux fleurs; formé de squames régulièrement imbriquées, appliquées, ovales, coriaces, toutes absolument privées d'appendice; les intérieures longues, étroites, subscarieuses. Clinanthe plan, garni de fimbrilles filiformes-laminées, subulées, libres ou quelquefois un peu entregreffées à la base. Ovaire oblong, glabre; aigrette double: l'extérieure (plus ou moins manifeste) courte, composée de squamellules unisériées, filiformes, barbellulées; l'intérieure longue, composée de squamellules unisériées, égales, plus ou moins entregreffées à la base, filiformes-laminées, cornées, barbées. Étamines à filets très-glabres, à anthères pourvues de longs appendices apicilaires aigus, et de longs appendices basilaires barbus ou laineux. Style à deux stigmatophores longs, libres, presque continus ou à peine articulés sur lui.

Le genre *Saussurea* diffère de notre *Theodorea* par les squames du péricline, qui sont toutes absolument privées d'appendice. Les Saussurées sont des plantes herbacées, à feuilles entières, ou plus souvent pinnatifides, non épineuses, à calathides corymbées. petites, composées de fleurs purpurines.

La plupart sont indigènes de la Sibérie, et notamment des terrains salés de ce pays. Deux espèces, plus anciennement et plus généralement connues, se trouvent sur les Alpes de France, et doivent seules être décrites ici.

Saussurée des Alpes : *Saussurea alpina*, Decand., Ann. du Mus., tom. 16, pag. 198; Fl. fr., tom. 5, pag. 466 ; *Serratula alpina*, Linn., *Sp. pl.*, pag. 1145. C'est une plante herbacée, à racine vivace, à tige courte, droite, simple; à feuilles presque glabres en dessus, velues en dessous, entières ou légèrement dentées, les radicales ovales-lancéolées, étrécies en pétiole vers la base, les supérieures oblongues-lancéolées, sessiles; les calathides, très-peu nombreuses, forment un petit corymbe au sommet de la tige; le péricline est velu, grisâtre; les corolles sont purpurines. On trouve cette plante au sommet des Alpes du Dauphiné et de la Provence, ainsi que dans les Pyrénées.

Saussurée discolore : *Saussurea discolor*, Decand., *loc. cit.*; *Serratula discolor*, Willd., *Sp. pl.*, tom. 3, pag. 1641. Celle-ci, qu'on trouve sur les hautes sommités des Alpes du Dauphiné, est beaucoup plus rare que la précédente, avec laquelle on l'a confondue, mais dont elle est bien distincte; sa tige est un peu plus élevée, et porte un corymbe terminal de calathides un peu plus nombreuses; ses feuilles, presque glabres en dessus, sont chargées en dessous d'un duvet cotonneux, parfaitement blanc; elles sont fortement dentées, souvent anguleuses : les radicales pétiolées, ovales, échancrées en cœur ou presque en fer de flèche ; les caulinaires sessiles, ovales-lancéolées.

Nous avons observé, dans l'herbier de M. de Jussieu, une plante qui y étoit étiquetée *Saussurea multiflora*, Decand., mais dont la calathide nous a offert les caractères suivans :

Calathide oblongue, incouronnée, équaliflore, pluriflore, régulariflore, androgyniflore? Péricline oblong, à peu près égal aux fleurs, formé de squames régulièrement imbriquées, appliquées, absolument privées d'appendices : les extérieures plus courtes, ovales, uninervées, à bords scarieux et colorés; les intérieures plus longues, oblongues-lancéolées, scarieuses et colorées supérieurement. Clinanthe plan, garni de fimbrilles nombreuses, inégales, filiformes-laminées, subulées.

Ovaire court, tétragone, glabre, ayant un bourrelet apicilaire coroniforme, denticulé; aigrette composée de squamellules inégales, plurisériées, filiformes, barbellulées. Corolle à limbe plus long que le tube, parsemé de glandes, un peu obringent, ayant les incisions un peu inégales. Étamines à filet glabre. mais offrant quelques rudimens de papilles avortées; anthères libres ou à peine cohérentes, ayant les loges très-courtes, garnies de pollen, les appendices basilaires nuls, l'appendice apicilaire extrêmement long, linéaire, presque aigu au sommet. Style à deux stigmatophores entièrement libres.

Les squames intermédiaires du péricline, parsemées de petites glandes jaunâtres, ont une grosse nervure brune, et les bords violets, comme ciliés par de longs poils laineux ou aranéeux. La calathide contient environ douze fleurs.

Il est évident que cette plante n'appartient point au genre *Saussurea*, mais bien au *Serratula* des botanistes, que nous avons divisé en trois sous-genres, nommés *Klasea*, *Serratula*, *Mastrucium* (voyez tom. XLI, pag. 310). Mais elle semble ne se rapporter exactement à aucun des trois, et pourroit exiger la création d'un quatrième sous-genre. Cependant, comme il seroit possible que les calathides observées par nous fussent mâles par imperfection du stigmate ou de l'ovaire, et qu'ainsi la plante en question fût dioïque, nous l'attribuons provisoirement au vrai *Serratula*, avec lequel elle a beaucoup de rapports, et nous la nommons *Serratula tincta*, à cause de son péricline teint d'une couleur violette ou purpurine. Remarquez que, dans la *Serratula tinctoria*, qui est le type de ce sous-genre, l'appendice des squames du péricline est extrêmement petit et d'une substance molle, en sorte qu'il disparoît, ou cesse d'être sensible, sur les calathides âgées ou sèches; ce qui n'a point lieu dans les *Klasea*, où l'appendice des squames est bien plus manifeste, roide et persistant. Quant au *Mastrucium*, dont la calathide est couronnée, radiée, notre plante ne peut pas lui appartenir.

La *Saussurea runcinata*, décrite et figurée dans le Mémoire de M. De Candolle. est-elle une vraie *Saussurea*? Nous en doutons beaucoup, et nous sommes tenté de croire que c'est une espèce de *Serratula*, d'après la figure dessinée par M.

Turpin. En effet, l'aigrette y paroit composée (fig. *c, f, g*) de filets plutôt dentés ou ciliés que vraiment plumeux, disposés sur plusieurs rangs, très-inégaux, graduellement plus longs de dehors en dedans.

Le tableau méthodique des genres et sous-genres composant la tribu des Carlinées, n'ayant point été présenté dans notre article sur cette tribu (tom. VII, pag. 109), où il auroit dû se trouver, nous l'insérons ici, comme un supplément nécessaire, et qui ne pourroit pas être placé plus convenablement dans tout autre article ultérieur.

II.ᵉ *Tribu.* Les Carlinées (*Carlineæ*).

Cinarocephalarum genera. Vaillant (1718) — Bern. Jussieu (1759. ined.) — A. L. Jussieu (1789) — *Carduorum et Xeranthemorum genera.* Adanson (1763) — *Carduacearum genera.* L. C. Richard (1801) in Marthe Catal. p. 85 — H. Cassini (1812) — *Carduacearum et Labiatiflorarum genera.* De Candolle (1810 et 1812) Ann. du Mus. v. 16 et 19 — *Cinarocephalarum et Chœnantophorarum genera.* Lagasca (1811) Amenid. natur. — *Carlineæ et Xeranthemeæ.* H. Cassini (1814) — *Carlineæ.* H. Cassini (1816) — *Barnadesiarum, Vernoniacearum, et probabiliter Carduacearum verarum atque Onoseridarum genera.* Kunth (1820).

(Voyez les caractères de la tribu des Carlinées, tom. XX, pag. 357.)

Première Section.

Carlinées-Xéranthémées (*Carlineæ-Xeranthemeæ*).

Caractères : Ovaire plus ou moins velu, rarement glabre. Aigrette de squamellules paléiformes ou laminées, quelquefois accompagnées de squamelulles filiformes; rarement nulle. Corolle glabre. Péricline diversifié.

1. * Xeranthemum. = *Xeranthemum.* Tourn. (1694) — Vaill. (1718. bene) — Adans. — Gærtn. (1791) — *Xeranthemi sp.* Linn. — *Harrisonia.* Neck. (1791).

2. * Chardinia. = *Xeranthemi sp.* Tourn. (1703) — Linn. — Willd. — Pers. — *Chardinia.* Desf. (1818) Mém. du Mus. v. 4. — H. Cass. Dict. v. 8. p. 185.

3. * Nitelium. = *Nitelium.* H. Cass. Dict. v. 35. p. 11.

4. * Dicoma. = *Dicoma.* H. Cass. Bull. Janv. 1817. p. 12. Bull. Mars 1818. p. 47. Dict. v. 13. p. 194.

5. † ? Lachnospermum. = *Stæhelinæ sp.* Thunb. (1800) — *Lachnospermum.* Willd. (1803) — H. Cass. Dict. v. 25. p. 51. — *Serratulæ sp.* Poir.

6. * Cousinia. = *Cardui sp.* Marsch. (1808) — *Cousinia.* H. Cass. Dict. (hìc).

7. † Stobæa. = *Carlinoidis sp.* Vaill. (1718) — *Carlinæ sp.* Linn. — *Arelina.* Neck. (1791) — *Stobœa.* Thunb. (1800) — Willd. — Pers. — Decand.

8. * Cardopatium. = *Carthami sp.* Tourn. (1703) — Linn. (1763) — *Echinopsis sp.* Linn. (1737) — *Brotera.* Willd. (1803. pessimè) — (*Non Brotera.* Spreng. (1800) — *Cardopatium.* Juss. (1805. sufficienter) Ann. du Mus. v. 6. p. 324. Dict. v. 8. p. 80 — H. Cass. (1817) Dict. v. 7. p. 93. Dict. (hìc) — *Cardopatum.* Pers. (1807) — Decand. (1810).

Seconde Section.

Carlinées-Prototypes (*Carlineœ-Archetypœ*).

Caractères : Ovaire très-velu. Aigrette de squamellules filiformes, barbées. Corolle glabre. Péricline entouré de bractées foliacées, ordinairement dentées-épineuses, qui tantôt forment un involucre distinct attaché à sa base, tantôt forment les appendices de ses squames extérieures.

9. * Carlina. = *Carlinœ sp.* Tourn. — Vaill. — Linn. — *Carlina.* H. Cass. Dict. (hìc).

10. * Mitina. = *Carlinœ sp.* Tourn. — Vaill. — Linn. — *Mitina.* Adans. (1763) — Scop. (1777) — H. Cass. Dict. (hìc).

11. * Carlowizia. = *Carthami sp.* Linn. fil. (1781) — *Athamus.* Neck. (1791) — *Carlowizia.* Mœnch (1802) — Decand. (1810) — H. Cass. Dict. v. 7. p. 111. Bull. 1820. p. 123. Dict. v. 25. p. 53.

12. * Chamæleon seu Chamalium. = *Carlinœ sp.* Tourn. (1700) — *Cnici sp.* Tourn. (1703) — *Crocodilodis sp.* Vaill. (1718) — *Atractylis gummifera.* Linn. — *Acarnœ sp.* Willd. (1803) — *Cirsellii sp.* Brotero (1804) — *Chamæleon.* H. Cass. Dict. (hìc).

13. * Acarna. = *Acarnœ sp.* C. Bauh. (1623) — Willd. (1803) — *Cnici sp.* Tourn. (1700) — *Crocodilodis sp.* Vaill. (1718) —

Atractylis cancellata. Linn. — *Cirsellii sp.* Gærtn. (1791) — Brot. (1804) — *Acarna.* H. Cass. Dict. (hìc).

14. * Anactis. = *Anactis.* H. Cass. Dict. (hìc).

15. * Atractylis. = *Cnici sp.* Tourn. (1700) — *Crocodilodis sp.* Vaill. (1718) — *Atractylis humilis.* Linn. — *Cirsellii sp.* Gærtn. (1791) — *Atractylis.* Willd. (1803) — H. Cass. Dict. (hìc).

16. * Spadactis. = *An? Atractylis humilis, var.* β. Linn. Sp. pl. p. 1162 — *Spadactis.* H. Cass. Dict. (hìc).

Troisième Section.

Carlinées-Barnadésiées (*Carlineæ-Barnadesieæ*).

Caractères : Ovaire très-velu. Aigrette de squamellules filiformes, barbées. Corolle velue. Péricline absolument dénué de bractées foliacées, mais composé de squames uniformes, très-simples, plus ou moins piquantes au sommet.

17. † Barnadesia. = *Barnadesia.* Linn. fil. (1781) — Lag.

18. * Diacantha. = *Bacasiæ sp.* Ruiz et Pav. (1798) — *Diacantha.* Lag. (1811) — H. Cass. Dict. v. 13. p. 132.

19. † Bacasia. = *Bacasia.* Ruiz et Pav. (1794) — Lag. (1811).

20. † Dasyphyllum. = *Dasyphyllum.* Kunth (1820).

21. * Turpinia. = *Turpinia.* Bonpl. (1807) — Kunth. (1820).

22. * Chuquiraga. = *Chuquiraga.* Juss. (1789) — Bonpl. (1807) — Decand. — H. Cass. Dict. v. 9. p. 178 — Kunth — *Johannia.* Willd. (1803) — *Joannesia.* Pers. (1807).

Quatrième Section.

Carlinées-Stéhélinées (*Carlineæ-Stæhelineæ*).

Caractères : Ovaire ordinairement glabre, rarement velu. Aigrette de squamellules filiformes, barbées ou barbellulées, rarement nues. Corolle glabre. Péricline ordinairement inerme.

23. † Gochnatia. = *Gochnatia.* Kunth (1820) — H. Cass. Dict. v. 19. p. 149.

24. * Stiftia. = *Stiftia.* Mik. — H. Cass. Dict. (hìc).

25. * Hirtellina. = *Stæhelinæ sp.* Decand. (1810) — *Hirtellina.* H. Cass. Dict. (hìc).

26. * Barbellina. = *Stæhelinæ sp.* Decand. (1810) — *Bar-bellina.* H. Cass. Dict. (hic).

27. * Stæhelina. = *Stæhelinæ sp.* Decand. (1810) — *Isotypi? sp.* Kunth (1820) — *Stæhelina.* H. Cass. Dict. (hic).

28. * Saussurea. = *Serratulæ sp.* Linn. — *Cirsii sp.* Gmel. — *An ? Cephalonoplos.* Neck. (1791) — *Saussurea.* Decand. (1810) — H. Cass. Dict. (hic) — *Heterotrichum.* Marsch.

29. * Theodorea. = *Cirsii sp.* Gmel. — *Serratulæ sp.* Linn. — *Saussureæ sp.* Decand. (1810) — *Theodorea.* H. Cass. Bull. nov. 1818. p. 168.

Nous avions d'abord confondu, comme les autres bota-nistes, les Carlinées avec les Centauriées, les Carduinées, les Échinopodées, en réunissant toutes ces plantes, sous le titre commun de Carduacées. Mais, dans notre troisième Mémoire sur les Synanthérées, lu à l'Institut en Décembre 1814, nous avons admis quatre tribus nommées Carduacées, Carlinées, Xéranthémées, Échinopsidées. Enfin, dans le quatrième Mémoire, lu en Novembre 1816, nous avons séparé les Centauriées des Carduacées, et nous avons réuni les Xéranthémées aux Carlinées.

MM. De Candolle et Lagasca ont attribué quelques Carlinées à leurs Labiatiflores ou Chénantophores, parce qu'ils n'ont pas eu le soin d'établir une distinction exacte entre la corolle vraiment labiée et d'autres sortes de corolles qui n'en ont que l'apparence.

La classification de M. Kunth, publiée en 1820, présente une sous-section intitulée Barnadésies, composée des cinq genres *Barnadesia, Dasyphyllum, Chuquiraga, Gochnatia, Trip-tilium*, et qui semble, au premier coup d'œil, correspondre à notre tribu des Carlinées, établie et publiée bien antérieure-ment. Mais ce botaniste n'ayant caractérisé aucune de ses sections et sous-sections, et n'ayant classé, suivant sa méthode, que les genres décrits dans sa Flore de l'Amérique équi-noxiale, il est impossible de mesurer exactement le degré de correspondance qui doit exister entre les groupes qu'il admet et ceux que nous avions précédemment établis. On peut seulement entrevoir que nos Carlinées correspondent à une partie des Barnadésies et des Vernoniacées de M. Kunth, et probablement aussi à une partie de ses Carduacées vraies et de ses Onosérides : car le *Triptilium*, qu'il rapporte à ses Barnadésies, est pour nous une Nassauviée ; le *Turpinia*, qu'il rapporte à ses Vernoniacées, est pour nous une Carlinée ; il rapproche les *Stœhelina* de son *Isotypus*, lequel est rangé parmi ses Onosérides ; enfin, il est bien probable que si M. Kunth s'étoit occupé des genres *Carlina*, *Atractylis*, etc.. il les auroit classés avec ses Carduacées vraies.

Notre tribu des Carlinées, quoique foiblement caractérisée, est naturelle et suffisamment distincte. De tous les caractères qui la distinguent des Centauriées et des Carduinées, le seul qui soit exempt d'exceptions consiste dans la glabréité parfaite des filets des étamines.

Cette tribu est fort intéressante à étudier, soit à raison des affinités croisées qui l'attirent en sens contraires vers plusieurs points différens de la série générale des Synanthérées, soit à raison des singularités notables qu'elle offre souvent dans la structure de presque toutes les parties de la fleur et de la calathide.

Les diverses modifications et les anomalies du style et du stigmate des Carlinées mériteroient surtout un sérieux examen, auquel nous ne pouvons pas nous livrer ici. Il en est une cependant sur laquelle nous devons attirer l'attention de nos lecteurs, et que nous avions déjà signalée, en 1812, dans notre premier Mémoire sur les Synanthérées, en décrivant le style de la *Carlina vulgaris* (voyez nos *Opuscules Phytologiques*, tom. I.ᵉʳ, pag. 110). Depuis, nous avons trouvé que cette même structure existe dans toutes les Carlinées-Prototypes, et même dans quelques genres des autres sections de cette tribu, par exemple, dans le vrai *Xeranthemum*. On la reconnoît très-aisément sur les fleurs sèches, parce que l'article inférieur se flétrit en séchant, et devient alors flasque, ridé, sillonné, comme membraneux, très-flexible, tandis que l'article supérieur, plus court que l'inférieur, ne se flétrit point du tout, mais reste lisse, plus ou moins coloré, roide, inflexible, ce qui le fait paroître plus épais que l'article inférieur. C'est ainsi que chez les Hélianthées, le filet de l'étamine se flétrit le plus souvent aussitôt après la fécondation, et avant l'article anthérifère. L'article supérieur du style des Carlinées-Prototypes est probablement formé de la réunion intime des deux stigmatophores, qui seroient entièrement confondus ensemble et absolument privés de stigmate et de collecteurs en leur partie inférieure, distincts seulement vers le sommet, qui porte stigmate et collecteurs.

Nous avons placé la tribu des Carlinées entre celle des Lactucées, qui la précède, et celle des Centauriées, qui la suit: mais elle a aussi des rapports très-remarquables avec les Arctotidées, les Inulées, les Nassauviées, les Mutisiées. Son affinité avec les Inulées est surtout très-intime, et elle se manifeste bien clairement dans notre genre *Pegoleitia* (voyez tom. XXXVIII, pag. 232). Cependant le rapprochement que nous avons opéré entre les Carlinées et les Lactucées peut se justifier par beaucoup de considérations. Bornons-nous ici à faire remarquer que la corolle de plusieurs Carlinées diffère peu de celle des Lactucées, et qu'il y a aussi des analogies notables entre le style de certaines Carlinées et celui de certaines Lactucées.

Nous divisons la tribu des Carlinées en quatre sections, qui nous paroissent naturelles, suffisamment distinctes, et bien caractérisées.

Les vingt-neuf genres qui les composent devroient être ici tous analysés successivement; mais craignant d'excéder les bornes qui conviennent à un article de Dictionnaire, nous allons nous réduire à quelques observations détachées sur certains genres.

1. Le vrai genre *Xeranthemum* commence notre série, parce qu'il nous semble se lier assez bien avec le groupe des Catanancées, ou Scorzonérées anomales, qui termine les Lactucées. En effet, le *Xeranthemum* ressemble au genre *Catanance* par le péricline scarieux, l'ovaire velu, l'aigrette d'environ cinq squamellules paléiformes inférieurement, filiformes et barbellulées supérieurement. Cependant le *Xeranthemum* se rapproche du *Carlina* par la structure du style, et par les squames intérieures du péricline, qui sont radiantes et colorées. On pourroit donc renverser la série des Xéranthémées, en la commençant par le genre *Cardopatium*, qui, ayant les corolles palmées, de couleur bleue, et les calathides agglomérées, se trouveroit assez convenablement placé immédiatement à la suite du genre *Cichorium*, qui est le dernier des Lactucées.

4. Nous avons décrit le genre *Dicoma* (tom. XIII , pag. 194) sur un échantillon très-vieux et en mauvais état, qui se trouvoit dans l'herbier de M. de Jussieu. Mais en 1825, M. Gay a reçu du Sénégal plusieurs beaux échantillons de cette plante, récemment recueillis sur les sables, près le lac de Panié-Foul, à quatre lieues de Richardtol, et il a eu la bonté de nous en donner un, que nous nous empressâmes d'observer, d'analyser et de décrire avec soin. Tous les caractères génériques se trouvèrent exactement conformes à ceux de notre ancienne description ; mais la description spécifique étoit imparfaite, et elle a besoin, sur certains points, d'être rectifiée et complétée de la manière suivante :

Dicoma tomentosa , H. Cass. Les feuilles, longues d'environ dix lignes, larges d'environ deux lignes, sont obovales-oblongues, étrécies en leur partie inférieure, qui est linéaire et subpétioliforme, arrondies au sommet, très-entières sur les bords, plus ou moins blanches et tomenteuses sur les deux faces, munies d'une forte nervure médiaire. Les calathides sont en apparence latérales, et non terminales : chacune d'elles est portée par un rameau pédonculiforme, très-court et simple, tantôt nu, tantôt pourvu d'une seule feuille ; mais comme ce rameau-pédoncule est situé à l'opposite d'une feuille, il faut en conclure que la calathide est réellement *terminale* dans l'origine, et qu'elle devient ensuite latérale, parce qu'un vrai rameau naît dans l'aisselle de la première ou de la seconde feuille qui se trouve au-dessous de la calathide, et que ce rameau semble être une prolongation de la tige ; selon que ce rameau naîtra de l'aisselle de la première ou de la seconde feuille, le pédoncule sera nu ou muni d'une feuille. Chaque calathide, haute d'environ six lignes, est composée d'environ quatorze fleurs, à corolle jaunâtre trèspâle ; les poils de l'ovaire sont blancs.

6. Notre nouveau genre *Cousinia* présente les caractères suivans :

Cousinia. Calathide incouronnée, équaliflore, pluriflore, obringentiflore, androgyniflore. Péricline à peu près égal aux fleurs, ovoïde-oblong ; formé de squames nombreuses, régulièrement imbriquées, presque uniformes : les intermédiaires appliquées, oblongues-lancéolées, coriaces, surmontées d'un appendice inappliqué, long, étroit, subulé, triquètre, roide, terminé par une épine. Clinanthe plan, garni de fimbrilles nombreuses, absolument libres jusqu'à la base, très-longues, très-inégales, filiformes. Fruits comprimés bilatéralement, anguleux, irrégulièrement subpentagones, obovoïdes, étrécis à la base, un peu ridés, glabres, noirâtres; les extérieurs obcomprimés ou irrégulièrement anguleux; aréole basilaire un peu oblique; bourrelet apicilaire à peine distinct extérieurement, mais saillant au-dessus de l'aréole apicilaire, épais, aminci au sommet, qui est ondulé ou sinué; plateau nul ou non manifeste; péricarpe coriace, un peu dur, un peu épais; aigrette courte, très-caduque, située en dedans du bourrelet apicilaire, composée de squamellules subunisériées, inégales, libres, filiformes en apparence, mais réellement *laminées*, membraneuses, blanchâtres, linéaires-subulées, barbellulées sur les deux bords latéraux, un peu tordues en hélice. Corolles glabres; limbe plus long que le tube, obringent, à base coriace. Étamines à filets laminés, glabres; anthères très-longues; loges longues; appendices apicilaires longs, cornés, entregreffés; appendices basilaires très-longs, barbus ou plumeux. Style à deux stigmatophores longs, libres, non divergens, point du tout articulés sur le style, pubescens en dehors comme la partie supérieure du style.

Cousinia carduiformis, H. Cass. (*An*? *Carduus orientalis*, Marsch.) Plante herbacée; tige peu élevée, dressée, un peu tortueuse, un peu ramifiée supérieurement, cylindrique, striée, tomenteuse et blanche; feuilles peu distantes, alternes, plus ou moins courtement décurrentes, coriaces, roides, à face supérieure glabre, verte et luisante, à face inférieure tomenteuse et blanche; les feuilles inférieures plus grandes, étrécies vers la base presque en forme de pétiole, oblongues-lancéolées, presque pinnatifides, à divisions lancéolées, séparées par de larges sinus, terminées par une longue épine, et accompagnées à la base de quelques grandes dents épineuses; les feuilles supérieures graduellement plus petites, absolument sessiles, oblongues, profondément divisées sur les côtés en grandes dents qui se terminent chacune par une épine, et prolongées par la base sur la tige en décurrences ou ailes très-larges, mais qui ordinairement ne descendent pas jusqu'à la feuille suivante ; calathides hautes d'environ neuf lignes, irrégulièrement disposées, terminales, sessiles, plus ou moins rapprochées, souvent comme agglomérées, accompagnées de bractées ou petites feuilles inégales et dissemblables ; péricline presque glabre, un peu scabre, comme parsemé de petites glandes, d'abord vert, puis roussâtre et comme desséché ; corolles d'un jaune pâle un peu verdâtre.

Nous avons fait cette description, générique et spécifique, sur un échantillon sec, qui nous a été libéralement donné par M. Gay, à qui il avoit été envoyé, avec plusieurs autres de la même espèce, sous le nom de *Carduus orientalis*, Marsch. La description de Marschall (*Fl. taur. cauc.*, v. 2, p. 270) paroît bien s'appliquer à notre plante, si ce n'est que l'auteur lui attribue des corolles purpurines.

Quoi qu'il en soit, cette plante n'est assurément point un vrai *Carduus*, ni même une Carduinée ; mais c'est un genre nouveau et très-remarquable, de la tribu des Carlinées et de la section des Xéranthémées, que nous dédions au célèbre psychologiste Victor Cousin. M. R. Brown a démontré que l'aigrette du vrai *Calea* n'est point pileuse ou capillaire, comme on le croyoit avant lui, et comme elle paroit l'être quand on l'examine légèrement et à l'œil nu. La même erreur a été commise à l'égard du *Cousinia :* les squamellules de son aigrette ne sont filiformes qu'en apparence ; ce sont réellement des lames membraneuses très-étroites, qu'on reconnoît aisément à l'aide d'un forte loupe. Remarquez d'ailleurs qu'elles ne sont barbellulées ou dentées que sur les deux bords latéraux, et qu'elles se tordent un peu en hélice, par l'effet de la sécheresse, comme les fimbrilles laminées et membraneuses de beaucoup de clinanthes ; deux circonstances qui n'auroient pas lieu, si elles étoient vraiment filiformes. La structure du style est fort singulière, et semble s'éloigner beaucoup du type de cette tribu pour se rapprocher en certains points de celui des Lactucées : cependant cette structure est très-analogue à celle que nous avons observée dans le *Chardinia*, si ce n'est que le style de celui-ci est glabre, au lieu d'être pubescent comme celui du *Cousinia*.

8. Notre description générique du *Cardopatium*, insérée dans ce Dictionnaire (tom. VII, pag. 93), doit être ici rec-

tifiée et complétée conformément à de nouvelles observations, que nous avons faites depuis la rédaction de cet article.

CARDOPATIUM. Calathide incouronnée, subradiatiforme, pauciflore (huit ou neuf), palmatiflore, androgyniflore. Péricline inférieur aux fleurs (en faisant abstraction de ses appendices), ovoïde-oblong, formé de squames paucisériées, régulièrement imbriquées, appliquées, coriaces : les extérieures et les intermédiaires oblongues, très-épaisses, bordées vers le sommet de quelques épines, et surmontées d'un long appendice arqué en dehors, épais, roide, subulé, terminé par une épine, et accompagné, sur chaque côté de sa base, de deux épines accouplées; les squames du rang intérieur oblongues-lancéolées, minces, moins coriaces, scarieuses et un peu denticulées sur les bords, spinescentes au sommet. Clinanthe petit, plan, garni de fimbrilles très-longues, inégales, filiformes-laminées, membraneuses, entregreffées à la base. Ovaire (en fleuraison) cylindracé, tout hérissé de très-longs poils fins appliqués; fruit *mûr* un peu comprimé, obovoïde, un peu aminci vers la base en une sorte de pied, prolongé au sommet en un col très-manifeste, bien distinct, subcylindracé, long comme moitié de la partie séminifère, beaucoup plus étroit, hispide comme elle ; aigrette (un peu variable) presque aussi longue que le col du fruit, sur lequel elle semble être articulée, composée de huit à dix squamellules unisériées, ordinairement entregreffées à la base, souvent inégales, irrégulières et dissemblables, toujours paléiformes, larges à la base, étrécies de bas en haut, pointues au sommet, plus ou moins dentées irrégulièrement sur les bords, membraneuses, diaphanes. Corolle un peu arquée en dehors, à tube distinct du limbe et moins long que lui; limbe *palmé*, c'est-à-dire divisé en cinq lanières par autant d'incisions, dont l'intérieure (regardant le centre de la calathide) est beaucoup plus profonde que les quatre autres et descend presque jusqu'à la base du limbe ; la partie indivise du limbe plus courte que ses lanières, un peu urcéolée, un peu gibbeuse, épaisse et charnue à sa base; les lanières longues, linéaires, droites, très-divergentes, terminées par une corne ou callosité conique très-manifeste. Étamines à filet libéré au sommet du tube de la corolle, et parfaitement glabre; article anthérifère élargi et épaissi de bas en haut, arrondi au sommet; loges et connectif courts; appendice apicilaire long, aigu; appendices basilaires extrêmement longs, entregreffés et polliniféres supérieurement, du reste libres, membraneux, subulés, hérissés de longs poils tous redressés ou rebroussés de bas en haut, à l'exception d'un pinceau terminal. Style glabre, terminé par un cône arrondi, fendu au sommet en deux lobes courts, garni sur toute sa surface externe de très-petits collecteurs papilliformes, et entouré à sa base d'une zone de longs collecteurs piliformes.

9. Le vrai genre *Carlina*, qui a pour type la *Carlina vulgaris*, ne se distingue du genre *Mitina* d'Adanson que par la structure de son péricline, qu'il faut décrire de la manière suivante :

Carlina. Péricline *double*: l'extérieur involucriforme, composé de squames paucisériées, imbriquées, plus ou moins courtes, épaisses, coriaces-charnues, simples, étrécies de bas en haut, appliquées et même greffées plus ou moins complétement par leur face interne sur la face externe du clinanthe, chaque squame surmontée d'un grand appendice étalé, bractéiforme, plus ou moins découpé en lanières épineuses; le péricline intérieur formé de squames subunisériées, à peu près égales, appliquées, linéaires, surmontées d'un long appendice étalé, radiant, linéaire, aigu, scarieux, coloré. (Tout le reste à peu près comme dans le genre *Mitina*.)

10. Le genre *Mitina* d'Adanson a pour type la *Carlina lanata*, sur laquelle nous avons observé les caractères génériques suivans :

Mitina. Calathide incouronnée, équaliflore, multiflore, subrégulariflore, androgyniflore. Péricline *triple*: l'extérieur involucriforme, composé de squames subbisériées, appliquées et même plus ou moins greffées sur la face externe du clinanthe, courtes, ovales, entières, épaisses, coriaces, surmontées d'un grand appendice étalé, bractéiforme, plus ou moins découpé, épineux; le péricline intermédiaire formé de squames plurisériées, régulièrement imbriquées, appliquées, ovales-lancéolées, entières, coriaces, surmontées d'un petit appendice inappliqué, subulé, roide, piquant, spiniforme ; le péricline intérieur formé de squames subunisériées, égales, très-longues, très-étroites, linéaires, submembraneuses, uninervées, surmontées d'un long appendice étalé, radiant, étroit, linéaire-lancéolé, aigu, un peu denté sur les bords, scarieux, coloré. Clinanthe large, plan, garni de fimbrilles très-supérieures aux fleurs , très-inégales , laminées, coriaces et entregreffées inférieurement, libres et filiformes supérieurement, les plus longues épaissies en massue au sommet. Ovaires oblongs, subcylindracés, tout hérissés de longs poils dressés, biapiculés ; aréole basilaire non oblique, entourée d'un petit bourrelet annulaire cartilagineux ; aigrette formée de dix faisceaux égaux, unisériés, contigus, libres ; chaque faisceau composé d'environ quatre squamellules-filiformes, longuement et finement barbées, libres supérieurement, entregreffées inférieurement de manière à former par leur réunion une lame largement linéaire. Corolles subrégulières ou un peu obringentes, très-glabres, à cinq divisions. Étamines à filet glabre, à anthère pourvue d'un long appendice apicilaire aigu au sommet, et de longs appendices basilaires plumeux. Stigmatophores bien distincts du style, assez longs, hérissés de collecteurs piliformes très-courts, entregreffés complétement, à l'exception du sommet, qui est un peu élargi en spatule, et qui a ses bords libres et divergens.

Nous avons remarqué que les étamines étoient bien moins parfaites dans les fleurs extérieures. On prétend que cette plante contient un suc rouge ; mais nous n'avons trouvé qu'un suc blanc, presque laiteux, dans l'individu vivant et fleuri, cultivé au Jardin du Roi, que nous avons observé au mois d'Août.

La seule distinction générique ou sous-générique, qu'on puisse établir entre les vraies *Carlina* et les *Mitina*, c'est que le péricline intermédiaire, très-manifeste et très-distinct dans les *Mitina*, manque entièrement, ou plutôt presque entièrement, dans les vraies *Carlina :* mais comme celles-ci en offrent toujours quelques vestiges plus ou moins confondus avec les squames du péricline intérieur, on jugera probablement que cette distinction est insuffisante. Si on l'admettoit, il faudroit attribuer au genre ou sous-genre *Mitina*, non seulement la *Carlina lanata*, mais encore les *corymbosa* et *sulphurea*.

11. Le genre *Carlowizia*, originairement fondé sur le *Carthamus salicifolius*, et dont nous avons décrit une seconde espèce sous le nom de *Carlowizia corymbosa* (tom. XXV, p. 53), est foiblement distinct des *Carlina* et *Mitina*; car il n'en diffère essentiellement que parce que les bractées formant son involucre ou péricline extérieur sont entières et munies d'une seule épine terminale, et en ce que l'appendice des squames intérieures du vrai péricline est court, très-étroit, non coloré, peu apparent. Cependant les *Carlowizia* semblent s'éloigner beaucoup des Carlines par le port.

12. Notre genre *Chamœleon* a pour type l'*Atractylis gummifera*. Exactement intermédiaire entre les trois genres qui le précèdent et les quatre genres qui le suivent, entre les Carlines et les Atractyles, il se distingue de tous par des différences essentielles. Comme nous trouverons bientôt l'occasion de le décrire dans un autre article, contentons-nous de dire ici, 1.° que le péricline du *Chamœleon* ressemble à celui des Atractyles, parce que ses squames intérieures ne sont ni radiantes ni colorées; 2.° que l'aigrette, étant formée de plusieurs faisceaux composés chacun de plusieurs squamellules entregreffées inférieurement, libres supérieurement, ne ressemble point à celle des Atractyles, mais bien à celle des Carlines, dont elle ne diffère que parce que ces faisceaux sont disposés sur deux rangs; 3.° que la corolle est analogue, par ses dimensions, sa forme et sa couleur, à celle des quatre genres suivans, et s'éloigne ainsi des trois genres précédens; 4.° enfin que l'appendice apicilaire de l'anthère est tronqué au sommet d'une manière très-remarquable. L'*Atractylis macrocephala*, Desf., que nous n'avons pas vue, est probablement une seconde espèce du nouveau genre *Chamœleon*.

13. Le genre *Acarna*, dont le vrai type est l'*Atractylis cancellata*, a la calathide ordinairement composée de fleurs toutes égales, uniformes, hermaphrodites et à corolle régulière. Cependant nous avons quelquefois trouvé sur ses bords environ trois fleurs neutres, ayant l'ovaire et l'aigrette demi-avortés; la corolle à tube long renfermant des rudimens de style et d'étamines, et à languette courte et étroite. Ainsi, selon nous, le véritable caractère distinctif du genre ou sous-genre *Acarna* réside dans le péricline, dont les squames extérieures et in-

termédiaires sont aiguës, à bordure scarieuse, prolongée au sommet en une petite pointe molle, filiforme; et dont les squames intérieures sont surmontées d'un très-long appendice bien distinct, presque dressé ou à peine radiant, s'élevant beaucoup plus haut que les fleurs, linéaire-subulé, scarieux, semi-diaphane, un peu coloré, cilié, assez analogue à celui des Carlines.

14. Notre genre ou sous-genre *Anactis*, qui sera décrit ailleurs, est fondé sur une plante de Palestine, que nous avons observée dans l'herbier de M. Gay, où elle est étiquetée *Atractylis serratuloides*, Sieber. L'*Anactis* a le péricline absolument semblable à celui du véritable *Atractylis*, dont il ne se distingue génériquement que parce que sa calathide est composée de fleurs toutes égales, uniformes, hermaphrodites et subrégulières.

15. Le vrai genre *Atractylis*, ayant pour type l'*Atractylis humilis*, doit, selon nous, être caractérisé, 1.° par le péricline, dont toutes les squames sont tronquées au sommet, lequel est surmonté d'un long appendice subulé, roide, piquant, spiniforme; 2.° par la calathide subradiatiforme, composée de fleurs toutes hermaphrodites, mais dont les extérieures sont notablement plus longues, et à corolle *palmée* comme celle du *Cardopatium*.

16. Notre genre ou sous-genre *Spadactis*, qui sera décrit en son lieu dans ce Dictionnaire, se distingue du précédent : 1.° par son péricline, dont les squames ne sont point tronquées, mais pourvues d'une bordure scarieuse irrégulièrement découpée supérieurement, et terminées par une épine plus ou moins arquée en dedans ou presque crochue; 2.° par sa calathide, qui est vraiment radiée, ayant une véritable couronne unisériée de fleurs neutres, à faux-ovaire aigretté, mais excessivement court, évidemment semi-avorté et stérile, à corolle notablement plus longue que celles du disque, liguliforme ou palmatiforme, découpée en cinq longues lanières, à étamines imparfaites, à style inclus. Il ne paroît pas y avoir de péricline extérieur, ou d'involucre, suffisamment distinct des feuilles qui garnissent le très-court support de la calathide.

24. Nous avons observé, dans l'herbier de M. Gay, un

échantillon de *Stiftia*, recueilli près de Rio-Janeiro par M. Gaudichaud, mais incomplet et en mauvais état. Les feuilles sont très-glabres sur les deux faces, ainsi que les rameaux ; le péricline est glabre, formé de squames régulièrement imbriquées, appliquées, coriaces, ovales, nullement piquantes, mais au contraire très-obtuses et presque arrondies au sommet, les intérieures oblongues ; le clinanthe est planiuscule, alvéolé ou profondément fovéolé, à réseau épais, arrondi, parfaitement nu ; l'ovaire est extrêmement long, grêle, subcylindracé ou un peu anguleux, parfaitement glabre, portant un nectaire cylindracé, très-élevé, persistant ; l'aigrette est rousse, très-longue, composée de squamellules très nombreuses, très-inégales, plurisériées, très-adhérentes à l'ovaire, parfaitement libres jusqu'à la base, filiformes, très-barbellulées, les plus longues un peu épaissies au sommet. Nous regrettons de n'avoir pas pu observer le style, les étamines, la corolle, dont cet échantillon n'offroit aucun vestige : cela nous laisse dans le doute sur la classification du *Stiftia*. Seroit-ce une Vernoniée ? Quoi qu'il en soit, il nous semble qu'on auroit tort de confondre le *Stiftia* avec le *Gochnatia*, qui s'en distingue bien suffisamment par les squames aiguës et piquantes de son péricline, et par ses ovaires courts et velus.

25. Notre genre ou sous-genre *Hirtellina*, fondé sur la *Stæhelina fruticosa*, se distingue des deux suivans, 1.° par l'ovaire qui est tout couvert d'une couche épaisse de très-longs poils un peu fourchus au sommet, et qui est muni d'un petit bourrelet basilaire ; 2.° par l'aigrette formée de plusieurs faisceaux subunisériés, libres, composés chacun de deux ou trois squamellules inégales, filiformes, barbellulées, entregreffées inférieurement, libres supérieurement, les plus longues un peu épaissies au sommet ; 3.° par le clinanthe muni de fimbrilles peu nombreuses, libres, presque filiformes ; 4.° par la corolle à tube plus court que le limbe.

26. Notre *Barbellina*, fondé sur la *Stæhelina arborescens*, se distingue du précédent et du suivant, 1.° par l'ovaire très-glabre et comprimé bilatéralement ; 2.° par l'aigrette formée de plusieurs faisceaux unisériés, entregreffés à la base, composés chacun de plusieurs squamellules inégales, filiformes-laminées, très-barbellulées sur les bords, entregreffées inférieu-

rement, libérées supérieurement à différentes hauteurs; 3.º par le clinanthe garni de fimbrilles très-nombreuses, laminées, entregreffées inférieurement; 4.º par la corolle à tube plus court que le limbe.

27. Linné n'ayant admis, dans son *Species plantarum*, que deux espèces de *Stæhelina*, lesquelles ne sont point du tout congénères, et la première (*gnaphaloides*) ayant reçu de M. De Candolle le nouveau nom générique de *Syncarpha*, quoiqu'elle fût l'espèce primitive du genre, il en résulte que la seconde espèce (*dubia*) doit être maintenant considérée comme le vrai type de ce genre *Stæhelina*, dont nous éliminons quelques espèces admises postérieurement par Linné, et que nous rapportons au *Barbellina* ou à l'*Hirtellina*.

Le vrai genre *Stæhelina*, ainsi fondé sur la *Stæhelina dubia*, se distingue des deux précédens, 1.º par l'ovaire très-glabre, comprimé, un peu anguleux, muni d'un bourrelet apicilaire; 2.º par l'aigrette très-longue, formée de plusieurs faisceaux unisériés, entregreffés à la base, composés chacun de très-nombreuses squamellules presque égales, filiformes, très-fines, absolument capillaires, nues ou pas sensiblement barbellulées, entregreffées inférieurement, libérées supérieurement à différentes hauteurs; 3.º par le clinanthe garni de fimbrilles laminées et entregreffées inférieurement; 4.º par la corolle à tube plus long que le limbe.

M. Kunth (*Nov. gen. et spec.*, t. 4, p. 11) prétend que le genre *Stæhelina* de Linné est voisin des *Isotypus* et *Onoseris*, que son réceptacle est paléacé, que la *Stæhelina dubia* diffère de toutes les autres espèces de *Stæhelina* par l'aigrette pileuse, et qu'elle doit probablement être rapportée au genre *Isotypus*. Nous ne pouvons admettre aucune de ces quatre propositions. D'abord, les *Onoseris* et *Isotypus* sont des Mutisiées, tandis que les *Stæhelina* sont des Carlinées, à l'exception de la *St. gnaphaloides*, qui est une Inulée; en second lieu, les appendices du clinanthe des *Stæhelina* ne sont point de vraies squamelles, mais des fimbrilles entregreffées inférieurement et formant ainsi des lames plus ou moins larges et toujours très-irrégulières, inégales et dissemblables, comme dans la plupart des autres Carlinées; troisièmement, si l'on écarte, comme on le doit, la *St. gnaphaloides*, qui n'est point congénère, il est vrai de dire que toutes les espèces de *Stæhelina* ont l'aigrette pileuse et non plumeuse, aussi bien que celle nommée *dubia* ; enfin, cette *Stæhelina dubia* ne peut, sous aucun rapport, être associée génériquement à l'*Isotypus*.

29. Notre genre *Theodorea* diffère du *Saussurea* par le péricline dont les squames sont toutes ou la plupart surmontées d'un appendice plus ou moins grand, étalé, large, arrondi, scarieux, coloré, plus ou moins découpé sur ses bords. Nous connoissons deux espèces de ce genre : 1.° *Theodorea amara* (*Saussurea amara*, Decand.) caractérisée par les feuilles oblongues, entières ou découpées seulement sur les bords, et par les appendices du péricline flabelliformes, nuls sur les squames des rangs les plus extérieurs ; 2.° *Theodorea pulchella* (*Saussurea pulchella*, Fischer), caractérisée par les feuilles profondément pinnatifides, à lanières étroites, distancées, et par les squames du péricline, toutes surmontées d'un grand appendice orbiculaire, comme chiffonné, irrégulièrement denticulé sur ses bords, et d'une belle couleur purpurine.

Ce genre *Theodorea* termine très-convenablement la série des Carlinées, parce qu'il a des rapports notables par son péricline avec les Jacéinées (tom. XLIV, pag. 35), qui commencent la tribu des Centauriées. (H. Cass.)

SAUSSURIA. (*Bot.*) Mœnch a fait sous ce nom un genre du *nepeta multifida*, espèce de cataire, parce que l'ouverture de son calice est fermée et que la lèvre inférieure de la corolle est entière. Le *Saussurea* de M. De Candolle, genre admis, est de la famille des cinarocéphales. (J.)

SAUSSURITE. (*Min.*) On a proposé de désigner ainsi une pierre qui n'est ni homogène ni cristallisée, et qui n'a par conséquent aucun titre pour être considérée comme une espèce. Nous avons dit ailleurs qu'il valoit mieux réserver le nom du célèbre géologue auquel on a voulu consacrer cette espèce très-incertaine, pour un minéral nouveau bien caractérisé. Nous l'avons fait connoître à l'article Jade, sous le nom de *jade de Saussure*. Voyez ce mot. (B.)

SAUT [chez les insectes]. (*Entom.*) C'est l'action de sauter, ou le mouvement que font sur un corps qui leur résiste, les pattes ou quelques autres parties du corps qui se débandent fortement. La nature a employé des moyens très-variés de

47. 33

faire quitter le sol qui les supporte, aux insectes qui jouissent de cette faculté. Le plus ordinairement ce sont les pattes, et surtout les postérieures, qui produisent cet effet. Alors souvent les cuisses sont renflées, comme on le voit dans les altises, les sagres, les orchestes, les chalcides, les cicadelles, les psylles. Le plus ordinairement, les jambes et les cuisses postérieures ont pris en même temps beaucoup de développement en longueur; c'est le cas des gryllons, des sauterelles, des puces. D'autres fois l'insecte saute par l'effet d'un ressort, produit au moyen de l'élasticité d'une portion libre et prolongée du sternum, qui entre dans une pièce creuse de la poitrine; c'est le cas qui nous est présenté par les taupins, qui sautent et qui s'élèvent dans l'air sans se servir des pattes, soit qu'ils tombent sur le dos ou sur le ventre. D'autres, comme les podures, déploient de longues soies roides, qui sont retenues, comme par force, dans un sillon pratiqué sous toute la longueur de l'abdomen. Quelques-uns, comme les machiles, agissent sur toute la longueur de l'abdomen, aux diverses sections duquel ils impriment une obliquité telle qu'ils en reçoivent une direction prévue et dans le sens du mouvement qu'ils veulent produire. Quelques larves, comme celle de la mouche du fromage, courbent leur corps en cercle en se pinçant la queue, qu'elles lâchent tout à coup, pour obtenir leur redressement subit sur le corps qui les supporte et qui les lance avec une sorte d'élasticité. Cette étude des divers moyens accordés par la nature pour produire et faciliter les mouvemens des insectes, est un objet de recherches très-curieuses, qui mériteroit d'être considéré d'une manière générale. (C. **D.**)

SAUTERELLE. (*Entom.*) Ce nom françois a été donné à des espèces d'insectes fort différentes, de l'ordre des orthoptères et de la même famille des grylloïdes ou grylliformes, faciles à reconnoître par le prodigieux alongement des pattes postérieures, qui leur donne la plus grande facilité pour sauter ou pour s'élancer rapidement de la place qu'ils occupoient, en débandant comme des ressorts les longs leviers qui constituent leurs cuisses et leurs jambes. De là le nom de sauterelles, sous lequel on les a généralement désignés.

A la vérité, les espèces qui ont les antennes en soie ou en fuseau aplati, ont été le plus souvent distinguées sous les noms

de gryllon, de courtilière et de truxale. Cependant les *locustes*
ont été nommées *sauterelles* par Geoffroy, et nous avons com-
mis la faute, à l'article Locuste, de renvoyer le lecteur au mot
Sauterelle. Pour réparer cette omission, nous traiterons ici du
genre Locuste : mais ce n'est pas la seule difficulté que nous
ayons à vaincre, car le nom de sauterelle a été donné au
genre Criquet, que les auteurs latins ont désigné sous le nom
de *gryllus*, et que nous devions traduire en françois par gryllon.

Mais nos gryllons correspondent au genre *Acheta* de Fabricius, tandis que cet auteur a nommé *Gryllus* un genre qui
comprend les criquets de Geoffroy, qui sont les espèces appelées vulgairement par les enfans sauterelles, et ce même
genre se trouve encore partagé en deux par Fabricius, qui a
nommé *acridies* les espèces dont le corselet se prolonge pour
recouvrir l'abdomen.

Voici en résumé la synonymie du genre Sauterelle, pour
lequel on pourra d'ailleurs consulter l'article Grylloïdes.

Les *sauterelles* de Geoffroy, à antennes en soie, qu'il nommoit
en latin *locusta*, vont être décrites ici sous le nom de Locuste.

Les *criquets* de Geoffroy, qu'il nommoit *acridium* en latin, et
qui ont été partagés en deux genres principaux par Fabricius,
Gryllus et *Acridium*, restent séparés. Le genre Acridie est conservé. Nous traiterons de celui de *Gryllus* sous le nom de Sauterelle.

Genre Locuste, *Locusta*. Insectes caractérisés par des antennes en soie, très-longues; par une tête verticale encapuchonnée sous le corselet, et par le nombre des articles aux
tarses, qui est de quatre.

Toutes ces particularités servent parfaitement à distinguer
ce genre de tous ceux de la même famille des grylloïdes.
Ainsi dans les truxales les antennes sont comprimées, coniques
ou en fuseau, c'est-à-dire plus larges au milieu. Elles sont en
fil dans les criquets ou sauterelles, les acridies et les tridactyles; enfin, chez les courtilliéres et les gryllons les tarses n'ont
aussi que trois articles, quoique les antennes soient très-grêles
à leur extrémité libre.

Le nom de *locusta* est très-ancien : il a été employé par
Pline le naturaliste, liv. 11, chap. 29. On trouve même ce

passage dans un grand poëte latin : *Et excusso confidens crure locusta*. Moufet prétend que ce nom provient des lieux arides et brûlés par le soleil que préfèrent ces insectes, *à locis ustis*.

Les locustes se nourrissent de feuilles de végétaux frais, sous les trois états de larves, de nymphes agiles et d'insectes parfaits. L'absence des ailes, la présence de leurs rudimens ou l'existence des élytres et des ailes, caractérisent ces trois états. Les mâles se distinguent le plus ordinairement par l'absence d'un prolongement carré de l'abdomen, de forme variée, qui est un véritable pondoir formé de lames séparables, entre lesquelles glissent les œufs des femelles. Ces lames sont tantôt droites sous la forme de sabre, tantôt courbées avec la convexité en dessous, ayant la disposition de coutelas. Cet instrument, qui est un pondoir et une sorte de tarière, sert à l'insecte pour déposer dans la terre les œufs en masse, enveloppés d'une sorte de coque muqueuse, qui se dessèche et devient une véritable membrane divisée en un grand nombre de loges d'où sortent les petites larves. D'ailleurs, les mœurs de ces insectes ne sont que très-imparfaitement connues.

M. Latreille a constitué une famille avec les diverses espèces de ce genre, tel qu'il a été décrit par Fabricius : il la désigne sous le nom de locustaires. Quoiqu'il lui assigne pour caractères d'avoir les élytres et les ailes en toit, plusieurs des insectes qu'elle comprend ne portent jamais d'ailes, et d'autres n'en ont que dans le sexe mâle seulement. Il partage cette famille en trois groupes : les Sauterelles et deux autres genres, qui diffèrent par la force de la tête ou par celle des antennes, et qu'il désigne à cause de cela sous les noms de *Conocéphale* et de *Pennicorne*. Ces trois genres ont des élytres, dans les deux sexes, sous l'état parfait. Le second groupe réunit les espèces dont les mâles sont ailés et chez lesquelles les femelles, ou sont sans ailes, ou n'ont que des élytres en forme d'écailles voûtées : tel est le genre qu'il nomme *Anisoptère*. Enfin dans le troisième groupe, sous le nom d'*Épiphigère*, les deux sexes sont sans ailes, quoiqu'ils aient quelquefois des élytres très-courts, concaves et voûtés.

Beaucoup d'espèces de ce genre ont les élytres plans, de couleur plus ou moins verte, avec des nervures anastomosées telles qu'elles simulent celles des feuilles, et avec tant de similitude apparente qu'on a désigné ces espèces d'après la forme et l'analogie de ces feuilles; telles sont les espèces dites citrifeuille, laurifeuille, myrtifeuille, lilifeuille, etc.

Les espèces les plus ordinaires aux environs de Paris sont les suivantes :

1. La Locuste très-verte, *Locusta viridissima.*

C'est la sauterelle à coutelas de Geoffroy, pl. 8, fig. 3, et celle que nous avons fait représenter dans l'atlas de ce Dictionnaire, pl. 24, n.° 1, qui est la femelle.

Car. Verte, à antennes plus longues que le corps; les ailes et les élytres sont verts; les flancs au bord de l'abdomen offrent des raies longitudinales blanches.

Le mâle n'a point d'oviscapte; mais ses élytres présentent à leur base un disque corné qui livre attache à une membrane mince et tendue, que l'insecte fait vibrer, lorsqu'il produit ce qu'on appelle le chant de la sauterelle. On trouve fort communément cet insecte en automne dans les longues herbes des lieux un peu humides, principalement dans ceux où croissent les orties.

2. La Locuste verrucivore, *Locusta verrucivora.*

C'est la sauterelle à sabre de Geoffroy.

Car. D'un vert pâle ; les élytres tachetés de brun et de blanchâtre ou de gris; abdomen à taches brunes.

Cette espèce est beaucoup plus grosse que la précédente, quoique de même longueur. Elle acquiert le double en poids. Le mâle est aussi privé du pondoir ou de la lame cornée et courbée sur sa longueur. On lui donne le nom de ronge-verrues, parce qu'on dit que les paysans lui font mordre les porreaux ou verrues dont ils sont attaqués, dans l'idée que cette morsure, sur laquelle l'insecte dégorge une sorte de salive, détruit ces excroissances sans retour.

On rencontre le plus ordinairement cette espèce dans les champs cultivés, au milieu des blés.

3. La Locuste grise, *Locusta grisea.*

Car. Brune, élytres tachetés de brun et de cendré ; pattes verdâtres, corselet caréné en arrière.

Cette espèce, qui est de moitié plus petite que la verte, se rencontre le plus ordinairement dans les prairies dont le sol n'est pas trop humide.

On trouve encore aux environs de Paris cinq ou six autres petites espèces du même genre, telles que celles qui ont été nommées *lilifolia*, *brachyptera*, *flavescens*, *fusca*, *varia*, etc.

M. Latreille a décrit comme formant un genre distinct, l'espèce suivante :

4. LOCUSTE PORTE-SELLE, *Locusta ephippiger*.

Car. Corselet fortement excavé en forme de selle, relevé en arrière, et cachant des élytres voûtés sonores.

Cette espèce, qu'on nomme aussi porte-cymbales, est fort commune dans les vignes et dans les haies. Elle fait entendre un son très-monotone et plus ou moins rapide, suivant la température, par le frottement qu'elle produit sur ses élytres.

Genre SAUTERELLE, SAUTEREAU ou CRIQUET : *Gryllus* de Linné ; *Acridium* d'Olivier et de Geoffroy.

Ce genre d'insectes orthoptères à cuisses postérieures longues et propres au saut, et qui appartient par conséquent à la famille des grylloïdes, peut être ainsi caractérisé : Antennes non en soie, mais en fil et renflées à l'extrémité libre ; corselet non prolongé en arrière sur l'abdomen entre les élytres ; tarses à trois articles seulement.

Ces diverses notes suffisent pour faire distinguer les espèces de ce genre de toutes celles de la même famille : d'abord des truxales, qui ont les antennes aplaties, dressées en avant comme des oreilles ; puis des locustes, des courtillières et des gryllons, qui ont les antennes en soie de cochon, ou diminuant insensiblement de la base à la pointe ; enfin, des acridies et des pneumores, qui ont le corselet prolongé sur l'abdomen ; et des tridactyles, qui ont les tarses postérieurs garnis d'appendices étroits qui simulent des doigts.

Nous avons donné les étymologies des mots latins aux articles ACRIDIE et GRYLLON. Quant à celle de sautereau et de sauterelle, qui est très-ancienne dans la langue françoise, elle est due à la traduction des mots latins *saltator*, *saltatrix*. Quant à celle de criquet, elle paroît être dérivée du mot anglois *cricket*, employé par Mouffet, dans son Théâtre des insectes, pour indiquer le gryllon des champs, mais que Geoffroy a nommé *criquet*.

Ce genre est très-nombreux en espèces étrangères et indi-

gènes. Quelques-unes sont devenues un des plus grands fléaux
de l'agriculture, par les migrations qu'elles opèrent en légions
innombrables que l'on désigne sous le nom de nuées de sauterelles, qui détruisent toute la végétation dans les lieux où
elles se précipitent. On a été porté à étudier leurs mœurs,
afin de s'opposer à leur développement, de sorte que leur
histoire est parfaitement connue.

Tout le monde a vu les sauterelles. Leur corps alongé est
muni de deux très-longues pattes postérieures, à cuisses renflées, que l'insecte est obligé de relever beaucoup pour faire
poser ses tarses sur la terre, et qui portent le plus souvent
les cuisses relevées verticalement sur le corps. Leur tête,
qui est grande, mais le plus souvent encapuchonnée dans le
corselet, présente plus de longueur dans le sens vertical.
Outre les deux yeux à réseau et très-grands, qui sont latéraux,
on y voit, entre les antennes, trois stemmates ou yeux lisses,
disposés en triangle; leur bouche est garnie de deux fortes
mandibules, à bord interne tranchant et crénelé; les élytres
sont parallèles à l'abdomen, souvent plus longs : ils recouvrent
deux ailes plissées sur leur longueur, souvent colorées ou
teintes de couleurs diverses.

Les sauterelles, en raison de l'excessive longueur de leurs
pattes postérieures, qui sont par cela même disproportion-
nées avec les moyennes et les antérieures, dont la position est
très-près de la tête, ne peuvent que marcher mal et lentement : aussi les pattes postérieures ne servent-elles réellement
qu'à déterminer la direction et la force du saut par lequel
l'insecte s'élance dans l'atmosphère pour y voler ou pour s'y
soutenir à l'aide de ses ailes membraneuses qui font l'office
de parachute.

Sous les trois états les sauterelles se nourrissent des feuilles
des végétaux, et principalement de celles des graminées; aussi
font-elles le plus grand tort aux prairies et aux céréales.

Les mâles, à l'époque de la fécondation, font entendre des
sons variés, qu'ils produisent le plus souvent en agitant vive-
ment leurs élytres, dont les côtes ou nervures saillantes s'ac-
crochent sur les épines ou sur les aspérités dont les jambes
postérieures de ces insectes sont hérissées. En outre, suivant
Olivier, ces insectes seroient doués d'une sorte d'organe ou

d'instrument à vent, qui consisteroit en une lame ou membrane tendue sur une sorte de cercle corné, placée à l'ouverture d'une cavité aérienne correspondante à l'une des principales trachées de l'abdomen.

Les sauterelles, qui sont une plaie pour les agriculteurs dans quelques climats, sont d'ailleurs d'une grande utilité dans la nature; elles deviennent la proie et la principale nourriture d'un grand nombre d'oiseaux entomophages et de beaucoup de mammifères. Des peuples les recueillent pour s'en nourrir; ils en font même des provisions: et ils sont nommés à cause de cela acridophages. Nous voyons dans l'évangile selon S. Matthieu, chap. 3, que S. Jean-Baptiste en faisoit sa nourriture principale. Diodore de Sicile a donné des détails sur la manière dont les Éthiopiens se les procurent et les conservent pour s'en nourrir au besoin.

Les déserts de l'Arabie et de la Tartarie paroissent être les lieux où se développent les races les plus nombreuses des sauterelles. A certaines époques de l'année elles paroissent s'élever à une grande hauteur dans l'atmosphère, et, profitant de la direction de certains vents, elles se trouvent entraînées par une sorte de courant qui les porte vers l'Europe. On les voit ainsi se précipiter en légions innombrables. qui ont l'apparence de nuages et qui obscurcissent les lieux dont elles s'approchent, en interceptant les rayons du soleil. L'air agité par leurs ailes ne tarde pas à faire entendre un bruit sourd, qui devient l'effroi des habitans des terres où elles vont être précipitées; car bientôt elles tombent comme une pluie d'orage: les arbres sont dépouillés de leur feuillage et leurs branches cèdent au poids qui les surcharge; tous les végétaux sont anéantis et dévorés; bientôt même, pour comble de malheur et de désolation, leurs corps, fatigués de ce long voyage ou froissés par la chute, forment des couches épaisses sur la terre, et de ces innombrables cadavres, qui s'altèrent et se décomposent, s'exhale une odeur infecte qui devient la cause de maladies pestilentielles et de toutes les calamités; car souvent ces pluies de sauterelles deviennent la cause réelle de la famine et de la peste. Ces malheurs ont souvent eu lieu en Russie, en Pologne et même en Hongrie.

Nous ne pouvons, dans un ouvrage tel que celui-ci, donner

une description complète de ce genre. Nous venons de faire connoître quelques particularités qui peuvent intéresser le lecteur. Il trouvera plus de détails sur les mœurs, en général, aux articles GRYLLOÏDES et ORTHOPTÈRES, auxquels nous le prions de recourir, pour ne pas nous répéter inutilement. Nous décrirons seulement ici quelques espèces.

Nous en avons fait figurer deux sur les planches qui font partie de l'atlas de ce Dictionnaire. La première, sur la planche 25, n.° 1, est la *sauterelle émigrante*. La seconde a été présentée comme exemple d'un insecte orthoptère, vu en dessus et en dessous, sous les n.°ᵉ 3 et 4 de la 59.ᵉ planche : c'est la *sauterelle ailes bleues*.

1. SAUTERELLE ÉMIGRANTE, *Gryllus migratorius*.

C'est la première espèce que nous avons fait représenter sur la planche citée plus haut. Il paroît que c'est la sauterelle de passage de Tartarie. Nous l'avons trouvée au mail de Henri IV, à Fontainebleau.

Car. Brune; tête et corselet à lignes longitudinales noires; mandibules d'un bleu foncé; ailes inférieures transparentes, verdâtres; jambes rougeâtres.

Elle atteint plus de deux pouces de longueur.

2. SAUTERELLE LINÉOLE, *Gryllus lineola*.

Car. Brune; corselet caréné, avec une ligne fauve sur le dos; cuisses postérieures rouges en dedans; jambes bleues.

C'est une des grandes espèces de la France.

3. SAUTERELLE AILES BLEUES, *Gryllus cærulescens*.

C'est la seconde espèce que nous avons fait figurer sur la planche 59 déjà citée.

Car. D'un gris cendré, tacheté de brunâtre; ailes inférieures bleues à la base, et à bord libre noir.

4. SAUTERELLE AILES ROUGES, *Gryllus stridulus*.

C'est celle que Geoffroy a décrite sous le n.° 3, tome 1, pag. 293.

Car. Cendrée; à élytres à deux bandes brunes inégales; ailes inférieures rouges, avec le bord externe noir; cuisses bleuâtres en dedans; jambes bleues.

On la trouve sur les côteaux exposés au midi, et surtout dans les lieux plantés de vignes.

5. SAUTERELLE VERDATRE, *Gryllus viridulus*.

Car. Verte ; élytres à bord externe blanc ; une croix blanche en X sur le corselet.

C'est une petite espèce très-commune dans nos prairies en automne.

6. Sauterelle deux-gouttes , *Gryllus biguttulus.*

Car. D'un gris cendré , à taches plus pâles ; corselet à deux lignes noirâtres croisées en sautoir.

On la trouve sur les côteaux les plus arides , parmi les plantes desséchées, au milieu desquelles sa teinte grise la fait confondre.

7. Sauterelle grosse , *Gryllus grossus.*

C'est le criquet ensanglanté , décrit par Geoffroy et figuré planche 8 , n.º 2.

Car. Élytres d'un vert jaunâtre , surtout au bord externe ; à cuisses postérieures rouges en dessous.

Cet insecte , qui est très-commun dans les prairies , varie beaucoup pour la taille et les couleurs. (C. D.)

SAUTERELLE. (*Chasse.*) C'est un des piéges que l'on tend aux petits oiseaux. Voyez Répenelle. (Ch. D.)

SAUTERELLE CHENILLE. (*Entom.*) Goedaërt , dans sa trente-neuvième expérience, nomme ainsi une chenille dont il donne la figure , ainsi que celle du lépidoptère qu'elle produit ; mais qu'il est impossible de reconnoître d'après ses dessins. M. Latreille croit que c'est un tenthrède ou mouche à scie. (C. D.)

SAUTERELLE ÉCUMEUSE. (*Entom.*) On a traduit ainsi le nom que Swammerdam a donné en hollandois à la larve du Cercope écumeux. Voyez tome VII de ce Dictionnaire , p. 444, n.º 3. (C. D.)

SAUTERELLE DE MER. (*Crust.*) Ce nom vulgaire a été donné à la squille mante. Voyez à l'article Malacostracés, tome XXVIII, page 337. (Desm.)

SAUTERELLE - PUCE. (*Entom.*) Swammerdam s'est servi d'une expression latine équivalente à celle-ci, pour désigner la petite cicadelle ou tettigone , qui se trouve sur les sommités des tiges de luzerne , et qui y produit, par l'extravasation de la sève , des masses d'écumes, au milieu de laquelle vit sa larve. Voyez Cercope écumeux. (Desm.)

SAUTEUR. (*Ichthyol.*) On a donné ce nom à plusieurs

poissons de genres différens, au pomatome skib, qui est le *gasterosteus saltatrix* de Linnæus, au spare sauteur de Lacépède, et au cyprin gonorhynque de Gronow. (Voyez GONORHYNQUE, POMATOME, SALARIAS et SPARE.)

Voyez aussi EXOCET, MUGE et SCOMBÉROÏDE. (H. C.)

SAUTEUR. (*Ornith.*) L'oiseau décrit sous ce nom dans l'Ornithologie du Paraguay de d'Azara, n.° 158 , est le *tangara jacarini*, et on lui a donné la dénomination de sauteur à cause de l'habitude qu'il a de se placer à la cime d'un petit buisson, d'où il saute verticalement assez haut, et se laisse ensuite retomber avec précipitation au même endroit. Le nom latin de *saltator* a été appliqué génériquement par M. Vieillot aux *habias* de l'auteur espagnol. (CH. D.)

SAUTEUR A LA POITRINE. (*Erpét.*) Au rapport de Flaccourt, on donne ce nom au Gecko à tête plate de Madagascar, à cause de la propension qu'il a à s'élancer sur la poitrine des hommes qui l'approchent, et de la force avec laquelle il s'y cramponne. Voyez GECKO. (H. C.)

SAUTEUR DE ROCHER. (*Mamm.*) Le *Klippspringer* (sauteur des rochers), espèce d'antilope du cap de Bonne-Espérance, est ainsi nommé par les Hollandois qui habitent cette colonie. (DESM.)

SAUTEURS [ORTHOPTÈRES]. (*Entom.*) Nom sous lequel nous avions désigné d'abord, dans les tableaux qui font suite à l'anatomie comparée de M. Cuvier, tom. 1, la famille des grylloïdes. (C. D.)

SAUTO - OULAME. (*Bot.*) Garidel dit que le *Chondrilla juncea* est ainsi nommé en Provence, parce que dans le fauchage cette plante résiste à l'action de la faux, nommée oulame par les cultivateurs de ce pays. (J.)

SAUVAGEA. (*Bot.*) C'est le nom donné par Adanson au genre SAUVAGESIA, Linn. Voyez ce mot. (LEM.)

SAUVAGEON. (*Bot.*) On donne ce nom aux arbres fruitiers provenant de graine et qui n'ont point été greffés. (L. D.)

SAUVAGES NIVELEURS. (*Bot.*) Famille de champignons établie par Paulet, et qui rentre dans le genre *Agaricus*, Linn. Ces champignons se font remarquer par leur irrégularité, par leur stipe fort, cylindrique, et par leur forme et leur couleur; ils croissent solitaires; on les rencontre dans les bois ils ne paroissent point malfaisans. On en compte trois espèces : la Feuille-morte, le Champignon cinq-parts ou a cinq lobes, et la Souris-rose. Voyez ces mots. (Lem.)

SAUVAGESIA. (*Bot.*) Genre de plantes dicotylédones, à fleurs complètes, polypétalées, de la famille des *violacées*, de la *pentandrie monogynie* de Linnæus, offrant pour caractère essentiel : Un calice persistant, à cinq folioles très-ouvertes ; cinq pétales égaux, étalés, caducs ; cinq écailles placées autour de l'ovaire, alternes avec les pétales, mais plus courtes, persistantes, entourées de filets nombreux, dilatés au sommet ; cinq étamines alternes avec les écailles ; les filamens courts, connivens avec la base des écailles ; les anthères linéaires, à deux loges, s'ouvrant au sommet ; un ovaire supérieur, trigone, uniloculaire, surmonté d'un style droit ; le stigmate obtus. Le fruit est une capsule recouverte par le calice et les écailles, trigone, uniloculaire, à trois sillons, s'ouvrant en trois valves à sa moitié supérieure ; trois placentas occupent la partie inférieure de la capsule qui répond aux sillons ; les semences sont nombreuses, disposées sur deux rangs.

Sauvagesia redressé : *Sauvagesia erecta*, Linn., *Spec.* ; Jacq., *Amer.*, 77, tab. 51, fig. 3, *et edit. pict.*, 2, tab. 77 ; *Sauvagesia adima*, Aubl., Guian., tab. 100, fig. a ; Lamk., *Ill. gen.*, tab. 140, fig. 1, et fig. 2, var. Cette plante a des tiges rameuses, filiformes, couchées, à cinq angles, d'un brun pourpre, longues de seize à dix-huit pouces ; les rameaux alternes, anguleux, redressés, glabres, verts. Les feuilles sont alternes, à peine pétiolées, oblongues, lancéolées, aiguës à leurs deux extrémités, un peu denticulées à leurs bords, glabres à leurs deux faces, plus pâles en dessous, longues de huit à neuf lignes, larges de deux ou trois lignes, munies à leur base de deux stipules lancéolées, ciliées ; les cils pinnatifides. Les pédoncules sont axillaires, solitaires ou géminés, glabres, capillaires, uniflores, articulés un peu au-dessus de leur base, sans bractées, droits pendant la floraison, puis recourbés avec les fruits. Le calice est glabre, persistant, à cinq folioles très-ouvertes, puis fermées sur le fruit, oblongues, concaves, très-aiguës, dont deux intérieures un peu plus étroites ; les cinq pétales sont alternes avec les folioles du calice, ovales, en coin à leur base, aigus et réfléchis au sommet, d'un blanc rougeâtre, un peu crénelés à leurs bords ; les cinq écailles linéaires, oblongues, brunes, arrondies au sommet, entourées de cils nombreux, dilatés au sommet et rougeâtres ; l'ovaire est oblong, ovale, sessile, glabre, terminé par un style capillaire. La capsule est oblongue, trigone, brune, glabre, membraneuse, longue d'environ trois lignes ; les semences elliptiques, un peu globuleuses, brunes, de la grosseur d'une graine de pavot. Le *sauvagesia adima* d'Aublet a les feuilles un peu plus grandes et plus larges. Cette plante croît dans la Guiane et autres contrées de l'Amérique méridionale.

Sauvagesia fluette ; *Sauvagesia tenella*, Lamk., *Ill. gen.*; Poir., Enc. Cette plante a des tiges fort petites, hautes à peine de quatre ou cinq pouces, droites, glabres, filiformes, très-simples, garnies de feuilles sessiles, alternes, glabres à leurs deux faces, oblongues, étroites, aiguës, pourvues à leurs bords de dents rares, munies dans leur aisselle de stipules très-courtes, ciliées à leur contour. Les fleurs sont solitaires, axillaires ; les pédoncules presque sétacés. Cette plante croît dans l'Amérique méridionale. (Poir.)

SAUVE-GARDES. (*Erpét.*) M. Cuvier a ainsi appelé le troisième sous-genre du genre Monitor, parmi les sauriens de la seconde famille, celle des lacertiens. On reconnoit les animaux qui le composent aux caractères suivans :

Des dents maxillaires dentelées ; pas de dents palatines ; langue mince, extensible et terminée en deux longs filets ; corps alongé ; cinq doigts à tous les pieds ; tous ces doigts armés d'ongles, séparés et inégaux ; écailles disposées par bandes transversales sous le ventre et autour de la queue ; celles du dos petites et sans carène ; une rangée de pores sous chaque cuisse.

On distinguera facilement les Sauve-gardes des Dragonnes, qui ont les écailles du dos carénées ; des Monitors, dont les dents sont aiguës et tranchantes ; des Lézards, qui offrent des dents palatines ; des Iguanes, dont la langue n'est ni extensible, ni terminée par deux filets ; des Crocodiles, qui n'ont que quatre doigts aux pieds de derrière. (Voyez ces divers noms de genres, et Sauriens, Eumérodes. Erpétologie, Uronectes, Reptiles et Urobènes.)

Le sous-genre des Sauve-gardes a été lui-même partagé en deux tribus, savoir :

1.º Celle des Sauve-gardes proprement dits, qui ont la queue plus ou moins comprimée, et les écailles du ventre plus longues que larges. Ils vivent au bord des eaux.

2.º Celle des Améivas, dont la queue est ronde et garnie, ainsi que le ventre, de rangées transversales d'écailles carrées.

Parmi les espèces qu'il renferme, nous citerons :

Le Lézardet : *Lacerta bicarinata*, Linn. ; *Tupinambis lacertinus*, Daudin. A l'exception de ses écailles dorsales, il est assez semblable à la dragonne, quoique plus petit. Sa queue, longue et comprimée, est relevée en dessus de trois ou quatre carènes d'écailles aiguës ; sa tête est recouverte de grandes plaques polygonales.

Il parvient à la taille d'environ un pied.

Suivant Linnæus, il habite l'Inde, et, selon Gmelin, les îles de l'Amérique méridionale.

Le Sauve-garde d'Amérique ; *Lacerta teguixin*, L. Piqueté et tacheté de bleu sur un fond noir en dessus ; bleuâtre en dessous ; des bandes bleues et noires sur la queue ; yeux gros et saillans.

Ce saurien, qui habite le Brésil et la Guiane, et surtout Cayenne et Surinam, et qui fréquente le bord des eaux et les lieux inondés, parvient à la taille de six pieds.

Il court rapidement sur le sol, et se jette à l'eau quand il est poursuivi. Il plonge, mais sans nager cependant. Il ne grimpe point aux arbres.

Il se nourrit d'insectes, de reptiles, de mollusques, d'œufs d'oiseaux, de miel, et niche dans des trous, qu'il a l'art de se creuser dans le sable.

On mange sa chair et ses œufs, qui sont oblongs et peu nombreux. Selon Félix d'Azara, on croit au Paraguay que les anneaux de sa queue peuvent préserver de la paralysie.

L'Améiva ; *Lacerta ameiva*, Linnæus. Tête alongée, comprimée par les côtés et étroite en dessus ; museau pointu ; queue plus longue que le corps, cylindrique, et composée au moins de cent vingt verticilles d'écailles très-légèrement carénées ; d'un gris bleu en dessus ; d'un bleu pâle en dessous; des taches blanches sur les flancs; taille d'un pied environ.

Ce saurien se trouve communément à la Guiane et aux Grandes Antilles. Il ne doit pas être confondu avec l'*anolis* de Rochefort et de Ray, mais il paroît être le même animal que l'*anolis de Surinam*, décrit par Gronow, et que le *gros lézard moucheté d Edwards*.

L'AMÉIVA A TRAITS NOIRS; *Lacerta litterata*, Daudin. Queue longue, cylindrique, verticillée, très - pointue; dessus du corps d'un beau vert bleuâtre un peu foncé, et entièrement varié de petits traits noirs, nombreux et irréguliers, disposés en travers sur des bandes un peu larges, ocellées çà et là de petites taches blanches arrondies, seulement sur les flancs; ventre d'un vert - bleuâtre très - clair; taille de dix - huit à vingt pouces.

Daudin a fait, il est difficile de concevoir comment, de ce saurien un habitant des contrées tempérées de l'Allemagne, de la Hongrie, de la Prusse; c'est une erreur: il est, comme l'a noté M. Cuvier, d'Amérique. (H. C.)

SAUVE-VIE. (*Bot.*) Ce nom est donné à une espèce de fougère, très-commune, à cause des propriétés qu'on lui accordoit autrefois; c'est l'*asplenium ruta muraria* (voyez ASPLE-NION, tom. III, p. 33). Cette fougère est plus connue sous le nom de rue de muraille, *ruta muraria*, qu'elle doit à la forme des découpures de ses frondes et à sa manière de croître dans les fentes des murailles. (LEM.)

SAUVEUR. (*Erpétol.*) Voyez MONITOR et SAUVE-GARDES. (H. C.)

SAUVI. (*Bot.*) Nom provençal de la sauge ordinaire, cité par Garidel. (J.)

SAUXO. (*Ornith.*) Rousselot de Surgy, dans ses Mélanges intéressans et curieux, tom. 4, p. 101, dit que l'oiseau qui porte ce nom à la Chine, est remarquable par son chant. Sa grosseur est celle d'une alouette, et son plumage, entièrement noir, est relevé par deux taches rondes et blanches qu'il a sous les yeux. (CH. D.)

SAUZÉ. (*Bot.*) Nom provençal du saule ordinaire, cité par Garidel. (J.)

SAVACOU; *Cancroma*, Linn. (*Ornith.*) Cet oiseau, de

l'ordre des échassiers, et qui a beaucoup de rapports avec les hérons, se nomme aussi *bec-en-cuiller*, à cause de la forme particulière de son bec, dont les mandibules ressemblent à deux cuillers appliquées l'une contre l'autre par le côté concave. Ces mandibules, très-larges, sont fortes et tranchantes; et la supérieure, sur laquelle on voit deux rainures profondes, qui partent des narines, est terminée par une pointe crochue, tandis que celle de l'inférieure est aiguë; les narines sont obliques, longitudinales et couvertes d'une membrane; la langue est très-courte, et il y a une poche membraneuse sous la gorge; les trois doigts antérieurs, fort longs, sont unis à leur base par une courte membrane, et le postérieur touche à terre sur toute son étendue; les ongles sont étroits et courts: les deuxième, troisième, quatrième et cinquième rémiges sont les plus longues.

Le savacou, qui se trouve dans les parties chaudes et humides de l'Amérique méridionale, habite les savannes noyées, etc., se tient sur les arbres, le long des rivières où la marée ne monte pas. Aussi, quoique son nom semble annoncer que les crabes font sa principale nourriture, son éloignement habituel de la mer donne lieu de penser qu'elle lui est étrangère, et qu'il ne vit, au contraire, que de poissons, sur lesquels, en effet, il se précipite à leur passage, en se relevant aussitôt et sans s'arrêter sur l'eau. Dans sa marche, il a le cou arqué, le dos voûté, et l'air aussi triste que le héron. Lorsqu'il est pris et irrité, il fait craquer son bec, les longues plumes du sommet de sa tête se dressent en forme de capuchon, et il s'élance avec fureur sur l'objet qui excite sa colère. Comme on a remarqué des différences dans le plumage des divers individus, on a d'abord supposé, avec Barrère et Brisson, qu'il y avoit plusieurs espèces de savacous, et l'on trouve dans les planches enluminées de Buffon, n.ºs 38 et 869, des figures, dont l'une, sous le nom de *savacou huppé de Cayenne*, a plus de gris-roux que de gris-bleuàtre; et l'autre, sous la dénomination de *savacou de Cayenne*, a tout le manteau d'un gris-blanc bleuâtre, avec une petite zone noire sur le haut du dos. Le premier paroît être le mâle et le second la femelle.

Au reste, le savacou proprement dit, *cancroma cochlearia*,

Linn. et Lath., est de la grosseur d'une poule et long de dix-sept pouces. En général, son front, de couleur blanche, est suivi d'une calotte noire, qui se change en une huppe longue et flottante dans le mâle adulte ; son dos est souvent gris ou brun et quelquefois noir ; sa poitrine est blanche et son ventre roux ; la mandibule supérieure est noirâtre et l'inférieure blanchâtre ; le bas des jambes et les pieds sont d'un vert jaunâtre. Mais ce plumage éprouve des variations qui paroissent dues à l'âge et au sexe. (Ch. D.)

SAVALLE. (*Ichthyol.*) A la Martinique on donne ce nom au mégalope filamenteux. Voyez Mégalope. (H. C.)

SAVANA. (*Ornith.*) Cet oiseau, autrement nommé *tyran des savannes*, est le *muscicapa tyrannus*, Lath., et le *tyrannus savana*, Vieill. (Ch. D.)

SAVASTANA. (*Bot.*) Le genre de graminées, fait sous ce nom par Schranck, est le *Holcus odoratus* de Linnæus ou *Hierocloe* du *Flora sibirica* de Gmelin, et paroît devoir être réuni au *Torresia* de MM. R. Brown et de Beauvois. Le *Tibouchina* d'Aublet, genre de Melastomées, a été aussi nommé *Savastania* par Scopoli et Necker. (J.)

SAVATELLES et ESCUDARDES. (*Bot.*) Espéces de champignons ainsi désignées par Paulet, et décrites dans ce Dictionnaire à l'article Escudardes. L'une d'elles, la savatelle-truffe, est placée parmi les bolets par M. Persoon et par M. Louis Cordier (Guide de l'amateur de champignons, p. 132), qui lui assignent le nom de *boletus tuber.* Voyez Escudarde et Scutiger. (Lem.)

SAVENATA. (*Bot.*) Près de Turbaco, dans la Nouvelle-Grenade, suivant M. Kunth, on nomme ainsi son *Nevrocarpum macrophyllum.* Près de Cuma, son *Nevrocarpum angustifolium* est nommé *Spadila.* (J.)

SAVETIER. (*Ichthyol.*) Le bas-peuple des environs de Paris désigne l'épinoche de nos ruisseaux par ce nom singulier. Voyez Gastérostée. (H. C.)

SAVEUR. (*Chim.*) C'est la propriété qu'ont certains corps d'agir sur l'organe du goût, et de produire en nous des sensations qui ne peuvent être perçues que par lui. D'après cette définition nous excluerons des saveurs celles qu'on a appelées *saveur fraiche, saveur chaude, saveur nauséabonde*, et, en général, les *saveurs aromatiques*. En effet, quand on introduit un corps dans la bouche, trois sortes de sensations peuvent être perçues en même temps : 1.° des sensations perçues par le tact de la langue; 2.° des sensations perçues par l'odorat; 3.° des sensations perçues par le goût.

Il est aisé de démontrer que les corps auxquels on a attribué une saveur fraîche ou chaude, sont ceux qui produisent du froid ou de la chaleur quand on les met en contact avec l'eau : en effet, qu'on place ces corps sur une partie de notre corps où la peau est très-sensible et où elle est rendue humide par l'humeur de la transpiration, qu'on les recouvre d'un verre de montre, et l'on éprouvera bientôt après une sensation de fraîcheur ou de chaleur. D'après ces résultats, il sera tout simple que l'on éprouve ces sensations lorsqu'on mettra les mêmes corps dans la bouche, où ils seront en contact avec l'humidité de la salive. Enfin la saveur fraîche pourra encore être due à l'évaporation du corps introduit dans la bouche.

Quant aux sensations perçues par l'organe de l'odorat, il sera facile de les séparer de celles perçues par le tact et par le goût; il suffira de savoir qu'un corps odorant, introduit dans la bouche, émet une certaine quantité de vapeur, dont une partie est entraînée par l'air, qui est expulsé continuellement par les fosses nasales (voyez ODEUR). Si donc on se presse les narines pour empêcher la sortie de l'air par le nez, on ne percevra plus que les sensations résultantes de l'action du corps sur le tact et sur le goût de la langue.

Les corps qui ne sont pas capables d'altérer l'organe du goût, considérés d'après les rapports précédens, peuvent être distribués en quatre classes, ainsi que je l'ai dit dans mes *Considérations générales sur l'analyse organique et sur ses applications.*

1.re CLASSE.

Corps qui n'agissent que sur le tact de la langue.

Tels sont le cristal de roche, le saphir, la glace.

2.e CLASSE.

Corps qui n'agissent que sur le tact de la langue et sur l'odorat.

Tels sont l'étain, le fer, le cuivre, etc.

Ce qu'on a dit de leur saveur métallique doit se rapporter à leur odeur; car, quand on les a mis dans la bouche, la sensation appelée saveur, goût métallique, disparoît dès que les narines sont pressées. Il faut remarquer que les sels de ces métaux, à base de protoxide ou de deutoxide, ont l'odeur qui est propre au métal qui les constitue à un plus haut degré que le métal lui-même. (Voyez ODEUR.)

3.ᵉ CLASSE.

Corps qui agissent sur le tact de la langue et sur le goût.

Tels sont le sucre, le chlorure de sodium pur. Lorsqu'on les met dans la bouche, les sensations qu'ils causent ne sont point modifiées dans le cas où les narines sont pressées.

4.ᵉ CLASSE.

Corps qui agissent sur le tact de la langue, sur le goût,
sur l'odorat.

Telles sont les huiles volatiles. Elles ont une saveur âcre ou bien amère et douceâtre, et une odeur très-variable. On n'en perçoit que la saveur en se pressant les narines.

Telles sont encore les pastilles de menthe, les pastilles de chocolat. Les narines étant pressées, après qu'elles ont été introduites dans la bouche, on ne ressent plus que la saveur du sucre. Si on cesse de se presser les narines, l'odeur de la menthe, celle du cacao, redeviennent sensibles.

La cause qui provoque les nausées, lorsqu'on goûte de la bile, de la manne, plusieurs sels métalliques, réside dans l'émanation odorante de ces substances.

Les butirates, les sulfites, etc., qui, mis dans la bouche, ont le goût du *beurre*, de l'*acide sulfureux*, ne doivent cette propriété qu'à une petite quantité de ces acides, qu'ils laissent échapper et qui agit sur l'odorat.

Le goût urineux qu'on a attribué aux bases alcalines fixes, n'appartient point à ces substances; il est dû à l'ammoniaque, qu'elles dégagent de la salive en réagissant sur les sels ammoniacaux contenus dans ce fluide. (CH.)

SAVI-JALA. (*Ornith.*) Voyez SAUI-JALA. (DESM.)

SAVIA. (*Bot.*) C'est le *croton sessiliflorum* de Swartz, que

Willdenow a converti en un genre qu'il a dédié à M. Savi, mais que des caractères trop peu importans ne permettent guère de conserver. Voyez CROTON. (POIR.)

SAVIGNYA. (*Bot.*) Genre de plantes dicotylédones, à fleurs complètes, de la famille des *crucifères*, de la *tétradynamie siliculeuse* de Linnæus, offrant pour caractère essentiel : Un calice dressé, à quatre folioles égales à leur base ; quatre pétales entiers ; six étamines tétradynames, libres et sans dents ; un style court ; une silique sessile, comprimée, plane, elliptique, surmonté par le style persistant, aigu, presque tétragone : séparée en deux loges par une cloison membraneuse, persistante ; les valves planes ; plusieurs semences presque imbriquées, à large bordure, attachées à un placenta à peine saillant ; les cordons ombilicaux point appliqués contre la cloison.

SAVIGNYA D'ÉGYPTE : *Savignya ægyptiaca*, Dec., *Syst. nat.*, 2, pag. 283 ; *Lunaria parviflora*, Delil., *Fl. Ægypt.*, 19, tab. 35, fig. 3. Cette plante a une racine grêle, simple, perpendiculaire, un peu dure : elle produit une tige droite, glabre, herbacée, longue de six à neuf pouces ; garnie de rameaux étalés. Les feuilles sont un peu charnues ; les radicales longues d'un pouce et demi, rétrécies en pétiole, ovales, très-obtuses, presque en coin, à grosses dents inégales et obtuses ; les feuilles caulinaires graduellement plus étroites ; les supérieures linéaires, entières, longues d'un pouce ; les fleurs fort petites, disposées en grappes redressées, en corymbe dans leur jeunesse, puis alongées ; point de bractées ; la corolle d'un violet pâle ; les pétales oblongs ; une petite silique sessile, ovale, longue de six lignes, large de trois lignes, renfermant huit à dix semences planes, orbiculaires. Les cotylédons sont plans et couchés, parallèles à la cloison ; la radicule supérieure. Cette plante croît en Égypte, dans le sable, autour des pyramides. (POIR.)

SAVINA. (*Bot.*) Selon Tragus et Gesner, cités par C. Bauhin, ce nom étoit donné au *Lycopodium complanatum*. (J.)

SAVINIER. (*Bot.*) Le traducteur de Daléchamps désigne et figure sous ce nom françois la sabine, *juniperus sabina*. (J.)

SAVO-CANDALO. (*Bot.*) Nom brame du *kari-kandel* du Malabar ; *Rhizophora cylindrica* de Linnæus. (J.)

SAVON DE BECŒUR. (*Chim.*) Préparation savonneuse employée pour préserver la peau des animaux empaillés de l'action des insectes.

Pour faire le savon de Becœur, on fait dissoudre dans 1 litre d'eau 750 gr. de sous-carbonate de potasse ; on y ajoute 2 kilog. de savon blanc, très-divisé ; on expose les matières à une douce chaleur, et on remue continuellement ; on y ajoute ensuite 2 kilog. d'acide arsenieux pulvérisé : quand il est distribué bien également dans toute la masse, on y verse 157 gr. de chaux vive, qu'on a préalablement réduits en une bouillie claire au moyen de l'eau ; on agite, et, enfin, on y incorpore 316 gr. de camphre , qu'on a divisés au moyen de l'alcool. (Cʜ.)

SAVON BLANC. (*Chim.*) On donne ce nom, en général, à un savon solide qui n'a point été marbré avec du sulfate de fer, et, en particulier, au savon que l'on fait à Marseille avec la soude et l'huile d'olive, et auquel on ne donne pas de marbrure. (Cʜ.)

SAVON BOIS-MÈCHE. (*Bot.*) C'est une espèce de pitte, *agave fœtida*, que l'on nomme ainsi à Cayenne, suivant Richard. (J.)

SAVON MÉDICINAL. (*Chim.*) Ce savon se prépare à froid dans les pharmacies de la manière suivante : On mêle dans un mortier de marbre une partie d'une lessive de soude caustique, d'une densité de 1,33 , avec 2 parties d'huile d'amandes douces ; on agite, et quand le savon est gélatineux, on le coule dans des moules. (Cʜ.)

SAVON DE MONTAGNE. (*Min.*) C'est une argile smectique qui a la finesse du grain, la mollesse, le toucher doux et gras, et même l'éclat et la translucidité du savon. Voyez Aʀɢɪʟᴇ. (B.)

SAVON DE NAPLES. (*Chim.*) Ce savon est préparé, m'a-t-on dit, avec la potasse et l'huile de palme. (Cʜ.)

SAVON NOIR , SAVON VERT. (*Chim.*) Ces savons sont préparés avec la potasse et des huiles de graines. On fait du savon noir avec de l'huile de chénevis ; on fait du savon vert avec de l'huile de colza. (Cʜ.)

SAVON DE STARKEY, SAVON TARTAREUX. (*Chim.*) On a donné ces noms à une matière que Starkey obtenoit en abandonnant de l'huile de térébenthine et du sous-carbonate de potasse sec à eux-mêmes dans un matras. Au bout de six mois il enlevoit une matière blanchâtre, molle, qui étoit à la surfare du mélange; celui-ci, abandonné à lui-même pendant un certain temps, donnoit encore de nouvelles matières molles. C'est cette matière qu'on a appelée *savon de Starkey*. Mais il est évident que, s'il se produit une véritable combinaison entre l'alcali et la matière organique, qui sont mis en contact, ce n'est pas l'huile volatile qui en est un des élémens, mais bien une substance qui provient de l'altération que l'huile a subi de la part de l'air. (Cн.)

SAVON TRANSPARENT. (*Chim.*) On m'a assuré que l'on prépare ce savon en faisant dissoudre du savon de suif dans l'alcool, distillant la dissolution pour ne pas perdre l'alcool, agitant le résidu sur le feu jusqu'a ce qu'il présente une matière bien transparente, qui ne contienne plus que très-peu d'eau, et, enfin, coulant cette matière dans des moules. Ce savon doit sa transparence à ce que les trois sels qui le constituent, le stéarate, le margarate et l'oléate de soude, ont éprouvé une sorte de fusion qui ne permet point aux stéarate et au margarate de se séparer plus ou moins de l'oléate par leur tendance à cristalliser, ainsi que cela arrive lorsqu'un savon a été coulé, lorsqu'il retenoit encore beaucoup d'eau. (Cн.)

SAVON DE VENISE. (*Chim.*) C'est du savon que l'on prépare à Venise avec de l'huile d'olive, mais dans lequel on laisse moins d'eau qu'il n'y en a dans le savon de Marseille. (Cн.)

SAVON DES VERRIERS. (*Min.*) C'est le manganèse oxidulé. (Lем.)

SAVON DE WINDSOR. (*Chim.*) C'est un savon de suif et de soude auquel on a ajouté des corps aromatiques, destinés à masquer l'odeur propre au savon de suif. C'est ordinairement l'huile d'anis qu'on emploie à cet usage. (Cн.)

SAVONETTE DE MER. (*Malacoz.*) D'après ce qu'en dit M. Bosc, dans le *Nouveau Dictionnaire d'histoire naturelle*, il paroît que les matelots désignent sous ce nom des amas sphéroïdaux, formés d'un grand nombre de vésicules de la grosseur d'un pois, de couleur jaune, qu'on trouve à la surface de la mer Atlantique et dont les navigateurs font usage pour se laver les mains.

Il paroit qu'on donne quelquefois le même nom, sur nos côtes, à des masses d'œufs arrondies que la mer rejette sur le rivage, et qui sont bien certainement des œufs de buccins ou de pourpre, ce qui fait croire que les savonettes de mer de haute-mer en sont également. (DE B.)

SAVONIER, *Sapindus*. (*Bot.*) Genre de plantes dicotylédones, à fleurs complètes, polypétalées, de la famille des *sapindées*, de l'*octandrie monogynie* de Linnæus, dont le caractère essentiel consiste dans un calice à quatre ou cinq folioles inégales; autant de pétales onguiculés, inégaux, insérés à la base extérieure du disque; huit étamines insérées entre le disque et l'ovaire; les filamens libres; un disque en anneau, entourant l'ovaire, charnu, ondulé, pentagone; un ovaire supérieur à trois coques; trois styles courts, connivens, un peu épais; trois drupes connivens, dont souvent un ou deux avortent; dans chaque loge un noyau, à deux loges monospermes.

SAVONIER MOUSSEUX : *Sapindus saponaria*, Linn., *Spec.*; Lamk., *Ill. gen.*, tab. 307, fig. 1; Sloan., *Jam.*, 2, pag. 131; Commel., *Hort.*, 1, tab. 94; vulgairement ARBRE A SAVONNETTES ou PARA-PARA. Grand arbre, dont le tronc se divise, à quelques pieds de terre, en plusieurs grosses branches étalées, et en rameaux glabres, cylindriques, d'un brun grisâtre, parsemés de petites taches ovales et blanchâtres. Le bois est blanc, gommeux, d'une odeur et d'une saveur approchant de la *résine copal*. Les feuilles sont alternes, ailées, fort amples, sans impaire, composées de quatre ou cinq paires de folioles presque opposées, sessiles, ovales-oblongues, aiguës, un peu obliques, très-entières, luisantes, d'un vert gai, pâles en dessous, longues de trois à quatre pouces et plus, veinées, réticulées. Le pétiole muni d'une aile courte, membraneuse. Les fleurs sont disposées en panicules terminales, très-rameuses, droites, oblongues, légèrement tomenteuses, munies de bractées petites, subulées, pubescentes. Le calice a cinq folioles un peu pubescentes, d'un blanc verdâtre, oblongues, concaves, inégales, arrondies au sommet; les deux extérieures une fois plus courtes; la corolle petite; cinq pétales presque égaux , ovales, obtus, blanchâtres, velus à leurs bords , à peine de la longueur du calice ; huit étamines placées entre le disque et la base de l'ovaire ; les filamens velus et soyeux. Les fruits sont pendans , de la grosseur d'une cerise , globuleux, luisans , d'un roux jaunâtre, contenant sous leur écorce une pulpe jaunâtre , gluante , très-amère , adhérente à un noyau noirâtre , arrondi , dans lequel est renfermée une amande presque aussi savoureuse que la noisette. La liqueur visqueuse qui découle de ces fruits les a fait nommer par les Espagnols *cerises gommeuses*. Cette plante croît aux Antilles et sur le bord du fleuve des Amazones.

Les habitans des Antilles se servent de la racine et surtout des fruits de cet arbre, pour produire sur le linge un effet analogue à celui du savon. On met quelques-uns de ses fruits dans de l'eau chaude, et l'on en savonne les étoffes végétales. L'eau devient blanchâtre , très-mousseuse , et n'ettoie fort bien ; mais on doit éviter l'usage trop fréquent de ce savon, qui, à la longue, gâte et brûle le linge. Les fruits se fondent peu à peu dans l'eau, jusqu'à ce qu'il n'y demeure plus rien que les noyaux, qui sont très-durs et qui, étant percés, servent à faire des grains de chapelets, aussi noirs et même plus luisans et plus beaux que ceux d'ébène. On les appelle *pommes de savon*. On prétend que la liqueur gluante des fruits a la propriété d'arrêter les pertes de sang et même la fièvre. On les recommande dans les pâles couleurs.

Savonier rude : *Sapindus rigida*, Vahl, *Symb.* ; Willd., *Sp.*, 2 , p. 470 ; Lamk., *Ill. gen.*, tab. 307, fig. 2 et 4 ; Gærtn., *De fruct.*, tab. 70 ; Pluken., *Alm.*, tab. 217, fig. 7. Cet arbre est pourvu de rameaux glabres, cylindriques , de couleur cendrée, marqués souvent de petites taches ou de tubercules ovales ; il n'y a point d'épines. Les feuilles sont alternes, pétiolées, ailées sans impaire, composées de trois à quatre paires de folioles opposées, un peu pédicellées, ovales, oblongues, lancéolées , glabres, entières, acuminées, luisantes en dessus, pubescentes en dessous, longues d'environ trois pouces sur un et plus de large , veinées , réticulées ; les pétioles pubescens. Les fleurs sont petites , disposées en une grappe terminale, rameuse, paniculée, longue d'environ un pied ; les rameaux étalés ; les pédoncules courts , épais, garnis de petites bractées caduques. Le calice est un peu velu ; les pétales glabres, concaves, arrondis ; l'ovaire glabre et ovale ; trois drupes, dont deux avortent très-souvent : ils sont globuleux, charnus, de la grosseur d'une petite cerise, très-glabres. Cette plante croît à l'île Bourbon.

Savonier a feuilles de laurier : *Sapindus laurifolia*, Vahl. *Symb.* ; Willd., *Spec.* ; *Sapindus trifoliatus*, Linn., *Flor. Zeyl.*, n.° 603 ; *Poerensis seu Vercoe poelongi*, Rhéede, *Malab.*, 4, tab. 19 ; vulgairement Manipongon. Les rameaux de cet arbre sont glabres, cylindriques, striés, un peu pubescens à leur sommet ; les feuilles pétiolées, alternes, ailées, composées ordinairement de trois paires de folioles sans impaire, pédicellées, presque opposées, longues d'environ quatre ou cinq pouces, larges de deux, ovales, oblongues, obtuses, glabres, entières. Les fleurs sont disposées en une panicule touffue, terminale ; ses ramifications courtes, nombreuses, inégales, un peu pubescentes, munies de bractées courtes et ovales. Le calice est à cinq petites folioles ovales, arrondies ; la corolle blanche ; les cinq pétales oblongs, velus, onguiculés, renflés à leur sommet, garnis à leurs bords d'un duvet tomenteux, très-blanc ; les filamens velus ; les fruits fort petits, velus, globuleux. Cette plante croît dans les Indes orientales, sur la côte de Coromandel. Les fruits servent à blanchir les soies et les toiles.

Savonier a feuilles échancrées ; *Sapindus emarginata*, Vahl, *Symb.* ; Willd., *Spec.* Cet arbre a des rameaux glabres, cylindriques, de couleur cendrée, de la grosseur du petit doigt ; les feuilles alternes, pétiolées, ailées sans impaire, à quatre ou six folioles un peu pédicellées, opposées ou alternes, longues de deux ou trois pouces ; les folioles inférieures plus petites, oblongues, un peu rétrécies à leur base, échancrées et obtuses au sommet, entières, glabres, coriaces, velues en dessous. Les fleurs sont disposées en un ample panicule terminal ; les ramifications nombreuses, pubescentes, garnies à leur base de petites bractées ovales ; le calice est pubescent, à cinq folioles ovales, concaves ; cinq pétales oblongs, velus en dehors, un peu plus longs que le calice, munis à leurs bords d'un duvet tomenteux, très-blanc ; les filamens velus, au nombre de huit, de la longueur de la corolle. Le fruit consiste en trois drupes un peu turbinés ou globuleux, couverts de poils épais et jaunâtres : ils renferment des semences noirâtres.

SAVONIER ROUILLÉ : *Sapindus rubiginosa*, Willd., *Sp.;* Roxb., *Corom.*, 1, tab. 62. Cet arbre s'élève à une hauteur assez considérable. Ses rameaux sont droits et nombreux; les feuilles alternes, fort amples, ailées; les folioles oblongues, lancéolées, aiguës, entières, velues en dessous, opposées, un peu pédicellées, au nombre de huit à dix. Les fleurs sont réunies en une panicule droite, terminale, étalée; les ramifications simples, élancées; le calice court, à quatre folioles ovales, obtuses. La corolle est glabre, petite, à quatre pétales obtus; le style presque de moitié plus court que les filamens des étamines; un ovaire à trois lobes, auquel succèdent trois drupes monospermes, dont deux avortent bien souvent. Cette plante croit sur les montagnes, à la côte de Coromandel.

SAVONIER ARBORESCENT : *Sapindus arborescens*, Aubl., *Guian.*, 1, tab. 139; vulgairement MACA-APA-IPOU des Galibis. Cet arbre s'élève à la hauteur de huit à dix pieds sur un tronc de neuf pouces de diamètre. Le bois est blanchâtre; l'écorce raboteuse et cendrée : il pousse à son sommet quelques branches noueuses et ramifiées. Les feuilles sont alternes, pétiolées, composées de trois paires de folioles lisses, coriaces, ovales, glabres, vertes à leurs deux faces, entières, aiguës, longues d'environ six pouces sur deux de large. Les fleurs sont réunies en grappes axillaires : elles produisent des fruits composés de trois drupes ovoïdes, de couleur rouge, pédicellés, conservant à leur base un calice à quatre folioles aiguës. Cet arbre croît à Cayenne, dans les forêts qui bordent la crique des Galibis.

SAVONIER A QUATRE FOLIOLES; *Sapindus tetraphylla*, Vahl, *Symb.*, 3, pag. 54. Cette plante a des rameaux glabres, cylindriques, de couleur cendrée. Les feuilles sont pétiolées, alternes, ailées sans impaire, composées de quatre folioles médiocrement pédicellées; les deux inférieures alternes, les deux supérieures opposées, longues de trois pouces, lancéolées, oblongues, un peu obtuses, entières, très-glabres, d'un vert pâle, veinées, point rétrécies à leur base. Les fleurs sont réunies en une panicule composée de plusieurs grappes

simples, droites, longues de trois à quatre pouces; les pédoncules blanchâtres, striés, presque anguleux. hérissés d'aspérités ou de petites dents par la chute des pédicelles; ceux-ci
sont très-courts, munis à leur base de bractées ovales, fort
petites. Le calice est soyeux, luisant, à cinq folioles ovales,
arrondies; la corolle glabre; cinq pétales plus longs que le
calice; les filamens des étamines velus, au nombre de huit.
Cette plante croit dans les Indes orientales.

Savonier frutescent; *Sapindus frutescens*, Aubl., Guian., 1,
tab. 138. Cet arbrisseau a une tige droite, simple, haute de
sept à huit pieds sur deux pouces de diamètre. Le bois est
cassant, blanchâtre; l'écorce cendrée et raboteuse. Les feuilles
sont alternes, pétiolées, ailées, composées de sept à huit
paires de folioles sans impaire, ovales, lancéolées, presque
alternes, lisses, coriaces, luisantes, entières, acuminées, longues de huit ou dix pouces, larges de trois, médiocrement pédicellées. Les fleurs sont disposées en grappes axillaires; elles
produisent des drupes secs, coriaces, d'un beau rouge, sphériques, marqués d'un sillon à un de leur côté, par lequel elles
s'ouvrent en deux parties et renferment une semence luisante, noire, enveloppée d'une membrane; l'intérieur des
drupes jaunâtre. Cette plante croît à Cayenne, sur le bord
des terrains défrichés, ainsi que dans les grandes forêts de
la Guiane.

Savonier du Sénégal; *Sapindus senegalensis*, Poir., Encycl.
Cette espèce est munie de rameaux droits, effilés, pubescens
et rouillés dans leur jeunesse. Les feuilles sont amples, alternes, rapprochées, composées de deux à quatre paires de
folioles très-glabres, les unes larges, ovales, obtuses, d'autres plus étroites, lancéolées, rétrécies à leur base, un peu
acuminées au sommet, d'un vert cendré ou un peu glauque
en dessus, plus pâles en dessous, entières: les nervures saillantes des deux côtés, confluentes à leur sommet; l'intervalle rempli par des nervures en réseau; les pétioles glabres
ou un peu pubescens: le fruit ovale, globuleux, de la grosseur d'une fraise. Cette plante a été découverte au Sénégal
par Adanson et M. Geoffroy. (Poir.)

SAVONIÈRE. (*Bot.*) Chomel cite sous ce nom la saponaire.
(J.)

SAVONS. (*Chim.*) On a donné le nom de savons à des combinaisons de potasse ou de soude avec les acides stéarique, margarique et oléique. On les prépare en soumettant des corps gras, essentiellement formés de stéarines et d'oléine, au contact de la potasse ou de la soude caustique.

Les savons du commerce diffèrent surtout les uns des autres, 1.° par leur degré de dureté ou de mollesse; 2.° par leur odeur.

Nous allons les envisager sous ces deux rapports, ainsi que nous l'avons fait dans notre ouvrage sur les corps gras d'origine animale. [1]

A. *Des savons considérés sous le rapport de leur degré de dureté ou de mollesse.*

On appelle savons durs, ceux qu'on obtient en saponifiant par la soude l'huile d'olive et surtout les graisses animales; et savons mous, ceux qu'on obtient en saponifiant par la potasse les huiles de graines, en général, et les huiles animales plus ou moins fluides.

Quand on cherche en quoi consiste la propriété qu'ont les savons d'être *durs* ou *mous*, on trouve que ces propriétés dépendent de la manière dont les savons agissent sur l'eau. En effet, les *savons durs* perdent la plus grande partie de leur eau de fabrication par l'exposition à l'air, et quand ils l'ont perdue, ils ne se dissolvent que lentement dans l'eau froide, et sans s'y délayer. Les *savons mous*, au contraire, ne peuvent jamais être séchés par leur exposition à l'air, et l'eau qu'ils retiennent les rend mous ou gélatineux, et si, après les avoir séchés au moyen de la chaleur, on les met dans l'eau froide, ils sont dissous par ce liquide ou ils s'y délaient plus ou moins.

En recherchant pourquoi un savon est plus ou moins soluble dans l'eau, on en trouve les causes, 1.° dans la *nature de la base alcaline*; 2.° dans celle de la *matière grasse qui est unie à cette base.*

---

[1] Recherches chimiques sur les corps gras d'origine animale. A Paris, chez Levrault, 1823.

a) *L'influence de la base alcaline* est démontrée par les expériences suivantes : que l'on saponifie deux quantités d'un même corps gras, l'une par la potasse, et l'autre par la soude, et on observera constamment que le savon de soude est moins soluble que celui de potasse.

b) *Influence de la matière grasse.* Si la base alcaline seule avoit de l'influence pour constituer les savons durs ou mous, il en résulteroit que tous les corps gras, saponifiés par la potasse, donneroient des savons mous, tandis qu'ils en donneroient de durs quand ils le seroient par la soude : or c'est ce qui n'arrive pas, car l'huile d'olive, et surtout les graisses animales peu fusibles, donnent avec la soude des savons qui sont beaucoup plus durs que les savons d'huile de graines et d'huile animales à base de soude ; et, en second lieu, ces mêmes huiles forment avec la potasse des savons beaucoup plus mous que ne le sont les savons d'huile d'olive et de graisses animales peu fusibles à base de potasse. Ces résultats sont évidens, lorsqu'on considère l'action de l'eau froide sur les savons ou plutôt sur les sels que les acides stéarique, oléique et margarique forment avec la soude et la potasse.

Le stéarate de soude peut être considéré comme le type des savons durs. Il ne paroît pas éprouver d'action de la part de dix fois son poids d'eau. Le stéarate de potasse produit un mucilage épais avec la même proportion d'eau.

L'oléate de soude est soluble dans 10 fois son poids d'eau. L'oléate de potasse forme une gelée avec le double de son poids du même liquide, et une dissolution avec 4 fois son poids. Il est assez déliquescent pour que 100 parties absorbent, dans une atmosphère saturée de vapeur d'eau à la température de 12^d, 162 parties de ce liquide.

Les combinaisons de l'acide margarique avec la soude et la potasse ne diffèrent de celles de l'acide stéarique avec les mêmes bases, qu'en ce que l'eau exerce une action plus forte sur les premières combinaisons que sur les secondes.

Les stéarates, les margarates, les oléates de potasse ou de soude peuvent s'unir ensemble en toutes sortes de proportions.

Avec ces notions et les résultats suivans il sera facile d'expliquer les différences que présentent les savons sous le rapport de la solidité ou de la mollesse.

1.º Les savons de graisse humaine, d'huiles végétales. sont formés d'oléate et de margarate, unis en des proportions très-variables. On remarque en outre que les savons sont d'autant plus mous qu'ils contiennent plus d'oléate, et, conséquemment moins de margarate.

Les savons de graisse de mouton, de bœuf et de porc, le savon de beurre, abstraction faite des sels odorans qu'ils peuvent contenir, sont formés, non-seulement de margarate et d'oléate, comme les précédens, mais encore de stéarate. L'on observe que la dureté est d'autant plus grande que le stéarate est plus abondant par rapport à l'oléate.

Les stéarines donnant principalement dans la saponification les acides stéarique et margarique, et l'oléine donnant l'acide oléique, il s'ensuit :

1.º Que, d'après la proportion des stéarines à l'oléine, dans les corps gras saponifiables, proportion qu'on peut conclure du degré de fusibilité de ces substances, il est possible de prévoir le degré de dureté ou de mollesse des savons que ces corps produiront ;

2.º Qu'il est facile d'imiter un savon donné, en prenant des stéarines et de l'oléine dans des proportions telles que les acides stéarique, margarique et oléique, qu'elles sont susceptibles de former par l'action des alcalis, soient entre eux dans le même rapport que celui où ces acides se trouvent dans le savon qu'on se propose d'imiter. Ainsi, en ajoutant à des huiles qui ne donneroient que des savons mous avec la soude, des corps abondans en stéarines, tels que la cire du *myrica cerifera*, beaucoup de substances qu'on a appelées *beurres végétaux*, on peut imiter le savon d'huile d'olive ; savon qui ne diffère bien essentiellement des savons d'huiles de graines qu'en ce qu'il contient moins d'acide oléique.

Ces résultats, déduits de mes expériences, furent consignés dès 1816 dans un dépôt que je fis à l'Académie des sciences.

B. *Des savons considérés sous le rapport de l'odeur.*

Les savons sont *inodores*, comme ceux de graisse humaine, de graisse de porc, ou *odorans*, comme ceux de beurre, d'huile de dauphin, de suif. Les odeurs des savons sont dues à des principes absolument distincts des acides stéarique, margarique et oléique; car,

1.° D'une part, en décomposant ces savons, dissous dans l'eau par l'acide tartrique ou phosphorique, et en soumettant à la distillation les liquides aqueux filtrés, on observe : 1) que le produit provenu du savon de beurre, contient des acides butirique, caproïque et caprique ; 2) que le produit du savon d'huile de dauphin contient de l'acide phocénique ; 3) que le produit du savon de suif contient de l'acide hircique. (Voyez Phocénique [Acide]).

2.° D'une autre part, en lavant suffisamment les acides stéarique, margarique et oléique, provenant des savons odorans, on finit par amener ces acides à un tel état de pureté, qu'en les unissant à la potasse et à la soude, ils forment des savons inodores.

Analyse du savon par l'eau.

En délayant les savons supposés formés d'oléate, de stéarate et de margarate, dans l'eau froide, on dissout : 1.° l'oléate ; 2.° *une portion* de stéarate et de margarate; 3.° l'alcali, provenant de la réduction en sursel de *l'autre portion* de stéarate et de margarate. Le bi-stéarate et le bi-margarate de cette portion se déposent à l'état d'une matière nacrée, retenant presque toujours un peu de suroléate.

Quand on opère avec les savons à base de soude, il faut employer plus d'eau que quand on opère avec les savons à base de potasse. Celui-ci doit donc être préféré quand on veut réduire un savon en bi-margarate, et en bi-stéarate pour se procurer les acides gras qui constituent les savons.

Lorsque le dépôt de ces sursels est bien séparé du liquide, on décante celui-ci, et on lave le dépôt avec de l'eau, puis on le met sur un filtre à égoutter ; quand il est sec, on le dissout dans l'alcool bouillant. On obtient par le refroidissement un précipité dans lequel il y a une proportion plus forte de bi-stéarate, relativement au bi-margarate, que le dépôt qui a été traité, par la raison que le bi-stéarate est encore plus soluble que le bi-margarate. On conçoit d'après cela qu'en réitérant la dissolution du dépôt dans l'alcool bouillant, on finisse par obtenir du bi-stéarate. Par ce moyen j'ai obtenu un acide stéarique, fusible à 70^d, des matières nacrées, des savons de suif de bœuf et de mouton, et du savon de graisse de porc.

Quant à l'acide oléique, on le trouve dans le liquide d'où la matière nacrée s'est déposée; mais, comme il est mêlé de stéarate et de margarate, il faut neutraliser l'alcali en excès, et abandonner la liqueur à elle-même, jusqu'à ce qu'il ne se dépose plus de matière nacrée.

Quand on est arrivé à ce résultat, on décompose l'oléate par l'acide hydrochlorique; on abandonne l'acide oléique à des températures de plus en plus basses, en ayant soin de le séparer chaque fois par la pression des cristaux qui s'y forment, et cela jusqu'à ce qu'on ait un produit fluide à 4 degrés au-dessous de zéro.

Quand on traite le savon de graisse humaine par l'eau, on obtient les mêmes résultats que précédemment, avec cette différence que la matière nacrée n'est composée que de bi-margarate et d'un peu de suroléate, qu'on en sépare au moyen de l'alcool et de la cristallisation opérée par le refroidissement. C'est donc ce savon qu'on doit employer de préférence pour obtenir l'acide margarique.

Les acides stéarique et margarique se séparent de la potasse au moyen de l'acide hydrochlorique.

Action de l'alcool sur les savons.

Lorsqu'on soumet à l'action de l'alcool froid du savon réduit en poudre, on dissout la plus grande partie de l'oléate et très-peu de margarate et de stéarate. Si, après avoir fait deux traitemens à froid, on traite le résidu par l'alcool bouillant, on obtiendra par refroidissement un dépôt formé de stéarate et de margarate; si on réitère la dissolution et la cristallisation de ce dépôt, on finit par obtenir du stéarate.

Quant à l'oléate, on le séparera de l'alcool; on le décomposera par l'acide hydrochlorique; on exposera l'acide oléique à une température de plus en plus basse, et on obtiendra par ce moyen de l'acide oléique, encore fluide, à 4 degrés au-dessous de zéro. (Ch.)

SAVONS ACIDES. (*Chim.*) Tant qu'on a ignoré la véritable composition des savons, les différences qui existent entre les acides stéarique, margarique, oléique et les corps gras formés de stéarines et d'oléine d'où ils proviennent, on a pu croire que la dénomination de *savons acides* pouvoit être appliquée aux graisses, aux huiles fixes, et même aux huiles volatiles qu'on traitoit par des acides énergiques, tels que l'acide sulfurique concentré, et qui sembloient acquérir par là, sinon la propriété de se dissoudre dans l'eau, au moins celle de s'y délayer, ou de faire plus facilement une émulsion qu'avant d'avoir été soumises au contact de l'acide. Mais aujourd'hui, que la nature des savons alcalins est parfaitement connue, que leur composition est rapportée à de véritables espèces de sels, on ne peut donner le nom de *savons acides* aux matières résultantes de l'action des acides énergiques sur des corps gras. En effet, parmi les corps gras qu'on a soumis à l'action des acides, il y en a qui sont trop différens les uns des autres pour qu'on soit fondé à en conclure qu'ils doivent donner des produits, sinon identiques, au moins analogues par l'action d'un même acide ; en second lieu, dans les recherches que j'ai faites sur les produits de l'action de l'acide sulfurique concentré sur les corps gras formés de stéarines et d'oléine[1], on voit qu'il y a un trop grand nombre de substances distinctes produites simultanément, et que ces substances sont bien loin de former, avec l'acide sulfurique, des composés définis, comme le sont les savons alcalins.

D'après ces considérations et d'après cette règle que nous

---

1 La graisse de porc, formée de stéarines et d'oléine, traitée par un poids d'acide sulfurique concentré égal au sien, m'a donné :

1.º De l'acide *sulfo-adipique* ;

2.º Une substance douceâtre qui a les plus grands rapports avec la glycérine ;

3.º De l'acide stéarique ;

4.ᵉ De l'acide margarique ;

5.º De l'acide oléique ;

6.º Une substance organique unie probablement à de l'acide hyposulfurique.

La stéarine de mouton, soumise au même traitement, a donné les mêmes produits.

nous sommes prescrites, de ne donner des noms distincts qu'à des corps simples ou à des substances qui ont le caractère des composés définis, nous rejetterons l'expression de *savons acides* de la nomenclature scientifique. (Cʜ.)

SAVONS ALCALINS. (*Chim.*) En général, la dénomination de *savons alcalins* ne s'applique guère qu'aux savons de potasse, de soude et d'ammoniaque, quoique l'on mette la baryte, la strontiane, la chaux et la magnésie au nombre des alcalis; cela tient à ce que les trois premiers alcalis sont les seules bases salifiables qui forment des savons solubles dans l'eau, et que sous ce rapport leurs savons diffèrent absolument des savons de baryte, de strontiane, de chaux et de magnésie. (Cʜ.)

SAVONS DURS ET SAVONS MOUS. (*Chim.*) Voyez Sᴀᴠᴏɴꜱ. (Cʜ.)

SAVONS MÉTALLIQUES, SAVONS TERREUX. (*Chim.*) Tant qu'on a distingué les terres des oxides métalliques, il a été tout naturel de donner le nom de savons terreux aux savons résultant de l'union des corps gras saponifiés avec les bases salifiables appelées terres, et le nom de savons métalliques aux savons résultant de l'union de ce ces mêmes corps gras avec les oxides métalliques.

Quoique la baryte, la strontiane, la chaux et la magnésie soient comptées parmi les alcalis, cependant on a considéré plus généralement ces savons comme des savons terreux, que comme des savons alcalins; et cela, parce que les savons de baryte, de strontiane, de chaux et de magnésie sont insolubles dans l'eau, comme le sont les savons terreux. (Cʜ.)

SAVONULES. (*Chim.*) Dans la Nouvelle nomenclature chimique on avoit proposé ce nom pour désigner les combinaisons que l'on supposoit pouvoir être produites par les alcalis et les huiles volatiles. On n'a jamais compté qu'un seul *savonule*, le *savon de Starkey*; mais cette matière ne peut être considérée comme un composé d'alcali et d'huile volatile de térébenthine. Voyez Sᴀᴠᴏɴ ᴅᴇ Sᴛᴀʀᴋᴇʏ. (Cʜ.)

SAVORÉE. (*Bot.*) Un des noms françois anciens de la sarriette. (J.)

SAV-ORRE. (*Ornith.*) Nom norwégien, qui s'écrit aussi *soe-orre*, du petit grèbe huppé de Buffon, *colymbus auritus*, Linn. (Cʜ. D.)

SAWARAGI. (*Bot.*) Un des noms japonois du *thuya dola-brata*, cité par Thunberg. (J.)

SAWKI. (*Ornith.*) Buffon rapporte ce mot kamtschadale au canard à longue queue de Terre-Neuve, et l'auteur des articles d'ornithologie, dans le Nouveau Dictionnaire d'histoire naturelle, dit que le mot *savki* est le nom sibérien d'un petit canard à bec bleu. (Сн. D.)

SAXATILES [Plantes]. (*Bot.*) Croissant sur les rochers isolés ; exemples : *aira flexuosa, sedum, iberis saxatilis,* etc. (Mass.)

SAXICAVE, *Saxicava.* (*Malacoz.*) Genre d'acéphales con-chylifères, de la famille des pyloridés, établi par M. Fleuriau de Bellevue, et qui renferme des coquilles térébrantes ou qui vivent dans l'intérieur des rochers, des madrépores, etc.; voici les caractères que M. de Blainville lui a assignés, en considérant l'animal et la coquille : Animal alongé, subcylindrique ; manteau fermé de toutes parts, prolongé en arrière par deux tubes longs, épais, à peine séparés extérieurement, et percé inférieurement et en avant par un orifice arrondi pour le passage d'un pied très-petit et canaliculé; bouche très-grande ; appendices labiaux petits; lames branchiales libres; la paire externe beaucoup plus courte que l'interne. Coquille épaisse, épidermée, un peu irrégulière, alongée, cylindroïde, obtuse aux deux extrémités; sommets peu marqués; charnière édentule ou avec une très-petite dent rudimentaire ; ligament extérieur assez bombé; deux impressions arrondies, assez peu éloignées pour les muscles adducteurs; deux ou trois autres irrégulières pour les muscles rétracteurs des tubes, sans trace d'impression palléale.

Toutes les saxicaves, ainsi que l'indique le nom de ce genre, vivent dans les pierres calcaires, qu'elles creusent probablement comme les autres bivalves lithodomes ou térébrantes, soit à l'aide d'un fluide acide, comme le pense M. Fleuriau de Bellevue, soit à l'aide d'un mouvement de rotation, dont l'action est facilitée par le ramollissement préalable de la partie de la pierre en contact avec le pied de l'animal, comme le croit M. de Blainville. (Voyez le mot LITHOPHAGES, où cette question a été discutée.)

Les saxicaves sont toujours assez petites, et constamment

blanches sous l'épiderme. On en connoit de toutes les mers; mais il est assez souvent difficile de les distinguer, parce que les coquilles paroissent offrir beaucoup de variations. Voici les espèces caractérisées par M. de Lamarck.

La SAXICAVE RIDÉE : *Saxicava rugosa*, de Lamk., tom. 5, p. 5o1, n.° 1; *Mytilus rugosus*, Linn., *Syst. nat.*, 12, p. 1156; Pennant, Zool. brit., 4, pl. 63, fig. 72. Coquille rugueuse, ovale, obtuse aux deux extrémités, striée grossièrement et irrégulièrement dans sa longueur.

De l'océan du Nord, des mers Britanniques.

La S. GALLICANE; *S. gallicana*, de Lamk., *loc. cit.*, n.° 2. Coquille ovale-oblongue, un peu prolongée et tronquée en arrière, striée assez irrégulièrement dans sa longueur.

Des côtes de La Rochelle, de la Manche, aux environs de Cherbourg, de Saint-Valéry, de Dieppe, dans les rochers calcaires, dans le têt des grosses huîtres.

Quoique M. de Lamarck pense que cette coquille doit être distinguée de la précédente, parce qu'elle est moins grande, moins renflée qu'elle, plus tronquée en arrière, je doute un peu que ces différences suffisent pour en former une espèce.

La S. PHOLADINE : *S. pholadis*, de Lamk., *loc. cit.*, p. 5o2, n.° 3; *Mytilus pholadis*, Gmel.; Mull., *Zool. Dan.*, 3, tab. 87, fig. 1 — 3. Coquille oblongue, plus obtuse en avant qu'en arrière, grossièrement rugueuse par des stries longitudinales; d'un pouce un quart de long sur un demi-pouce de haut.

Cette coquille, dont l'animal porte un véritable byssus et diffère par conséquent beaucoup de celui des saxicaves, est le type du genre Byssomye de M. Cuvier, genre que nous avons adopté (voyez à l'article MOLLUSQUES, notre *Genera*). Il paroît d'ailleurs qu'elle ne perce pas les pierres à la manière des véritables saxicaves, comme on le trouve rapporté par Gmelin et par M. de Lamarck, et qu'elle vit dans les interstices, dans les fissures des roches, à la manière des moules. Quelquefois elle est pour ainsi dire saisie par l'accroissement du millépore polymorphe, mais elle ne le perce pas. Dans ce dernier cas Othon Fabricius fait l'observation que l'animal n'a plus de byssus. M. Cuvier a fait la même observation pour les moules lithodomes.

La S. AUSTRALE ; *S. australis*, de Lamk., *loc. cit.*, n.° 4;

Mactra crassa, Péron, Lesueur. Coquille ovale, renflée, striée dans sa longueur, avec une côte oblique indiquée du corselet à la partie postérieure.

Sur les bords de l'île aux Kanguroos dans l'Australasie.

C'est de cette espèce que j'ai tiré les caractères du genre. Elle est réellement assez difficile à distinguer de la saxicave commune dans nos mers; car la sorte de côte que M. de Lamarck fait entrer dans sa caractéristique, se trouve bien souvent, pour ne pas dire toujours, dans la saxicave ridée.

La SAXICAVE VÉNÉRIFORME; *S. veneriformis*, de Lamk., *l. c.*, n.° 5. Coquille bien plus grande que les précédentes, oblongue, avec des stries longitudinales variables.

Sa patrie est inconnue; elle existe dans la collection du Muséum.

M. de Lamarck ajoute que le *mytilus rugosus* de Schroëter, *Einl. in die Conch.*, 3, p. 429, tab. 9, fig. 14, lui paroît aussi appartenir à ce genre. Cela est possible; mais il est fort difficile d'assurer si c'est une espèce distincte. (DE B.)

SAXICAVE. (*Foss.*) Des coquilles de ce genre ont été trouvées dans des couches antérieures à la craie; mais, comme elles ne s'y sont pas trouvées dans un état de pétrification, on n'est pas assuré dans quelle époque elles ont vécu; et on en a rencontré un plus grand nombre d'espèces dans les couches qui sont plus nouvelles que cette substance.

SAXICAVE DE GRIGNON : *Saxicava grignonensis*, Desh., Descr. des coq. foss. des env. de Paris, tom. 1.er, pag. 64, pl. IX, fig. 18 et 19. Coquille ovale, bossue, assez profonde, subsinueuse, couverte de stries transverses irrégulières, provenant de ses accroissemens, bâillante aux deux bouts, portant une dent cardinale, à crochets saillans et un peu cordiformes. Quoique les coquilles de cette espèce ne se rencontrent pas dans des pierres, M. Deshayes pense qu'elles doivent entrer dans le genre Saxicave, parce qu'elles en ont le *facies* et la charnière, et que souvent elles ont pris la forme irrégulière de la cavité qui les contenoit. Nous avons trouvé de ces coquilles dans des univalves, où on peut croire qu'elles ont vécu et pris leur accroissement, et où elles ont été tellement gênées par la columelle, que souvent elles portent un sinus considérable au bord inférieur. Longueur, plus de quatre lignes;

largeur, huit lignes. Fossile de Grignon, département de Seine-et-Oise, dans le calcaire grossier. Nous avions cru que cette espèce pourroit appartenir au genre Pétricole, et nous l'avons présentée dans le tome XXXIX, pag. 243, de ce Dictionnaire, sous le nom de Pétricole variable; mais nous pensons avec M. Deshayes qu'elle doit plutôt entrer dans le genre Saxicave.

Saxicave modioline; *Saxicava modiolina*, Desh., *loc. cit.*, même pl., fig. 27, 28 et 29. Coquille ovale, transverse, mince, fragile, couverte de fines stries longitudinales, portant une seule dent sur chaque valve, et à sommets saillans. Cette espèce a l'aspect d'une modiole; mais sa charnière doit la faire ranger dans les saxicaves. Longueur, deux lignes; largeur, quatre lignes. On la trouve dans les pierres à Valmondois, département de Seine-et-Oise.

Saxicave nacrée; *Saxicava margaritacea*, Desh., *loc. cit.*, même pl., fig. 22, 23 et 24. Coquille ovale-déprimée, très-mince et très-fragile, couverte de stries transverses irrégulières, provenant de ses accroissemens, bâillante; à valves profondes et nacrées intérieurement; la charnière présente d'un côté une dent irrégulière pyramidale, qui est reçue du côté opposé dans une fossette cardinale. Longueur, plus de deux lignes; largeur, plus de cinq lignes. On trouve cette espèce à Valmondois, dans des pierres, dont il est difficile de la retirer, à cause de sa fragilité.

Saxicave aplatie; *Saxicava depressa*, Desh., *loc. cit.*, même pl., fig. 20 et 21. Coquille arrondie, comprimée, nacrée, bâillante aux deux bouts, couverte de stries transverses irrégulières, provenant de ses accroissemens et portant une seule dent à la charnière. Cette espèce a de très-grands rapports avec la saxicave nacrée; mais elle est plus déprimée, plus mince, plus fragile, plus large. Ses crochets sont à peine saillans. M. Deshayes a cru que ces raisons suffiroient pour la faire regarder comme une espèce particulière. Longueur, cinq lignes; largeur, six lignes. On la trouve avec la précédente, mais elle est plus rare.

Saxicave vaginoïde; *Saxicava vaginoides*, Desh., *loc. cit.*, même pl., fig. 25 et 26. Coquille ovale-alongée, presque cylindrique, marquée postérieurement de fines stries peu régulières et transversales, mince, à crochets apparens. La lame cardinale, presque nulle, ne présente qu'une seul dent rudimentaire. Longueur, deux lignes; largeur, plus de quatre lignes. M. Deshayes a découvert cette espèce à Acy, département de l'Oise, en cassant des polypiers trouvés dans la couche du grès marin supérieur.

Saxicave anatine; *Saxicava anatina*, de Bast., Mém. géol. sur les env. de Bordeaux, pag. 92. Coquille transversalement striée, très-variable dans ses formes, quelquefois bâillante, portant une dent calleuse sur une valve, et sur l'autre une dent lamelleuse. On trouve cette espèce à Saucats, près de Bordeaux, dans des trous qu'elle a faits dans le calcaire d'eau douce.

Saxicave alongée; *Saxicava elongata*, Def. Cette espèce est très-variée dans ses formes; quelques individus n'ont que deux lignes de longueur, sur sept lignes de largeur; mais d'autres ont une forme plus raccourcie et plus large. Le bout antérieur est pointu; l'extérieur des valves est fort irrégulier et on ne voit aucune dent à la charnière. Des coquilles de cette espèce ont été découvertes par Faujas dans des trous formés dans un bloc de pierre calcaire, qui contenoit des ammonites et des nautiles. Ce bloc a été trouvé à une profondeur de soixante pieds, dans la commune de Cliou, canton de Loriol, département de la Drôme. Il étoit percé par ces coquilles, dans lesquelles on en a trouvé une, ou quelquefois deux autres du genre *Clotho*. Il est extrêmement probable que les saxicaves seules avoient la faculté de faire ces trous, dans lesquels venoient se placer les autres, soit en parasites ou après la mort des saxicaves. Ces trous, qui sont formés dans une pierre très-dure des couches anciennes, sont très-certainement d'une époque plus nouvelle que ces couches; mais il est difficile de savoir à laquelle ils peuvent appartenir.

Saxicava rugosa, Sow., *Min. conch.*, tom. 5, pag. 101, pl. 466. M. Sowerby a cru pouvoir rapporter à l'espèce que M. de Lamarck a nommée saxicave ridée, et qui vit dans les mers Britanniques, celle qu'on a trouvée dans le crag de Suffolk en Angleterre; mais, d'après la figure ci-dessus citée, nous pensons qu'elle a peu de rapports avec celle qu'on trouve à l'état vivant sur les côtes de Weymouth et que nous ayons sous les yeux. Celle-ci est beaucoup plus longue; elle n'a aucune dent à la charnière et ne porte aucune trace d'épines comme celle qui est à l'état fossile.

M. Brongniart a trouvé à Uddevalla-Gotheborg un dépôt de coquilles de genres et d'espèces analogues à ceux des côtes voisines, dans lequel s'est trouvé une saxicave qui se rapporte peut-être à la *saxicava veneriformis* de Lamarck. Elle est ovale aux deux bouts, sans dents à la charnière et couverte de stries transversales assez régulières. Sa longueur est de huit lignes, et sa largeur d'un pouce et demi. Ce dépôt se trouve à trois cents pieds au-dessus du niveau actuel de la mer; mais ces coquilles ne peuvent être regardées comme celles qu'on rencontre dans les couches de la terre. On peut penser qu'une révolution locale les auroit élevées à cette hauteur. (D. F.)

SAXICOLA. (*Ornith.*) Nom latin des traquets. (Cʜ. D.)

SAXIFRAGA. (*Bot.*) Ce nom a été donné par divers auteurs à plusieurs plantes qui croissent sur les murailles ou au milieu des pierres, qu'elles paroissent avoir brisé ou divisé pour sortir hors de terre. Il a été conservé à un genre qui est le type de la famille des saxifragées, et dont plusieurs espèces croissent sur les murs et dans des terrains pierreux. On l'a donné pour la même raison au *silene saxifraga*, au *gypsophila saxifraga*, au *pimpinella saxifraga*, à des *asplenium*, des *seseli*, à un *chrysosplenium*, un *saponaria*, un *ligustinum*, un *scleranthus*, un *arenaria*, et à plusieurs autres. (J.)

SAXIFRAGE ; *Saxifraga*, Linn. (*Bot.*) Genre de plantes dicotylédones polypétales, qui a donné son nom à la famille des *saxifragées*, Juss., et qui, dans le Système sexuel, appartient à la *décandrie digynie*. Il offre pour caractères : Un calice persistant, à cinq divisions plus ou moins profondes ; une corolle de cinq pétales ; dix étamines à filamens subulés, terminés par des anthères arrondies ; un ovaire supère et libre, ou demi-infère, ou tout-à-fait infère, et plus ou moins adhérent avec le calice, surmonté de deux styles courts, terminés par des stigmates obtus ; une capsule ovale, à une seule loge terminée par deux pointes, qui sont les styles persistans, s'ouvrant en deux valves par sa partie supérieure, et contenant des graines petites et nombreuses.

Les saxifrages sont des plantes herbacées, à feuilles entières ou découpées, souvent alternes et rassemblées à la base ou dans la partie inférieure des tiges, rarement opposées sur celles-ci, et dont les fleurs sont le plus ordinairement disposées en grappe ou en panicule d'un aspect agréable. Le nom qu'elles portent leur vient de ce qu'un grand nombre d'entre elles croît dans les fentes des rochers. On en connoît aujourd'hui environ cent cinquante espèces, dont à peu près la moitié est naturelle à l'Europe.

* Ovaire supère; feuilles alternes.

SAXIFRAGE A FEUILLES CHARNUES ; *Saxifraga crassifolia*, Linn., *Sp.*, 573. Sa racine est épaisse, horizontale, vivace ; elle produit six à huit grandes feuilles ovales, un peu charnues, coriaces, glabres, d'un vert foncé, pétiolées, étalées sur la terre et bordées de quelques dents irrégulières. Du milieu d'elles s'élève une tige cylindrique, glabre, simple dans la plus grande partie de sa longueur, partagée, dans sa partie supérieure, en plusieurs ramifications, sur lesquelles sont portées des fleurs nombreuses, assez grandes, d'une couleur purpurine claire, et formant, dans leur ensemble, une belle panicule. Cette espèce est originaire des montagnes de la Sibérie. On la cultive, depuis une soixantaine d'années, pour l'ornement des jardins, où elle fleurit à la fin de Mars ou au commencement d'Avril. Elle n'est pas difficile sur le terrain, pourvu qu'il soit frais et ombragé. Les Russes emploient la décoction de ses feuilles, comme astringente, dans la diarrhée.

SAXIFRAGE SARMENTEUSE ; *Saxifraga sarmentosa*, Linn. fils, *Suppl.*, 240. Ses racines sont fibreuses, vivaces ; elles produisent plusieurs feuilles radicales, arrondies, échancrées en cœur à leur base, bordées de larges crénelures et portées sur de longs pétioles velus ; elles produisent aussi de longs rameaux sarmenteux, couchés, prenant racine de distance en distance. Du milieu des feuilles s'élève une tige droite, haute de dix à douze pouces, nue, très-rameuse dans sa partie supérieure, chargée de fleurs nombreuses, disposées en panicule, et remarquables parce que deux de leurs pétales sont beaucoup plus grands que les autres : ces fleurs sont blanches, tachetées de rouge. Cette saxifrage est originaire de la Chine et du Japon : on la cultive dans les jardins de botanique.

SAXIFRAGE A FEUILLES RONDES ; *Saxifraga rotundifolia*, Linn., *Sp.*, 576. Sa racine est vivace, fibreuse ; elle produit une tige droite, haute de six à douze pouces, garnie de feuilles arrondies, très-échancrées en cœur à leur base, portées sur de longs pétioles, et bordées de grandes dents le plus souvent aiguës. Ses fleurs sont blanches, marquées de points rouges, disposées en une panicule lâche et terminale. Cette espèce croît dans les lieux ombragés des Alpes, des Cévennes, des montagnes d'Auvergne, des Pyrénées, en Suisse, etc.

SAXIFRAGE MIGNONETTE ; *Saxifraga geum*, Linn., *Sp.*, 574. Ses feuilles sont arrondies ou un peu ovales, glabres, un peu coriaces, bordées de crénelures arrondies et cartilagineuses, portées sur des pétioles élargis, velus, et étalées en rosette à la base des tiges : celles-ci sont droites, grêles, rougeâtres, nues, rameuses dans leur partie supérieure. Ses fleurs sont disposées en une panicule plus ou moins garnie, petites, tout-à-fait blanches selon la plupart des auteurs, mais élégamment tachetées de points rouges et jaunes dans tous les échantillons que nous avons vus dans les jardins, où cette plante est souvent cultivée. Elle croit naturellement dans les lieux couverts des Alpes et des Pyrénées.

SAXIFRAGE A FEUILLES DE LEUCANTHÈME ; *Saxifraga leucanthemifolia*, Lapeyr., Fl. des Pyr., p. 49, t. 25. Sa racine est vivace, formée de nombreuses fibres menues, noirâtres ; elle produit une tige divisée en un grand nombre de rameaux, et souvent dès sa base qui est garnie de douze à quinze feuilles ou plus, oblongues, velues, rétrécies inférieurement en un long pétiole, et bordées de quelques grandes dents écartées. Les fleurs sont disposées, à l'extrémité des rameaux, sur des pédoncules rameux, et forment, dans leur ensemble, une large panicule ; leurs pétales sont blancs, inégaux ; les trois plus grands étant marqués d'une tache jaunâtre. Cette plante croit dans les lieux couverts et humides des Pyrénées ; elle a aussi été trouvée sur la Lozère, dans les Cévennes.

SAXIFRAGE ÉTOILÉE ; *Saxifraga stellaris*, Linn., *Sp.*, 572. Sa racine est fibreuse, vivace ; elle produit plusieurs feuilles oblongues, spatulées, glabres ou légèrement pubescentes, bordées, dans leur partie supérieure, de quelques grandes dents aiguës, et ordinairement rapprochées en rosettes à la base des tiges : celles-ci sont droites, hautes de quatre à huit pouces, nues dans leur partie inférieure, divisées, dans leur moitié supérieure, en rameaux presque dichotomes et un peu paniculés, dont les dernières ramifications portent de petites fleurs blanches, marquées de taches rougeâtres, et dont le calice est réfléchi après la floraison. Cette plante croît sur les montagnes alpines de l'Europe et de l'Asie ; on la trouve, en France, dans les lieux humides et sur les bords des ruisseaux des Alpes, des Pyrénées, des montagnes d'Auvergne et des Vosges.

Saxifrage apre; *Saxifraga aspera*, Linn., *Sp.*, 575. Ses racines sont vivaces ; elles donnent naissance à plusieurs tiges ordinairement couchées à leur base, redressées dans leur partie supérieure, garnies, dans toute leur longueur, de feuilles linéaires, sessiles, acuminées, bordées de quelques cils roides. Ces tiges varient depuis deux pouces de hauteur jusqu'à six, et se terminent, dans le premier cas, par une à deux fleurs blanches, et dans le second, par quatre à six. Cette espèce croît sur les hautes montagnes de l'Europe ; on la trouve, en France, sur les rochers des Alpes et des Pyrénées.

** *Ovaire semi-infère ; feuilles entières et opposées.*

Saxifrage écrasée; *Saxifraga retusa*, Gouan, *Illust.*, 28, tab. 18, fig. 1. Ses tiges sont nombreuses, étalées en gazon, longues de deux à trois pouces, garnies, dans toute leur longueur, de feuilles ovales, triangulaires en dessous, à demi-recourbées, glabres, à peine ciliées à leur base, très-rapprochées les unes des autres et imbriquées sur quatre rangs. Les tiges qui portent les fleurs sont hautes d'un à deux pouces, presque nues, et ces dernières sont purpurines, disposées en une petite tête, au nombre de deux à quatre ensemble, et même plus; leurs pétales ne sont que de peu de chose plus grands que les calices. Cette plante croît sur les rochers ombragés et près des neiges, dans les Alpes et les Pyrénées.

Saxifrage a feuilles opposées ; *Saxifraga oppositifolia*, Linn.,

Sp., 575. Cette espèce a le port de la précédente ; mais elle en diffère par plusieurs caractères très-tranchés. Ses feuilles sont plus alongées. non à demi recourbées, comme écrasées, et ciliées dans toute leur circonférence ; elles ne sont opposées que dans le bas des tiges, alternes, au contraire, sur les rameaux floraux, qui se terminent par une seule fleur, dont les pétales sont deux fois plus grands que le calice. Elle croît sur les hautes montagnes de l'Europe et de l'Amérique septentrionale ; on la trouve, en France, dans les Alpes et les Pyrénées.

*** *Ovaire infère ; feuilles entières ou seulement dentées et alternes.*

SAXIFRAGE ANDROSACE ; *Saxifraga androsacea*, Linn., *Sp.*, 571. Sa racine est vivace, fibreuse ; elle produit un faisceau ou une rosette de feuilles nombreuses, ovales-oblongues, légèrement pubescentes, rétrécies en pétiole à leur base, entières ou quelquefois munies de deux à trois dents vers leur sommet. Du milieu de ces feuilles s'élèvent une ou plusieurs tiges grêles, hautes d'un à trois pouces, garnies d'une à deux petites feuilles sessiles, rarement plus, et terminées par une à trois fleurs blanches, à pétales obtus, environ deux fois plus longs que le calice. Cette plante croît sur les montagnes alpines de l'Europe, entre. les fentes des rochers et près des neiges ; elle est commune, en France, dans les Alpes et les Pyrénées.

SAXIFRAGE A FEUILLES PLANES : *Saxifraga planifolia*, Lapeyr., Fl. des Pyr., p. 31 ; *Saxifraga muscoides*, All., *Fl. Ped.*, n.° 1528, tab. 61, fig. 2. Sa racine est une petite souche, qui donne naissance à plusieurs tiges courtes, étalées en gazon, garnies de feuilles serrées, imbriquées, ovales-oblongues, légèrement pubescentes et comme ciliées en leurs bords. Du sommet de chacune de ces tiges s'élève un rameau grêle, haut d'un à trois pouces au plus, garni de quelques feuilles écartées, et terminé par une à cinq fleurs d'un blanc jaunâtre, à pétales ovales, presque deux fois plus longs que le calice qui est pubescent. Cette plante croît sur les rochers humides, près des neiges, dans les montagnes alpines de l'Europe.

Saxifrage faux-aïzoon ; *Saxifraga aizoides*, Linn., *Sp.*, 576. Sa racine est fibreuse, vivace ; elle produit plusieurs tiges simples, couchées à leur base, garnies de feuilles nombreuses, sessiles, linéaires-lancéolées, glabres, plus ou moins ciliées en leurs bords. Ces tiges, longues en tout de cinq à huit pouces, sont terminées, dans leur partie supérieure, par trois à dix fleurs pédonculées, alternes, disposées en une sorte de grappe, et d'une couleur jaune, avec des taches plus foncées. Cette plante croît sur les bords des ruisseaux, dans les Alpes, les Pyrénées et les autres montagnes alpines de l'Europe.

Saxifrage bleuatre ; *Saxifraga cœsia*, Linn., *Spec.*, 571. Sa racine est une petite souche ligneuse, qui donne naissance à plusieurs touffes courtes, étalées et ramassées en gazon, formées de beaucoup de feuilles ovales-oblongues, épaisses, recourbées, ciliées dans leur partie inférieure, glabres dans le reste de leur étendue, d'une couleur glauque, et chargées de quelques petites lames écailleuses ; ces feuilles sont rapprochées, serrées en rosettes, du milieu desquelles s'élèvent des tiges droites, grêles, presque nues, hautes de deux à trois pouces, et terminées par deux à cinq fleurs blanches. Cette plante croît sur les sommets des Alpes, des Pyrénées et des hautes montagnes de l'Europe.

Saxifrage changée : *Saxifraga mutata*, Linn., *Sp.*, 570 ; Jacq., *Ic. rar.*, 3, t. 466. Sa racine, qui est vivace, produit une rosette de feuilles oblongues, coriaces, ciliées en leurs bords dans leur partie inférieure, et chargées, dans la supérieure, de quelques dents membraneuses ou cartilagineuses. Du milieu de ces feuilles, qui sont très-nombreuses, s'élève une tige de huit à quinze pouces de hauteur, hérissée de poils glanduleux, garnie de feuilles cunéiformes, alternes, et terminée par une panicule lâche, composée de fleurs d'un jaune orangé, à pétales linéaires. Cette espèce croît dans les Alpes de la Savoie, de la Suisse, etc., et dans les Pyrénées.

Saxifrage a longues feuilles ; *Saxifraga longifolia*, Lapeyr., Fl. des Pyr., p. 26, t. 11. Ses feuilles radicales sont linéaires, longues de deux à quatre pouces, très-étroites, coriaces, d'un vert glauque, presque entières, ou bordées de dents cartilagineuses et de petits points écailleux blanchâtres, étalées et disposées en une large rosette, du milieu de laquelle s'élève une tige droite, haute d'un à deux pieds et plus, souvent rameuse dès sa base. Cette tige, les feuilles caulinaires et les calices sont chargés de poils glanduleux à leur sommet. Ses fleurs sont blanches, ponctuées de rouge vers la base des pétales, très-nombreuses, disposées, dans la partie supérieure des rameaux, sur des pédoncules rameux, et formant, dans leur ensemble, une vaste et magnifique panicule. Cette plante croît dans les fentes des rochers, dans les Pyrénées, les Alpes et quelques autres des plus hautes montagnes de l'Europe.

SAXIFRAGE PYRAMIDALE; *Saxifraga pyramidalis*, Lapeyr., Fl. des Pyr., p. 32. Cette espèce a le même port que la précédente et lui ressemble, jusqu'à un certain point, beaucoup; mais elle en diffère constamment par ses feuilles oblongues et non linéaires, et par ses pétales plus étroits. Sa panicule de fleurs est en général pyramidale, tandis que dans la précédente elle est presque égale dans toute sa longueur. Cette belle saxifrage croît naturellement dans les mêmes lieux que la précédente. On la cultive dans les jardins, et la grandeur de sa panicule s'augmente encore par la culture; elle acquiert quelquefois trois pieds de hauteur et porte au moins deux mille fleurs.

**** *Ovaire infère; feuilles lobées ou découpées, alternes.*

SAXIFRAGE GRANULÉE: *Saxifraga granulata*, Linn., *Sp.*, 576; *Fl. Dan.*, t. 514. Sa racine est composée de plusieurs petits tubercules arrondis, garnis de fibres menues; elle produit une tige droite, légèrement pubescente, haute de huit à quinze pouces, garnie inférieurement de feuilles réniformes, pétiolées, bordées de larges crénelures arrondies; les feuilles supérieures sont sessiles ou presque sessiles, découpées en cinq ou en trois lobes, et les dernières même tout-à-fait entières. Les fleurs sont blanches, assez grandes, terminales. Cette plante croît naturellement dans les pâturages et sur les bords des bois, en France et en d'autres contrées de l'Europe.

SAXIFRAGE A TROIS DOIGTS; *Saxifraga tridactylites*, Linn., *Sp.*, 578. Sa racine est fibreuse, annuelle; elle produit une tige droite, plus ou moins rameuse, haute de deux à quatre pouces, garnie de feuilles oblongues, rétrécies en coin à leur base, pour la plupart découpées en trois lobes dans leur partie supérieure. Ses fleurs sont blanches, petites, axillaires et terminales, solitaires sur des pédoncules assez longs. Cette plante est commune sur les murs des campagnes, sur les toits rustiques et dans les lieux sablonneux, en France et en Europe.

SAXIFRAGE AQUATIQUE : *Saxifraga aquatica*, Lapeyr., Fl. des Pyr., p. 53, t. 28 et 29; *Saxifraga ascendens*, Willd., Sp., 2, p. 655. Sa tige est droite, à peine couchée à sa base, cylindrique, pubescente, haute d'un à deux pieds, garnie, surtout inférieurement, de beaucoup de feuilles pétiolées, découpées en cinq ou sept lobes dentés ou même incisés à leur sommet ; les feuilles supérieures sont portées sur de plus courts pétioles ou même sessiles, et le nombre de leurs lobes et de leurs découpures diminue de manière que les dernières sont quelquefois entières. Les fleurs sont blanches, assez grandes, disposées, dans les aisselles des feuilles supérieures, de manière à former une panicule ou un corymbe. Cette espèce croît sur les bords des ruisseaux dans les Pyrénées.

SAXIFRAGE A FEUILLES DE BUGLE ; *Saxifraga ajugæfolia*, Linn., Sp., 578. Ses tiges sont couchées, longues de trois à quatre pouces, garnies de feuilles cunéiformes, rapprochées les unes des autres, glabres, partagées à leur sommet en trois à cinq lobes lancéolés, comme digités. Ses fleurs sont blanches, portées, au nombre de une à trois, dans la partie supérieure de petits rameaux redressés, hauts de deux à trois pouces et presque nus, ou chargés seulement de quelques feuilles simples. Cette espèce croît dans les lieux humides et rocailleux des Pyrénées et des autres montagnes alpines de l'Europe.

SAXIFRAGE MOUSSE ; *Saxifraga muscoides*, Willd., Sp., 2, p. 656. Sa racine produit plusieurs touffes épaisses, réunies en gazon et composées de feuilles nombreuses, oblongues-cunéiformes, découpées à leur sommet en trois lobes alongés et obtus. Du milieu de ces rosettes de feuilles s'élèvent des tiges grêles, hautes de deux pouces ou environ, nues ou garnies d'une, à deux feuilles simples, et terminées par une à cinq fleurs jaunâtres, petites, rapprochées les unes des autres.

Cette plante croît sur les rochers, dans les Alpes, les Pyrénées et les hautes montagnes de l'Europe. (L. D.)

SAXIFRAGE DES ANGLOIS ou DES PRÉS. (*Bot.*) Nom vulgaire du peucédane silaüs. (L. D.)

SAXIFRAGE DORÉE. (*Bot.*) Nom vulgaire de la dorine à feuilles opposées. Voyez CRESSON DORÉ. (L. **D.**)

SAXIFRAGE MARITIME. (*Bot.*) Nom vulgaire de la bacile maritime. (L. D.)

SAXIFRAGE PIMPRENELLE. (*Bot.*) C'est le boucage à feuilles de pimprenelle. (L. D.)

SAXIFRAGE PYRAMIDALE. (*Bot.*) La joubarbe porte ce nom dans quelques cantons. (L. D.)

SAXIFRAGÉES. (*Bot.*) Cette famille de plantes, à laquelle la saxifrage donne son nom, appartient à la classe des péripétalées ou dicotylédones polypétales, à étamines portées sur le calice. Elle présente les caractères suivans :

Calice d'une seule pièce, tantôt adhérent à l'ovaire, tantôt non adhérent, divisé à son limbe en quatre ou cinq parties, au-dessous desquelles sont insérés alternativement autant de pétales égaux (plus rarement nuls). Étamines en nombre égal, alternes avec les pétales et insérées au calice, ou plus souvent en nombre double. Ovaire simple, adhérent ou non adhérent au calice, surmonté ordinairement de deux styles et de deux stigmates. Fruit ordinairement capsulaire et polysperme et biloculaire, s'ouvrant par le haut à moitié en deux valves, dont les bords rentrans forment la cloison, appliquée contre un réceptacle ou placentaire central, chargé dans son milieu de graines menues. Embryon très-petit, cylindrique, placé dans la partie supérieure : d'un périsperme charnu, à lobes courts, à radicule dirigée vers l'ombilic de la graine et ordinairement descendante. Tiges herbacées. Feuilles alternes ou opposées, simples ou lobées, quelquefois un peu épaisses. Inflorescence non uniforme.

On réunit dans cette famille les genres *Heuchera*, *Saxifraga*, dont quelques espèces ont été détachées par M. Haworth pour former ses genres *Micranthus*, *Robertsonia*, *Mircopetalum*, qui n'ont pas encore été admis; *Mitella*, *Tiarella*, *Donatia* de Forster, rapporté ici par M. de Saint-Hilaire (Mém. du Mus., 2, 119); *Astilbe* de M. Hamilton, jugé genre de saxi-

fragées par M. Don. Le *Chrysosplenium*, qui a beaucoup d'affinité avec cette famille et que nous avions placé dans une seconde section, diffère des genres précédens par sa capsule
uniloculaire, le placentaire non élevé et occupant seulement
le fond de la loge avec les graines dont il est chargé.

Nous avions laissé l'*Adoxa* prés du *Chrysosplenium* et des saxifrages comme il étoit dans les *Ordines naturales* de Linnæus et
dans le Jardin de Trianon, en observant seulement qu'il avoit
le port du *Panax trifolium*, genre de la famille des araliacées.
Un examen plus attentif nous a fait reconnoître que cette
affinité dans le port étoit confirmée par la réunion d'autres
caractères, tels qu'un ovaire infère à quatre ou cinq loges,
surmonté d'autant de styles; un fruit charnu, dont les graines,
solitaires dans chaque loge, sont pendantes, attachées à son
sommet; un embryon périspermé, court, presque cylindrique, à radicule montante. A la vérité l'*Adoxa* diffère par l'absence d'une corolle et par des étamines insérées au limbe du
calice en nombre double de celui de ses divisions. Si ce limbe
du calice étoit regardé comme une corolle monopétale et sta-
minifère, admise par Linnæus et d'autres auteurs, ce genre
différeroit encore en ce point des araliacées, qui ont plusieurs pétales alternes, avec autant d'étamines insérées immédiatement sur l'ovaire. Il conviendra donc d'examiner de
nouveau l'*Adoxa* sur un individu vivant, de déterminer la nature de cette enveloppe florale et l'attache des étamines relativement à ses divisions, pour reconnoître sa véritable place
dans l'ordre naturel.

L'*Hydrangea*, laissé primitivement à la suite des saxifragées,
mais différant par ses tiges ligneuses à feuilles toujours opposées, a quelque affinité avec le *Viburnum* par son port et les
fleurs neutres de quelques-unes de ses espèces, qui ont déterminé plusieurs auteurs modernes à lui réunir l'*Hortensia*, placé
d'abord prés du *Viburnum*, et dont toutes les fleurs sont stériles. Mais le *Viburnum* a une corolle monopétale et un fruit
uniloculaire, monosperme; l'*Hydrangea* est polypétale, avec
un fruit biloculaire polysperme. La véritable affinité de ce
dernier n'est donc pas encore bien déterminée, et un nouvel
examen devient nécessaire. Nous avions laissé primitivement
à la fin des saxifragées le *Weinmannia* et le *Cunonia*, con-

formes dans les organes de la fructification, mais très-différens par le port, par les tiges ligneuses plus ou moins élevées, par les feuilles toujours opposées, avec une stipule intermédiaire, pennées avec impaire ou plus rarement simples. M. Brown, déterminé par ces différences, en a fait sa nouvelle famille des CUNONIACÉES (voyez ce mot), à laquelle il a ajouté trois autres genres plus récens. Quoique leur ovaire soit toujours non adhérent, et de plus dans le *Weinmannia*, entouré d'un disque non mentionné dans les vraies saxifragées, M. Kunth n'a pas cru ces distinctions suffisantes, ainsi que celles étrangères à la fructification, pour conserver cette famille dont il fait une simple section des saxifragées. De nouvelles observations sont nécessaires pour porter un jugement définitif. (J.)

SAYA. (*Ornith.*) Nom du manucode chez les Papous de la Nouvelle-Guinée. (Ch. D.)

SAYACOU. (*Ornith.*) Cet oiseau du Brésil est le *tanagra sayacu* de Linné et de Latham, dont Buffon a contracté le nom en *syacou*. (Ch. D.)

SAYAN. (*Ornith.*) Ce nom est donné à l'hirondelle salangane par les habitans des Philippines. (Ch. D.)

SAYOKU. (*Bot.*) Nom japonois du seau de Salomon, *polygonatum*, snivant Thunberg. (J.)

SAYOU. (*Ornith.*) L'auteur des Mélanges intéressans et curieux dit, tom. 4, p. 101, que l'oiseau ainsi appelé en Chine, et qui est trois fois plus grand que le rossignol d'Europe, mais de la même couleur, a une voix si sonore, si forte, et dont les modulations sont si agréables, qu'il semble avoir appris la musique. (Ch. D.)

SAYRE. (*Bot.*) Dans la province de Los Pastos, faisant partie de l'Amérique méridionale, on nomme ainsi le *nicotiana pulmonarioides* de M. Kunth. (J.)

FIN DU QUARANTE-SEPTIÈME VOLUME.

STRASBOURG, de l'imprimerie de F. G. LEVRAULT, impr. du Roi.

9 782329 355931